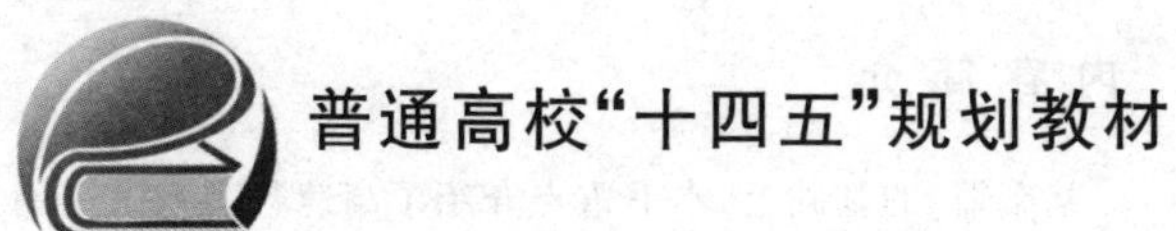

高速数字系统设计与分析教程

——进阶篇

郭利文　邓月明　黄亚玲　编著

北京航空航天大学出版社

内容简介

在《高速数字系统设计与分析教程——基础篇》的基础上，本书重点介绍了高速数字系统中的信号完整性、抖动、电源完整性、电磁兼容设计等方面的知识；基于这些理论知识，主要研究了PCB过孔、封装、连接器与线缆的原理与设计，并重点介绍如何结合生产制造、测试、成本等方面进行PCB设计；同时，从系统角度介绍了热的基础知识、如何进行热设计以及动态热监控和管理。最后介绍了与设计相关的系统验证、调试与测试的基础知识以及之间的相关联系等。

本书可作为高校电子信息类和计算机类的高年级本科生和研究生的新工科教材用书。

图书在版编目(CIP)数据

高速数字系统设计与分析教程. 进阶篇 / 郭利文，邓月明，黄亚玲编著. -- 北京 : 北京航空航天大学出版社，2022.12

ISBN 978-7-5124-3725-8

Ⅰ. ①高… Ⅱ. ①郭… ②邓… ③黄… Ⅲ. ①数字系统一系统设计一教材 Ⅳ. ①TP271

中国版本图书馆 CIP 数据核字(2022)第 006671 号

高速数字系统设计与分析教程——进阶篇

郭利文　邓月明　黄亚玲　编著

策划编辑　胡晓柏　　责任编辑　张冀青

*

北京航空航天大学出版社出版发行

北京市海淀区学院路37号(邮编100191)　http://www.buaapress.com.cn

发行部电话：(010)82317024　传真：(010)82328026

读者信箱：emsbook@buaacm.com.cn　邮购电话：(010)82316936

有限公司印装　各地书店经销

*

开本：710×1 000　1/16　印张：29.25　字数：623千字

2022年12月第1版　2022年12月第1次印刷　印数：3 000册

ISBN 978-7-5124-3725-8　定价：99.00元

若本书有倒页、脱页、缺页等印装质量问题，请与本社发行部联系调换。联系电话：(010)82317024

前　言

自1946年2月15日ENIAC在美国举行了揭幕典礼以来，人类便进入了计算机时代。20世纪60年代，Gordon Moore提出了著名的“摩尔定律”；其后，Intel公司首席执行官David House做了进一步修正和补充。自此以后，芯片发展规律一直遵循该定律并飞速发展。到目前为止，台积电已经在2 nm芯片工艺制程方面取得了重大突破，1 nm甚至1 nm以下的工艺节点已经开始在布局。科学技术进步如此之快，以致在过去短短的六七十年里，人类便历经了大型主机年代、小型计算机年代、微型计算机年代、Internet年代，进入今天的云计算和工业互联网时代。相应地，电子线路也从过去手工焊接时代，进入自动化设计和制造阶段，从最原始的模拟电路时代，渐渐进入数字电路时代，从低速电路时代，渐渐进入高速电路时代。伴随而来的是，信号的传输速度越来越快，芯片集成度越来越高，功耗越来越高，系统越来越复杂，传统的数字系统设计和分析方法受到挑战，需要采用更多新的设计与分析方法，比如信号完整性领域开始引入射频领域的S参数等概念，散热方面开始引入液冷等前沿技术，测试方面开始引入BERT等先进的测试设备等。

为了降低硬件设计的难度和硬件成本，统一设计的标准，全球领先的厂商都在不遗余力地定义各种数字系统规范。目前，全球领先的系统主要包括以Intel/AMD为代表的CISC x86系统和以Arm为代表的RISC Arm系统；国内则以x86、Arm、龙芯等系统为主，同时RISC-V也在快速崛起。近年来，随着软件系统的不断成熟，以软件定义硬件的架构不断出现，各种旨在打破跨硬件系统的隔阂、统一硬件架构的硬件开源组织不断发展壮大。以云计算为例，以Meta领衔的OCP和以BAT领衔的ODCC已经在公有云数据中心落地发芽，并在一定程度上成为数据中心和服务器的事实标准。随着国内新基建的开展、国际芯片巨头的整合兼并，以及5G时代的到来，这一趋势变得越来越明朗且更加深入。

硬件系统是一个知识面广、需要深度沉淀的一个领域。目前，这个领域内的书籍几乎都是讲述高速数字系统设计与分析的某一个具体领域，比如信号的完整性、电磁辐射等，有些书籍比较侧重于实际应用而缺乏理论支撑，而有些书籍又具体到某个应用领域的产品，等等，鲜见能够涵盖硬件设计与分析各个领域（包括但不限于从元件选型到线路设计，从 PCB 设计到 PCBA 设计，从电磁辐射到散热等知识全覆盖）的书籍。究其原因是这些内容涉及的知识面广，如小公司的工程师接触的理论知识不够；大公司的工程师分工过细，所接触的知识面太窄，从而造成了市场上优秀的硬件架构师和系统架构师稀缺。

本套书基于时代背景和现实状况，旨在通过作者十多年在这个领域的深耕细作，从高速数字系统设计与分析的各个方面、各个层次进行阐述分析。将数字系统划分为元件、接口、板级和系统，分别从理论和实际应用方面进行阐述：不仅涉及线路和接口设计，还会涉及芯片封装布局以及 PCB、PCBA 布局；不仅涉及板内设计，还会涉及板间设计；不仅涉及电磁兼容（EMC），还会涉及系统散热等。全书图文并茂，深入浅出，理论结合实际，由易入难详细地介绍了如何进行高速数字系统设计与分析。这是一本指导系统工程师和硬件工程师如何从硬件系统的观念来进行数字系统设计与分析的教程，适合从事硬件和系统相关的工程实践人员，包括散热、结构设计等人员参考，避免其在设计领域所要走的弯路；同时，也非常适合在校电子信息类和计算机类的高年级本科生、研究生的新工科教材用书，有助于学生了解和掌握目前工程实践所需的知识结构和理论支撑，弥补校企之间知识结构的代沟。

本套书包括《高速数字系统设计与分析教程——基础篇》（简称《基础篇》）和《高速数字系统设计与分析教程——进阶篇》（简称《进阶篇》）两册。《基础篇》和《进阶篇》各 8 章，《基础篇》侧重于基础元件和线路设计，《进阶篇》侧重于高速数字系统的信号和电源设计与分析以及系统领域的设计。

《基础篇》的第 1 章主要介绍了数字电路的发展历程、电路特征、重要概念，并简要介绍了高速数字系统的设计流程等。第 2 章主要介绍了目前全球流行的各种高速数字系统架构。第 3 章主要介绍了数字系统中电阻、电容、电感三个基础被动元件在理想状态下的基本特性，以及实际元件在低频和高频时的各种特性及等效模型，并具体分析了各自的应用领域和应用场景，同时介绍了两类特殊的被动元件——0 欧姆电阻和磁珠，以及其在数字系统的具体应用。第 4 章主要介绍了数字电路技术中的数值描述、逻辑门的基本特性和电气参数，重点介绍了如 CMOS、TTL 的基础逻辑门的原理和电气参数，并就数字电路的 I/O 接口规范以及互连设计分析与注意事项进行了详细说明与阐述。第 5 章主要针对时钟和时序方面的基础知识进行阐述，并就时钟和时序电路设计分析与注意事项进行了详细说明。第 6 章重点针对总线技术的基础知识进行详细阐述，并就现代数字电路中常见的总线类型进行简单说明。第 7 章主要对高速数字系统中的互连进行了阐述和介绍，重点介绍了互连传输线，包括单端以及差分传输线的基础知识和传输线模型等。第 8 章主要讲述了如何从 AC 到 DC 对高速数字电路中电源进行设计，以及如何进行电源监控与管理等。

《进阶篇》的第 1 章主要介绍了高速数字系统中的信号完整性基础，重点是反射和串扰两个概念，同时介绍了 S 参数的概念及应用。第 2 章主要介绍了高速数字系统中的抖动，并就抖动的成因、分类以及如何基于抖动来进行高速数字系统设计。第 3 章重点介绍了电源完整性基础、电源分布网络，以及如何进行基于电源完整性的电源分布网络设计。第 4 章主要研究 PCB 过孔、封装、连接器与线缆的原理以及设计指南。第 5 章重点研究电子产品如何从元件选择、电路设计、PCB 设计、接地处理、机构设计等各个不同层次进行电磁兼容设计，以及如何预防电磁干扰。第 6 章主要介绍 PCB 的基本结构及生产过程、PCB 的 CORE 与介质的材料属性、环境对 PCB 材质的影响，以及材质对信号传输和损耗的影响，并专门针对 PCB 的信号和电源分布的仿真原理，结合制造、测试、价格等各个方面如何设计进行探讨。第 7 章主要介绍了热的基础知识、系统级散热的几种方式及原理，以及从芯片、硬件线路、OS 等不同层级如何进行动态热监控和管理。第 8 章主要介绍了高速数字系统中的几个重要概念：验证、调试、测试以及它们之间的区别与联系，包括与设计制造之间的关系。

与其他教材相比，本套书的主要特点如下：

1. 内容新颖。结合目前最前沿的高速数字系统所需要的知识，图文并茂，特别是在 x86 领域方面。

2. 技术实用。以夯实基础为出发点，结合目前最前沿的技术知识，做到每个设计都能够找到各自的理论依据；加强理论与实践的结合，书中很多实例都来自工程实践。

3. 知识点丰富。内容涵盖了从硬件最底层元器件到上层应用系统各个层次，全面覆盖了硬件领域各主要知识点，这在国内书籍中比较少见。

4. 适应面广。所涉及的知识和大部分实例均可用作不同平台硬件系统的参考，大到手机、服务器等复杂系统，小到智能家居的传感器等。对立志于硬件系统设计的工程师和架构师而言，都可以从书中找到适合各自入门的章节并且迅速提高，同时对在校高年级本科生和研究生的专业学习以及职业生涯选择也大有裨益。

本套书中的实例代码可在北京航空航天大学出版社网站（http://www.buaapress.com.cn）的“下载专区”下载获取，其多媒课件可发邮件至 emsbook@buaacm.com.cn 索取。

《进阶篇》由电子科技大学郭利文、湖南师范大学邓月明以及富士康黄亚玲编写。

在编写本套书的过程中，高芳莉、陈亮、林韦成、黄发生、蒋修国、张骏、吴佳鸿等资深工程师，电子科技大学邹见效教授、周雪教授，何杰、章文俊同学，以及湖南师范大学曾文俊、刘治彬、李小军等同学付出了诸多努力，提供了许多详细的建议和意见，促成了这套书的迅速问世，在此一并表示感谢。同时还要感谢湖南省普通高等学校教学改革研究项目（HNJG－2021－0393）、湖南省学位与研究生教育改革研究项目（2020JGZD025）、湖南湘江人工智能学院教学改革研究项目（202031B04）、湖南省新工科研究与实践项目（湘教通〔2020〕90）、湖南省智能计算与感知创新创业教育中心（湘教通〔2019〕333）、湖南省研究生培养创新实践基地（湘教通〔2019〕248）对本书编写工作的资助。

为编写本套书，作者参考了大量的国内外著作和资料，吸取了最近几年来高速数字系统发展的最新成果，听取了多方面的宝贵意见和建议，并且根据具体的建议对某些章节进行了调整，在此对文献原作者以及给予作者帮助的同仁致以衷心的感谢。

在本套书的编写过程中，家人的宽容和帮助一直是作者前行的动力，感谢家人在作者挑灯夜战时默默的奉献，感谢女儿每晚默默的陪伴。

由于作者水平有限，书中难免存在错误和不足，敬请各位读者批评指正。

郭利文

2022 年 10 月 1 日

目 录

第 1 章

信号完整性基础

本章主要就高速数字系统中的信号完整性方面进行详细阐述和介绍。基于传输线模型，重点介绍传输线互连对信号完整性的各种影响，包括传输线的反射、传输线间的串扰对信号质量的影响以及如何防范。同时重点介绍如何使用S参数进行高速系统的信号质量分析。

本章的主要内容如下：

- 反射机制；
- 端接设计；
- 串扰机制和模型；
- 近端串扰和远端串扰；
- 串扰的影响因素；
- S参数。

1.1 反　射

信号由驱动端发送出来，经过信号传输路径，并被接收端接收。在整个传输过程中，如果信号遇到的瞬时阻抗不变，且不考虑传输损耗和衰减的情况下，信号可以保持无失真的传输，并被接收端顺利接收；其驱动端和接收端的波形除了时延之外，将保持相同。但实际情况是，驱动端的内阻可能是一个范围，芯片内的封装走线，芯片引脚到传输线之间的走线，信号的换层与过孔，信号传输线走线的宽度变化，信号转向、过孔桩线、信号线分支与测试点，以及接收端的输入门限电容等，都会造成阻抗的变化。一旦阻抗发生突变，信号就会发生反射。阻抗突变可以发生在任何地方，信号在整个传输过程中的任何一个阻抗突变点都会发生反射。

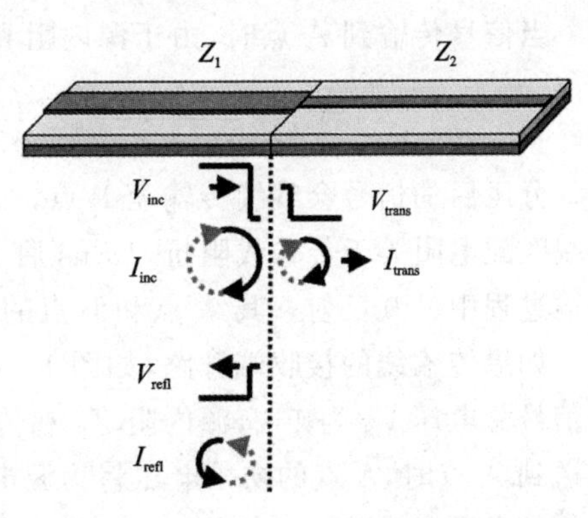

图 1－1　信号在阻抗突变处的传输示意图

如图 1－1 所示，瞬时阻抗在传输线的

某点由 Z_1 变成 Z_2。当信号在传输到阻抗突变点时，一部分信号会继续沿着传输线传输，另外一部分信号会返回驱动端。因此在阻抗突变处有

$$\begin{cases} V_{\text{inc}} + V_{\text{refl}} = V_{\text{trans}} \\ I_{\text{inc}} - I_{\text{refl}} = I_{\text{trans}} \end{cases}$$

式中，V_{inc} 表示突变前的入射电压；V_{refl} 表示反射电压；V_{trans} 表示突变后的传输电压；I_{inc} 表示突变前的入射电流；I_{refl} 表示反射电流；I_{trans} 表示突变后的传输电流。

根据安培定律，可得

$$\begin{cases} \dfrac{V_{\text{inc}}}{Z_1} - \dfrac{V_{\text{refl}}}{Z_1} = \dfrac{V_{\text{inc}} + V_{\text{refl}}}{Z_2} \\ \dfrac{V_{\text{inc}}}{Z_1} - \dfrac{V_{\text{trans}} - V_{\text{inc}}}{Z_1} = \dfrac{V_{\text{trans}}}{Z_2} \end{cases}$$

因此，

$$\begin{cases} \rho = \dfrac{V_{\text{refl}}}{V_{\text{inc}}} = \dfrac{Z_2 - Z_1}{Z_2 + Z_1} \\ t = \dfrac{V_{\text{trans}}}{V_{\text{inc}}} = \dfrac{2Z_2}{Z_2 + Z_1} \end{cases}$$

式中，ρ 和 t 分别为反射系数和传输系数，$-1 \leqslant \rho \leqslant 1$，$0 \leqslant t \leqslant 1$。

当阻抗保持连续时，$Z_1 = Z_2$，反射系数为 0，信号在传输过程中没有反射。如图 1－2 所示，信号源电压 V_S 为 1 V，其源内阻 Z_S 为 50 Ω，传输线的阻抗 Z_0 为 50 Ω，并且在接收端通过 50 Ω 电阻 R_t 进行终端匹配。

图 1－2　无反射的信号传输示意图

当信号传输到 A 点时，由于源内阻和传输线阻抗的分压，因此 A 点的电压为

$$V_A = \frac{Z_0}{Z_0 + Z_S} V_S = \left(\frac{50}{50 + 50}\right) \text{ V} \times 1 = 0.5 \text{ V}$$

分压后的信号会继续传输至 B 点，如果 A 点到 B 点的传输时延为 10 ns，那么因终端匹配电阻等于传输线阻抗，10 ns 后 B 点的电压将保持 0.5 V 不变，会实现整个传输过程中的 0 反射。其 A 点和 B 点的信号波形仿真图如图 1－3 所示。

如果传输线的接收端开路，如图 1－4 所示，则可视为终端匹配电阻无穷大。假设信号源电压 V_S 为 1 V，源内阻 Z_S 和传输线阻抗 Z_0 均为 50 Ω。当信号从驱动端发送到 A 点时，A 点的初始电压将为源电压的 1/2，也就是 0.5 V。

信号继续沿着传输线传输，假设 A 点到 B 点的时延为 10 ns，则在 10 ns 时，信号会到达 B 点，此时入射 B 点的信号电压为 0.5 V。由于开路，反射系数 $\rho = 1$，反射电

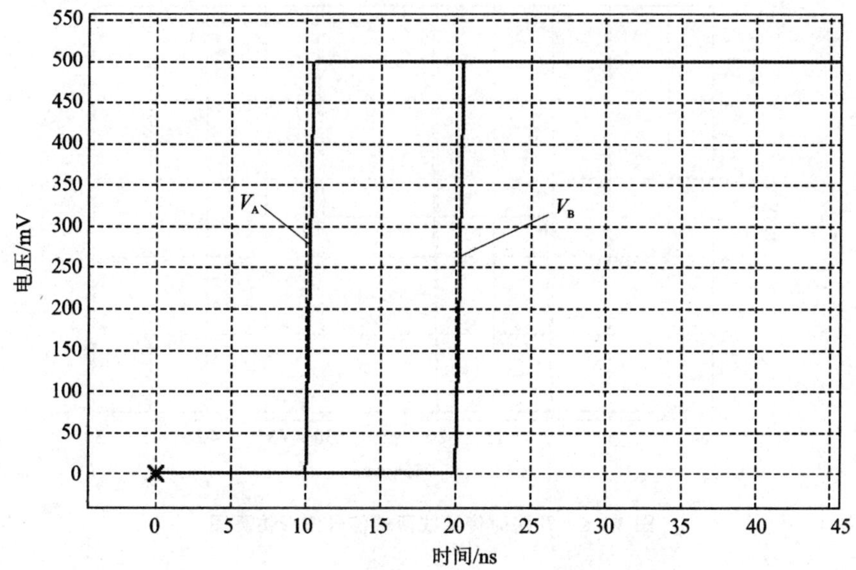

图 1-3　无反射传输线两端信号波形仿真图

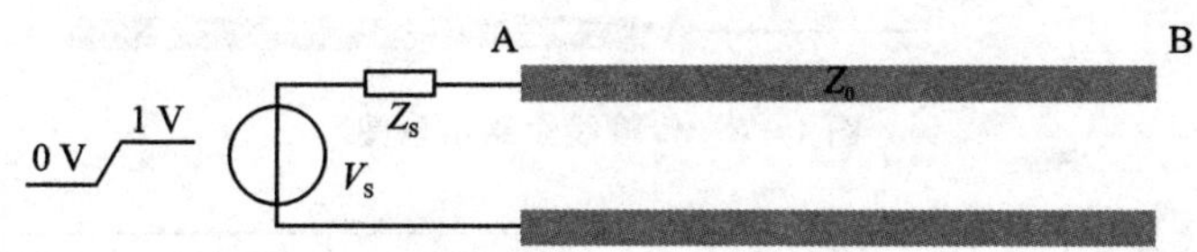

图 1-4　传输线开路示意图

压将等于入射电压，并叠加在入射电压上，B 点电压会瞬间从 0.5 V 爬升到 1 V。反射电压会沿着传输线往源端传输，并且再次经过 10 ns 的传输时延到达 A 点，此时 A 点的电压会叠加上反射电压，从 0.5 V 爬升到 1 V。其中 0.5 V 保持的时间为2 个传输时延，即 $2T_D$。其 A 点和 B 点的波形仿真图如图 1-5 所示。

另外一种极端情况是传输线短路，如图 1-6 所示。

假设传输线、驱动源的条件和传输线开路相同，同时信号源电压 V_S 为 1 V。信号从驱动源发送到 A 点时，由于分压作用，A 点的初始电压为源电压的一半，也就是 0.5 V。信号将继续在传输线中传输，并且经过一个 T_D 的传输时延，也就是 10 ns，到达 B 点。在 B 点，信号的入射电压为 0.5 V，但是由于短路，阻抗突变，$Z_2=0\ \Omega$，反射系数 $\rho=-1$，反射电压为 −0.5 V，并叠加在入射电压上，B 点电压瞬间会变成 0 V。反射电压会继续沿着传输线传播，并且再经过一个传输时延 T_D 到达 A 点。此时，A 点的电压为入射电压和反射电压之和，从 0.5 V 变成 0 V。其中 0.5 V 所持续的时间为 2 个传输时延，也就是 $2T_D$。其 A 点和 B 点的波形仿真图如图 1-7 所示。

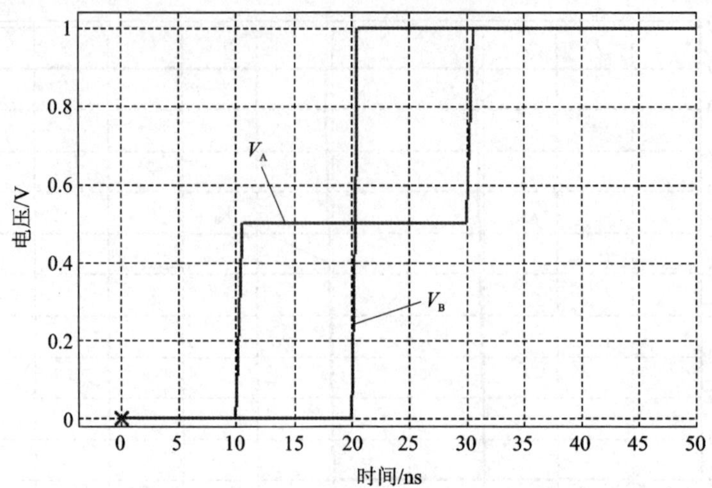

图 1-5　开路时传输线两端信号波形仿真图

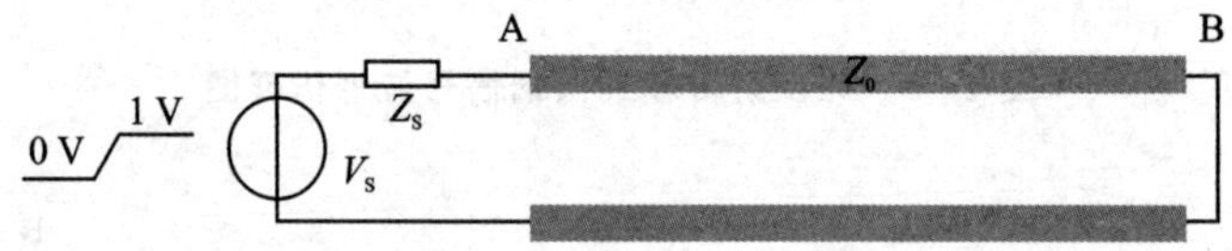

图 1-6　传输线短路示意图

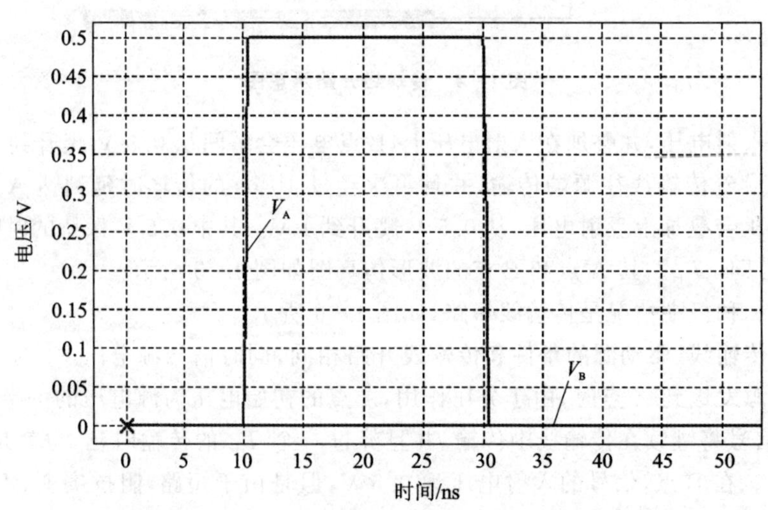

图 1-7　短路时传输线两端信号波形仿真图

以上是三种特殊的情形。在实际 PCB 和电路设计时，往往会因为 PCB 面积、驱动端和接收端的阻抗等，出现各种阻抗不连续。这样的阻抗突变可能会发生在信号传输过程中的任何一个地方，并且会来回不停地反射，直到最后能量消耗完毕。在信号完整性分析时，通常采用反弹图或网格图进行分析。

1.1.1 反弹图

以图 1-2 为例，假设源内阻 Z_S 等于 10 Ω，传输线阻抗 Z_0 为 50 Ω，终端电阻 R_t 为 100 Ω，传输线的传输时延 T_D 等于 10 ns，并且信号源电压为 1 V。此时 A 点和 B 点均为阻抗突变点。根据反射系数的定义，当入射信号从驱动端发送到传输线时，A 点的反射系数为

$$\rho_A = \frac{Z_0 - Z_S}{Z_0 + Z_S} = \frac{50-10}{50+10} = \frac{2}{3}$$

A 点的信号一部分会继续沿传输线进行传播，另外一部分会被反射回源端，并被源内阻吸收。传输的信号电压为

$$V_{A1} = V_S \times \frac{Z_0}{Z_0 + Z_S} = 1\ \text{V} \times \frac{50}{50+10} = 0.833\ \text{V}$$

幅值为 0.833 V 的入射信号继续沿着传输线传输，经过一个传输时延后到达 B 点，B 点的反射系数为

$$\rho_B = \frac{R_t - Z_0}{R_t + Z_0} = \frac{100-50}{100+50} = \frac{1}{3}$$

B 点的信号电压为入射电压和反射电压之和。因此，B 点的信号电压和反射信号电压分别为

$$\begin{cases} V_{B1} = V_{A1} \times (1+\rho_B) = 0.833\ \text{V} \times \left(1+\dfrac{1}{3}\right) = 1.11\ \text{V} \\ V_{B1refl} = V_{A1} \times \rho_B = 0.833\ \text{V} \times \dfrac{1}{3} = 0.278\ \text{V} \end{cases}$$

式中，B 点的反射电压为 0.278 V。

B 点的信号一部分会被终端电阻吸收，另外一部分会被反射。反射信号会沿着传输线往驱动端传送，并且在一个传输时延后到达 A 点，由于阻抗的不连续，此时 A 点的反射系数为

$$\rho'_A = \frac{Z_S - Z_0}{Z_0 + Z_S} = \frac{10-50}{50+10} = -\frac{2}{3}$$

A 点的信号电压为入射电压和反射电压之和。因此此时 A 点的信号电压和反射信号电压分别为

$$\begin{cases} V_{A2} = V_{A1} + V_{B1refl} \times (1+\rho'_A) = 0.833\ \text{V} + 0.278\ \text{V} \times \left(1-\dfrac{2}{3}\right) = 0.926\ \text{V} \\ V_{A2refl} = V_{B1refl} \times \rho'_A = 0.278\ \text{V} \times \left(-\dfrac{2}{3}\right) = -0.185\ \text{V} \end{cases}$$

A 点的反射信号一部分会通过源内阻吸收掉，另外一部分会被反射回传输线，并沿传输线继续传输，经过一个传输时延后到 B 点。此时 B 点的信号电压和反射信

号电压分别为

$$\begin{cases} V_{B2}=V_{B1}+V_{A2refl}\times(1+\rho_B)=1.11\ \text{V}-0.185\ \text{V}\times\left(1+\dfrac{1}{3}\right)\approx 0.863\ \text{V} \\ V_{B2refl}=V_{A2refl}\times\rho_B=-0.185\ \text{V}\times\dfrac{1}{3}\approx -0.062\ \text{V} \end{cases}$$

反射信号会继续往驱动端传播，并且在A点继续发生反射，然后传输到B点，如此反复，直到最后B点的信号电压稳定到1 V。其反弹图如图1-8所示。

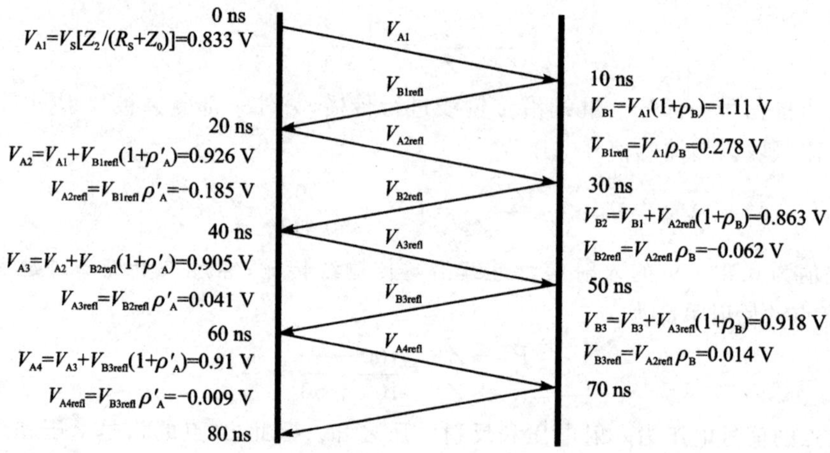

图1-8　利用反弹图分析多次反射的时变电压图

其A点和B点的信号仿真波形如图1-9所示。

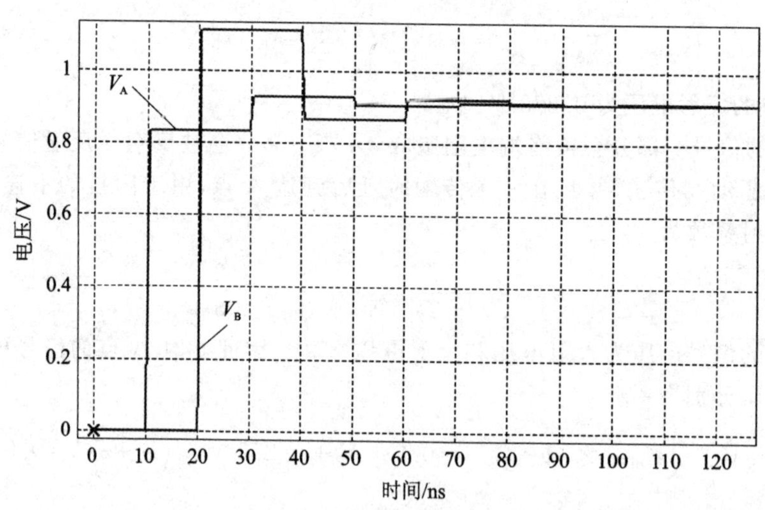

图1-9　利用反弹图仿真传输线两端信号波形示意图

利用反弹图可以很好地分析驱动端到传输线之间是否阻抗匹配，有没有过驱动。

通常,源内阻不会等于传输线的阻抗。为了使能量尽量不消耗在驱动端,需要A点的信号尽量大,也就是要求源内阻尽量低。通常称低源内阻的驱动器为线驱动器。如果源内阻不等于传输线阻抗,则会发生反射。如图1-4所示,如果源内阻大于传输线阻抗,假设 Z_S 等于100 Ω,传输线阻抗为10 Ω,A点到B点的传输时延为0.3 ns,则信号初始状态为0,经过10 ns变成1 V并发送到A点,A点的初始电压和反射系数分别为

$$\begin{cases} V_A = \dfrac{Z_0}{Z_0 + Z_S} V_S = \dfrac{10}{100 + 10} \times 1\ \text{V} = 91\ \text{mV} \\ \rho_A = \dfrac{Z_0 - Z_S}{Z_0 + Z_S} = \dfrac{10 - 100}{10 + 100} = -0.82 \end{cases}$$

由于开路,信号经过一个传输时延后,会在B点叠加为182 mV。其中全反射的幅值为91 mV的反射信号会沿着传输线传送到源端,并且在A点再次反射,其反射系数为

$$\rho'_A = \frac{Z_S - Z_0}{Z_0 + Z_S} = \frac{100 - 10}{10 + 100} = 0.82$$

反射的信号为正,会继续沿着传输线传输到B点,然后再次发生全反射,如此反复,直到B点的电压稳定在1 V。A点的上升沿将呈阶梯状上升,每个台阶的稳定时间为 $2T_D$。图1-10所示为传输线A点处不同的上升沿信号所出现的波形。

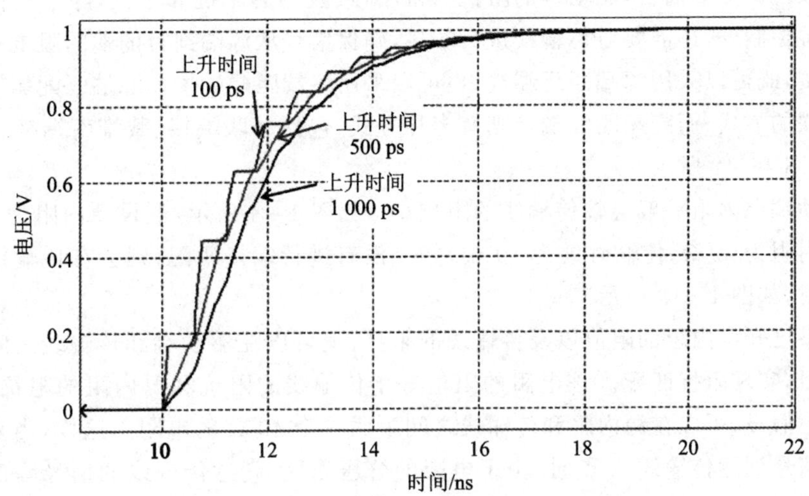

图1-10　$Z_S > Z_0$ 且传输线远端开路时,不同的上升沿信号在传输线近端的波形仿真图

同样,如果源内阻的阻值小于传输线的阻抗,即假设传输线远端开路,源内阻的阻抗 Z_S 等于10 Ω,传输线的阻抗为50 Ω,传输线的传输时延为0.3 ns,并且信号源电压为1 V。采用反弹图进行分析,就可以得出不同上升沿信号在传输线近端的信号波形图,如图1-11所示。

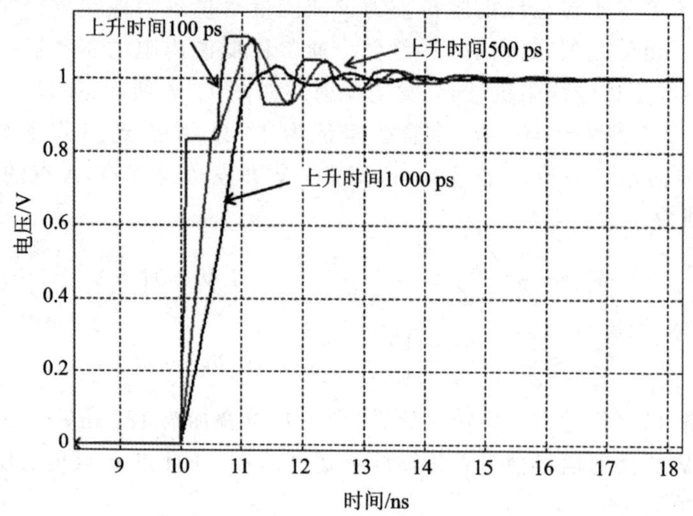

图 1-11　$Z_S < Z_0$ 且传输线远端开路时，不同的上升沿信号在传输线近端的波形仿真图

1.1.2　端　接

为了防止信号的反射，最有效的办法就是对传输线进行阻抗控制，确保传输线阻抗的一致性。一般而言，驱动端的阻抗非常小，接收端的阻抗非常大，除了对传输线进行阻抗控制外，还需要对传输线进行端接，确保信号从源端到目的端的阻抗一致。

端接，既可以采用源端匹配端接，也可以采用终端匹配端接。源端匹配端接一般采用串联的方式，而终端匹配端接则有多种方式，包括并联端接、戴维南端接、RC 端接等，如图 1-12 所示。

驱动端源内阻一般会较传输线的阻抗小。如图 1-4 所示，假设源内阻为 10 Ω，传输线内阻为 50 Ω，传输时延为 10 ns，如果没有进行端接匹配，则会在传输线两端发生反射，如图 1-13 所示。

如果已知源内阻的阻值以及传输线的阻抗，就可以在驱动端和传输线之间串联一个电阻，实现阻抗匹配。该电阻的阻值等于传输线的阻抗和源内阻的阻抗之差。基于以上假设，可以在源内阻和传输线之间串联一个 40 Ω 的电阻。这样，当来自驱动端的信号到达传输线 A 点时，由于电阻的分压作用，到达传输线的信号幅值为驱动端信号幅值的一半。该幅值不足以用来触发接收端进行正确切换。但是由于接收端的输入阻抗非常大，可以近似为开路，信号传输到接收端时会发生全反射，使得信号的幅值达到源端信号电压的幅值。而反射信号会继续沿着传输线传播到驱动端，经过一个传输时延到达 A 点。由于该电阻和源内阻之和等于传输线阻抗，因此不会发生反射，同时使得该点的信号幅值达到源端初始信号的幅度。其传输线两端的信号波形如图 1-14 所示。

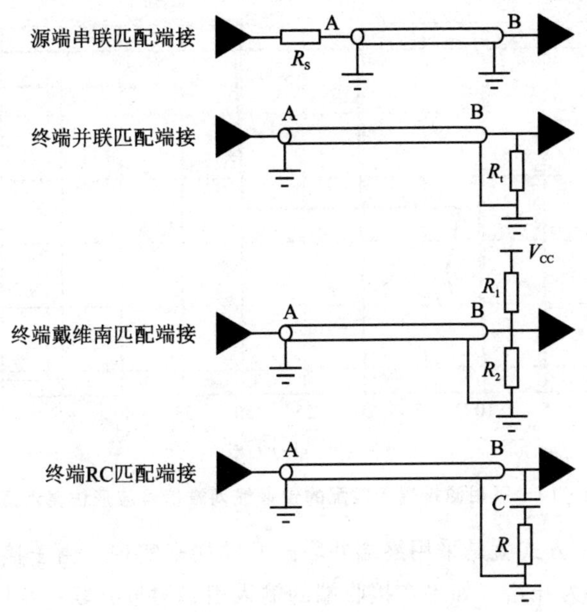

图 1-12　阻抗匹配端接方式示意图

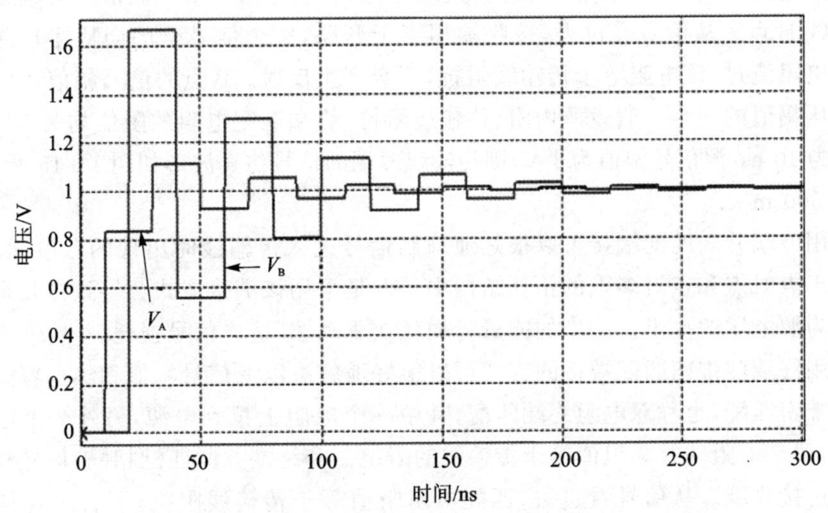

图 1-13　未进行端接匹配的传输线两端信号波形仿真示意图

采用源端串联电阻匹配端接，信号在进入传输线时都会形成一个台阶，该台阶持续的时间等于信号在传输线上的往返时间。传输线上的往返时间越长，台阶持续的时间越长。如果信号是点对点传输，则该台阶对接收端没有任何影响。但是如果点对多点传输，且其他的接收端连接在源端附近，则该台阶电压就会产生问题，这种情况就不适合采用源端串联匹配端接的方式。

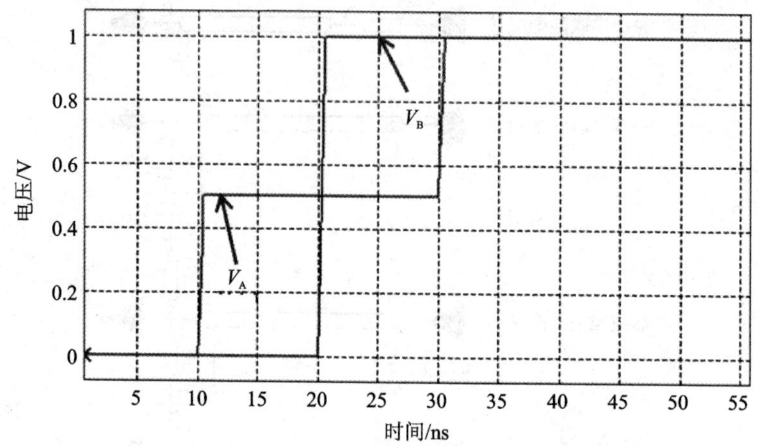

图 1-14　采用源端端接匹配的传输线两端信号波形仿真示意图

另外一种常见方式就是采用终端并联匹配端接来实现。由于接收端的输入阻抗非常大,可以近似为开路。如果在接收端的输入引脚附近并联一个匹配电阻到地,该电阻阻值等于传输线阻抗,如图 1-2 所示,并且假设源内阻和传输线阻抗相等,则当信号传送到传输线 A 点时,信号幅值将会减少到源信号的一半。该信号会继续传输到传输线 B 点。从信号看过去,接收端相当于开路,整个信号全部会从终端并联匹配端接电阻流过,该电阻等于传输线阻抗,不会产生反射。B 点的信号幅值依旧为源信号电压幅值的一半。假设源内阻、传输线阻抗、终端匹配电阻的阻值均为 50 Ω,传输时延为 10 ns,源信号幅值为 1 V,则传输线两端的信号仿真波形如图 1-15 所示,其幅值为 500 mV。

采用终端并联匹配端接可以很好地抑制信号进入传输线时出现的台阶问题,可以应用于点对点和点对多点的拓扑结构中。但是采用该端接方式会导致接收端的信号幅值为源电压的一半。一半的能量将损耗在驱动端,造成信号损耗。

采用终端戴维南匹配端接的方式可以很好地解决以上信号幅值和噪声容限的问题。戴维南匹配,也称双电阻终端匹配,其中一个电阻上拉到电源,另外一个电阻下拉到地,两个电阻的并联阻值等于传输线的阻抗。和终端并联匹配相同,信号经过传输线到达接收端。从信号看过去,匹配电阻阻值等于传输线阻抗,不会出现信号反射。R_1 上拉到电源,通过 R_1 可以向接收端注入电流,快速实现逻辑高状态。同样 R_2 也可以快速实现逻辑低状态。这样,通过 R_1 和 R_2 可以提高系统的噪声容限,同时上拉电阻可以为接收端提供额外的电流,有效减轻驱动器的负载,抑制信号过冲。但是,终端戴维南端接匹配也有明显的缺点。首先,通过 R_1 和 R_2 戴维南拓扑,在 V_{CC} 和地之间会永远存在一个直流电流,导致静态的直流功耗的产生;其次,需要谨慎选择双电阻阻值以及阻值比例;再次,接收端内存在负载电容,其和电阻之间的作用会对信号的上升时间产生影响;最后,相比于终端并联匹配端接方式,需要额外增

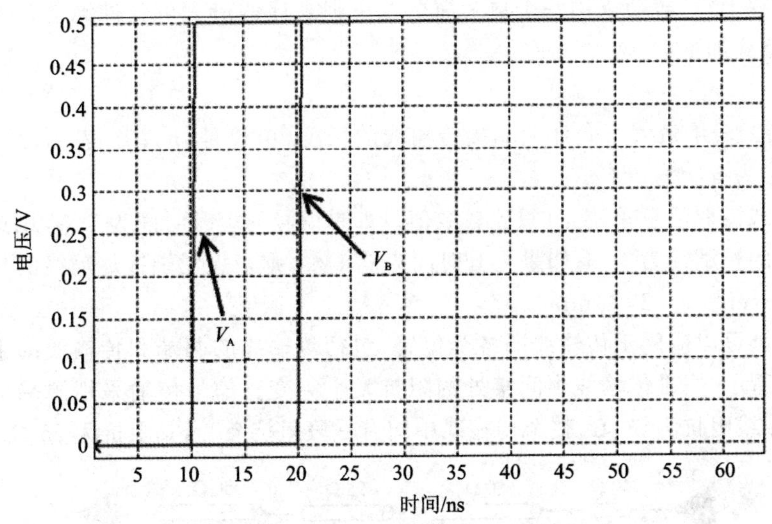

图1-15　采用终端并联匹配端接方式时，传输线两端的信号波形仿真示意图

加一个电阻，对于PCB面积有限的设计会有一定的影响。

终端*RC*匹配端接方式主要是为了解决直流损耗的问题。电阻的阻值必须等于传输线的阻抗，而电容的容值选择则需要非常谨慎。容值太小会导致*RC*时间常数过小，这样*RC*电路就类似于一个信号边沿发生器，引起信号的过冲和下冲；容值太大则会导致更大的功率损耗。通常需要确保*RC*的时间常数大于两倍传输时延。由于电容的存在，隔绝了直流通路，节省了直流功耗，但缺点是信号线上的数据可能会出现时间上的抖动，导致ISI(Inter Symbol Interference，符号间干扰)问题。

事实上，还有一些其他的端接方式，比如肖特基二极管匹配端接方式等。由于不常用，在此就不做赘述。

是不是只要阻抗不连续就需要端接？从理论上来讲，答案是肯定的。但是，这样往往会导致过设计，产品的成本会显著增加。那什么条件下不用进行端接呢？从图1-10和图1-11中可以看出，上升时间不同的信号，即使电压幅值相同，其在传输过程中的表现也不同，上升时间越长的信号，其信号发生畸变的现象越小。

经验表明，如果传输线的时延不大于信号上升时间的20%，其反射几乎是看不见的，也就不需要考虑振铃的影响，此时就不需要考虑端接。如果信号的上升时间为1 ns，则无需端接的传输线的最大时延为0.2 ns。以常见的介质作为FR4的PCB为例，其相对介电常数为4，信号传播速度为6 in/ns(1 in=2.54 cm)，因此最大的传输线长度为1.2 in。同样的PCB设计，如果芯片升级换代，导致信号的上升时间变小，如从1 ns变成0.1 ns，则最大的无端接的传输线长度为0.12 in。显然，此时的设计会产生很大的信号完整性问题，因此端接策略需要根据特定的产品和芯片进行设计。如果有更新，则需要重新验证设计。

在工程上，一般会采用一个更为简单的法则来评估最大可允许无端接的传输线长度，其公式如下：

$$L_{\text{en max}} < T_r$$

式中，$L_{\text{en max}}$ 表示最大可允许无端接传输线的长度(单位是 in)；T_r 表示信号的上升时间(单位为 ns)。

该公式需要注意单位，且只比较数值。如果信号的上升时间为 1 ns，则最大无端接传输线的长度约为 1 in；如果上升时间为 0.1 ns，则最大无端接传输线的长度约为 100 mil(1 mil＝0.025 4 mm)。

该法则可以应用于传输线的各个位置，包括传输线的两端和传输线的中间。如图 1－16 所示，假设传输线中间某处的阻抗发生突变。信号传输采用源端串联匹配端接，传输线阻抗为 50 Ω，整个传输线中间有一段阻抗突变，其阻抗为 25 Ω。

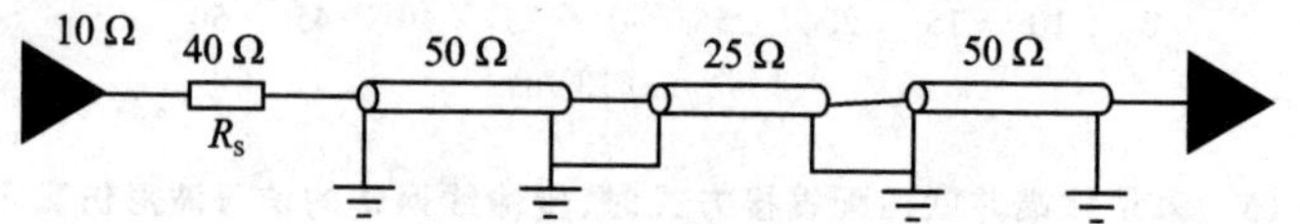

图 1－16　传输线中间阻抗突变示意图

当信号传输到第一个突变点时，信号会发生反射，但是不管第一个突变点如何反射，在第二个突变点信号会再次发生反射。两个突变点的反射大小相等、方向相反。如果这一段传输线的长度很小，满足以上的经验公式，则该突变就不会产生问题。

在 PCB 设计中经常需要考虑 DFT 问题，因此在 PCB 上需要预留一定比例的测试点来满足 DFT 的要求。测试点一般采用一个测试过孔并通过一个短桩线连接到传输线上来实现，如图 1－17 所示。该信号传输采用源端串联匹配端接，传输线和短桩线的阻抗均为 50 Ω。当信号传输到短桩线的节点处，信号遇到的瞬时阻抗是短桩线和传输线的并联阻抗，也就是 25 Ω。因此，在此阻抗突变点会产生负反馈并返回源端，另外一部分信号将沿着两个分支继续传输。由于短桩线很短，所以信号会很快到达短桩线末端，然后全发射回分支点。在分支点继续发生反射，一部分反射信号会返回源端和另外一支分支，另外一部分会反射回桩线末端，如此反复在桩线上振荡。严谨的模型需要采用 SPICE 等仿真器进行仿真。在设计时，如果短桩线的长度数值小于信号上升时间的数值，就可以认为不会对信号完整性产生影响，不需要进行

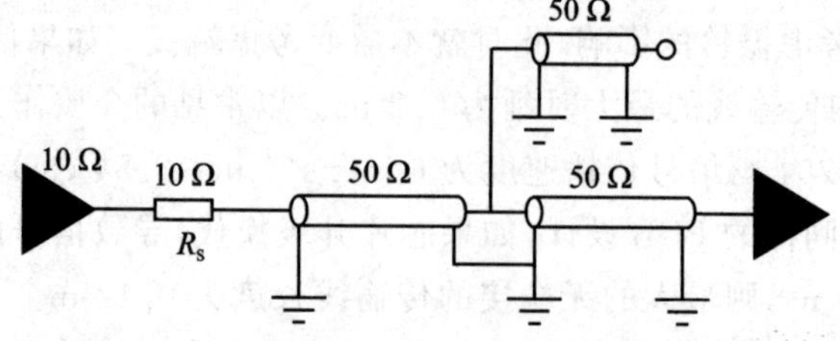

图 1－17　传输线中间有短桩线的连接示意图

端接。

1.1.3　差分传输线的端接

在差分传输线上存在着两种阻抗：差分阻抗和共模阻抗。在进行差分传输线设计时，需要针对差分阻抗和共模阻抗同时进行端接匹配，否则将会产生信号在差分传输线上反射。

最简单的差分传输线端接的方式就是在差分对的末端信号线之间并联一个和差分阻抗相匹配的电阻，如图 1－18 所示。

图 1－18　差分传输线末端并联电阻进行匹配端接示意图

这种方式可以很好地实现对差分信号的匹配端接，但是无法消除共模信号。因为共模信号在传输线上传播时，其信号线上的电压差为零，共模信号不会流过该匹配电阻，导致共模信号在传输线上往返振荡造成反射。如果传输线不对称，部分差分信号会转换为共模信号，经过反射后，部分共模信号又会转换为差分信号，产生差分噪声。

最常见的差分传输线端接的方式有两种：π 形端接和 T 形端接，如图 1－19 所示。

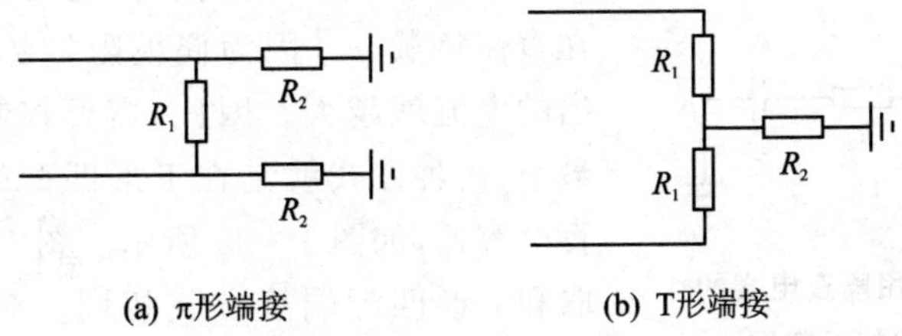

图 1－19　差分传输线的 π 形端接和 T 形端接示意图

采用 π 形端接时，需要使共模信号受到的等效阻抗等于共模阻抗，差分信号受到的等效阻抗等于差分阻抗。由于共模信号的信号线上的电压相同，因此电流不会流经 R_1，共模信号受到的等效阻抗为 R_2 的并联，因此，

$$Z_{\text{comm}}=\frac{1}{2}R_2=\frac{1}{2}Z_{\text{even}}$$

因此，R_2 需要等于偶模阻抗。

差分信号传输到末端时会同时从 R_1 和 R_2 流过，因此差分受到的等效阻抗 Z_{diff} 为两个 R_2 串联后再和 R_1 并联，即

$$Z_{\text{diff}}=\frac{R_1\times 2R_2}{R_1+2R_2}=2Z_{\text{odd}}$$

由于 R_2 等于偶模阻抗，因此可以计算出 R_1：

$$R_1=2\,\frac{Z_{\text{odd}}Z_{\text{even}}}{Z_{\text{even}}-Z_{\text{odd}}}$$

当耦合度很小且 $Z_{\text{odd}}\approx Z_{\text{even}}\approx Z_0$ 时，R_2 等于偶模阻抗，而 R_1 将趋向于无穷大。换句话说，在耦合度小的差分对端接时，可以省略 R_1。

若采用 T 形端接，对于差分信号，由于 R_1 的分压作用，R_1 和 R_2 的连接点为零电平。因此，差分信号不会流经 R_2，差分信号受到的等效阻抗等于两个 R_1 的串联，即

$$Z_{\text{diff}}=2R_1=2Z_{\text{odd}}$$

也就是说，R_1 等于奇模阻抗。

共模信号受到的等效阻抗等于两个 R_1 并联后再与 R_2 串联，即

$$Z_{\text{comm}}=\frac{1}{2}R_1+R_2=\frac{1}{2}Z_{\text{even}}$$

联立 R_1 的表达式，可得

$$R_2=\frac{1}{2}(Z_{\text{even}}-Z_{\text{odd}})$$

当耦合度很小且 $Z_{\text{odd}}\approx Z_{\text{even}}\approx Z_0$ 时，R_1 等于奇模阻抗，而 R_2 将趋向于无穷大。换句话说，在耦合度小的差分对端接时，可以省略 R_2，同时可以采用一个阻值为差分阻抗值的电阻来替代两个 R_1。

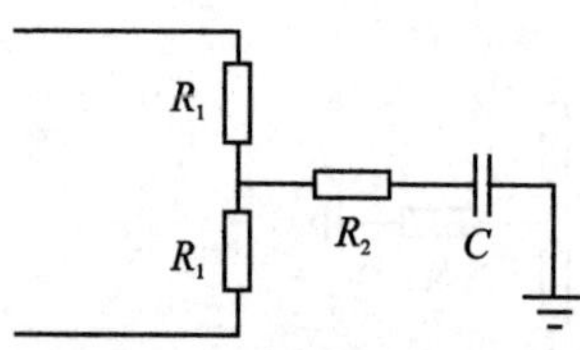

图 1－20　采用隔直电容的 T 形匹配端接示意图

在进行差分对端接时，需要考虑驱动器的潜在直流负载——因为偶模阻抗越小，从驱动器流出的电流就越大。因此，需要控制共模信号达到最小，一种方式就是在 T 形匹配端接串联一个隔直电容器，如图 1－20 所示。图中，R_1 和 R_2 的选取和T 形匹配端接方式相同。对于电容 C 的选取，需要确保共模信号感受到的时间常数远大于信号中最低频率分量所对应的周期数值，因此，

$$RC=100T_{\text{r}}$$

$$C=\frac{100T_{\text{r}}}{R}=\frac{100T_{\text{r}}}{Z_{\text{comm}}}$$

对于芯片内端接而言，可以在每个信号线上与单独的 V_{TT} 电源之间实现端接，这样就可以有效地将每条导线端接为单端传输线。

1.1.4　容性负载的反射

信号从驱动端到接收端的过程中，会从封装引线传输到传输线。传输线在布局布线时，由于 PCB 面积的限制，经常需要采用过孔、拐角、短桩线等方式进行布线到达接收端。实际接收端都存在着门输入电容（一般为 2 pF）和封装信号引脚与返回路径之间的电容（一般一个引脚为 1 pF），再加上 DFT 的要求，需要增加一定数量的测试焊盘等。以上各种情形都会起到集总电容器的作用，需要分析容性负载的反射及其影响。

在接收端由于门输入电容以及信号引脚电容的存在，可以采用图 1 - 21 的模型进行简化。

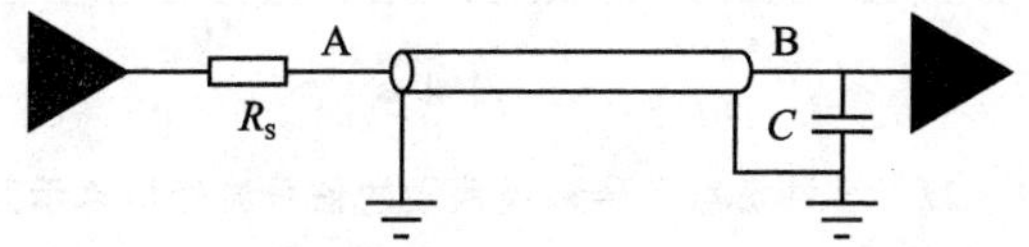

图 1 - 21　传输线远端容性负载信号传输示意图

当信号沿着传输线传播到 B 点时，就开始对接收端的电容进行充电，时间常数为

$$\tau_e = RC$$

该时间常数是电压上升到电压终值的 1/e 或者 37% 所需要的时间。如果对应上升时间，则其时间常数为

$$\tau_{10\%\sim 90\%} = 2.2\tau_e = 2.2RC$$

该增加的时间量称为时延累加，将直接影响信号的上升沿，导致信号的上升沿退化。

如果信号源电压为 1.0 V，源内阻＋源端串联匹配电阻的阻值为 50 Ω，传输线的阻抗也为 50 Ω，传输时延 T_D 等于 10 ns，远端负载电容 C_L 等于 10 pF。其传输线两端的波形仿真图如图 1 - 22 所示。可以看出，信号被驱动端驱动到传输线时，由于分压作用，A 点的电压降至源电压幅值的一半。经过一个 T_D 后到达传输线远端 B 点，负载电容开始充电，B 点电压开始上升，信号上升沿的时延累加为

$$\tau_{10\%\sim 90\%} = 2.2 \times 50 \times 10\ \text{ns} = 1.1\ \text{ns}$$

如果输入信号的初始上升时间比该时间短，则接收端的信号上升时间将由该充电时间决定；如果信号的初始上升时间比该时间长，则接收端的信号上升时间约等于信号的初始上升时间与该充电时间之和。

如果信号的初始上升时间为 0.1 ns，则接收端信号的新上升时间约等于 1.1 ns；如果信号的初始上升时间为 2 ns，则接收端信号的新上升时间约等于 3.1 ns。

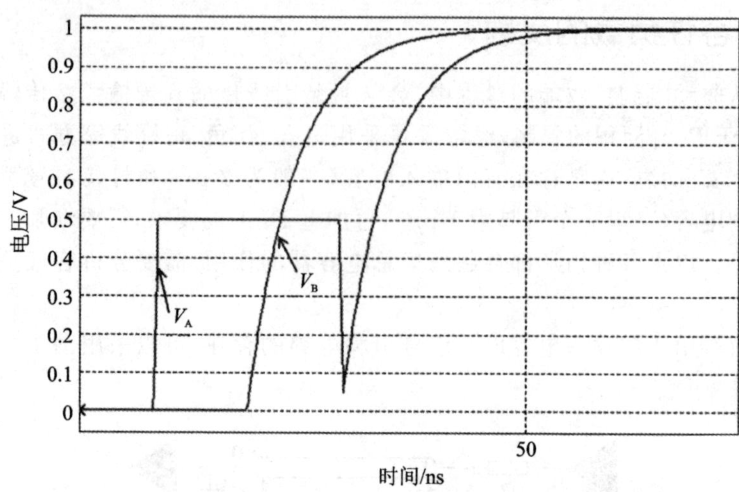

图 1-22　容性负载下传输线两端的信号波形仿真示意图

当信号到达传输线末端时，信号遇到的瞬时阻抗将由电容器的阻抗决定，其阻抗为

$$Z = \frac{V}{C\ \dfrac{\mathrm{d}V}{\mathrm{d}t}}$$

阻抗出现不连续，且该瞬时阻抗将随着时间的变化而变化，这就意味着在传输线远端 B 点将会出现反射。如果信号的上升时间很短，则电容上的电压将会迅速上升。随着电容充电，电压的变化将越来越小，电容器的阻抗越来越大，直到充电饱和。此时，电容器相当于断路。因此，反射信号将先下跌，然后再上升至开路状态。该信号返回到传输线的A点，导致 A 点信号被拉低，然后再慢慢爬升，直到终值。

如果容性负载出现在传输线的中间，如过孔、拐角等，如图 1-23 所示，并且信号由驱动端发送到达容性负载的位置，那么该信号将继续向传输线远端传播。在末端发生反射并向源端传播。反射信号再次到达电容的位置，并在该处发生反射。从反射信号看过去，其遇到的阻抗比所经历的传输线阻抗小，因此带负值的反射信号将再次被反射到传输线远端，从而使得在接收端的信号下降出现下冲。

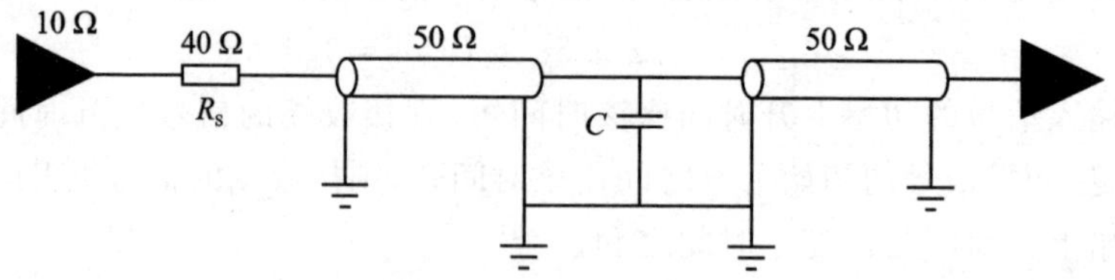

图 1-23　传输线中途容性负载信号传输示意图

若信号的上升沿是线性的，其上升时间为 T_r，则 $\mathrm{d}V/\mathrm{d}t = V/T_r$，电容阻抗为

$$Z_{cap}=\frac{V}{C\frac{\mathrm{d}V}{\mathrm{d}t}}=\frac{V}{C\frac{V}{T_r}}=\frac{T_r}{C}$$

为避免容性负载对信号传输产生严重的信号完整性问题，就必须使容性负载的阻抗远远大于传输线阻抗，即 $Z_{cap} \gg Z_0$。这样容性负载的阻抗和传输线的阻抗并联后形成的阻抗就会约等于传输线阻抗，就不会造成阻抗突变。在工程上，可以简单认为 $Z_{cap}>5Z_0$。这样，

$$Z_{cap}>5Z_0$$

$$\frac{T_r}{C}>5Z_0$$

$$C<\frac{T_r}{5Z_0}$$

式中，C 表示反射噪声不会产生问题的最大容许电容（单位是 nF）；T_r 表示信号的上升时间（单位为 ns）；Z_0 表示传输线阻抗（单位为 Ω）。

如果传输线阻抗为 50 Ω，则最大容许电容为

$$C<\frac{T_r}{5Z_0}=\frac{T_r}{5\times 50}=4T_r \quad (\mathrm{pF})$$

以图 1－16 为例，如果源信号的上升时间为 1 ns，则最大容许电容为 4 pF；如果上升时间为 0.1 ns，则最大容许电容为 0.4 pF。如果现有设计的容性突变为 2 pF，则信号的最短上升时间为 0.5 ns。

中途出现容性负载不仅会导致接收端信号下冲，同时也会使信号的上升沿退化。因为电容出现在传输线中间，所以传输线的前一半是对电容充电，后一半是对电容放电。因此，信号上升沿的 50％时延累加为

$$\tau_{50\%}=RC=\frac{Z_0C}{2}$$

10％～90％上升沿的时延累加约为

$$\tau_{10\%\sim 90\%}=2.2\times RC=2.2\times\frac{Z_0C}{2}\approx Z_0C$$

如果中途容性负载电容为 4 pF，传输线阻抗为 50 Ω，则传输信号的上升时间将增加 200 ps，50％的时延累加将增加 100 ps。

当传输线的拐角为直角时，如果拐角的线宽不变，则信号在拐角处所遇到的瞬时阻抗相同；但是，由于拐角会出现额外的金属，所以会产生额外的电容量。其电容量大约为

$$C_{corner}\approx\frac{40}{Z_0}\sqrt{\xi_r}\,w$$

式中，C_{corner} 表示拐角处的电容量（单位为 pF）；Z_0 表示传输线的阻抗（单位为 Ω）；ξ_r 表示介质的相对介电常数；w 表示传输线的宽度（单位为 in）。

如果介质为FR4,相对介电常数为4,则50 Ω传输线阻抗的拐角电容量约为两倍线宽。要减小拐角电容量,就需要减少拐角处额外的金属,通常采用线宽固定的弧度拐角来实现。

过孔用来把信号线连接到测试焊盘或者其他相邻层,如果不采用盲埋孔等特别处理,过孔将穿越所有的PCB板层。这样过孔的孔壁和PCB不同的平面层之间就会存在额外的电容量。过孔的电容量与孔壁尺寸、反焊盘及顶层和底层上焊盘尺寸以及残桩线的长度相关,大小为0.1~1 pF。一般而言,50 Ω的传输线的过孔处有效阻抗会比传输线的特性阻抗小,约为35 Ω。50 Ω传输线的单位长度电容为3.3 pF/in,过孔桩线的单位长度电容为5 pF/in。因此,假设PCB的板厚为96 mil (1 mil=10^{-3} in),如果信号从第一层切换到第二层,则过孔的残余桩线长度可能长达80 mil,信号过孔的电容量为80×10^{-3} in×5 pF/in=0.4 pF。因此任何与信号相连的过孔都可以看成是容性突变。

1.1.5 感性负载的反射

任何到传输线上的串联连接都会引入相应的串联回路电感,包括分立电阻、过孔、连接器等。串联回路电感会导致信号路径的阻抗突变,产生反射。感性阻抗突变可以发生在信号路径的任何位置,包括源端、传输线路径、接收端以及返回路径,比如返回路径上的间隙等。其感性负载连接示意图如图1-24所示。

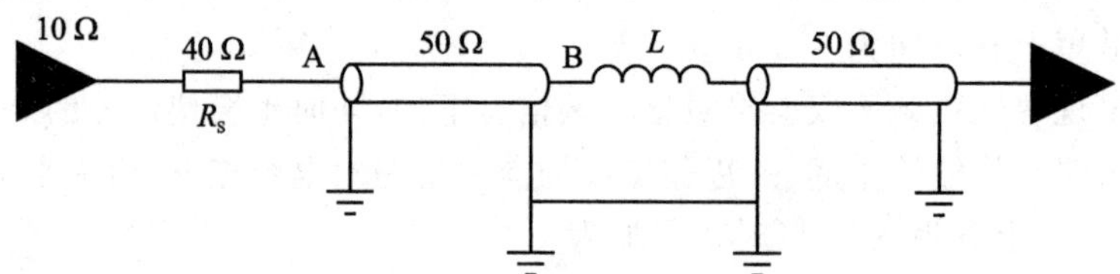

图1-24 传输线中途感性负载信号传输示意图

当信号由源端到达传输线时,由于分压的作用,A点电压为源电压的一半。假设源电压是1 V,源内阻和串联匹配电阻之和为50 Ω,传输线阻抗为50 Ω,则A点初始电压为0.5 V。信号继续沿着传输线进行传播到感性突变处B点。对于边沿快速上升的信号,串联回路电感初始可以看成是一个高阻抗元件,因此会产生返回源端的正反射。B点的波形是入射电压和反射电压之和,其信号形状将会是一个先上升再下降的非单调波形。该反射信号继续传播到A点,在A点也会形成一个先上升后下降的非单调波形。其波形仿真信号如图1-25所示。

B点的部分信号将继续往前传播到传输线远端。远端的传输信号将出现过冲,并有一个时延累加,如图1-26所示。

为避免感性突变对信号质量造成大的影响,也就是说,反射信号需要小于信号摆幅的10%,以确保电感阻抗小于传输线阻抗的20%,其关系式如下:

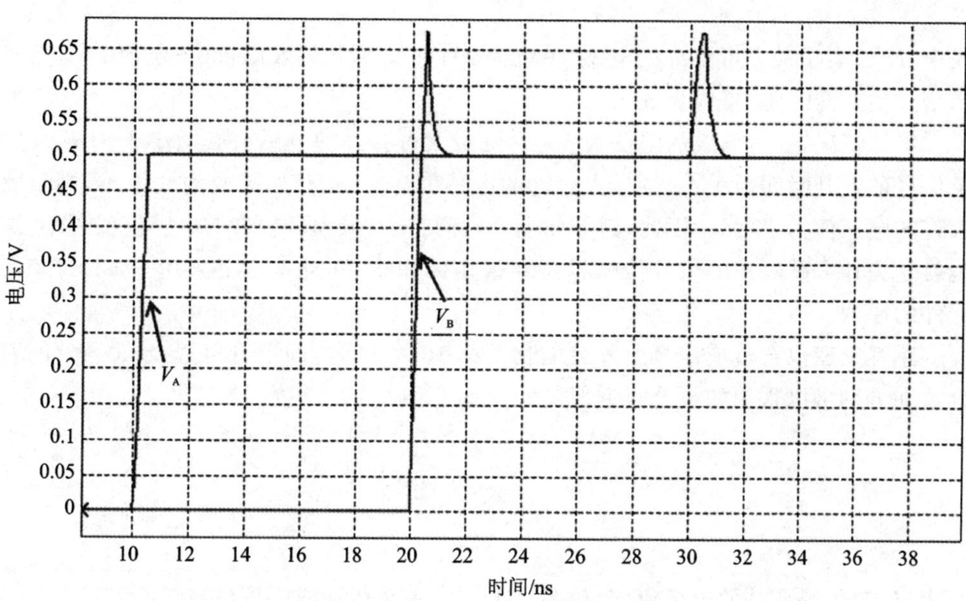

图 1-25　感性负载下传输线近端和感性突变点的信号波形仿真示意图

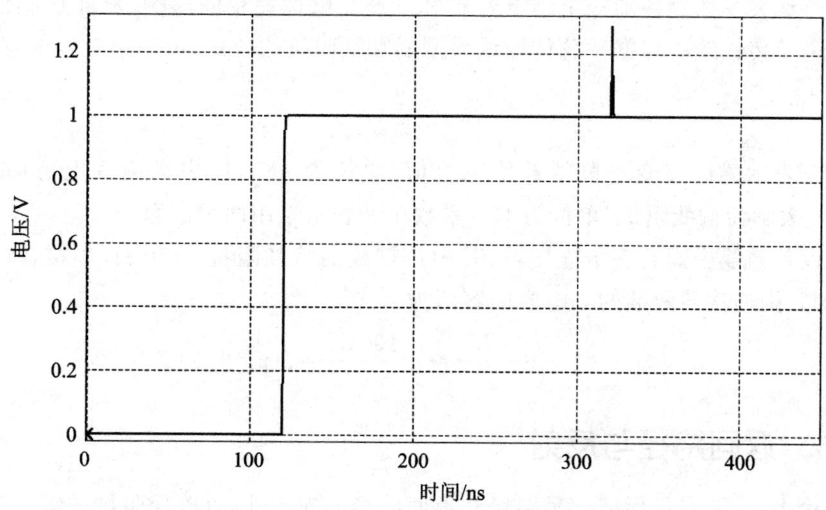

图 1-26　感性负载下传输线远端信号波形仿真示意图

$$Z_{\text{inductor}} < 0.2Z_0$$

如果信号是线性上升，则电感阻抗为

$$Z_{\text{inductor}} = \frac{V}{I} = \frac{L\dfrac{\mathrm{d}i}{\mathrm{d}t}}{I} = \frac{L}{T_{\mathrm{r}}}$$

也就是说，最大可容许的电感值为

$$L_{max} < 0.2Z_0 \times T_r$$

式中，L_{max} 表示最大可容许的电感(单位为 nH)；Z_0 为传输线阻抗(单位为 Ω)；T_r 表示信号的上升时间(单位为 ns)。

特殊情况，若传输线的阻抗为 50 Ω，则最大可容许的电感值必须小于 $10T_r$。如果信号的上升时间为 1 ns，则最大容许的电感值为 10 nH；如果改为 0.1 ns，则最大容许的电感值为 1 nH。因此，信号的上升时间越小，最大可容许的电感值就越小，这也就是为什么越高速的信号传输越需要采用体积小，并且基本上采用 SMT 封装的元件的原因。

感性突变也会造成信号上升沿退化。其 10%～90%的上升沿以及 50%处的时延累加分别可以采用如下公式近似：

$$\tau_{10\%\sim90\%} = \frac{L}{Z_0}$$

$$\tau_{50\%} = \frac{L}{2Z_0}$$

式中，L 表示突变处的电感值(单位为 nH)；Z_0 表示传输线阻抗(单位为 Ω)；$\tau_{10\%\sim90\%}$ 和 $\tau_{50\%}$ 分别表示 10%～90%的上升沿以及 50%处的时延累加(单位为 ns)。

在感性突变两侧各加一个小电容器可以补偿感性突变的影响，从而把感性突变转化为一节传输线。根据一阶传输线模型的特性阻抗的公式，可得小电容的容值为

$$C_C = \frac{1}{2}\frac{L}{Z_0^2}$$

式中，C_C 表示感性突变一侧的补偿电容值(单位为 nF)；L 表示突变电感(单位为 nH)；Z_0 表示传输线阻抗(单位为 Ω)；系数 1/2 表示采用两个电容。

假设传输线中间有一个连接器，其中传输线的特性阻抗为 50 Ω，连接器的电感为 10 nH，则连接器两端的小电容的容值为

$$C_C = \frac{1}{2}\frac{L}{Z_0^2} = \frac{1}{2}\frac{10\ \text{nH}}{50^2\,\Omega} = 2\ \text{pF}$$

1.1.6 返回路径与反射

理论上，需要尽量保持信号路径和返回路径的连续性，以确保阻抗连续。但是在实际进行电路设计时，由于 PCB 面积以及系统尺寸等各种原因，返回路径可能会因为各种原因被割裂出现间隙，比如电源平面被分隔成不同的电源，或者被过孔、连接器等破坏掉，导致返回路径的不连续。

如果单端信号的返回路径出现的间隙很宽，如图 1-27 所示，信号在返回路径上将感受到一个大的感性突变。

假设返回路径上的间隙为 200 mil(远处连接)，单端传输线的特性阻抗为 50 Ω 且被端接，此时采用 100 ps 的信号驱动该传输线，在区域 1 和区域 3 的终端进行信

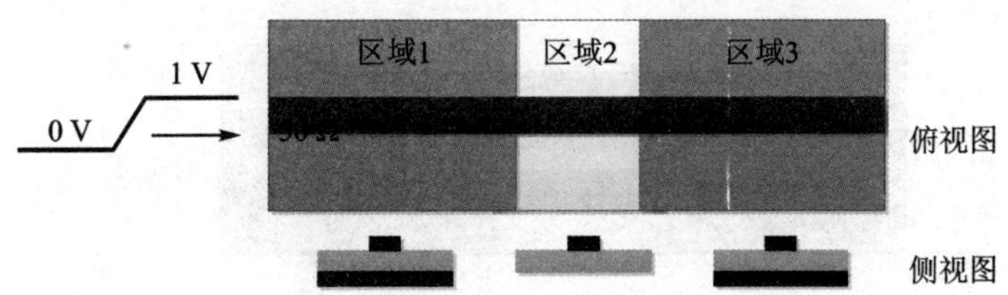

图 1-27　单端信号的返回路径出现间隙(区域 2)示意图

号量测,其波形如图 1-28 所示。可以看出,区域 1 的输入及反射信号波形将出现一个较高的感性反射。

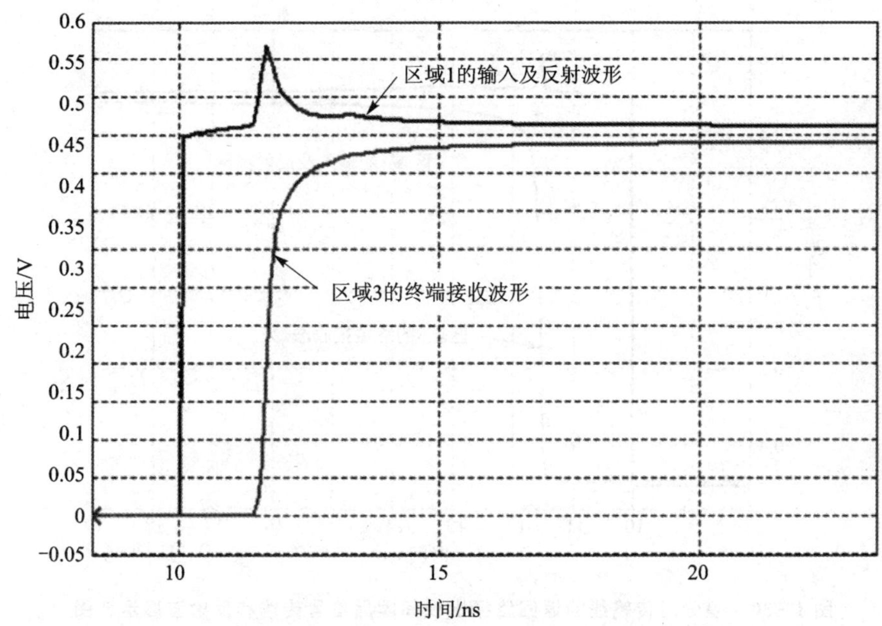

图 1-28　单端信号的返回路径出现间隙后信号传输和反射波形示意图

同时,由于串联电感突变,信号的上升时间会骤增,导致信号的上升沿退化。

可以通过增加低 ESL 值的缝补电容来弥补该间隙。但是由于电容的频率特性,采用该方案,很难获得良好的高频特性。

另外一种情形是,差分对传输线的返回路径出现的间隙很宽,如图 1-29 所示。

假设差分对传输线的差分阻抗为 100 Ω,间隙区域的差分阻抗为 160 Ω。如果此时传输线之间的距离小于传输线到返回平面的距离,差分阻抗的大小就与返回平面①的位置无关。虽然间隙区域的阻抗与有返回路径的传输线不同,会引起一定的信号质量问题,但是由于差分信号的返回电流将在公共电感中重叠而抵消,因此差分

① 任何信号都有信号路径(也就是导线)和返回路径(也就是地或电源)。通常返回路径采用的是一个地平面或者电源平面,所以称为返回平面。

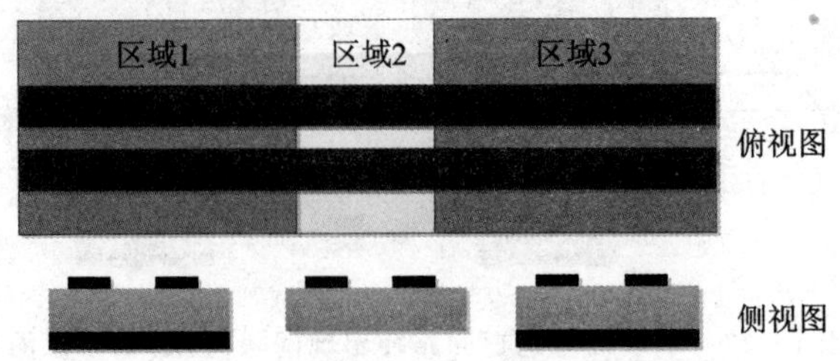

图 1-29　差分对传输线的返回路径出现间隙(区域 2)示意图

信号的地弹将远远小于单端信号的地弹,如图 1-30 所示。

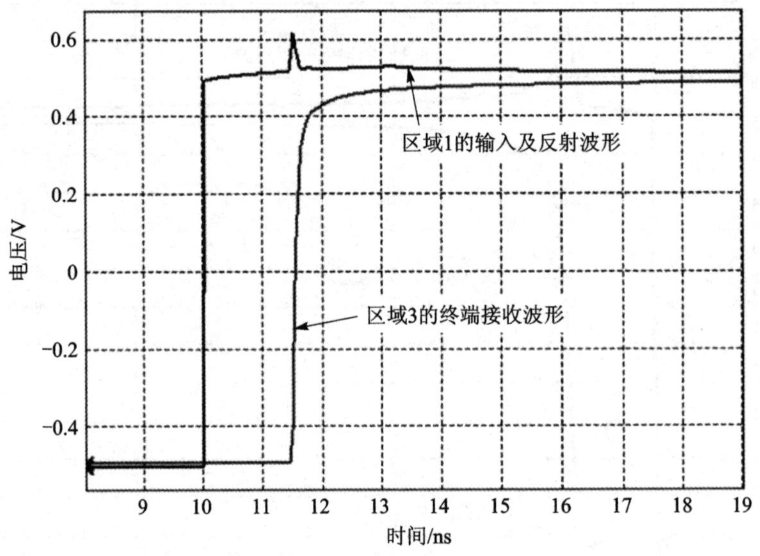

图 1-30　差分对传输线的返回路径出现间隙后信号传输和反射波形示意图

1.2　串　扰

串扰和反射一样,都是信号完整性研究的主要课题之一。反射是单个线网内部由于阻抗突变所造成的信号完整性问题,其表现就是振铃。而串扰是指线网之间由于有害信号从一个线网传递到相邻线网而造成的信号完整性问题。噪声源所在的线网被称为动态线网或者攻击线网,而有噪声产生的线网被称为静态线网或受害线网。

1.2.1　串扰产生的机制

串扰的本质是线网之间的能量耦合。当信号沿着传输线进行传播时,信号路径和返回路径之间以及周围会产生电力线和磁力线圈。它们不仅会在信号路径和返回路径之间传播,而且会延伸到周围空间,形成边缘场。由于边缘场的存在,就会产生容性耦合和感性耦合，信号就会通过容性耦合电容（互容）以及感性耦合电感（互感）把能量从动态网络耦合到静态线网中去，如图1-31和图1-32所示。可以看出，串扰就是通过电场和磁场耦合的综合结果。当返回路径是一个很宽的均匀平面时，容性耦合和感性耦合的量级大体相同。如果返回路径是一个很窄的平面，如封装和连接器的引脚，则此时感性耦合远远大于容性耦合，串扰由感性耦合决定。虽然边缘场不会消失，但是可以通过拉开动态线网和静态线网之间的距离，或者让信号平面靠近返回平面来减小边缘场泄漏到邻近的线网上。

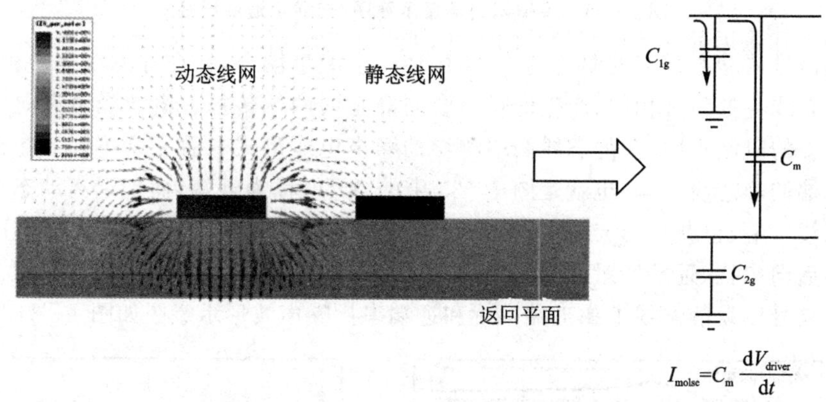

图1-31　线网之间的电力线分布以及等效的耦合电容示意图

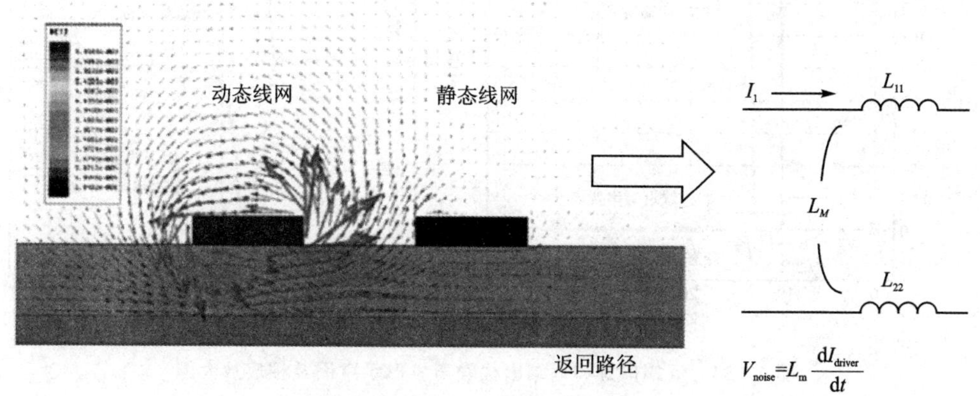

图1-32　线网之间的磁力线圈分布以及等效的耦合电感示意图

1.2.2　近端串扰和远端串扰

为了准确地进行串扰量测，需要把动态线网传输线的远端进行端接，保证信号在动态线网上不会发生反射，同时需要把静态线网传输线的两端进行正确端接，保证噪声在静态线网上不会发生反射，其动态线网和静态线网连接示意图如图1-33所示。

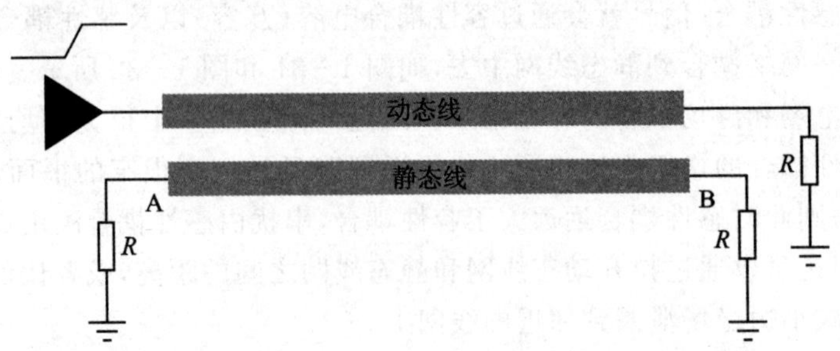

图 1-33　传输网络端接示意图(未显示返回路径)

当信号从动态线网的驱动端传入时，会产生能量耦合，并在静态线上产生噪声。由于静态线各处阻抗相同，产生的噪声会向静态线两端传播。由于噪声在向两端传播过程中的机制不同，在静态线两端测得的噪声电压形式也就完全不同。在靠近动态线源端的静态线一端，也就是图 1-33 中的 A 点，称为近端，而把远离动态线源端的静态线一端，也就是 B 点，称为远端。近端所量测的串扰称为近端串扰(NEXT)，也称为后向串扰，远端所量测的串扰称为远端串扰(FEXT)，也称为前向串扰。其动态线上信号以及静态线上的近端串扰和远端串扰噪声波形示意图如图 1-34 所示。

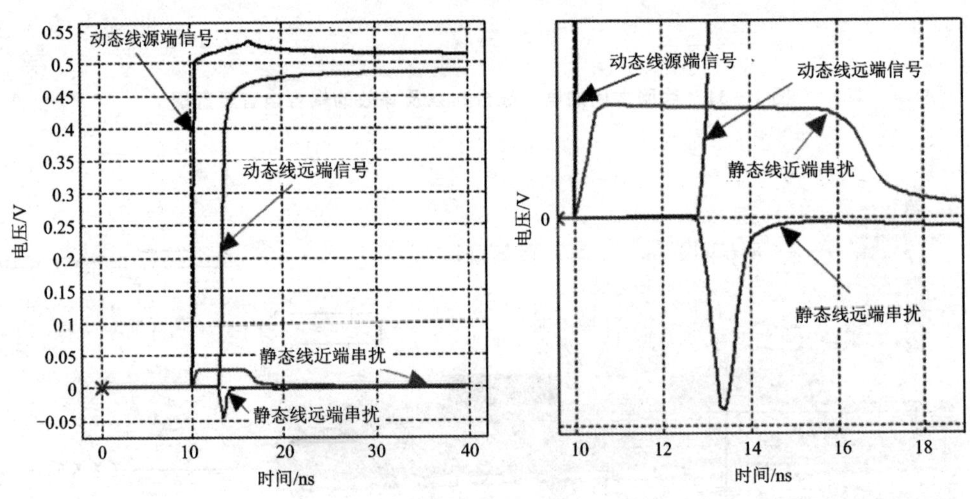

图 1-34　近端串扰和远端串扰噪声波形示意图及相应放大图

从图 1-34 中可以看出，当动态线上信号发生变化时，静态线上的近端串扰就会迅速上升到一个固定值，并且保持该值持续一段时间(该时间为传输线耦合长度时延的 2 倍)然后下降。其电压峰值电压与信号电压的比值称为近端串扰系数(K_{NEXT})。显然，该系数越大，近端串扰就越大。可以通过加大走线间距，或者把返回平面更靠近信号走线来减小近端串扰。

而远端串扰则需要信号在动态线上走过一个单程时间才会出现，并且是一个宽度为信号的上升时间的脉冲。其峰值电压与信号电压的比值称为远端串扰系数

(K_{FEXT})。该系数越大,远端串扰就越大。减小远端串扰的办法可以通过减少耦合长度、加大走线间距、将返回平面更靠近信号走线以及加大信号上升时间等来实现。

1.2.3　串扰模型及等效电路图

串扰是指通过线网之间的互容和互感来进行能量耦合。因此也可以借鉴传输线的 n 节集总电路模型来描述一对紧耦合传输线的串扰等效电路,其中一节的等效电路模型如图 1-35 所示。图中,每一个传输线采用传输线一阶 LC 模型等效,而传输线之间通过互容和互感进行连接。

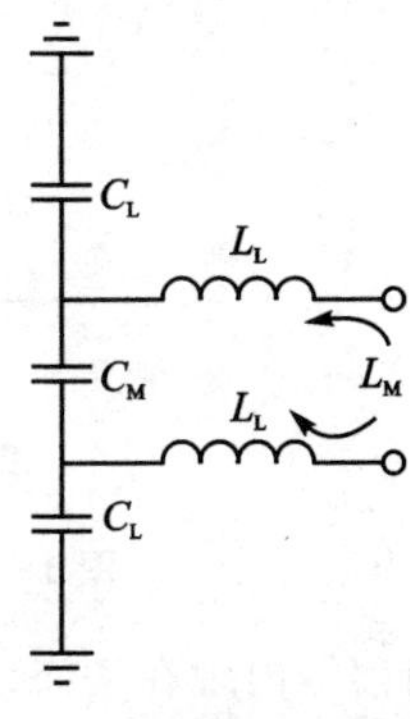

图 1-35　紧耦合传输线的串联等效电路中的一节等效电路模型示意图

根据传输线的 n 节集总电路模型,串扰的等效电路所需要的最少节数取决于所要求的带宽 BW_{model} 和时延 T_D,即

$$n > 10 \times BW_{model} \times T_D$$

因此,以 n 节集总电路模型来描述紧耦合传输线的串联模型如图 1-36 所示。

在不考虑互感的情况下,紧耦合传输线之间仅含互容元件。假设耦合长度大于饱和长度,其等效电路模型如图 1-37 所示。当信号进入动态传输线时,其信号前沿延伸空间会有耦合电流通过互容进入静态线,电流大小为

$$I_C = C_m \frac{dV}{dt} = C_{ml}\Delta x \frac{dV}{dt} = C_{ml} v T_r \frac{dV}{dt}$$

式中,I_C 表示容性耦合噪声电流;C_m 表示信号前沿延伸空间的耦合互容;v 表示信号的传播速度;V 表示信号的电压;C_{ml} 表示单位长度互容;Δx 表示信号前沿的空间延伸长度;T_r 表示信号的上升时间。

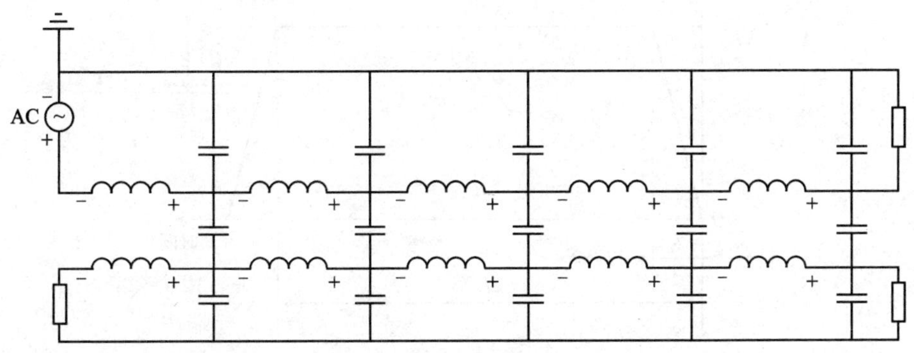

图 1-36　紧耦合传输线的串扰等效电路示意图

假设信号是线性上升的,则容性耦合电流可以表示如下:

$$I_C = C_{ml} v T_r \frac{V}{T_r} = C_{ml} v V$$

从式中可以看出，容性耦合电流虽然是由信号的上升沿出现而产生的，但是耦合电流总量却与上升沿无关。

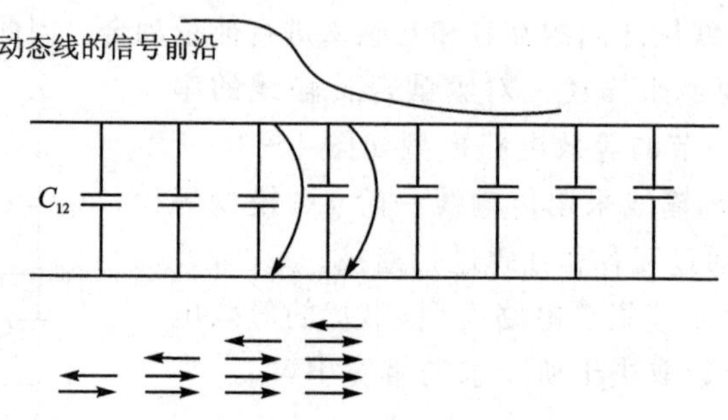

图 1-37　耦合传输线容性耦合等效电路模型示意图

当信号出现在动态线上时，噪声就会通过耦合电容传送到静态线上，因此容性耦合电流从驱动器的上升沿出现就会开始出现。由于静态线上的阻抗各处相同，因此当噪声出现在静态线上时，前向和后向电流均相等，且由于耦合电流回路是从信号路径到返回路径，所以静态线上的前向和后向电压均为正电压。

当信号的上升沿结束时，近端电流将达到最大值。当动态线上的信号前沿离开耦合区域时，耦合噪声电流就会开始减小并持续一个上升时间；而静态线上的后向电流会持续流向静态线的近端，并在一个 T_D 的时延后到达。因此，近端电流将持续一个往返时延加一个上升时间，而其饱和电流将持续一个往返时延减去一个上升时间。相应的，其近端串扰噪声电压波形示意图如图 1-38 所示。

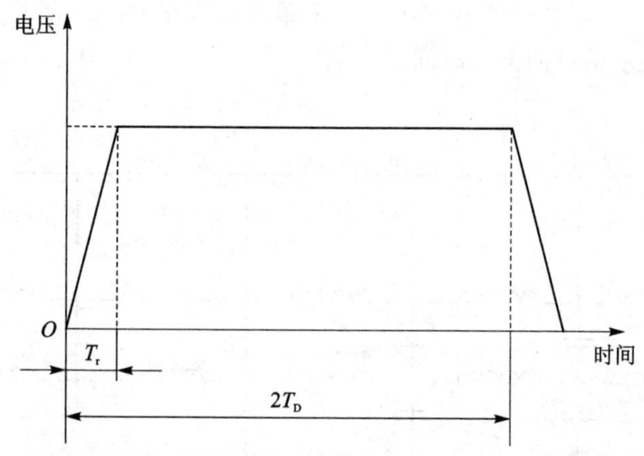

图 1-38　近端容性耦合串扰噪声电压波形示意图

近端容性耦合电流的幅度为

$$I_{C\ \mathrm{NEXT}}=\frac{1}{2}\frac{1}{2}C_{\mathrm{ml}}vV=\frac{1}{4}C_{\mathrm{ml}}vV$$

式中，$I_{C\ \mathrm{NEXT}}$ 表示近端容性耦合饱和噪声电流；C_{ml} 表示单位长度互容 C_{12}；v 表示信号传播速度；V 表示信号电压；第一个 1/2 系数表示容性耦合电流一半流向近端，第二个 1/2 系数表示在每一段时间内，一定量的电荷被转移到静态线并向后移动，但在一个空间延伸范围内，电荷会向两个方向扩散。

另一半电流将沿着静态线向前流动，其速度和动态线上的信号前沿向远端传播的速度相同。电流沿着静态线向前移动一步，一半的噪声电流会叠加在沿正向移动的现有噪声上，并在信号前沿到达远端时，静态线的远端才有电流出现。该电流是从信号路径流向返回路径，并在端接电阻上形成正向压降。其电流幅值大小如下：

$$I_{C\ \mathrm{FEXT}}=\frac{1}{2}C_{\mathrm{ml}}L_{\mathrm{en}}\frac{V}{T_{\mathrm{r}}}$$

式中，$I_{C\ \mathrm{FEXT}}$ 表示在静态线远端容性耦合噪声总电流；系数 1/2 表示容性耦合电流流向远端的部分；C_{ml} 表示单位长度互容 C_{12}；L_{en} 表示耦合长度；V 表示信号电压；T_{r} 表示信号上升时间。

从公式可以看出，远端容性耦合噪声与单位长度互容、耦合长度、信号的上升时间直接相关。减小单位长度互容，缩短耦合长度，拉大信号的上升时间都可以减小远端容性耦合噪声。

远端容性耦合噪声电压波形示意图如图 1－39 所示，可以看出，远端噪声电压直到信号前沿到达远端端接电阻时才会出现，并且仅仅持续一个信号上升时间，表现为一个正向窄脉冲的形式。如果信号线性上升，则该窄脉冲为矩形脉冲。

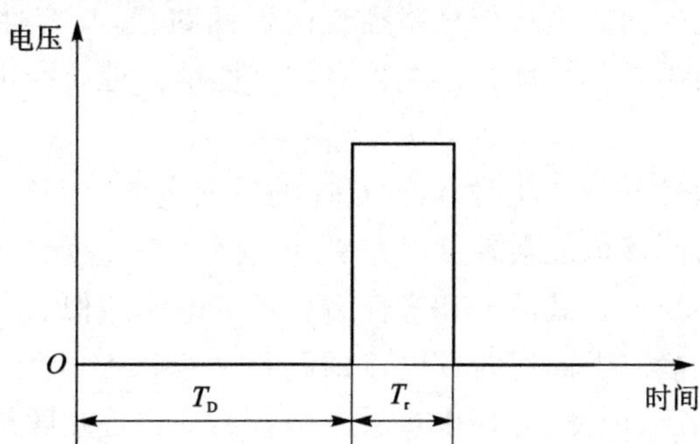

图 1－39　远端串扰容性耦合噪声电压波形示意图

在不考虑互容的情况下，紧耦合传输线之间仅含互感元件。假设耦合长度大于饱和长度，其等效电路模型如图 1－40 所示。

当信号进入动态传输线时，静态线通过互感感应的电压为

$$V_L=L_{\mathrm{m}}\frac{\mathrm{d}I}{\mathrm{d}t}=L_{\mathrm{ml}}vT_{\mathrm{r}}\frac{I}{T_{\mathrm{r}}}=L_{\mathrm{ml}}vI$$

式中，V_L 表示感性耦合噪声电压；L_{m} 表示信号前沿延伸空间的耦合互感；I 表示信

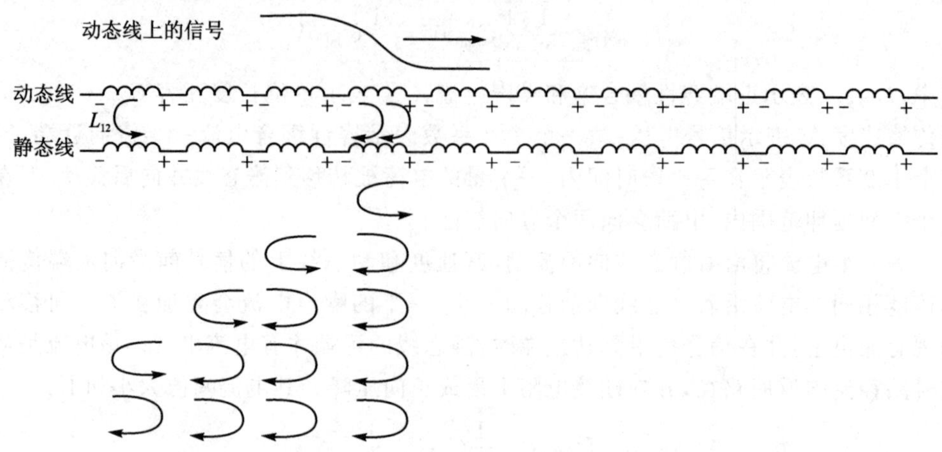

图 1-40 耦合传输线感性耦合等效电路模型示意图

号电流；L_{ml} 表示单位长度互感；v 表示信号传输速度；T_{r} 表示信号的上升时间。

从公式中可以看出，感性耦合噪声幅值与信号的上升沿无关，只取决于单位长度互感。

当信号开始在动态线上进行传播时，其变化的电流会从信号路径返回到返回路径。如果信号是从左往右进行传播，则电流的回路方向是顺时针方向。该变化的电流会在静态线上产生感应电流，根据楞次定律，其感应电流方向与动态线上相反，因此是逆时针方向。感应电流在静态线上受到的阻抗相等，一半电流会流向近端，另外一半电流会流向远端。

流向近端的电流的回路是从信号路径流向返回路径，与容性耦合近端电流的方向相同。近端串扰噪声是感性耦合近端噪声与容性耦合近端噪声之和，即

$$I_{\mathrm{NEXT}} = I_{C\ \mathrm{NEXT}} + I_{L\ \mathrm{NEXT}}$$

当动态线上的信号开始变化时，流向近端的后向电流会跟随上升，并且在一个上升时间后达到最大值。该电流会在 $2T_{\mathrm{D}}-T_{\mathrm{r}}$ 的时间内一直保持恒定，并在接下来的一个上升时间内减小至零。其波形和容性耦合近端电流相似。

前向耦合噪声在静态上的逆时针电流回路是从返回路径流向信号路径，与容性耦合远端电流方向相反，因此，远端串扰噪声是容性耦合远端噪声与感性耦合远端噪声之差，即

$$I_{\mathrm{FEXT}} = I_{C\ \mathrm{FEXT}} - I_{L\ \mathrm{FEXT}}$$

前向感性耦合噪声和动态线上信号前沿传播速度相同，并且每往前移动一步，新的感应耦合噪声电流将会与原有噪声电流进行叠加，直到信号前沿传输到动态线远端，离开耦合区域，此时静态线上的前向感应耦合噪声电流将达到最大，其形状是信号上升沿的微分。假设信号的上升沿线性上升，则静态线上的远端感性耦合噪声电压为一个窄的负脉冲矩形，其宽度为 1 个信号上升时间，如图 1-41 所示。

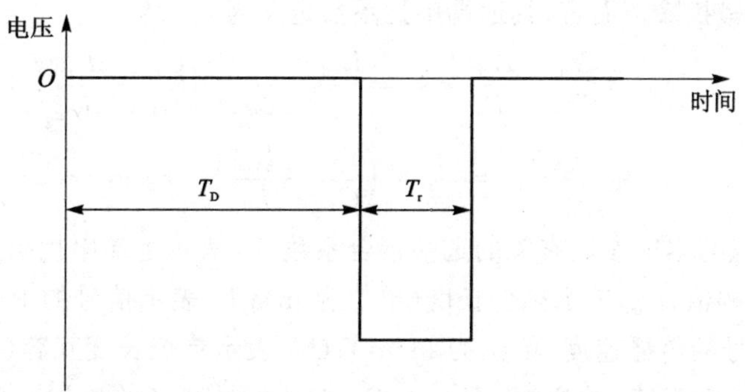

图 1-41 远端串扰感性耦合噪声电压波形示意图

1.2.4 串扰与信号上升时间

根据串扰产生的机制，串扰只会在信号的上升沿出现的时候才产生，其中近端串扰噪声在信号第一个上升沿结束时达到最大值，并且经过两个传输时延后，会开始减小。因此当信号的上升时间 $T_r = 2T_D$ 时，耦合线会达到饱和，该长度称为饱和长度，定义如下：

$$L_{\text{en sat}} = \frac{1}{2} T_r v$$

式中，$L_{\text{en sat}}$ 表示饱和长度(单位为 in)；v 表示信号的传输速度(单位为 in/ns)。

以 FR4 作为介质的 PCB 为例，其相对介电常数为 4，信号传输速度为 6 in/ns，则上式可以简化为

$$L_{\text{en sat}} = 3 \times T_r$$

也就是说，其饱和长度是 3 倍信号上升时间。

对于近端串扰噪声而言，其近端串扰系数定义如下：

$$K_{\text{NEXT}} = \frac{V_b}{V_a} = k_b = \frac{1}{4}\left(\frac{C_{\text{ml}}}{C_L} + \frac{L_{\text{ml}}}{L_L}\right)$$

式中，V_b 表示近端串扰噪声电压幅值；V_a 表示信号电压幅值；k_b 表示近端串扰系数；C_{ml} 表示单位长度互容(单位为 pF/in)；L_{ml} 表示单位长度互感(单位为 nH/in)；C_L 表示信号路径的单位长度电容(单位为 pF/in)；L_L 表示信号路径上的单位长度电感(单位为 nH/in)。

当传输线的耦合长度小于饱和长度时，近端串扰噪声的幅值不能达到最大值。实际的近端噪声电压峰值与耦合长度、饱和长度的比值成比例。假设信号的上升时间为 0.5 ns，即 FR4 介质的饱和长度为 1.5 in，如果传输时延 $T_D = 0.15$ ns，即 FR4 介质的耦合长度为 0.9 in，则近端串扰噪声为

$$\frac{V_b}{V_a} = K_{\text{NEXT}} \times \frac{0.9\ \text{in}}{1.5\ \text{in}} = 0.6 K_{\text{NEXT}}$$

对于远端串扰噪声而言，其远端串扰系数定义为

$$K_{\mathrm{FEXT}}=\frac{V_{\mathrm{f}}}{V_{\mathrm{a}}}=\frac{L_{\mathrm{en}}}{T_{\mathrm{r}}}\times k_{\mathrm{f}}=\frac{L_{\mathrm{en}}}{T_{\mathrm{r}}}\times\frac{1}{2v}\times\left(\frac{C_{\mathrm{ml}}}{C_{\mathrm{L}}}-\frac{L_{\mathrm{ml}}}{L_{\mathrm{L}}}\right)$$

$$k_{\mathrm{f}}=\frac{1}{2v}\times\left(\frac{C_{\mathrm{ml}}}{C_{\mathrm{L}}}-\frac{L_{\mathrm{ml}}}{L_{\mathrm{L}}}\right)$$

式中，k_{f} 表示只与本征参数有关的远端耦合系数；V_{f} 表示远端串扰噪声电压幅值；V_{a} 表示信号电压幅值；L_{en} 表示耦合长度（单位为 in）；T_{r} 表示信号的上升时间（单位为 ns）；v 表示信号的传播速度（单位为 in/ns）；C_{ml} 表示单位长度互容（单位为 pF/in）；L_{ml} 表示单位长度互感（单位为 nH/in）；C_{L} 表示信号路径的单位长度电容（单位为 pF/in）；L_{L} 表示信号路径上的单位长度电感（单位为 nH/in）。

把 vk_{f} 当成一个参数，对上式进行变形，可得

$$K_{\mathrm{FEXT}}=\frac{V_{\mathrm{f}}}{V_{\mathrm{a}}}=\frac{L_{\mathrm{en}}}{T_{\mathrm{r}}\times v}\times v\times k_{\mathrm{f}}=\frac{T_{\mathrm{D}}}{T_{\mathrm{r}}}\times v\times k_{\mathrm{f}}$$

式中，vk_{f} 是一个无量纲参数，只与耦合线的横截面特性相关。当耦合线传输时延等于信号的上升时间，即 $T_{\mathrm{D}}=T_{\mathrm{r}}$ 时，远端串扰噪声只与耦合线的本征特性相关。如果耦合长度增加，或者上升时间缩短，则远端传输噪声将会增加。

如果信号上升时间 T_{r} 大于传输线的延迟时间 T_{D}，即 $T_{\mathrm{r}}>T_{\mathrm{D}}$，假设 $T_{\mathrm{r}}=0.5$ ns，$T_{\mathrm{D}}=0.15$ ns，则近端串扰噪声等于 $0.6K_{\mathrm{NEXT}}$，而远端串扰噪声等于 $0.6vk_{\mathrm{f}}$。近端串扰噪声小于其最大值，而远端串扰噪声也小于其本征特性值，仿真波形如图 1-42 所示，其静态线上的近端串扰信号为 16.7 mV，而远端串扰信号的电压为 −4.23 mV。

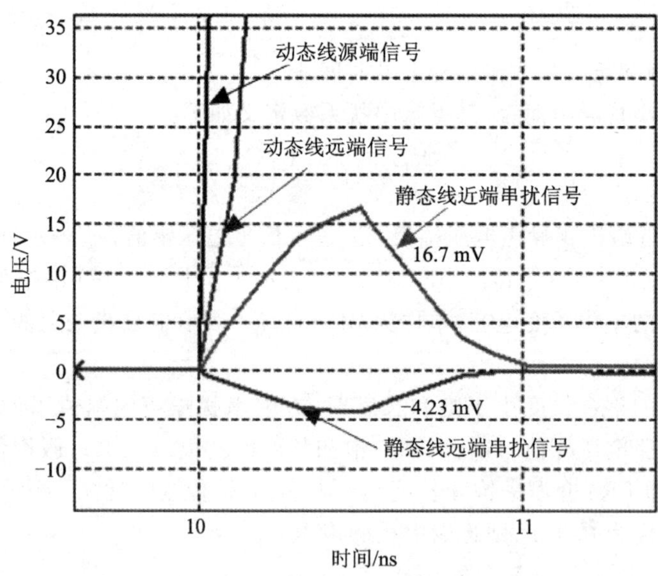

图 1-42　$T_{\mathrm{r}}>T_{\mathrm{D}}$ 的串扰仿真波形图

如果 $T_r < T_D$，假设 $T_D = 3$ ns，而 T_r 变化不等，则无论上升时间如何变化，其近端串扰噪声的波形都很相似，除了上升和下降斜率会稍有不同，其最终的噪声幅值都会达到最大值，并且相等。而远端串扰噪声脉冲幅值会随着上升时间的变小而变大，如图 1-43 所示，如果 $T_r = 0.5$ ns，则远端串扰电压为 −46.3 mV；而如果 $T_r = 0.005$ ns，则远端串扰信号的电压为 −103 mV。这也是随着产品升级换代、信号的上升时间减小，导致远端噪声日益严重的原因。为了减小远端噪声，需要尽量保持信号上升时间长，但是系统规格一旦确定，则几乎不能通过改变信号的上升时间来实现，需要从 PCB 层次进行设计。

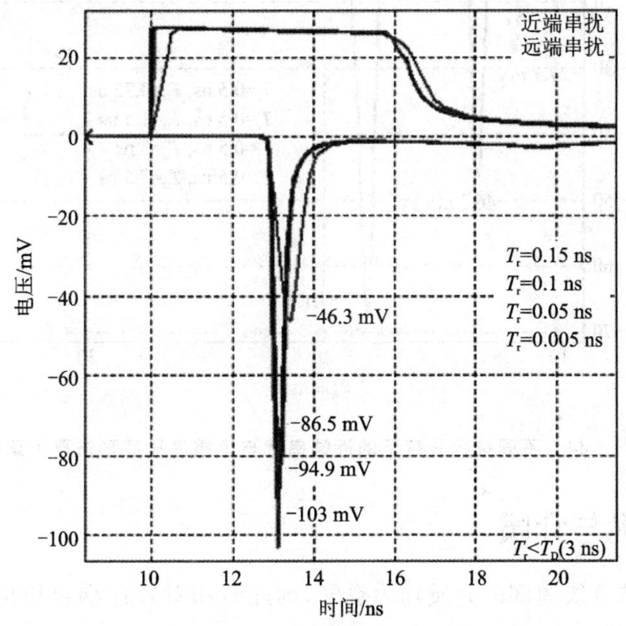

图 1-43　$T_r < T_D$ 的串扰仿真波形示意图

1.2.5　串扰与耦合长度

传输线的耦合长度对近端串扰和远端串扰的影响不同。对于近端串扰而言，耦合长度越长，近端串扰持续的时间就越长，但是不影响近端串扰的噪声幅值；对于远端串扰而言，耦合长度越长，其远端串扰噪声出现的时间越靠后，噪声幅值越大。图 1-44 所示为当动态线上的信号上升时间一定时，不同的 PCB 传输线耦合长度下近端串扰和远端串扰的仿真波形图。可以看出，近端串扰噪声除了持续时间不同外，幅值基本相同；而远端噪声脉冲宽度基本相同，但是出现的时间以及幅值均不相同，耦合长度越长，传播时延就越长，噪声幅值就越大。

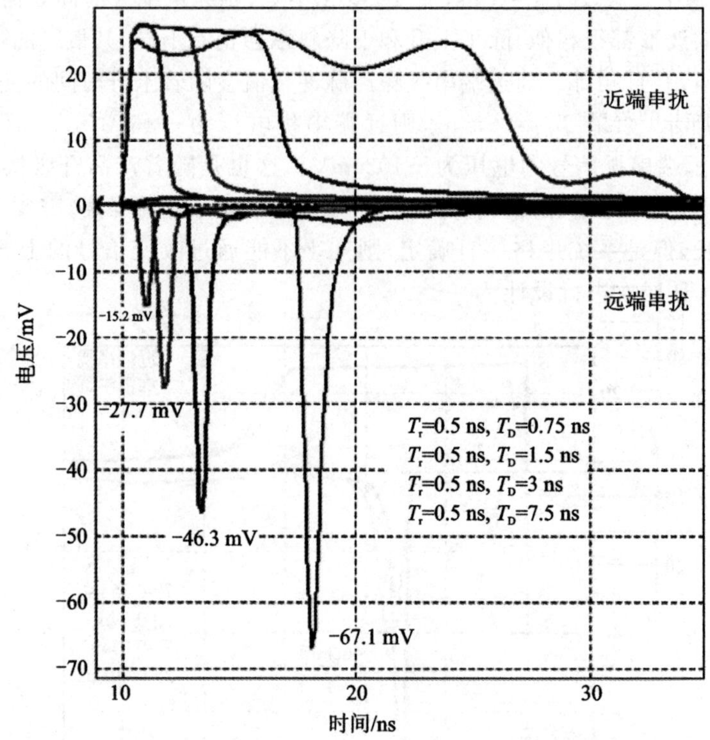

图 1-44　不同耦合长度下的近端串扰与远端串扰波形仿真示意图

1.2.6　串扰与介质

如果一对耦合线周围的介质均为空气，则此时相对容性耦合和相对感性耦合就会相等，根据远端串扰系数可知，此时远端噪声为 0。

如果采用相对介电常数为 ξ_r 的介质，由于磁场与介质基本无关，相对感性耦合不会改变，同时容性耦合 C_{ml} 以及信号路径与返回路径之间的电容 C_L 会与介电常数成正比，但是 C_{ml}/C_L 的值依旧会保持不变，因此只要耦合线周围的介质相同，静态线上就不会出现远端串扰。对于 PCB 的带状线以及完全嵌入式微带线而言，其周围围绕的介质可以看成是同质——尽管 PCB 的预浸材料 PP 和芯片的相对介电常数会稍微不同。因此，采用带状线或者完全嵌入式微带线的信号传输，是没有远端串扰噪声的。

但是如果是非完全嵌入的微带线，由于介质厚度减小，部分电力线将穿过介质到达空气中，容性耦合 C_{ml} 以及信号路径与返回路径之间的电容 C_L 就会减小，但是容性耦合 C_{ml} 将相对减小更多，因此 C_{ml}/C_L 的值会变小。根据近端串扰系数的定义，非完全嵌入的微带线的近端串扰噪声将较微带线或者完全嵌入式微带线的幅值小。

而根据远端串扰系数的定义，非完全嵌入的微带线的远端串扰噪声将较微带线或者完全嵌入式微带线的幅值大。

图1-45所示为微带线和带状线的串扰仿真波形图，可以看出，采用相同的信号波形，微带线上的近端串扰比带状线上的小，远端串扰比带状线上的大。带状线的远端串扰几乎没有。因此，对于关键的高速信号，优先采用带状线进行布线。

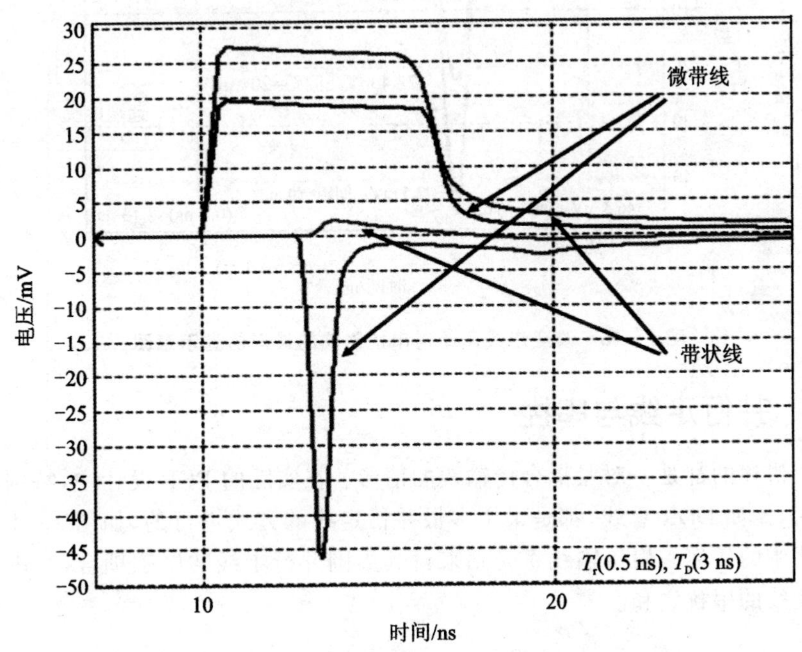

图1-45　带状线和微带线的串扰仿真波形示意图

1.2.7　串扰与走线间距

根据串扰的定义，走线间距越大，则走线之间的容性耦合和感性耦合就会越小，近端串扰和远端串扰的噪声均会减小，这也是减小噪声的有效办法之一。但是增加走线间距，会导致PCB的面积增大，PCB的产品成本增加，这也是产品设计最需要考虑的地方之一。

在保持其他参数不变的前提下，调整传输线的间距。从图1-46中可以看出，间距越小，串扰幅值越大。在6 mil的间距下，近端串扰和远端串扰的噪声幅值最大；而在50 mil的间距下，其近端串扰和远端串扰的噪声幅值几乎接近0。

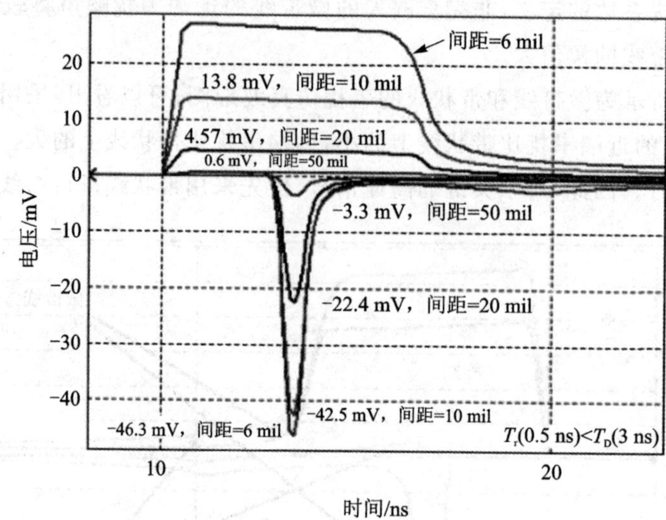

图 1－46　改变走线间距对串扰影响的波形仿真示意图

1.2.8　并行走线与串扰

以上讲述的都是一对紧耦合传输线的情形。在实际的 PCB 设计中，特别是在总线设计时，比如 DDR 总线，都是采用多根并行走线的方式进行的，如图 1－47 所示。并行走线中的任何一根传输线将受到来自其周围并行走线的电磁耦合，其串扰是来自其他走线的串扰之和。

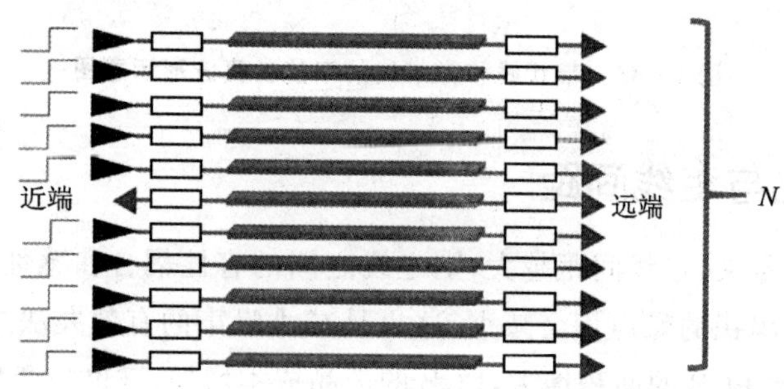

图 1－47　并行走线示意图

这样，每对导线之间都有耦合电容，导线和返回平面之间也存在着电容；另外每一个信号路径和返回路径之间都有回路电感，回路之间也存在着耦合电感。因此，在进行并行走线的串扰分析时，一般采用电容矩阵和电感矩阵的形式。假设有 5 根并行走线，则其电容矩阵和电感矩阵分别为

$$\begin{bmatrix} C_{11} & C_{12} & C_{13} & C_{14} & C_{15} \\ C_{21} & C_{22} & C_{23} & C_{24} & C_{25} \\ C_{31} & C_{32} & C_{33} & C_{34} & C_{35} \\ C_{41} & C_{42} & C_{43} & C_{44} & C_{45} \\ C_{51} & C_{52} & C_{53} & C_{54} & C_{55} \end{bmatrix}$$

$$\begin{bmatrix} L_{11} & L_{12} & L_{13} & L_{14} & L_{15} \\ L_{21} & L_{22} & L_{23} & L_{24} & L_{25} \\ L_{31} & L_{32} & L_{33} & L_{34} & L_{35} \\ L_{41} & L_{42} & L_{43} & L_{44} & L_{45} \\ L_{51} & L_{52} & L_{53} & L_{54} & L_{55} \end{bmatrix}$$

其中，C 和 L 分别表示单位长度电容和单位长度电感；下标数字表示传输线的编号。如果数字相同，如 C_{11} 和 L_{11}，则分别表示信号路径 1 和返回路径之间的电容和回路电感；如果数字不同，如 C_{12} 和 L_{12}，则分别表示信号路径 1 和信号路径 2 之间的耦合电容，以及信号回路 1 和信号回路 2 之间的耦合电感。尽管 C_{12} 和 C_{21}、L_{23} 和 L_{32} 的下标数字序号不同，但都是指同一电容或者电感值。

由矩阵可以看出，对角线上都是信号路径和返回路径之间的电容和回路电感，非对角线上则是耦合电容和耦合电感。其中电容矩阵称为 SPICE 矩阵，也可以采用麦克斯韦电容矩阵来实现。

通常电容矩阵和电感矩阵的对角线值比较大，而非对角线的值比较小。通过电容矩阵和电感矩阵的组合，采用软件进行仿真可以获得其中某一个静态线上的串扰噪声波形。

如图 1－47 所示，假设并行传输线数量分别是 3、5、9 和 11，信号在所有的动态线上同时上升，并且信号的上升时间小于耦合线的传输时延，其仿真波形如图 1－48 所示。

从图 1－48 中可以看出，并行传输线数量越多，其近端串扰和远端串扰就越大，但并不是成比例增长的。当传输线达到一定数量时，其串扰幅值将不会继续增大。当 $N=9$ 和 $N=11$ 时，其近端串扰和远端串扰几乎相等。

事实上，并行走线的串扰与其几何结构相关。当线间距大于 2 倍或 4 倍介质厚度时，相邻导线的存在对 SPICE 电容矩阵的对角线元素的影响非常小，但非对角线元素的值会减小。因此，在两条导线之间增加另外一条导线，该导线将获得前两条导线之间的一些电力线，减小前两条导线之间的串扰，这就是防护布线的基本原理，如图 1－49 所示。

防护布线，会影响攻击线和受害线之间的电磁场，使得电容矩阵和电感矩阵的元素值减小。根据经验，加大线间距可以把噪声降到 1/4；如果再加入防护布线并且短接其两端，则噪声还能再减小 1/2。但是，如果让防护布线开路，则防护布线上的噪

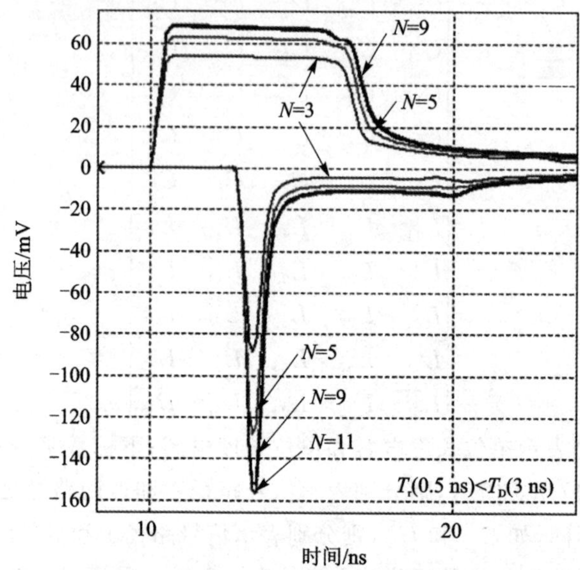

图 1-48 数量不同的并行传输线的串扰仿真波形示意图

图 1-49 防护布线示意图

声是最大的，可能会增加静态线上的串扰。因此，正确的防护布线需要使其两端短路。

防护布线上短路过孔也可以有效降低防护布线上的远端噪声。过孔越多，防护布线上的远端噪声就越小。但是过小的过孔间距对耦合到受害线上的噪声没有影响。原则上，短路过孔应当沿着防护布线分布开，在信号上升沿的空间延伸里至少有3个过孔。

1.2.9 串扰与信号方向

当两条攻击线上的信号方向相同时，在静态线上产生的近端串扰和远端串扰的方向相同。根据叠加原理，静态线上的串扰将分别是来自两条攻击线上的串扰之和。当两条攻击线上的信号方向相反时，静态线上产生的近端串扰和远端串扰依旧是来自两条攻击线上的串扰之和。但是，如果信号方向相反，则来自两条攻击线上的串扰的方向也相反；如果两条攻击线上的信号幅值相同，则静态线的串扰为0。其攻击线上的信号方向和波形如图1-50和图1-51所示。

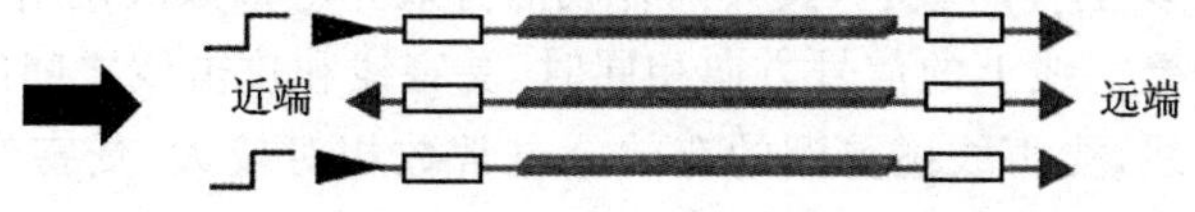

图 1-50　攻击线上的信号方向示意图

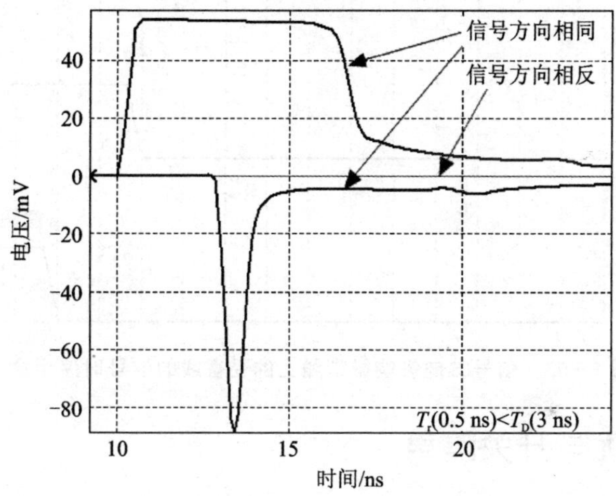

图 1-51　攻击线上的信号方向对串扰影响的波形仿真图

实际工作中的受害线并不是没有信号。如果受害线的信号和攻击线上的信号相同，则考虑如下三种情况：只有受害线上有信号、攻击线和受害线上的信号方向相同，以及攻击线和受害线上的信号方向相反，如图 1-52 所示。

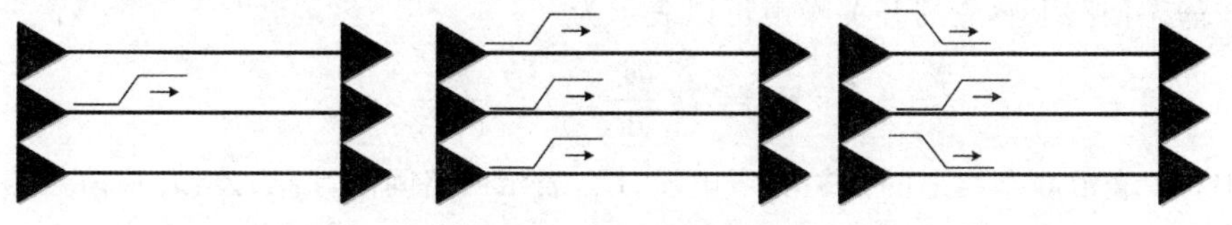

图 1-52　攻击线和受害线上的信号方向示意图

信号的传播速度与周围介质的介电常数相关。对于带状线而言，介质固定，信号的传播速度不会变化，串扰对时序不会有任何影响；对于微带线而言，由于介质材料的不对称和信号线之间的边缘场不相同，信号的时序可能会有影响。

在微带线上，当攻击线上没有信号进行传输时，受害线上的信号传输只会受到

PCB 介质材料以及空气的影响,其共同合成的有效介电常数决定信号的速度。

当攻击线和受害线上的信号方向相同时,受害线和攻击线之间的电位相同,空气中基本没有电力线,受害线感受到的有效介电常数相对较大,受害线信号速度降低,时延增加。

当攻击线和受害线上的信号方向相反时,受害线和攻击线之间的电场将会很强,有部分电力线将出现在空气中,受害线感受到的有效介电常数相对较小,受害信号速度增加,时延减小。三种情形下,信号到达终点的波形时序示意图如图 1-53 所示。

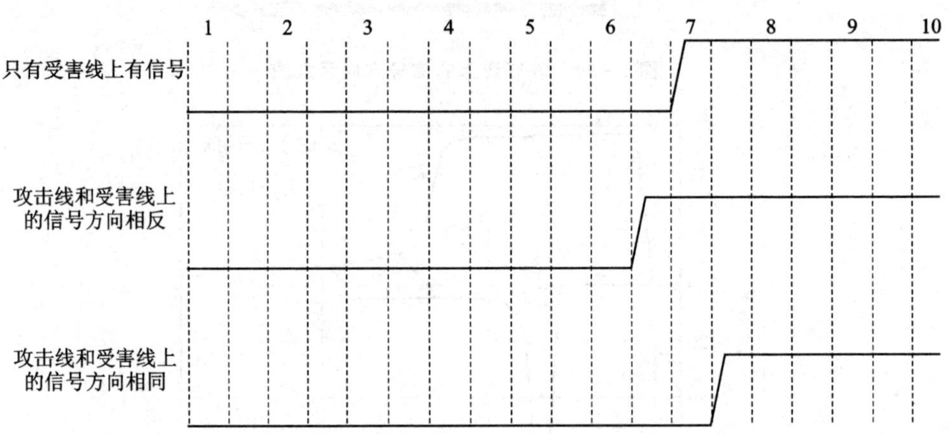

图 1-53　信号方向影响微带线上的受害线的信号时序示意图

1.2.10　串扰与开关噪声

若返回路径不是很宽的均匀平面,则静态线上的串扰主要由感性耦合所主导,比如芯片封装、连接器以及返回路径被隔断的区域。如果发生的区域小,则可以使用单个集总互感器来模拟耦合。由于静态线上的噪声只会在动态线上的电流发生变化才出现,因此互感占主导地位时发生的噪声就称为开关噪声、$\mathrm{d}I/\mathrm{d}t$ 噪声或者 ΔI 噪声。地弹也是开关噪声的一种,只是它发生在公共返回路径上。

静态回路上感应的开关噪声可以表示为

$$V_n = L_m \frac{\mathrm{d}I_a}{\mathrm{d}t} = L_m \frac{V_a}{T_r Z_0}$$

式中,V_n 表示静态线上的开关噪声电压;L_m 表示回路间的互感;Z_0 表示信号路径的阻抗;V_a 表示动态回路上的信号电压;T_r 表示信号的上升时间;I_a 表示动态回路上的信号电流。

要减小连接器和封装设计中的开关噪声,最好的方式就是减小回路互感。如果设计中规定了最大的回路开关噪声,则可以计算出最大可容许的回路互感:

$$L_m = \frac{V_n}{V_a} T_r Z_0$$

通常，开关噪声需要限制在信号摆幅的 5%～10% 以内。如果信号的上升时间为 1 ns，信号路径的阻抗为 50 Ω，设计要求开关噪声最大为信号摆幅的 5%，则最大可容许的回路互感为 2.5 nH。

从经验法则来看，最大可容许的回路互感 L_m 需要小于 2.5 nH×T_r。

要减小开关噪声，需要减小回路长度，拉大回路间距，让信号路径靠近返回路径等。这也是为什么封装和连接器的发展趋势是越来越小，为什么连接器进行高速信号连接时需要使用足够的电源和地引脚的原因。

1.2.11　串扰与端接

如之前所述，在进行串扰分析时，需要把静态线两端进行端接，否则串扰噪声就会在静态线上进行往返传送，导致反射，加重噪声。但是，实际电路设计时，静态线并非双端端接，此时的静态线上的噪声将会如何表现呢？

图 1-54 所示为静态线两端均进行端接的情形。当信号在动态线上进行传播时，静态线将会产生相应的近端串扰和远端串扰，如上面章节所述。该串扰将在静态线上进行传播，并且由于完美匹配，所以不存在噪声在静态线中的反射，其仿真波形如图 1-55 所示。可以看出，其近端串扰噪声为 27.1 mV，而远端串扰噪声为 -46.3 mV。

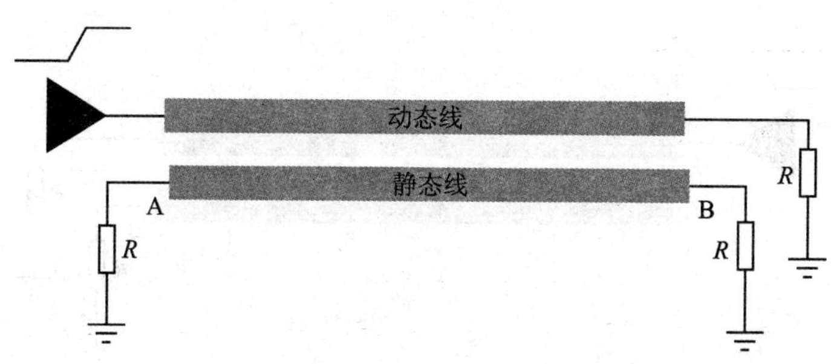

图 1-54　静态线两端端接连接示意图

图 1-56 所示为静态线近端开路的情形。当信号在动态线上进行传播时，静态线将会出现近端串扰和远端串扰。当第一个信号上升沿出现在动态线时，静态线上将会有近端串扰，并且往近端传输。由于近端开路，因此该噪声会发生全反射。对于近端开路的近端串扰而言，其噪声幅值将是近端端接的近端串扰电压幅值的 2 倍。而远端串扰将在一个传输时延后发生，由于近端噪声的反射，因此远端噪声的脉冲幅值将有所减小，并且在脉冲过后会出现一个正向的噪声电压，其值大约是近端串扰噪声的一半——这也是近端串扰全反射的噪声。其仿真波形如图 1-57 所示。可以看出，近端串扰噪声为 54.8 mV，远端串扰噪声为 -37.2 mV。

图 1-58 所示为静态线远端开路的情形。当信号在动态线上进行传播时，静态线将会出现近端串扰和远端串扰。当第一个信号上升沿出现在动态线时，静态线上

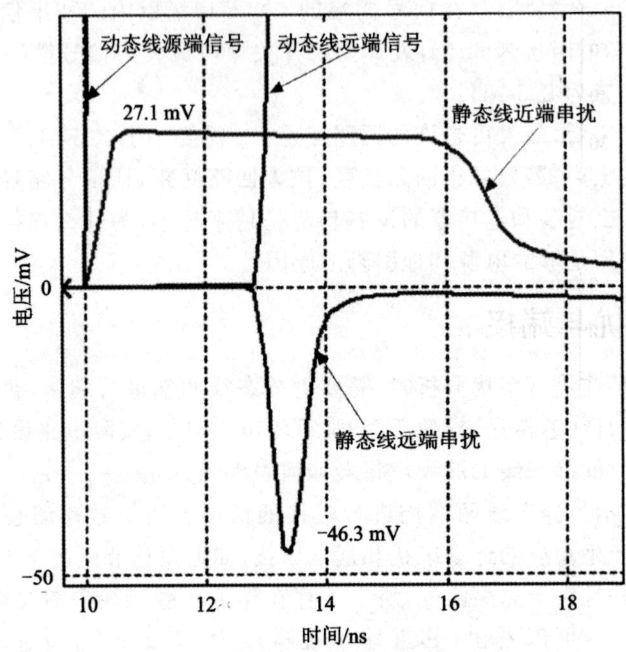

图 1-55　静态线两端端接后串扰噪声波形仿真示意图

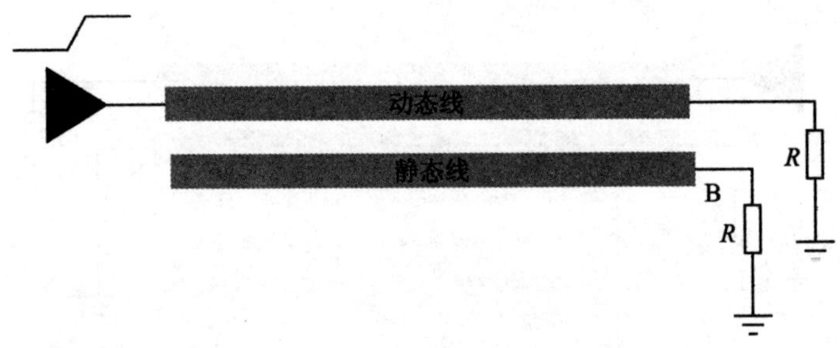

图 1-56　静态线近端开路示意图

将会有近端串扰，并且往近端传输。由于近端端接，因此该噪声不会发生反射，其幅值等于静态线两端端接的近端串扰电压幅值。而远端串扰将在一个传输时延后发生，由于远端开路，因此该脉冲噪声会发生全反射，脉冲幅值将等于静态线两端端接的远端串扰电压幅值的 2 倍。反射的远端串扰噪声信号将继续沿着静态线往近端传播。当到达近端时，其脉冲会和近端串扰进行叠加，造成近端串扰波形出现一个下冲，下冲宽度为一个信号上升时间。该反射信号将被近端端接电阻吸收。其仿真波形如图 1-59 所示，可以看出，近端串扰噪声为 27.1 mV，远端串扰噪声为 －92.8 mV。

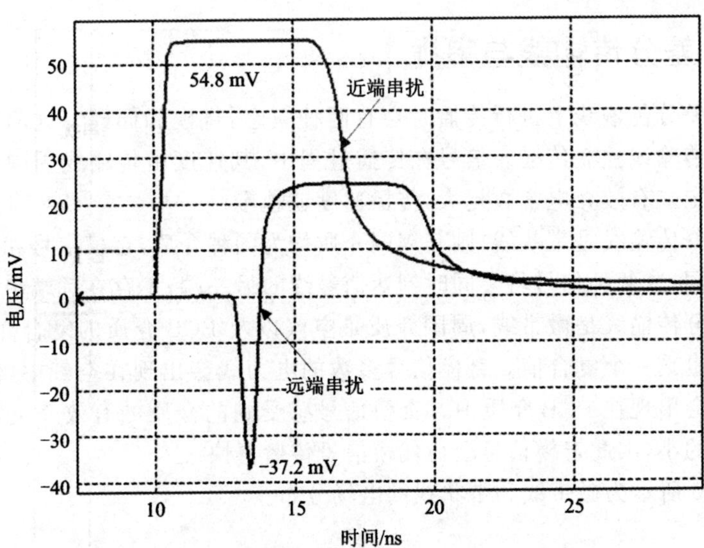

图 1－57　静态线近端开路后串扰噪声波形仿真示意图

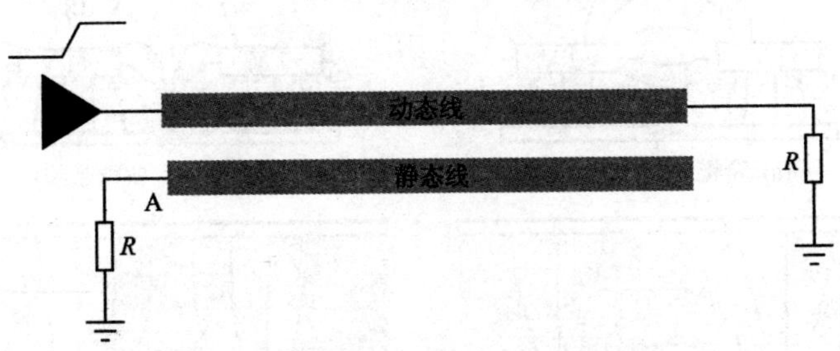

图 1－58　静态线远端开路示意图

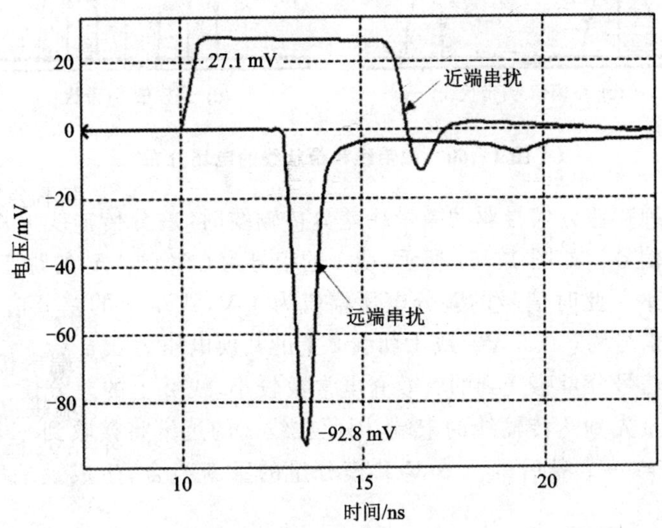

图 1－59　静态线远端开路后串扰噪声波形仿真示意图

1.2.12 差分传输线与串扰

信号在差分传输线上进行传播时会有两种模态:奇模和偶模。这两种模态信号会沿着差分传输线独立传播。信号在传播过程中,其速度由传输线周围介质的有效介电常数决定。有效介电常数越大,传播速度就越慢。

如果差分传输线是带状线,则其周围介质均为同种介质,奇模信号和偶模信号传输的速度相同,这两种信号将会同时到达信号线的另一端,不存在远端串扰。

如果差分传输线是微带线,周围介质是空气以及 PCB 介质的复合介质,则其有效介电常数也是一个复合值。奇模信号多数的电力线会出现在空气中,偶模信号多数的电力线会出现在 PCB 介质中。奇模信号感受到的介质的有效介电常数会较偶模信号感受的小,因此奇模信号会比偶模信号传播得快。

图 1－60 所示为微带线和带状线的电场分布。

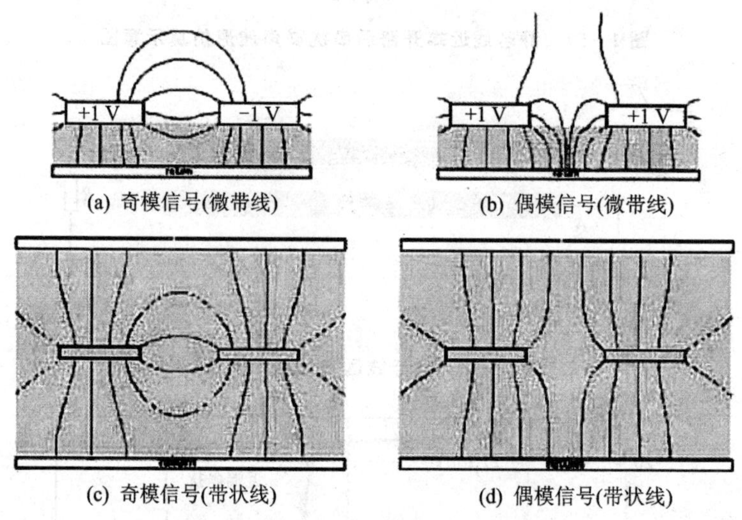

图 1－60　微带线和带状线的电场分布

当采用非纯粹差分信号驱动微带线差分传输线时,差分传输线上将同时传输奇模信号和偶模信号。如图 1－61 所示,线 1 的信号为 0 V 到 1 V 的跳变,线 2 的信号一直保持 0 电平。此时信号的差分电压幅值为 1 V,线 1 上的差分信号为 0.5 V,线 2 上的差分信号为－0.5 V。线 1 和线 2 上的共模电压为 0.5 V。

由于差分信号分量感受到的有效介电常数较小,线 2 上的差分信号分量前沿会比共模信号分量先到达传输线的末端,因此在线 2 的远端将接收到一个－0.5 V 的差分信号分量与一个滞后的 0.5 V 共模分量的重新组合,生成远端串扰噪声,如图 1－62 所示。

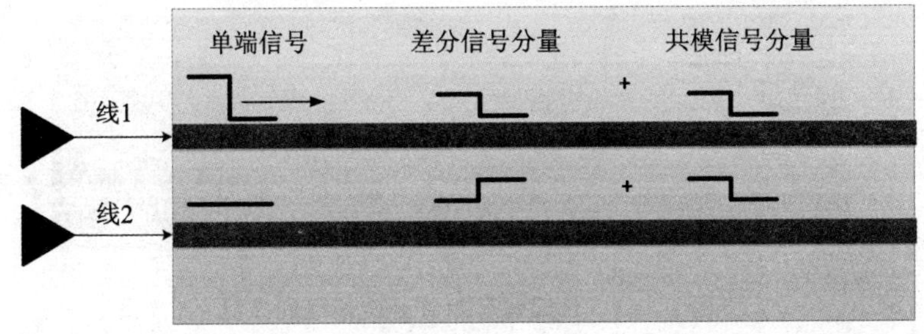

图1-61　信号在差分传输线中同时存在差分信号分量和共模信号分量示意图

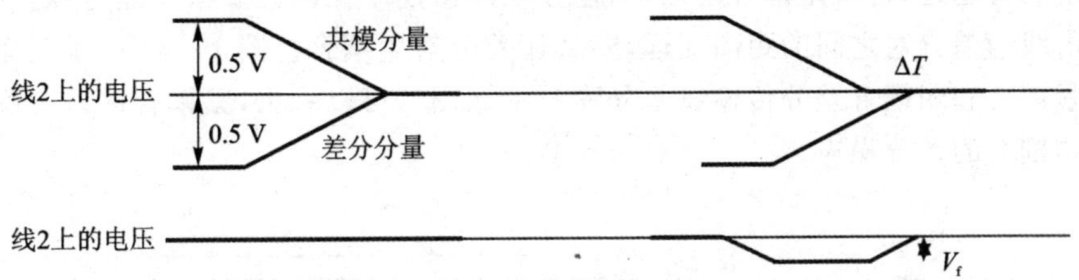

图1-62　差分传输线线2由于差分分量和共模分量的速度不一致而导致远端串扰示意图

差分信号分量与共模信号分量到达末端的时延差 ΔT 计算如下：

$$\Delta T=\frac{L_{\text{en}}}{v_{\text{even}}}-\frac{L_{\text{en}}}{v_{\text{odd}}}$$

式中，L_{en} 表示差分传输线的长度；v_{odd} 和 v_{even} 分别表示差分信号分量（以奇模方式行进）和共模信号分量（以偶模方式行进）的速度。

远端噪声的幅值与时延差和信号上升时间之比相关，即

$$V_{\text{f}}=-\frac{1}{2}V_1\frac{\Delta T}{T_{\text{r}}}=-\frac{1}{2}V_1\frac{L_{\text{en}}}{T_{\text{r}}}\left(\frac{1}{v_{\text{even}}}-\frac{1}{v_{\text{odd}}}\right)=\frac{1}{2}V_1\frac{L_{\text{en}}}{T_{\text{r}}}\left(\frac{1}{v_{\text{odd}}}-\frac{1}{v_{\text{even}}}\right)$$

式中，V_1 表示线1攻击线的电压；V_{f} 表示远端噪声幅值；T_{r} 表示线1信号的上升时间。

从公式中可以看出，当时延差小于信号的上升时间时，远端噪声会随着时延差的增加而增大。如果时延差大于信号的上升时间，则远端噪声将在 $0.5V_1$ 处饱和。因此，远端噪声的饱和长度是当 $V_{\text{f}}=-0.5V_1$ 时的传输线长度，即

$$L_{\text{en sat}}=\frac{T_{\text{r}}}{\dfrac{1}{v_{\text{even}}}-\dfrac{1}{v_{\text{odd}}}}$$

奇模和偶模信号的速度差越小，饱和长度就越长。

图1-63所示为差分传输线作为静态线在其附近有一单端传输线作为动态线的情形。

由于耦合的作用，差分传输线上均出现有信号电压，且耦合噪声的极性相同，只

图 1-63　单端信号对差分传输线的串扰

是幅值不同。差分传输线中靠近单端传输线的那条传输线上的噪声较大。如果差分传输线靠得越近,也就是耦合越近,则差分噪声就越小。因此要减小差分噪声,要么让攻击线与差分对之间的距离变远,要么让差分对紧耦合。图 1-64 所示为单端信号对紧耦合和弱耦合差分传输线差分噪声示意图。可以看出,紧耦合的差分噪声要小于弱耦合的差分噪声。

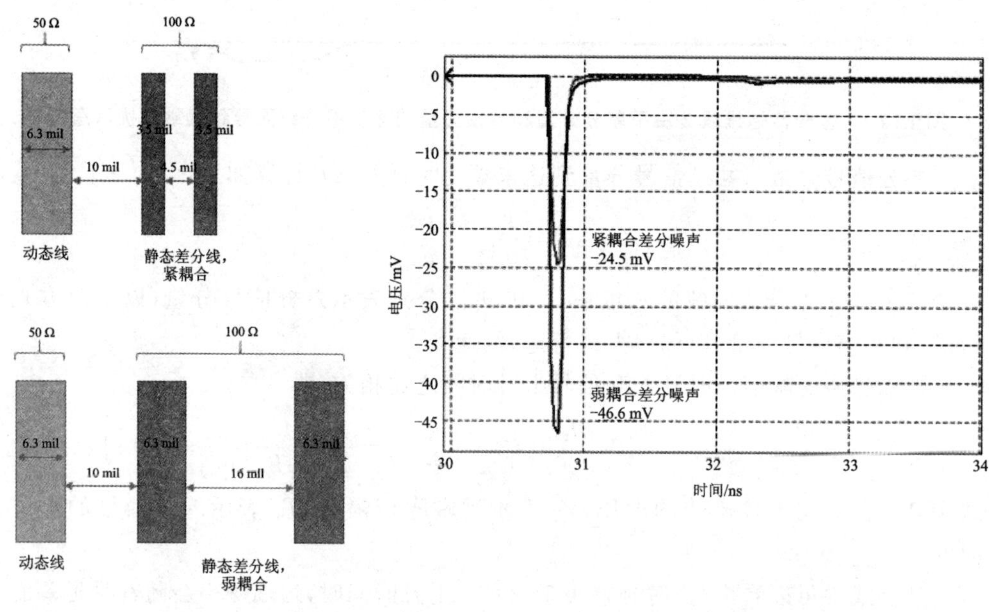

图 1-64　单端信号对紧耦合和弱耦合差分传输线差分噪声示意图

虽然紧耦合可以减小差分噪声,但是也会影响共模噪声,如图 1-65 所示。串扰是共模噪声产生的一个典型途径。这也是为什么要在双绞线上加入共模扼流器的原因。

图 1-66 所示为差分传输线作为静态线在其附近有另外一个差分传输线作为动态线的情形。

差分信号对差分传输线的串扰要小于单端信号对传输线的串扰,图 1-67 所示为两个差分对之间的差分噪声和共模噪声示意图。可以看出,不管紧耦合还是弱耦合,其噪声差距不大。

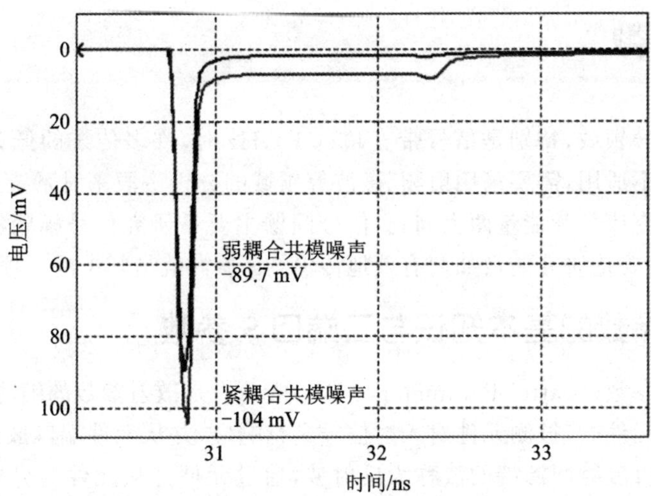

图 1－65　单端信号对紧耦合和弱耦合差分传输线共模噪声示意图

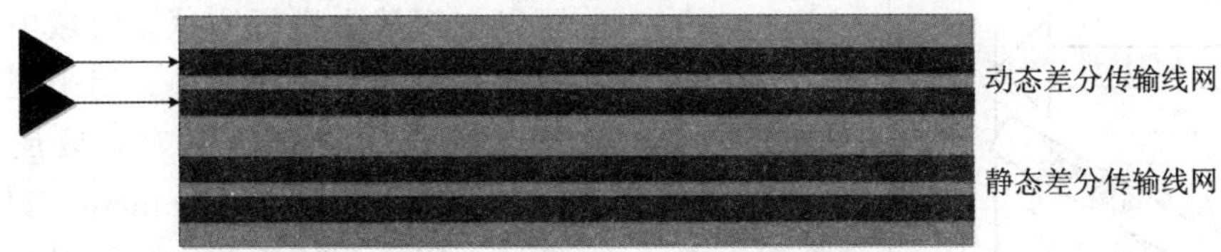

图 1－66　差分信号对差分传输线的串扰

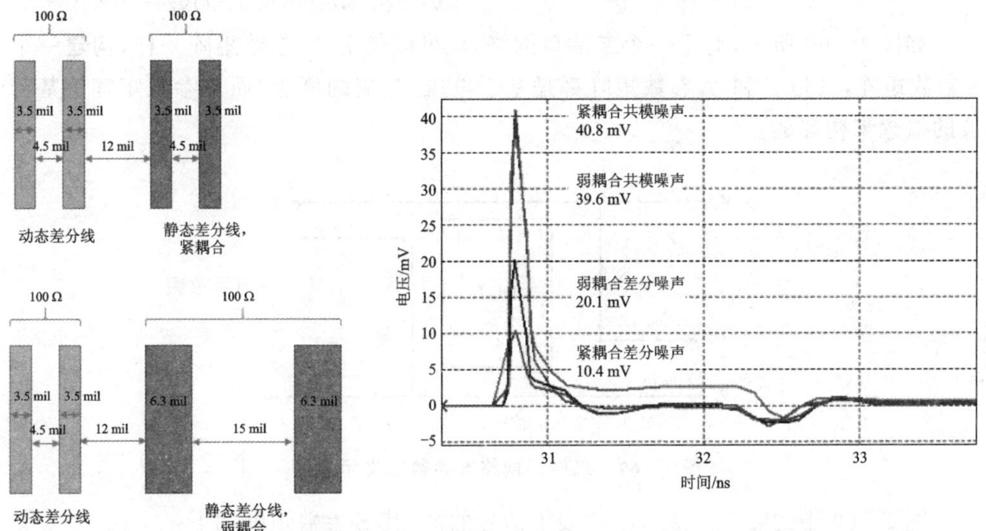

图 1－67　差分对对紧耦合和弱耦合差分传输线的差分噪声和共模噪声示意图

1.3 S参数

在高频信号领域，特别是信号带宽超过 1 GHz 时，许多传统的低频电路分析理论已经越来越不适用，需要采用射频、微波等领域的分析手段来对系统进行分析。微波系统主要研究信号和能量两大问题：信号问题主要是研究信号幅频特性和相频特性，能量问题主要是研究能量如何有效地传输。S 参数就是其中的一项主要技术。

1.3.1 S参数的基本知识与二端口S参数

所谓的 S 参数(Scatter Parameter，S Paramter)，是散射参数的缩写，它描述了信号入射到被测元件时，被测元件对入射信号进行响应，并从元件端口散射出的精确波形。从元件端口散射回源端的波称为反射波，通过元件并从元件的另外一个端口散射出来的波称为传输波，如图 1－68 所示。

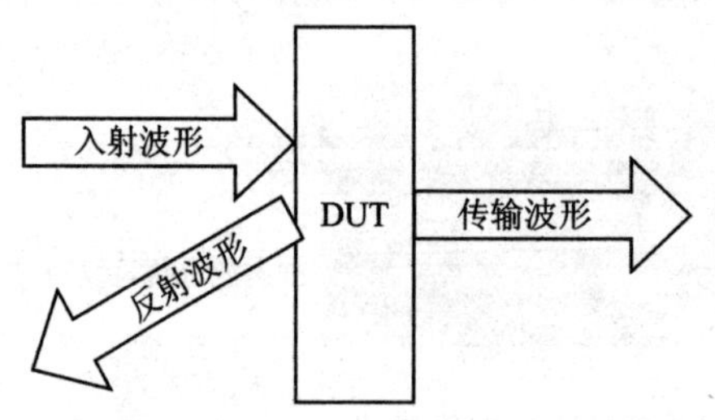

图 1－68　入射信号被被测元件散射示意图

散射波可以在时域中进行测试，也可以在频域中进行测试。时域中的入射信号一般是阶跃波形。用来测试时域反射响应的仪器称为时域反射计(Time Domain Reflectometer，TDR)。频域中用来测试正弦波的反射响应和传输响应的仪器称为矢量网络分析仪(Vector Network Analyzer，VNA)。

如图 1－69 所示，对于一个二端口网络，也可以像 Z、Y 参数矩阵一样，构建一个 S 参数矩阵，只是 Z 和 Y 参数矩阵都是基于电压、电流的概念，而 S 参数矩阵是基于波的概念来构建的。

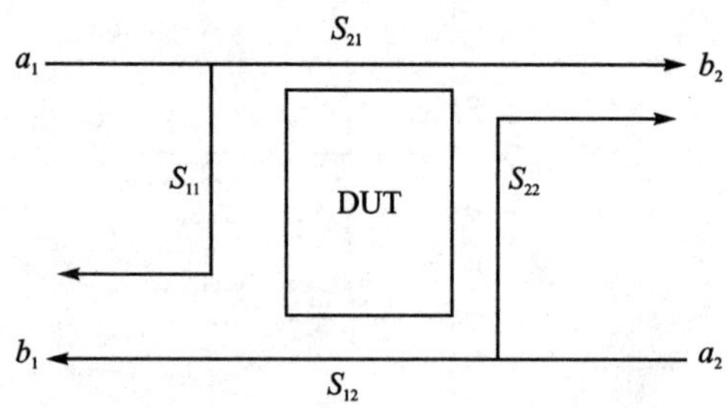

图 1－69　二端口网络 S 参数定义示意图

图 1－69 中的 a_1、a_2、b_1、b_2 均表示信号的波，其 S 参数矩阵如下：

$$\begin{bmatrix} b_1 \\ b_2 \end{bmatrix} = \begin{bmatrix} S_{11} & S_{12} \\ S_{21} & S_{22} \end{bmatrix} \begin{bmatrix} a_1 \\ a_2 \end{bmatrix}$$

可得二端口网络的四个 S 参数如下：

$$S_{11}=\frac{b_1}{a_1}\bigg|_{a_2=0},\quad S_{12}=\frac{b_1}{a_2}\bigg|_{a_1=0}$$

$$S_{21}=\frac{b_2}{a_1}\bigg|_{a_2=0},\quad S_{22}=\frac{b_2}{a_2}\bigg|_{a_1=0}$$

S 参数下标中第一个数字代表信号的输出端口，第二数字代表信号的输入端口。因此，S_{11} 是端口 2 被匹配下，端口 1 的反射系数；S_{22} 是端口 1 被匹配下、端口 2 的反射系数；S_{12} 是端口 1 被匹配下，端口 2 到端口 1 的传输系数；S_{21} 是端口 2 被匹配下，端口 1 到端口 2 的传输系数。

对于互易网络，$S_{12}=S_{21}$，所有的线性无源元件都是互易网络。对于线性无源二端口网络，S 参数矩阵只会有 S_{11}、S_{21} 和 S_{22} 三个独立参数。对于多端口互易网络，其独立的 S 参数个数为

$$N=\frac{n(n+1)}{2}$$

四端口的互易网络，其独立 S 参数个数为 10 个。如果没有特别强调，后续章节所涉及的 S 参数设计，均为线性无源网络。

对于对称网络，$S_{11}=S_{22}$。

S 参数都是输出正弦波和输入正弦波的比值。两个正弦波的比值其实是两个数，分别是输出和输入信号之间的幅度之比以及相位差。定义如下：

$$S_{\text{幅度}}=\frac{\text{输出正弦波幅度}}{\text{输入正弦波幅度}}$$

$$S_{\text{相位}}=\text{输出正弦波相位}-\text{输入正弦波相位}$$

由于 S 参数研究的主要是能量问题，因此需要将幅度 S 参数转化为 dB 值，如下：

$$S_{\text{dB}}=20\lg S_{\text{mag}}$$

式中，S_{dB} 和 S_{mag} 分别表示幅值的能量幅值之比和电压幅值之比。S_{mag} 没有单位，而 S_{dB} 的单位是 dB。

基于此定义，把以 dB 为单位的 S_{11} 和 S_{21} 分别称为回波损耗和插入损耗。显然，被测元件与测试装置匹配得越好，反射信号就越小，回波损耗为负值，且其绝对值越大，最坏的情况就是开路，信号被全反射，此时回波损耗为 0 dB。回波损耗不大于 0 dB，回波损耗越小越好。对于插入损耗，如果被测元件是理想器件，且无损传输，则输出信号和输入信号的幅值相等，只有相位差，其插入损耗为 0 dB；如果中途有损耗，则输出信号的幅值小于输入信号，插入损耗为负。互连越不透明，插入损耗越小，这意味着到达端口 2 的信号就越少。因此，插入损耗越大越好，最理想的情况就是插入损耗等于 0 dB。图 1－70 是一条 10 in 长、特性阻抗为 50 Ω 的二端口微带线的回波损耗和插入损耗曲线图。可以看出，互连的回波损耗会在高频恶化，而插入损耗也会随着频率的增加而降低，信号的损耗变大。

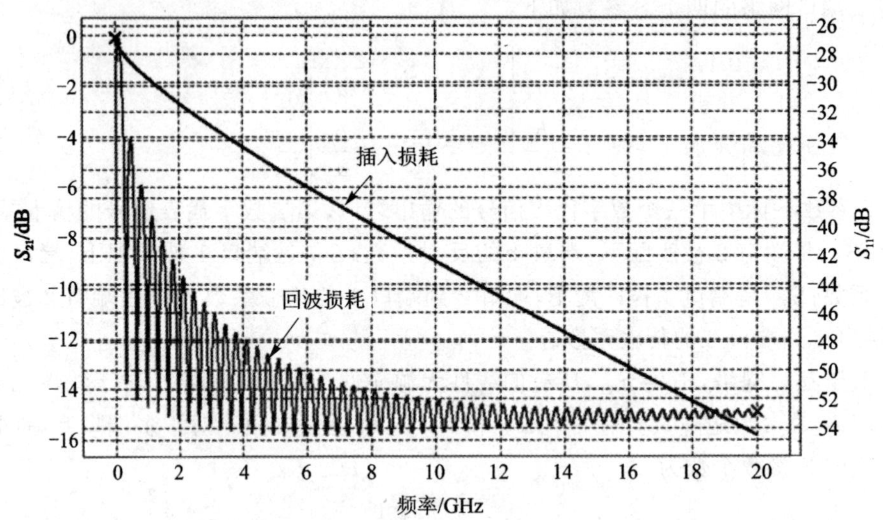

图 1-70　10 in 长、特性阻抗为 50 Ω 的二端口微带线的回波损耗和插入损耗曲线图

从信号看过去，如果互连的瞬时阻抗与其所在环境的阻抗相匹配，互连损耗很小，且与相邻走线的耦合可以忽略，则可以称为透明的互连。当整个互连的阻抗与端口阻抗相匹配时，互连越透明，通过互连传送的信号能量就越多，插入损耗就越大，回波损耗就越小。根据能量守恒定律，如果互连上没有损耗和耦合，则入射信号的能量将等于反射能量和传输能量之和。一个正弦波的能量与幅度的平方成正比，可以采用如下公式进行：

$$1 = S_{11}^2 + S_{21}^2$$

如果回波损耗可以确定，则可以计算出插入损耗：

$$S_{21} = \sqrt{1 - S_{11}^2}$$

需要注意的是，此公式的 S_{11} 和 S_{21} 定义为幅值之比，非能量之比。

由 1.1 节得知，反射系数可以采用阻抗突变处的瞬时阻抗进行定义。假设互连的特性阻抗为 50 Ω，其阻抗突变处的阻抗为 60 Ω，则回波损耗为

$$S_{11} = \frac{60 - 50}{60 + 50} \approx 0.091$$

$$S_{11} = 20\lg\frac{60 - 50}{60 + 50} \approx -21\ \text{dB}$$

该互连对应的插入损耗为

$$S_{21} = \sqrt{1 - S_{11}^2} = \sqrt{1 - (0.091)^2} \approx 0.996$$

$$S_{21} = 20\lg 0.996 \approx -0.04\ \text{dB}$$

该回波损耗对信号的影响非常小。只有当回波损耗大于 −10 dB 时，才会有明显的回波损耗。

对于均匀传输线，如果端接良好，插入损耗就是对所有妨碍能量通过互连传输过程的度量。能量在传输过程中可以通过辐射、损耗、耦合、反射而被损耗掉，剩余的能量将传入端口 2，并被接收和测量。相对而言，辐射对插入损耗的影响微乎其微，主要是导线损耗和介质损耗所引起的衰减。因此，插入损耗是对互连衰减的直接度量。

由于描述衰减采用的是正号，所以插入损耗的绝对值等于导线损耗和介质损耗之和。其为负值，关系如下：

$$S_{21}=-(A_{\text{diel}}+A_{\text{cond}})$$

式中，S_{21} 表示插入损耗；A_{diel} 表示介质损耗；A_{cond} 表示导线损耗，单位均为 dB。

随着频率的升高，传输线损耗中介质损耗将占主导地位，如果没有阻抗突变，此时插入损耗的数值就约等于介质损耗，且方向相反。因此可得

$$S_{21}=-\frac{4.34}{c}\omega L_{\text{en}}\sqrt{\xi_{\text{r}}}\tan\delta=-2.3fL_{\text{en}}\sqrt{\xi_{\text{r}}}\tan\delta$$

在很多文献和工程应用中，会采用 Df 来表示耗散因子 $\tan\delta$，用 Dk 来表示相对介电常数 ξ_{r}，因此以上公式也可以写成：

$$S_{21}=-2.3f\times\text{Df}\times L_{\text{en}}\sqrt{\text{Dk}}$$

如果能够通过量测得出插入损耗 S_{21} 的值，则可以间接算出材料的耗散因子。公式如下：

$$\text{Df}=-\frac{S_{21}}{2.3\times f\times L_{\text{en}}\times\sqrt{\text{Dk}}}$$

式中，S_{21} 表示插入损耗（单位为 dB）；c 表示真空中的光速，为 12 in/ns；ω 表示信号的角频率；L_{en} 表示传输线的长度（单位为 in）；Df 和 $\tan\delta$ 均表示耗散因子；Dk 和 ξ_{r} 均表示相对介电常数；f 表示信号的频率（单位为 GHz）。

假设 PCB 采用 FR4 的介质，相对介电常数为 4，则在 1 GHz 频率下，1 in 单位长度的传输线的插入损耗约为 −5Df（dB）。

低频时导线损耗对损耗的影响较大，如果采用以上公式，则会导致耗散因子被人为变大，但还是可以采用以上公式对互连耗散因子进行粗略估计。不同材料的耗散因子不同，插入损耗也会不同。图 1－71 所示是相同拓扑结构的传输线在两种不同介质材料中的不同的插入损耗示意图。可以看出，耗散因子越大的材料，其插入损耗的斜率就越大。同时插入损耗也是频率的函数，会随着频率的增加而单调递减。

当入射波形是正弦波时，经过互连散射，其输出波形依然是正弦波，只是会存在相位偏差。因此，如果入射波入射进入互连传输线，并且经过一个传输时延 T_{D} 后到达端口 2，此时应把从端口 2 观察到的波形的零相位视为当前相位，则传入端口 1 的入射波相位为

$$\varphi_{(\text{P1})}=fT_{\text{D}}\times360^{\circ}$$

插入损耗 S_{21} 的相位为

$$\varphi_{S_{21}} = \varphi_{(P2)} - \varphi_{(P1)} = 0° - fT_D \times 360° = -fT_D \times 360°$$

式中，$\varphi_{S_{21}}$ 表示插入损耗的相位；$\varphi_{(P2)}$ 和 $\varphi_{(P1)}$ 分别表示正弦波在端口 2 和端口 1 的相位；f 表示信号频率；T_D 表示互连传输时延。

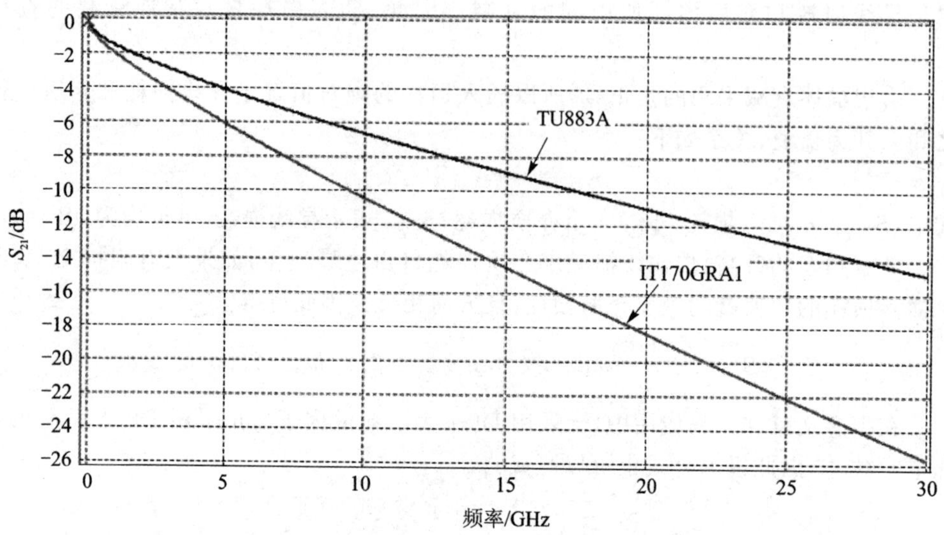

图 1－71　相同拓扑结构的传输线互连在不同的介质中的插入损耗示意图

从公式中可以看出，插入损耗的相位是一个负值，并且对于给定互连长度的传输线，其相位会随着频率增加而在负向上增大。当信号的频率非常低时，插入损耗的相位接近 0。通常会把相位定义为－180°～180°，当相位到－180°和 180°这两个临界点时，就把相位取反，因此整个插入损耗的相位是一个锯齿形，如图 1－72 所示。

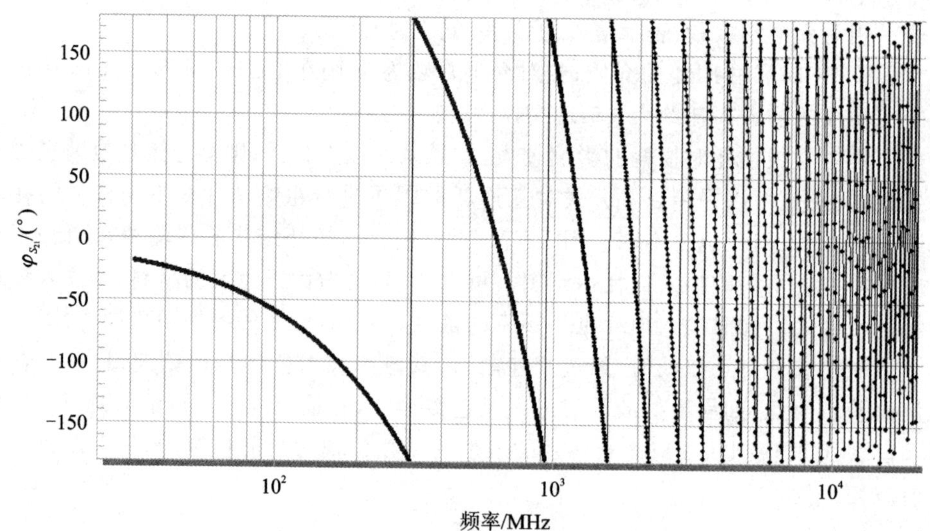

图 1－72　插入损耗相位波形示意图

结合插入损耗的幅值和相位,并且采用基于极坐标的波形图进行描述,可以得出插入损耗的极坐标示意图,如图 1-73 所示。可以看出,插入损耗在最低频率时接近 0 相位,并且幅值最大。随着频率增大,插入损耗会沿着顺时针方向旋转,并且幅值会不断变小,直至到达中心。

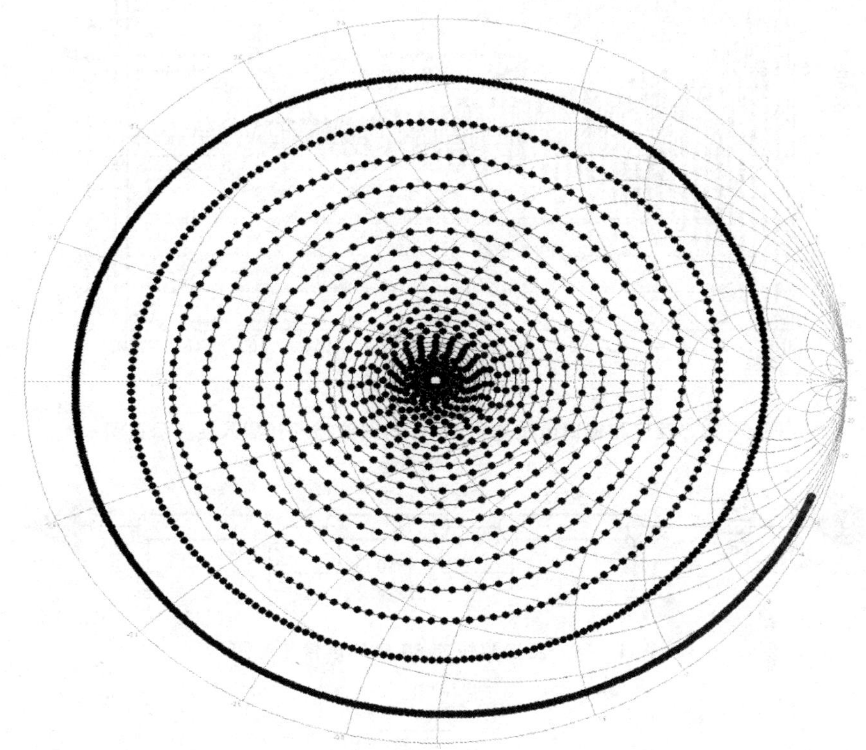

图 1-73　采用极坐标绘制的插入损耗示意图

如果均匀传输线的特性阻抗为 50 Ω,且端口 2 开路,则在端口 1 观察到的回波损耗等于该均匀传输线插入损耗的 2 倍。

默认情况下,端口阻抗的行业标准是 50 Ω,但是有时会遇到互连阻抗非 50 Ω 的情形,比如 75 Ω 等。需要通过改变端口阻抗来匹配该传输互连的特性阻抗,这样就可以避免出现因阻抗不匹配带来的反射问题。图 1-74 所示为互连和端口阻抗均为 75 Ω 的回波损耗和插入损耗示意图。

实际电路和 PCB 走线会出现互连阻抗非 50 Ω,且端口阻抗也无法适配该互连阻抗的情况,因此须考虑该互连阻抗的情形,如图 1-75 所示。

从图 1-75 中可以看出,该互连传输线的特性阻抗为 50 Ω,但在其中一段发生了阻抗突变,其特性阻抗为 Z_0。定义该段的信号入射端口为端口 1,信号传出端口为端口 2。当入射信号到达端口 1 时,发生反射,其反射系数为

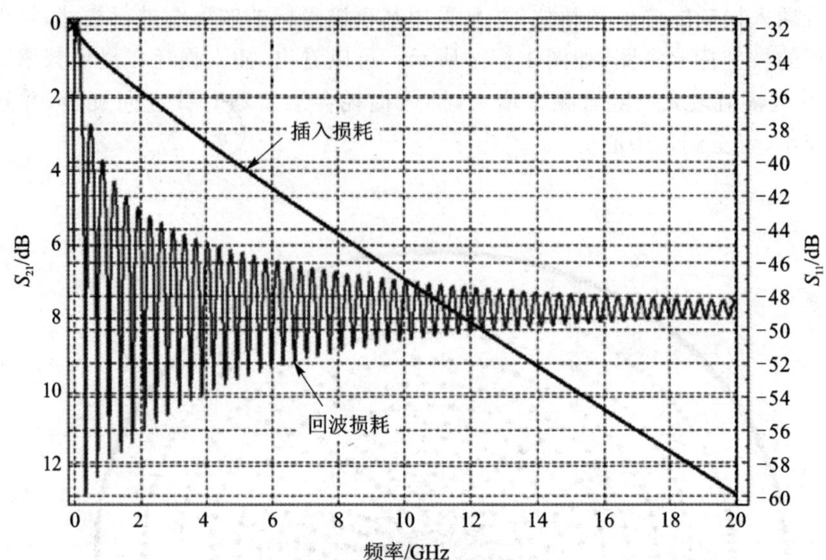

图 1-74　互连和端口阻抗均为 75 Ω 的回波损耗和插入损耗示意图

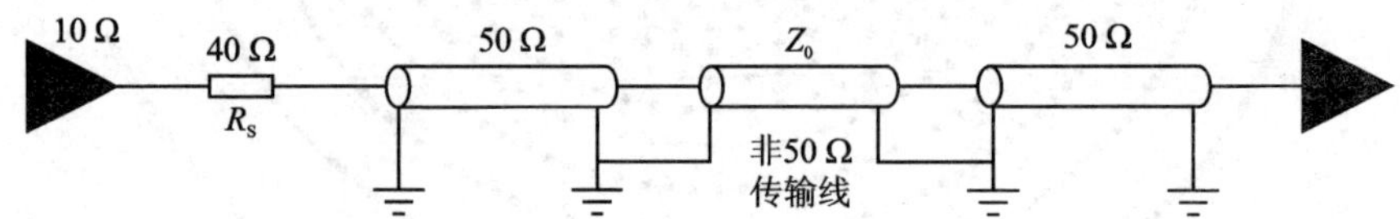

图 1-75　互连阻抗非 50 Ω 的连接示意图

$$\rho_1 = \frac{Z_0 - 50\ \Omega}{Z_0 + 50\ \Omega}$$

部分信号将被反射回源端，同时另外一部分信号将继续在传输线中进行传播并经过一个传输时延 T_D 到达端口 2。此时，在端口 2 再次发生反射，其反射系数为

$$\rho_2 = \frac{50\ \Omega - Z_0}{Z_0 + 50\ \Omega} = -\rho_1$$

端口 2 和端口 1 的反射信号的相移相反，因此当信号沿着互连传输进行传播并且再次返回端口 1 时，其相移为

$$\varphi = 2fT_D \times 360°$$

如果信号的频率很低，或者互连长度很短，以至于往返路径的相移非常小，那么从端口 1 反射的信号和从端口 2 反射的信号传输到端口 1 时信号幅值差不多相等，而方向相反，二者可相互抵消，端口 1 的净反射信号为零。

随着频率增加，信号的往返相移会增加，当相移达到周期的一半时，端口 1 反射的信号和从端口 2 反射到端口 1 的信号会同向，此时端口 1 的回波损耗最大，端口 2 的插入损耗最小。此时，回波损耗与端口的反射系数成正比。

$$S_{11} \propto 2\rho_1$$

随着频率继续升高，往返相移将在 0°～180°之间往返。因此，当往返相移等于 360°的整数倍，即

$$n \times 360° = 2fT_{\mathrm{D}} \times 360°$$

时，回波损耗将周期性达到最小值，而插入损耗则会周期性达到最大值，如图 1－76 所示。

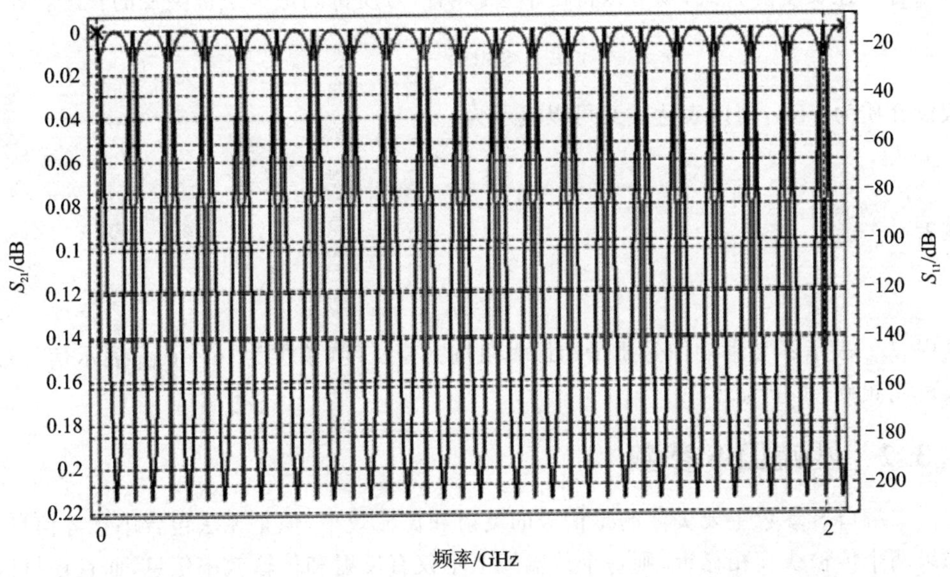

图 1－76　阻抗为 40 Ω 的无损均匀传输线的回波损耗和插入损耗示意图

对于给定长度的互连传输，可以得出此时的频率为

$$f = \frac{n}{2} \times \frac{1}{T_{\mathrm{D}}}$$

从上述公式可以看出，传输时延越大，一个 180°频率间隔就越短。假设第 n 次和第 $n+1$ 次相移等于 360°的整数倍，则可以得出其频率差与传输时延的关系：

$$\Delta f = f_{n+1} - f_n = \frac{n+1}{2} \times \frac{1}{T_{\mathrm{D}}} - \frac{n}{2} \times \frac{1}{T_{\mathrm{D}}}$$

$$= \frac{1}{2} \times \frac{1}{T_{\mathrm{D}}}$$

对公式进行变形，则可以得出传输时延为

$$T_{\mathrm{D}} = \frac{1}{2} \times \frac{1}{\Delta f}$$

根据传输线所在的介质参数，可以推出传输线的互连长度：

$$L_{\mathrm{en}} = T_{\mathrm{D}} v = \frac{1}{2} \times \frac{v}{\Delta f}$$

假设回波损耗的下冲频率间隔为 1 GHz，介质为 FR4，信号传播速度为 6 in/ps，则互连长度为

$$L_{en}=\frac{1}{2}\times\frac{v}{\Delta f}=\frac{1}{2}\times\frac{6\ \text{in/ps}}{1\ \text{GHz}}=3\ \text{in}$$

通常，阻抗突变长度越短越好，也就是往返相移要远远小于 360°，表示如下：

$$2\times f\times T_D\ll 1$$

若结合互连长度的公式，则可以得出不会影响信号质量的最大阻抗突变的长度：

$$L_{en}\ll 0.5\,\frac{v}{f_{max}}$$

假设介质为 FR4，则该表达式又可以表示为

$$L_{en}\ll\frac{3}{f_{max}}$$

或者

$$L_{en}<\frac{0.3}{f_{max}}$$

式中，L_{en} 表示不会影响信号质量的最大阻抗突变长度(单位为 in)；f_{max} 表示信号最大可用频率(单位为 GHz)。

1.3.2 四端口 S 参数

二端口 S 参数主要关注的是信号的反射和传输效率，但是无法包含串扰等信息。如果两个传输线互相靠近，则每个传输线上不仅有反射和传输效率信息，而且还可以通过耦合把信号能量耦合到相邻走线，造成串扰。

如图 1-77 所示，两条传输线可以采用四端口来描述，其中传输线的左边端口采用奇数递增顺序，右边端口采用偶数递增顺序。

图 1-77 四端口网络示意图

四端口 S 参数矩阵如下：

$$\begin{bmatrix} S_{11} & S_{12} & S_{13} & S_{14}\\ S_{21} & S_{22} & S_{23} & S_{24}\\ S_{31} & S_{32} & S_{33} & S_{34}\\ S_{41} & S_{42} & S_{34} & S_{44} \end{bmatrix}$$

式中，矩阵的对角线元素 S_{11}、S_{22}、S_{33}、S_{44} 分别是端口的回波损耗，同一条传输线不

同端口之间的元素是该传输线端对端的插入损耗，如 S_{21} 表示传输线 1 端口 1 到端口 2 的插入损耗。不同传输线的端口之间的元素就是串扰，比如 S_{31} 表示近端串扰，S_{41} 表示远端串扰。

由于相邻传输线的存在，传输线之间存在耦合，因此传输线的插入损耗不仅与本身的介质损耗和导线损耗所引起的衰减相关，还和相邻传输线之间的耦合相关。在一定频段内存在耦合的单根传输线，因为远端串扰，流向传输线的另一端的信号就变小，因此插入损耗也减小。信号速率变高，进而电平跳变的时间变快，远端串扰也会增大，同样也会引起传输线上的插入损耗变小。图 1-78 所示为相邻传输线之间的耦合程度与插入损耗。

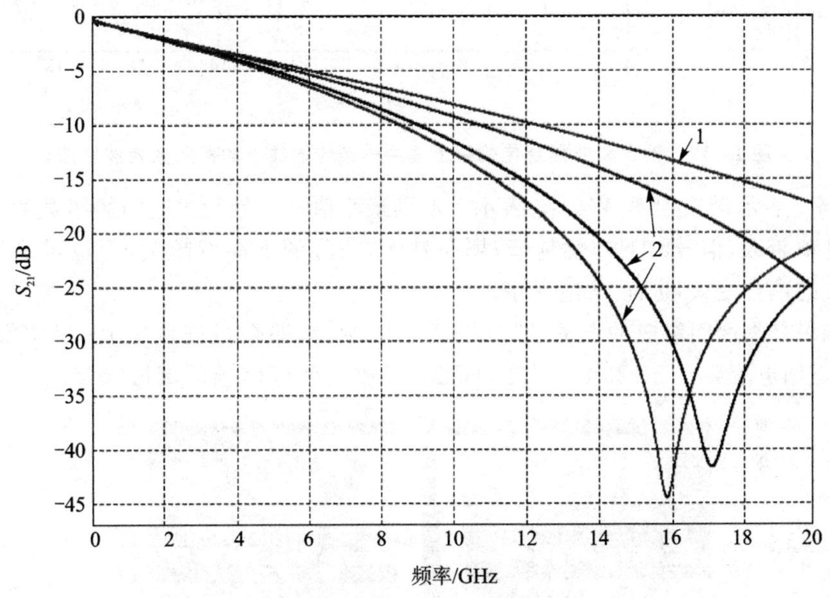

1—单根传输线；2—存在耦合传输线

图 1-78 相邻传输线耦合程度与插入损耗之间的关系示意图

在 1.2 节中特别强调，在进行串扰定义和测试的时候，需要把静态线进行端接。如果不端接，静态线上的 Q 值就会非常高，导致串扰噪声在静态线上往返反射，直到最后被自身损耗吸收。由于高 Q 值的谐振器的存在，会导致插入损耗 S_{21} 和回波损耗 S_{11} 的窄带吸收。图 1-79 中显示了耦合和非耦合传输线上其中一条传输线上的插入损耗波形图。可以看出，耦合的插入损耗会出现窄脉冲。

如果是两条传输线耦合，则下冲的频率是静态线的谐振频率。谐振器的 Q 值定义为

$$Q = \frac{f_{\text{res}}}{W_{\text{FWHM}}}$$

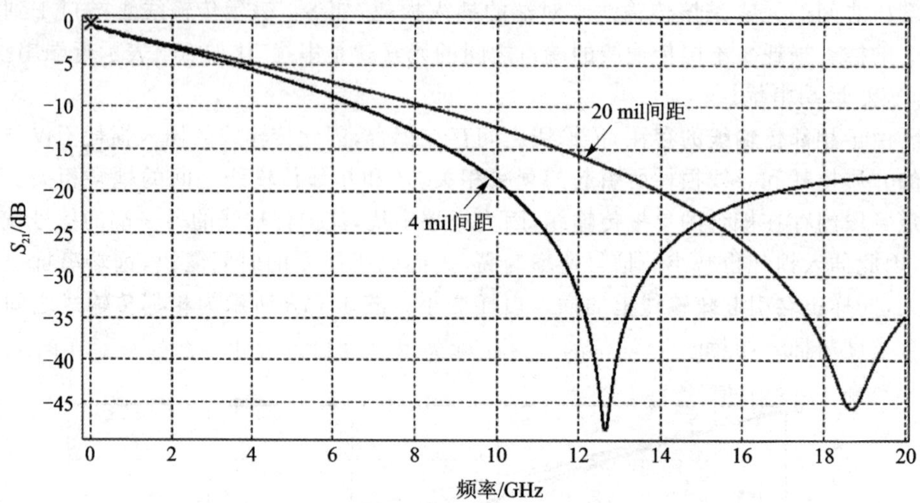

图 1-79 耦合和非耦合传输线上其中一条传输线上的插入损耗波形图

式中，f_{res} 表示谐振频率；W_{FWHM} 表示下冲到最小值一半处所对应的频率宽度。

Q 值越大，信号的下冲就越窄；耦合越大，信号的下冲就越尖，但也可能导致和静态线的耦合变大，进而 Q 值变小。

如果是平面间组成的谐振腔，如图 1-80 所示，那么当信号从 L1 层切换到 L4 层时，返回电流会在 L2 和 L3 层之间切换，形成一个高 Q 值的谐振耦合。

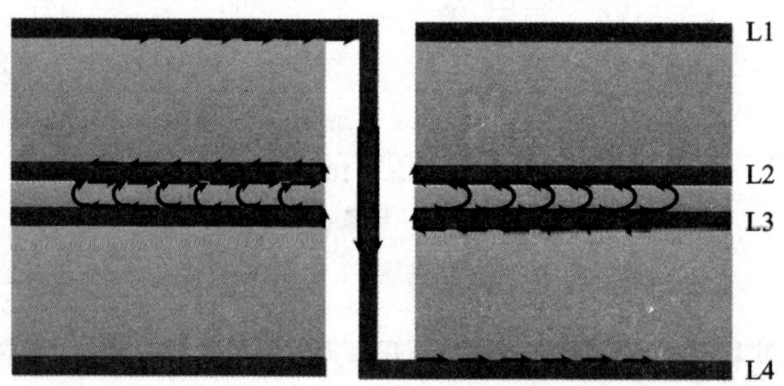

图 1-80 信号切换导致返回电流在平面谐振腔之间流动

此时，谐振频率定义如下：

$$f_{res}=n\frac{11.8}{\sqrt{\mathrm{Dk}}}\frac{1}{2L_{en}}$$

式中，f_{res} 表示谐振频率（单位为 GHz）；Dk 表示相对介电常数；L_{en} 表示平面腔的边长（单位为 in）。

假设介质为 FR4，则其谐振频率为

$$f_{res}=n\frac{2.95\ \mathrm{GHz}}{L_{en}}$$

对于 Micro-ATX PCB 而言，其边长为 9.6 in，其谐振频率从 300 MHz 开始，因此在地和电源平面采用去耦电容来抑制谐振很容易。但是如果边长为 1 in，比如封装中，其谐振频率从 3 GHz 开始，去耦电容的阻抗比平面阻抗更大，此时去耦电容在抑制谐振方面就会失效。因此，封装的设计目标之一就是尽量把谐振频率点推向更高。

1.3.3 差分 S 参数

差分 S 参数，也称为混模 S 参数或者均衡 S 参数。当给一个四端口网络用一个差分对进行描述时，四端口网络的端口就称为差分端口。因此一个差分对在两端各有一个端口。入射信号有差分信号和共模信号，如图 1-81 所示。

图 1-81 差分对网络示意图

由于入射信号是差分信号和共模信号的组合，因此在差分对的端口上存在着四种可能状况：

- 差分信号从一个端口输入，另外一个端口输出差分信号；
- 差分信号从一个端口输入，另外一个端口输出共模信号；
- 共模信号从一个端口输入，另外一个端口输出共模信号；
- 共模信号从一个端口输入，另外一个端口输出差分信号。

结合端口号，差分 S 参数矩阵定义如下：

$$\begin{bmatrix} S_{\mathrm{DD11}} & S_{\mathrm{DD12}} & S_{\mathrm{DC11}} & S_{\mathrm{DC12}} \\ S_{\mathrm{DD21}} & S_{\mathrm{DD22}} & S_{\mathrm{DC21}} & S_{\mathrm{DC22}} \\ S_{\mathrm{CD11}} & S_{\mathrm{CD12}} & S_{\mathrm{CC11}} & S_{\mathrm{CC12}} \\ S_{\mathrm{CD21}} & S_{\mathrm{CD22}} & S_{\mathrm{CC21}} & S_{\mathrm{CC22}} \end{bmatrix}$$

该命名与单端 S 参数不同，差分 S 参数的下标不仅有字母 D 和 C，还有数字。其中字母 D 和 C 分别表示差分信号和共模信号，1 和 2 分别表示端口 1 和端口 2。字母顺序、数字顺序与单端 S 参数定义相同，第一个字母和第一个数字表示端口号以及输出的信号类型，第二个字母和第二个数字表示端口号以及输入的信号类型。比如 S_{DD21} 表示从端口 2 输出的差分信号与从端口 1 输入的差分信号的比值。

在差分 S 参数中，需要重点关注差分插入损耗及模态转化——因为差分插入损耗可以反映信号的传输质量，而模态转化是噪声和辐射的主要来源。

差分插入损耗和单端插入损耗一样，相位包含了差分信号的时延和散射信息，而幅度则包含了损耗等各种衰减信息。差分插入损耗随着频率的增加而单调递减，但是在差分传输线上会出现过孔、连接器等各种阻抗不连续点以及它所带来的谐振效应，由此导致差分插入损耗的波动。

如图 1-82 所示，当信号通过过孔进行换层传输时，差分信号会入射到差分对并到达层切换处。此时一部分信号会继续沿着信号路径进行传输，而另外一部分信号会沿着过孔残桩继续传输。

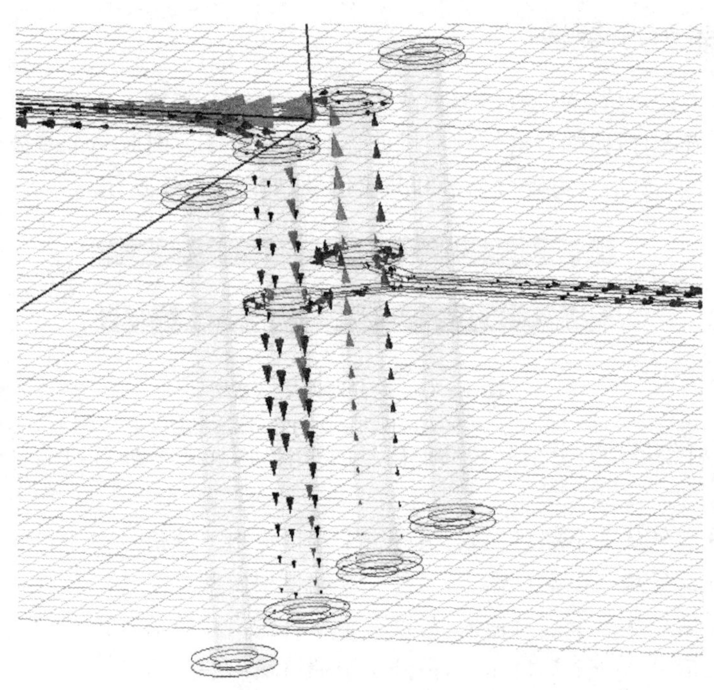

图 1-82　信号在含有过孔的差分传输线上传播示意图

沿着过孔残桩传输的信号最终到末端并发生全反射，该反射信号会再次到达层切换处，并一分为二：一部分信号传回源端，而另外一部分会沿着信号路径传向远端。该信号与原始信号相差一个相移，即

$$\varphi = 2fT_{\mathrm{D}} \times 360^{\circ} = 2 \times \frac{L_{\mathrm{en\ stub}}}{v} \times f \times 360^{\circ}$$

如果该相移等于 180°，即原始信号与反射信号反向，则原始信号和反射信号相抵消，此时端口 2 的差分信号幅值最小，会导致此时差分插入损耗出现下冲，如图 1-83 所示。上面的公式可以简化为

$$f_{\mathrm{res}} = \frac{v}{4 \times L_{\mathrm{en\ stub}}}$$

式中，f_{res} 表示短桩线的谐振频率（单位为 GHz）；v 表示信号的传播速度（单位为 in/ns）；$L_{\mathrm{en\ stub}}$ 表示过孔残桩长度（单位为 in）。

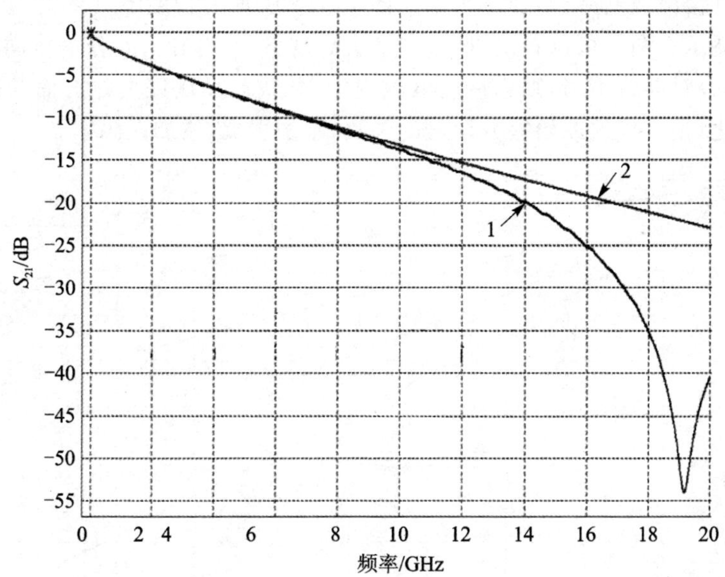

1—PCB trace长度14 in，过孔有60 mil残桩；2—PCB trace长度14 in，过孔没有残桩

图1-83 信号经过带有残桩以及没有残桩的过孔的差分插入损耗波形图

如果介质是FR4，则谐振频率为

$$f_{res}=\frac{1.5}{L_{en\ stub}}\quad (\text{GHz})$$

为了不受过孔残桩谐振效应的影响，需要确保谐振频率至少是2倍信号带宽。如果信道长度较短且为低损耗，则信号带宽约为奈奎斯特频率的5倍，而奈奎斯特频率又是比特率的一半，因此

$$f_{res}>2\text{BW}=2\times 5\times 0.5\times \text{BR}=5\text{BR}$$

也就是

$$\frac{1.5}{L_{en\ stub}}>5\text{BR}$$

由此可得最大可接受的过孔残桩为

$$L_{en\ stub}<\frac{300}{\text{BR}}$$

式中，$L_{en\ stub}$ 表示最大可接受的过孔残桩长度(单位为mil)；BR表示比特率(单位为Gb/s)。

如果超长，则需要通过盲孔、埋孔等技术进行处理，或者改变信号堆叠设计等。

如果差分对中的两条传输线完全对称，则不存在任何模态转化；但是如果传输线不对称，比如长度不一致，过孔数量不一致，走线宽度有变化等，就会导致模态转化。模态转化包括差分信号向共模信号转化和共模信号向差分信号转化。

模态转化是需要尽量避免的一个问题。如果差分信号经过多次模态转化，则差分信号的幅度会出现衰减，增加误码率。图 1－84 所示为长度不一致的差分对上的差分插入损耗示意图。可以看出，插入损耗会出现下冲。同时，差分信号向共模信号转化，如果差分对屏蔽不当，则会造成电磁辐射，导致产品认证失败。而共模信号向差分信号转化，则会导致原始差分信号的失真，眼图坍塌，增加误码率。

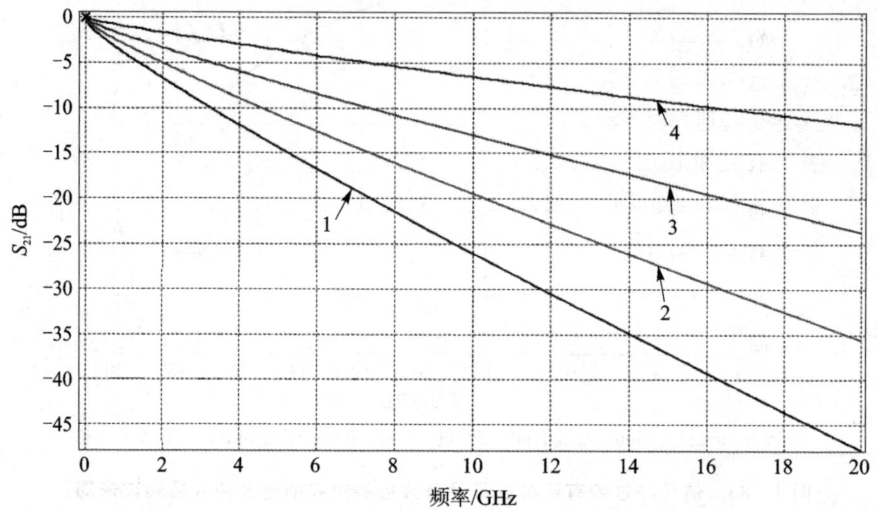

1—PCB trace长度20 in；2—PCB trace长度15 in；3—PCB trace长度10 in；4—PCB trace长度5 in

图 1－84　长度不一致的差分对上的差分插入损耗示意图

1.4　本章小结

本章是高速数字系统设计与分析的重点之一，主要讲述了信号完整性的两个重要概念——反射和串扰，重点阐述了反射和串扰的成因和影响因素，以及如何最小化其对信号质量的影响。同时重点引入了 S 参数的概念，并阐述了如何采用 S 参数来对信号完整性进行说明。

1.5　思考与练习

1. 试简述引起信号反射的原因。

2. 在一段传输线内有两个相邻的不同区域 Z_1 和 Z_2，其中 Z_1 的阻抗为 50 Ω，Z_2 的阻抗为 80 Ω，试分别计算信号从 Z_1 流向 Z_2 以及从 Z_2 流向 Z_1 各自的反射系数和传输系数。

3. 如果信号的上升时间为 3 ns，则最大可容许多长的传输线不用端接？

4. 试简述容性负载和感性负载反射的成因和区别。

5. 试简述串扰的根本原因。

6. 试简述近端串扰和远端串扰的特征，并说明如何降低近端串扰和远端串扰。

7. 试简述防护布线的原理，并说明如何进行防护布线。

8. 试简述信号的上升时间、介质、走线间距、信号方向与串扰之间的关系，并说明如何最小化对串扰的影响。

9. 什么是 S 参数？试简述回波损耗和插入损耗之间的定义、特征以及物理意义。

10. 为什么插入损耗的相位是在负方向增加？

11. 当信号的速率为 5 Gb/s 时，采用差分对传输线线设计，且信道长度不长，可允许的最大过孔残桩长度是多少？

12. 假设具有 50 Ω 端口阻抗的电缆的反射系数峰值为－20 dB，其特性阻抗有多大？如果改为 75 Ω 端口阻抗，则其峰值反射系数是多少？

第 2 章

抖　动

信号完整性主要讨论电压的不确定性问题，也就是噪声问题，而抖动则主要讨论时序的不确定性问题。本章重点介绍抖动的相关知识，包括抖动的成因、眼图、误码率等，并重点介绍基于系统抖动的高速数字系统的设计指导。

本章的主要内容如下：

- 抖动定义；
- 眼图；
- 误码率；
- 抖动源和抖动分类；
- 基于系统抖动的高速数字系统设计指导。

2.1　抖动定义

所谓的抖动，就是信号相对于其理想位置的短期偏差的时间。其定义与时序漂移类似，但是漂移是指缓慢发生的时序变化，而抖动描述的则是更快速发生的时序变化。根据 ITU 的定义，漂移和抖动之间的阈值定义为 10 Hz。在许多情况下，串行通信链路上的漂移很小或没有影响，可以通过时钟恢复电路来有效消除。

图 2-1 所示为理想信号与实际信号之间的偏差示意图，可以看出，实际信号的跳变可能会比理想信号提前或者滞后，周期可能会比理想信号周期小或者大，这些都是抖动。

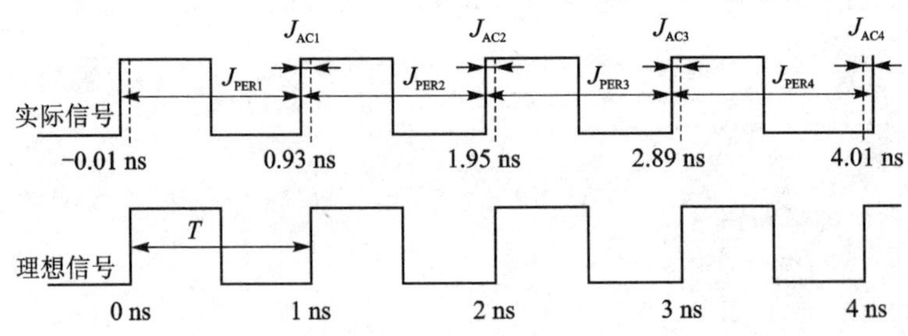

图 2-1　理想信号与实际信号之间的偏差示意图

根据抖动的量测方式不同,抖动可以分为周期抖动(Period Jitter,PJ)、周期间抖动(Cycle-to-Cycle Jitter,CCJ)以及 TIE(Time Interval Error)。周期抖动是指实际信号与理想信号对应的周期之间的偏差。周期间抖动是指实际信号中相邻周期的偏差。TIE 则是指实际信号与理想信号对应的触发边沿之间的偏差。

在现实世界中,抖动含有随机分量,必须采用统计术语来定义。描述抖动的常用统计参数为平均值、标准差、RMS、最大值、最小值、峰峰值等。以图 2-1 为例,计算该实际信号的各种抖动值,如表 2-1 所列。

表 2-1 图 2-1 中各种抖动的数值

描 述	$n=1$	$n=2$	$n=3$	$n=4$	均 值	RMS	峰峰值
周期抖动 J_{PER}	−0.06	0.02	−0.06	0.12	0.005	0.085	0.18
周期间抖动 J_{CC}	0.08	−0.08	0.18		0.06	0.131	0.26
TIE J_{TIE}	−0.07	−0.05	−0.11	0.01	−0.055	0.05	0.12

通常都会采用概率分布函数(PDF)直方图来表示抖动的各种参数。直方图是根据数据的出现频率来绘制测量值的图,可以很好地估计该抖动的概率分布函数。图 2-2 所示为一个信号的总体抖动直方图,可以看出几个抖动点的概率分布,但是直方图不提供数据发生的时序信息。

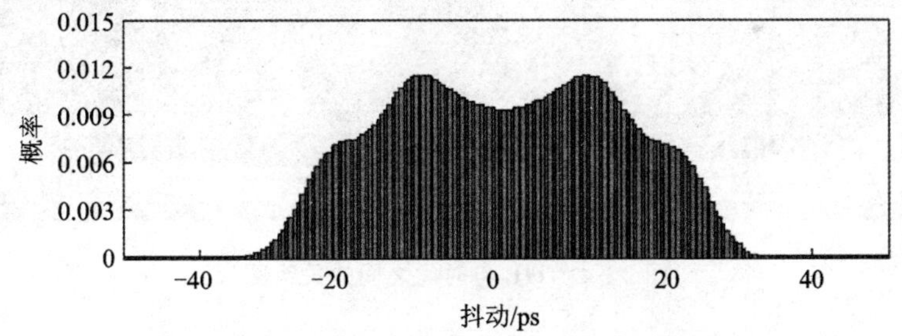

图 2-2 总体抖动 PDF 直方图示意图

抖动直方图不能显示抖动发生的顺序,但是可以通过抖动与时间的关系图来描述抖动与时间的关系。如果转化为频域,就可以观察到抖动的频谱关系。

TIE 就是描述实际信号与理想信号触发边沿的偏差。以 TIE 抖动为例,可以观察其与时间和频率之间的关系。假设有一个包含抖动的正弦信号如图 2-3 所示。

根据 TIE 抖动的定义,可以绘制其与时间之间的关系图,如图 2-4 所示。可以看出,不同的时间点对应的抖动的概率分布。

采用傅里叶变化,可以得到相应的频谱示意图,如图 2-5 所示。从抖动的频谱图中可以看出系统中的噪声是否需要去关注。

要深入了解抖动,需要先理解信号的眼图和 BER 这两个专业知识。

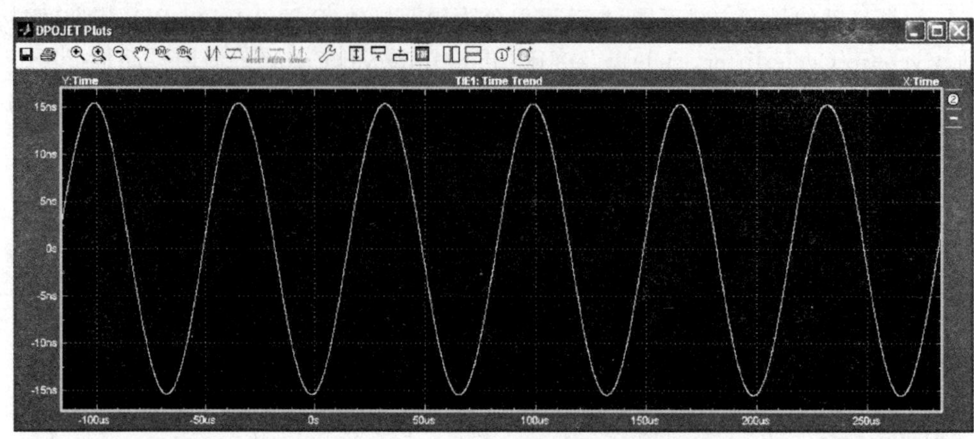

图 2-3　含有抖动分量的实测正弦波形

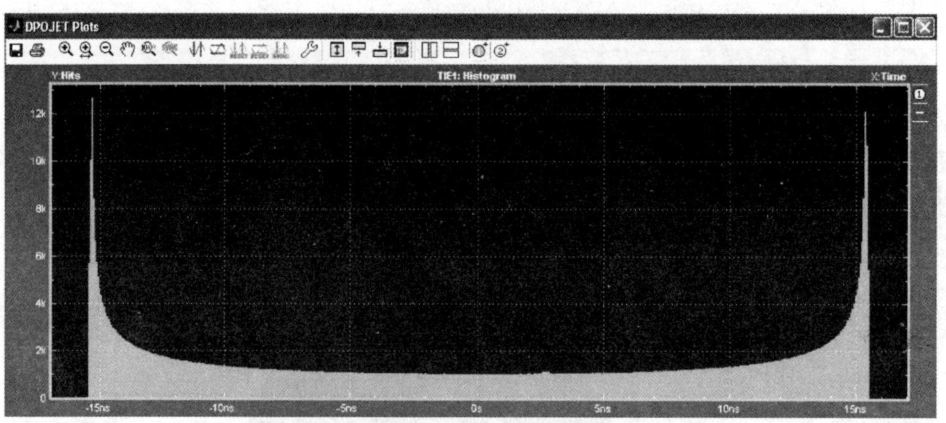

图 2-4　TIE 与时间之间的关系图

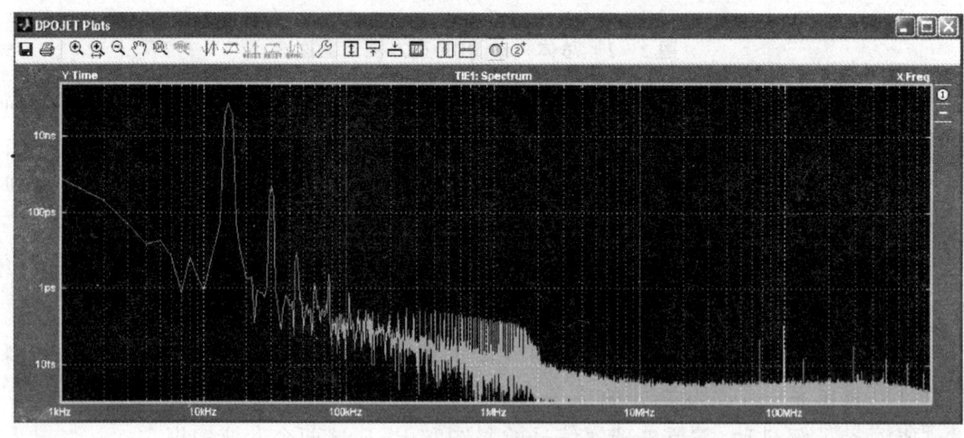

图 2-5　TIE 抖动的频谱示意图

2.2 眼 图

随着电子技术的迅速发展,目前大多数高速信号已经从传统的并行总线转为串行总线。相比于传统的并行总线,串行总线的信号线数量少、成本低,没有数据信号线的时延问题,而且还可以采用嵌入式时钟技术。在实际中,对于高速数字系统都会使用眼图来评估系统的性能。相比于实时波形只能反映波形的具体细节,比如信号的上升/下降边沿、过冲、单调性等,眼图能够体现出信号的整体特征。因此,实时波形很好不代表整个信号品质没有问题——毕竟实时波形只代表那一刻特定比特位的波形,而眼图则可以从整体上说明信号质量是否有问题。所谓的眼图就是将时域信号切成长度很小的符号(通常为 1~2 个符号位宽)部分进行叠加构造。眼图的水平轴方向代表时间,垂直轴方向代表信号的幅度,一个典型的眼图如图 2-6 所示。从水平轴看过去,可以看到整个信号的位宽、眼宽以及交叉点处的信号抖动等信息;从垂直轴看过去,可以看到整个信号的电压噪声、最大摆幅、信号的眼高以及占空比等信息。

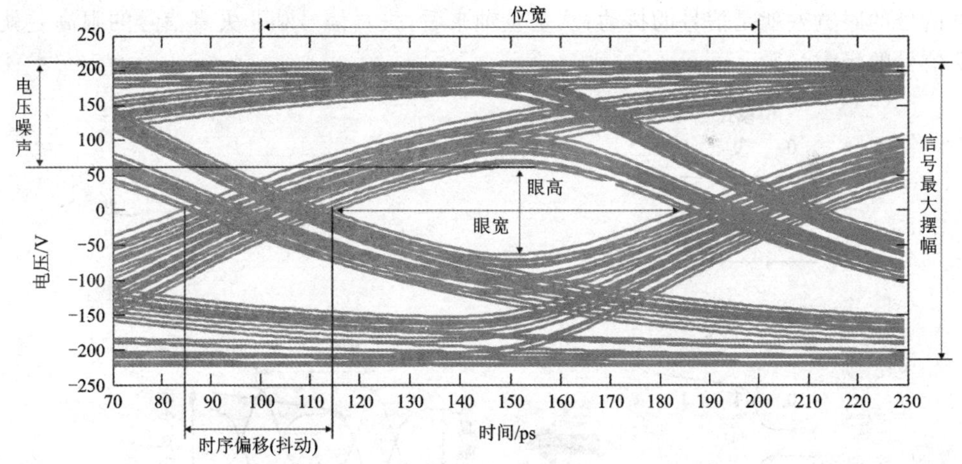

图 2-6 实际眼图示意图

理想情况下,信号在时钟的作用下,会按时、按质、按量地进行传输,不会存在电压噪声和抖动的情况,如图 2-7 所示。可以看出,眼宽几乎等于信号的位宽,而眼高等于信号的最大摆幅。

实际电路中,由于抖动的存在以及各种信号完整性问题,会造成信号传输过程中位模式的失真,比如信号的上升沿退化、信号噪声以及信号的触发时间延时等。因此在构建眼图的过程中,这些失真将会变成眼图的一部分而真实存在。

图 2-8 为一个真实的眼图构造过程。可以看出,整个眼图中既有非失真的信号,也有失真的信号。信号的失真会导致眼睛闭合。从水平轴来看,失真信号和非失

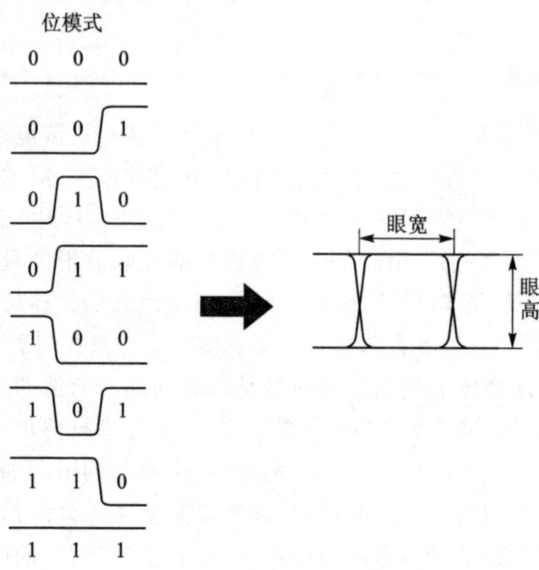

图 2-7 理想眼图构造示意图

真信号的眼宽差就是信号的抖动;从垂直轴来看,失真信号和非失真信号的眼高差就是信号的噪声。

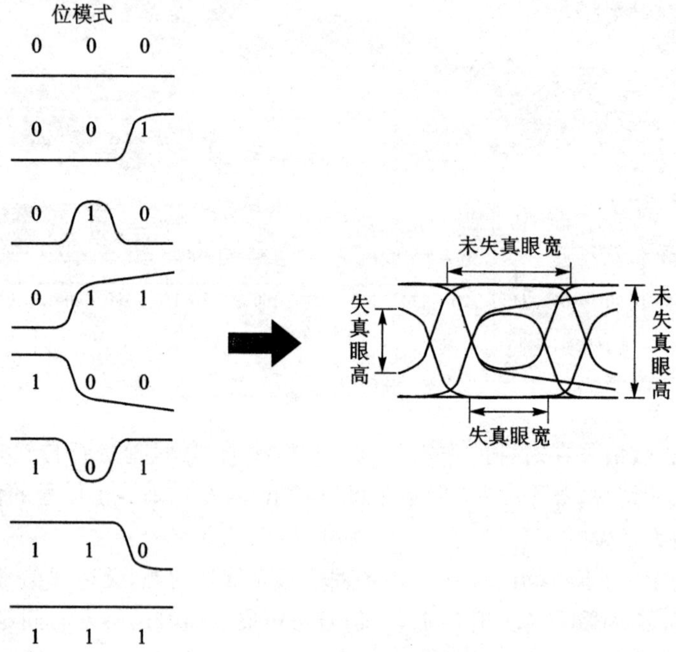

图 2-8 实际信号构建的眼图示意图

一个眼图是好还是坏，通常会有一些常见的衡量指标，比如眼高、眼宽、抖动、占空比等。从概念上来说，眼图需要尽量睁开，这样就意味着更高的信噪比和更少的抖动。眼图的高度足够高，信号即使被多个噪声源干扰也可以满足接收器的 V_{ih} 和 V_{il} 的要求，能够正确解析输入信号；眼图的宽度足够宽，信号经过传输线传播后也有足够的时间裕量来满足接收端的建立时间和保持时间的要求。

从视觉上来说，眼图要满足两个重要原则：

① 明眸皓齿：眼睛睁大，如果有眼图模板，则需要以眼图模板当瞳孔，眼白要足够多，这样设计裕量就越大。

② 蜂腰美人：在眼图的交叉点位置要瘦小，这样抖动就越小。抖动越小，信号质量越好，误码率越低。

为了评估眼图是否满足接收端的要求，通常会把接收端的建立时间、保持时间、电压规格以及所有的抖动和噪声参数设计为一个眼图模板（eye mask）。图 2-9 所示为光通信中 SDH/SONET 所采用的眼图模板。其中灰色的部分就是眼图模板。

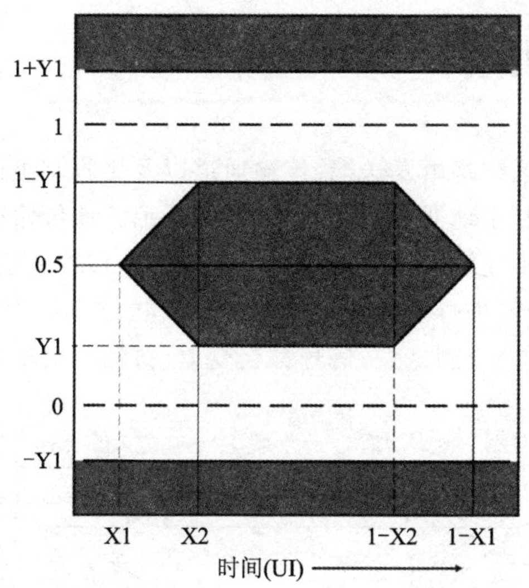

图 2-9　光通信 SDH/SONET 眼图模板示意图

眼图模板表示实际眼睛不能穿过的禁止区域。图 2-10 所示为一个测试失败的 USB 2.0 的眼图，可以看出，信号摆幅没有达到 USB 2.0 的规范。

通过示波器以及相关的软件可以生成眼图。通过峰值失真分析（PDA）方法就可以获得最坏情况下的眼图。PDA 是一种用于在具有明显失真源（例如损耗、反射和串扰）的线性时不变信号系统中查找最小接收到的眼睛高度和宽度的方法。如果有眼图模板，就可以和眼图模板进行比较，从而评估给定设计的性能。

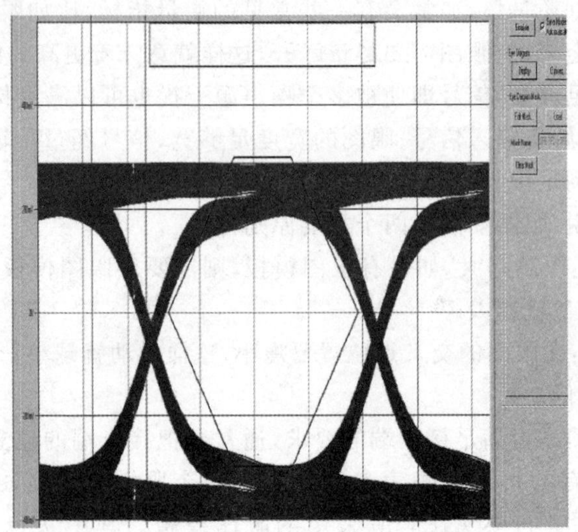

图 2-10 测试失败的 USB 2.0 眼图

2.3 误码率 BER

一个真实的数字系统将由发送端、传输通道以及接收端组成，传输通道可能有连接器、传输线缆、互连和主动器件等，如图 2-11 所示。该传输通道可能会有滤波、非线性、直流偏置、阻抗不连续以及额外随机噪声等。在传输通道上可能还会存在着测试过孔以及系统连接器，进行信号质量监测。当发送端开始通过传输线往接收端进行信号传输时，每经过一个测试点，信号都会变差，抖动就会增加。

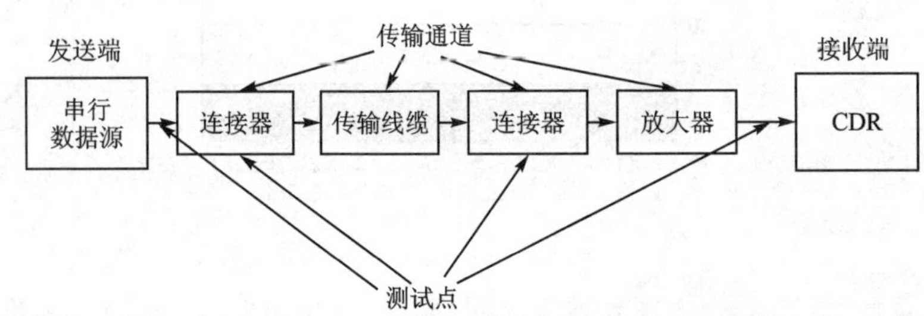

图 2-11 典型的数字系统信号传输示意图

信号到达接收端后，可能还会保持眼睛睁开，但接收端线路并不一定是完美的。接收到的信号眼图必须在水平轴方向充分考虑时序的不确定性，在垂直轴方向充分考虑噪声的影响。因此，系统设计规格必须规划抖动裕量以确保有足够的设计空间保证信号在接收端能够正确识别和接收。

传统的方式是以牺牲信号的速度来保证信号的抖动裕量。对于信号，其位宽应变大,这样留给抖动的空间就越大。但是随着信号的频率越来越高,特别是 GHz 时代的出现,保持足够的设计裕量以保证信号的传输质量已经变得越来越困难。

从 2.2 节的介绍中可以得知,在眼图的交叉点处为抖动所在,如图 2-12 所示。交叉点处宽度越小,意味着抖动越小。但是抖动有各种类型,包括随机抖动和确定性抖动。从理论上来说,随机抖动具有无界峰峰值的高斯概率分布函数。因此,对于任何具有随机抖动的信号,只要有足够长的时间,其眼图就会完全闭合。这与 2.2 节中所述有冲突。但是,如果对眼图规划一定的容许度,就可以恢复眼图的实用性。

图 2-12 眼图中抖动示意图

如图 2-13 所示,在眼图中水平放置一个 0.5 UI 长度的标尺,一旦有任何波形越过它,则认为是一次失败。从图中可以看出,现有的眼图不会与该标尺相交,但是如果继续进行波形累积,那么在考虑到随机噪声的因素,这种相交就不可避免,不管测试运行了多长时间。如果每 1 000 个波形中可允许不超过 1 个波形跨过该标尺,则认为测试成功。假设累积了 100 000 个波形,可允许不超过 100 个波形跨过该标尺,则认为测试也是成功的。也就是说,1 000 个波形中除了一个波形,眼图都睁开了 50%。

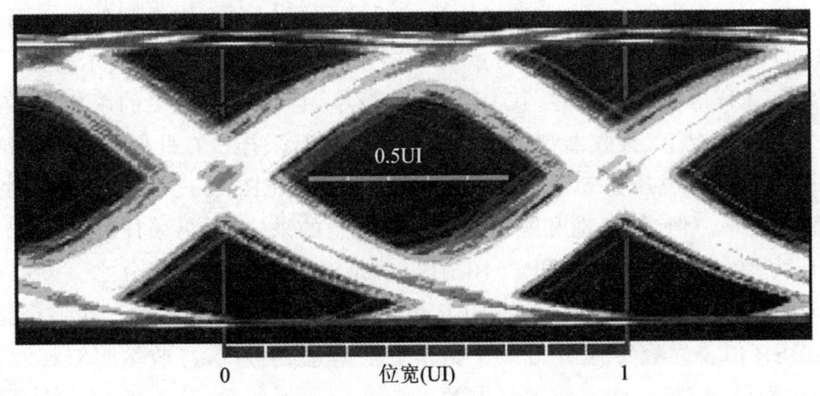

图 2-13 眼图中 0.5 UI 标尺示意图

如果缩短标尺(比如 0.2 UI)测试同样的信号,则跨过该标尺的波形的数量就会减少,可能每 100 万个波形中只有一个波形会交叉。这表明 100 万个波形中除了 1 个波形外,其余的眼图都睁开了 20%。

由于抖动的存在，总会导致接收端会接收一定数量的错误比特。在足够长的时间内错误的比特数和总的比特数之比称为误码率(Bit Error Ratio，BER)。BER 的定义如下：

$$\mathrm{BER}(t_s,u_s)=\lim_{N\to\infty}\frac{N_{\mathrm{err}}(t_s,u_s)}{N}$$

式中，(t_s,u_s)表示信号采样的时间和相对电压；N_{err} 表示接收到的错误比特数；N 表示在相同时间间隔内传输的比特数。

以此类推，就可以采用这些标尺来表征眼图睁开度和 BER 之间的关系，其示意图如图 2－14 所示。这就是所谓的浴盆曲线图。越往浴盆底部，就越需要花费更多的时间累积数据来直接测量。因此，需要采用合适的数学模型根据最小的样本集来预测性能。

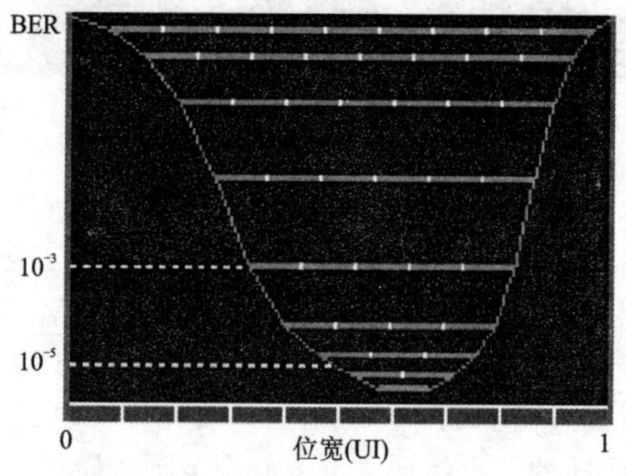

图 2－14　眼图睁开度与误码率之间的关系示意图

从 BER 的定义公式可知，BER 取决于采样的时间和采样点位置。不同的采样点，BER 的数值不同。图 2－15 所示为不同采样点的 BER 等高线示意图，可以看出，越靠近 BER 等高线的中心，其 BER 值就越小，意味着接收端的解析信号的正确度越高。理想情况下，接收器都会在眼图中心处进行采样。在此图中，理想采样时间 50 ps 处，理想采样电压为 50 mV，在此处进行采样，$\mathrm{BER}<10^{-14}$，也就是误码率小于 100 万亿分之一。但是，抖动和噪声会导致非理想的采样，如果采样时间在 90 ps 处，采样电压为 10 mV，则此时 $\mathrm{BER}>10^{-6}$，也就是误码率大于百万分之一。如果信号的传输速率为 10 Gb/s，则 10^{-14} 的 BER 值将在大约 2 h 45 min 内产生一个错误，而 10^{-6} 的 BER 值将导致每秒 10 000 个错误！根据总线协议，接收端将对接收数据进行检测，并对错误放弃、纠正或者要求发送端进行重新发送，从而增加传输线路的复杂性，并造成额外的功耗。

为了计算 BER，需要对抖动的分布进行建模。抖动可以分为两部分：一部分是随机抖动(Random Jitter，RJ)，也称为高斯噪声；另外一部分是确定性抖动(Deterministic Jitter，DJ)。

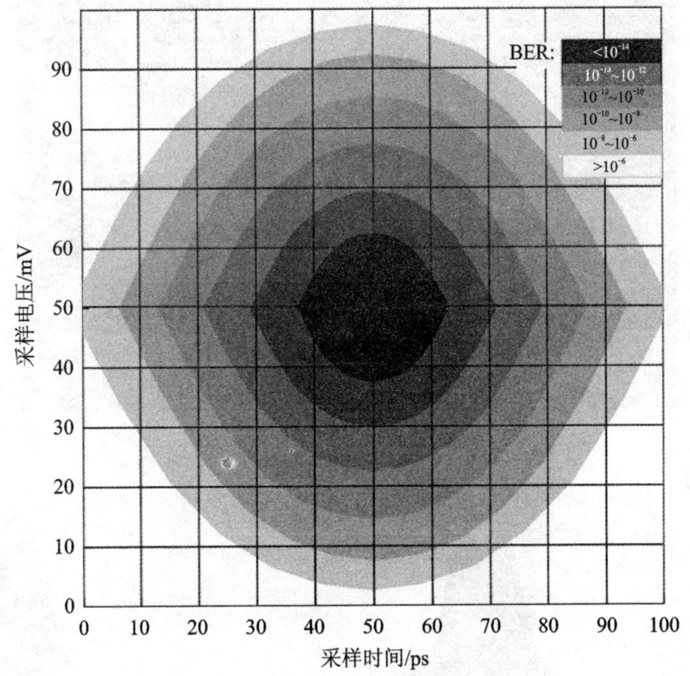

图 2-15 BER 等高线示意图

随机抖动的概率分布函数定义如下：

$$\mathrm{RJ}(t)=\frac{1}{\sqrt{2\pi}\sigma_{\mathrm{RJ}}}\mathrm{e}^{-t^2/2\sigma_{\mathrm{RJ}}^2}$$

式中，RJ(t)表示由于随机噪声源而导致的时序抖动为 t(ps)的概率；σ_{RJ} 表示抖动的均方根值(单位为 ps)。

随机抖动噪声的高斯分布和信号眼图如图 2-16 和图 2-17 所示。

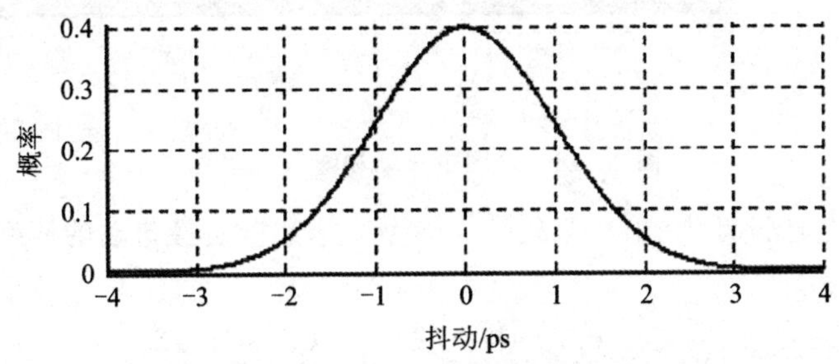

图 2-16 随机抖动噪声的高斯分布示意图

如图 2-18 所示，在眼图中有前沿抖动和后沿抖动。这与随机抖动噪声的波形相比，显然是不同的。因此系统中不仅仅只有随机噪声，还有各种确定性的有界噪声，比如 ISI 等。

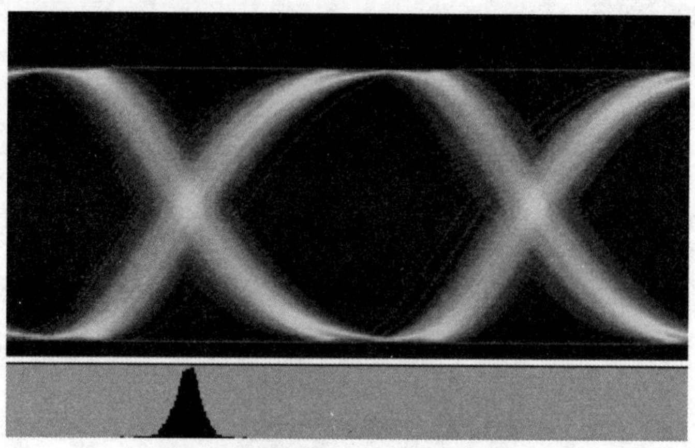

图 2-17　带有随机抖动噪声的信号眼图

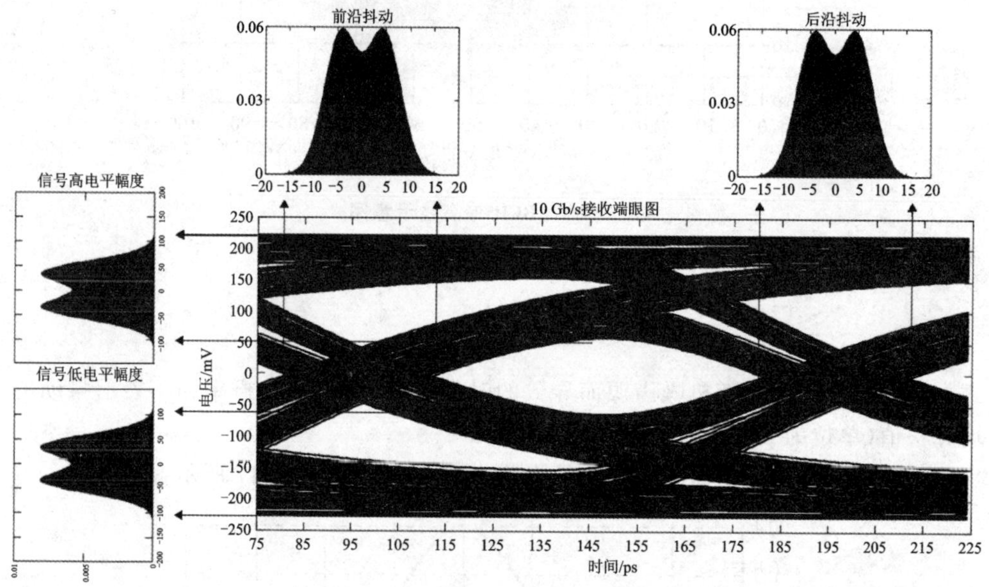

图 2-18　眼图中抖动和噪声示意图

在信号完整性设计中，采用双狄拉克模型来描述确定性抖动的概率分布函数，定义如下：

$$\mathrm{DJ}(t)=\frac{\delta(t-\mathrm{DJ}_{\delta\delta}/2)}{2}+\frac{\delta(t+\mathrm{DJ}_{\delta\delta}/2)}{2}$$

式中，$\mathrm{DJ}_{\delta\delta}$ 是双狄拉克确定性抖动(单位为 ps)；$\delta(t)$是狄拉克函数，也就是单位脉冲函数，其定义为

$$\delta(t)=\begin{cases}0, & t\neq 0\\ 1, & t=0\end{cases}$$

总体抖动等于确定性抖动和随机抖动的卷积，其概率分布函数定义如下：

$$\begin{aligned}\mathrm{JT}(t)&=\mathrm{RJ}(t)*\mathrm{DJ}(t)\\&=\int_{-\infty}^{\infty}\frac{1}{\sqrt{2\pi}\sigma_{\mathrm{RJ}}}\mathrm{e}^{-t^2/2\sigma_{\mathrm{RJ}}^2}\left[\frac{\delta(t-\mathrm{DJ}_{\delta\delta}/2)}{2}+\frac{\delta(t+\mathrm{DJ}_{\delta\delta}/2)}{2}\right]\mathrm{d}t\end{aligned}$$

根据单位冲击函数的卷积特性，总体噪声可以简化如下：

$$\mathrm{JT}(t)=\frac{1}{2\sqrt{2\pi}\sigma_{\mathrm{RJ}}}\left[\mathrm{e}^{-(t-\mathrm{DJ}_{\delta\delta}/2)/2\sigma_{\mathrm{RJ}}^2}+\mathrm{e}^{-(t+\mathrm{DJ}_{\delta\delta}/2)/2\sigma_{\mathrm{RJ}}^2}\right]$$

因此，总体抖动噪声分布是双峰分布。每个峰的数据分布均是高斯分布，其示意图如图 2-19 所示。

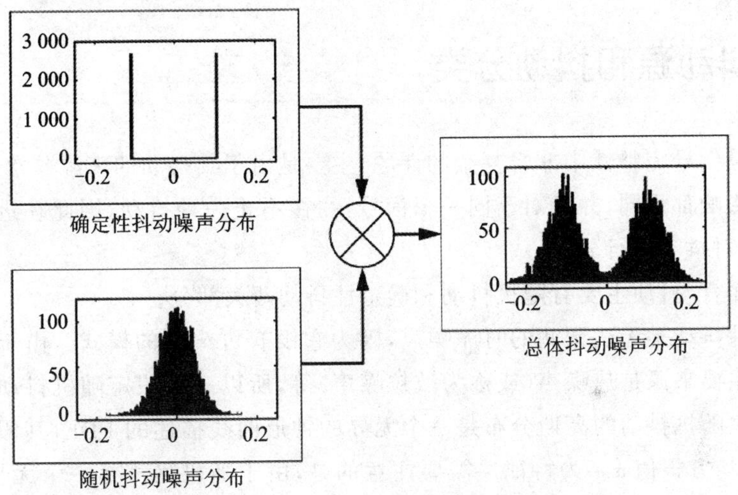

图 2-19 总体抖动噪声与确定性抖动噪声、随机抖动噪声的关系示意图

采用系统的总体抖动的概率分布函数，误码率 BER 为该概率分布函数波形下的阴影面积。可得眼图的前沿抖动和后沿抖动的误码率 BER 分布为

$$\mathrm{BER}_{\mathrm{lead}}(t)=0.5\left[\mathrm{erfc}\left(\frac{t-\mathrm{DJ}_{\delta\delta}/2}{\sqrt{2}\sigma_{\mathrm{RJ}}}\right)+\mathrm{erfc}\left(\frac{t+\mathrm{DJ}_{\delta\delta}/2}{\sqrt{2}\sigma_{\mathrm{RJ}}}\right)\right]$$

$$\mathrm{BER}_{\mathrm{trail}}(t)=0.5\left[\mathrm{erfc}\left(\frac{\mathrm{UI}-t-\mathrm{DJ}_{\delta\delta}/2}{\sqrt{2}\sigma_{\mathrm{RJ}}}\right)+\mathrm{erfc}\left(\frac{\mathrm{UI}-t+\mathrm{DJ}_{\delta\delta}/2}{\sqrt{2}\sigma_{\mathrm{RJ}}}\right)\right]$$

式中，$\mathrm{BER}_{\mathrm{lead}}(t)$和 $\mathrm{BER}_{\mathrm{trail}}(t)$分别表示前沿抖动和后沿抖动的误码率。erfc 函数的表达式为

$$\mathrm{erfc}(t)=\frac{2}{\sqrt{\pi}}\int_{t}^{\infty}\mathrm{e}^{-x^2}\,\mathrm{d}x$$

使用 BER 计算方程式，可以将误码率绘制成数据眼图中水平位置的函数，也就是 BER 的浴盆曲线图，如图 2-20 所示。

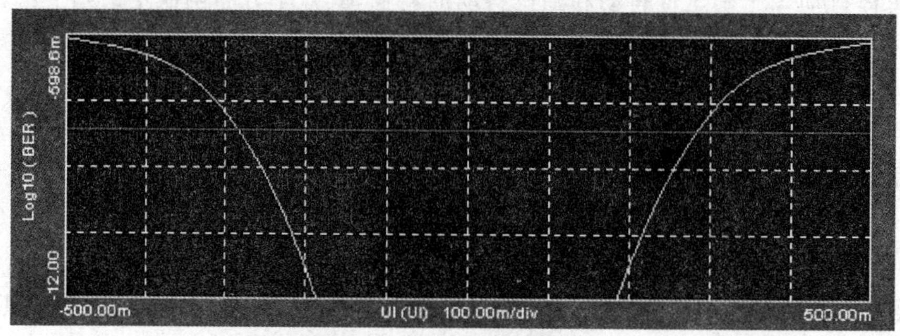

图 2-20 BER 的浴盆曲线图

2.4 抖动源和抖动分类

抖动是信号完整性中非常复杂的课题，主要是由于其抖动的来源非常复杂，每一种抖动的影响都不同，并且对于同一个信号，往往不止一种抖动，因此在进行抖动分析时，需要对抖动进行分离。

总体而言，抖动主要有随机抖动和确定性抖动两大部分。

随机性抖动是无法预测的时序噪声，因为它没有可辨别的模式。由于电路中随机噪声的主要来源是热噪声(或称为散粒噪声)等，所以一般假定随机抖动具有高斯概率分布。随机抖动的高斯分布是一个无界的钟形曲线描述的 PDF，其假定平均值为零，且以均方根值 σ_{RJ} 为特征。需要注意的是，由于随机噪声是一个无界噪声，所以理论上来说，只要有足够的时间，随机噪声可能达到的峰值是无限的。因此必须以给定的 BER 值来确定峰值。随机抖动的函数定义在上一节已经说明，其 PDF 图如图 2-21 所示。

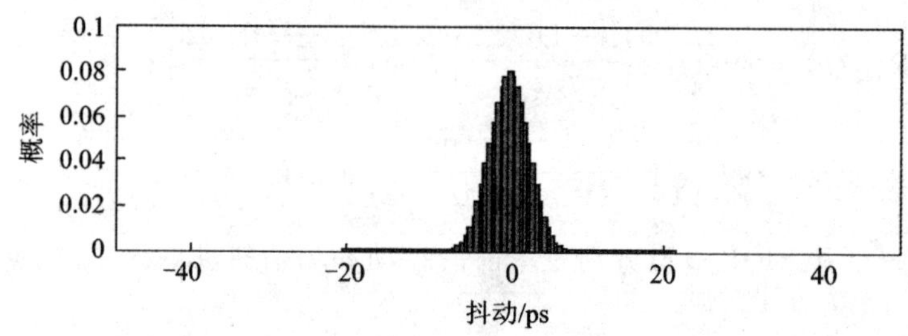

图 2-21 随机抖动 PDF 图

确定性抖动是可重复且可预测的时序抖动。此类抖动的峰值是有界的，具有可以预测的峰值，通常是由传输线损耗、占空比失真、扩频时钟以及串扰所引起的。根据抖动的具体来源，确定性抖动又分为正弦抖动(Sinusoidal Jitter，SJ)和数据相关性抖动(Data Dependent Jitter，DDJ)两类。DDJ抖动又分为符号间干扰(Inter Symbol Interference，ISI)、占空比失真(Duty Cycle Distortion，DCD)和有界非相关抖动(Bounded Uncoirrelated Jitter，BUJ)三类。确定性抖动的PDF图如图2-22所示。

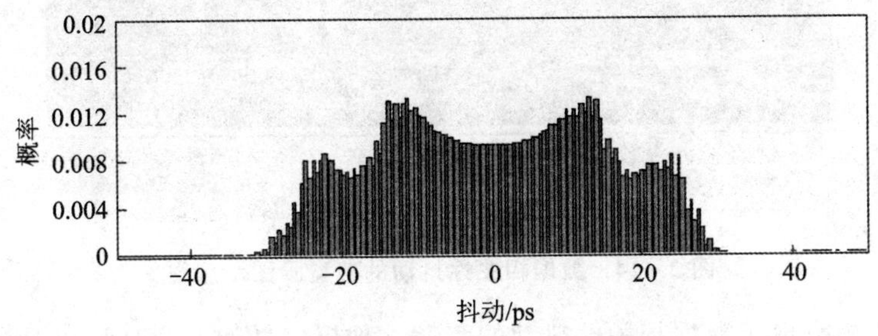

图2-22　确定性抖动的PDF图

正弦抖动，又称为周期抖动(Periodic Jitter，PJ)，其特点是会在一个固定的频率点重复出现。由于它可以通过傅里叶技术被分解成正弦函数，因此被称为正弦抖动。正弦抖动是由扩频时钟或者PLL参考时钟反馈回路的调制效应所引起的，与数据流中的任何周期性重复模式都不相关。单个正弦波生成的抖动的PDF可以定义如下：

$$\mathrm{SJ}(t)=\begin{cases}\dfrac{1}{\pi\sqrt{A^2-t^2}}, & A>|t|\\ 0, & A\leqslant|t|\end{cases}$$

正弦抖动的PDF图如图2-23所示，其图形呈浴盆状，在抖动的边界处，概率密度最大。

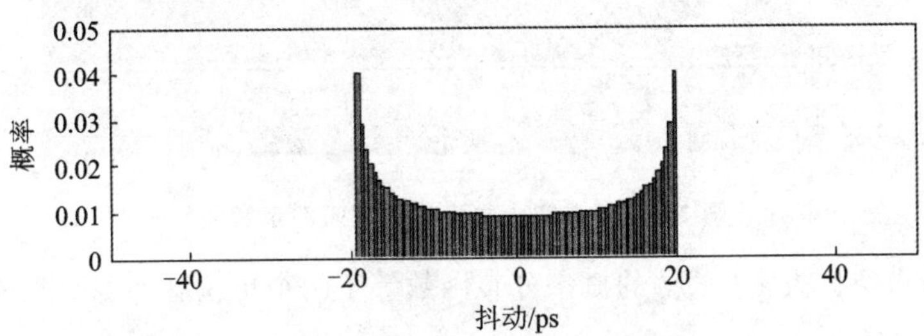

图2-23　正弦抖动的PDF图

数据相关性抖动(DDJ)与传输的数据模式或者干扰源(串扰)的数据模式相关，比如串行时钟的相位错误、传输通道滤波或者串扰等。图2-24所示为一个典型的数据相关性抖动的眼图示意图。

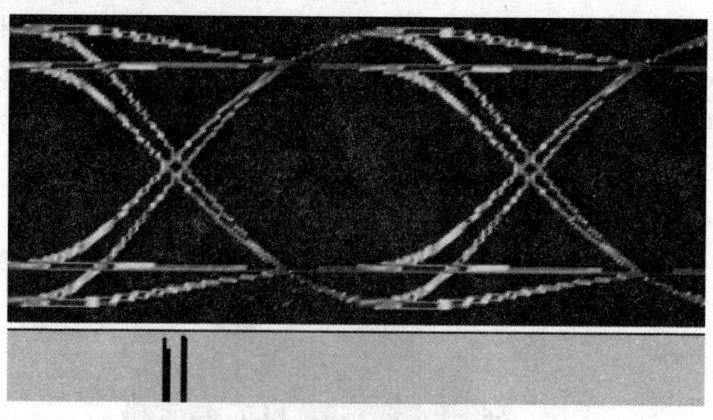

图 2-24　数据相关性抖动的典型眼图示意图

占空比失真属于数据相关性抖动的范畴。理想信号的上升时间和下降时间都是相等的，但实际信号往往会不一致。这种由 TX 串行化时钟中的占空比错误以及后串行化缓冲区中的上升/下降时延不匹配而导致的抖动称为占空比失真。占空比失真的常见原因是上升沿和下降沿的时延不匹配，或者波形的决策阈值高于或低于应有的阈值。如图 2-25 所示，可以看出信号的上升时间明显大于下降时间，导致波形的阈值低于应有的阈值。

图 2-25　占空比失真的典型眼图示意图

峰峰值占空比失真（α_{DCD}）的概率分布函数等于两个单位脉冲函数之和：

$$\mathrm{DCD}(t)=\frac{1}{2}\left[\delta\left(t-\frac{\alpha_{DCD}}{2}\right)+\delta\left(t+\frac{\alpha_{DCD}}{2}\right)\right]$$

如图 2-26 所示，可以看出，其概率分布函数（PDF）是由两个单位脉冲函数波形构成的。

符号间干扰（ISI）主要是由于传输信道损耗、色散以及反射所引起的，可以通过均衡等技术进行改善。图 2-27 所示为未采用均衡技术以及采用均衡技术后 ISI 的 PDF 图。

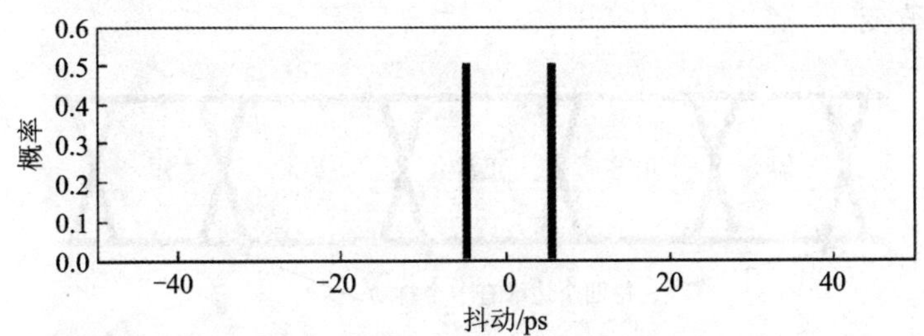

图 2-26 峰峰值占空比失真的 PDF 图

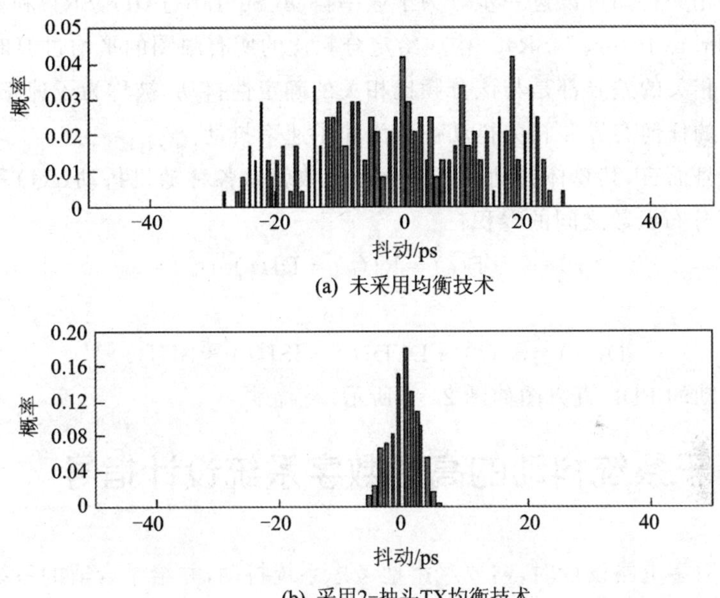

图 2-27 两种符号间干扰的 PDF 图

有界非相关抖动(BUJ)的主要表现是时钟没有与数据流对齐,其主要的抖动来源是串扰,很容易与 ISI 抖动相混淆,但并不是 ISI。因为有界非相关抖动是与攻击者信号或者数据流相关,而不是受害者,因此是不相关。但是,由于它有界,因此依旧是一个具有可量化峰峰值的有限抖动。时钟同步抖动是此类抖动的一种特殊且典型的情况。多路复用器/多路分配器、信道编码、块格式化以及对低速并行信号进行处理都有可能导致有界非相关抖动。

如图 2-28 所示,发送器上的 4∶1 多路复用器级可以提前或延迟在内部四分频时钟并行加载所有寄存器同时发生的边沿时序。如果要查看四分之一速率时钟触发的四幅眼图,就只能看到两只眼睛的标称眼宽,另外两个眼图将会发生畸变:一个宽度变长,一个变短,但是在此处还是可以看到所谓的位,而不像 ISI 那样,会丢失位或

者位的电压改变。

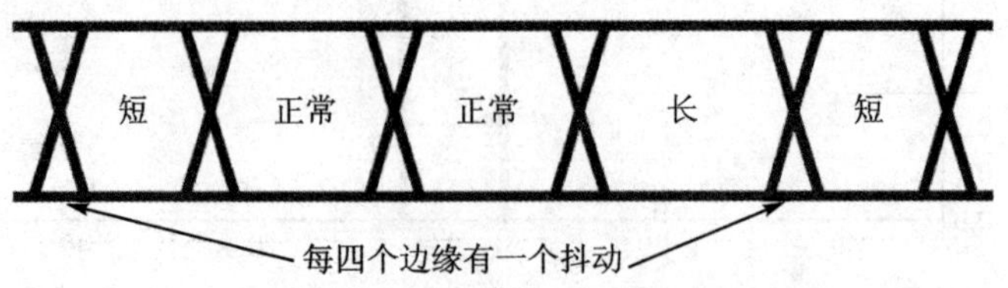

图 2-28　数据非相关抖动形成示意图

确定非相关抖动可以进一步分为子速率抖动(Subrate Jitter,SRJ)和非子速率抖动(Non-Subrate Jitter, NSR)。构成给定分频比的所有眼图的平均过渡时间之间的任何与非谐相关的差异都是与该分频比相关的确定性抖动,被称为子速率抖动;大于子速率抖动的任何有界非相关抖动被称为非子速率抖动。

对于信号而言,其总体抖动的概率分布函数就是各种随机抖动(RJ)和确定性抖动(DJ)概率分布函数之间的卷积:

$$JT(t)=RJ(t)*DJ(t)$$

式中,

$$DJ(t)=SJ(t)*DCD(t)*ISI(t)*BUJ(t)$$

总体抖动的 PDF 直方图如图 2-2 所示。

2.5　基于系统抖动的高速数字系统设计指导

在高速数字电路设计时,需要严肃地考虑系统抖动,并给予合适的系统抖动裕量以确保系统正常工作。通常,对于一个高速信号,需要确保位宽满足以下关系式,才能达到最小的 BER 的性能:

$$UI \geqslant DJ_{\delta\delta}(sys)+Q_{BER}\sigma_{RMS}(sys)$$

式中,UI 表示信号的位宽;$DJ_{\delta\delta}(sys)$表示系统的确定性抖动值;Q_{BER} 表示在给定 BER 值的情况下,必须考虑的随机抖动所导致的眼图闭合量;$\sigma_{RMS}(sys)$表示系统中随机抖动的标准差。

系统的确定性抖动是由系统中各个确定性抖动的分量的卷积进行线性相加来近似,因此包括发送端、传输信号、接收端以及系统时钟等各种确定性抖动。计算如下:

$$DJ_{\delta\delta}(sys)=\sum_i DJ_{\delta\delta}(i)=DJ_{\delta\delta}(TX)+DJ_{\delta\delta}(channel)+DJ_{\delta\delta}(RX)+DJ_{\delta\delta}(clock)$$

Q_{BER} 是 BER 的函数,其对应关系如表 2-2 所列。高速数字电路通常会要求 BER 值为 10^{-12},则对应的 Q_{BER} 为 14.069。

表 2-2 Q_{BER} 与 BER 之间的关系表

BER	Q_{BER}	BER	Q_{BER}	BER	Q_{BER}
1×10^{-3}	6.180	1×10^{-10}	12.723	1×10^{-17}	16.987
1×10^{-4}	7.438	1×10^{-11}	13.412	1×10^{-18}	17.514
1×10^{-5}	8.530	1×10^{-12}	14.069	1×10^{-19}	18.026
1×10^{-6}	9.507	1×10^{-13}	14.698	1×10^{-20}	18.524
1×10^{-7}	10.399	1×10^{-14}	15.301	1×10^{-21}	19.010
1×10^{-8}	11.224	1×10^{-15}	15.882	1×10^{-22}	19.484
1×10^{-9}	11.996	1×10^{-16}	16.444	1×10^{-23}	20.000

系统的随机抖动的标准差是由各个随机抖动分量卷积的平方进行线性相加后再进行开方所得的结果。其表达式如下：

$$\sigma_{\mathrm{RMS}}(\mathrm{sys})=\sqrt{\sum_i \sigma_{\mathrm{RMS}}^2(i)}$$
$$=\sqrt{\sigma_{\mathrm{RMS}}^2(\mathrm{TX})+\sigma_{\mathrm{RMS}}^2(\mathrm{channel})+\sigma_{\mathrm{RMS}}^2(\mathrm{RX})+\sigma_{\mathrm{RMS}}^2(\mathrm{clock})}$$

几乎所有的高速总线都会对整个总线的各个部分的抖动进行定义。以 USB 3.0 为例，USB 3.0 SuperSpeed 5.0 Gb/s 的抖动规范如表 2-3 所列。USB 3.0 的总体抖动是在 $\mathrm{BER}=10^{-12}$ 时进行规范的。

表 2-3 USB 3.0 SuperSpeed 5.0 Gb/s 抖动规范表

抖动分量	随机抖动	确定性抖动	总体抖动
发送端	2.42	41	75
传输信道	2.13	45	75
接收端	2.42	57	91
总计	4.03	143	200

根据系统抖动设计，USB 3.0 SuperSpeed 的系统随机抖动标准差为

$$\sigma_{\mathrm{RMS}}(\mathrm{sys})=\sqrt{\sum_i \sigma_{\mathrm{RMS}}^2(i)}=\sqrt{2.42^2+2.13^2+2.42^2}\approx 4.03$$

系统确定性抖动值为

$$\mathrm{DJ}_{\delta\delta}(\mathrm{sys})=\sum_i \mathrm{DJ}_{\delta\delta}(i)=41+45+57=143$$

信号的最小位宽必须满足

$$\mathrm{UI}\geqslant \mathrm{DJ}_{\delta\delta}(\mathrm{sys})+Q_{\mathrm{BER}}\sigma_{\mathrm{RMS}}(\mathrm{sys})=143+14.069\times4.03\approx200$$

对照表 2-3，可以看出整体满足其要求。如果对传输信道进行数据扰码等处理，则传输信道的随机抖动可以视为 0，整个信道只有确定性抖动，可以改善系统的抖动性能。

对于高速信号系统而言，基于抖动的系统设计流程如图 2-29 所示。从系统的一开始就需要设定系统的抖动目标，并根据该抖动目标，对整个系统进行解耦细分来确定每一部分的抖动目标并进行计算，包括但不限于发送端、接收端、时钟、传输信道等，确认是否满足设计裕量要求。如果不满足，则需要改变各个细部的抖动目标，或者调整整个系统的抖动设计目标。

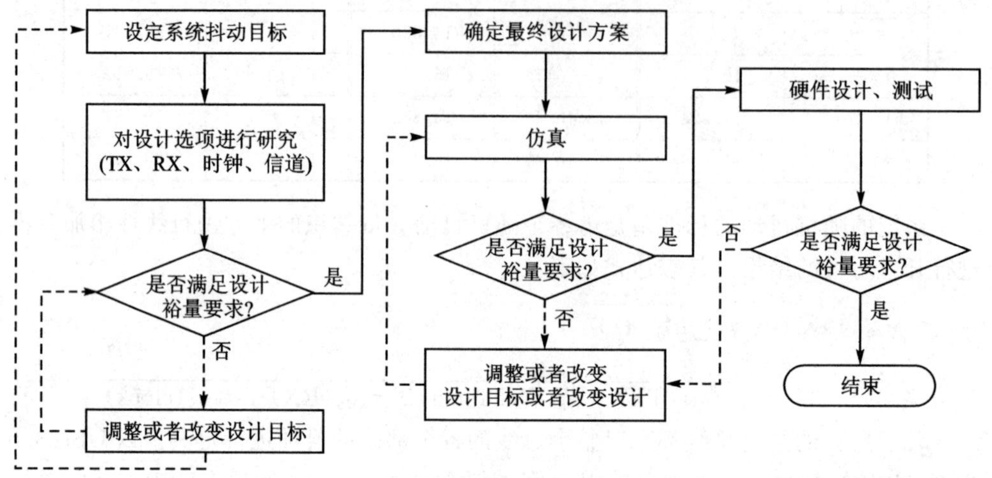

图 2-29　基于抖动的高速系统设计流程图

一旦确认了最终的设计方案，就需要进行仿真。通过仿真来确保设计目标可以得到满足，如果不能满足，则需要进行设计方案调整或者设计目标调整。如果仿真通过，则需要进行硬件设计，并通过信号实测来确保设计满足。

2.6　本章小结

本章从抖动的基本定义出发，详细讲述了与抖动相关的知识，包括信号眼图、误码率等，同时也介绍了抖动的来源以及抖动的分类，并就每一类抖动的相关数学模型进行了描述。最后，讲述了基于系统抖动的高速数字系统的设计指导，确保抖动在设计范围之内。

2.7　思考与练习

1. 什么是抖动？简述抖动和漂移的区别和联系。
2. 抖动的参数有哪些？一般采用什么形式进行描述？
3. 什么是眼图？眼图如何构建？如何从眼图中读取噪声和抖动等参数？
4. 什么是 BER？如何计算眼图的前沿抖动和后沿抖动的 BER？

5. 试简述随机抖动和确定性抖动的特征与区别。

6. 确定性抖动有哪些类型？每一种类型的特点和区别是什么？

7. 什么是总体抖动？总体抖动的波形如何分布？

8. 试简述 ISI 抖动与 BUJ 抖动之间的特征与区别。

9. 高速系统中的确定性抖动与哪些因素相关？如何计算高速系统中的确定性抖动？

10. 如何基于系统抖动进行高速数字系统设计？

第3章

电源完整性基础

信号完整性主要讨论电压的不确定性问题，也就是噪声问题。而电源完整性讨论的是如何设计一个高效、低阻、低噪声的电源分布网络(Power Distribution Network，PDN)来确保电流可以高效地为系统服务。本章主要就高速数字系统电源分布网络进行介绍和分析，从而探究如何规划高质量的电源分布网络，以确保电源完整性。

本章的主要内容如下：

- 电源分布网络；
- 电源树；
- 同步开关噪声；
- 直流压降；
- 纹波以及频率目标阻抗设计；
- 电源分布网络模型。

3.1 电源分布网络简介

电源分布网络(PDN)是高速数字系统中一个非常重要的部分。当市电通过交流电源转化为直流后，并不会立即传送到每一个元件上，而是要根据系统的电源树(power tree)进行电源分配，并通过 VRM(Voltage Regulator Module)进行电压调整以精确满足各类芯片的电压要求，调整后的各类直流电压将通过各自的电源分布网络将直流传输到需要相同电压的各个元件上。因此，电源分布网络包含了从 VRM 到芯片焊盘，经芯片封装到达裸芯片内的电源和包括片上金属层在内的返回路径的所有互连。具体来说，包括 VRM、去耦电容器、过孔、互连、PCB 电源和地平面、板外附加电容器、封装焊球或引脚、封装内互连、键合线或 C4 焊球、芯片上电容器以及内部互连等。图 3-1 所示为一个简单的电源分布网络的等效模型图，图中没有考虑芯片上的电源分布。

图 3-1 中，R_{VRM} 和 L_{VRM} 分别表示 VRM 的等效电阻和等效电感；$L_{\text{mnt1}} \sim L_{\text{mnt}N}$ 表示各个去耦电容器的安装等效电感；$L_{C1} \sim L_{CN}$ 表示各个去耦电容器的等效串联电感；$C_{C1} \sim C_{CN}$ 表示各个去耦电容器的容值；$R_{C1} \sim R_{CN}$ 表示各个去耦电容器的等

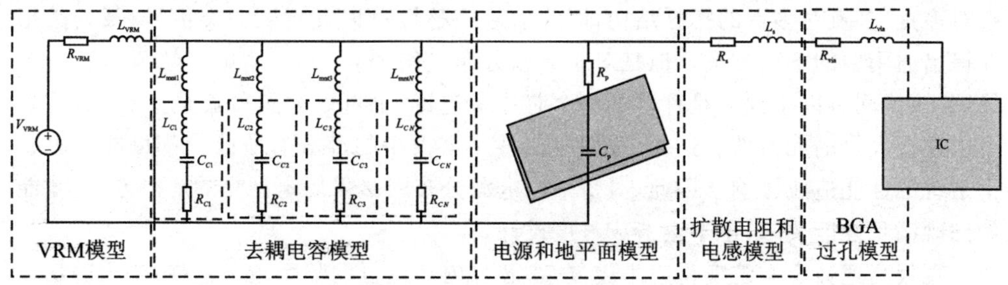

图 3-1　电源分布网络模型示意图

效串联电阻；C_p 和 R_p 分别表示电源和地平面之间的等效电容和等效串联电阻；R_s 和 L_s 分别表示 BGA 封装到去耦电容器之间的等效扩散电阻和扩散电感；R_{via} 和 L_{via} 分别表示 BGA 电源和地过孔对上的等效电阻和电感。

以 Intel 公司 x86 服务器为例，将交流电源转换成 12 V 电源后，会通过各种 VRM 来提供给各类芯片的电压。不考虑其他芯片，只考虑 CPU 以及内存方面，就有 VCCIN、VCCSA、VCCIO、PVMCP、P1V0、PVDDQ 等各种电压。在主板上，Intel 一般会推荐专用的 VRM 解决方案；在 Purley 平台上，与相应 CPU/内存配套的 VRM 解决方案是 VR13.0。通过 VR13.0 的 VRM 控制器，就可以产生以上满足 CPU 的各种电压和电流，再通过电源分布网络传送给 CPU 和内存，以满足 CPU 和内存的要求。图 3-2 所示为典型的 x86 服务器主板示意图。可以看出，除了一块服务器主板外，还有包括南桥在内的很多芯片，电源分布网络变得更加复杂。

图 3-2　SuperMicro X11DPL-i 双路服务器主板示意图

电源分布网络还有一个重要作用就是给信号路径提供低噪声的返回路径。从这方面来讲，电源分布网络的电源完整性从根本上决定了信号的质量。但是与信号完整性不同，在一个复杂的高速数字系统中，信号路径可以成千上万，可以包括点对点、点对多点、多点对多点的拓扑结构，因此信号完整性可以针对某一类信号、某一类拓扑提出通用型的解决方案。但是对于电源分布网络而言，每一个电压轨道只有一个线网，该线网可以小到只是针对某一个芯片来进行，也可以大到覆盖整个 PCB，并且可以连接大量的元器件。这样，线网中的某一个很小的部分有所改变都可能会对整个系统的性能造成影响。因此，对每一个电源分布网络采用定制化的解决方案，才能做到既满足性能要求，也不会造成过度设计。

现代高速数字系统变得越来越复杂，芯片内部运行的频率越来越高，要求的功耗也越来越高，但是由于 VLSI 工艺的演进，芯片电压却越来越低。目前，很多芯片的核心电压已经降至 1.2 V 以下，如 DDR 的电压就从第一代的 1.8 V 下降到了第四代的 1.2 V，并且该趋势一直在持续。功耗增加而电压降低，其直接后果是，流经电源分布网络的电流将会变得越来越大——根据欧姆定律。这样，当电流从 VRM 流出经过电源分布网络到达芯片时，由于导体本身以及介质上存在损耗，电流在传输过程中必然会出现损耗和噪声等现象。另外，芯片的电压持续减小带来的另外一个后果就是噪声容限的降低，由此导致芯片的工作容易受到电源噪声的干扰。电源噪声包括由 PDN 固有的频率相关分布寄生效应引起的动态交流电压波动以及直流压降。其根据是欧姆定律 $V=IR$ 的电压降，其中 R 为源位置到目的芯片位置之间的等效路径直流电阻；I 是芯片从电源所抽取的平均电流。工程师需要确保叠加了噪声的电源分布网络不会影响到芯片的正常运行，这就是电源完整性的范畴。

3.2 电源树

一个复杂的高速数字系统会采用非常多的主动芯片，这些芯片工作的电压多种多样，比如 5 V、3.3 V、1.8 V、1.2 V、1.0 V 等，甚至即使同一个电压幅值的电源，因为时序不同，也需要变成不同的电源域。同时，一些复杂的大规模芯片内也是集成了多种电源域，比如 Intel 公司的 CPU，不仅有单独的内核电压，而且还有 I/O 电压，以及其他各种专用电压。而 FPGA/CPLD 为了适应各种工作场景，会规划更多的 I/O 接口，从而出现更多的 I/O 电压规范，需要根据系统的具体要求来确定特定场景 I/O 的电压。由于 PCB 面积以及成本所限，不可能为每一个芯片设计一个专用的 VRM，而是需要根据整个板级和系统的所有元器件的电源域要求以及相应的电流要求进行归纳整理，把有相同时序和幅值的电源域归在一起，形成一个电源轨道，并获取该电源轨道所需的总电流。

整理后形成的电源轨道可能只有一组，也可能会有几组。如果系统交流电源产生直流电压满足电压轨道的要求，则可以直接连接到交流电源上。但是这种情形在复杂的高速数字电路中几乎不切实际。

通常，系统交流电源产生的直流电源只有一种。少数的情形可以产生多种电源，比如 ATX 电源可以产生三种电源。因此，需要通过 VRM 来进行电压转换，产生对应的电源轨道所需要的电压和电流。

对于高速数字系统板级硬件工程师和电源工程师，采用电源树进行系统和板级电源设计是一种非常直观的方式，如图 3-3 所示。该图显示了一个服务器主板的电源树部分结构。通常在服务器中，系统交流电源会产生一个 12 V 电源，该电源会供应整个系统。从图中可以看出，电源树会标注主板每一个主要元件的位置、所需电压、电流；在每一个电源轨道上标注电源轨道幅值、直流压降、直流功耗等参数；同时也会标注每一个电源轨道与输入 12 V 的关系——是直供还是需要采用 VRM 进行电压转换。每个 VRM 都会标注其位置和参数。

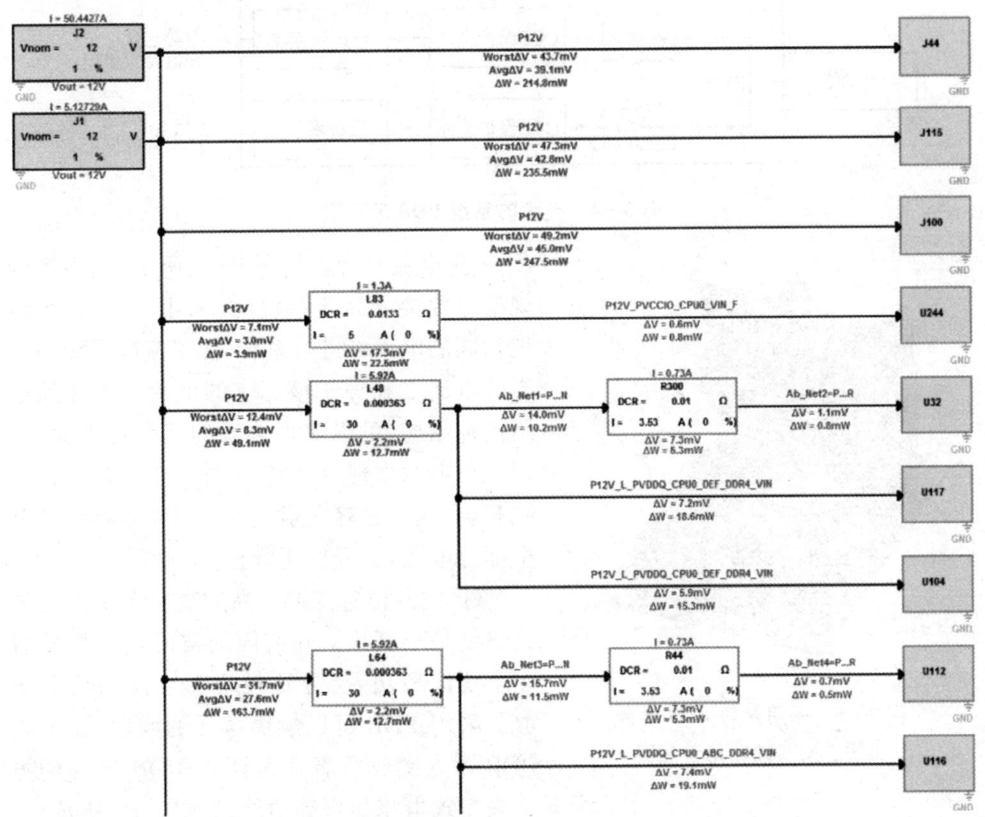

图 3-3 电源树结构示意图

根据能量守恒定律，多一级 VRM 进行电压转换，就会多一级能量耗损，因此通常板级电源树结构一般最多采用两级 VRM 进行转换。

复杂的数字系统，为了确保电源纹波最小，会在系统交流电源后增加一张 PDB (Power Distribution Board)。PDB 的主要作用如下：

① 对交流电源输出直流电源进行划分，做到专用器件使用专用的电源。如 GPU 服务器，除了专门的 x86 服务器主板以外，还有 NVidia 公司的 GPU 卡，以及硬

盘背板、风扇背板等。每一种模组都会消耗大量的电流，PDB 板可以把交流电源输出的直流 12 V 进行划分并进行相应的铜面积计算和设计。如图 3-4 所示，主板、GPU、硬盘背板以及风扇背板的电压由 PDB 分配后单独提供。

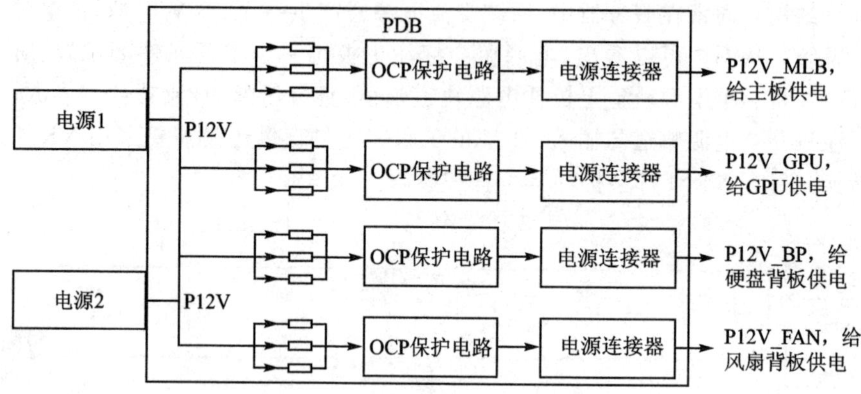

图 3-4　典型的系统 PDB 示意图

图 3-5　采用两块 PDB 组合实现空间有效利用示意图

② 电流整合。如图 3-4 所示，当多个同规格电源接入高速系统时，采用 PDB 板可以把相同的电源域进行整合，使得流向下级各分支的电流之和等于该总支的电流。服务器采用这种结构，可以实现电源的冗余备份设计。当一个电源出现故障时，另外一个电源可以无缝开启；或者在轻负载的情形下，可以关掉其中部分电源，实现功耗节省。

③ 空间位置变换。高速数字系统的发展趋势就是小型化。在有限的空间内需要放置多个功能模块，会导致模块在空间内位置不够。采用 PDB 可以解决这样的问题，比如把 PDB 垂直摆放或者通过两块 PDB 组合的方式来实现电流拐弯等功能，如图 3-5 所示。

3.3　同步开关噪声

在数字系统中，同步开关噪声（Synchronous Switching Noise，SSN）是一类常见的噪声，但是由于过去数字信号速度慢，电压阈值高，因此没有引起太多关注。随着数字 IC 的集成度越来越高，信号速度越来越快，上升时间越来越短，工作电压越来越低，数字信号的判决阈值之间的裕量就越小。同步开关噪声已经成为高速数字系统中主要噪声来源之一。

如图 3-6 所示，目前绝大多数的数字芯片都是采用 CMOS 工艺。CMOS 的栅极具有容性，可以把 CMOS 的互连输入端等效为一个电容 C_L。芯片通过电源引脚和地引脚与主板的电源分布网络（PDN）相连，L_P 和 L_G 分别表示芯片与 PDN 之间的寄生电感；由于芯片要通过封装来连接到地，因此封装上也有各种等效寄生电感，L_G 就是封装内等效寄生电感串联之和。图中只显示了芯片地到封装地之间的等效电感，事实上，芯片电源到 PDN 之间也会有封装的等效寄生电感。

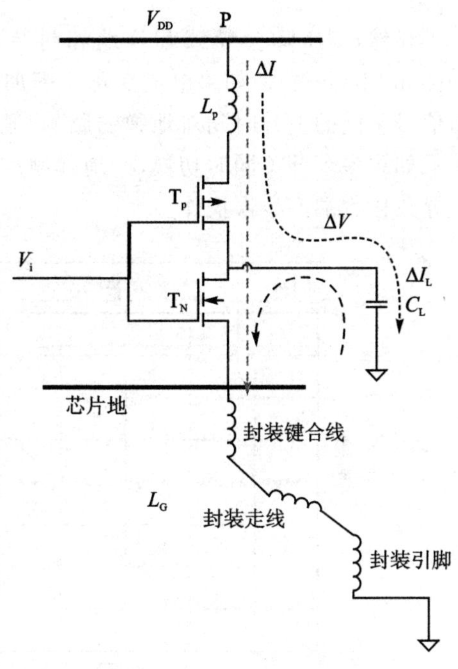

图 3-6　IC 与 PDN 连接示意图

当 T_P 导通、T_N 关闭时，电流会通过 L_P 流向负载 C_L 并给 C_L 充电。根据电容的特性，可知此时的瞬变电流为

$$\Delta I_L = C_L \frac{\Delta V}{\Delta t} = C_L \frac{\Delta V}{T_r}$$

式中，T_r 表示信号的上升时间。

当 T_P 关闭、T_N 导通时，负载电容开始通过 T_N 进行放电，电流变化和充电时基本相同。

当 V_i 从 0 V 爬升到 V_{DD} 或者从 V_{DD} 切换到 0 V 时，在其中的某个过渡阶段会同时导通 T_P 和 T_N，PDN 的电源和地之间会出现瞬间的低阻回路，产生瞬变电流 ΔI_t。因此，PDN 必须提供一个 ΔI 电流，其大小为负载电流 ΔI_L 和瞬变电流 ΔI_t 之和。该电流流经 PDN，就会在 PDN 上产生一个电压波动，其大小为

$$\Delta V_{PG} = \Delta I \times Z_{PDN}$$

假设 C_L 为 10 pF，V_{DD} 为 1.2 V，T_r 为 1 ns，则 ΔI_L 等于 12 mA。而如果 T_r 为 0.1 ns，则 ΔI_L 为 120 mA。如果不考虑瞬变电流 ΔI_t，Z_{PDN} 为 50 mΩ，则一个推挽式输出所造成的电压波动分别为 0.6 mV 和 6 mV。这个电压波动非常小，几乎可以不考虑，但是在大规模 IC 中会出现大量门同步开关的情况。每个开关同时切换时所造成的电压波动会叠加在一起。例如，假设有 50 个开关同时切换，则在上升时间为 0.1 ns 时，其 ΔI_L 将达到 6 A，如果此时 PDN 阻抗为 50 mΩ，则电压纹波将达到 300 mV。此时如果 PDN 的去耦电容不能及时供应电流，会产生电源噪声，严重时会影响信号的逻辑电平判断。

如果该 ΔI 电流流经封装内的电感 L_G，则此时电感上会产生一个压降。该压降为

$$\Delta V_{\mathrm{G}}=L_{\mathrm{G}}\frac{\Delta I}{\Delta t}=L_{\mathrm{G}}\frac{\Delta I}{T_{\mathrm{r}}}$$

显然,该压降会导致芯片地和封装地之间的电位不一致,这就是所谓的地弹(ground bounce)。如果电流变化速率加快,地弹噪声就会越大。图 3-7 显示了输出信号不同的上升时间对地弹的影响,显然下图中上升时间短的信号对地弹的影响大。如果多个开关同时切换,则地弹噪声也会更大。该地弹噪声通过系统传输,可能会导致接收端产生误操作。

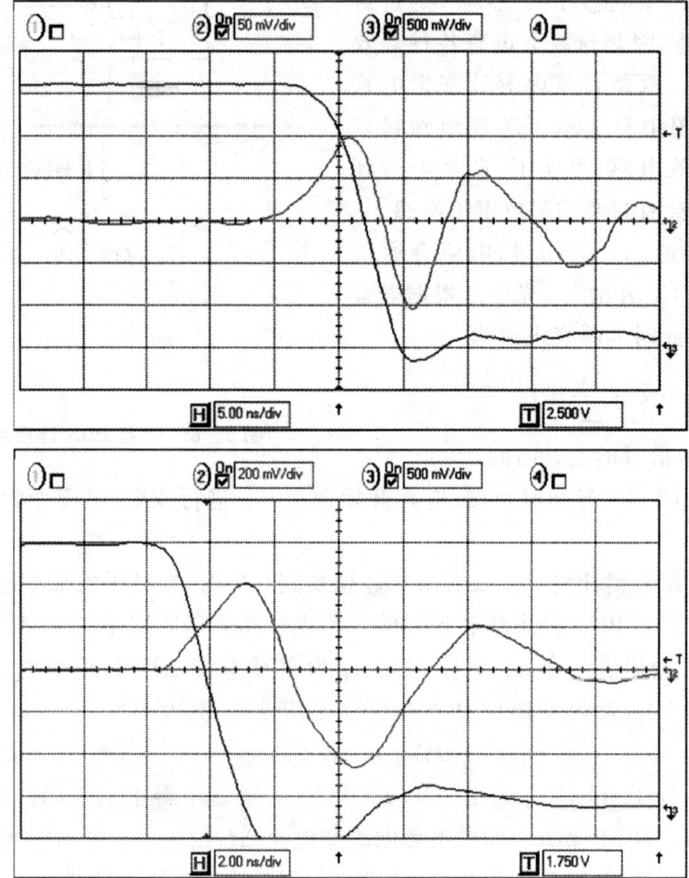

图 3-7　输出信号的上升时间对地弹的影响波形图

类似地,如果 ΔI 电流流经封装内的电感 L_{P},则电感上会产生一个压降:

$$\Delta V_{\mathrm{P}}=L_{\mathrm{P}}\frac{\Delta I}{\Delta t}=L_{\mathrm{P}}\frac{\Delta I}{T_{\mathrm{r}}}$$

该压降会导致芯片电源和封装电源之间的电位不一致,这就是电源反弹(power bounce)。该噪声的行为和影响因素和地弹一样,只是一个作用于地平面,另外一个作用于电源平面，同样可能会导致接收端的误操作。

如图 3－8 所示，如果在该输入信号上出现 SSN 噪声——地弹或者电源反弹，则会造成信号电平失衡。如果噪声不大，没有超过噪声容限，则可以被接收端准确接收，如图中右边噪声较小的波形；但是，如果噪声大到超过接收端的接收阈值，并且恰好被采样到，则会导致接收端的逻辑错误，如图中左边噪声较大的波形。

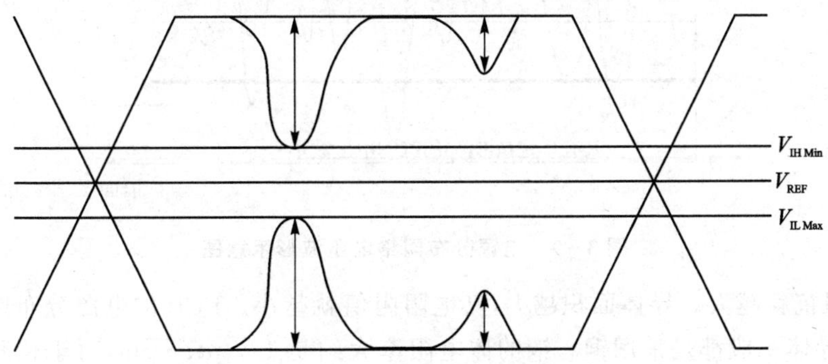

图 3－8　不同的 SSN 噪声对输入的影响示意图

SSN 噪声是芯片固有的一种噪声，它不能消失，只能减小。根据 SSN 噪声产生的机理，要减小 SSN 噪声，最主要的是采用较低的 PDN 特性阻抗，如有些要求 1 mΩ 的特性阻抗。如果是 FPGA/CPLD 等可编程逻辑器件，则可以采用同步设计，设置较慢的输出斜率，对时钟信号进行专门布局，避免把同时开关的信号相邻放置，或者在接收端采用高阈值的接收端等。

3.4　直流压降

负载芯片需要在一个恒定电压下才能正常工作——尽管由于直流损耗和交流噪声的存在，实际工作电压会有一定的偏离，但是该偏离电压一般都必须限制在正常电压的某个范围之内，通常是 5%。如果这个范围确定，减小直流损耗就相当于增加了噪声的裕量。

在现代高速数字系统中，低电压、大电流越来越成为趋势。虽然电源分布网络铜的体电阻率非常低，但是并不意味着没有电阻。在电源分布网络确定的条件下，电流越大，则在电源分布网络上产生的压降就越大。所谓直流压降，一般称为 *IR* Drop，就是电流从源端出发经过电源分布网络到达负载端时，由于电源分布网络的直流电阻，会在电源分布网络上产生一个压降。对于负载芯片，其所感受到的电压并不是源端初始电压，而是源端电压减去 *IR* Drop 电压后的电压。图 3－9 所示为没有 *IR* Drop 和有 *IR* Drop 的电源分布网络的电压波形示意图。

电阻的阻值取决于导体的体电阻率和电流流经的几何结构。体电阻率越大，其

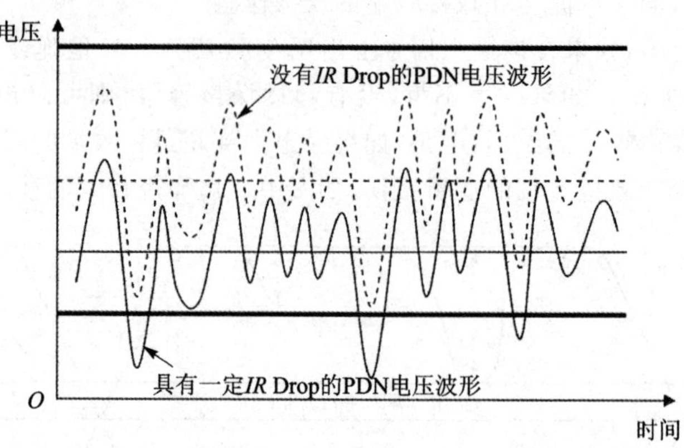

图 3-9　电源分布网络电压波形示意图

电阻的阻抗就越大。导体面积越大，其电阻阻值就越小。PCB 的电源分布网络以及 IC 封装导体一般都是采用铜。铜的体电阻率大约是 1.7 μΩ · cm，对于长和宽均为 1 in、铜厚为 0.5 盎司[①]的铜平面，其直流电阻为 1 mΩ。如果铜平面上的直流为 10 A，则该铜平面所产生的 *IR* Drop 为 10 mV。

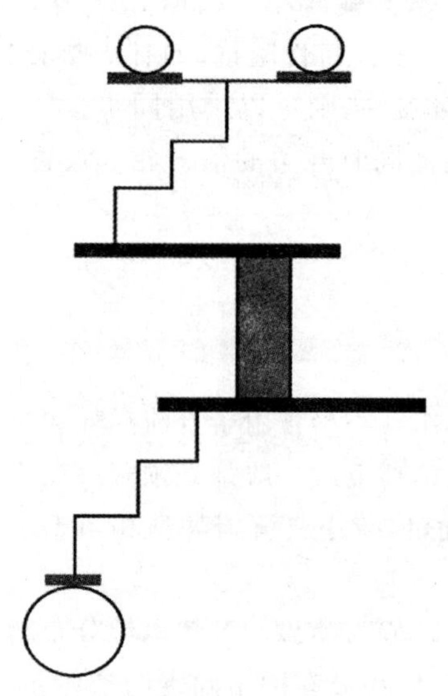

图 3-10　BGA 封装电源从焊球到芯片的电源分布网络示意图

但是电源分布网络的拓扑不都是完整的铜平面。由于系统越来越复杂，整个电源分布网络将由电源和地平面、过孔以及到芯片电源和地引脚之间的走线所组成。事实上，从芯片看过去，PCB 上的电源分布网络只是这个电源分布系统的一部分。整个电源分布系统还包括芯片内部的电源分布网络和封装上的电源分布网络，*IR* Drop 同样也会在芯片内部和封装内存在。由于芯片内部尺寸所限，电阻损耗非常严重，芯片内的 *IR* Drop 一直是芯片设计领域研究的重要课题，也是芯片从业者必须要解决的重要挑战之一。

相较于芯片内部，片外系统的 *IR* Drop 会小很多，但是随着系统的复杂度的增加，片外系统的 *IR* Drop 也不能忽视。芯片封装是一个不容忽视的因素，如图 3-10 所示，在多层芯片封装（如 BGA）中，电流从封装焊球到

① "盎司"是英制计量单位，作为质量单位时也称为英两。在线路板（PCB）中，1 盎司表示在 1 平方英尺的面积上铜箔的平均质量为 28.35 g，文中用单位面积的质量来表示铜箔的平均厚度。

芯片接口需要在封装中穿越多层。尽管这些路径比PCB上的路径要短，但是由于空间所限，封装上的电源和地平面不可能填充封装的整个平面，而是需要通过许多不规则的形状来突破芯片I/O限制。另外，复杂的芯片，如CPU，会要求多种电源域，加剧电源和地平面的分配难度，导致封装内电源分布网络出现各种复杂的形状，如短且窄的颈缩(neck down)布线或者其他不理想的布线方式。

在高速数字系统设计时，芯片以及封装一旦选定，芯片和封装的特性就已经确定，不能再改变，并且芯片厂商也不会透露详细的芯片内部资料。但这并不意味着硬件工程师或者电源工程师就可以对这一块忽略不计。一个优秀的工程师通常在系统规划时就会对芯片以及芯片封装进行规划选型，给系统板级设计留有足够的裕量。如果系统仿真后，通过各种方式进行PCB上的电源分布网络调整也还是满足不了要求，则需要重新进行芯片或封装选型，或者改变整个系统设计方案。

板级硬件工程师和电源工程师主要关注的是PCB上的电源分布网络的*IR* Drop。根据芯片厂商给出的电源参数要求，选择具体的VRM解决方案，然后进行PCB的电源网络设计。一个真实的PCB电源分布网络如图3-11所示。从图中可以看出，实际的PCB电源分布网络并不是一块非常规则的平面，而是从VRM到目的芯片之间，存在着大量的过孔。过孔是导致*IR* Drop的一个重要因素之一。

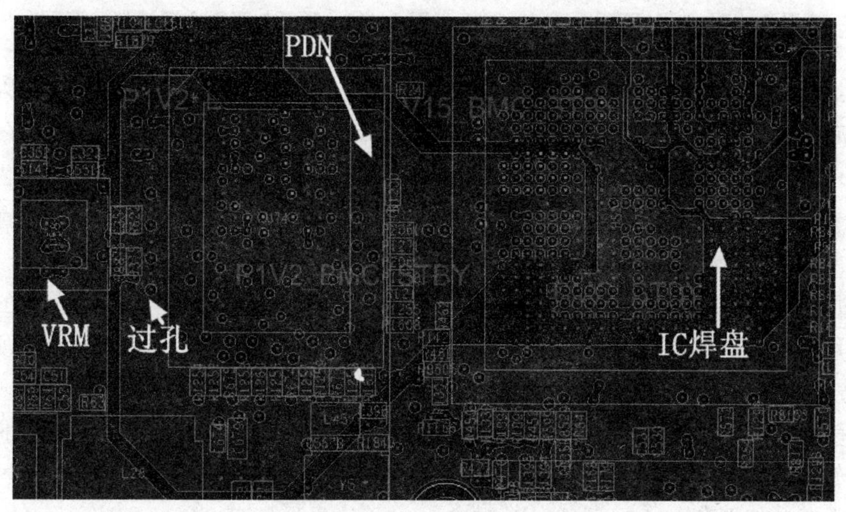

图3-11　PCB电源分布网络示意图

如图3-12所示，过孔的形状为环状，电流流经的面积为孔壁的横截面积，假设过孔内径为$R_1=10$ mil，外径为$R_2=12$ mil，过孔长度为1 mm，则采用电阻的计算公式，可得过孔的直流电阻为

$$R_{\mathrm{DC\_via}}=\rho\frac{l}{A}=\rho\frac{l}{\pi(R_2^2-R_1^2)}\approx 0.8\ \mathrm{m}\Omega$$

式中，ρ表示铜的体电阻率。

从计算结果可知，一个过孔的直流电阻和 1 in^2 的 0.5 盎司铜平面的直流电阻大体相当。因此，如果负载电流很大，需要使用很多过孔来进行导流。

与过孔相关的限流因素还涉及过孔与内层电源平面和地平面之间的连接。通常采用花焊盘进行连接，如图 3-13 所示。由于 PCB 加工和焊接工艺的要求，需要在过孔和平面之间腐蚀掉大片的铜，导致过流面积减小，直流电阻增加。这种结构调整余地小，一般通过增加过孔数量来解决 *IR* Drop 问题。

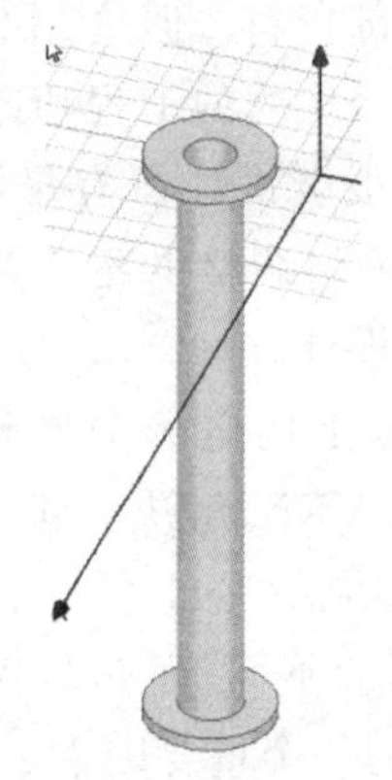

图 3-12　过孔示意图

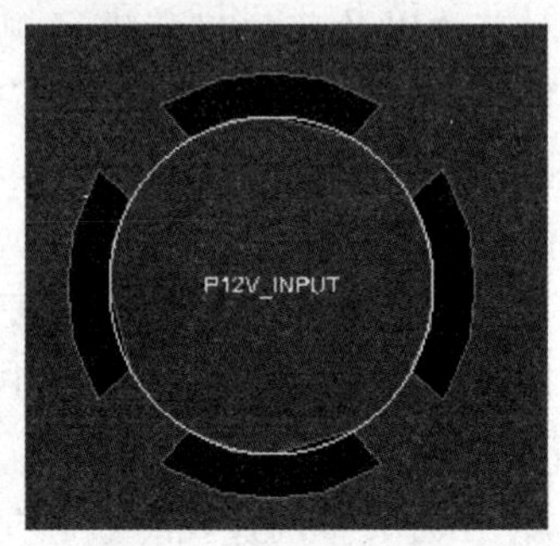

图 3-13　过孔与平面之间连接示意图

电源通过电源平面和地平面到达目的芯片时，由于芯片的封装尺寸减小，因此电源分布网络会相应缩小面积。如果目的芯片采用高密度 BGA 焊球封装，则在封装下会有一大片过孔区域，如图 3-14 所示。该过孔区域和相应的反焊盘会在芯片封装和 PCB 上产生 Swiss Cheese 效应。该 Swiss Cheese 效应都会导致更高的直流阻抗，造成较大的 *IR* Drop。

对一些如硬盘背板等不规格的 PCB 进行设计时，由于散热等需求，需要在 PCB 上进行通风口设计，由此造成电源布线网络出现颈缩现象，如图 3-15 所示。颈缩造成电源平面和地平面面积减小，同样也是造成较大 *IR* Drop 的重要因素之一。

最后，在工程实践时，PCB 材料供应商往往会将铜的重量降低到 IPC 标准的最小值，铜的重量越轻，单位面积的铜厚就越薄，导致单位面积的直流电阻越大，*IR* Drop 就会更加恶化。

一般，采用量化计算的方式来评估 PCB 上的 *IR* Drop 是一件不可能完成的任务。相应地，会采用仿真来评估板级和系统的 *IR* Drop。假设电压的标称值是1 V，*IR* Drop 电压为 30 mV，是标称值的 3%。如果该电压轨道的噪声容限为±5%，则 *IR* Drop 占了将近 30%的噪声容限，70%的噪声容限留给 AC 噪声。图 3-16 显示了 PCB 上电源分布网络上每一个位置的电压。从图中可以看出，越是远离 VRM 或者电源输入端，*IR* Drop 越大，左图中 12 V 电源的 *IR* Drop 约为17.3 mV，右图地平面 GND 的压降约 14.3 mV，因此总的 *IR* Drop 为 31.6 mV，是标称值的 0.26%。

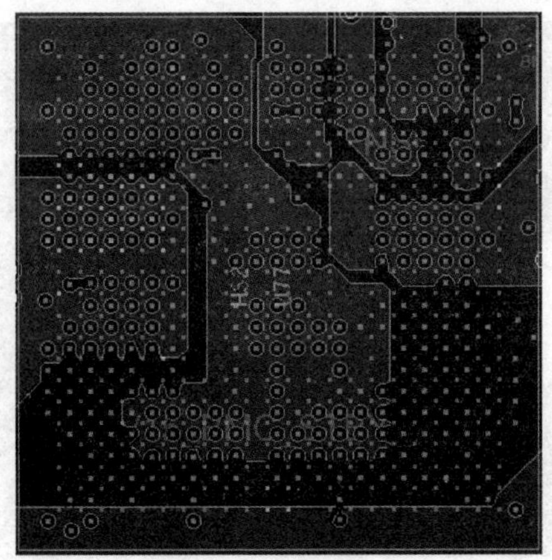

图3-14　BGA封装造成较大 *IR* Drop 的 Swiss Cheese 效应示意图

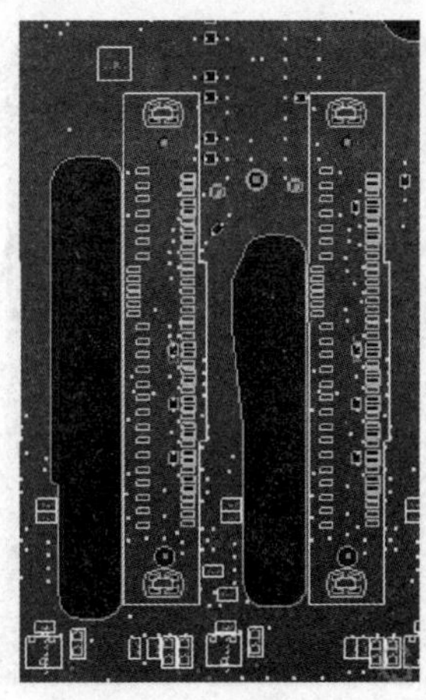

图3-15　不规格PCB上颈缩现象造成较大 *IR* Drop 的示意图

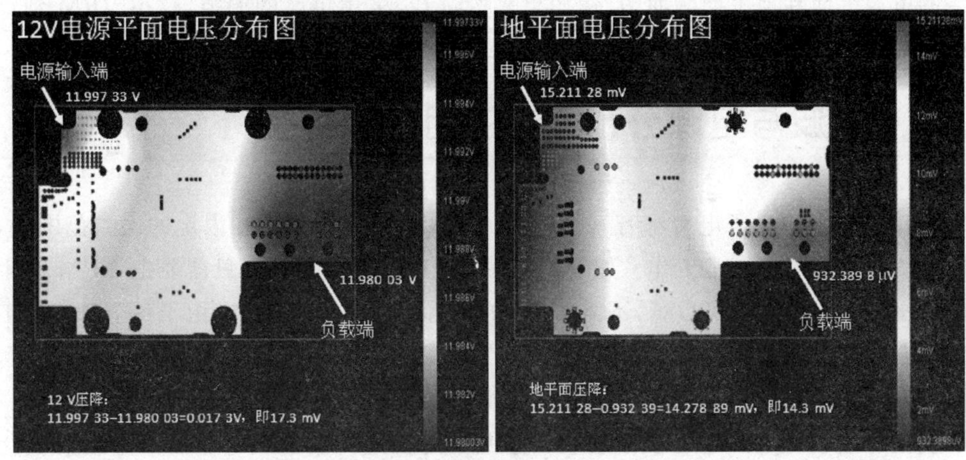

图3-16　PCB上的电源和地平面电压分布图

除了可以显示 *IR* Drop，通过仿真还可以看出PCB每处的电流密度分布和PCB温度分布情况。电流密度大的区域，温度也偏高。因为电流可以在平面和封装上产生热效应，在进行系统散热设计时，必须考虑电流的影响。如图3-17所示，从图中可以快速发现潜在的热点。

需要注意的是，在考虑电源分布网络的 *IR* Drop 时，电源平面 $V_{\text{POWER\_Drop}}$ 和地平面 $V_{\text{GND\_Drop}}$ 都需要考虑，两个路径上的压降都会影响芯片感受到的电压，因为芯片两端的电压 V_{IC} 为

$$V_{\text{IC}}=V_{\text{VRM}}-V_{\text{POWER\_DROP}}-V_{\text{GND\_DROP}}$$

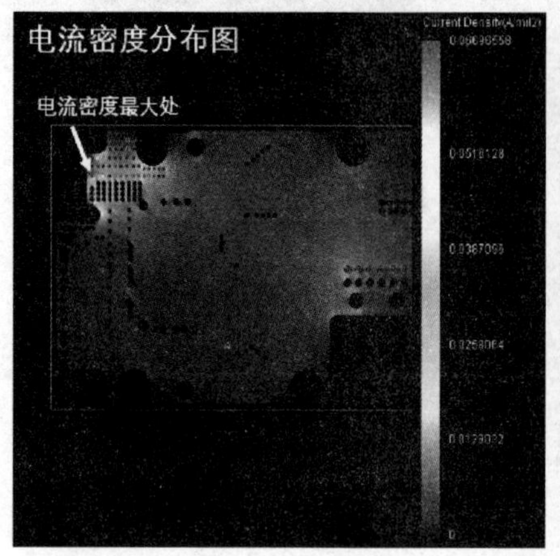

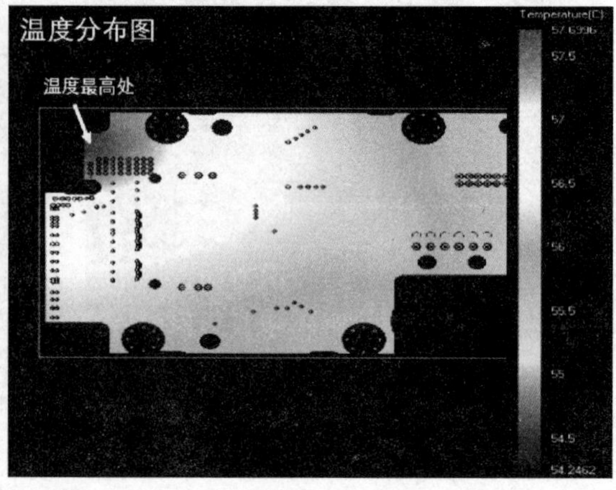

图 3-17 PCB 上电流密度和温度分布示意图

要解决电源分布网络的 *IR* Drop 问题，最核心的方法就是尽量增大电源分布网络的电源平面和地平面的面积，使用更多的过孔，采用更厚的铜箔，减小 VRM 到负载芯片之间的距离等。

3.5 纹波与电源分布网络的目标阻抗

几乎所有的电子电路都有一个稳定的 VRM 来维持电压在限定的误差范围内，确保负载电路能够正常工作。如果只考虑 *IR* Drop 的部分，则只需要把 VRM 产生的电压做相应微调就可以了，不需要额外的去耦电容。但事实上，由于各个负载的工作状态不同时需要的电流量不同，负载的工作频率不同时负载需要的电流量也不同，因此，VRM 和电源分布网络必须根据负载的电流量的变化而不断调整，以维持在一个较宽的频域内输出电压在标准电压范围之内稳定。当负载电流需求量缓慢变化时，VRM 很容易满足此要求；但是当负载电流需求量快速变换时，VRM 需要透过反馈回路对电源分布网络的电流量进行侦测，同时内部控制回路对负载变化进行调整需要有一定的时间间隔，因此 VRM 将无法及时反应，导致无法提供稳定的输出电压。

图 3-18 所示为负载电流瞬态递增时电流流向等效示意图，当负载处于稳态时，电容电流 I_{COUT} 为 0，负载电流 I_L 等于 VRM 输出电流 I_{reg}。

如果在某个时刻，负载电流 I_L 需要增加到 I_{L1}，而 VRM 的电流不能立即发生变化，那么在 $t=t_{0+}$ 的时刻负载电流需要从电容输出电流进行补充。由此可知：

$$I_{L-}=I_{REG},\quad t=t_{0-}$$

$$I_{L1}=I_{REG}+I_{C_{OUT}},\quad t=t_{0+}$$

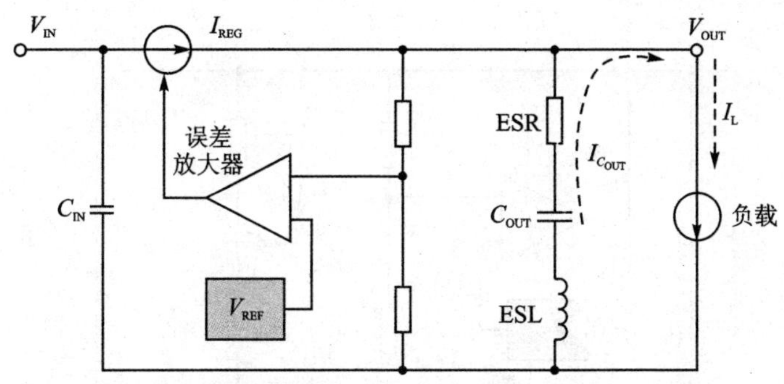

图 3-18 负载电流瞬态递增时电流流向等效示意图

电容 C_{OUT} 将持续提供电流直到 VRM 可以输出 I_{REG} 到 I_{L1} 为止。随着电容的放电，电容两端的电压会降低，同时电容内的 ESR 和 ESL 也会使得 C_{OUT} 两端的电压降低。如图 3-19 所示，ESR 主要是针对负载瞬态变化时调节输出端的直流电压变化，而 ESL 导致电容两侧的电压降低。下降的幅度取决于负载瞬态变化的上升时间。上升时间越短，ESL 在输出电压波形上产生的尖峰脉冲就越大。

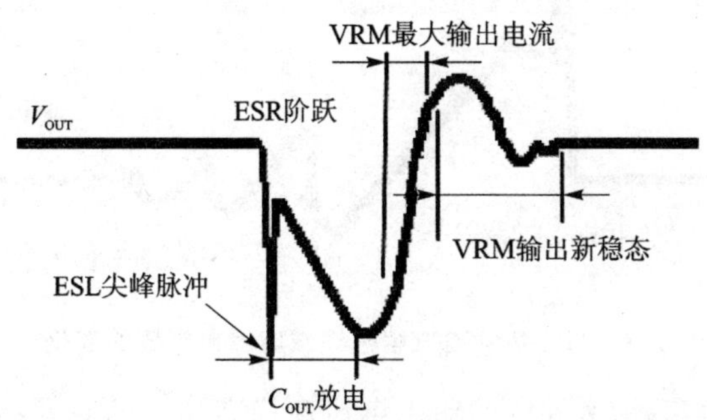

图 3-19 负载电流瞬态递增时输出电压的变化

一旦电流到达 I_{L1}，此时由 ESL 所导致的尖峰脉冲电流消失。电容放电，输出电压将持续下降直到 VRM 调节开启。由于输出电压低于目标电压的正常值，因此 VRM 输出最大电流，迫使输出电压回到正常值并可能超过额定值。VRM 反馈回路将持续侦测，并通过控制回路将输出电压调整下降达到一个新稳态，此时，电容将再次停止向电路提供电流。

对应的，负载电流将瞬态减小，如图 3-20 所示。当负载电流 I_L 突然下降到 I_{L2} 时，由于 I_{REG} 不能立即改变，因此输出电容必然会吸收一部分来自 I_{REG} 的电流，使得输出电容两端的电压升高。

由于 ESL 的存在，因此当负载电流迅速下降时输出电压会产生一个向上的尖峰脉冲。但由于 ESR 的存在，该尖峰脉冲会被拉低到一个台阶，如图 3-21 所示。从图中可以看出，输出电压超出了正常值，VRM 会控制输出电流变小，使得输出电压下降。如果下降到标准值，则 VRM 又会重新试着开启输出电流并使得输出电压上

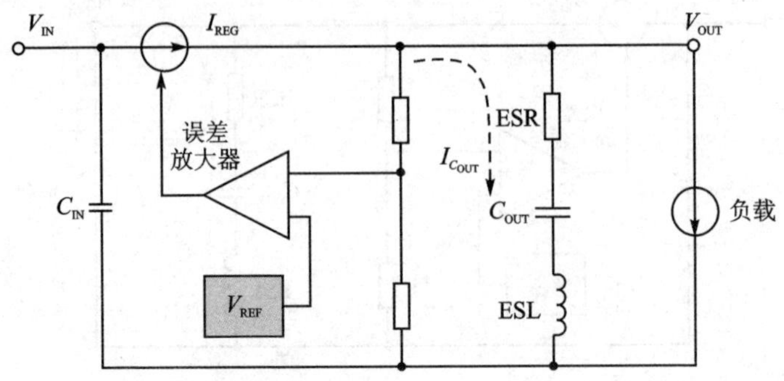

图 3-20 负载电流瞬态递减时电流流向等效示意图

升，如此循环反复直至达到新稳态。此时 $I_{REG}=I_{L2}$，输出电容 C_{OUT} 将再次没有电流流入。

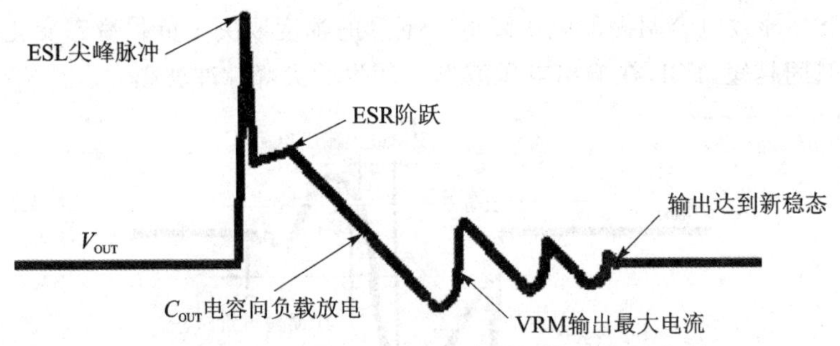

图 3-21 负载电流瞬态递减时输出电压的变化

负载电流增加和减少所导致的输出电压新稳态建立的时间不一样。一般，因负载电流减少而导致输出电压达到新稳态的时间要比负载电流增加所导致的新稳态所需的时间长。

负载电流的瞬态变化并非偶尔出现，而是在负载正常运行的过程中一直存在。负载频率越高，瞬态变化会越强。因此 VRM 输出的电压将时刻在标准值上下范围浮动。电压上下浮动就是所谓的纹波，由于 ESL 的存在而产生的尖峰脉冲就是电源的噪声。图 3-22 所示为交流耦合纹波和噪声电压示意图。

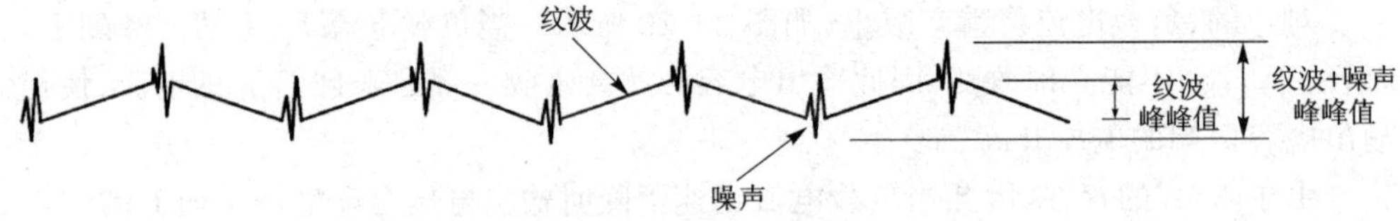

图 3-22 交流耦合纹波和噪声电压示意图

在高速数字系统设计时，电流从 VRM 到达负载元件的过程中，不仅需要考虑电阻性阻抗，还需要考虑电源分布网络的感性阻抗和容性阻抗。从负载芯片上焊盘看过去的电源分布网络（PDN）的阻抗，就是一个与频率相关的复阻抗 $Z(f)$，如图 3-23 所示。

当电流 $I(f)$流经电源分布网络时，就会在电源分布网络上产生电压降：

$$V(f)=I(f)\times Z(f)$$

式中，$V(f)$表示电源分布网络的压降，是一个频率的函数；$I(f)$表示芯片消耗的电流；$Z(f)$表示从片上焊盘看过去的电源分布网络的阻抗。

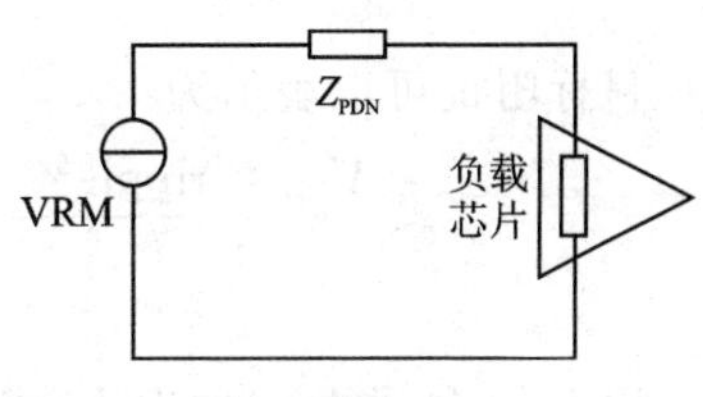

图 3-23　PDN 阻抗产生电压降的示意图

显然，芯片所获取的电压并不是 VRM 产生的恒定电压，而会在电源分布网络上被改变。从芯片来看，其输入电压的幅值变化必须小于其规范所规定的纹波值，即

$$V_{ripple}>V_{PDN}$$

根据此关系，可知要满足芯片的输入电压幅值范围，其电源分布网络的阻抗就必须满足如下关系式：

$$Z_{PDN}(f)<\frac{V_{ripple}}{I(f)}=Z_{Target}(f)$$

式中，$Z_{PDN}(f)$表示电源分布网络的阻抗（单位为 Ω）；V_{ripple} 表示芯片的电压纹波（单位为 V）；$Z_{Target}(f)$表示电源分布网络的目标阻抗（单位为 Ω）。

由于芯片上运行的微码程序各不相同，所以流过芯片的电流频谱可以覆盖从直流到高于时钟频率的几乎任何频率。最坏情况下的电流可以出现在从直流到时钟带宽之间的任何频率处。因此，电源分布网络的目标阻抗可以进一步由如下公式进行表示：

$$Z_{PDN}\times I_{transient}<V_{DD}\times ripple\%$$

从而可得

$$Z_{Target}<\frac{V_{DD}\times ripple\%}{I_{transient}}$$

式中，V_{DD} 表示特定电压轨道的供电电压；$I_{transient}$ 表示最坏情况下的瞬变电流；Z_{PDN} 表示特定电压轨道的电源分布网络阻抗；Z_{Target} 表示特定电压轨道的电源分布网络目标阻抗；ripple%表示可容许的纹波。

事实上，在很多芯片数据手册中不会提到瞬变电流参数，只会提供每个电源轨道的最坏峰值电流情况或者在给定电压下的最大消耗电流。根据经验法则，瞬变电流 I_{ripple} 约为最坏峰值电流 I_{max} 的一半。如果采用最坏峰值电流，则目标阻抗可以表示为

$$Z_{Target}<\frac{V_{DD}\times ripple\%}{\frac{1}{2}I_{max}}=2\times\frac{V_{DD}\times ripple\%}{I_{max}}$$

假设给出了每个电源轨道的最坏功耗情况(事实上,芯片数据手册只会提供芯片整体的功耗,而不是每个电源轨道的功耗说明),那么芯片的峰值消耗电流为

$$I_{\max}=\frac{P_{\max}}{V_{\mathrm{DD}}}$$

目标阻抗可以表示为

$$Z_{\mathrm{Target}}<\frac{V_{\mathrm{DD}}\times \mathrm{ripple}\%}{\frac{1}{2}I_{\max}}=2\times\frac{V_{\mathrm{DD}}\times \mathrm{ripple}\%}{\frac{P_{\max}}{V_{\mathrm{DD}}}}=2\times\frac{V_{\mathrm{DD}}^2\times \mathrm{ripple}\%}{P_{\max}}$$

以 Intel 公司的 x86 CPU 为例,其部分电源轨道相应的目标阻抗如表 3-1 所列。

表 3-1 x86 CPU 部分电压轨道的目标阻抗

电压类别	电压/V	纹波/mV	最大电流/A	瞬变电流/A	Z_{Target}/mΩ
PVCCSA	0.85	±10	8	4	2.5
PVMCP	0.9	±6	3	1.5	4
P1V0	1.0	±8	5	2.5	3.2

I/O 电源轨道的电流需求需要通过同时开关门的个数去估算。由于 I/O 一般驱动传输线,因此 I/O 感受到的是传输线的特性阻抗。其电流可以计算如下:

$$I_{\mathrm{transient}}=n\frac{V_{\mathrm{CCIO}}}{Z_0}$$

式中,$I_{\mathrm{transient}}$ 表示最坏情况下的 I/O 瞬变电流;n 表示同时开关的 I/O 个数;V_{CCIO} 表示 I/O 电源轨道;Z_0 表示传输线阻抗。

可得 I/O 电源轨道的目标阻抗为

$$Z_{\mathrm{Target}}<\frac{V_{\mathrm{CCIO}}\times \mathrm{ripple}\%}{I_{\mathrm{transient}}}=\mathrm{ripple}\%\times\frac{Z_0}{n}$$

如果有 50 个 I/O 同时开关,驱动的传输线为 50 Ω,纹波规范为 3%,则 V_{CCIO} 电压轨道的目标阻抗为 30 mΩ。

3.6 电源分布网络模型分析

电源分布网络是一个非常复杂的系统,基于目标阻抗分析方法,可以在频域上把电源分布网络分成 VRM、PCB 板、封装以及 IC 四个部分。每个部分分别建模,确保每个部门的阻抗都低于目标阻抗,如图 3-24 所示。

封装和 IC 的电源分布网络由芯片设计者和制造商决定。PCB 板级的电源分布网络主要由 PCB 的电源平面、地平面以及各种去耦电容组成,由 PCB 板级硬件工程师来决定。在 PCB 设计时,由于位置不同,电容所起的作用也不同。图 3-25 所示为 PCB 板级去耦电容在电源分布网络的去耦频段示意图。

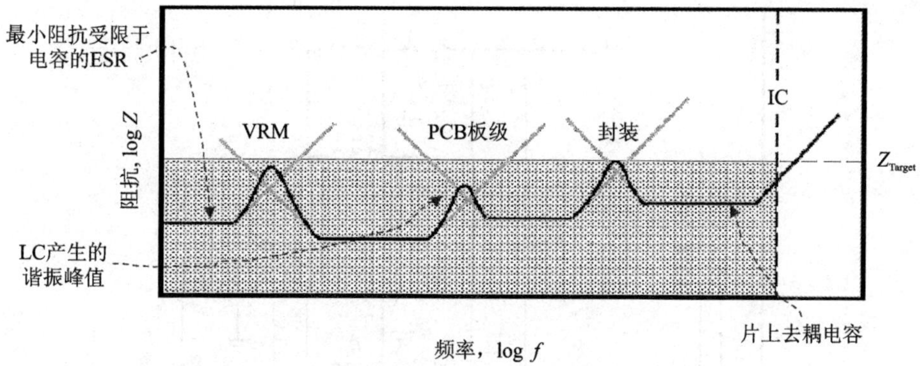

图 3-24　系统电源分布网络的阻抗特性示意图

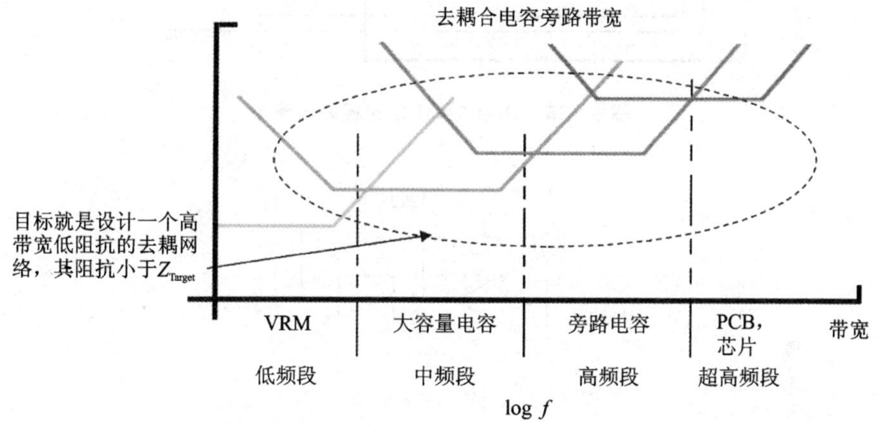

图 3-25　PCB 板级去耦电容在电源分布网络的去耦频段示意图

3.6.1　VRM

VRM 模块决定了电源分布网络的低频阻抗。图 3-26 所示为四相 VRM 功能模块示意图。通过 VRM 控制器对四个相位开关进行控制，同时通过反馈回路实时侦测电流的大小，调整并输出设计所需要的电流。

在电源分布网络分析中，需要对 VRM 进行模型简化，图 3-27 是 SW-R-VRM 等效模型。从图中可以看出，主动器件 A 的输入端分别接参考电压 V_{ref} 以及来自主动器件 A 和被动元件 B 输出的反馈，进行电压比较调整，然后输出调整后的电压。被动元件 B 为电容组合，负责对输出电压去耦滤波，两条反馈路径 C 为主动元件 A 提供电流反馈信息。

从图 3-28 中可以看出，VRM 的输出曲线会出现两个极点和一个零点。

当 VRM 关闭时，在输出节点看到的阻抗曲线几乎和双电容模型的阻抗曲线完全一样。当 VRM 打开时，在低频部分，其输出阻抗会下降几个数量级，输出电压保

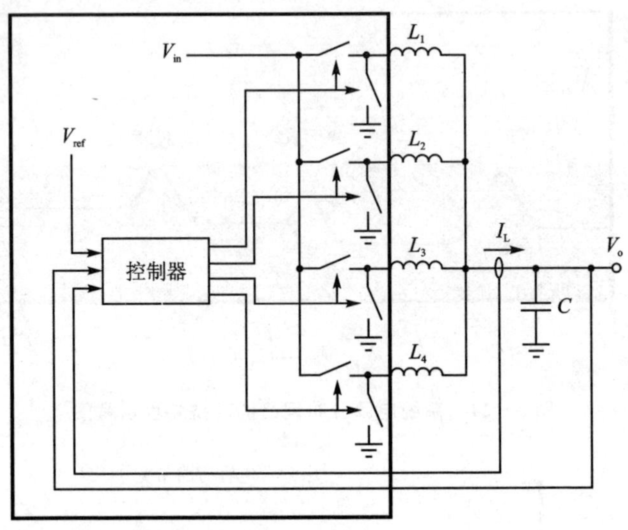

图 3-26　四相 VRM 功能模块示意图

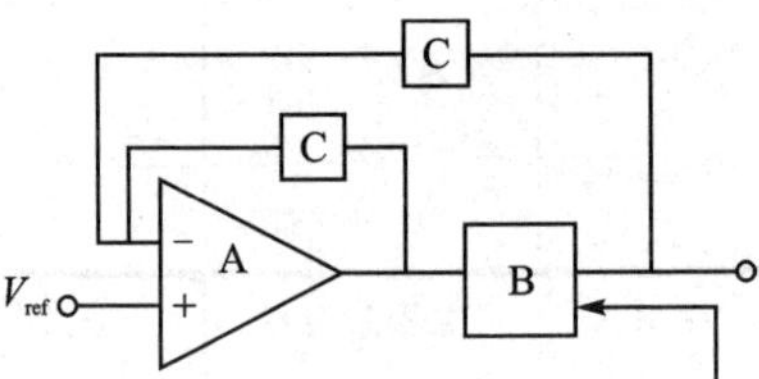

图 3-27　SW-R-VRM 等效模型

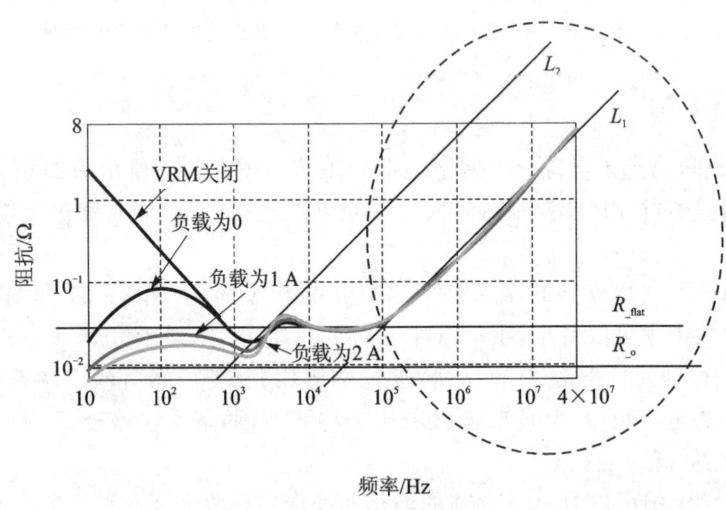

图 3-28　10～40 MHz 频率范围内典型 SW-R-VRM 的阻抗曲线

持恒定。当负载为0时，其输出阻抗相对较大，如果VRM带有负载，则其输出阻抗几乎相同。

当频率大于2 kHz且小于5 kHz时，VRM的阻抗曲线会上升。在5 kHz点，VRM的阻抗与体电容器的阻抗相匹配，此时VRM的无源电容器开始使阻抗曲线下降。从5 kHz开始，VRM的输出阻抗完全由无源电容器决定，有源VRM对阻抗根本不起作用。

线性VRM模型相较于SW-R-VRM模型更为简化，该简化模型采用RL模型来表示，如图3-29所示。

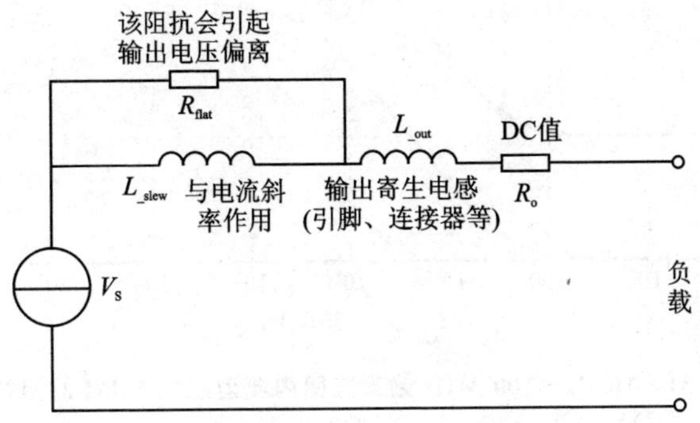

图3-29　线性VRM模型示意图

图3-29中R_{flat}约等于VRM的电容ESR值，它会引起输出电压的偏离。其偏离电压V_{pp}可以采用如下公式进行描述：

$$V_{pp}=2\times I_{step}\times R_{flat}+(I_{ripple}\times R_{flat})+V_{err}$$

式中，V_{pp}表示输出偏离电压峰峰值；I_{step}表示瞬态电流；I_{ripple}表示纹波电流；V_{err}表示误差电压。图3-30所示为输出偏离电压和输出瞬变电流关系示意图。

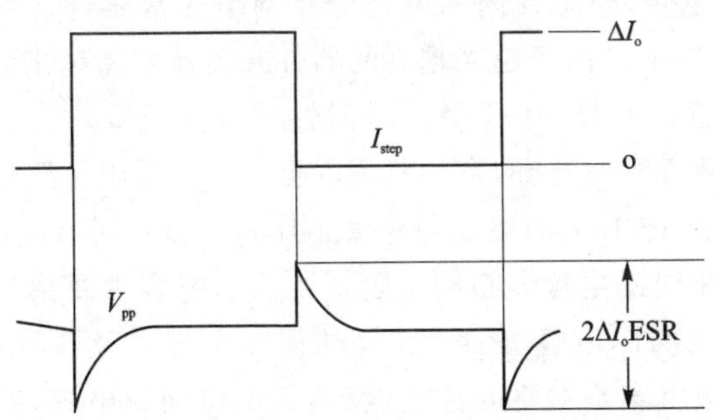

图3-30　输出偏离电压和输出瞬变电流关系示意图

$L_{_slew}$的大小与瞬态电流共同作用，其与偏离电压的关系如下：

$$L_{\_slew}\times\frac{\mathrm{d}I}{\mathrm{d}t}=\mathrm{d}V\times5\%$$

线性 VRM 模型的阻抗曲线如图 3－31 所示。从图中可以看出，频率在 5 kHz 以内，VRM 的输出阻抗非常低；从 5 kHz 开始，VRM 的阻抗开始上升，其阻抗由外部的体电容器决定，此时 VRM 对于阻抗的影响不再起作用。

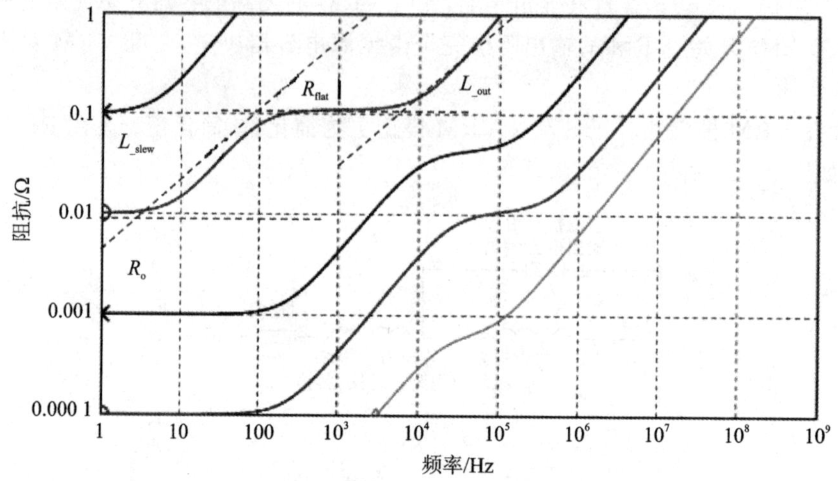

图 3－31　10 Hz～100 MHz 频率范围内典型线性 VRM 的阻抗曲线

不管是 SW-R-VRM 模型，还是线性 VRM 模型，VRM 只会在低频段（直流到数 kHz）对输出阻抗起作用。如果高于该频段，则需要通过 PCB 板级的电源分布网络上的电容和电源平面来共同作用。

3.6.2 芯　片

高性能芯片都是由多层栅格组成的。在有限的面积内，芯片内有着上百万的 CMOS 晶体管开关电路，与芯片内的电源分布网络非常靠近，使得电源分布网络的工作频率在 1 GHz 以上。由于越来越高的器件开关速度和越来越低的工作电压，导致芯片内产生大的感性 $L\mathrm{d}I/\mathrm{d}t$ 压降以及阻性的直流压降。因此，片上电源分布网络需要确保能够在大于 1 GHz 的宽频范围内提供一个低阻抗路径。

如图 3－32 所示，PCB 上的集成芯片由芯片和封装共同组成，其中芯片上的片上电容决定了最高频率时的电源分布网络阻抗。片上电容主要由三部分组成：电源和地电源轨道金属层之间的电容、P 管/N 管的栅极电容以及各种寄生电容。在芯片内，P 管/N 管的栅极电容是主要的片上电容，其单位面积电容计算公式可以采用平板间电容计算公式近似，具体如下：

$$\frac{C}{A}=\frac{\xi_0\xi_r}{h}$$

式中，C/A 表示单位面积电容（单位为 $\mathrm{F/m^2}$）；ξ_0 表示真空介电常数，一般近似为 8.85×10^{-12} F/m；ξ_r 表示氧化物的相对介电常数；h 表示介质厚度（单位为 m）。

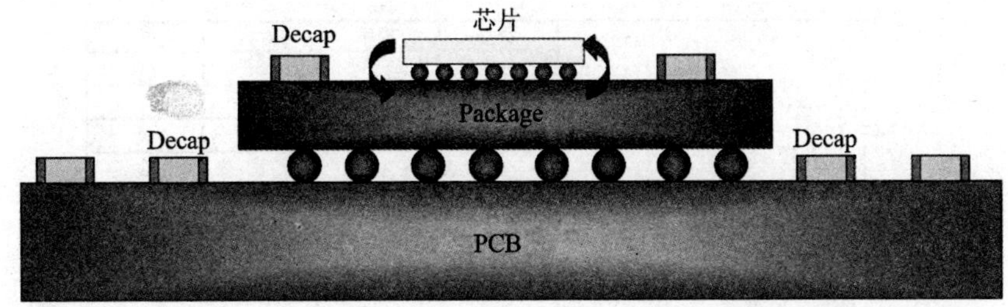

图 3-32 芯片在 PCB 上的连接示意图

根据经验法则，工艺越先进，芯片单位面积的片上电容就越大，如采用 130 nm 工艺的芯片，其由 P 管和 N 管决定的片上去耦电容为 130 nF/cm^2，而 65 nm 工艺的芯片，其电容约为 260 nF/cm^2。

虽然片上电源分布网络的感性阻抗会随着频率增加而增大，但是由于片上电容的存在，可以作为局部电荷泵，能够有效降低高频状态下的电源分配阻抗。在许多高性能微处理器中，单靠芯片内的去耦电容还不够，往往会通过外加电容来实现。

芯片焊盘与电路板焊盘之间是集成芯片的封装。电源和地分配路径通过封装连接电路板和芯片。因此，封装引脚回路电感就成了阻抗的一道障碍。低成本引脚封装的相邻引脚回路电感约为 20 nH/in。多层球栅阵列封装通常会采用专门的电源/地平面，因此每个电源/地平面对的回路电感可减小到 1 nH 以下。如果封装尺寸大，通常会有数百个电源/地引脚，则其封装引脚的有效电感将在 1 nH～1 pH 之间变化。

除了封装引脚电感，在封装内还存在着连接到电路板上的过孔回路电感以及电源/地平面运送电流的扩散电感。如果封装引脚电感很小，则过孔回路电感和扩散电感将成为封装中的回路电感的主要决定因素。

当集成芯片内的芯片与封装结合在一起时，集成芯片内的片上去耦电容和封装内电感形成一个并联 RLC 回路，会出现芯片-封装反谐振问题。其谐振频率为

$$f=\frac{1}{2\pi\sqrt{LC}}$$

式中，L 为封装的等效电感；C 为电源和地之间的片上总非开关电容。

在谐振频率处，从芯片焊盘看过去，电源分布网络的阻抗很高。如果此时芯片的工作频率接近或处于谐振频率处，则噪声电压会变得很大，并且会持续多个周期。通常需要在封装中增加去耦电容来抑制此尖峰。如图 3-33 所示为去耦电容放置在芯片、封装以及 PCB 上不同位置的电源分布网络频率响应示意图。Case H 和 Case I 分别表示封装中放置去耦电容和没有放置去耦电容的频率响应。从图中可以看出，当封装中放置去耦电容时，其频率响应尖峰会低于没有放置去耦电容的情形。

封装的另一端通过焊球或者引脚安装到 PCB 上。要确定 PCB 板级电源分布网络的设计目标，需要确定封装引脚、过孔和扩散电感共同作用的阻抗开始超过目标阻

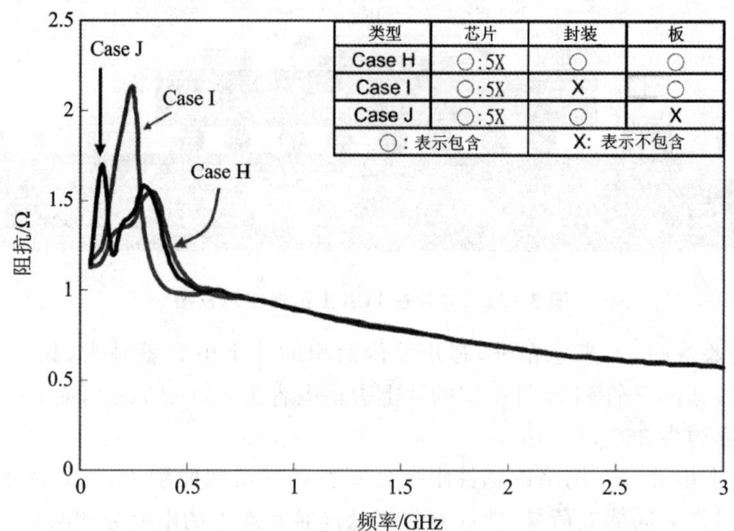

图 3-33 去耦电容放置在芯片、封装以及 PCB 上不同位置的电源分布网络频率响应示意图

抗的频率点，其关系如下：

$$Z_{\text{Target}} < 2\pi L_{\text{pkg}} f_{\text{max}}$$

式中，Z_{Target} 表示目标阻抗（单位为 Ω）；L_{pkg} 表示封装内所有电源分布网络的等效引脚电感；f_{max} 表示板级电源分布网络的最高有效频率。

如果板级电源分布网络的目标阻抗为 60 mΩ，封装电源/地引脚等效电感为 0.1 nH，则板级电源分布网络的最高有效频率为

$$f_{\text{max}} > \frac{Z_{\text{Target}}}{2\pi L_{\text{pkg}}} = \frac{60\times10^{-3}}{2\pi\times0.1\times10^{-9}}\ \text{MHz} \approx 96\ \text{MHz}$$

一般情况下，封装和目标阻抗会把板级电源分布网络的最高有效频率限制在 100 MHz 以内。如果封装内包含去耦电容，其板级阻抗的最高有效频率往往会低于 100 MHz。

从集成芯片的芯片上看过去，由于片上电容的存在，片上电源分布网络的开关噪声会被过滤，使得片上电源/地平面轨道噪声电压保持很低，而封装引脚电感会对噪声信号进行进一步过滤。封装引脚电感越高，则板级得到的电压噪声就越小。

3.6.3 去耦电容

从前面小节分析可知，VRM 决定了电源分布网络的低频阻抗，芯片则决定了电源分布网络的高频阻抗，在低频到高频段（一般是 100 MHz 以内的区间），则只能依靠板级去耦电容来实现。

3.5 节从电容的储能角度描述了当 VRM 不能及时为芯片提供电流时去耦电容如何配合 VRM 为芯片负载提供稳定的电压。理论上来说，只要电容量足够大，负载

两端的电压就不会有太大的变化,电容充当局部电源的角色。

那么需要多大的电容呢?假设信号的上升时间为 1 ns,瞬态电流为 10 A,电源轨道为 3.3 V,其纹波为±5%,那么根据电容的计算公式可知:

$$C = I\,\frac{\mathrm{d}t}{\mathrm{d}V} = 10 \times \frac{1}{3.3 \times 0.05}\ \mathrm{nF} \approx 61\ \mathrm{nF}$$

显然,这个电容值与电路设计时所采用的多种类电容并联的方式是完全不同的。因此,从储能角度来理解去耦电容很直观,但是不适用于电路设计。

对于去耦电容,需要从阻抗的角度来理解。如图 3-34 所示,AB 为负载两个端点。无论负载 AB 两点的电流如何变化,系统都需要保证 AB 两点间的电压稳定。换句话说,就是确保

$$\Delta V = Z \times \Delta I$$

从阻抗的角度来看,板级电源分布网络的最根本设计原则就是通过电容的设计来确保电源系统的阻抗不超过目标阻抗值。

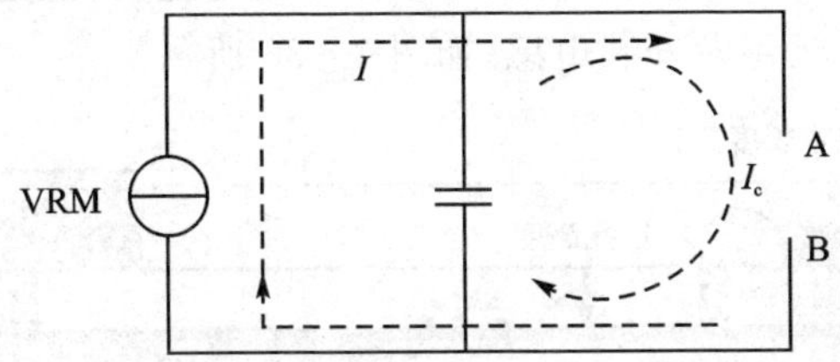

图 3-34 去耦电容在板级电源分布网络中的简化示意图

实际电容值会随着频率的增加而不断减小,呈现电容的容性,直到谐振频率点,随后会随着频率的增加而不断增加,此时电容不再呈容性,而是呈感性,如图 3-35 所示。该图表示电容值为 2.2 μF,ESR 为 0.1 Ω,ESL 为 10 nH 的实际电容的频率响应示意图。其谐振频率为

$$f_{\mathrm{res}} = \frac{1}{2\pi\sqrt{\mathrm{ESL} \times C}} = \frac{1}{2\pi\sqrt{10 \times 10^{-9} \times 2.2 \times 10^{-6}}}\ \mathrm{MHz} \approx 1\ \mathrm{MHz}$$

因此,实际电容的去耦作用都有一定的工作频率范围,只有在其谐振频率点附近频段内,电容才会有良好的去耦作用。

由于实际电容可以等效为 RLC 串联电路,故存在品质因数 Q。Q 由以下公式表示:

$$Q = \frac{\sqrt{L/C}}{R}$$

从表达式中可以看出,品质因数与频率无关。在谐振点处,Q 值等于 ESR 的倒数。此时,电路中的电流最大。当频率偏离谐振点时,Q 值越大,电流变化速度越大,电路的频率选择性就越好,允许通过电流的频段就越窄,电容的去耦频段也就越窄,这样对电源分布网络而言是一个负面作用。通常,大容量电容的 Q 值较低,小容

量陶瓷电容的 Q 值较大。可以在电路板上放置一些大容量的钽电容或电解电容来提高有效去耦频率范围。

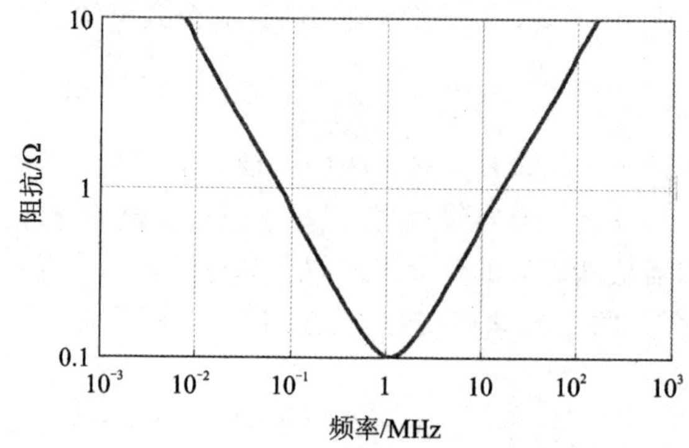

图 3-35　实际电容的频率响应示意图

虽然电容本身具有 ESL 值，并且会在数据手册中注明，但是对于电源分布网络，电容本身的 ESL 值远远不及安装电感，如图 3-36 所示。

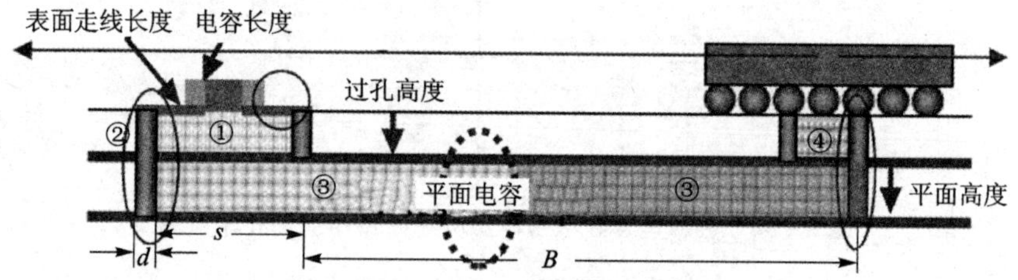

图 3-36　安装在 PCB 上的电容示意图

实际上，电容的安装等效串联电感包含四个区域：

① 表面走线与靠近的电源/地平面之间的回路电感。

② 从电容焊盘到电源/地平面过孔的回路电感。

③ 从电容过孔到球栅阵列之间的扩散电感。

④ 封装下电源/地平面到封装引脚或焊球之间的回路电感。

电容的安装等效串联电感包括了安装后的回路电感和扩散电感。这是一个非常复杂的关系，需要采用精确的三维场求解器来对其精确求解。在设计时，也可以采用电感知识来近似求解。

回路电感主要是过孔之间的回路电感以及电源/地平面对之间的回路电感。过孔之间的回路电感 L_{loop} 可以采用双圆杆型拓扑结构来近似求解：

$$L_{\text{loop}} = 10\ \text{nH/in} \times L_{\text{en}} \times \ln\left(\frac{s}{r}\right) \quad (\text{nH})$$

式中，L_{en} 表示圆杆长度（单位为 in）；r 表示圆杆的半径（单位为 in）；s 表示圆杆之间的圆心距（单位为 in）。

假设过孔直径为 10 mil，圆心距为 40 mil，长度为 1 mil，则其回路电感为

$$L_{\text{loop}} = 10\ \text{nH/in} \times 1 \times 10^{-3}\ \text{in} \times \ln\left(\frac{40}{10/2}\right) \approx 21\ \text{pH}$$

根据经验公式，可以采用 21 pH/mil 来估算一对过孔之间的回路电感值。

对于电源/地平面以及表面走线与电源/地之间的回路电感，可以采用宽平面拓扑结构来近似求解：

$$L_{\text{loop}} = \mu_0 \mu_r t \frac{L_{\text{en}}}{w} \approx 32\ \text{pH/mil} \times t \frac{L_{\text{en}}}{w} \quad (\text{pH})$$

式中，μ_0 表示自由空间的磁导率；μ_r 表示介质的相对磁导率，绝大多数的介质的相对磁导率为 1；t 表示平面之间的距离（单位是 mil）；L_{en} 表示平面的长度（单位是 mil）；w 表示平面的宽度（单位是 mil）。

以常见的电源/地平面对为例，其平面对之间的距离为 4 mil，假设平面的宽为 1 in，长为 1 in，则平面对之间的回路电感为

$$L_{\text{loop}} = 32\ \text{pH/mil} \times 4\ \text{mil} \times \frac{1\ \text{in}}{1\ \text{in}} = 128\ \text{pH}$$

事实上，电流并不是从一个平面的一边均匀入射，并从另外一边均匀输出，而是通过过孔连接到电源/地平面，最后通过焊球阵列或引脚接入芯片。因此，在过孔附近会在平面电感值的基础上增加扩散电感。

如图 3－37 所示，当单个过孔连接电源/地平面时，电流会集中经过过孔，并随后以过孔为圆心，向平面四周扩散。假设过孔的内接触区半径为 a，扩散半径为 b，则该集合结构的扩散电感为

$$L_{\text{spread}} = 5.1\ \text{pH/mil} \times t \times \ln\left(\frac{b}{a}\right)$$

图 3－37　单个过孔连接电源/地平面的侧视图

平面对上不止一个过孔，过孔之间也会存在扩散电感，如图 3－38 所示，则过孔之间的扩散电感 $L_{\text{via-via}}$ 可以采用如下公式进行近似：

$$L_{\text{via-via}} = 21\ \text{pH/mil} \times t \times \ln\left(\frac{s}{d}\right) \quad (\text{PH})$$

式中，t 表示平面对之间的距离（单位为 mil）；s 表示过孔之间的圆心距（单位为 mil）；d 表示过孔直径（单位为 mil）。

以常见的电源/地平面对为例，其平面对之间的距离为 4 mil，假设平面两端各有一个过孔，过孔间的距离为 3 in，过孔的直径为 10 mil，则过孔之间的回路电感为

图 3-38　两个过孔连接电源/地平面侧视图

$$L_{\text{via-via}}=21\ \text{pH/mil}\times 4\ \text{mil}\times\ln\left(\frac{3\ \text{in}}{10\ \text{mil}}\right)=479\ \text{pH}$$

如图 3-36 所示，安装在 PCB 上的电容的安装等效串联电感各个部分可以分别表示如下：

电容器的走线电感：

$$L_{\text{loop}}=32\ \text{pH/mil}\times h_{\text{top}}\times\left(\frac{2L_{\text{en Trace}}}{w_{\text{Trace}}}+\frac{L_{\text{en Cap}}}{w_{\text{Cap}}}\right)\quad(\text{pH})$$

过孔对的回路电感：

$$L_{\text{loop}}=10\ \text{nH/mil}\times h_{\text{top}}\times\ln\left(\frac{2s}{d}\right)\quad(\text{nH})$$

过孔对之间的扩散电感：

$$L_{\text{spread}}=21\ \text{pH/mil}\times h_{\text{plane}}\times\ln\left(\frac{B}{d}\right)\quad(\text{pH})$$

因此，要减小电容的安装等效串联电感，就需要分别从电容的走线电感、过孔对的回路电感以及扩散电感三个方面进行优化。具体措施如下：

- 表面走线尽量要宽，长度要尽量短；
- 表面到电源/地平面之间的距离尽量短；
- 过孔对尽量相互靠近，同时选择较大孔径的过孔；
- 电容尽量靠近要去耦的负载；
- 电源/地平面之间的介质厚度尽量薄。

安装后的电容，其谐振频率 f_{res} 的计算公式就不能采用本身的 ESL 来进行计算，而是采用安装等效串联电感 L_{mount} 进行计算：

$$f_{\text{res}}=\frac{1}{2\pi\sqrt{L_{\text{mount}}C}}$$

由于 L_{mount} 比电容的 ESL 大，因此电容安装后的谐振频率要比单体电容低，如图 3-39 所示。

在 PCB 设计时，需要尽量减小电容的安装等效串联电感。相对于过孔之间的距离，平面之间的介质厚度对电容的安装等效串联电感的影响更大。在 PCB 堆叠设计时，首先，要尽量让电源/地平面之间的介质厚度变薄，让电源/地平面靠近 PCB 表面；其次，要尽量减小过孔之间的回路电感和扩散电感。减小回路电感和扩散电感可以通过缩小过孔之间的距离和增加过孔数量来实现。常见的电容安装方式如图 3-40 所示。

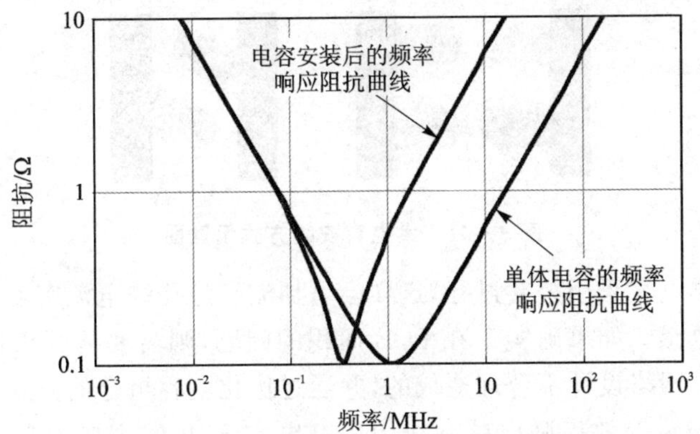

图 3-39　单体电容和电容安装后的频率响应阻抗曲线示意图

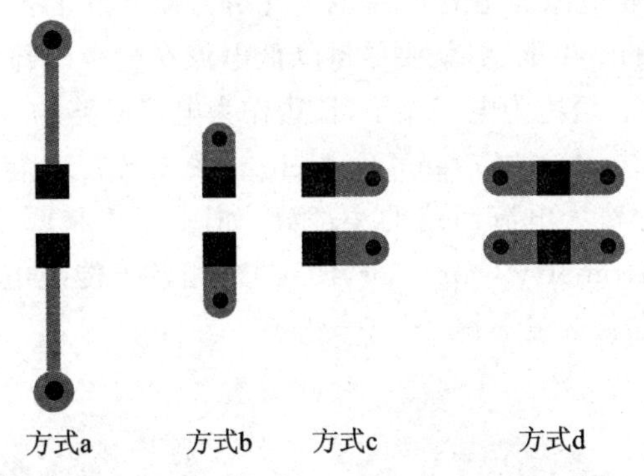

图 3-40　常见的电容安装方式示意图

方式 a,从焊盘拉出细长的引出线到过孔,然后通过过孔连接到电源/地平面。这种方式是不推荐且需要尽量避免的方式,因为细长的走向和电容两侧放置过孔会增大回路电感。

方式 b,在焊盘外侧用较宽引线(最好与焊盘同宽)连接至过孔,过孔尽量靠近焊盘。这是比较常用的方式,相比方式 a,其寄生电感会小很多。

方式 c,在焊盘一侧引出较宽的走线并连接至过孔,过孔尽量靠近焊盘。这种方式进一步拉近了过孔间的距离,进一步减小了过孔之间的回路电感,这也是最常用的方式。

方式 d,在焊盘两侧均打孔,并尽量靠近焊盘,其走线方式和方式 c 相同,相比于方式 c,过孔数量增加,等效电感就减小,并且由于与电源/地平面接触面积增大,扩散电感就会减小。这种方式占有空间较大,在空间紧张的情况下,一般少用。

对于封装较大的电容,由于焊盘间距较大,故可以在焊盘之间打孔,甚至可以打多个过孔,使过孔之间的距离减小,进而减小了过孔之间的回路电感,如图 3-41 所示。

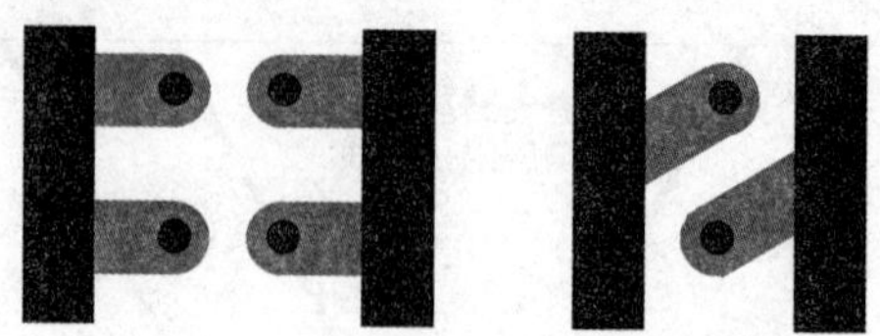

图 3-41 大电容安装方式示意图

不要对多个电容采用公共过孔，这样会增加流经过孔的电流密度，同时会增加回路电感和扩散电感。如果确实存在 PCB 面积的问题，则需要从源头进行考虑，确认是否是因为去耦网络设计不合理造成的，并通过优化电容组合的方式来解决。

虽然电容安装等效串联电感会成为影响电容 ESL 的主要因素，但是在高频领域，特别是片上电容或者靠近芯片处，由于 BGA 以及封装的尺寸有限，几乎无法通过电容安装来优化串联电感。电容厂商也为此努力而开发了各种低电感电容。

要降低电容本身的寄生电感，就要尽量降低电流在电容内部的回路尺寸。传统的电容都是采用矩形结构，短边为电气端子，长边作为电流回路的一部分，如图 3-42(a)所示。LICC(Low Inductance Cerema Capacitor)改变传统电容的几何结构，采用长边作为电气端子，短边作为电流回路的一部分，如图 3-42(b)所示。该类电容称为 RGC 电容(Reverse Geometry Capactior，RGC)。相较于传统电容，电流在电容本体内的回路较短，ESL 也就会显著减小。

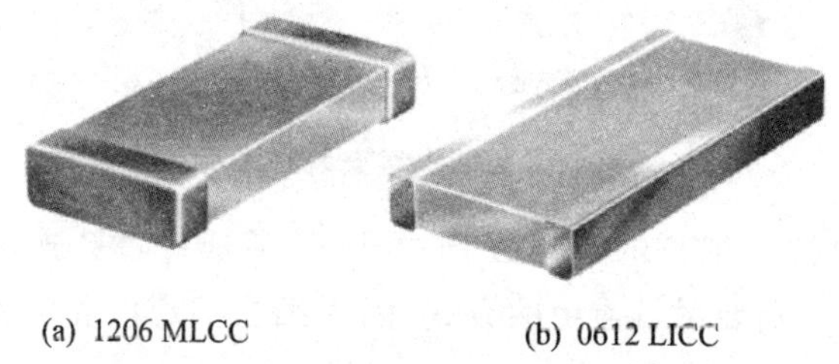

(a) 1206 MLCC　　(b) 0612 LICC

图 3-42 传统的 MLCC 和 LICC 电容外观图

图 3-43 所示为 AVX 公司 1206 MLCC 和 0612 LICC 电容的频率响应阻抗曲线图。从图中可以看出，相比于传统 MLCC，LICC 的谐振频率会更高，阻抗曲线会更平缓。根据经验，一个 0306 LICC 电容的 ESL 相比于同规格的 0603 MLCC 电容，其 ESL 会降低 60%以上。

AVX 公司的交指电容器(Inter Digitated Capacitor，IDC)在 LICC 电容的基础上，在电容器的电气端子边采用多个正负相间的引出端，如图 3-44 所示。每两个相邻的端子之间的电流回路相较于 LICC 会更小，ESL 也会更小。

图 3-45 所示为 AVX 公司 8 端子 IDC 电容外观图以及电气示意图。通常，对于相同 EIA 尺寸的电容，IDC 电容的 ESL 至少要比 MLCC 小 80%。

LGA 电容基于 LICC 和 IDC 电容基础发展而来，采用精密的精细铜端接技术

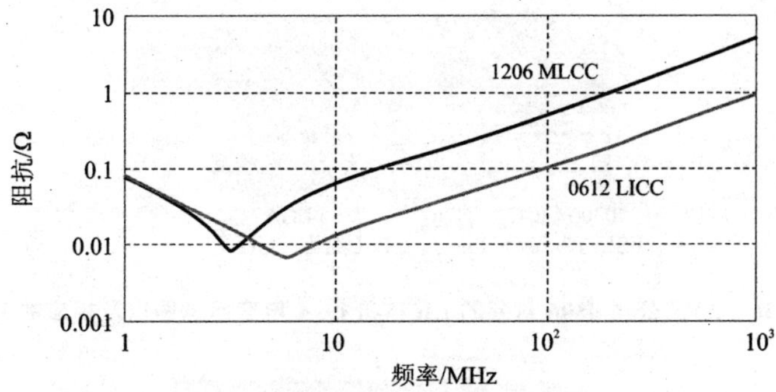

图 3－43　AVX 公司 1206 MLCC 和 0612 LICC 阻抗特性曲线图

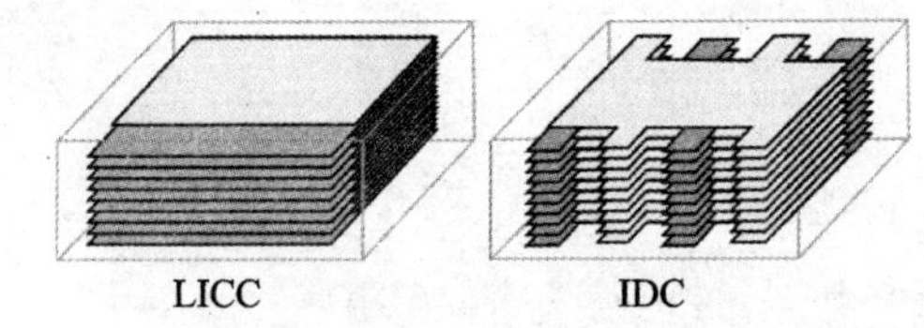

图 3－44　AVX 公司的 LICC 和 IDC 电容内部结构示意图

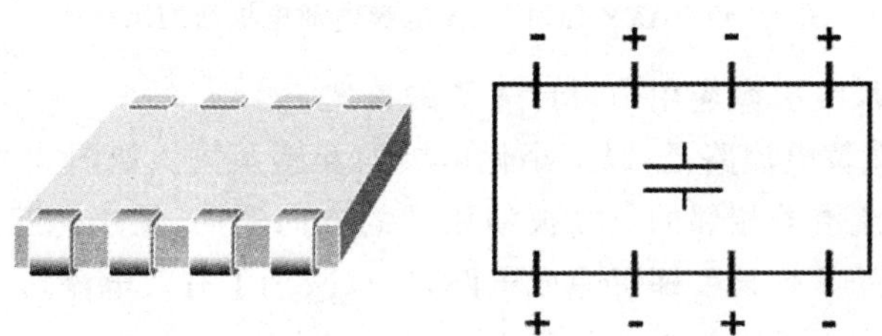

图 3－45　AVX 公司 8 端子 IDC 电容外观图以及电气示意图

(Fine Copper Termination,FCT)和内部电极垂直定向技术,类似于 LICA 产品。FCT 技术允许在 LGA 电容器底部的相对极性端子之间精确控制间隙,使得有效电流环路"宽度"最小化。内部电极垂直定向技术可以使 I/O 端子的电极配置位于电容器的底部,这样信号就可以直接进出 PCB 过孔并送入处理器。借助垂直电极配置,可大大减少环路面积,并通过新的端子结构实现电容器内的电流抵消。如图 3－46 所示,相比于相同 EIA 尺寸的 LICC 电容,0306 LICC 电容的 ESL 约为 105 pH,而 LGA 只有约 35 pH,相当于 LICC 的 1/3。

LGA 电容器的另一个好处是可以采用较大的外壳尺寸的同时,做到实际 ESL 电感更低,其原因在于电流环路面积是由内部电极的设计而不是组件的外部尺寸决定的,如图 3－47 所示。

LICA(Low Inductance Capacitor Array)产品系列是 AVX 和 IBM 公司于20 世纪 80 年代共同开发的高性能去耦电容器 MLCC 系列电容,至今仍是高性能半导体

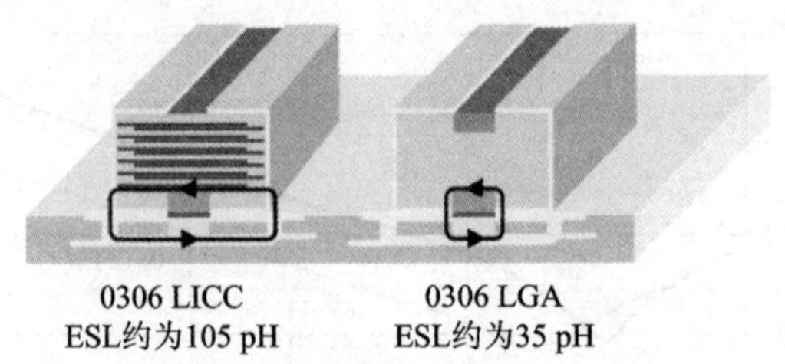

图 3-46 AVX 公司 0306 封装的 LICC 和 LGA 电容示意图以及相应的 ESL 值

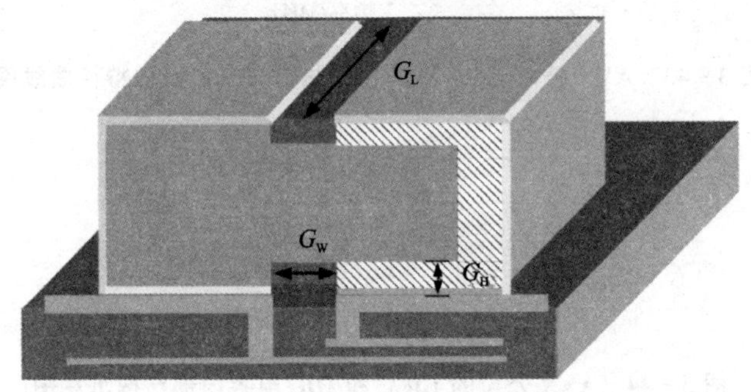

图 3-47 AVX 公司 LGA 电容内部电极结构示意图

封装和高可靠性板级去耦应用中设计人员的首选。

LICA 使用交替电流路径，以最小化电极的互感系数。如图 3-48 所示，从正极板流出的充电电流沿着相邻的负极板朝相反的方向返回，最小化互感。由于电流不必流过两个电极的整个长度即可完成电路，所以减小了有效电流路径长度，自感也被最小化。整体电容本身寄生电感就最小。

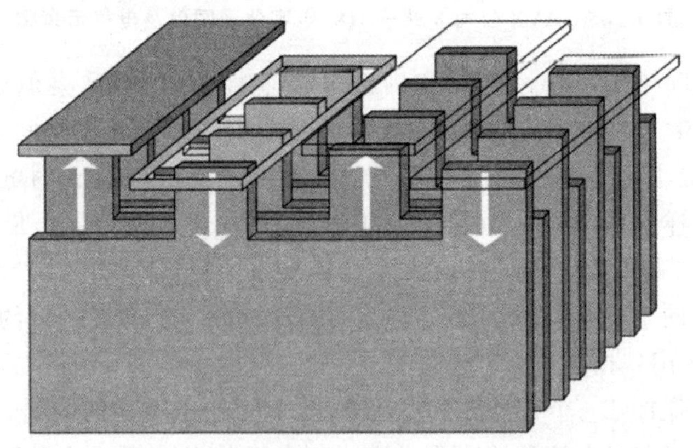

图 3-48 LICA 电容电极和端子结构图

LICA 采用倒装芯片技术来降低安装电感。图 3-49 所示为 LICA 电容的横截面示意图，使用 C4 技术可使设计人员通过使用焊盘内通孔技术进一步减小环路电感。

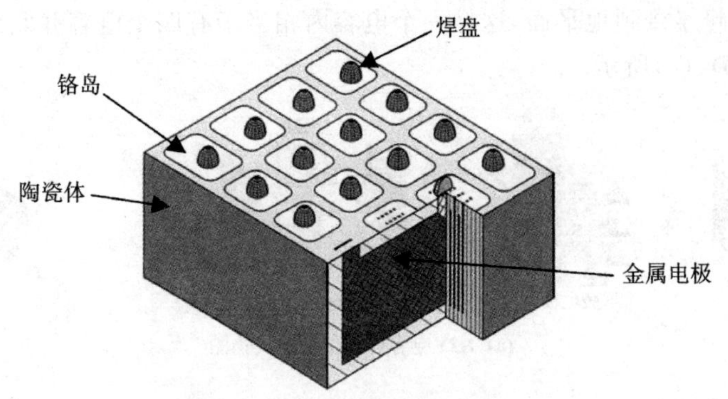

图 3-49 LICA 电容横截面图

LICA 器件主要用于去耦大引脚数的 FPGA、ASIC、CPU 和其他具有低工作电压的大功率 IC。当高可靠性去耦应用需要最低 ESL 电容器时，LICA 产品是最佳选择。

AVX 公司四类低电感电容各有不同的应用场景。图 3-50 是 AVX 采用 0306 封装下的 2 端子 LGA、8 端子 IDC 和 LICC 电容与普通 0603 MLCC 电容的频率响应阻抗示意图。从图中可以清楚地看出，MLCC 电容的 ESL 最高。2 端子 LGA 电容和 8 端子 IDC 电容的阻抗曲线几乎相同，但是其安装更为简单。

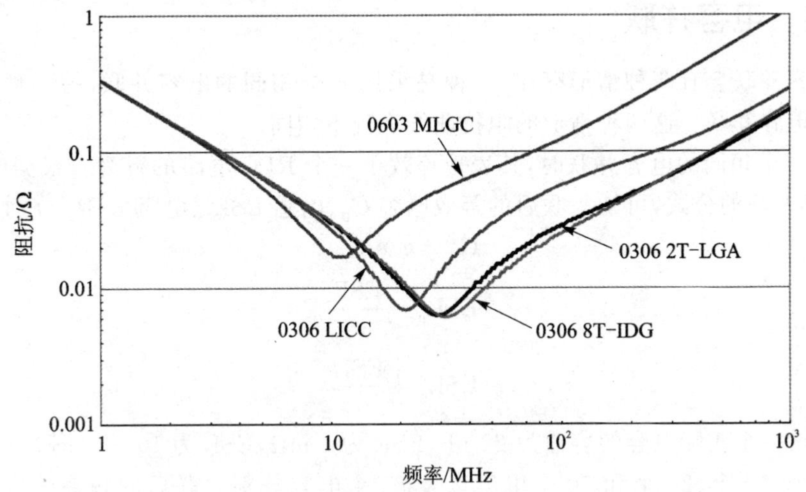

图 3-50 470 nF 0306 低电感电容与同规格 0603 MLCC 电容频率响应阻抗示意图

AVX 低电感电容都是在 RGC 电容的基础上发展起来的。而 Johansondielectrics 公司基于传统的电容开发了另外一种交指电容，称为 X2Y 电容，如图 3-51(a) 所示。

在该电容中，A 板和 B 板并在一起连接到电源平面或者信号平面，中间 G1 板和

G2 板并在一起连接到地平面，这样一个电容内相当于有四个电容并联。其电路连接如图 3-51(b)、(c)所示。

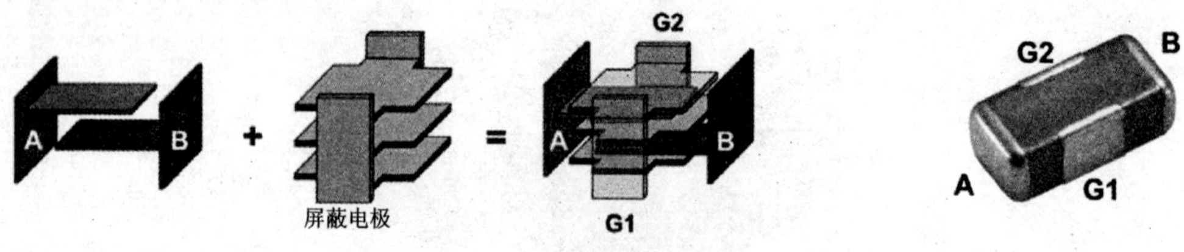

(a) X2Y电容内部结构及实物图

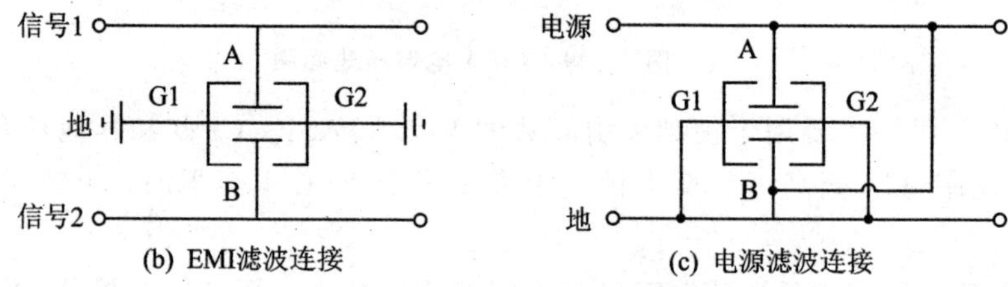

(b) EMI滤波连接　　(c) 电源滤波连接

图 3-51　X2Y 电容结构、实物及电路连接方式示意图

AVX 和 Johansondielectrics 公司的交指电容都可以实现低电感，但是 X2Y 电容具有易于传统电路板过孔工艺整合的优势。

3.6.4　电容并联

电容并联会有两种情形存在，一种是采用 n 个相同的电容并联，另一种是 n 个不同的电容并联。这两种情形的阻抗曲线表现不相同。

当 n 个相同的电容并联时，其表现等效于一个 RLC 电路的行为。根据电阻、电容、电感并联的公式，可知并联后的等效电容 C_p、电感 ESL_p、电阻 ESR_p 分别为

$$C_p = n \times C$$

$$\text{ESR}_p = \frac{\text{ESR}}{n}$$

$$\text{ESL}_p = \frac{\text{ESL}}{n}$$

假设一个实际电容的容值为 22 nF，ESR 为 1 mΩ，ESL 为 10 nH，图 3-52 分别表示 5 个、10 个、20 个和 50 个电容以及 85 个电容分别并联后的频率响应阻抗曲线图。

从图 3-52 中可以看出，不管并联的电容个数多少，其谐振频率保持相同，不同的是并联电容个数越多，阻抗在谐振频率点的幅值就越低，这是因为并联后的 ESR 会越来越小。因此，电容并联可以降低电容器的阻抗。

如果不同容值或者不同 ESL 值的电容进行并联，则其频率响应的阻抗曲线就会变得复杂，如图 3-53 所示。图中，Z_{C_1} 和 Z_{C_2} 分别代表两个不同容值的电容器的阻

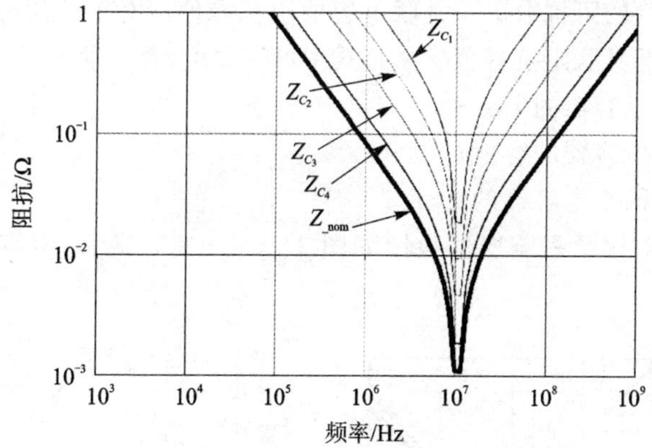

图 3-52　多个相同电容并联后的频率响应阻抗曲线图

抗曲线，$Z_{\_nom}$ 为并联后的电容器的频率响应阻抗曲线。可以看出，小电容的自谐振频率高，大电容的自谐振频率低，并联后的电容器的自谐振频率与单个电容的自谐振频率相同，因此在阻抗曲线中会存在两个低阻抗下冲。

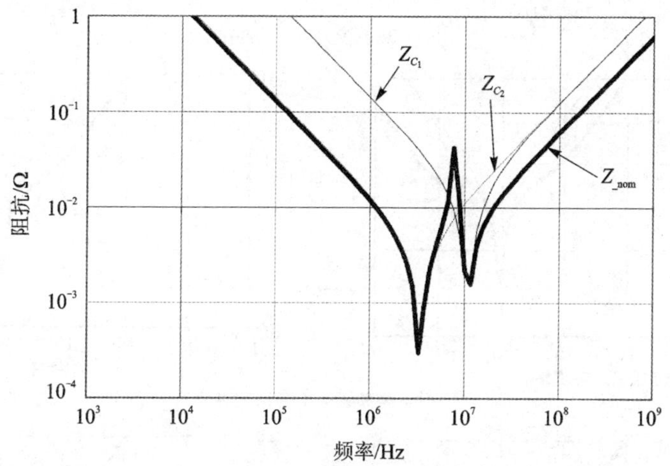

图 3-53　两个不同电容的电容并联后的频率响应阻抗曲线图

在自谐振频率之间会出现阻抗峰值，该值出现的频率点称为并联谐振频率，该峰值称为并联谐振峰值，其频率 f_{prf} 和阻值 Z_{prf} 可以采用如下公式分别近似计算：

$$f_{\text{prf}}=\frac{1}{2\pi\sqrt{L_1C_2}}$$

$$Z_{\text{prf}}=\frac{L_1}{C_2}\left(\frac{1}{R_1+R_2}\right)$$

式中，L_1 表示较大电容器的 ESL（单位为 nH）；C_2 表示较小电容器的容值（单位为 nF）；R_1 和 R_2 分别为较大电容器和较小电容器的 ESR（单位为 Ω）。

电源分布网络的阻抗取决于并联电容的阻抗峰值。对于电源分布网络的设计，关键就是如何降低并联阻抗峰值。从公式中可以看出，有三种方式来减小此峰值：

① 减小较大电容器的 ESL；

② 增大较小电容器的容值；

③ 同时增加两个电容器的 ESR。

三种方式的对比频率响应曲线图如图 3－54 所示。通常，电容值越小，ESR 值就越大。

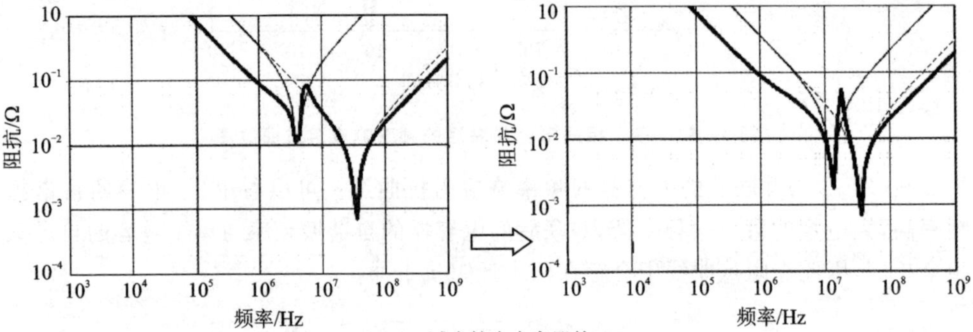

(a) 减小较大电容器的ESL

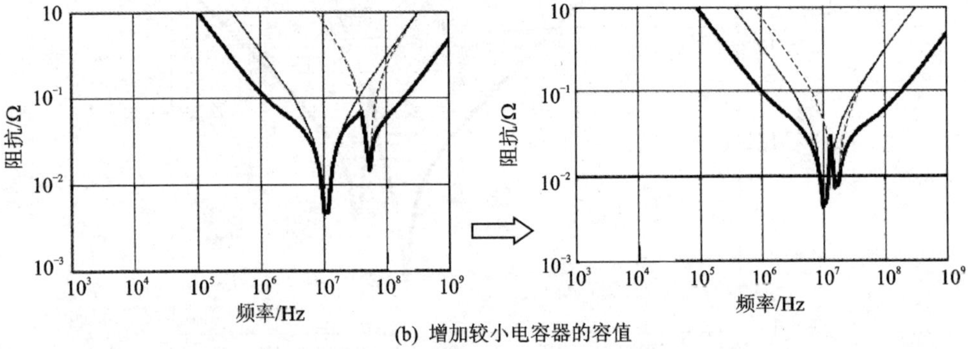

(b) 增加较小电容器的容值

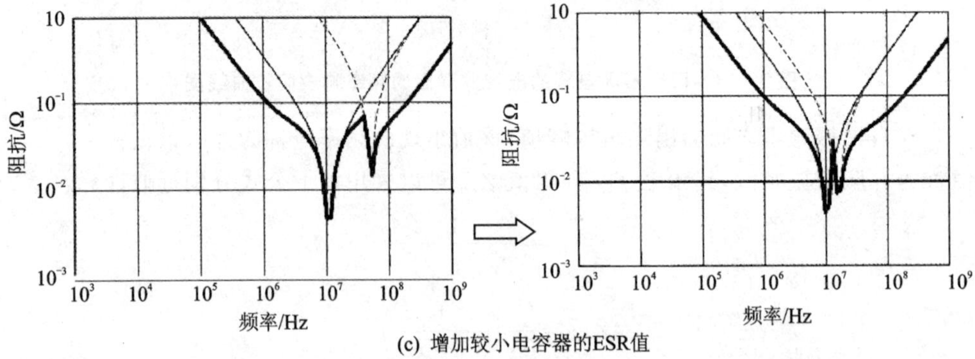

(c) 增加较小电容器的ESR值

— Z_{C_1}； ···· Z_{C_2}； — $Z_{\_nom}$

图 3－54　降低并联谐振峰值的三种方式的频率响应阻抗曲线图

要减小并联谐振阻抗峰值，还有一种方式就是并联多个电容。以两个电容为例，如果要添加第三个电容来减小并联谐振阻抗峰值，则需要确认第三个电容的容值。通常有两种方式，一种是选择自谐振频率与并联谐振频率相同的电容，另外一种是取自谐振频率处于两个电容器自谐振频率之间的电容。

如果采用第一种方式，根据并联谐振频率的公式，可得此处频率下的电容值，其公式如下：

$$C_3=\left(\frac{1}{2\pi f_{\mathrm{prf}}}\right)^2\times\frac{1}{\mathrm{ESL}_3}$$

如果采用第二种方式，可以采用两个电容值的几何平均值，即

$$C_3=\sqrt{C_1C_2}$$

假设现有两个电容器，其容值分别为 220 nF 和 22 nF，ESL 为 1 nH，根据第二种方式，可知第三个电容器的容值为

$$C_3=\sqrt{C_1C_2}=\sqrt{220\times 22}\ \mathrm{nF}\approx 70\ \mathrm{nF}$$

因此，添加一个容值为 70 nF，ESL 为 1 nH 的电容，其频率响应阻抗曲线示意图如图 3－55 所示。从图中可以看出，相比于两个电容并联，添加第三个电容可以很好地抑制并联阻抗峰值。如果电源分布网络的目标阻抗为 0.1 Ω 以上，则两个电容并联就可以满足其要求，但是如果目标阻抗为 0.1 Ω 以下，则必须增加电容并联才能实现目标设计。

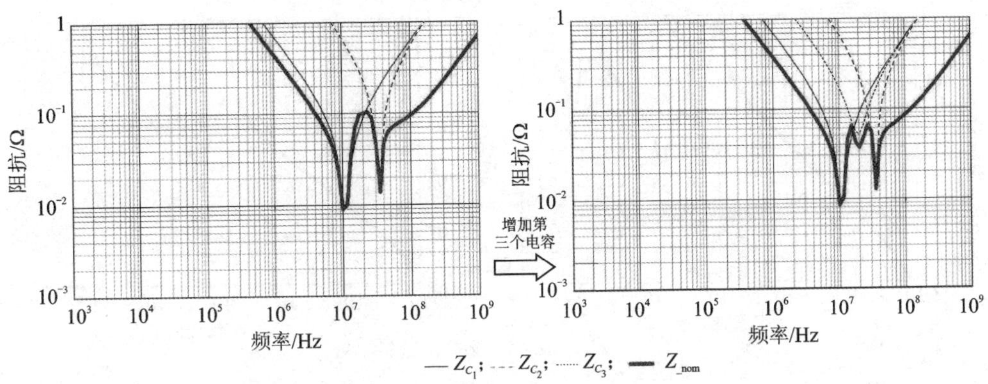

图 3－55　两个电容并联及增加一个电容的频率响应阻抗曲线示意图

如果容值能够按照对数比例均匀分布，则能提供最低的并联阻抗峰值，这就是需要按照倍频程分布选择电容器容值的原因。

如前面所述，电源/地平面可以看成是一个非常特殊的平行板去耦电容，也可以看成多个单位方块电容的并联。它的阻抗特性比高频去耦电容更好，如图 3－56 所示。从图中可以看出，并联谐振阻抗峰值首次出现在 500 MHz 左右。

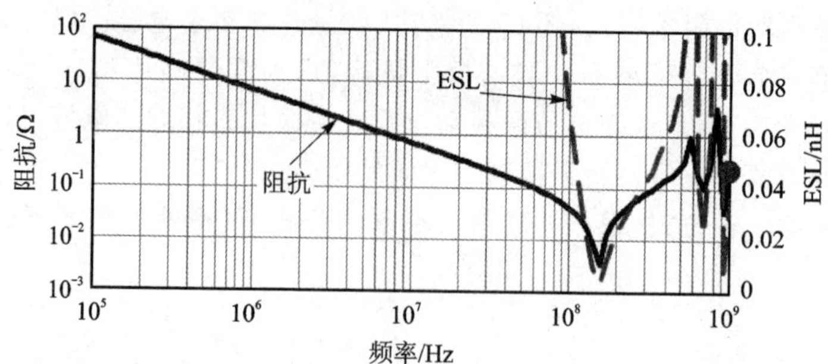

图 3-56 电源/地平面对频率响应阻抗曲线以及 ESL 曲线图

3.6.5 频率与去耦电容类型

根据频域目标阻抗分析法，当电流从 VRM 到负载 IC 之间流过时，需要确保电源分布网络阻抗阻值低于目标阻抗。因此，需要确保每个区域之间的并联谐振阻抗峰值小于目标阻抗。

在电源分布网络上，低频段 VRM 上的体电容器和板级小型陶瓷电容器之间相互作用，会在 1 MHz 左右产生一个并联谐振。针对此并联谐振的阻抗峰值，可以通过减小体电容器的 ESL 或者将多个电容进行并联，从而减小并联后的电容总 ESL 值，如图 3-57 所示。

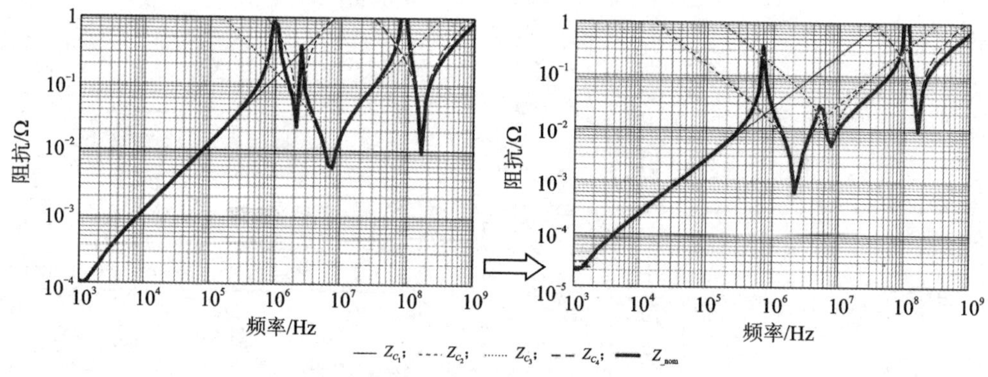

图 3-57 并联多个电容减小低频段并联谐振阻抗峰值

在高频段，板级去耦电容与电源/地平面电容之间相互作用，会在高频段产生一个并联谐振。电源/地平面电容值较低，自谐振频率高，同时一旦 PCB 板级面积确定，要更改电源/地平面尺寸就会很困难。因此要降低高频并联谐振峰值，只能透过增加并联相应的电容来降低 ESL。通常会找一个自谐振频率与并联谐振频率相近同时具有高 ESR 的电容来降低并联阻抗峰值，如图 3-58 所示。

通过上述措施，可以实现从低频到高频段(一般为 100 MHz)范围内的低阻抗电源分布网络设计。

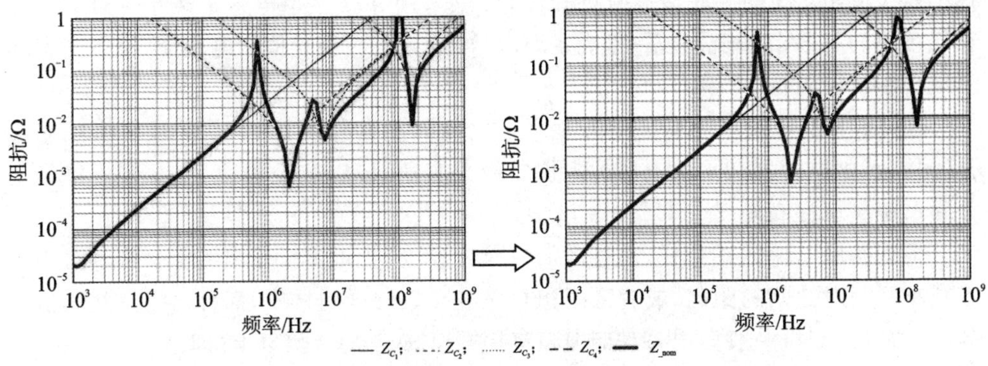

图 3-58　并联高 ESR 高频电容减小高频段并联谐振阻抗峰值

3.6.6　频域目标阻抗设计

频域目标阻抗设计的目标就是在一个很宽的频域内尽量降低总的并联电感，并降低各个阻抗峰值，使得阻抗曲线尽量保持平坦，同时确保最小化的 BOM 成本。

要实现最佳化的电源分布网络设计，首先就要确认最高需要支持的频率以及相应的目标阻抗。然后，根据系统设计要求以及负载所需的电源要求，选择正确合适的 VRM，并确定相应的体去耦电容器。接着，根据 PCB 尺寸以及 PCB 的布局，确认 PCB 堆叠结构以及每个电源轨道的面积，计算其电容量。

获取以上参数值后，就需要确认 PCB 相应电源轨道所需最少电容数量。电容的数量取决于目标阻抗以及并联电容的总 ESL 值，确保在最高频率 $f_{\max}$ 处的并联电容阻抗小于目标阻抗，其关系可以采用如下公式表示：

$$Z_{\text{cap}} < Z_{\text{Target}}$$

即

$$2\pi f_{\max}(\text{ESL}_1 \,/\!/\, \text{ESL}_2 \,/\!/\, \cdots \,/\!/\, \text{ESL}_n) < Z_{\text{Target}}$$

假设每个电容的 ESL 均相同，则可得最少所需电容数量为

$$n > 2\pi f_{\max}\frac{\text{ESL}}{Z_{\text{Target}}}$$

需要注意的是，此处 ESL 是指电容的安装等效串联电感。实际上每个电容的 ESL 值也不一定相同，具体还需要最后的设计与验证确认，因此，所需电容的数量也是一个目标值。

每个电容供应商都会有一系列不同容值的 MLCC 电容可供挑选。常见的电容器的容值有 1 000 nF、470 nF、220 nF、100 nF、47 nF、22 nF、10 nF、4.7 nF 和 2.2 nF 等。设计时可以尝试对各种容值的电容器都选择，也可以只选择其中的几种，减少 BOM 中物料类型。

通常从低频段开始进行设计，选择较大容值的电容器进行仿真。低频段主要是

减小与 VRM 之间的并联谐振阻抗峰值，可以采用并联多个电容来减小 ESL 值，减小低频段的并联谐振阻抗。一旦满足要求，再挑选下一种容值的电容器，使得其实际阻抗小于目标阻抗。

在高频段，主要是电容与电源/地平面之间的相互作用，如果其并联谐振频率与 f_{max} 接近，则电容器和平面电容的阻抗曲线会有所升高，甚至可达 2～3 倍。建议把并联谐振频率提高至 f_{max} 的 2～3 倍。

根据并联谐振频率公式，通过增加电容数量、减小电容的 ESL、减小平面面积或者减小平面对之间的距离，或者采用相对介电常数较低的材质，都可以提高并联谐振频率。在设计时，一般会把并联谐振频率提升至 f_{max} 的 3 倍以上(即 $f_{prf}>f_{max}$)：

$$\frac{1}{2\pi\sqrt{L_{cap}C_{plane}}}=\frac{1}{2\pi\sqrt{\frac{ESL}{n}\xi_0\xi_r\frac{A}{h}}}>3f_{max}$$

经过公式变换，可得

$$\frac{h}{Z_{Target}A}>56\times\xi_0\xi_r f_{max}$$

假设采用 FR4 的介质，相对介电常数为 4，则公式可以简化为

$$\frac{h}{Z_{Target}A}>50f_{max}$$

式中，h 表示平面对之间的距离(单位为 mil)；Z_{Target} 表示目标阻抗(单位为 Ω)；A 表示平面的面积(单位为 in^2)；L_{cap} 表示并联电容等效电感(单位为 nH)；C_{plane} 表示平面之间的电容(单位为 nF)；n 表示并联电容的个数；f_{max} 表示最大有效频率(单位 GHz)。

如果设 F_{max} 为 0.1 GHz，介质厚度为 4 mil，则公式可以简化为

$$Z_{Target}A<0.8$$

从上式可以看出，只要确定了目标阻抗 Z_{Target}，并且电源平面面积满足以上公式的要求，则与电容值没有任何关系。如果超出了以上公式，则还是需要通过容值的选择最小化电容的数量。

目前很多的芯片公司都会提供自动化的电源布线网络工具供硬件工程师参考，加速电源分布网络的设计。

以 Intel 公司 FPGA 的电源分布网络设计为例，Intel 公司会为每个 FPGA 提供相应的 PDN 设计软件。系统工程师选择了某款 FPGA 进行设计，硬件工程师就可以配合 FPGA 工程师开始进行线路设计。FPGA 工程师进行软件开发，并通过电源评估软件获得相应的功耗和电流。电源工程师根据硬件工程师和 FPGA 工程师给出的线路和功耗评估来计算 PDN 的设计。

图 3-59 所示为 Intel 公司的 PDN Design Tool 2.0 界面图。这是一款基于 Excel 开发的软件。从图中可以看出，整个 PDN 工具会从 BGA 封装、电容、过孔、电源平面、PCB 堆叠等各个方面综合评估，最后结果在 System Decap 中显示。

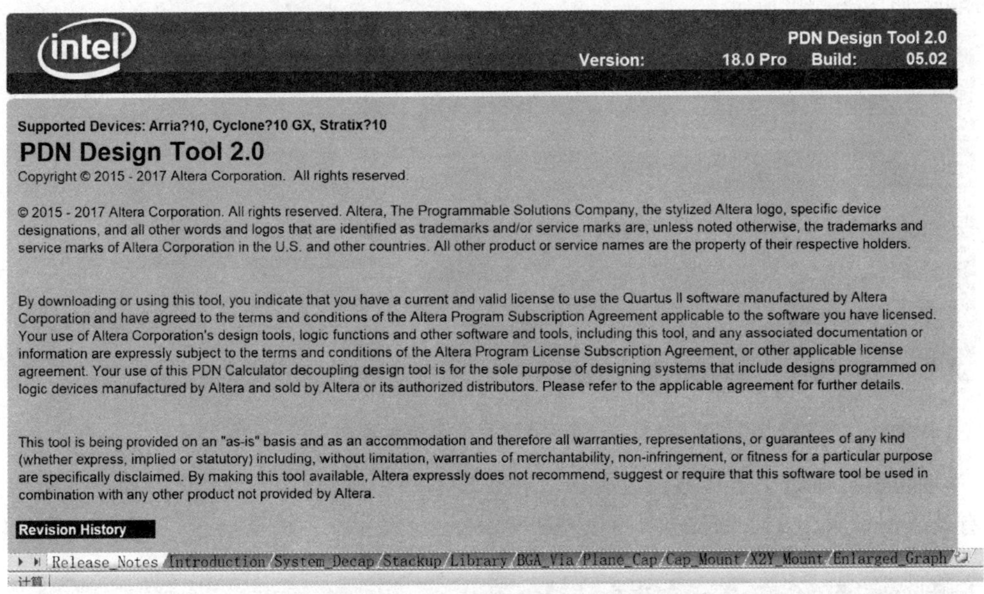

图 3-59 PDN Design Tool 2.0 界面图

在 System_Decap 页面中，首先，选择 FPGA 类型、具体芯片型号以及电源轨道配置，如图 3-60 所示。本例选用了 Arria 10 系列的 10AS016C_U19 FPGA，并且采用开关电源设计，具体的电压和电流设计需要参考 FPGA 器件的用户手册以及引脚连接指南等。

intel

Family / Device	Arria 10
Available Devices	10AS016C_U19
Model Status	UNKNOWN
Power Rail Configuration	Custom

Power Rail Grouping

Add Group　　Remove Group

		Group #	1	2	3	4
		Regulator / Separator	switcher	switcher	switcher	switcher
		Parent Group	none	none	none	none
Rail	Voltage	I max				
VCC	0.9	5	x/related			
VCCA_PLL	1.8	1		x/related		
VCCBAT	1.2	1			x/related	
VCCERAM	0.9	2				x/related
VCCH_GXBL	1.8	2				
VCCIO2A	1.2	1				

图 3-60 FPGA 类型、具体芯片型号以及电源轨道配置示意图

其次，确定目标阻抗。目标阻抗需要输入电压、每个轨道的最大电流值、动态电流改变百分比以及最小噪声容限等。根据以上参数，PDN 软件可以自动计算出目标

阻抗,如图 3-61 所示。

VRM Data	Unit				
DC supply voltage	V	0.9	1.8	1.2	0.9
Switcher VRM Efficiency	%	90%	90%	90%	90%
Switcher VRM Input Current	A	5.555	1.111	1.111	2.222
Rail Group Summary	**Unit**				
Voltage	V	0.90	1.80	1.20	0.90
Total Current	A	5.00	1.00	1.00	2.00
Dynamic Current Change		Override	Calculate	Override	Override
	%	20%	10%	20%	10%
Noise Tolerance		Override	Override	Override	Override
	%	10%	10%	10%	10%
Core Clock Frequency		N/A	N/A	N/A	N/A
	MHz	--	--	--	--
Current Ramp Up Period		N/A	N/A	N/A	N/A
	# of Cycles	--	--	--	--
Ztarget	Ω	0.0900	1.8000	0.6000	0.4500

图 3-61　确定目标阻抗示意图

再次,针对每个电压轨道设置最大有效频率。在本例中,把每个电源轨道的最大有效频率设置为 100 MHz,如图 3-62 所示。

Feffective		Override	Override	Override	Override
	MHz	100.00	100.00	100.00	100.00

图 3-62　设置最大有效频率示意图

确认 VRM、BGA 过孔、扩散电感以及电源平面等参数,如图 3-63 所示。其中 VRM 可以从库中调用,也可以选择 Intel 公司推荐的 VRM 芯片。

VRM Impedance		Library	Library	Library	Library
VRM Resistance	R(Ω)	0.001	0.001	0.001	0.001
VRM Inductance	L (nH)	20	20	20	20
BGA Via		Default	Default	Default	Default
Number of power/Ground Via Pairs		38	2	1	2
Layer Number		5	5	5	5
	R(Ω)	0.000111019	0.002109354	0.004218709	0.002109354
	L (nH)	0.013463017	0.255814417	0.511628833	0.255814417
Plane		Calculate	Calculate	Calculate	Calculate
	R(Ω)	0.002608951	0.002608951	0.002608951	0.002608951
	C (μF)	0.009543011	0.009543011	0.009543011	0.009543011
Spreading		Low	Low	Low	Low
	R(Ω)	0.0005	0.0005	0.0005	0.0005
	L (nH)	0.015	0.015	0.015	0.015

图 3-63　确认 VRM、BGA 过孔、扩散电感以及电源平面等参数示意图

如果需要从库中调用,则先在 Library 里面进行设置,如图 3-64 所示。同样,对于扩散电感和 BGA 过孔的参数而言,也需要先在 Library 中进行设置,然后才能在 System_Decap 页面中进行选择。

电源平面参数需要在 Plane_Cap 页面中进行设置,如图 3-65 所示。输入电源平面的长、宽、高以及介电材质等参数,就可以在 System_Decap 页面的 Plane 栏自动显示电源平面参数。

BGA Via & Plane Cap	Custom		
	ESR (Ω)	ESL (nH)	C (uF)
BGA Via	0.0004	0.018	N/A
Plane Cap	0.015	N/A	0.015

VRM	ESR (Ω)	ESL (nH)
Ignore	1.0E+50	1.0E+50
Linear	0.001	10.00
Switcher	0.001	20.00
Filter	0.001	30.00

Spreading R and L	Rs (Ω)	Ls (nH)
Ignore	0	0
Low	0.0005	0.015
Medium	0.001	0.030
High	0.0015	0.045
Custom	0.002	0.020

图 3-64　VRM、BGA 过孔以及扩散电感在 Library 中设置示意图

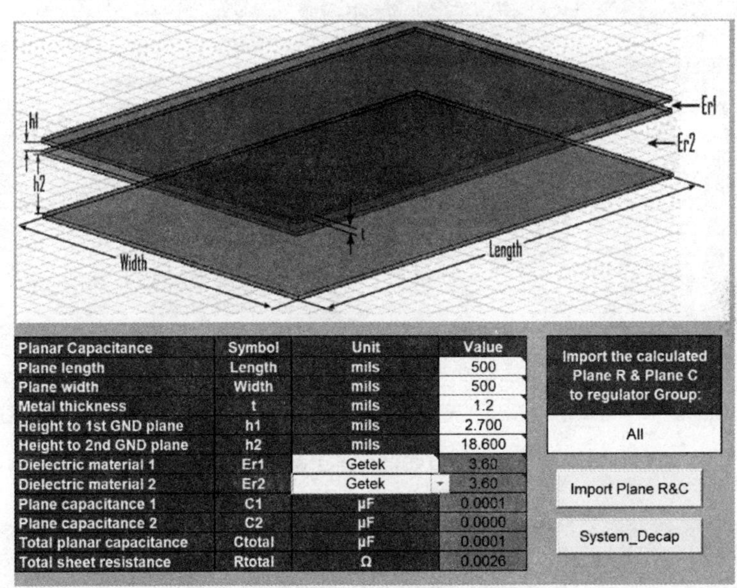

Planar Capacitance	Symbol	Unit	Value
Plane length	Length	mils	500
Plane width	Width	mils	500
Metal thickness	t	mils	1.2
Height to 1st GND plane	h1	mils	2.700
Height to 2nd GND plane	h2	mils	18.600
Dielectric material 1	Er1	Getek	3.60
Dielectric material 2	Er2	Getek	3.60
Plane capacitance 1	C1	μF	0.0001
Plane capacitance 2	C2	μF	0.0000
Total planar capacitance	Ctotal	μF	0.0001
Total sheet resistance	Rtotal	Ω	0.0026

图 3-65　电源平面参数设置示意图

BGA 过孔、VRM、扩散电感参数可以在 Library 里面进行修改，如图 3-66 所示。

最后在 Decoupling 栏里选择 Auto，就可以为相应的电源轨道配置电容参数和个数，如图 3-67 所示。也可以选择 Mannual，手动选择不同的电容组合，达到最优的阻抗曲线。

可以在 Library 里选择默认的电容。如果 Library 里面没有，那么也可以在 Library 里面进行定制设置，如图 3-68 所示。其中 Custom 栏，设计者可以自行设置。

BGA Via & Plane Cap	Custom		
	ESR (Ω)	ESL (nH)	C (uF)
BGA Via	0.0004	0.018	N/A
Plane Cap	0.015	N/A	0.015

VRM	ESR (Ω)	ESL (nH)
Ignore	1.0E+50	1.0E+50
Linear	0.001	10.00
Switcher	0.001	20.00
Filter	0.001	30.00

Spreading R and L	Rs (Ω)	Ls (nH)
Ignore	0	0
Low	0.0005	0.015
Medium	0.001	0.030
High	0.0015	0.045
Custom	0.002	0.020

图 3-66 BGA 过孔、VRM、扩散电感参数在 Library 中修改示意图

Decoupling					Auto	Auto	Auto	Auto
	View Impedance Chart				x			
Result Summary								
		Decoupling Caps			Rail Group Quantity			
Legend	CAP	Value (μF)	Footprint	Layer	Orientation	1	2	3	4

Legend	CAP	Value (μF)	Footprint	Layer	Orientation	1	2	3	4
Zc1	From Library	0.001	0201	BOTTOM	VOS	0	1	0	0
Zc2		0.0022	0201	BOTTOM	VOS	0	0	1	1
Zc3		0.0047	0201	BOTTOM	VOS	5	0	1	2
Zc4		0.01	0201	BOTTOM	VOS	2	1	1	0
Zc5		0.022	0201	BOTTOM	VOS	1	0	0	1
Zc6		0.047	0201	BOTTOM	VOS	2	0	1	0
Zc7		0.1	0201	BOTTOM	VOS	0	0	0	1
Zc8		0.22	0201	BOTTOM	VOS	1	0	0	0
Zc9		0.47	0201	BOTTOM	VOS	0	0	0	0
Zc10		1	0201	BOTTOM	VOS	1	1	0	0
Zc11		2.2	0201	BOTTOM	VOS	0	0	0	0
Zc12		4.7	0201	BOTTOM	VOS	0	0	0	0
Zc13		10	0402	BOTTOM	VOS	0	0	1	1
Zc14		22	0603	BOTTOM	VOS	0	0	0	0
Zc15		47	0603	BOTTOM	VOS	0	0	0	0
Zc16		100	0805	BOTTOM	VOS	1	0	0	0

图 3-67 自动进行电容配置示意图

intel PDN Design Tool 2.0

Library　Save Custom　Restore Custom　Restore Default

Decoupling Cap (μF)	0201		0402		0603		0805		1206		Custom		
	ESR (Ω)	ESL (nH)	ESR (Ω)	ESL (nH)	ESR (Ω)	ESL (nH)	ESR (Ω)	ESL (nH)	ESR (Ω)	ESL (nH)	ESR (Ω)	ESL (nH)	Lmnt (nH)
0.001	0.101	0.300	0.161	0.400	0.261	0.450	0.276	0.500	0.415	0.800	0.001	0.300	1.000
0.0022	0.100	0.300	0.115	0.400	0.186	0.450	0.179	0.500	0.269	0.800	0.001	0.300	1.000
0.0047	0.072	0.300	0.083	0.400	0.134	0.450	0.118	0.500	0.177	0.800	0.001	0.300	1.000

图 3-68 电容在 Library 里的设置示意图

通过以上设置，可以得出相应的阻抗曲线和所需电容数量和容值，如图 3-69 所示。

在 System_Decap 页面中，选择 View Impedance Chart 选项，选择不同的电源轨道，在右边会出现不同的阻抗曲线图，如图 3-70 所示。本例中共有四个电源轨道，

Legend	CAP	Value (μF)	Footprint	Layer	Orientation	1	2	3	4	Cap (μF)	ESR (Ω)	ESL (nH)	Lmnt (nH)
Zc5	From Library	0.022	0201	BOTTOM	VOS	1	0	0	1	0.0220	0.0390	0.3000	0.8710
Zc6		0.047	0201	BOTTOM	VOS	2	0	1	0	0.0470	0.0360	0.3000	0.8710
Zc7		0.1	0201	BOTTOM	VOS	0	0	0	1	0.1000	0.0260	0.3000	0.8710
Zc8		0.22	0201	BOTTOM	VOS	1	0	0	0	0.2200	0.0180	0.3000	0.8710
Zc9		0.47	0201	BOTTOM	VOS	0	0	0	0	0.4700	0.0140	0.3000	0.8710
Zc10		1	0201	BOTTOM	VOS	1	1	0	0	1.0000	0.0100	0.3000	0.8710
Zc11		2.2	0201	BOTTOM	VOS	0	0	0	0	2.2000	0.0080	0.3000	0.8710
Zc12		4.7	0201	BOTTOM	VOS	0	0	0	0	4.7000	0.0060	0.3000	0.8710
Zc13		10	0402	BOTTOM	VOS	0	0	1	1	10.0000	0.0040	0.4000	0.8566

		Bulk Caps				Rail Group Quantity				Bulk Cap Unit Values			
Legend	CAP	Value (μF)	Footprint	Layer	Orientation	1	2	3	4	Cap (μF)	ESR (Ω)	ESL (nH)	Lmnt (nH)
Zc21	From Library	220	Bulk	N/A	N/A	0	0	0	0	220.0000	0.0560	2.3000	1.6000
Zc22		330	Bulk			0	0	0	0	330.0000	0.0490	2.3000	1.7000
Zc23		470	Bulk			0	0	0	0	470.0000	0.0490	2.3000	1.7000
Zc24	User5	0	Bulk			0	0	0	0	0.0000	0.0300	2.3000	1.7000
Zc25	User6	0	Bulk			0	0	0	0	0.0000	0.0300	2.3000	1.7000
		Total Decoupling & Bulk Capacitors Used				13	3	5	6				

图 3－69　所需电容的容值和个数计算示意图

因此有四个阻抗曲线图。可以通过单击阻抗曲线图进行放大。从图中可以看出，每个阻抗曲线都满足设计目标的要求。

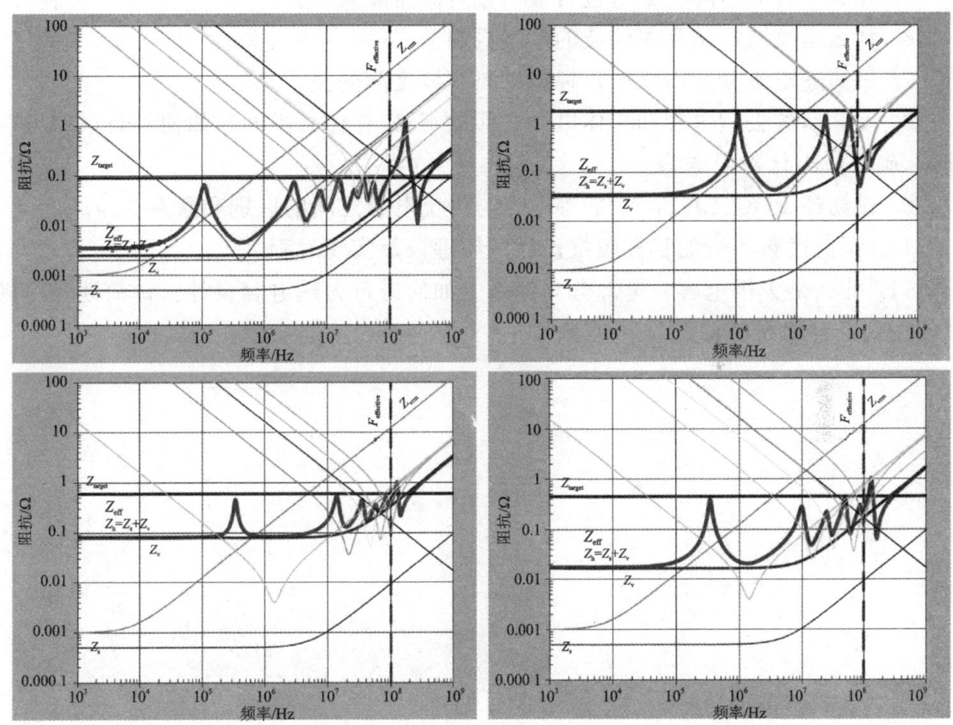

图 3－70　每个电源轨道的阻抗曲线图

整个设计非常直观明了，非常适合进行 FPGA 板卡的原型设计以及优化设计。

3.7　本章小结

本章主要讲述了高速数字系统中电源完整性的相关知识；重点阐述了电源分布网络的特性、电源树的设计，同步开关噪声、直流压降以及纹波的产生机制和原理，以及如何防护；重点介绍了电源分布网络的模型分析以及如何进行电源分布网络的目标阻抗设计的理论。最后，通过 Intel 公司 FPGA 的 PDN 软件，系统介绍了如何在实战中进行频域目标阻抗设计。

3.8 思考与练习

1. 什么是电源分布网络？试简述电源分布网络的作用。

2. 什么是电源树？电源树的作用是什么？如何设计电源树？

3. 什么是 PDB？为什么要设计 PDB？试简述 PDB 的主要作用。

4. 什么是同步开关噪声？试简述同步开关噪声的影响，并说明如何避免。

5. 什么是直流压降？如何进行最小化直流压降设计？

6. 什么是纹波？试简述纹波的产生机制。

7. 试简述电源分布网络的目标阻抗与纹波之间的关系。

8. 安装后的去耦电容和单体电容之间的 ESL 有什么不同？如何进行去耦电容安装，确保最小化寄生电感？

9. 试简述 RGC、LICA、X2Y 等电容与传统电容之间的区别和联系。

10. 试简述频率中的目标阻抗设计的原理以及实现过程。

11. 什么是去耦电容？电源分布网络上如何进行去耦电容设计？试简述各个区域的去耦电容的布局特点。

第 4 章

过孔、封装、连接器与电缆

由于空间、散热、生产制程等各种因素的存在，绝大部分复杂高速数字系统不会仅由单板组成，而是会通过多块 PCBA、电缆等进行互连。当信号被一块 PCBA 上的驱动 IC 所驱动时，它将经过驱动 IC 的封装传输到 PCBA 上，并通过 PCBA 上的过孔进行换层到达连接器。大多数情况下会通过电缆连接到另外一块 PCBA，也有一些通过板对板连接器直接连接到另外一块 PCBA，并通过传输线到达接收 IC。最后，信号通过接收 IC 的封装进入到 IC 内部进行处理。因此，本章将主要研究 PCB 过孔、封装、连接器与线缆的原理以及设计指南。

本章的主要内容如下：

- 过孔基础；
- 过孔的信号模型；
- 差分过孔；
- 电源过孔与测试过孔；
- 封装基础；
- 封装的组成以及内部连接；
- 封装的 S 参数；
- SoC 和 SiP；
- 连接器基础；
- 连接器建模与引脚定义；
- 高速连接器的应用与设计；
- 电缆基础；
- 主要的高速电缆介绍。

4.1 过 孔

4.1.1 过孔的基础知识

当信号在 PCB 层与层之间进行传输时，就需要通过过孔(via)进行电气连接。过孔是 PCB 上具有导电性能的小孔。过孔的结构包括筒状孔壁(barrel)、焊盘(pad)

与反焊盘(anti-pad),如图 4-1 所示。其中,过孔的焊盘用于把过孔的孔壁与走线或元件进行相连,反焊盘是过孔焊盘和周围不需要进行连接的金属之间的间隔,孔壁是焊盘之间进行电气连接的环形导电材料。

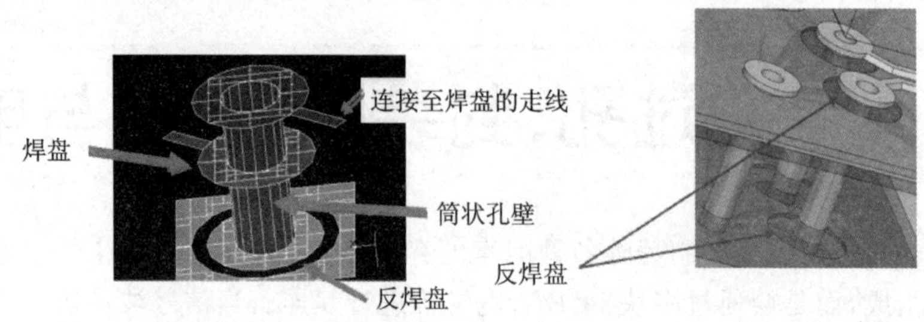

图 4-1 过孔的基本结构示意图

过孔有各种不同的类型。按照信号类型不同,可以分单端过孔和差分过孔,如图 4-2 所示。单端过孔主要用于单端信号的电气连接,而差分过孔则用于差分信号的电气连接。

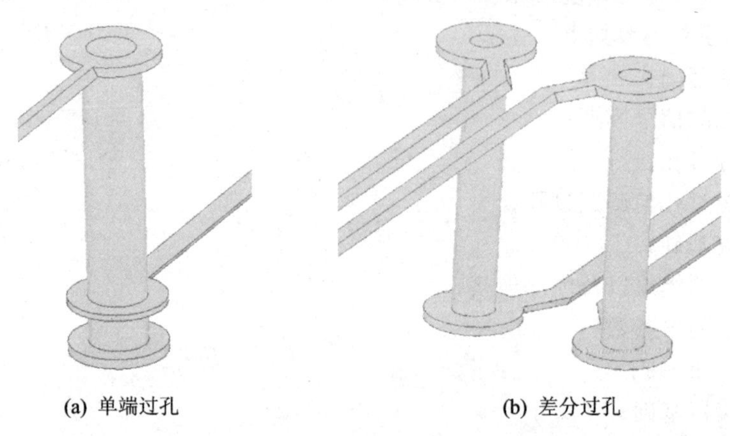

(a) 单端过孔　　(b) 差分过孔

图 4-2 单端过孔和差分过孔示意图

按照实现的功能不同,可以分元件过孔和走线过孔。元件过孔主要用于芯片和连接器的引脚与 PCB 信号之间的连接与固定,走线过孔主要用于信号走线换层使用。走线过孔又可以根据过孔在 PCB 上的处理方式进一步分为导通孔或通孔(through via)、盲孔(blind via)和埋孔(buried via),如图 4-3 所示。其中,通孔是最为常见的过孔类型,它穿过 PCB 上的所有层,孔中间填入焊料,任何一层都可以通过焊盘与它进行必要的电气连接。但是它与元件通孔(through hole)不同,它不适用于插入元件的引脚或其他增强材料。盲孔和埋孔是两种特殊的过孔,盲孔用于从印刷板外层贯穿到板内的某一层的导通孔,一般只会在外层和盲孔所到达的 PCB 内层进行电气连接,其余层都没有电气连接。埋孔仅在 PCB 板内的层面互相导通,未延伸到表层的一种导通孔。随着技术的发展，过孔的孔径也越来越小，出现了一种微孔技术，其直径小于 6 mil。微孔技术允许焊盘内出孔(via in pad)设计。

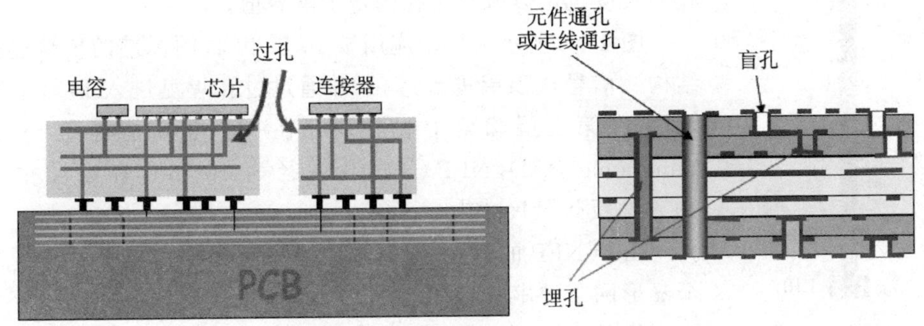

图 4-3　元件过孔和走线过孔示意图

过孔不仅可以实现信号的电气连接以及元器件的固定，同时它也可以实现 PCB 的散热等功能。

4.1.2　过孔的信号模型

在高速数字系统中，过孔存在容性特性和感性特性。以简单的单端过孔为例，如果过孔的延迟小于 1/10 的信号上升时间，则过孔可以是一个简单的 π 形集总元件的网络模型，如图 4-4 所示。

图 4-4 中，$L_{\_Barrel}$ 表示过孔两个焊盘之间的孔壁等效电感，可以采用如下公式进行近似计算：

$$L \approx 5.08h\left[\ln\left(\frac{4h}{d}\right)+1\right] \quad (\text{nH})$$

式中，h 表示焊盘之间过孔的长度；d 表示孔壁的直径。从公式中可以看出，相比于孔壁直径，过孔的长度是影响过孔的寄生电感的主要因素。长度越长，串联寄生电感就越大，导致去耦效果减弱。

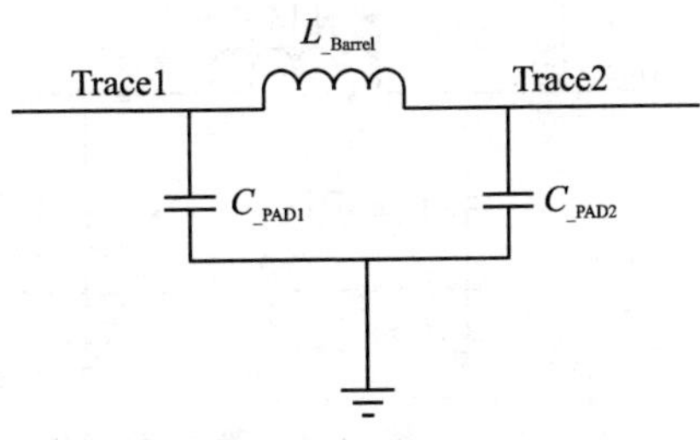

图 4-4　单端过孔 π 形等效网络示意图

$C_{\_PAD1}$ 和 $C_{\_PAD2}$ 分别表示过孔与 PCB 走线连接的两个焊盘的等效电容，可以采用如下公式进行近似：

$$C_{via} \approx \frac{1.41\xi_r D_1 T}{D_2 - D_1} \quad (\text{pF})$$

式中，D_2 表示反焊盘的直径；D_1 表示焊盘的直径；T 表示 PCB 的厚度；ξ_r 表示相对介电常数。在图 4-4 中，每个焊盘电容的容值等于总等效电容的一半。

过孔的寄生电容效应会延缓信号的边沿速率，特别是信号路径存在几个过孔时，

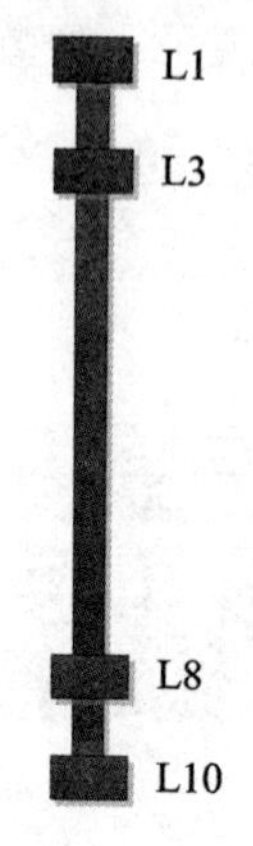

图 4-5 单端过孔结构示意图

效应会更加明显。因此，从公式来看，要最小化寄生电容值，需要在减小焊盘尺寸的同时，增加反焊盘的尺寸。同样，缩短过孔的长度也可以减小过孔的寄生电容值。

图 4-5 所示为一个应用于 10 层 PCB 的标准的单端过孔结构。信号从顶层进入过孔，并通过过孔焊盘进入 PCB 的第八层，在第三层和第十层分别存在一个非功能焊盘（Non-Functional PAD，NFP）。过孔内径为 10 mil，焊盘尺寸为 20 mil，反焊盘尺寸为 30 mil。

由于 NFP 的存在，根据过孔的等效模型，该过孔等效于几个 π 形网络的串联，如图 4-6 所示。

从图 4-6 中可以看出，NFP 会导致信号的寄生电容的增加，引起信号的上升沿退化和传输时延的增加。图 4-7 所示为具有 NFP 和没有 NFP 的过孔对信号的上升沿和传输时延的影响仿真图。为了更加有效突出 NFP 的影响，该仿真针对所有内层均采用 NFP 结构。从图中可以看出，没有 NFP 的过孔对信号的上升沿和传输时延的影响较小。因此，在过孔设计时，为了减小寄生电容的增加，需要消除 NFP。

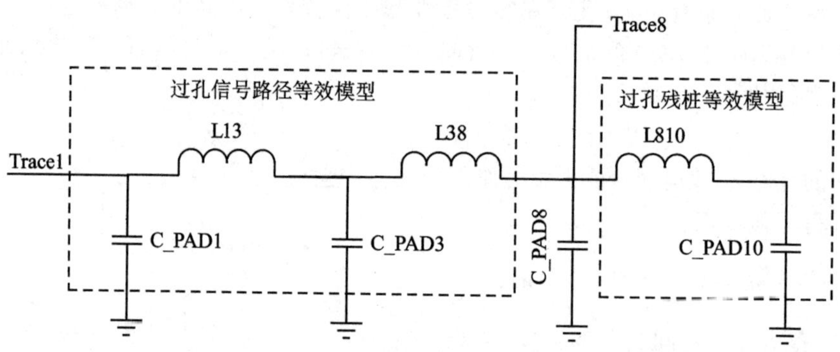

图 4-6 带 NFP 和残桩的过孔串联等效模型示意图

过孔残桩（via stub）是过孔对信号完整性影响的主要因素。由于残桩的存在，过孔的寄生串联电感会增加，导致信号的去耦能力减弱。图 4-8 表示信号从 PCB 顶层进入过孔，并通过过孔分别进入第 3 层、第 8 层和第 10 层时的插入损耗和回波损耗的仿真波形图。从图中可以看出，残桩越长，插入损耗越小，回波损耗越大，信号完整性就越差。

常见的 PCB 信号通过过孔进行换层的方式如图 4-9 所示。从图中可以看出，换层次数越多，过孔残桩越长，对信号质量的影响就越大。在 PCB 堆叠和布线设计时，针对高速信号换层，需要尽量避免换层。如果不得不换层，则需要确保过孔残桩长度最小化。

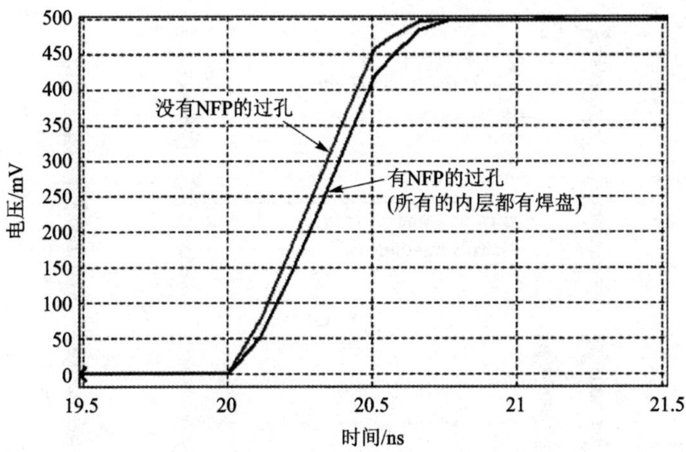

图 4-7　有 NFP 和没有 NFP 的过孔对信号上升时间的影响仿真图

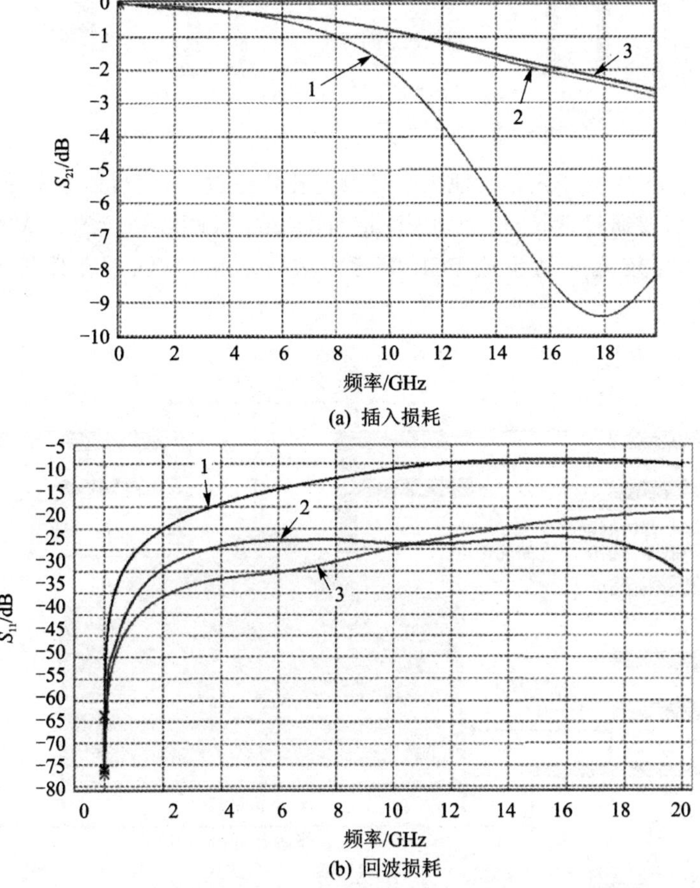

(a) 插入损耗

(b) 回波损耗

1—L1→L3残桩50.8 mil；2—L1→L8残桩9.8 mil；3—L1→L10残桩0 mil

图 4-8　不同的过孔残桩长度下信号的插入损耗和回波损耗仿真波形图

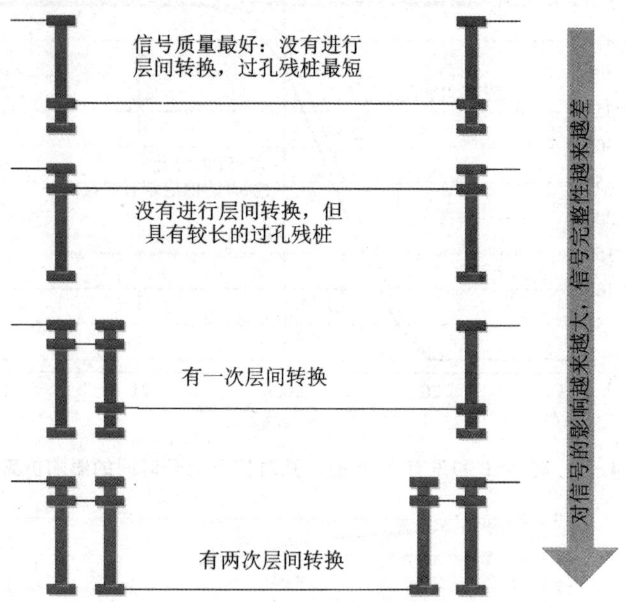

图 4-9　常见的 PCB 信号换层方式示意图

如果因为 PCB 尺寸或者其他因素导致过孔残桩过长，使得信号质量满足不了设计的要求，则需要通过背钻(back drill)或沉孔(counter-boring)的方式来消除残桩。该方式就是采用较大的钻头从 PCB 的背面进行反钻，移除过孔残桩，如图 4-10 所示。

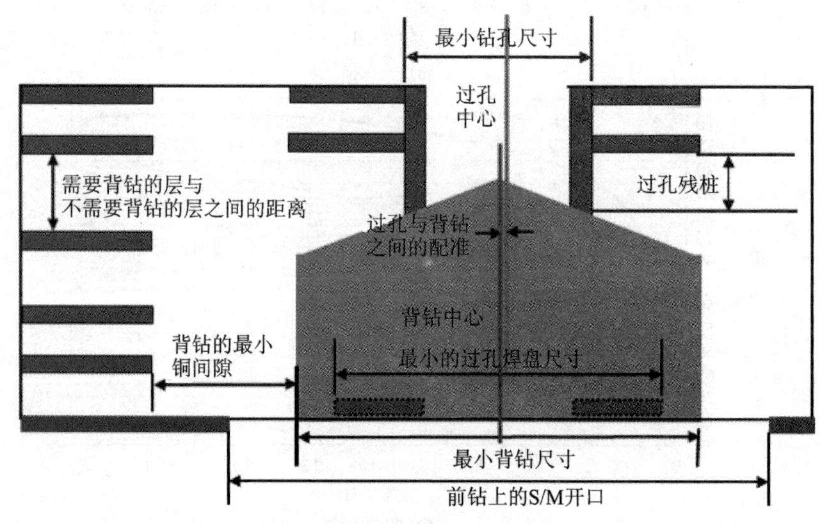

图 4-10　PCB 背钻工艺示意图

图 4-11 所示为信号接入第三层时采用背钻和保留过孔残桩的信号插入损耗及回波损耗仿真波形图。从图中可以看出，通过背钻技术，可以显著改善信号的质量。

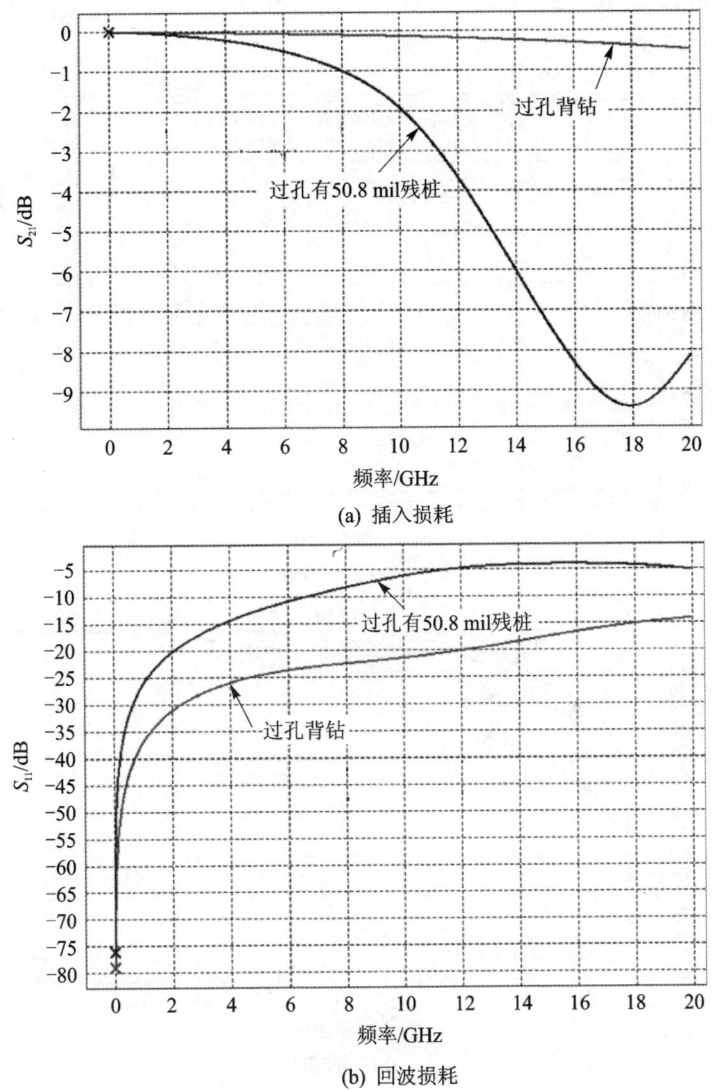

图 4-11　采用背钻和保留过孔残桩的信号仿真波形图

背钻会增加 PCB 制作工艺的复杂度，导致 PCB 成本的增加。非必要时，尽量通过调整信号的走线层数等方式来减小过孔残桩，改善信号质量。

当然，也可以通过增大反焊盘的尺寸来减小过孔的寄生电容。图 4-12 所示为采用 30 mil、40 mil 和 50 mil 的反焊盘尺寸时，信号从顶层进入过孔并从第八层接入 PCB 内层时的插入损耗和回波损耗仿真波形图。从图中可以看出，反焊盘越大，信号的质量就越好。但是，需要注意的是，增加反焊盘尺寸，意味着过孔面积的增大，PCB 布线密度减小，成本增加。同时，对于过孔而言，寄生电感对信号质量的影响要远大于寄生电容。因此通常情况下，对于单端信号，尽量不采用增大反焊盘尺寸来改善过孔的信号质量。

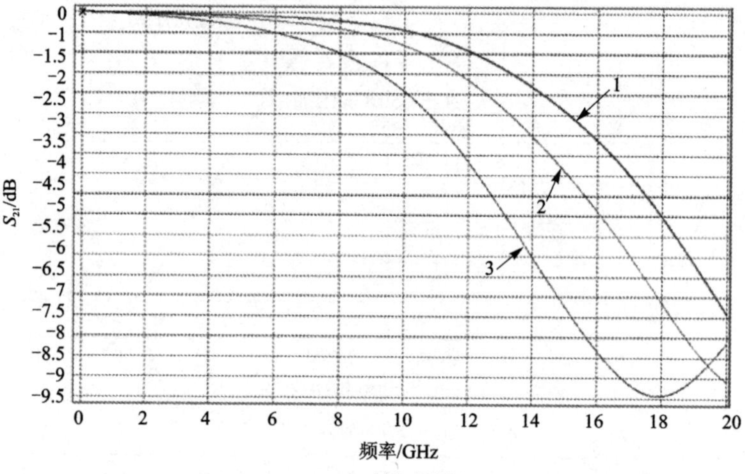

(a) 插入损耗

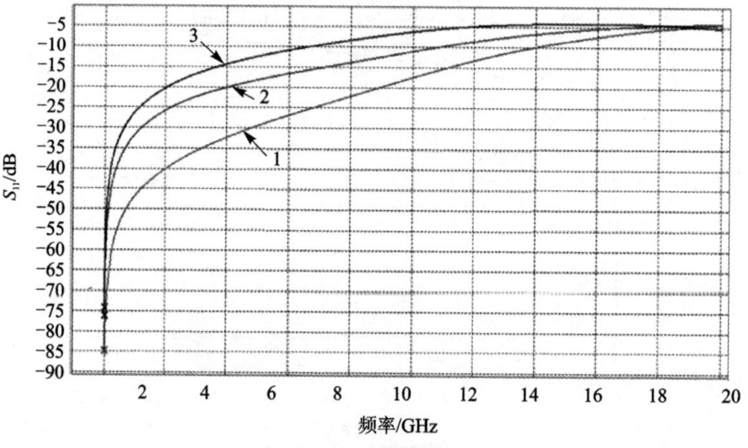

(b) 回波损耗

1—反焊盘50 mil；2—反焊盘40 mil；3—反焊盘30 mil

图 4-12　增大反焊盘尺寸对信号质量的影响仿真波形图

4.1.3　差分过孔

高速数字系统一般会采用差分过孔来实现信号的高速传输。差分过孔除了需要满足基本的过孔的需求之外，还需要满足差分信号传输的特性。因此，差分过孔的每个过孔结构必须保持相同，走线也必须保持相同，信号必须从同一层进入，并且从同一层输出。为了最小化寄生电容效应，差分过孔共享同一个反焊盘，并且尽量增大反焊盘的尺寸，如图 4-13 所示。实际的差分过孔尺寸需要根据差分阻抗的要求、PCB 堆叠结构、过孔残桩长度等进行具体优化。

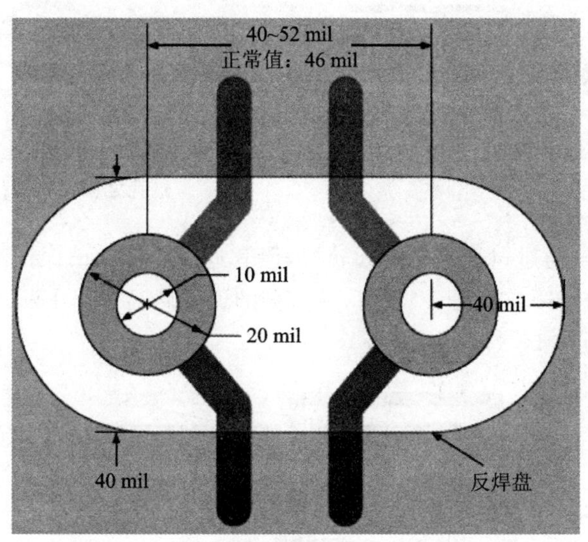

图 4-13　共享反焊盘的差分过孔示意图

对于连接器而言，为了减小过孔的寄生电容效应，需要把连接器差分引脚区域挖空，共享反焊盘。如图 4-14 所示，方框(圆内除外)为反焊盘区域。过孔的尺寸大小需要根据连接器的引脚直径来具体确认。

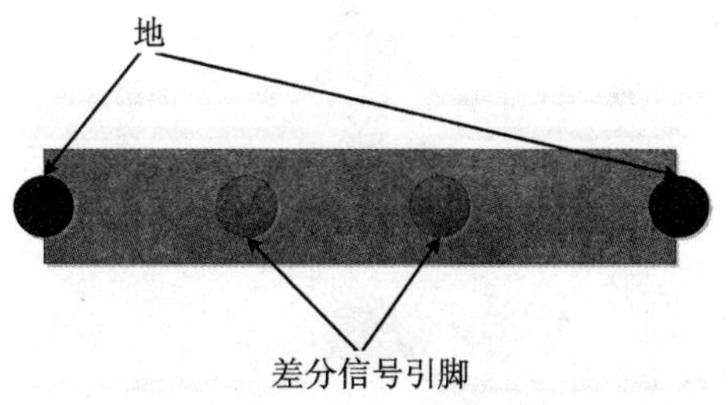

图 4-14　高速连接器的差分过孔的连接方式示意图

为了最小化差分过孔的串联寄生电感，需要在差分过孔附近采用接地返回路径过孔来实现最佳化的 AC 返回路径。如图 4-15 所示，在差分过孔的每个过孔外侧放置一个接地返回路径过孔，接地过孔到信号过孔之间的距离必须大于差分过孔之间的距离，确保接地过孔不会影响差分过孔的特性阻抗。

接地过孔必须放置在差分过孔外侧，不建议把接地过孔放置在差分过孔之间，如图 4-16 所示。

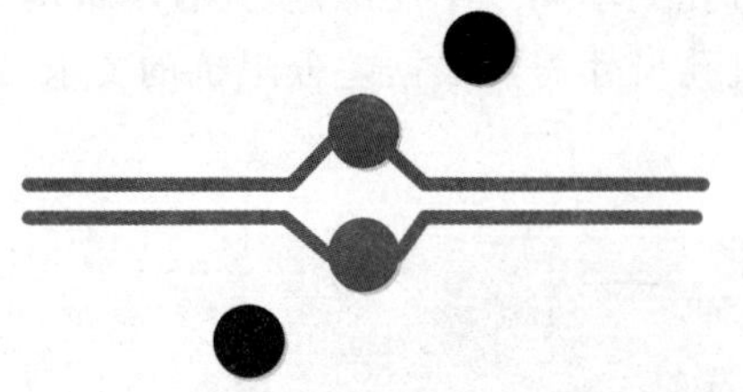

图 4-15　接地返回路径过孔示意图

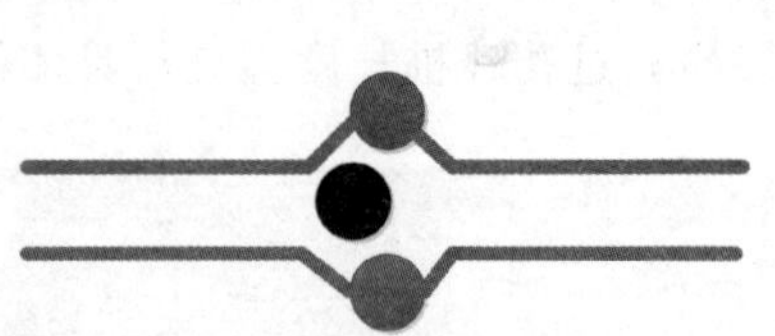

图 4-16　接地过孔放置在差分过孔之间示意图(不推荐)

如果差分信号通过过孔进行层间转换,但其返回路径依旧保持不变,如信号从第一层到第三层,由于第二层是 VSS 层,则信号的返回路径不会中断,因此不需要采用接地返回过孔,如图 4-17 所示。

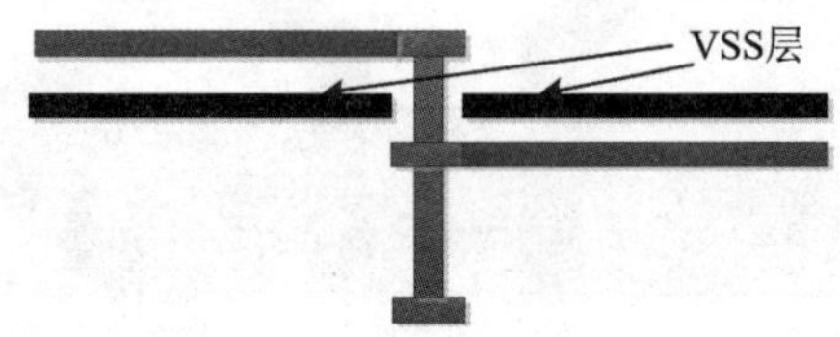

图 4-17　返回路径的换层不需要接地过孔的叠层示意图

在 PCB 设计时,差分过孔需要进行对称布局。如果 PCB 的布线密度高,可以稍微偏移进行布局,但还是需要尽量保持互相靠近,建议不要大于 50 mil,如图 4-18 所示。

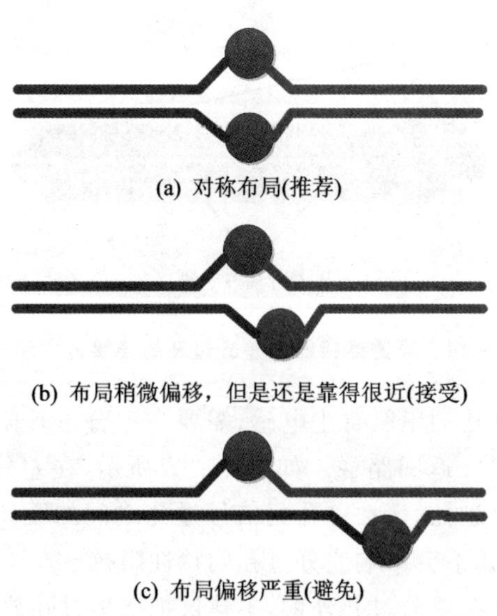

(a) 对称布局(推荐)

(b) 布局稍微偏移，但是还是靠得很近(接受)

(c) 布局偏移严重(避免)

图 4-18　差分过孔在 PCB 上布局示意图

当多对差分过孔需要进行布局时，需要确保差分过孔对之间的距离不小于过孔对内的距离，尽量采用交错模式布局，同时尽量避免 RX 对和 TX 对相邻布局，如图 4－19 所示。

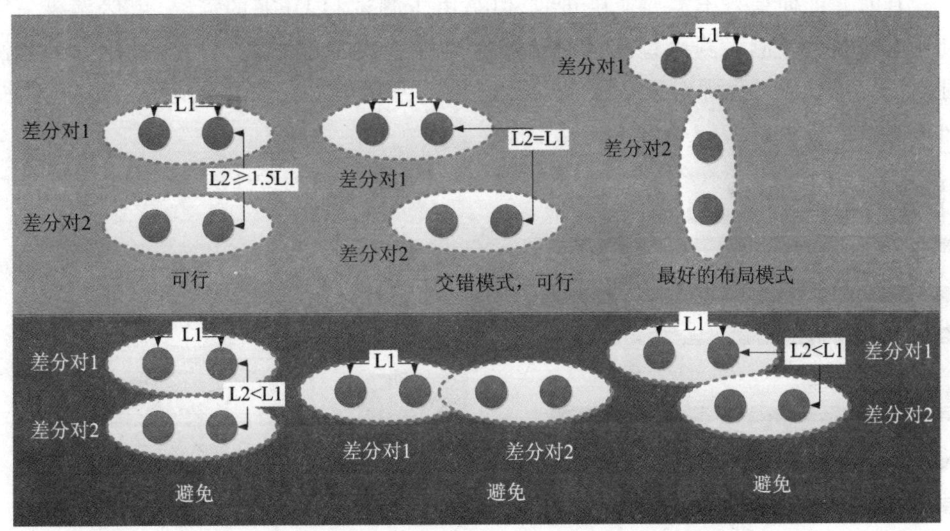

图 4－19　各种推荐和需要避免的差分对布局方式示意图

4.1.4　电源过孔和测试过孔

过孔不仅可用于信号走线和元件固定，还可用于电流传送和散热。当系统采用过孔进行电流传输时，电源过孔附近必须配有对应数量的接地过孔，并且保持在 50 mil 以内。如果有大量的电源过孔存在，且电源过孔附近有信号经过，则需要在电源过孔和信号走线之间放置对应数量的接地过孔，如图 4－20 所示。

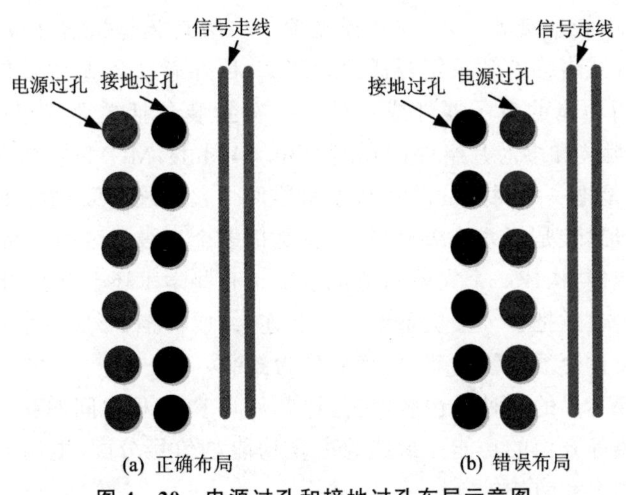

图 4－20　电源过孔和接地过孔布局示意图

尽量避免采用需要传输具有高 dv/dt 或者 di/dt 的电流的电源过孔。当电流从电源 MOSFET 输出时，需要确保去耦电容和 MOSFET 放置在同一层，减少电源过孔产生额外的串联电感，影响其邻近的信号及信号过孔，如图 4-21 所示。

有时候即使信号不需要换层布线，但是由于测试和 DFT 的需求，依然需要采用过孔进行信号量测。测试过孔会对信号完整性造成一定的影响。当过孔用于测试时，需要会同 SI 工程师对过孔位置以及过孔是否会对信号质量造成影响进行评估，如图 4-22 所示。

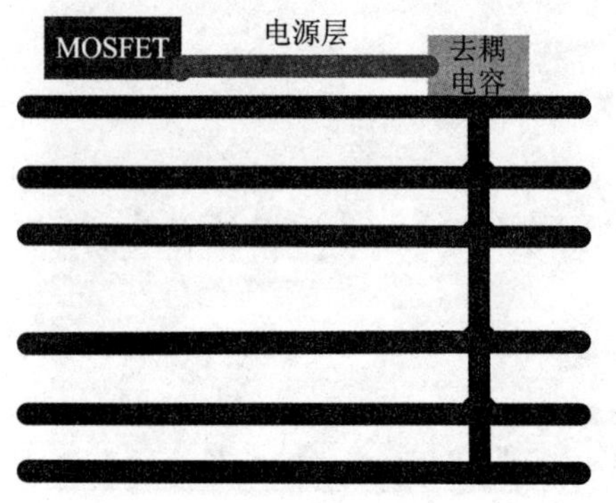

图 4-21　电源过孔正确布局示意图

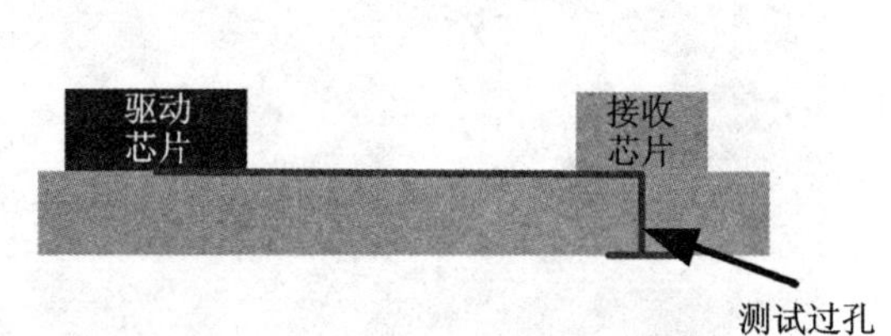

图 4-22　测试过孔布局示意图

4.2 封　装

4.2.1 封装的基础知识

微电子封装示意图如图 4-23 所示。零级封装是指芯片级封装，主要是指裸芯片电极的制作/引线连接等工艺，与基板无关。一级封装是指器件级封装，是指零级封装后的单芯片或者多芯片采用合适的封装基材，并通过合适的封装形式进行封装，使之成为有实用功能的电子器件或组件。一级封装包括单芯片组件（Simple Chip Module，SCM）封装和多芯片组件（Multi Chip Module，MCM）封装。二级封装是指板级封装，也就是把一级封装的芯片和无源器件一起通过 PCB 进行封装，构成PCBA 板或者卡。三级封装是指系统级封装，也就是把多个二级封装的产品通过连接器、电缆等方式进行连接，构成一个完整的整机系统。有些学术还会定义四级封装，也就是机柜级封装——通过把多个整机系统进行互连，组成机柜，形成一个独立功能的物理系统。本节主要讨论器件级封装，后续简称为封装。

封装是对裸芯片的一种外包装，它为裸芯片和 PCB 板之间的互连提供了必要的机械、电气、散热等方面的功能。封装的主要功能是信号分配、电源分配、散热、环境保护以及芯片固定和防护等。

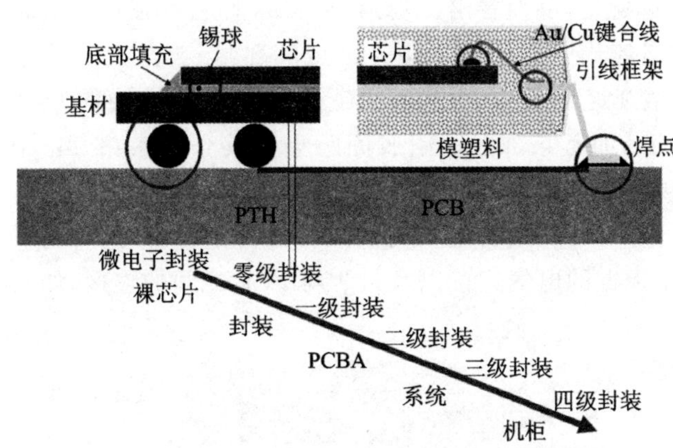

图 4-23　微电子封装示意图

封装有各种不同的类型。按照器件的组装方式来分，可以分为通孔插装式(Pin Through Hole,PTH)和表面安装式(Surface Mount Technology,SMT)，其中 SMT 封装已经成为主流封装。按照使用的材料来分，可以分为裸芯片封装、金属封装、陶瓷封装和塑料封装，其中塑料封装已经成为主流封装；按照封装外形来分，封装可以分为 SOT、SOIC、TSSOP、QFN、QFP、BGA、CSP 等；按照封装包含的芯片数量，可以分为 SCM 和 MCM；根据芯片摆放的位置，可以分为 2D 封装、2.5D 封装和 3D 封装等。

随着半导体芯片技术和封装工艺的发展，封装尺寸变得越来越小，越来越薄。决定封装的两个关键因素：一是封装效率，芯片面积与封装面积之比最大可以达到 1∶1；二是引脚数量，引脚数量越多，焊盘和引脚间距变得越小，芯片制造和封装工艺逐渐融合，工艺难度也相应增加。图 4-24 显示了各种半导体格式和封装趋势。图

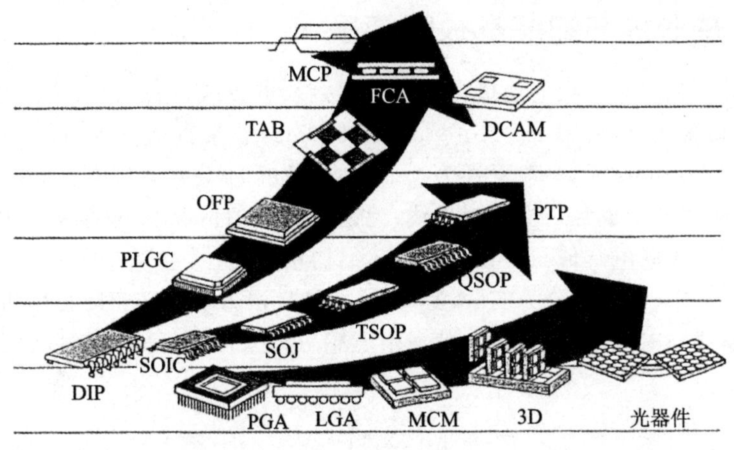

图 4-24　半导体封装趋势图

中左侧是采用引脚封装，可以看出，引脚封装实际上是外围 I/O 封装，所有引脚都分布在封装两侧或者四周。图中右下角是区域阵列封装，包括 PGA、LGA、MCM、3D 等封装形式。随着工艺的发展，引脚间隔越来越小，图中左边的 DIP 和 PGA 封装的引脚间距为 0.1 in，而其余部分的引脚间距小于或等于 0.06 in。阵列型封装出现后，封装可以提供更高的封装电气性能和/或更高的封装密度。

不管封装的外形如何，其物理结构大致可以分为三部分：裸芯片（die）到封装基板的连接、封装基板上的电气连接以及封装与 PCB 之间的连接，如图 4－25 所示。

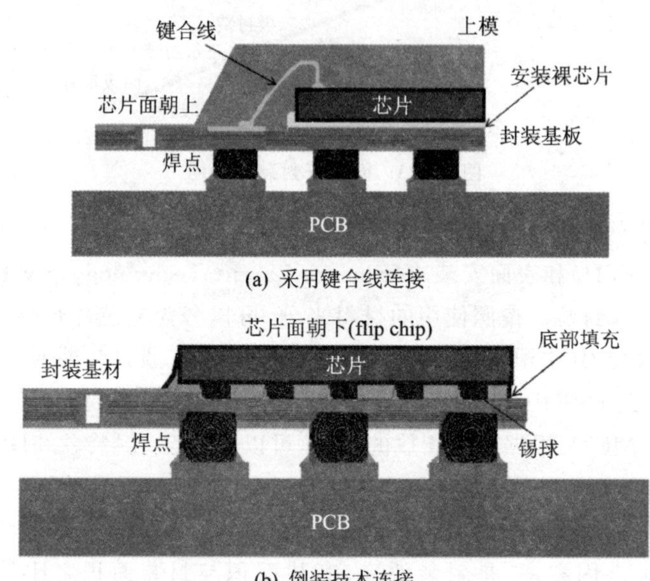

图 4－25　典型的封装示意图

4.2.2　裸芯片与封装基板的连接

从裸芯片到封装基板的连接可以采用键合线的方式进行，也可以采用倒装技术进行，还可以采用 TAB（Tape Automatic Bonding，载带自动键合）技术来实现。键合线是一根很小的导线，一般直径为 1 mil，长度为 50～500 mil 不等。在低频的情况下，键合线可以被看成是一根理想导线，但是在高频的情况下，就需要考虑其寄生串联电感。寄生串联电感值与键合线的具体结构相关，如图 4－26 所示。

图 4－26 中，键合线分为四段，其中 A 段和 D 段分别直接连接芯片和封装基材，可以近似看成与参考平面层垂直，其寄生电感可以采用圆杆的局部自感公式进行近似计算：

$$L = 5L_{\text{en}}\left[\ln\left(\frac{2L_{\text{en}}}{r}\right) - \frac{3}{4}\right], \quad r \ll 1$$

式中，L 表示 A 段或 D 段的寄生电感（单位为 nH）；L_{en} 表示 A 段或 D 段键合线的长

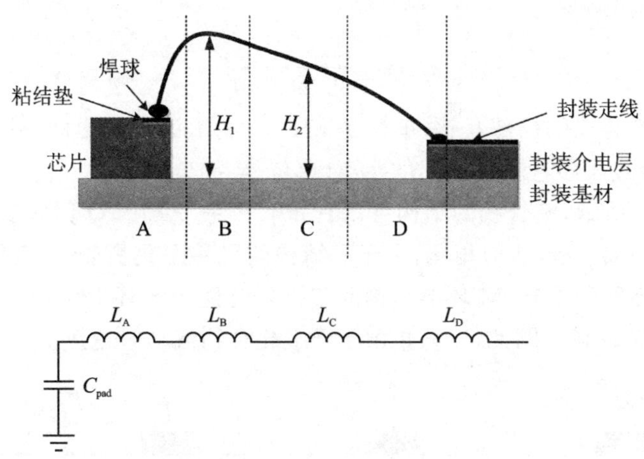

图 4-26　键合线的连接方式示意图

度(单位为 in)；r 表示键合线横截面的半径(单位为 in)。

B段和C段可以近似看成与参考平面层平行，且高度分别为 H_1 和 H_2，此时，可以利用具有参考层的导线电感计算公式进行近似计算：

$$L = L_{en}(5\times10^{-9})\ln\left(\frac{4h}{d}\right)$$

式中，L 表示B段或C段的寄生电感(单位为 nH)；L_{en} 表示B段或C段键合线的长度(单位为 in)；h 表示距离参考层的高度；d 表示键合线的直径。

从公式中可以看出，减小键合线的寄生电感，主要是减小键合线的长度。但是，在封装基材和芯片确定的情况下，键合线的长度也就固定下来了。因此，需要尽量减小键合线与参考平面之间的距离。

在实际应用中，一般不会采用以上公式进行电感的近似计算，而是采用二维或者三维仿真器进行精确计算。

另外，键合线之间还会存在大量的串扰。如果键合线之间没有参考平面，则可以采用圆杆的局部互感公式进行近似计算：

$$L_m = 5L_{en}\left[\ln\left(\frac{2L_{en}}{s}\right) - 1 + \frac{s}{L_{en}} - \left(\frac{s}{2L_{en}}\right)^2\right]$$

式中，L_m 表示键合线的局部互感(单位是 nH)；L_{en} 表示键合线的长度(单位是 in)；s 表示两键合线的圆心距(单位是 in)。

如果两键合线的长度远远超过它们之间的圆心距，则可以采用如下公式进行计算：

$$L_m = 5L_{en}\left[\ln\left(\frac{2L_{en}}{s}\right) - 1\right]$$

如果键合线存在参考平面，则需要考虑参考平面的影响，采用如下公式进行近似计算：

$$L_m = L \frac{1}{1+(s/h)^2}$$

式中，L_m 表示键合线的局部互感（单位是 nH）；s 表示键合线之间的圆心距（单位是 in）；h 表示键合线与参考平面之间的距离（单位是 in）。

如图 4-27 所示，键合线的结构可以有如下三种。其中，Q 环形结构是最通用的键合线结构。与 Q 环形结构相比，S 环形结构的平移距离更长。实验表明，由于键合线的跨度和高度的差异，M 环形结构的扫描阻抗优于 S 环形结构；在进行模塑时，M 环形结构具有较高的刚性，以防止由于环氧化合物流动时造成的变形。

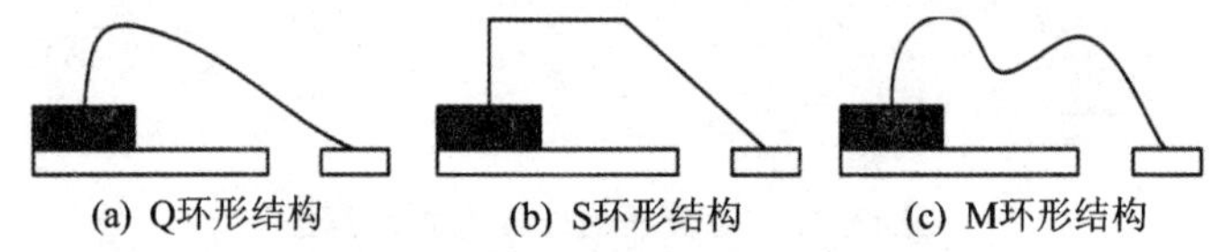

图 4-27　键合线结构模型示意图

针对以上三种结构进行 S 参数分析，其从 1 MHz～1 GHz 的回波损耗以及从 1 GHz～20 GHz 的插入损耗如图 4-28 所示。从图中可以看出，三种结构的回波损耗几乎没有差别，但是 S 环形结构的插入损耗最好，M 环形结构最差。在实际设计时，应根据工艺和机械可靠性要求综合制定合理的键合线方式。

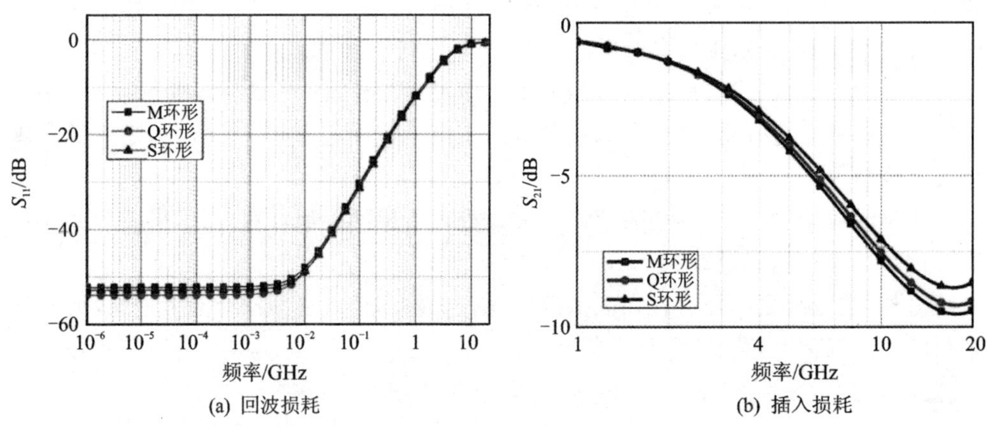

图 4-28　S 参数分析

采用倒装技术可以大大减小互连结构的串联电感，其典型值大概是 0.1 nH，并且几乎可以忽略串扰的影响。其基本原理是把芯片正面朝下放置在封装基板上，通过回流焊将晶圆和封装基板上的引脚焊盘直接连接在一起。倒装技术的关键技术之一是如何在芯片上形成焊接焊球。图 4-29 所示为一个标准的倒装技术焊球处理流程。

采用倒装技术可以获得最佳的电气性能，并且可以在较小的封装上设计大量的

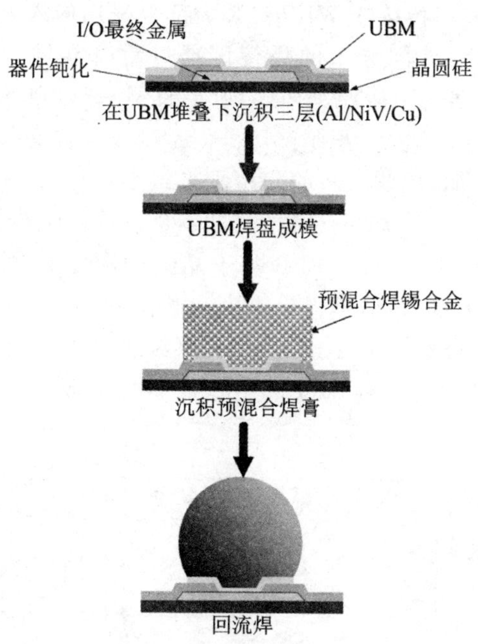

图 4-29 标准倒装技术焊球处理流程示意图

I/O 焊盘。但是由于芯片倒装，因此它的机械性能和散热性能没有键合线好。

4.2.3 封装基板的信号走线

简单的芯片不需要封装基板，而是通过键合线直接连接到芯片的引线框架上，如图 4-30 所示。这种方式的连接，其阻抗不受控，寄生串联电感较高，破坏信号完整性，不适合处理高速数字信号。

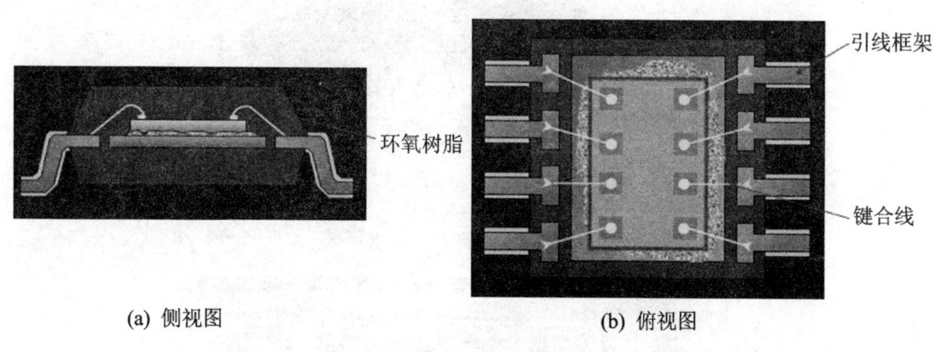

(a) 侧视图　(b) 俯视图

图 4-30 阻抗不受控的封装内部信号连接示意图

高速数字信号通常采用阻抗受控的封装基板来进行内部信号走线。阻抗受控的封装基板通常是一块微型的多层 PCB 板，具有电源和地层。晶圆级封装(Wafer Level Package，WLP)都是采用阻抗受控的方式。WLP 封装又分为扇入(fan-in)和扇出(fan-out)两种方式。传统的 WLP 封装大部分采用扇入方式,如图 4-31(a)所示。扇入主要是把芯片外围分布的焊接区通过重分布层(Re-Distribution Line,RDL)技术转换为芯片表面上按照平面阵列分布的焊球(bumping)焊区,因此,芯片装面积等于封装面积,封装效率达到 1∶1。但是由于互连必须基于 WLP 面积的大小,随着I/O 数目的增加,焊球之间的间距越来越小,因此扇入 WLP 封装只适合于单芯片、I/O 数量少的场合。如果芯片的尺寸不足以放下所有 I/O,则需要采用扇出 WLP,如图 4-31(b)所示。扇出 WLP 基于晶圆重构技术将芯片重新埋置在晶圆上,其步骤与扇入 WLP 相似,但是得出来的封装面积大于芯片面积,可以在封装上增加其他元件形成 SiP(System in a Package,系统级封装)。由于封装面积大于芯片面积,扇出 WLP 封装内的芯片可以采用芯片面朝上或者朝下的工艺,或者混合使用。

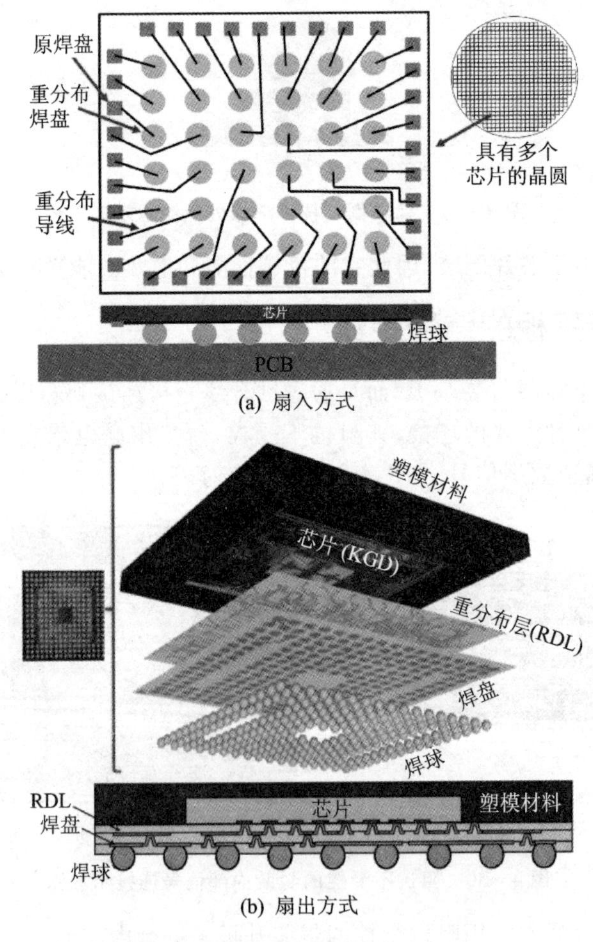

图 4-31　WLP 封装方式示意图

不管采用哪种 WLP 封装方式,其关键在于重布线技术以及焊接焊球技术的运用。所谓的 RDL 技术，就是通过对信号路径进行重构，使得芯片外围 I/O 焊接区转移到新的适合的焊球区域。该技术不仅适合倒装芯片，也非常适合传统的键合线连接，同时希望转化为倒装芯片的场景。相比于直接在芯片上直接进行焊接焊球处理的方式，RDL 处理工艺需要采用更多的步骤来实现，如图 4-32 所示。

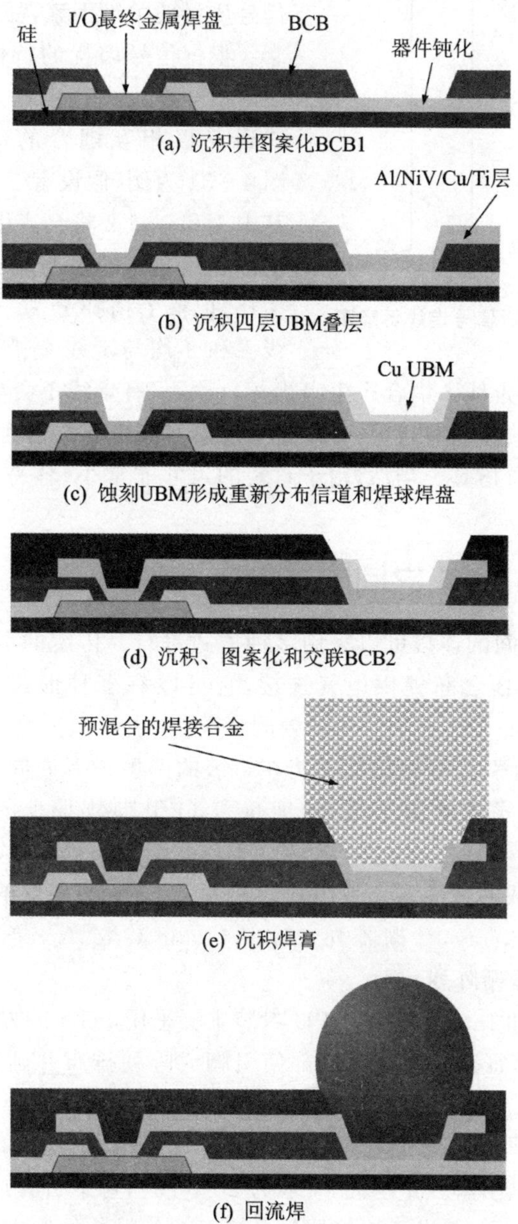

图 4-32　标准 RDL 处理工艺流程示意图

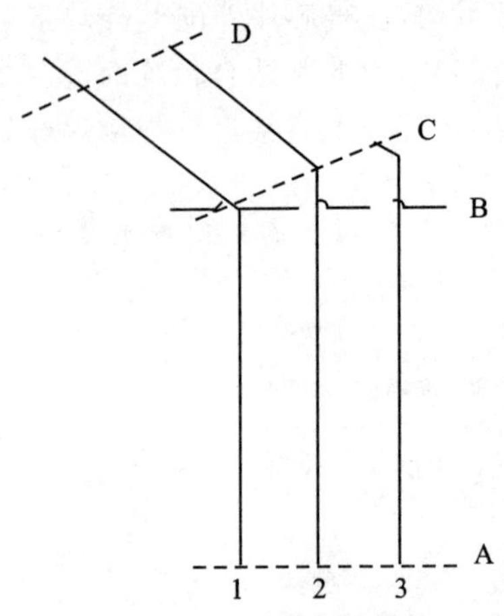

图 4-33 封装基板信号走线示意图

在高频情况下，封装基板上的信号走线和多层 PCB 上的信号走线很相似。但是由于封装基板的面积非常小，因此，在阻抗可控的前提下，信号走线之间的串扰将成为影响信号质量的关键因素，如图 4-33 所示。

根据信号串扰的特性可知，在对封装基板的信号走线进行串扰建模时，只需要考虑三到五根相互耦合的信号走线即可。以图 4-34 为例，假设有三根信号走线 1、2、3，其中 1 和 3 对 2 将会产生串扰。由于串扰与信号走线之间的距离相关，根据信号走线的拓扑，把整个拓扑分为三段，其中 AB 段，走线 1 和 3 均与走线 2 耦合，会产生串扰；BC 段，只有走线 3 会与走线 2 耦合产生串扰；CD 段，只有走线 1 会与走线 2 耦合产生串扰。在进行信号走线建模时，需要分段进行建模。如果需要精确，则需要采用二维或三维场仿真器来进行仿真。当然，由于封装的尺寸非常小，容易产生损耗，建模时需要评估损耗效应。

4.2.4 封装与 PCB 之间的连接

封装与 PCB 之间的连接可以采用多种方式进行。传统的引线框架方式主要是为键合线和系统 PCB 之间提供电气连接，它可以有多种形式，如通孔安装方式、SMT 方式等，如图 4-34 所示。在高频的情况下，引线框架会产生寄生电感，影响信号的完整性，同时引线框架只能安装在封装的两侧或者四周，芯片 I/O 引脚数量有限。引线框架方式主要用于低速、廉价、I/O 引脚数量少的芯片封装，阻抗不受控。

大规模高速集成芯片通常会采用阵列的方式。目前，主要的阵列引脚方式有三种：PGA（Pin Grid Array，针栅阵列）、LGA（Land Grid Array，栅格阵列）和 BGA（Ball Grid Array，球栅阵列）。

早期的 AMD 和 Intel 公司的 CPU 封装主要采用 PGA 的方式，如奔腾 2 和奔腾 3 处理器。其基本特征是在封装的底部使引脚成阵列排布并延伸出来，并通过专用的 PGA 插座进行电气连接。图 4-35 所示是 Intel 公司早期奔腾 4 CPU 的封装以及相应的插座示意图。从图中可以看出，在 CPU 的底部，分布着 5 圈引脚（不同的 PGA 封装的芯片，其引脚数量不同，一般为 2～5 圈），每个引脚都是通过插针的方式垂直于 CPU 底部平面，相当于连接器的公头；PGA 封装的连接器插座相当于母头，并根据插座可允许的插针进行命名；CPU 插座可允许的插针为 478 个，因此该插座称为 Socket478。由于采用了类似公母头结构，所以 PGA 封装的芯片安装后有比较

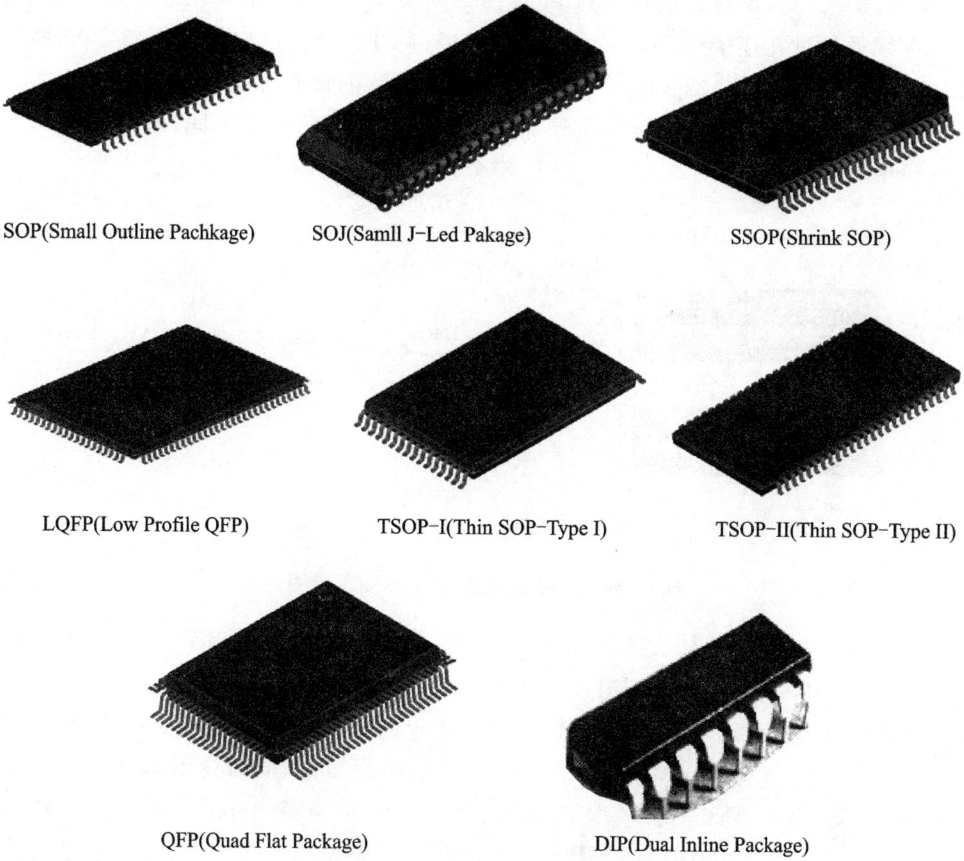

SOP(Small Outline Pachkage)　　SOJ(Samll J-Led Pakage)　　SSOP(Shrink SOP)

LQFP(Low Profile QFP)　　TSOP-I(Thin SOP-Type I)　　TSOP-II(Thin SOP-Type II)

QFP(Quad Flat Package)　　DIP(Dual Inline Package)

图 4-34　引线框架部分封装示意图

好的结构性能；但是，芯片的插针容易损坏，底座容易变形，出现连接不好的现象，导致部分功能失效。另外，每一个 PGA 封装的芯片都有对应的插座，否则要么会不匹配，要么可能会导致芯片烧毁。

(a) PGA封装　　(b) 插　座

图 4-35　PGA 封装和相应的插座图

在高速数字系统中，PGA 的基板走线通过过孔连接到插针，然后通过插针插入到 PGA 插座。PGA 封装从封装到 PCB 的建模分为三段，如图 4-36 所示。图中，封装走线通过过孔连接到 PGA 的插针，可以通过 CLC 过孔模型进行建模。PGA 芯片通过插针连接到 PGA 插座时，大部分会进入插座的针孔并通过孔壁和焊盘连接到 PCB 走线，另外有一小段会留在外部。由于这两部分的介质不同，所以插针的寄生电感两端有不同的值 L_{pin_1} 和 L_{pin_2}。整个模型如图 4-36 右图所示。

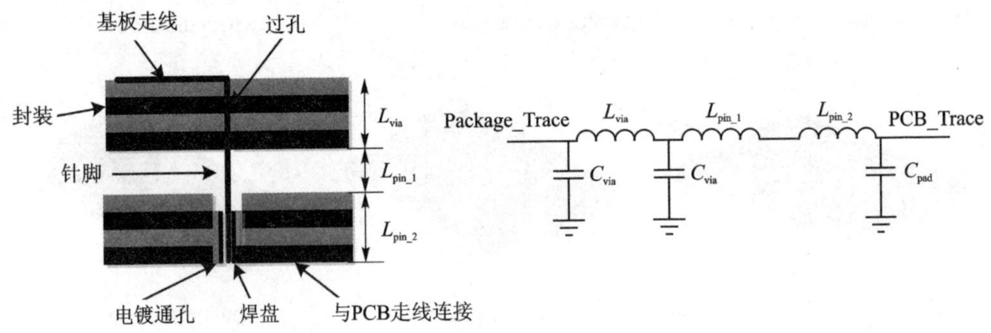

图 4-36 PGA 封装到 PCB 建模示意图

由于插针的缺陷，所以 AMD 和 Intel 在服务器 CPU 系列采用了 LGA 封装。与 PGA 在芯片封装上采用针引脚不同，LGA 改为金属触点式封装。与之对应的，LGA 插座采用针引脚结构，为了防止 CPU 插拔所产生的结构应力，LGA 的针引脚采用倾斜设计。如此一方面可以减缓 CPU 压上去后的瞬间应力，同时针引脚与芯片的触点接触面积会增大，减少接触不良的情况。图 4-37 所示为 Intel 公司 Purley 服务器 CPU 以及对应的 LGA 插座实物图。Purley 服务器 CPU 采用 LGA 封装，总计由 3 647 个 I/O 触点，对应的 LGA 插座为 LGA3647，其中数字表示 I/O 数量。LGA 封装的芯片需要采用对应的 LGA 插座，否则会导致功能异常或者芯片烧毁。

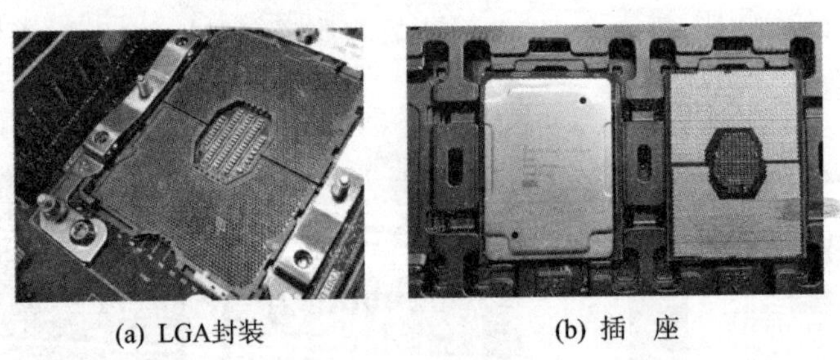

(a) LGA封装　　(b) 插　座

图 4-37 LGA 封装和相应的插座实物图

LGA 的高频等效建模类似于 PGA，但是又有不同。同样在封装内部，可以采用过孔模型来进行等效。但是 LGA 封装不存在针引脚，相较于 PGA，LGA 封装的封装引脚寄生电感值较小。引脚的寄生电感将被转移到 LGA 插座中。

PGA 和 LGA 都是采用插座设计，这样可以实现芯片和 PCBA 分离，当 PGA/LGA 封装的芯片出现问题时，只需要更换其对应的 PGA/LGA 芯片，即可最大限度地保护 PCBA 系统。另外，也可以实现在保持 PCBA 和硬件系统不变的前提下，快速实现相应芯片的更新换代。如 Intel 公司的 Tick - Tock CPU 升级换代策略。其基本原理是在 Tick 年更新 CPU 的芯片制作工艺，在 Tock 年更新 CPU 的架构。这样，一个硬件系统在保持不变的前提下，支持两代 CPU，减小系统的研发周期，降低硬件成本，持续实现对市场的刺激，并提高产品的竞争力。但是，PGA 和 LGA 封装需要采用专用的插座进行支撑，制作工艺复杂，成本较高，因此，PGA 和 LGA 封装的芯片一般为复杂大规模集成芯片，如 CPU 等。

绝大多数大规模芯片采用 BGA 封装。和 PGA/LGA 封装需要专用插座不同，BGA 不需要针引脚，也不需要专用的插座，而是在封装的 I/O 端子采用圆形或柱状焊点阵列的方式来实现。相比于 QFP 等引线框架封装只能在封装的四周或两侧进行引脚引出，BGA 可以实现在整个封装的底部进行引脚引出。在引脚间距不增加甚至增加的前提下可以实现 I/O 引脚的增加，减小封装体积和引脚的寄生参数。在封装和 PCB 之间具有较小的热阻抗，可以实现更好的导热性，避免芯片过热。但是 BGA 封装没有 PGA 和 LGA 灵活，一旦焊接在 PCB 上，就需要采用专用设备进行维修和焊接，同时存在热膨胀问题，可能会导致焊点断裂。图 4 - 38 所示为典型的 BGA 封装引脚排列方式图，可以看出，BGA 的引脚可以采用多种方式进行。

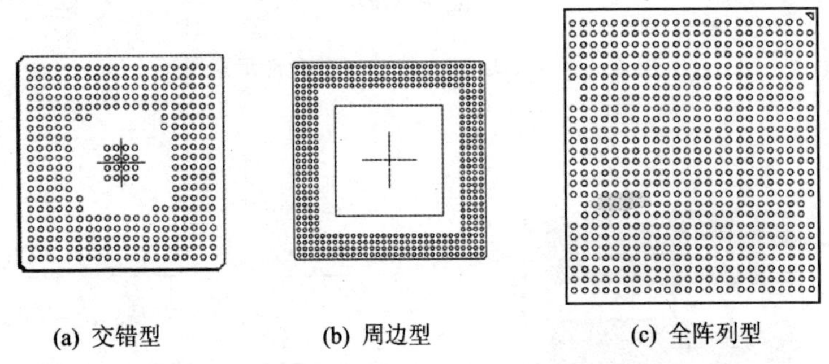

(a) 交错型　　(b) 周边型　　(c) 全阵列型

图 4 - 38　典型的 BGA 封装引脚排列方式图

BGA 封装既可以用于传统的键合线转 BGA 封装场合，也可以用于倒装技术和 TAB 技术场合，如图 4 - 39 所示。BGA 封装在现代芯片封装中越来越重要。

BGA 封装到 PCB 之间的高频等效电路示意图如图 4 - 40 所示。封装内部依旧是通过过孔连接到封装焊球焊盘，采用过孔等效电路建模。从焊球焊盘通过焊球与 PCB 进行连接。焊球具有一定的高度，存在一定的寄生串联电感，整体高频等效电路如图 4 - 40(b)所示。整体上来说，焊球高度远远小于 PGA，因此其寄生电感非常小，一般在 0.5 nH 的数量级左右。

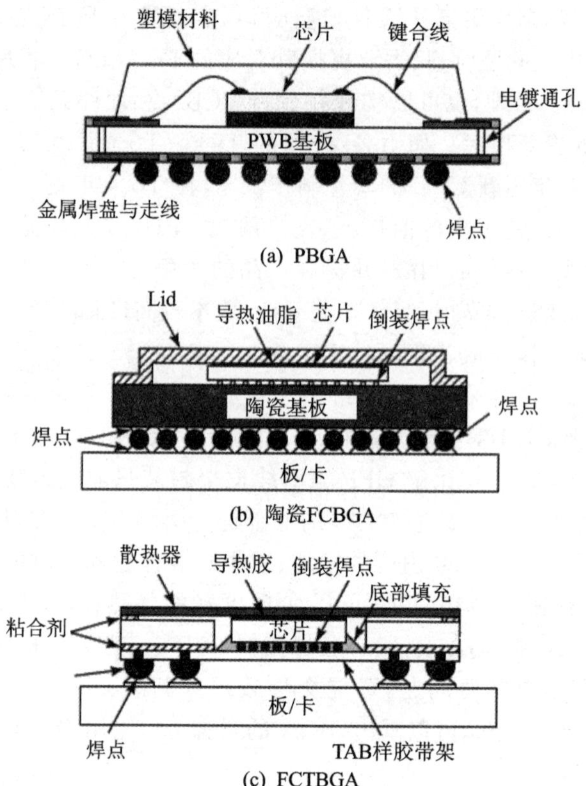

图 4-39　三类 BGA 家族封装内部示意图

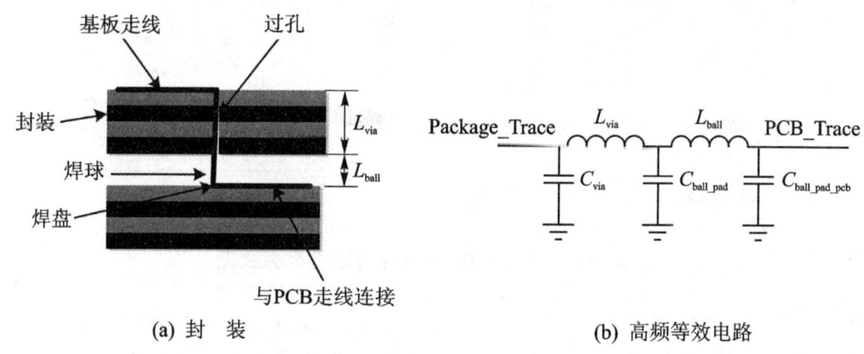

图 4-40　BGA 封装到 PCB 之间的高频等效电路示意图

4.2.5　封装的 S 参数

随着芯片工作频率越来越高，要精确描述封装对信号质量的影响，需要采用封装的 S 参数进行描述。每一个芯片厂商都会提供封装的 S 参数文件和波形。S 参数文件以“.s4p”文件格式进行描述。如图 4-41 所示，S 参数的端口 1 和端口 3 为裸芯片的输出端口，端口 2 和端口 4 为封装与 PCB 之间的输出引脚端口。

图 4 - 41　封装的四端口 S 参数示意图

.s4p 参数会根据芯片工作频率的要求，记录相应频率点的幅度的插入损耗 S_{21}、回波损耗 S_{11}、近端串扰 S_{31} 和远端串扰 S_{41}，同时也会记录每一个频率点对应的每一个损耗和串扰的相位偏移。频率点一般从 GHz 开始，持续到 20 GHz 或者40 GHz，同时还会记录直流下的 S 参数。幅度损耗和串扰以 dB 表示，相位偏移以(°)表示，其范围为 $-180°\sim180°$。如图 4 - 42 所示为.s4p 文件示意图。

```
! Created Sat Mar 24 22:28:42 2012
# hz S db R 50
! port 1 die  p
! port 3 die  n
! port 2 ball p
! port 4 ball n
! 4 Port Network Data from SP1.SP block
! freq  dbS11  angS11  dbS12  angS12  dbS13  angS13  dbS14  angS14
!       dbS21  angS21  dbS22  angS22  dbS23  angS23  dbS24  angS24
!       dbS31  angS31  dbS32  angS32  dbS33  angS33  dbS34  angS34
!       dbS41  angS41  dbS42  angS42  dbS43  angS43  dbS44  angS44
!
       0      -47.7687861              0     -0.0379453962              0     -71.7943271              0     -72.8411681             180
             -0.0379453959              0     -47.7630641              0     -72.842777            180     -70.4827484              0
             -71.7943417                0     -72.8427764            180     -47.868963              0     -0.0375568611            0
             -72.8411679              180     -70.4827586              0     -0.037556861            0     -47.8529082              0

10000000      -47.1338708     4.12461308     -0.0406012794    -0.50984328     -63.5958676     20.1171544     -69.0233965     -163.215802
             -0.0406012791   -0.50984328     -47.1291205      4.14624323     -69.0242276    -163.22248      -63.2060416      19.8017493
             -63.5958719     20.1171546      -69.024227     -163.22248       -47.2367314     4.04907853     -0.0401877007    -0.50724832
             -69.023396     -163.215801      -63.2060448     19.8017494      -0.0401877006   -0.50724832     -47.2256391      4.08732163

20000000      -46.5304581     7.81545699     -0.043417653     -1.01689559     -59.449302      39.2171317     -66.3758796     -147.261787
             -0.0434176529   -1.01689559     -46.5268688      7.8579935      -66.3762467    -147.275404      -59.2921688      38.5917309
             -59.4493038     39.217132       -66.3762461    -147.275404       -46.6349209     7.66659527     -0.0429775393    -1.01173327
             -66.375879     -147.261787      -59.2921702     38.5917311      -0.0429775392   -1.01173327     -46.6290448      7.74150291
```

图 4 - 42　.s4p 文件示意图

采用 HSFF 等仿真软件，可以把该文件转化为 S 参数的波形，如图 4 - 43 所示。

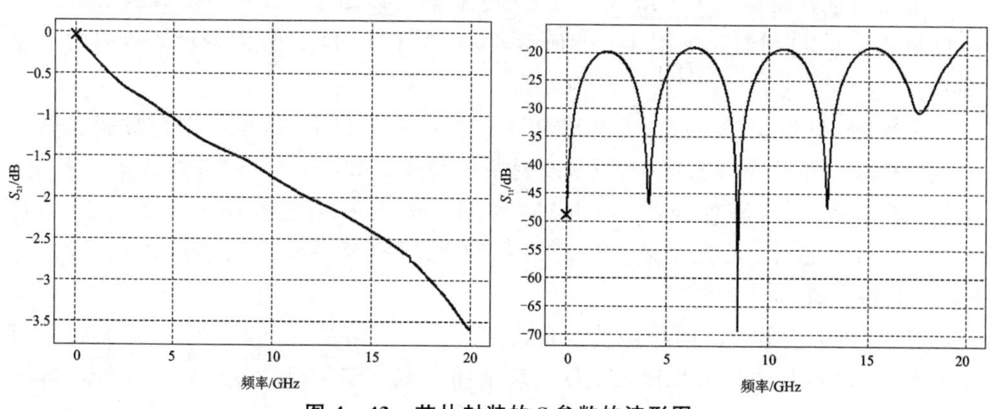

图 4 - 43　芯片封装的 S 参数的波形图

板级硬件工程师根据该 S 参数可以对 PCB 以及系统的信号完整性进行整体评估和方案确认。

4.3 SoC 和 SiP 简介

SoC(System on Chip,片上系统)是在一颗芯片内集成不同的功能模块,每一个模组都不是一个已经设计成熟的 ASIC 器件,而只是利用芯片的一部分资源来实现某种传统的功能。不同功能模块统一采用硬件设计语言进行实现,并通过同一种制程工艺集成在一块芯片上,实现系统级的功能,既可以内置 RAM、ROM,也可以内置 CPU,还可以运行操作系统等。这样既可以缩小芯片体积,还可以缩小不同的模块之间的距离,提升芯片的运行速度。图 4-44 所示为 SoC 结构示意图。

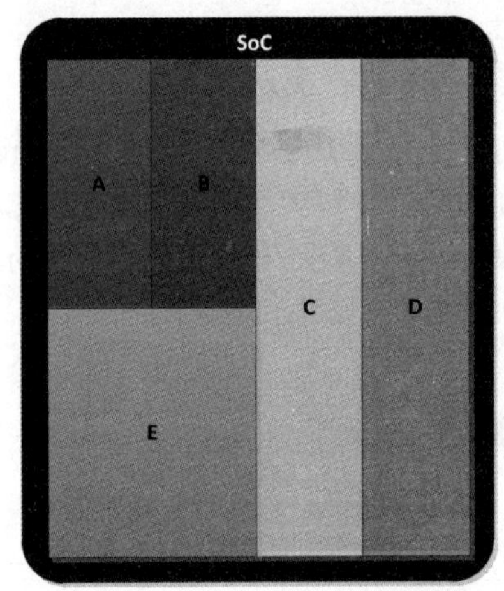

图 4-44 SoC 结构示意图

SoC 本质是芯片级别上进行的设计,与封装没有多少关系。因此 SoC 本身将受到摩尔定律的制约。随着摩尔定律的瓶颈的到来,SoC 的成本和性能优势正在消失。通过先进封装进行改进越来越受欢迎。

SiP(Sytem in Package,系统级封装)是通过先进封装技术把多个功能芯片进行并排或叠加,集成在同一个封装内。从外部看过去,就好像一个芯片实现了一个系统级的功能。相比于 SoC,SiP 封装内的芯片可以是功能成熟的芯片,也可以是需要最新设计的芯片。不同的芯片可以采用不同的工艺进行制造,并且根据需要芯片可以在水平面和垂直面自由排列组合。因此 SiP 封装可以是 2D 封装(MCM 封装等),也可以是 2.5D/3D 封装。如图 4-45 所示,其中 A、B、C、D、E 分别表示封装内的功能芯片。

传统的 2D 封装将多块裸芯片组装在一块封装基板上,这样可以在封装上最大限度地提高电路的布线密度,同时限制封装的高度。如图 4-46 所示,Apple Watch 采用 SiP 封装工艺,其处理器和 DRAM 采用 SoC 芯片工艺整合在一起,然后结合 NAND Flash 芯片、无线连接芯片、PMIC、传感器以及一些专用芯片在一起,采用 SiP 封装整合成 S1。

2D 封装工艺最大的问题是基板布线密度。为了解决此问题,2.5D 封装技术应运而生。和 2D 封装技术相比,2.5D 封装采用带有 TSV(Through Silicon Via,硅通孔)和高密度金属布线的硅基板技术。该硅基板称为 TSV 转接板(interposer)。若

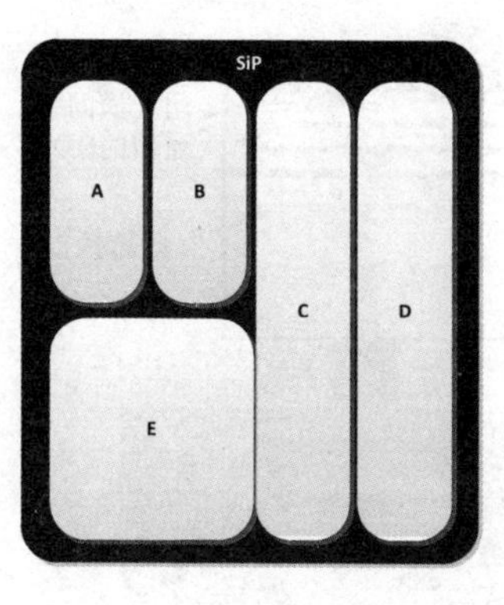

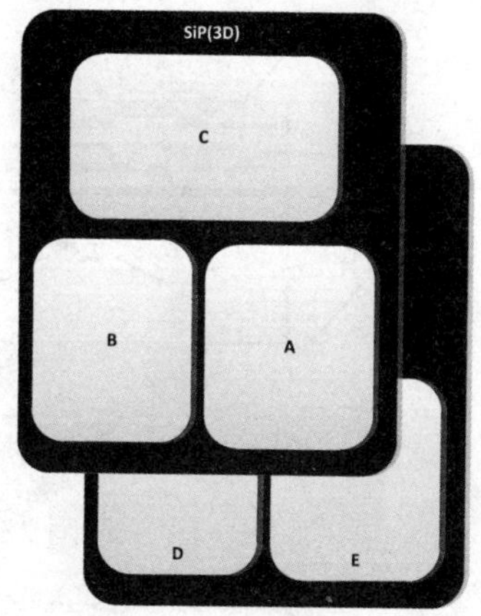

图 4 - 45　SiP 封装示意图

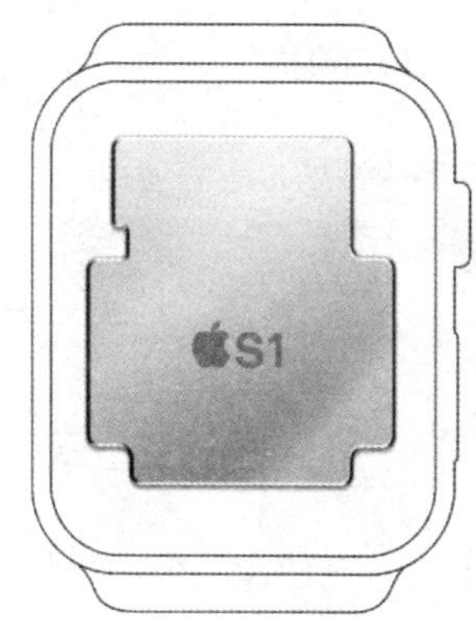

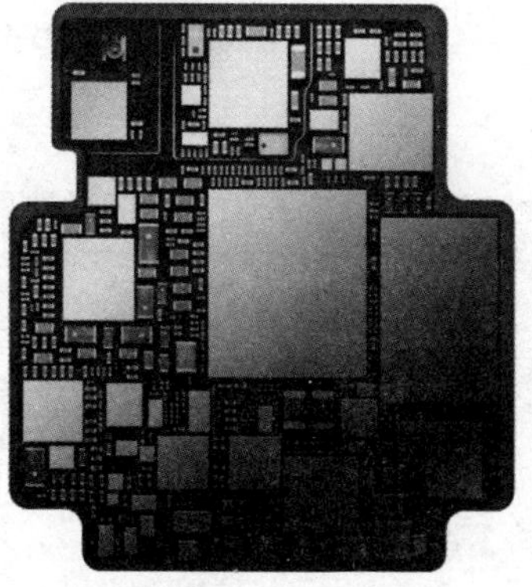

图 4 - 46　SiP 封装示意图

干个芯片并排排列在 TSV 转接板上，通过转接板上的 TSV 结构、RDL 层、微焊球等，实现芯片与芯片、芯片与封装基板间更高密度的互连。这种结构就称为 2.5D 封装结构，如图 4 - 47 所示。

并不是所有的 2.5D 封装都会采用 TSV 结构。图 4 - 48 所示为 Intel 公司的 EMIB(Embedded Multi-die Interconnect Bridge，嵌入式多核心互连桥接)2.5D 封装结构示意图。从图中可以看出，多个裸芯片水平分布在封装基板上，并通过其专用的互连桥进行连接，实现裸芯片直接的互连。由于不存在 TSV 结构，因此 EMIB 技术不需要额外的工艺，容易设计，并且具有正常的封装良率等优点。

由于 TSV、RDL 等关键技术的发展成熟，3D 封装技术越来越受到青睐。和 2D/2.5D 封装工艺中芯片只能布局在水平平面不同，3D 封装从垂直方向对芯片进行重新封装。其主要优势在于：3D 封装可以使得系统的体积缩至 1/10，重量减至1/6，芯片之间的互连长度更短，从而减小信号传输延时，降低功耗，提升互连带宽，提

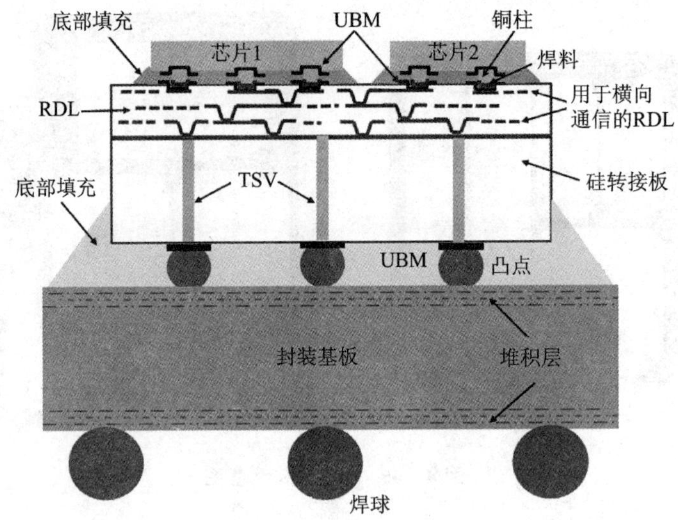

图 4-47　2.5D 封装结构示意图

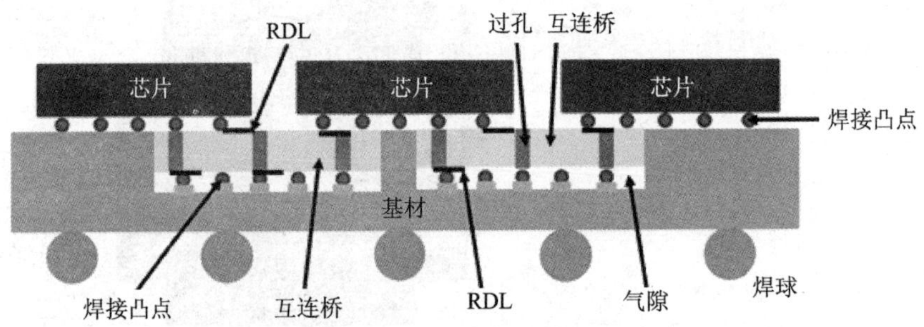

图 4-48　Intel EMIB 2.5D 封装结构示意图(专利号:2014/0070380A1)

高芯片的组装和互连效率,减小对外的连接引脚和插板数量,使得系统可靠性大大提升。

随着技术的发展,3D 技术发展先后经历了三个阶段。第一代 3D 技术主要是采用传统的键合线和倒装技术的 3D 封装,如图 4-49、图 4-50 所示。可以看出,第一代 3D 技术可以在封装内混合使用键合线和倒装技术,也可以仅仅采用键合线技术。

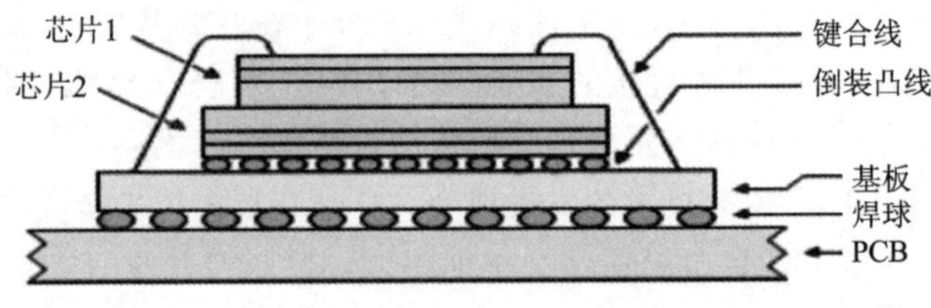

图 4-49　采用键合线和倒装技术的第一代 3D 封装示意图

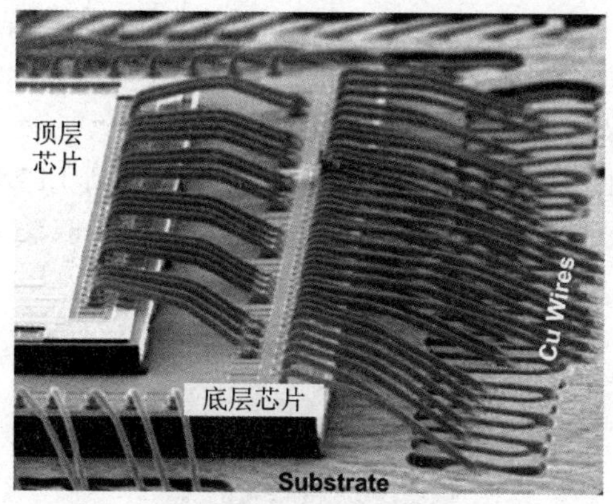

图 4－50　采用键合线的第一代 3D 封装示意图

第一代 3D 封装由于键合线的存在，封装的寄生电感非常大，封装面积大，封装效率不高。第二代 3D 封装技术采用 PoP(Package on Package，封装体堆叠)技术进行改善。PoP 技术依旧采用传统的键合线技术和倒装技术进行结合，但是每个 3D 封装的芯片都有各自的封装体，封装体之间相互独立，并通过键合线或倒装技术连接到封装基板，因此 PoP 技术可以有不同的封装技术，如图 4－51 所示。

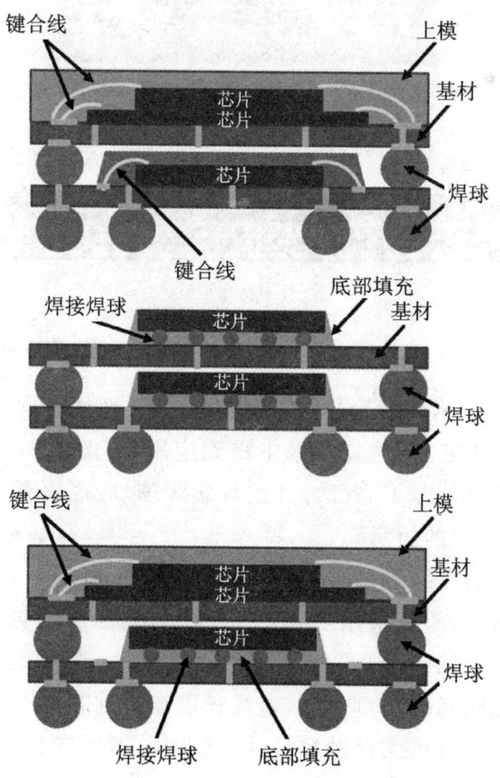

图 4－51　第二代 3D 封装 PoP 技术示意图

自 PoP 技术问世以来，便得到了广泛的关注与应用，特别是移动设备中的应用。图 4－52 所示就是苹果公司通过 PoP 技术把其 A8 处理器和内存进行 3D 封装后的实物图、内部 PoP 封装的原理图以及截面图。可以看出，A8 处理器封装上会堆叠一个 1 GB 的 LPDDR3 内存。其中内存通过键合线连接到 LPDDR3 的封装基材，而 A8 处理器通过倒装技术连接到处理器的封装基材。两个封装通过倒装技术再连接到 3D 的封装基材上，实现与 PCB 的连接。

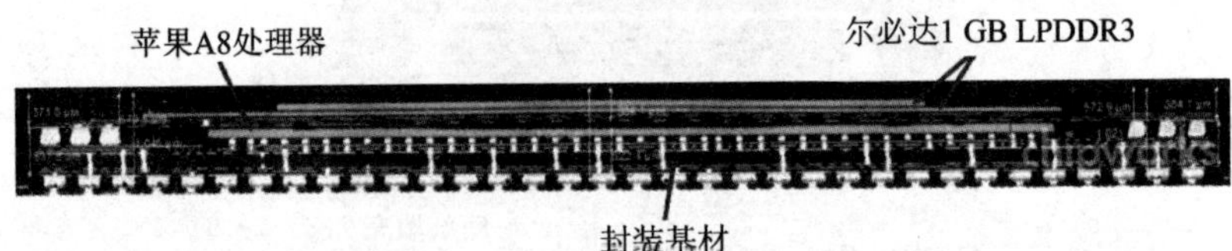

图 4－52　采用 PoP 技术的苹果 A8 处理器的实物图、原理图以及界面图

台积电结合 PoP 技术以及扇出 WLP 技术，创造性地实现了 InFO_PoP 技术，使得扇出 WLP 技术可以在 3D 封装技术中得到应用，如图 4－53 所示。可以看出，台积电的 InFO_PoP 技术消除了底部芯片的焊接焊球、底部填充以及封装基材，可以降低封装的高度，加强信号的质量。

PoP 技术改善了信号的质量，缩小了封装的体积，但是由于封装内的每一个芯片都具有各自独立的封装，因此采用 PoP 技术的 3D 封装在最低的封装高度实现最大的芯片封装时，依旧会遇到瓶颈。TSV 技术的出现，打破了该瓶颈。通过该技术，可以实现芯片间或者晶圆间的垂直互连，连线长度缩短到芯片厚度，如图 4－54 所示。

采用 TSV 技术，可以扩大存储容量，降低功耗，增加带宽，降低信号延迟，减小外观尺寸。因此该技术刚一问世，就被应用于 3D 存储领域，比如 HMC(Hybrid Mem-

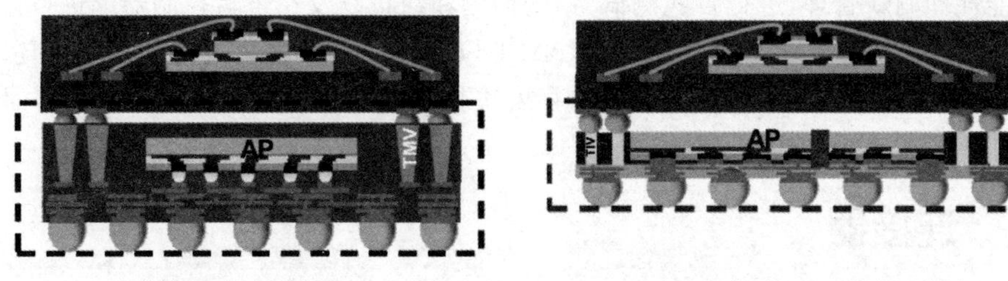

(a) 传统PoP技术示意图　　(b) 台积电InFO_PoP技术示意图

图 4-53　传统 PoP 技术与台积电 InFO_PoP 技术对比示意图

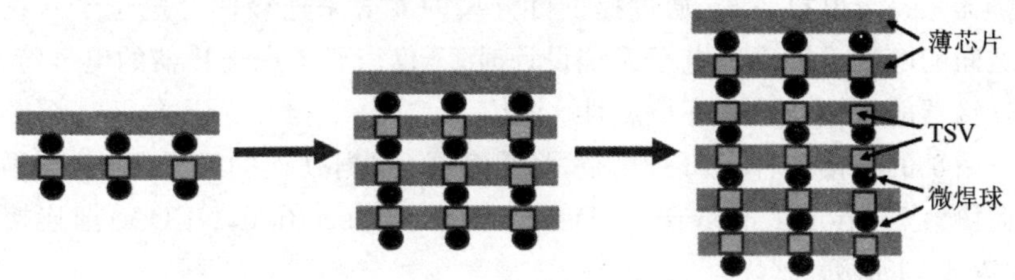

图 4-54　基于 TSV 技术的第三代 3D 封装原理示意图

ory Cube,混合记忆体)技术。图 4-55 所示为 HMC 技术原理示意图和截面图。可以看出,HMC 技术就是把 DRAM 通过 TSV 技术进行堆叠后放置在逻辑控制器上,然后进行整体封装。具体而言,每个 DRAM 芯片分成 16 个核,然后进行堆叠。逻辑控制器放置在底部,也会分为对应的 16 个不同的逻辑区,每个区域控制其上的 4~8 个 DRAM。在 HMC 上,有一个 Vault 区域,Vault 用来管理最大化设备的可用性,

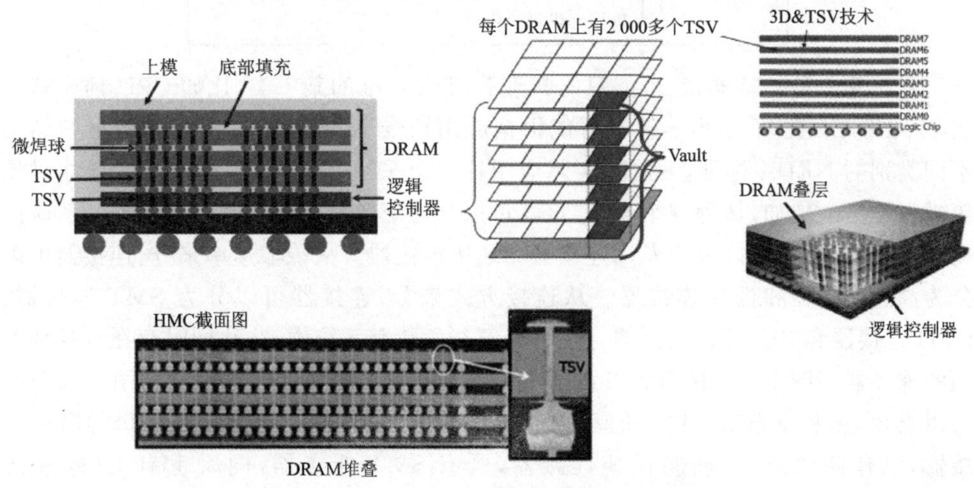

图 4-55　HMC 技术原理示意图和截面图

优化能耗和刷新管理，进行自我测试、错误侦测和纠正以及在逻辑控制器上进行修复等。这种内存结构可以支持更多的 DRAM I/O 引脚和更大的带宽（多达 400 GB/s）。根据 HMC 联盟的说法，单个 HMC 内存模块的性能是 DDR3 模块的 15 倍，并且每位能耗比 DDR3 低约 70%。

4.4 连接器

4.4.1 连接器的基础知识

连接器是一个电机系统，通过提供可分离的界面来连接两个电子子系统并实现子系统之间的电气连接。在电子系统设计时，不仅需要考虑连接器的电气特性，还需要考虑连接器的机械特性和环境属性。

电子系统的连接器种类纷繁复杂，场景各异，根据互连的场景不同，美国国家电子配销商协会（National Electronic Distributors Association，NEDA）把连接器分成五类，如表 4－1 所列。

表 4－1 NEDA 标准的连接器分类表

等 级	描 述
0	芯片内或芯片到封装之间的连接
1	封装到电路板之间的连接
2	电路板到电路板之间的连接
3	导线到电路板或者组件到组件之间的连接
4	机箱到机箱的连接

对于某一种连接器，它可能只能归于 NEDA 标准的某一类，比如 CPU 插座就归属于 NEDA 1 类，而很多连接器可能根据应用场景不同，在不同的场景中可归结为不同类别的 NEDA 标准。因此，实际应用往往会采用基于外观、机械或者导体材质等进行分类。比如，从外观来看，连接器可以分为矩形连接器和圆形连接器。从应用场景来分，连接器可以分为专用连接器和通用连接器。从传输速率来分，连接器可以分为高速连接器和低速连接器。从连接方式来分，连接器可以分为 SMT 连接器、PTH 连接器和 PressFit 连接器。在一个复杂的数字系统中，往往同时存在着各种不同的连接器。图 4－56 所示为 SuperMicro X11DPL-i 服务器主板的实物图。从图中可以看出，主板上既有 CPU 插座、内存模组插座、SATA、USB、PCIe、网口等高速连接器，也有各种插针、插座低速连接器，既有 SMT 连接器，同时也有 PTH 连接器等。

不管采用哪种分类，连接器的基本结构大致相同，如图 4－57 所示。连接器一般

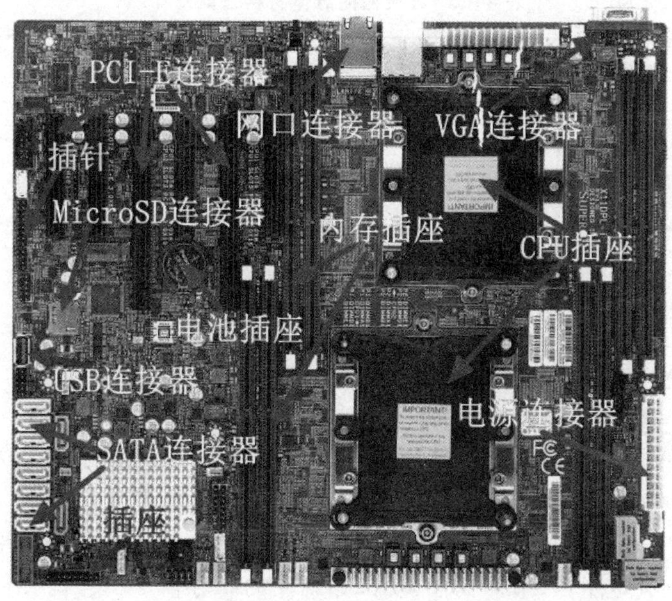

图 4-56　SuperMicro X11DPL-i 服务器主板连接器分布图

会由接触界面(contact interface)、接触涂层(contact finish)、端子弹性元件(contact spring)以及连接器本体(housing)组成。

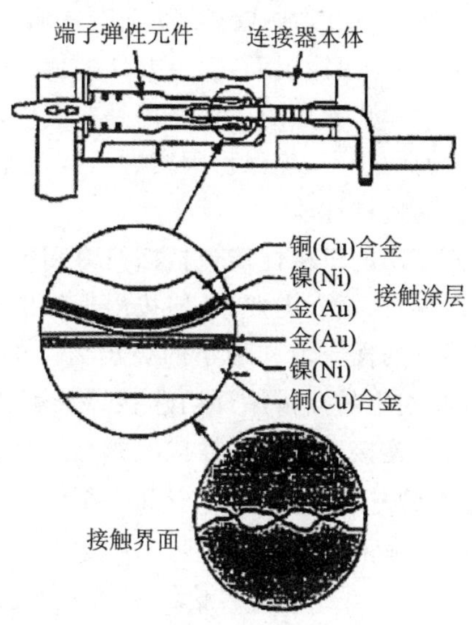

图 4-57　连接器的基本组成示意图

连接器的导体材料主要是采用各种铜合金,包括黄铜(brass)、黄铜镀锡(tinned brass)、磷青铜(phosphor bronze)、磷青铜镀锡(tinned phonsphor bronze)、铍青铜(BeCu)以及钢镀镍(nickel plated steel)等。各种材料的优缺点对比如表 4-2 所列。从表中可以看出,铍青铜的价格最贵,性能最好。由于 RoHS 等新的环境政策的要求,从 2012 年开始,连接器就不再使用铍青铜,取而代之的是磷青铜。与 BeCu 相比,它的最高工作温度较低,具有良好的机械性能和优异的长期弹簧性能(无应力松弛),可用于较小的触点。黄铜的弹性差,端子弹性元件不能采用黄铜,需要采用磷青铜。

表 4-2 连接器的导体材料性能对比

材 料	优 点	缺 点
磷青铜	良好导电性能和抗腐蚀性能，容易加工成形	价格较贵
黄铜	导电性好，价格低	弹性差
铍青铜	机械性能好，良好的导电性能、耐热性能、耐磨性能和抗腐蚀性能	铍元素毒性较大，冶炼过程会对环境造成严重污染，且价格最贵
镍铜	机械性能好，良好的导电性能、耐热性能、耐磨性能和抗腐蚀性能	价格高于锡磷青铜

为了避免连接器接触弹片金属被腐蚀，同时优化接触界面的结构，提高信号质量，在连接器导体接触界面需要进行涂层。根据应用场景的不同，涂层可以采用贵金属涂层，也可以采用普通金属。贵金属涂层实际是一个复合层，一般会在接触弹片上覆盖一层镍，然后再覆盖一层贵金属。常见的贵金属一般是纯金、钯或者钯合金。常见的钯合金是 80%的钯和 20%的镍或者 60%的钯和 40%的银。采用贵金属涂层可以提高抗摩擦氧化能力，增加拔插寿命，如现在的服务器 DDR4 内存插槽一般采用 30 μin 的纯金镀层来实现。普通金属涂层一般采用锡来实现。锡容易被氧化，随着插拔的过程，锡氧化物容易脱落，降低锡接合面的机械性能。由于锡的脱落，内部镍容易被再次氧化，造成涂层的电阻增加。对于贵金属涂层而言，首要任务就是保护贵金属层；对于锡涂层而言，首要任务就是防止磨损。

接触弹片元件的主要作用是在组件之间提供一个电流通道，形成并维持接触弹片接触面的压力，确保稳固接触。接触弹片的材料属性以及接触涂层会直接影响到连接器的机械性能。

连接器的机械性能包括插拔力和机械寿命。插拔力包括插入力和拔出力。从使用角度来看，插入力要小，但拔出力如果太小就会影响接触的可靠性。相关标准都会规定最大的插入力和最小的拔出力。机械寿命是以一次插入和一次拔出为一个循环，以在规定的插拔循环内连接器能够正常工作作为评判依据，它是一种耐久性指标。如果连接器系统的插拔次数超出了它的规范，则它的接触面的导电性能将会下降，接触弹片的弹性降低，引起概率性失效。根据涂层金属的特性，不同的涂层对应的插拔寿命如表 4-3 所列。

表 4-3 接触涂层材料与插拔次数关系表

接触涂层材料	预期的插拔次数 X
锡(Sn)	<10
镍(Ni)	<50
金(Au)	<500
钯镍合金(PdNi)	$<1\,000$

在进行产品设计时，建议对接的连接器的涂层采用相同的金属涂层，换句话说，如果 PCB 上的连接器采用 30 μin 纯金涂层，与之对接的电缆连接器或者另外一个模组/PCB 的连接器也需要采用纯金涂层，而不是采用普通的锡涂层。

连接器的本体采用绝缘材料使得各个接触弹片之间相互隔离，不能导通，同时固定各接触弹片，对各接触弹片进行机械保护和环境保护。因此，连接器的本体不仅会影响连接器的机械性能，还会影响到连接器的环境性能，同时某种程度上也会影响连接器的电气性能。

连接器需要工作在各种不同的环境中，因此连接器本体需要经受各种环境的考验以确保内部电气性能的稳定。常见的环境性能包括耐温、耐湿、耐盐雾、振动和冲击等。

常见的连接器本体所采用的材料与温度特性如表 4－4 所列。当连接器需要采用波峰焊或者 SMT 焊接时，建议采用热变形温度超过 260 ℃的高温材料作为连接器的本体材料。需要注意的是，当连接器工作时，电流会在连接器导体上产生热量，导致温升，因此连接器的工作温度等于环境温度与温升之和。

表 4－4　连接器本体常见材料与温度特性关系表

材料名称	热变形温度/℃	备　注
LCP	＞270	建议使用
PA9T/NY9T	＞270	建议使用
PA6T/NY6T	＞280	建议使用
NY4T	＞290	建议使用
PA46/NY46	＞280	建议使用
PPS	＞260	建议使用
PA66	235～260	不建议使用
PBT	210～230	不建议使用

在数字电路中，连接器的电气特性是最需要关注的。通常，连接器的电气性能包括基本的电气性能，如接触电阻、绝缘电阻以及抗电强度等参数，同时还需要考虑电磁干扰泄漏衰减。对于高速连接器，需要考虑特性阻抗、串扰、传输时延以及偏斜等参数。

连接器的接触电阻就是连接器导体表面相互压紧时，接触层之间所存在的电阻。该电阻阻值必须小而稳定，一般为几毫欧到几十毫欧不等。连接器的绝缘电阻是指在规定条件下的直流电阻，是衡量连接器接触件之间以及接触件与外壳之间绝缘性能的指标，其数量级为数百兆欧至数千兆欧不等。连接器的抗电强度又称为耐电压、介质耐压，是表征连接器接触件之间或接触件与外壳之间耐受额定试验电压的能力。

每一种连接器都具有各种的电气特性。在进行连接器选型时，需要遵循一定的设计指南。首先，连接器需要满足行业标准并且获得行业批准，比如要选择 PCIe 3.0

连接器，就必须要选择满足 PCIe 3.0 标准的连接器，而不是 PCIe 2.0 的标准——尽管信号定义相同，但是电气性能不能满足要求；其次，需要根据客户或者设计要求，选择不同的涂层材质以及厚度；然后，需要根据工厂的制程要求，确定连接器的耐温要求，通常，PCBA 制程温度是(270±5)℃；最后，要根据应用场景，确定连接器的插拔机械寿命以及环境性能，比如 RoHS、低卤、防盐雾等要求。

4.4.2 连接器建模基础

由于连接器的种类丰富，结构各异，如果不借助二维或者三维场解析器或者进行实测，很难精确计算其等效的寄生参数。但是，对于连接器建模，理解并掌握连接器的基本原理是非常重要的。

在高频的情况下，连接器可以等效为串联电感和并联电容的组合，就像过孔一样。根据连接器的导线形状不同，其串联电感的近似计算公式也不同。连接器的导线串联电感可以采用局部自感来表示，如圆形导线的串联电感近似如下：

$$L = 5L_{\text{en}}\left[\ln\left(\frac{2L_{\text{en}}}{r}\right) - \frac{3}{4}\right] \quad (\text{nH})$$

式中，L_{en} 表示连接器导线的长度(单位为 in)；r 表示连接器导线横截面的半径(单位为 in)。

也有一些连接器采用矩形导线，其串联电感可以近似如下：

$$L = 5L_{\text{en}}\left[\ln\left(\frac{4L_{\text{en}}}{p}\right) + \frac{1}{2}\right] \quad (\text{nH})$$

式中，p 表示连接器导线周长(单位为 in)。

从公式中可以看出，不管是圆形还是矩形连接器，导线长度是连接器寄生串联电感的主要因素。

图 4-58 所示为芯片驱动器通过连接器驱动信号的情形。当芯片输出高电平时，P MOSFET 打开，而 N MOSFET 截止，电流通过连接器电源引脚并流经 P MOSFET 然后通过连接器的信号引脚返回。当芯片输出低电平时，N MOSFET 打开，而 P MOSFET 截止，此时电流从 V_{tt} 的正极流出，并先后经过 R_{tt} 端接电阻以及连接器的信号引脚流向 N MOSFET，然后流向接地引脚，最后通过连接器的接地引脚流回 V_{tt} 负极。这就是芯片驱动高低电平逻辑时典型的电流回路。

在驱动低电平时，瞬变电流会流经连接器的接地引脚，由于连接器导线寄生电感的存在，会给系统引入一定的感性噪声，其幅值为

$$V_{\text{gnd}} = L_{\text{gnd}}\dot{I} = L_{\text{gnd}}\frac{\mathrm{d}i}{\mathrm{d}t}$$

如果连接器上不止一个信号引脚，且只有一个接地引脚，如图 4-59 所示，则信号引脚上的电流都将流经此接地引脚。因此接地引脚上的瞬变电流等于所有信号引脚上的电流之和。

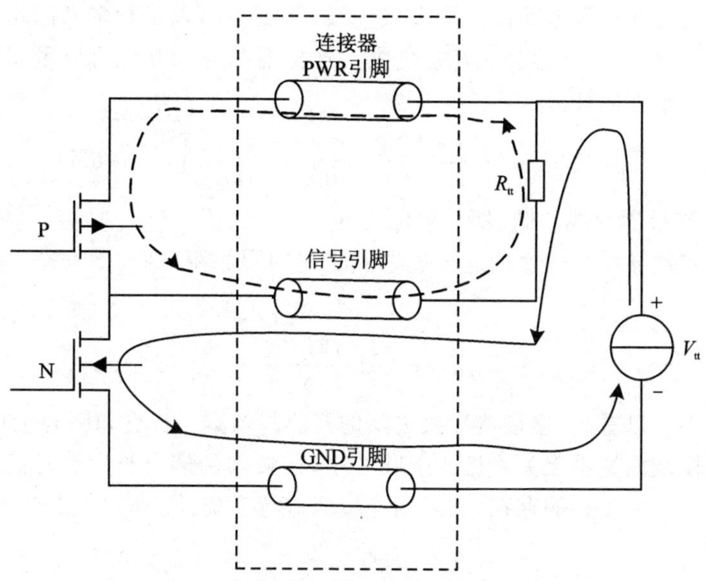

图 4-58　驱动器通过连接器进行信号驱动示意图

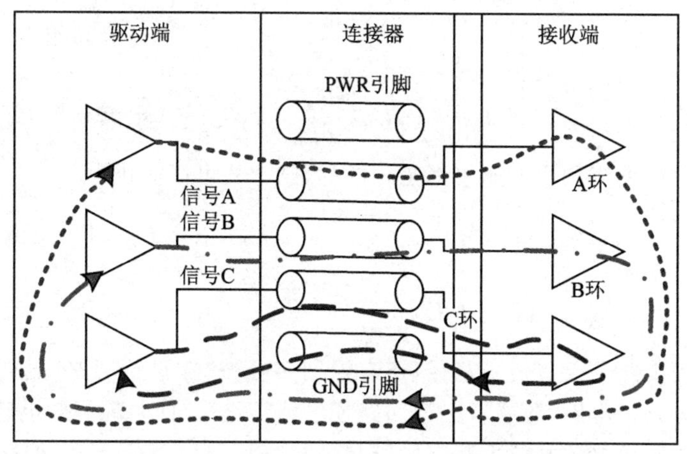

图 4-59　拥有多个引脚的连接器的电流回路示意图

假设有 3 个信号引脚，且每个信号引脚的电流变化和幅值均相同，则系统上的噪声为

$$V_{\text{gnd}} = 3 \times L_{\text{gnd}} \dot{I} = 3 \times L_{\text{gnd}} \frac{\mathrm{d}i}{\mathrm{d}t}$$

相比于连接器的串联电感，连接器的并联电容对信号的影响相对较小。其主要的影响在于降低信号的速率，一般会采用较宽的焊盘或者加一个小薄片，或者加宽连接器的引脚来增大这个寄生电容。

连接器内会在有限空间内放置多根导线，甚至会出现多行多列的情形。通常情况下，连接器内导线的互感会比互容更大。连接器的导线互感可以采用两段导线之间的局部互感来近似计算：

$$L_{m}=5L_{en}\left[\ln\left(\frac{2L_{en}}{s}\right)-1+\frac{s}{L_{en}}-\left(\frac{s}{2L_{en}}\right)^{2}\right]\quad(\mathrm{nH})$$

式中，s 表示连接器导线的圆心距（单位为 in）。

如果连接器导线的长度远远超过它们之间的圆心距，则局部互感可以采用如下公式进行计算：

$$L_{m}=5L_{en}\left[\ln\left(\frac{2L_{en}}{s}\right)-1\right]$$

从公式中可以看出，连接器导线之间的互感只与耦合长度和圆心距相关，而与导线的形状和横截面基本无关。相比于圆心距，连接器的耦合长度在互感中占主导地位。由于连接器中互感的存在，在采用连接器进行系统设计时，需要特别注意连接器之间的串扰。

以图 4－59 为例，信号 B 上的感应电压来自信号 A 和信号 C，连接器 B 引脚上的感应电压为

$$v_{\mathrm{B\_CONN}}=\begin{cases}L_{BB}\dfrac{\mathrm{d}i_{B}}{\mathrm{d}t}+L_{BA}\dfrac{\mathrm{d}i_{A}}{\mathrm{d}t}+L_{BC}\dfrac{\mathrm{d}i_{C}}{\mathrm{d}t} & \text{电流同相}\\ L_{BB}\dfrac{\mathrm{d}i_{B}}{\mathrm{d}t}-L_{BA}\dfrac{\mathrm{d}i_{A}}{\mathrm{d}t}-L_{BC}\dfrac{\mathrm{d}i_{C}}{\mathrm{d}t} & \text{电流异相}\end{cases}$$

假设信号的电流和边沿速率都是相同的，则上式可以简化为

$$v_{\mathrm{B\_CONN}}=\begin{cases}(L_{BB}+L_{BA}+L_{BC})\dfrac{\mathrm{d}i}{\mathrm{d}t}=(L_{BB}+L_{BA}+L_{BC})\dot{I} & \text{电流同相}\\ (L_{BB}-L_{BA}-L_{BC})\dfrac{\mathrm{d}i}{\mathrm{d}t}=(L_{BB}-L_{BA}-L_{BC})\dot{I} & \text{电流异相}\end{cases}$$

由于任何电路不仅有信号路径，还有返回路径，故在进行回路电感计算时，不仅需要考虑信号路径电感，还要考虑返回路径电感、互感。回路的等效电感是信号路径电感加上返回路径电感并减去互感的结果。根据回路电感的定义，回路电感将随着回路面积的增加而增加，因此引脚之间的距离越大，则回路电感越大。从图 4－59 中可以看出，回路 A 的总电感比回路 C 的总电感要大。

4.4.3 连接器的引脚定义

连接器在高速数字系统中主要用于信号传输和电流传送，在有限的体积内，需要确保连接器的引脚定义不会造成信号和电源质量的影响。通常，连接器有专用连接器和通用连接器之分。如 DDR4 插座、RJ45 连接器和 PCIe 连接器等，都是专用连接器，由相关的行业组织，如 JEDEC、PCI－SIG 等进行制定。这些连接器会对相应连接器的每一个引脚进行定义和规范，以确保满足相应模组的电气性能规范。更多的

连接器是通用型连接器，其引脚并没有进行定义，而是需要根据具体的产品进行引脚定义。事实上，专用连接器也可以根据产品的需求，进行特别的引脚定义，但是需要在设计中具体说明，以避免相应的模组工作异常，甚至烧毁。

当连接器用来做电流传送时，需要确认每个连接器引脚能够承受的电流大小以及对应模组的功耗。根据功耗以及每个连接器的引脚来确定需要的连接器引脚数量。由于温升的存在，当采用连接器多个引脚进行电流传输时，其总电流并不是等于单个引脚传输电流与引脚数量的乘积。根据经验，如果连接器内一半数量的引脚用于传送电流，则每个引脚传输的电流约为单个引脚额定电流的 75%；如果连接器内所有引脚用于传送电流，则每个引脚传输的电流约为单个引脚额定电流的 60%，如图 4-60 所示。

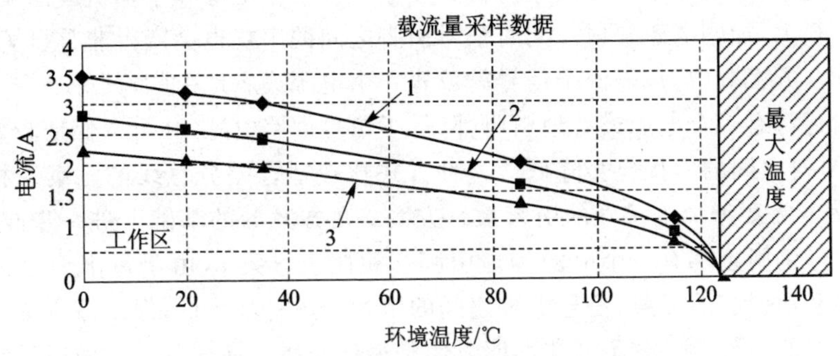

1—单个引脚；2—50%的引脚数；3—100%引脚数

图 4-60　载流量与引脚数量和环境温度关系示意图

系统设计时，更多会采用混合型应用，也就是一个连接器中既有电源信号，也有高速信号。这些连接器通常都是高密度连接器，需要对引脚进行严格定义，否则就会出现信号完整性和电源完整性问题。

首先，需要最小化连接器引脚的物理长度。连接器的引脚长度过长，会增加连接器的寄生串联电感。当系统需要运行高速总线时，如 DDR4 总线，一般会推荐采用 SMT 连接器，而不是 PTH 连接器。当系统采用 PTH 连接器时，需要控制连接器的引脚长度，并控制引线从 PCB 板底部突出的长度——因为连接器引脚底部突出长度会增加高速信号的寄生电容。通常，该长度一般需要控制在 0.018～0.09 in 之间，如图 4-61 所示。需要注意的是，连接器引脚突出长度的限制不包括过孔残桩的长度在内。

其次，需要尽量保证电源、地引脚的数量和信号引脚数量的比例满足要求。比例过小容易增加电源和地引脚的电感效应，过大则会增加连接器的成本。需要合理放置电源和地引脚，确保信号引脚尽可能靠近电源和地引脚，最小化电流环路，减小串扰和电磁辐射。

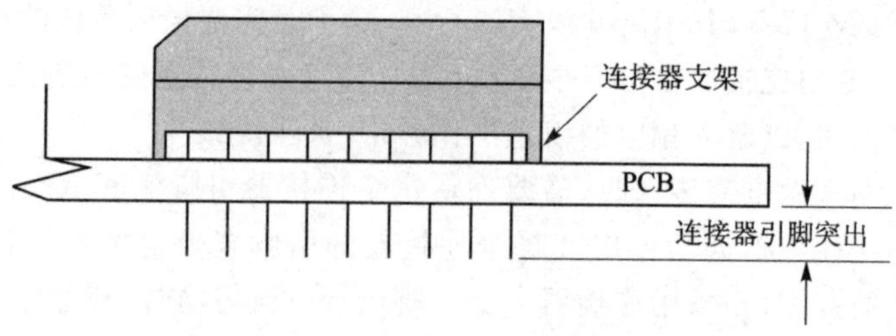

图 4-61　PTH 连接器引脚突出长度示意图

当采用单排连接器进行信号传输时，可以采用如图 4-62 所示几种方案。图中，需要传输的信号为 8 个信号。其中方案 a 需要的连接器引脚数量最少，但是它的性能也是最差的，因为 8 个信号的电流都必须流经同一个电源和接地引脚回流，回路电感会变得很大，加剧电磁辐射。同时信号引脚之间的串扰也会变得非常显著，恶化信号完整性。方案 b 中，每隔两个信号就放置一个电源或者地引脚，其好处在于每个信号引脚附近都有一个电源或者地引脚，降低了信号回路电感，并可以保证较好的电源分配，信号对之间的串扰也会降低。这种方式比较适合差分总线的方案。相对于方案 a，方案 b 需要增加连接器的引脚数。方案 c 在方案 b 的基础上进一步改进，确保每一个信号的附近都有一个电源和地引脚。相比于方案 b，由于每个信号引脚周围都有电源和地引脚的屏蔽，信号引脚之间的串扰会进一步降低，但是该方案会进一步增加连接器的引脚数。方案 d 在性能方面是最佳选择。该方案一方面通过在每个信号引脚周边采用电源/地引脚对来彻底屏蔽信号之间的串扰，同时电源和地引脚相邻成对出现，最小化电源/地之间的距离，保证了电源的完整性，最小化系统的 EMI。但是其代价就是连接器的尺寸会大大增加。

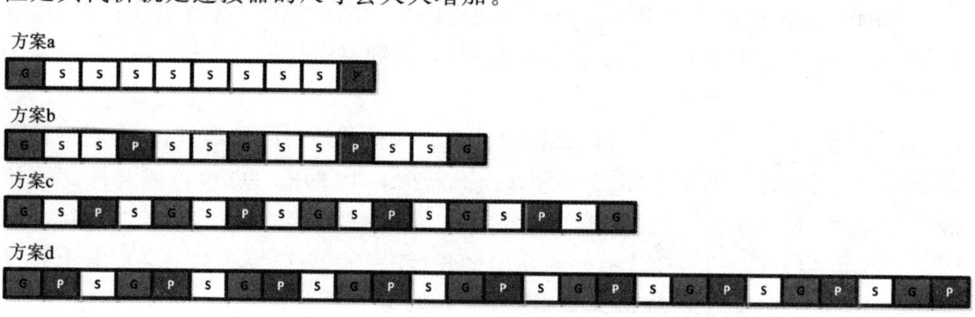

图 4-62　单排连接器引脚信号定义方案示意图

高速连接器往往是以双排或者多排高密度的形式出现。连接器的引脚定义不仅需要在横向进行考虑，而且还需要从纵向进行考虑。以三列引脚的连接器为例，有如图 4-63 所示几种方式来进行引脚定义。

图 4-63 中，需要使用 4 个电源引脚，同时传输 4 个信号。配置 A 的方式是把电源和信号分别放置在第一列和第三列，并且每隔两个引脚放置一个接地引脚，第一列

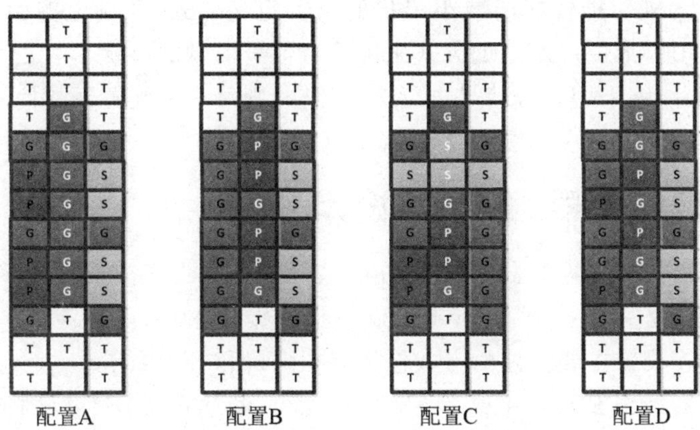

图 4-63 三列连接器引脚定义示意图

和第三列采用接地引脚进行隔开。配置 B 和配置 A 相似，只是把第一列和第二列的信号定义交换了位置。配置 C 把电源集中在一起，并在电源引脚四周采用接地引脚进行隔离。配置 D 把电源和接地引脚交替放置。四种配置的近端串扰和远端串扰波形图如图 4-64 所示。

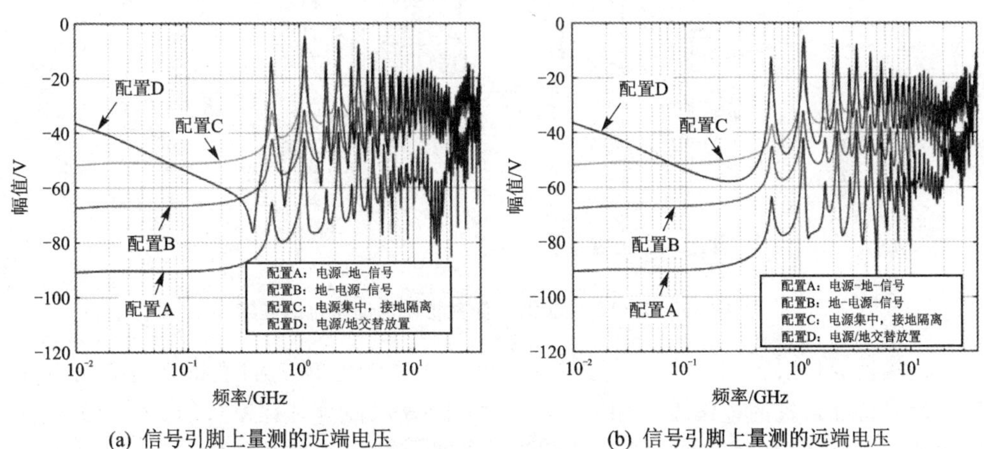

(a) 信号引脚上量测的近端电压　　(b) 信号引脚上量测的远端电压

图 4-64 四种配置的近端串扰和远端串扰波形示意图

从图 4-64 中可以看出，不管是近端串扰，还是远端串扰，配置 A 都可以获得最佳性能，而配置 B 和配置 A 尽管大体相同，但是配置 B 的串扰会比配置 A 要高。这是因为配置 A 中信号到电源之间的耦合要小于配置 B。

配置 D 采用电源和地交替放置的方式，这样可以使得 PDN 上的回路电感最小，因此深受电源完整性设计工程师的喜爱。但是另外一方面，信号引脚上的串扰也是最为严重的一种方式。在进行系统设计时，需要针对信号完整性和电源完整性进行权衡。

配置 C 是另外一种较好的减小串扰的引脚定义方式,几种电源引脚进行放置,同时采用接地引脚形成屏蔽墙的方式来屏蔽对信号引脚的串扰。

当然,如果能够采用差分信号进行信号传输,则每一种配置下的信号引脚的串扰将会相应减小 5～7 dB。

4.4.4 高速连接器的应用与设计

高速连接器与普通连接器不同,它主要应用于高速、高密度领域。系统中的高速连接器设计往往是一个系统工程,不仅仅包括连接器本身,还会涉及到对应的 PCB 与电缆。高速连接器主要关注的参数包括特性阻抗和 S 参数等。

如果连接器采用 PressFit 或者 SMT 方式,那么为了减小过孔残桩的容性阻抗,可以采用引脚较短的连接器并通过背钻方式去除过孔残桩,或者采用最底层进行高速信号走线来消除残桩。图 4－65 所示为 PressFit 连接器时采用背钻工艺去除残桩。

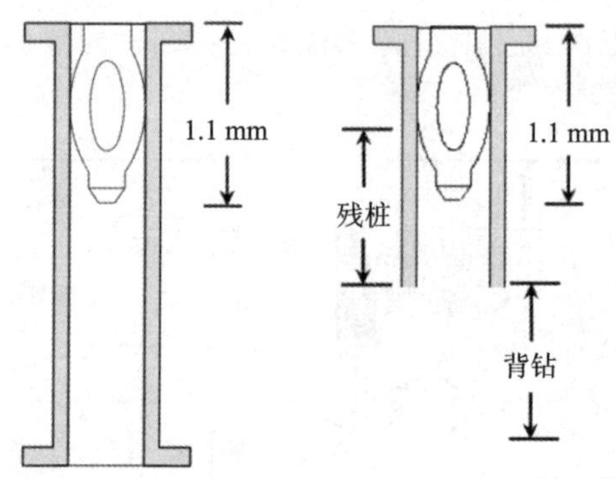

图 4－65　采用背钻工艺去除残桩以保证阻抗的连续

连接器通过引脚与 PCB 进行连接时,可以通过优化 PCB 过孔的反焊盘方式来保证信号特性阻抗的连续性。如图 4－66、图 4－67 所示,对背板和子卡对应的连接器的信号引脚区域进行挖空,扩大反焊盘区域,可以改善连接器的信号质量。

另外,也可以通过减小连接器信号引脚抽头长度来保证信号路径特性阻抗的完整性,其原理和过孔残桩相似,如图 4－68 所示。

除了需要保证信号引脚的特性阻抗的连续性,还需要特别关注信号之间的串扰。首先,在系统规格允许且不增加成本的前提下,尽量选择引脚距离大的连接器来实现。引脚距离越大,信号之间的串扰就越小。其次,如果连接器上的信号需要连接到不同的 PCB 信号层,则尽量把走向同一层的信号集中,比如某几排的信号走底层,某几排的信号走内层。在进行引脚排列时,尽量采用长过孔和短过孔交替排列,如图 4－69 所示。

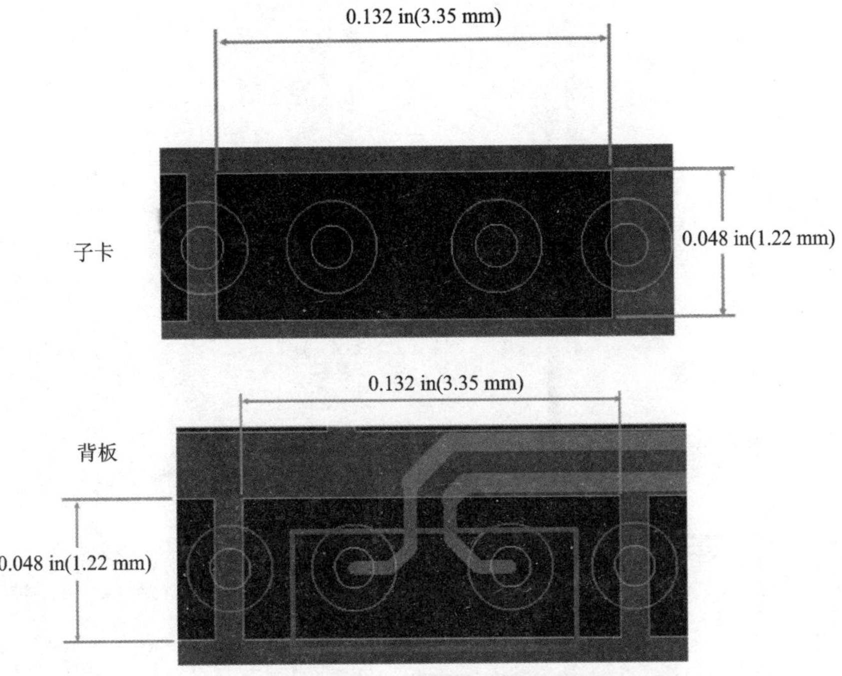

图 4-66　优化 PTH 连接器的反焊盘来提高信号路径特性阻抗的连续性

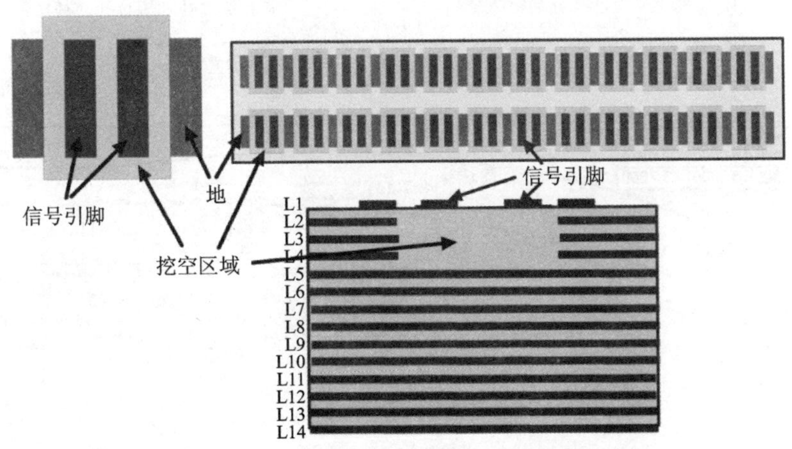

图 4-67　优化 SMT 连接器的反焊盘来提高信号路径特性阻抗的连续性

图 4-69 中的连接器有 6 排，图(a)中左边三排信号连接到第 20 层，采用长过孔形式，右边 3 排信号连接到第 5 层，采用短过孔形式；图(b)中 6 排信号，长过孔和短过孔交替排列，1、3、5 排采用长过孔连接到第 20 层，2、4、6 排采用短过孔连接到第 5 层。图(b)的信号排列方式要比图(a)的信号质量要好，如图 4-70 所示。

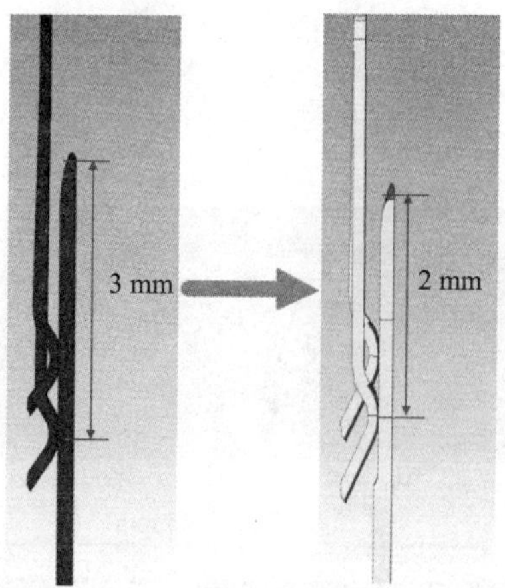

图 4-68　减小信号引脚抽头长度以优化信号路径的特性阻抗

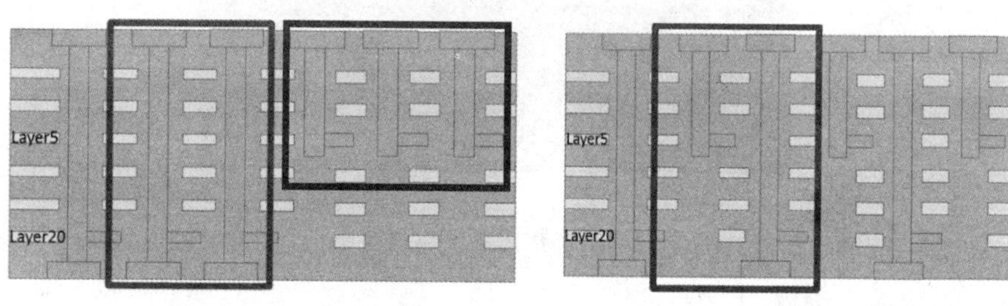

(a) 长过孔和短过孔分别集中排列　　(b) 长过孔和短过孔交替排列

图 4-69　高速连接器信号排列方式示意图

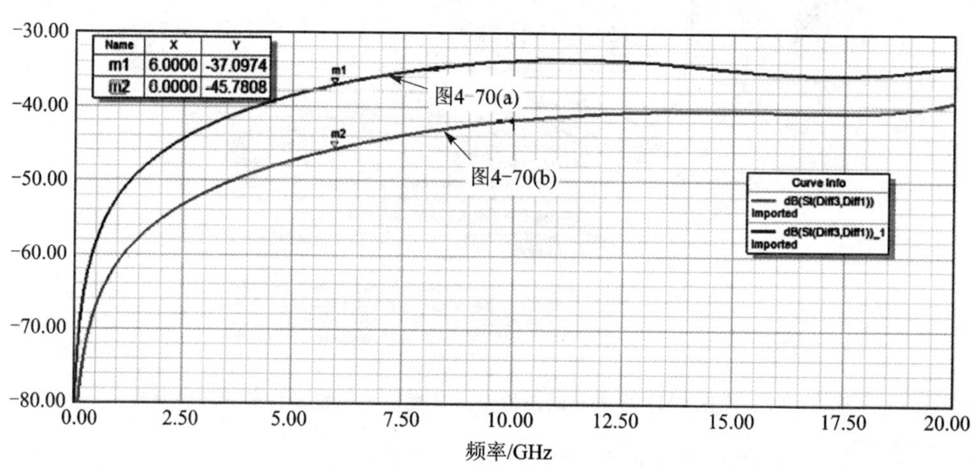

图 4-70　两种排列方式下信号的回波损耗波形图

高速连接器中通常会同时存在发送 TX 和接收 RX 信号的情形。在进行信号排列时，可以采用 TX 和 RX 交替排列的方式，也可以采用 TX 和 RX 分别集中排列的方式，如图 4－71 所示。

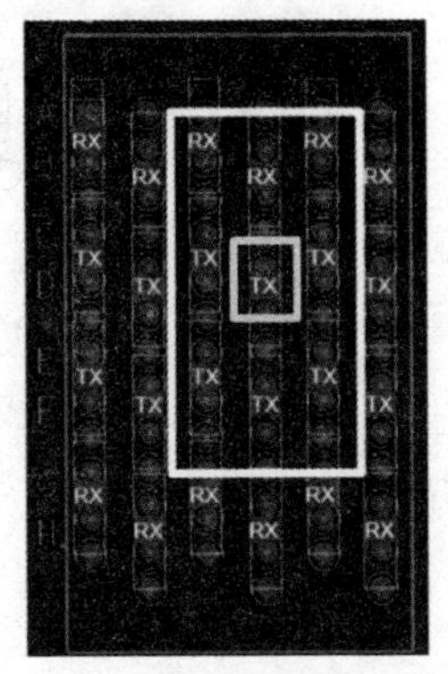

(a) TX和RX交替排列

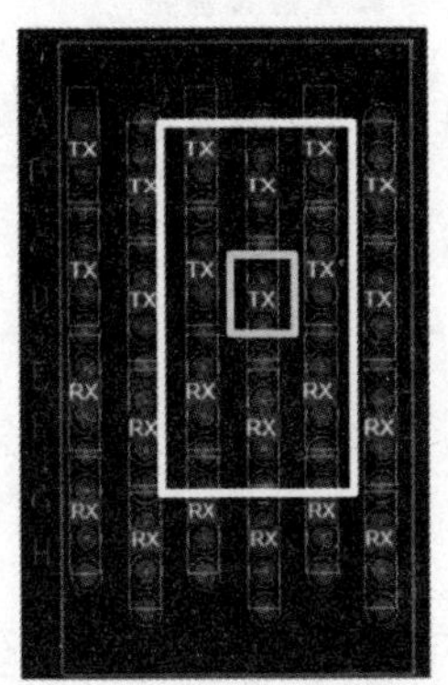

(b) TX和RX分别排列

图 4－71　TX/RX 排列方式示意图

建议采用 TX 和 RX 分开排列的方式进行。但是不管哪种方式，差分信号之间需要严格采用隔离措施。传统上会在信号之间采用一个或者两个分立地进行隔离。现代最新的高速连接器会在整个连接器上采用整片地的结构，最大限度减小信号之间的串扰。

当信号从 PCB 连接到高速连接器时，需要注意在连接器引脚区域的走线方式。首先，差分对信号不要从邻近的差分对信号之间进行走线，而是需要从地之间进行走线，如图 4－72 所示。

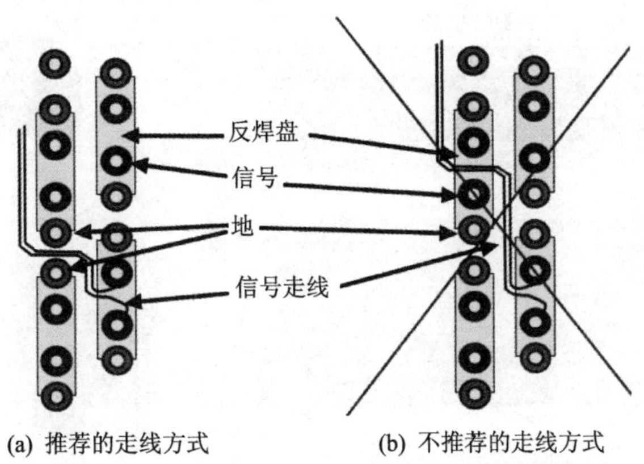

(a) 推荐的走线方式　　(b) 不推荐的走线方式

图 4－72　连接器区域的信号走线方式示意图

对于边缘连接器而言，信号从 PCB 布线层到连接器的距离越短越好。但是，建议始终从连接器引脚外侧进行直接布线连接或者通过过孔进行布线连接，而不是连接器的内侧。如图 4－73 所示为边缘连接器的走线方式示意图。

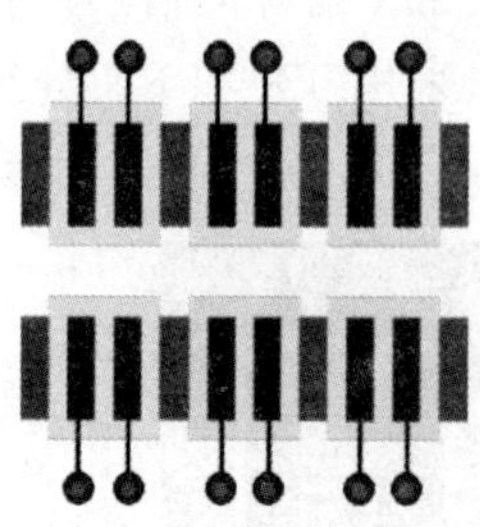

(a) 推荐的走线方式

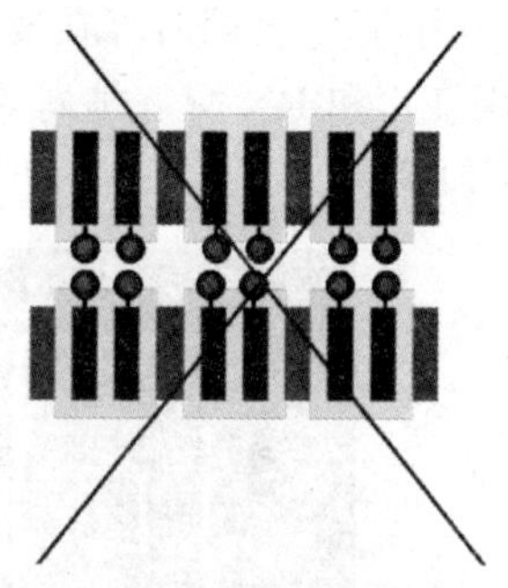

(b) 不推荐的走线方式

图 4-73　边缘连接器的走线方式示意图

4.4.5　主要的高速连接器介绍

目前，全球高速连接器厂商主要有 Molex、安费诺、TE、Samtec、立讯以及富士康等。这些厂商为全球电子产品提供了涵盖从低速到高速的各类连接器产品。其中，富士康在 CPU 插座以及 DDR 插座方面具有非常强的研发设计能力，Molex 和安费诺等在通用性高速连接器领域进行了非常广泛的专利布局。

Molex 公司是全球领先的专注于高速连接器和高速电缆设计与生产的公司。其旗下的连接器和高速电缆涵盖了各种主流的高速协议和行业规范，如 SAS、SATA、PCIe Gen4/Gen5、DDR4/DDR5、Gen-Z 等。

以 Molex 公司的 Edgeline Sliver 产品线为例，该系列的连接器完全符合 SFF-TA-1002 规范，具有包括垂直、OCP 3.0 等各种形态。图 4-74 所示为 Sliver 产品

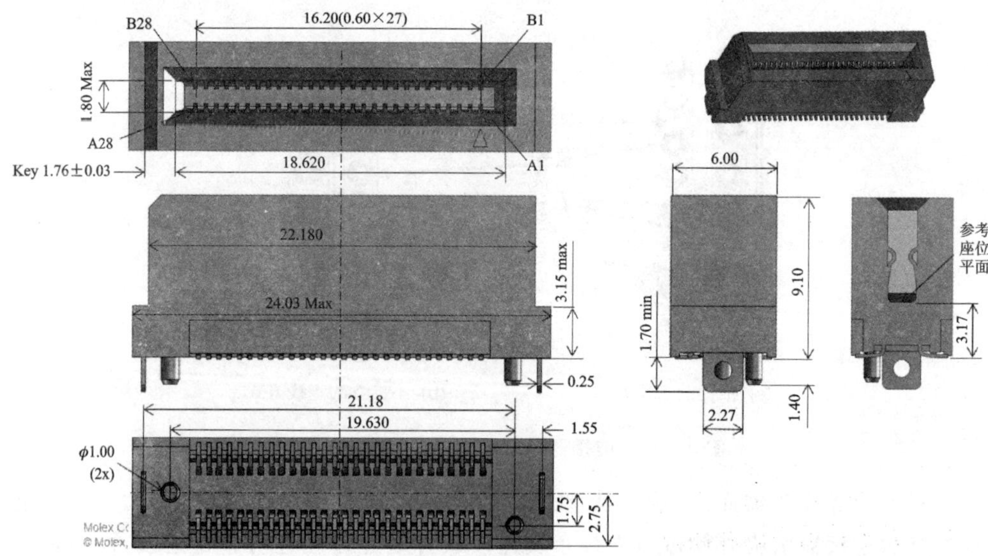

图 4-74　Molex Edgeline Sliver Vertical-1C-56 Circuits 产品形态图

线的 Vertical－1C－56 Circuits 产品形态图。其最大可以支持4个信号通道，最大支持56 Gb/s NRZ 或者 112G PAM4 的信号速率。

Sliver 产品线具有非常优秀的信号完整性性能。以 SMT 封装的产品线为例，其具体的插入损耗、回波损耗以及串扰 S 参数如图 4－75 所示。从图中可以看出，其损耗在 25 GHz 以内表现非常优秀，而串扰在 25 GHz 以内会一直保持在－40 dB 以下。

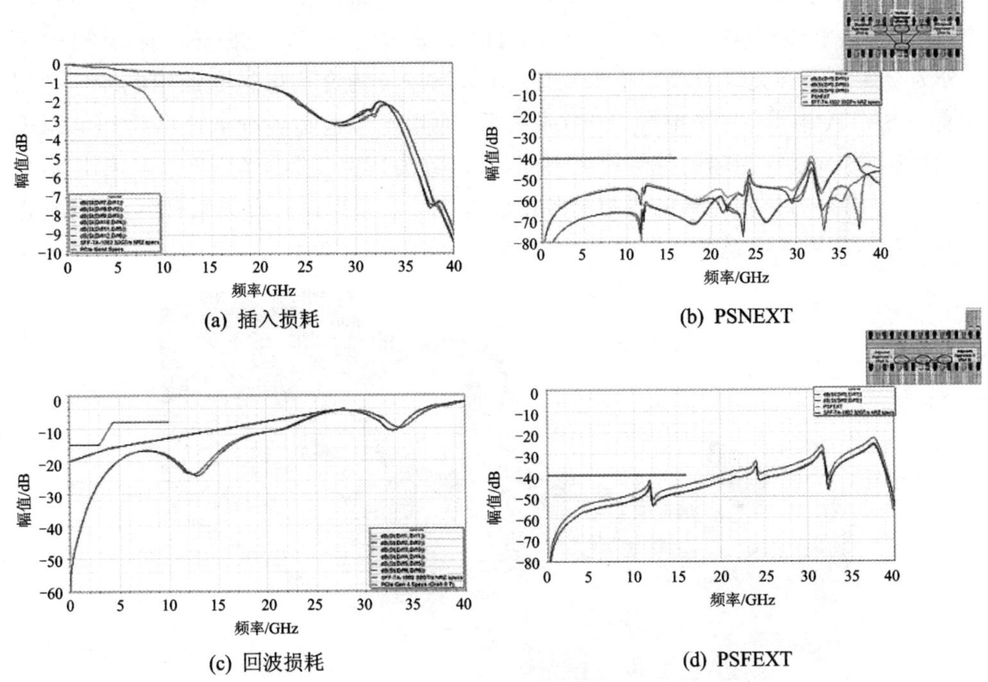

(a) 插入损耗

(b) PSNEXT

(c) 回波损耗

(d) PSFEXT

图 4－75　Molex Edgeline Sliver SMT 封装损耗和串扰 S 参数波形图

4.5　电　缆

4.5.1　电缆的基础知识

一个复杂的高速数字系统中往往需要在有限的空间之内支持最大的功能需求。但是往往不能采用一块 PCBA 来实现所有的功能需求，而是需要分成各种子系统。子系统要么通过板对板连接器进行沟通，要么采用电缆进行互连。比如在一个服务器系统内，往往存在着各种功能各异的电缆连接。它们可能会是 PCBA 到 PCBA 之间的连接，如主板到 HDD 背板之间的连接，也可能存在 PCBA 到外界 I/O 接口之间的连接，也可能由于 PCB 走线限制而导致同一个 PCBA 上出现芯片到芯片之间的电缆连接,还可能出现模组与模组之间的连接等。除了这些信号之间的连接,还存在电源之间的连接,如从 PDB 到主板、到风扇背板、到 GPU 模组等的电源连接。

图 4-76 所示为安费诺公司部分高速连接器在服务器内部的应用示意图。从图中可知,电缆有很多种分类方式。根据应用场景不同,可以分为系统内电缆和系统间电缆。系统内电缆一般用于系统内各个子系统之间的信号连接和电源传输,其主要特征是电缆长度短,传输速度快,如 Mini SAS/SATA/SlimLine 等电缆。系统间电缆主要用于系统与系统之间的连接,其主要特征是传输距离长,对环境容忍度更强,如 RJ45 网络电缆、电源线、VGA/HDMI/DP 等显示电缆等。根据导线材质不同,可以分为金属电缆和光纤电缆。根据用途不同,可以分为专用电缆和通用电缆。专用电缆如 SATA 电缆、SAS 电缆、USB 电缆等,通用电缆包括各种低速电缆和电源电缆,如线束等。根据传输的信号速度不同,可以分为高速电缆和低速电缆。根据信号的性质,可以分为信号传输电缆和电源传输电缆等。根据是否有屏蔽材质,可以分为屏蔽电缆和非屏蔽电缆等。

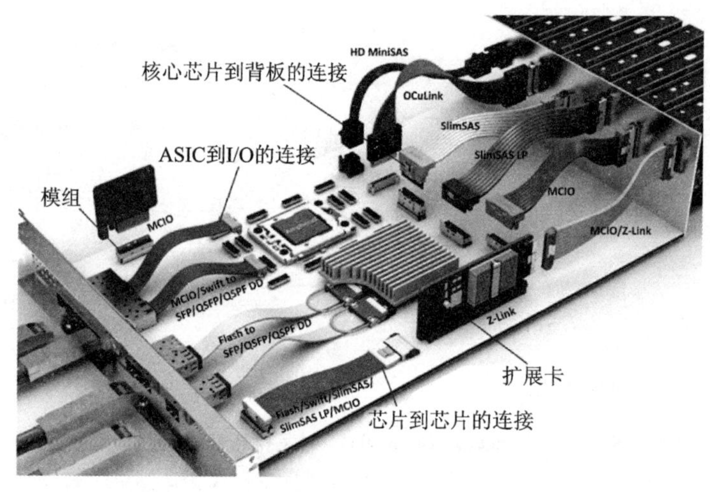

图 4-76　安费诺公司的部分高速连接器应用场景示意图

无论何种分类,电缆都是一个电机系统,它由连接器、PCB 以及线缆组成,如图 4-77 所示。连接器主要用来实现与子系统之间的端接,PCB 用于实现连接器与线缆之间的连接,线缆则是用来弥补子系统之间的空间连接,实现子系统之间的电流传送和信号传输。

线缆的基本结构如图 4-78 所示。其中,线缆的导体用来进行信号和电流传输,地线用来实现信号的返回路径,铝箔和编织主要用于进行信号和电磁屏蔽,外壳用于电缆固定和环境屏蔽。

不同的线缆其导线材质各不相同,目前主要的导线材质有金、银、铜、铝、铁和光纤等。不同的材质有不同的传导性能,如表 4-5 所列。目前主要的线缆材质为铜和

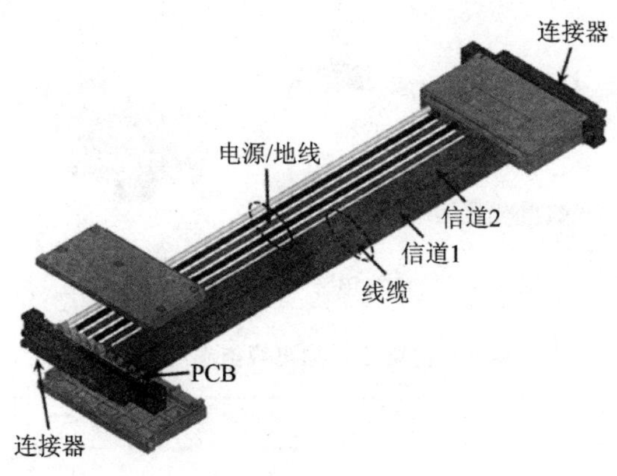

图 4 - 77　电缆结构示意图

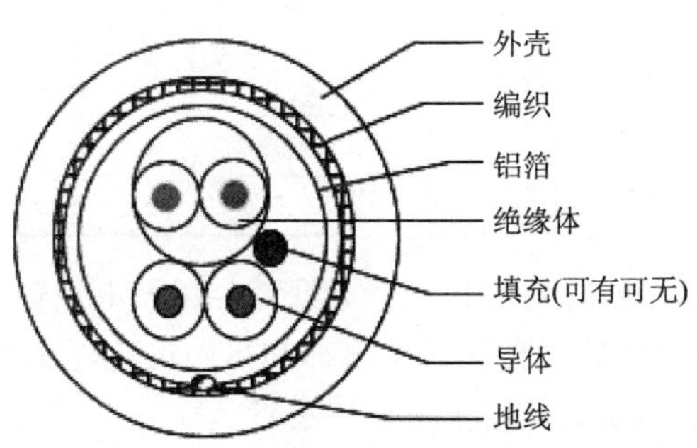

图 4 - 78　线缆的基本结构横截面

光纤。

表 4 - 5　线缆导线金属材质性能参数表

材质名称	符　号	密度/(g · cm^{-3})	导电常数/%	特　点
金	Au	19.3	70.80	不氧化、价格昂贵
银	Ag	10.5	109	导电性最优、价格昂贵
铜	Cu	8.89	100	导电性次优、价格普及
铝	Al	2.7	61.20	质量轻
铁	Fe	7.86	17.80	导电性不良、抗张力好

最简单的线缆是直接采用铜缆进行信号和电流传输。通常这类线缆传输信号速度比较低，传输电流大，一般采用 AWG＃16 到 AWG＃24 的线缆，用于电源线，实现电流传输，如图 4 - 79 所示。

此类线缆一般用于大电流传输，需要特别考虑线缆的温升效应。表 4 - 6 所列为正常端接时安费诺公司的电源电缆的最大额定电流与线缆数量之间的关系表。

图 4-79　电源电流和对应连接器实物图

表 4-6　正常端接时安费诺公司的电源电缆与线缆数量之间的关系表

线缆规格	线缆尺寸(端子数量)			
	2～3	4～6	7～10	12～24
AWG#16	8	7	6	5
AWG#18	8	7	6	5
AWG#20	6	5	4	4
AWG#22	4	3	3	3
AWG#24	3	2	2	2

当传输信号的频率越来越高时，由于趋肤效应以及电磁辐射效应的存在，采用一根铜缆进行信号传输会导致更高的信号损耗和更强的电磁辐射。在高频情况下，信号一般会采用同轴电缆、带状线或者双绞线进行传输。

同轴电缆和普通铜缆有点类似，也是采用一根实心铜缆进行信号传输。与普通铜缆结构不同的是，同轴电缆采用的是互相绝缘的同轴心导体组成，其中内导体为实心铜缆，外导体为铜管或者铜网——这也就是同轴电缆名称的由来。图 4-80 所示为 RGB 同轴电缆横截面示意图。从图中可以看出，在 RGB 同轴电缆中存在三个 UL1354 或 1792 同轴线缆，每根同轴线缆从里到外分为四层：内导线、绝缘编织体、网状外导线以及电缆外皮。电流在内导线和网状外导线之间形成回路。由于外导线的存在，同轴电缆把传输信号的电磁场全部限制在外导线屏蔽层内部不向外辐射，外界电磁场也不能穿过外导线屏蔽层进入内部。

同轴电缆有两种特性阻抗，一种是 50 Ω，另外一种是 75 Ω。50 Ω 同轴电缆一般用来进行数字传输，也称为基带同轴电缆。75 Ω 同轴电缆一般用来进行模拟传输，也称为宽带同轴电缆。根据信号完整性的要求，为了保证传输线的特性阻抗连续，必须尽量保持传输线的走线结构相同。理论上，同轴电缆的外导线和内导线的结构会保持一致。但是实际应用中可能会因为种种原因导致电缆某一段发生挤压和变形，导致阻抗不连续而发生反射。为了防止此类现象，通常会在内导线和外导线之间加入绝缘编织，确保它们之间的距离一致，但是这种方式会导致同轴电缆比较僵硬，不容易弯曲。

带状线，顾名思义，把多根同质导线等间距并行排列在一起的电缆，线与线之间采用绝缘材料进行填充，用于支持和导线固定，如图 4－81 所示。导线之间距离相等，很容易制作多端连接器，并且可以使得带状电缆成为优质的传输线。

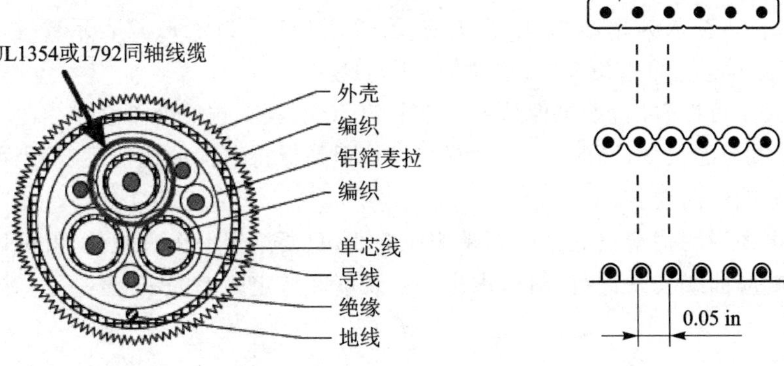

图 4－80　RGB 同轴电缆横截面示意图　　图 4－81　三种带状线横截面示意图

带状线的上升时间与线缆的长度有关：

$$T_r = \frac{L^2}{K}$$

式中，T_r 表示信号的 10%～90% 的上升时间（单位为 ns）；K 表示电缆的相关系数（单位为 ft^2/GHz）；L 表示线缆的长度（单位为 ft）。这个关系式不仅适用于带状电缆，还适用于所有的同轴、双绞线。带状线长度越长，其信号的上升时间就会变得越长。如果电缆长度增加 1 倍，则其上升时间会增加到原来的 4 倍。

从图 4－82 中可以看出，信号经过电缆的传输后，其上升后的信号幅值永远达不到满高度。长度越长，其幅值越小。这是因为电缆阻抗导致的衰减所造成的。同时，信号的上升波形不同于一般的高斯上升波形，其脉冲信号的中段上升得很快，而在前段和后段都会有一个长长的尾巴。长尾会导致符号间串扰，这种特性适应于所有的传导型电缆。

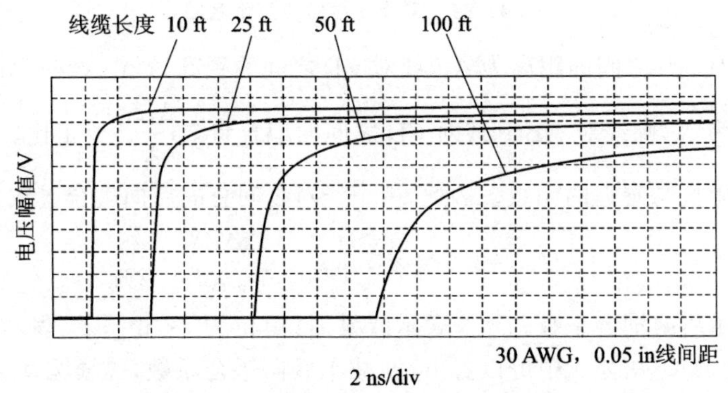

图 4－82　线缆长度与信号上升时间之间的关系波形图

带状线的频率响应可以采用如下公式表示：

$$|H(f)|=\exp\left[-0.546\left(\frac{L^2 f}{K}\right)^{1/2}\right]$$

式中，$|H(f)|$表示频率响应幅度；L 表示长度（单位为 ft）；f 表示频率（单位为 GHz）；K 表示电缆的相关系数（单位为 ft^2/GHz）。

从公式中可以看出，如果保持 L^2/K 的值不变，频率响应就不会发生改变。换句话说，改变电缆的长度，同时改变电缆的材质，但是保持它们的比值不变，则可以得出相同的频率响应曲线。

如果电缆说明书给出完全的频率响应曲线，只要给定一个衰减值，就可以基于上述的频率响应曲线公式进行转化，求出特定长度和特定频率的 K 值：

$$K=\frac{L_0^2 f_0(22.5)}{A_0^2}$$

式中，K 表示电缆的相关系数（单位为 ft^2/GHz）；L_0 表示特定的电缆长度（单位为 ft）；f_0 表示特定频率（单位为 GHz）；A_0 表示衰减值（单位为 dB）。该公式是基于前面的频率响应公式$|H(f)|$变形而得，22.5 为计算后的系数。

一旦确定了 K 值，则可以根据上升时间的计算公式得出特定长度的电缆上信号经过后的上升时间。

带状线缆需要注意线对之间的串扰。如图 4-83 所示，信号在线 A 中流入，B 为返回路径。由于感性耦合和容性耦合的存在，线对 CD 会产生感应电压。在带状线缆中，容性耦合和感性耦合大小差不多，使得后向耦合系数很大，而几乎没有前向耦合。

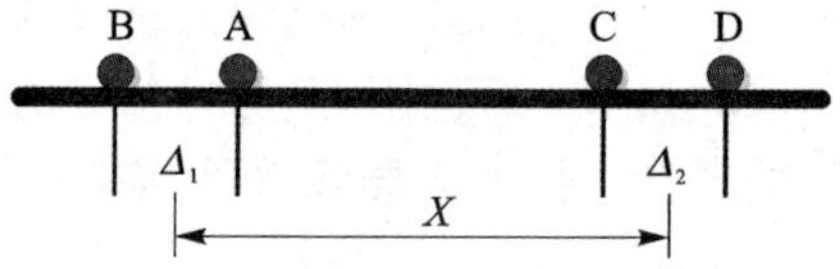

图 4-83　带状线缆横截面示意图

如果线对 AB 之间的距离为 Δ_1，线对 CD 之间的距离为 Δ_2，线对 AB 与线对 CD 之间的距离为 X，则线对 AB 到线对 CD 之间的耦合将与$\frac{\Delta_1\Delta_2}{X^2}$成正比。其比例常数为电缆特性阻抗与延迟的函数。因此，两个线对之间总的后向耦合系数为

$$K_r=2\ 538\times T_{\text{delay}}\times\frac{1}{Z_0}\frac{\Delta_1\Delta_2}{X^2}$$

式中，K_r 表示后向耦合系数；T_{delay} 表示线延迟（单位为 ps/in）；Z_0 表示传输线特性阻抗（单位为 Ω）。从公式中可以看出，要减小后向耦合系数，需要采用较短的线缆，增加特性阻抗，或者减小线对内的距离，同时增加线对间的距离。

如果电缆中采用 N 根地线，并且信号线处于两条地线的中间，则任何地线 n 的

回流由如下公式确认：

$$I_n \approx \frac{K_1}{1+\left(\frac{X_n}{X_0}\right)^2}$$

式中，I_n 表示地线 n 上的回路电流(单位为 A)；K_1 表示所有回路电流等于信号电流时的系数；X_0 和 X_n 分别表示信号线与第 1 根地线和第 n 根地线之间的距离(单位为 in)。从公式中可以看出，假设只有一个信号线，且采用 G-S-G 模式，则信号两边的地线上的回路电流相等，且均为信号电流的一半。离信号线越远，其回路电流就越小。

任何信号线中的串扰是由导线附近的地线回路电流决定的，因此在 G-S-G 模式中电缆串扰可以采用如下公式进行计算：

$$V_r \approx \frac{K_2}{1+\left(\frac{X}{X_0}\right)^2}$$

式中，V_r 表示后向耦合系数；X 表示信号线与测试信号线之间的距离(单位为 in)；X_0 表示信号线与第一根地线之间的距离(单位为 in)；K_2 表示电缆结构所决定的常数。

从式中可以看出，串扰与 X^2 的成反比，与驱动线、地线之间的距离成正比。要减小串扰，可以拉开信号线与信号线之间的距离，或者增加信号线附近的地线，并且尽量把信号线与地线之间的距离拉短。其中的一个方式就是把信号线与其最近的回路地线进行扭绞，这样，信号在信号线上传输时，每次的扭绞都会使得线对磁场极性翻转，使得扭绞线对平行线之间的串扰几乎为零。如果电缆中所有的信号线和它的回路地线都是沿着同一个方向进行扭绞，并且扭绞速率同步，则相邻的扭绞线之间的净串扰也为零。由于每个信号的回流都流入到其扭绞的地线，它们之间的交替消除了辐射场，尽可能地减小了电磁辐射。这就是双绞线的基本工作原理。

通常，双绞线更多应用于差分信号的场合。在差分信号场合，其扭绞方式与单端信号和地线的方式相同，只是其扭绞的信号为差分信号对。差分信号双绞线的两个扭绞导线分别传输幅度相等、相位相反的信号。根据差分信号的工作原理，如果此时有外界噪声引入到导线中，则噪声会均等地在双绞线上产生一组共模信号，并为差分接收端所接收。由于双绞线上所产生的共模信号大小相等，极性相同，差分接收端通过相减而消除掉，从而获得了干净的没有干扰的信号。

根据是否有屏蔽层，双绞线可以分为屏蔽双绞线(Shielded Twisted Pair，STP)和非屏蔽双绞线(Unshielded Twisted Pair，UTP)。屏蔽层的作用主要是导电屏障，用于屏蔽外部的电磁辐射，并为感应电流提供返回路径。高速系统一般会采用 STP 双绞线。根据屏蔽的方式不同，STP 双绞线可以采用金属箔单独屏蔽、整体屏蔽或者整体屏蔽和单独屏蔽相结合的方式。整体屏蔽可以采用金属箔屏蔽或者编织网屏蔽。

单独屏蔽是对每一对双绞线进行屏蔽，如图 4-84 所示。采用单独屏蔽可以防止每一个双绞线免受外界电磁干扰，同时可以防止双绞线对周边的干扰。

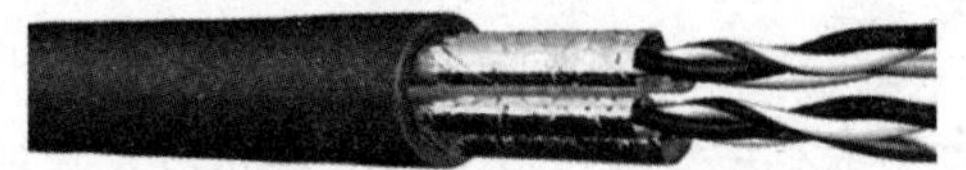

图 4-84　单独屏蔽双绞线实物图

整体屏蔽是采用金属箔或者编织网把所有的双绞线进行整体包裹屏蔽，如图 4-85 所示。这种方式可以很好地防止电磁辐射与干涉，但是不能防止双绞线对之间的干涉。

大部分情形会采用单独屏蔽与整体屏蔽相结合的方式，如图 4-86 所示。单独屏蔽为每一对双绞线提供了电磁屏蔽以及感应回路，而整体屏蔽则让整个电缆免受外界电磁辐射，也不会被外界电磁干扰。

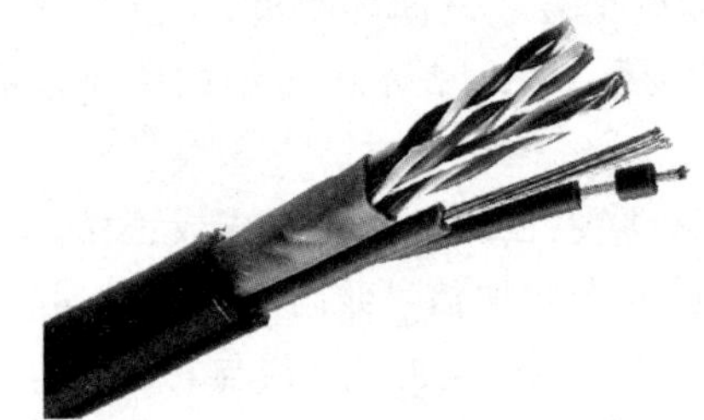

图 4-85　整体屏蔽双绞线实物图

图 4-86　单独屏蔽与整体屏蔽相结合的实物图

由于连接器是电缆上的一个部件，电缆的引脚定义要求也与连接器相同。连接器的具体要求同样也适用于电缆。

4.5.2　主要的高速电缆介绍

目前全球的高速电缆厂商主要有 Molex、安费诺、TE、立讯和富士康等。这些公司在专利布局、行业标准等各个方面进行了深度布局，其旗下产品门类齐全，涵盖各类电子产品从低速到高速的应用场景。

安费诺公司是一家专门从事高速连接器和电缆研发设计的公司。其主要的产品涵盖 SAS 3.0/4.0、PCIe Gen4/Gen5、OpenCAPI 以及 Gen-Z 等行业主流规范和协议，如表 4-7 所列。

以 SlimSAP LP 为例，它是一款外形小巧，但是机械性能强大的高速连接电缆。它可以应用于 Intel 公司的 UPI 1.0、PCIe Gen4/5 以及 SAS 4.0 等高速场合，如图 4-87 所示。

表 4-7 安费诺高速电缆一览表

<table>
<tr><th>电缆类型</th><th>支持协议</th><th>实物图片</th></tr>
<tr><td>MiniSAS</td><td rowspan="2">SAS 3.0</td><td></td></tr>
<tr><td>HD MiniSAS</td><td></td></tr>
<tr><td>SlimSAS</td><td rowspan="2">PCIe Gen4/Gen5、SAS 4.0、OpenCAPI</td><td></td></tr>
<tr><td>SlimSAS LP</td><td></td></tr>
<tr><td>OCuLink</td><td>PCIe Gen4、SAS 4.0</td><td></td></tr>
<tr><td>MCI/O</td><td rowspan="3">PCIe Gen5、Gen-Z</td><td></td></tr>
<tr><td>Extremeport-Swift</td><td></td></tr>
<tr><td>Extremeport-Flash</td><td></td></tr>
<tr><td>ExtremeportZ-Link(Gen-Z)</td><td>Gen-Z</td><td></td></tr>
</table>

SlimSAS LP 电缆插头连接器的引脚间距为 0.6 mm，PCB 板厚为 1.0 mm，插座尺寸与标准 SlimSAS 兼容，并且支持 4X / 6X(38 引脚数)、8X / 12X(74 引脚数)和 16X / 20X(124 引脚数)等各种不同的插头配置。在连接器上可以选择拉片和长闩锁解决方案。采用 34～30AWG 线缆，其内部特性阻抗为 85 Ω。

安费诺 SlimSAS LP 电缆具有良好的 SI 性能。以 30AWG 线缆为例，其长度为 1 m，响应的插入损耗和串扰如表 4-8 所列。

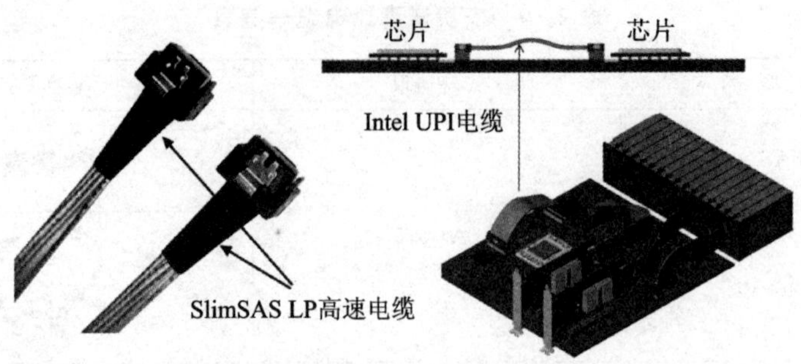

图 4-87　SlimSAS LP 高速电缆实物图以及 UPI 电缆连接示意图

表 4-8　SlimSAS LP 电缆 SI 性能表

插入损耗/dB（最高为 12.89 GHz）								串扰/dB（最高为 12.89 GHz）	
第一对	第二对	第三对	第四对	第五对	第六对	第七对	第八对	NEXT	FEXT
−7.79	−7.46	−7.33	−7.71	−7.70	−7.52	−7.36	−7.54	−49.82	−43.76

具体插入损耗和串扰波形如图 4-88 所示。

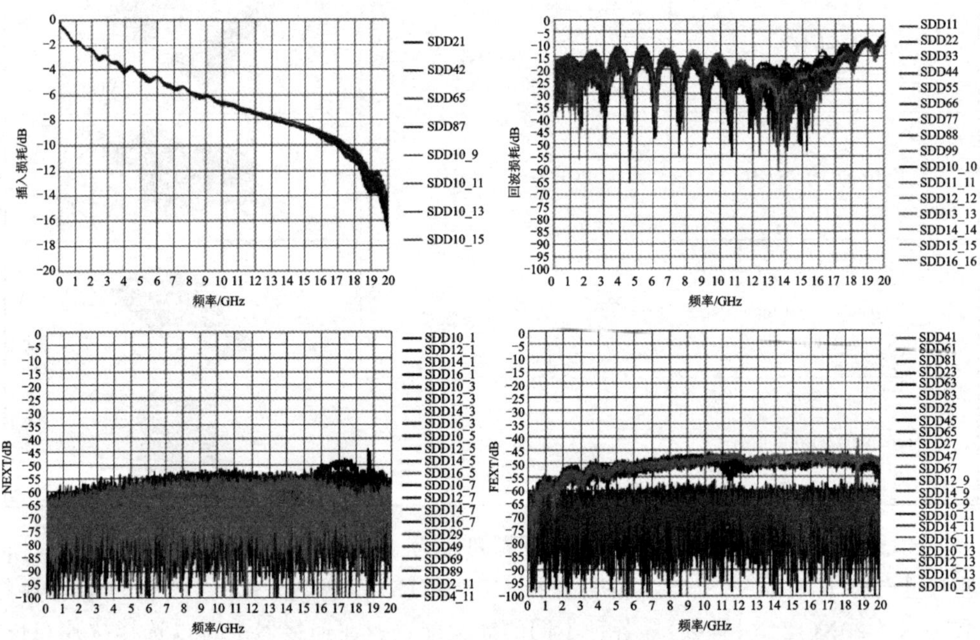

图 4-88　SlimSAS LP(30AWG、1 m、85 Ω 特性阻抗)损耗以及串扰的 S 参数波形图

4.6　本章小结

本章主要介绍了 PCB 过孔、芯片封装、连接器以及电缆的基础知识以及在低速系统和高速场景中的各种建模方式，重点分析了它们对信号完整性以及电源完整性的影响，同时介绍了它们的发展趋势以及如何在高速数字系统中进行具体的设计。

4.7　思考与练习

1. 什么是过孔？试说明过孔的基本组成部分以及作用。
2. 根据 PCB 的处理方式，过孔可以分为哪几类？说明各自的优缺点。
3. 什么是过孔的信号模型？就过孔模型来说明如何加强过孔的信号完整性设计。
4. 试简述微电子封装的等级以及封装的主要作用。
5. 裸芯片与封装基板之间如何连接？试简述每一种连接方式的优缺点。
6. 封装基板的信号走线有哪两种？什么是 RDL？试简述其主要特点。
7. 封装与 PCB 之间的连接方式有哪几种？说明各自的优缺点。
8. 什么是 SoC、SiP？说明 SoC 和 SiP 的主要特点和各自区别。
9. 试简述连接器的主要组成部分以及各自的作用。
10. 根据连接器信号模型说明如何最小化连接器引脚之间的串扰。
11. 试简述电缆的主要组成部分以及各自的作用。
12. 试简述同轴电缆、双绞线的结构以及各自的特点。
13. 有两根相同的带状线缆，但线缆长度不等，线缆 A 的长度是线缆 B 的 2 倍，则线缆 A 信号的上升时间与线缆 B 之间有何关系？

第5章

电磁兼容设计基础

本章重点研究电子产品如何从元件选择、电路设计、PCB设计、接地处理、机构设计等各个不同层次进行电磁兼容(EMC)设计以及如何预防电磁干扰。从产品的生产、制造、存储、测试以及搬运等各个过程简要介绍了如何进行产品的静电防护。需要注意的是,本章所讲述的PCB设计,是基于SI、PI和EMC基础理论所形成的PCB设计实践,非仅基于EMC的设计。

本章的主要内容如下:

- EMC、EMI和EMS的基本概念;
- 元件选择与EMC;
- 电路与EMC;
- 接地与EMC;
- PCB设计;
- 机壳与电磁兼容材料;
- 其他方面的静电防护。

5.1 EMC的基本概念

电子产品工作时,不仅自身会产生电磁辐射,同时也会受到来自外界的电磁干扰,如图5-1所示。

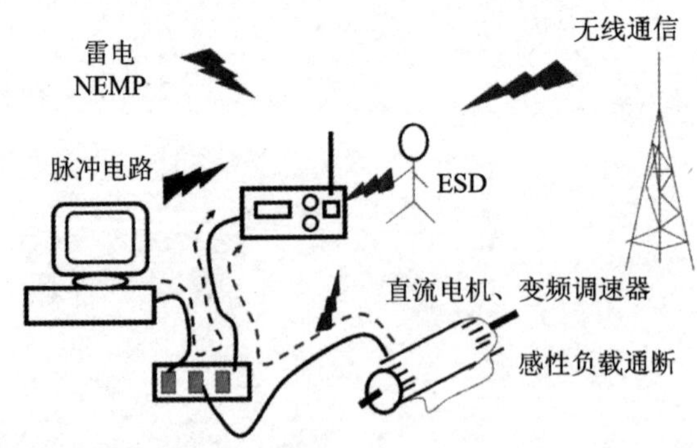

图5-1 电子产品在电磁环境中工作示意图

一方面，电子产品在工作时会产生电磁噪声，并通过空间辐射或者传导耦合路径进行传播，可能会影响到邻近的电子产品的功能，这种现象称为 EMI。另外一方面，电子产品同时也在一个电磁环境中工作，需要对外界环境所产生的 EMI 干扰具有一定的忍受和抵抗耐力，也就是电子产品的抗干扰能力。这种能力称为 EMS(Electromagnetic Susceptibility，电磁耐受)。图 5－2 所示为 EMI 和 EMS 示意图。

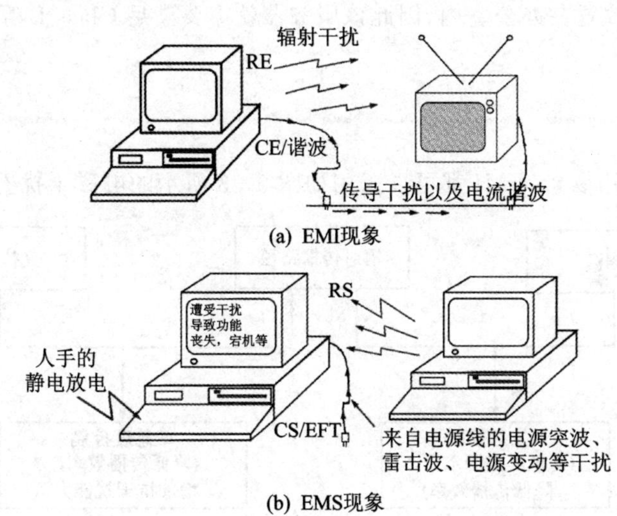

图 5－2　EMI 和 EMS 示意图

一个合格的电子产品，既要确保自身所产生的 EMI 不会干扰到其他设备的正常工作，也需要具有一定的 EMS 能力来承受内部和外部环境的噪声干扰，这就是 EMC。

不同的产品对 EMC 的要求各不相同。对于商业化的产品，基于成本的考量，往往较军规/工规标准更为宽松，但还是有一定的难度。而且即使是同一种产品，也会根据与人体接触的频率和场景，其 EMC 的标准也不相同。从 EMI 的角度来看，电子产品可以根据安全等级分为两类：Class A 和 Class B。其具体的定义如表 5－1 所列。

表 5－1　EMC 安全等级表

安全等级	定　义	备　注
Class A	A 级信息技术设备是指满足 A 类限制但不满足 B 类限制要求的那类设备	此类设备主要应用于工业领域或者与人类日常生活接触比较少的场景。在生活环境中，该类产品会造成无线电干扰，但可采取切实可行的措施来防护
Class B	B 级设备是指能满足 B 级 EMI 限制的那类设备，主要在生活环境（指那些有可能在离相关设备 10 米远的范围内使用广播和电视接收机的环境）中使用	主要包括： ● 不在固定场所使用的设备，比如靠固定电池供电的便携式设备； ● 靠电信网络供电的电信终端设备； ● 个人计算机及其辅助设备

在进行电子产品的EMC设计时，首先要确认其工作环境，然后根据其工作环境来确定进行哪种程度的EMC设计，确保合适的设计，而不是过设计。比如，对于服务器来说，如果其使用环境为数据中心环境，由于其使用环境本身就有针对EMC进行的设计，同时与人员接触很少，因此采用Class A等级就可以满足要求。但是，针对室内边缘服务器，比如办公室内使用的SMB服务器，通常不会放置在数据中心，而是像PC一样放置在办公室内，因此该服务器就需要满足Class B等级的要求。

5.2 EMI

不管何种使用场景，EMI都可以采用如图5-3所示的电磁干扰模型进行简化。

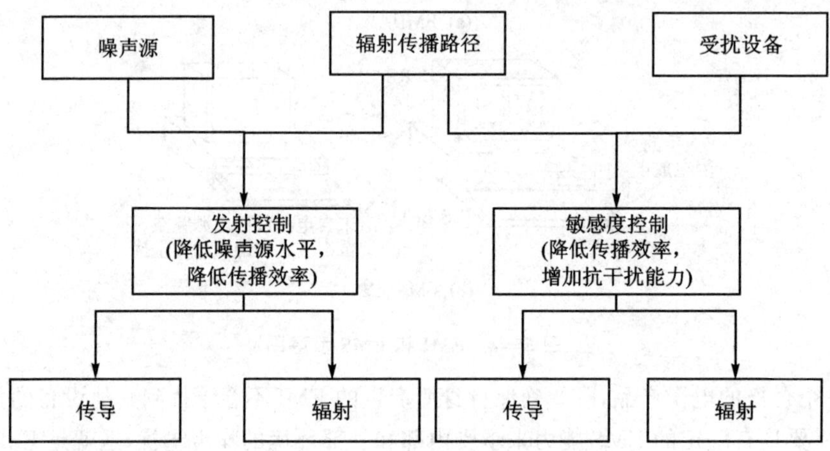

图5-3　EMI电磁干扰模型示意图

5.2.1 噪声源

电磁干扰的噪声源包括自然电磁噪声源和人为电磁噪声源。其中自然电磁噪声源包括宇宙干扰、大气干扰、热噪声以及沉积静电干扰等。而人为电磁噪声源则包括各种电子产品内的执行元件，如PCB上的时钟振荡电路，塑料壳内的包括微处理器、微控制器在内的辐射部件，不恰当的印刷线，电路中的地弹以及共模电流等。

5.2.2 辐射传播路径

辐射传播路径主要是指噪声源传输到受扰设备的传播途径。每一种传播路径都可能包含多种传输机制，如图5-4所示。从图中可以看出，噪声主要可以通过四种传输路径进行辐射传播：

① 从发射设备向接收设备进行直接辐射；

② 将发射设备的直接射频能量传递到接收设备的交流电源电缆或者信号/控制

电缆；

③ 将能量通过发射设备的交流电源、信号/控制电缆等辐射到接收机；

④ 通过供电电源线或由普通信号/控制电缆进行传导。

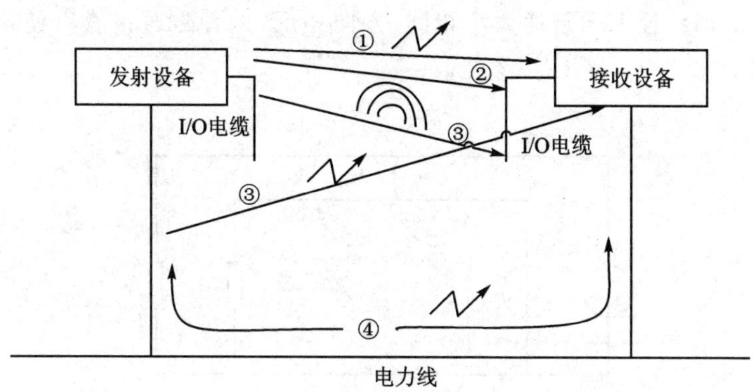

图5-4　辐射传播路径的传输机制示意图

每种传输路径都可能存在不同的传输机制，包括传导耦合和辐射耦合等。

传导耦合是指发射设备和接收设备直接耦合的传导过程，可以看成是电磁场通过金属互连之间的传送。噪声可以在电源线和信号传输电缆中进行传输。传导耦合可以通过公共阻抗耦合来实现，如图5-5所示。电流从电源流向负载，需要通过一个闭合回路流回电源。如果两个电路共享一个公共阻抗，则来自每个电路的电流既会流过各自的负载，同时也会流经共享公共阻抗。如果其中一个是噪声源，则噪声电流也会流经该公共阻抗，导致对信号电路的干扰。

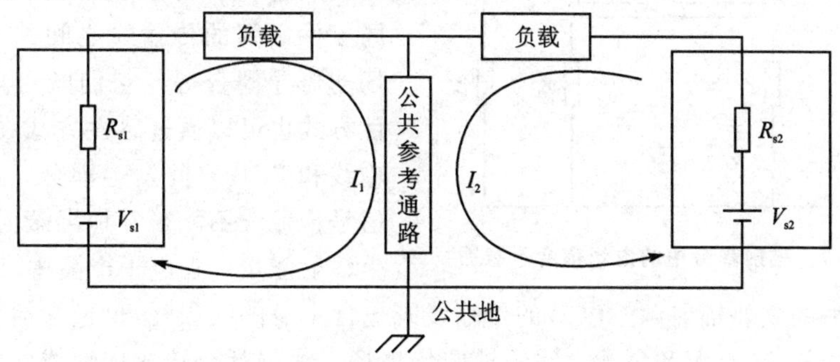

图5-5　传导耦合示意图

辐射耦合包含两部分的耦合机制——磁场耦合和电场耦合。所谓的磁场耦合是指两个相互靠近的电流回路通过互感而发生的耦合机制，如图5-6所示。其关键在于两个电路之间的互感 M_{12}。当 I_1 发生变化时，通过互感就会在第二个电路中产生射频噪声电压 $V_{12}=M_{12}\mathrm{d}I_1/\mathrm{d}t$。射频噪声电压会和第二个回路中的有用信号一起流向负载。电流变化越快，互感越大，则射频噪声电压就越大。互感与两个回路之间的距离、耦合长度以及之间的屏蔽介质相关。特别是在多路传输线所组成的电缆中，更容易出现磁场耦合现象。在电缆中，一般会把不同类型的信号线进行分类，分别捆绑，同时会加入 0 V 参考电平或者屏蔽带进行保护。如果信号线附近存在返回路径，则信号线和返回路径上的磁通大小相同、方向相反，二者磁通相消①，使得辐射射频能量最小化。

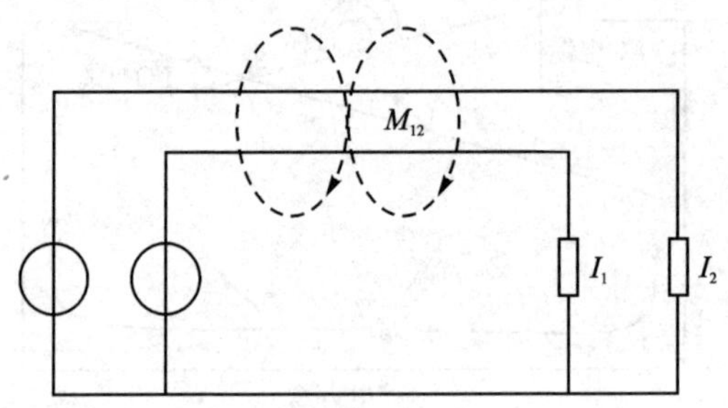

图 5－6　辐射耦合中的磁场耦合示意图

磁场耦合本质上是感性耦合，电场耦合本质上是容性耦合。如图 5－7 所示，当两个电路之间存在电压差时，电路之间就会存在电场。当其中一个电路中的电压发生变化时，由于互容的存在，会在第二个电路中产生射频噪声电压 $V_{12}=C_m Z\mathrm{d}V/\mathrm{d}t$。电压变化越快，互容越大，则射频噪声就越大。互容与两个电路之间的电压差、电路之间的距离、介质材料以及电场屏蔽等因素有关。

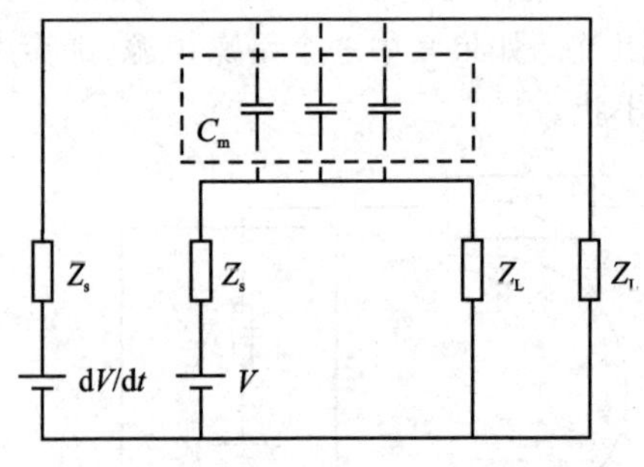

图 5－7　辐射耦合中的电场耦合示意图

多数情况下，在电子系统中会同时存在辐射耦合和传导耦合。比如从传输线到电缆集成器的辐射耦合，或者不同元件之间的传输线之间的电场和磁场的传导耦合等。它们既可以通过容性方式也可以通过感性方式在电缆、传输线和 PCB 之间发生耦合。当电缆或信号传输线不能很好地屏蔽时，就会产生辐射能量。在电子产品中，PCB 是射频能量辐射的主要辐射源。PCB 的传输线既包含本身的线损耗，也包含向周围空间的电磁波损耗，还有源和负载之间的轴向传播场。线损耗会造成传输线两端的电压降，导致共模电流的产生。空间的电磁波辐射为其他系统的主要干扰源。而轴向传播场描述场在传输线内部的存在方式，场可以通过容性或者感性的方式存在于邻近的信号线或者底盘机箱内。

① 磁通相消现象是磁场耦合中一个非常重要的现象，也是电磁兼容设计的主要原理之一。

5.2.3 受扰设备

所有的电子设备在电磁环境中都可以成为受扰设备。噪声通过传输路径对受扰设备进行干扰,受扰设备往往需要具有对电磁进行抗干扰的能力。一般来说,受扰设备的薄弱环节在于受扰设备的I/O接口和相关电缆以及从辐射途径接收电磁干扰的部件等。根据不同的噪声干扰类型,受扰设备的EMS又可以分为抗静电(Electrostatic Discharge,ESD)、抗射频辐射(Radiated Susceptibility,RS)、抗电快速瞬变/脉冲群(Electrical Fast Transient,EFT)、抗雷击浪涌(surge)、抗射频传导(Conducted Susceptibility,CS)、抗电源频率磁场(power magnetic field)和抗电压变动(voltage interruption/dip)。

要实现一个良好的产品设计,需要进行良好的EMC设计。EMC设计不仅要处理产生于系统内部的非意图能量,还要处理来自于外界的能量。如果出现了EMC设计问题,就需要采用EMI的电磁干扰模型来进行分析,从EMI的干扰源、辐射传播路径以及受体设备中寻找EMI的来源,并进行相应的排除和衰减。从干扰源来说,可以通过控制辐射源来降低噪声的强度。从辐射传播路径来说,主要是通过降低传输效率来进行控制。从受体设备来说,可以通过控制受体的敏感度来增加受体设备的免疫力。

具体来说,为了更好地进行EMC设计,一般可以采用的技术包括抑制、滤波、屏蔽、接地以及最佳化的PCB布局布线等。在EMC的系统设计上,不论是电子设计还是机构设计都同等重要。

5.2.4 信号频谱

信号完整性和电源完整性主要是关注信号带宽之内的信号质量。所有高于带宽的频率分量都可以忽略不计。对于一个理想方波来说,其上升时间为0,信号带宽为无穷大,并且只有基频分量和奇次谐波分量。奇次谐波次数越高,该频率分量对应的幅值就越小,其幅值随着$1/f$的减小而减小。

实际的信号往往具有上升沿和下降沿,更像一个梯形波。图5-8所示为梯形波信号频谱的包络线示意图。从图中可以看出,信号频谱的幅度会随着频率的升高而降低。在信号脉冲宽度频率以上的信号频谱幅度会以20 dB/dec的速度下降,直到转折频率点。一旦过了转折频率点,信号频谱幅度将会以40 dB/dec的速度快速下降。上升/下降时间越长,转折频率点的频率就越低,信号的高频谐波成分就越小。

频率越高,信号就越容易被线路布线以及机构开孔辐射出去。对于EMI/EMC设计来说,其主要关注于转折频率以上的频谱。要从信号源头进行EMI/EMC设计,就需要让高频谐波尽可能地降低。在满足产品性能要求的前提下,采用上升/下降时间越长的信号进行设计,可以最大程度降低EMI。

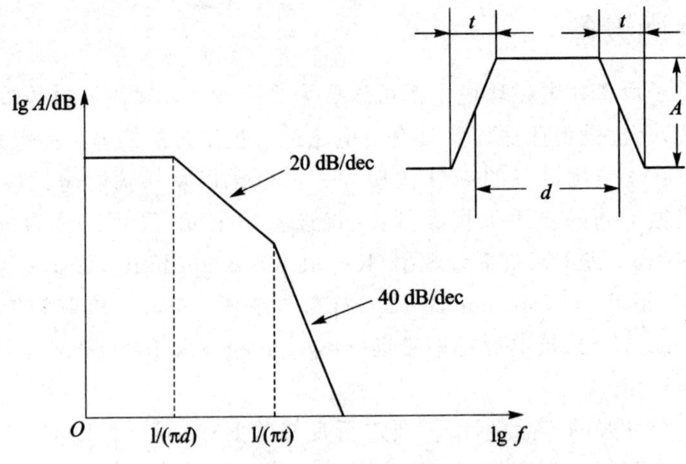

图 5-8　梯形波信号频谱包络线示意图

5.2.5　共模电流和差模电流

所有电路都有共模(Common Mode,CM)电流和差模(Differential Mode,DM)电流,如图 5-9 所示。在一对传输线和一个返回路径中可能同时存在共模电流和差模电流,或者其中之一。共模电流和差模电流之间存在着显著的差别。差模信号传送的是有用的数据和信号,而共模信号则是不期望的副作用。共模电流是 EMI 的根本起源。

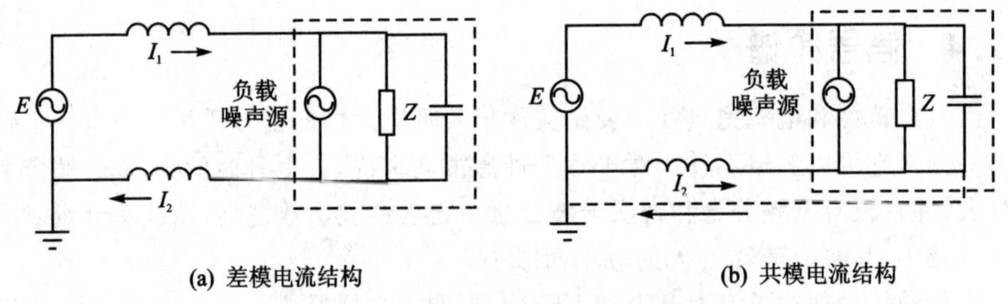

图 5-9　差模和共模电流结构示意图

当信号在信号路径流过并经返回路径返回源端时,由于信号路径和返回路径之间的电压差,就会在信号路径和返回路径所形成的闭合环路上产生电流。该电流就是差模电流。理想的差模电流大小相等、方向相反。理想差模电流的磁场主要集中在差模电流构成的回路面积中,回路面积之外的磁力线会相互抵消,不会产生射频差模电流。

差模干扰电流是在任意两条载流导线之间的无用电位差所形成的电流。该干扰电流会在信号线和返回路径上流动。由于电路走线中信号线和返回路径靠得很近,形成的环路面积很小,外界电磁场感应的差模电流一般不会很大,如图 5-10 所示。

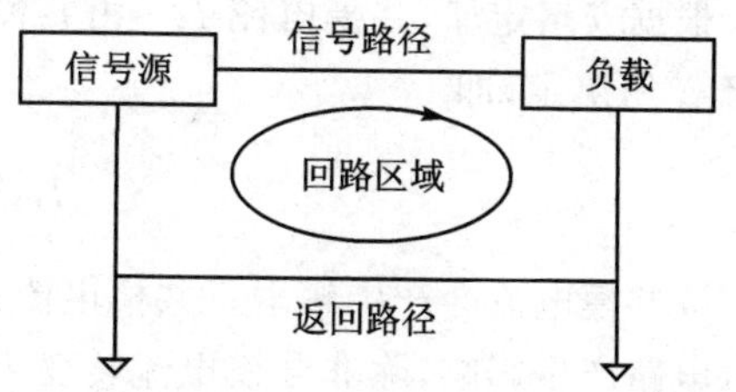

图 5-10　差模电流辐射的回路区域示意图

差模电流辐射是由差模干扰电流在回路上的流动造成的。对于工作在接地平面上方的小回路接收天线来说，其射频能量可以近似表示为

$$E = 263 \times 10^{-16}(f^2 A I_s) V\left(\frac{1}{r}\right) \quad (\text{V/m})$$

式中，A 表示回路区域面积(单位为 m^2)；f 表示频率(单位为 Hz)；I_s 表示源电流(单位为 A)；r 表示辐射源到接收天线的距离(单位为 m)。从公式中可以看出，辐射射频能量与辐射源、天线之间的距离成反比，与频率、回路面积成正比。在 PCB 内部，一个回路位于信号路径和返回路径之间，回路面积与其具体的拓扑结构相关。对于一个回路面积相同的两个拓扑，圆形周长会小于一个等价正方形的周长，二者相差 $\sqrt{\pi/4}$ 倍。

当给定规定的辐射能量时，其最大的回路面积可以表示为

$$A = \frac{380rE}{f^2 I_s}$$

式中，A 表示回路区域面积(单位为 cm^2)；f 表示频率(单位为 MHz)；I_s 表示源电流(单位为 mA)；r 表示辐射源到接收天线的距离(单位为 m)；E 表示辐射能量极限(单位为 μV/m)。

共模电流是由电路中的非平衡造成的，它在信号路径和返回路径中同时存在，电流大小可以不相等，但是方向相同。如果系统通过电缆与外界连接，比如双绞线，则很有可能出现共模信号在电路板和双绞线中受到的阻抗不匹配。共模电流需要找到一个返回路径。如图 5-11 所示，与差模电流通过返回路径返回不同，共模电流会通过设备的参考地返回源端。在高频段，返回路径是由电路板的地、机架、底板之间的杂散电容组成的。

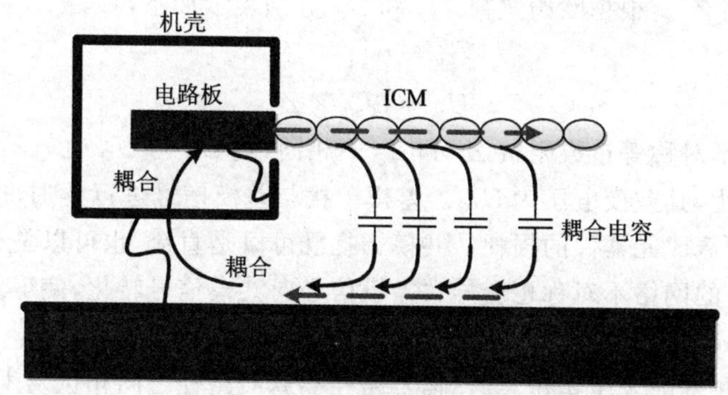

图 5-11　共模电流流经电路示意图

根据安培定律，共模电流 I_{CM} 由共模电压 V_{CM} 以及共模信号在电缆中受到的阻抗 Z_{CM} 所决定，即

$$I_{CM}=\frac{V_{CM}}{Z_{CM}}$$

该共模电流会产生辐射。共模电流是电缆及互连电磁辐射的主要源头，但是不会对电路产生影响，除非共模电流转变为差模电流或电压。

共模干扰电流是任意载流导线和参考地之间的无用电位差所形成的电流。它的来源主要有三类：由于外界电磁场，电路中所有导线上感应的电压产生电流；由于电路走线两端的器件所接的地电位不同产生地电位差，由其驱动而产生电流；器件上的电路走线与大地之间有电位差，产生共模电流。当共模电流通过连接的电缆传送出去时，其电缆将起到偶极子天线的作用。共模干扰电流所产生的辐射场的远场可以表示如下：

$$E=\frac{1.26(fI_{CM}L)}{r}\quad (\mathrm{V/m})$$

式中，E 表示辐射场强；f 表示频率(单位为 MHz)；I_{CM} 表示共模电流(单位为 A)；L 表示天线长度(单位为 m)；r 表示距离(单位为 m)。

从表达式中可以看出，对于给定的电流源和天线长度，其辐射场强与工作频率成正比。相较于差模辐射，共模辐射很难解决。通常唯一的解决方案就是减小返回电缆的公共路径阻抗，比如接地等方式。如果不能通过接地的方式解决，则需要接入共模扼流圈等器件进行解决。

如果信号路径和返回路径之间完全对称，则不存在任何模态转化；但是，如果信号路径和返回路径不对称，比如长度不一致，过孔数量不一致，过孔的反焊盘不一致，走线宽度有变化等，就会导致模态转化。模态转化包括差模信号向共模信号转化和共模信号向差模信号转化。

如图 5-12 所示，$I_{CM1}\approx I_{CM2}$。由于负载端的输入阻抗非常大，I_{CM1} 和 I_{CM2} 几乎全部流经 Z_1 和 Z_2。根据欧姆定律，U_P 和 U_Q 分别表示如下：

$$\begin{cases}U_P=I_{CM2}\times Z_1\\ U_Q=I_{CM1}\times Z_2\end{cases}$$

如果电路不对称等造成阻抗 Z_1 和 Z_2 不相同，则 U_P 与 U_Q 也就不同，共模信号转化为差模干扰，其差模电压为 U_{PQ}。差模干扰与差模信号进行叠加，造成接收端的误操作，甚至会造成元器件的损耗。共模干扰既可以是直流，也可以是交流。

同样，任何的网络不对称也会导致差模信号向共模信号转化，使得差模信号出现衰减，增加误码率，并且造成 EMI 问题。

当驱动器跳变时发生错位，会使信号路径和返回路径之间相位发生变化，信号会失真。这种情况在差分信号中会经常出现。大多数高速串行链路都会规定通道中的线间错位应该小于单位间隔的 20%。以 PCIe 为例，从第一代到第三代，单位速率分

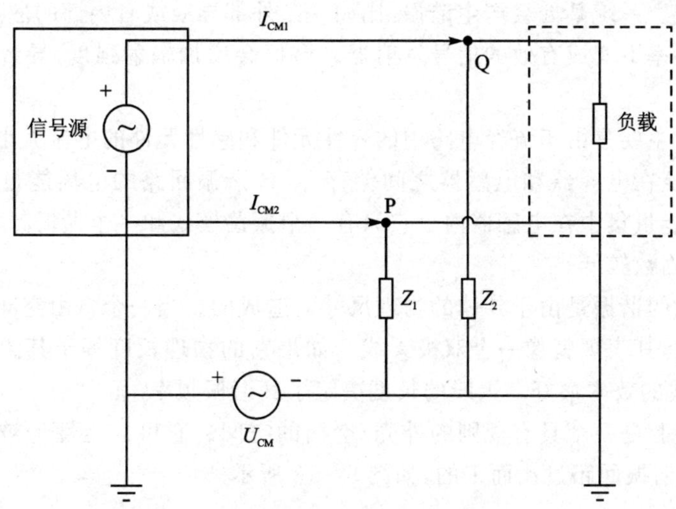

图 5-12　共模信号向差模信号转化示意图

别为 2.5 Gb/s、5 Gb/s、8 Gb/s，对应的单位间隔分别为 400 ps、200 ps、125 ps，单位间隔的 20%分别为 80 ps、40 ps、25 ps。这也就是最大可以接受的线与线之间的错位。如果超过该要求，线间错位会很明显，会导致信号的上升沿和下降沿失真。

采用长度来表示最大可以接受的线间错位，可以采用表达式表示如下：

$$\Delta L = 0.2 \times \mathrm{UI} \times v = 0.2 \times \frac{v}{\mathrm{BR}}$$

式中，ΔL 表示为维系最大可以接受线间错位时，线间最大长度偏差；UI 表示单位间隔；v 表示信号的传输速率；BR 表示比特率。

以 PCIe 为例，假设信号的传输速率为 6 in/ns，第一代到第三代对应的差分对的线间最大长度偏差分别为 480 mil、240 mil、150 mil。可以看出，随着比特率越来越高，可允许的线间错位就会越来越小，需要严格进行线长匹配。

另外，某些外来因素的不对称也会影响信号的失真。比如其他信号对差分信号的串扰，但是对差分信号的两条路径影响程度不一致，或者不均衡的测试焊盘位置放置等，都会引起差分信号失真。

错位和失真都会导致差模信号向共模信号转化。如果接收端具有较大的共模抑制比，则共模信号不会产生问题；但是，如果接收端不具有较大的共模抑制比，比如连接到 I/O 连接器或者电缆，则可能会造成非常严重的 EMI 问题——即使进行了良好的端接。模态转化是需要尽量避免的一个问题。

5.2.6　谐　振

谐振效应是电子产品中一个常见的现象，它可能与电路相关，也可以与实体空间相关。有些电子产品需要利用谐振效应来提高信号的能量，而有些场景则需要尽量

避免谐振效应。系统某处会产生谐振，比如一条外部导线或者内部的散热器等，使得在某一特定频率下变成有效的信号发射器。谐振会增加辐射强度，导致辐射器变得更有效率。

电路辐射主要是由于流经电路中的容性元件和感性元件的电流大小相等且方向相反，能量反复在电容器和电感器之间储存。LC谐振回路的电场能量集中在电容器内，而磁场能量集中在电感器内。它只有一个振荡模式和一个谐振频率，集中的能量较小，品质因数较低。

实体相关的谐振是由于导体的物理尺寸而造成的。当一个自由空间的导线的中心点被激励时，其表现就像一个双极天线。如果它的物理长度等于其激励波形波长的1/2，则天线的效率最好。天线的长度决定了其谐振频率。

微波谐振腔是一个具有规则的外壳/空洞的空间。它可以定性地被看成是由常规电路的LC谐振回路过渡而来的，如图5-13所示。

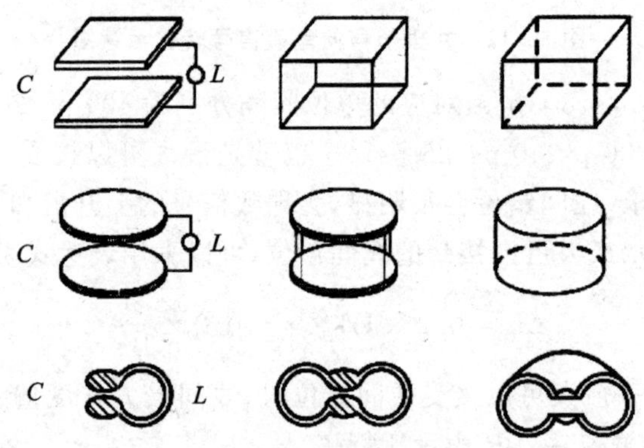

图5-13　从LC谐振回路到微波谐振腔的演变示意图

微波谐振腔和LC谐振回路中的能量关系有许多相似之处，比如无损耗时为无功元件，有损耗时呈纯电阻性。但是，微波谐振腔是一个分布传输回路，电场能量和磁场能量是空间分布的，同时微波谐振腔具有无限多个振荡模式和谐振频率。相较于LC谐振回路，微波谐振腔可以集中较多的能量，且损耗较小，品质因数更高。

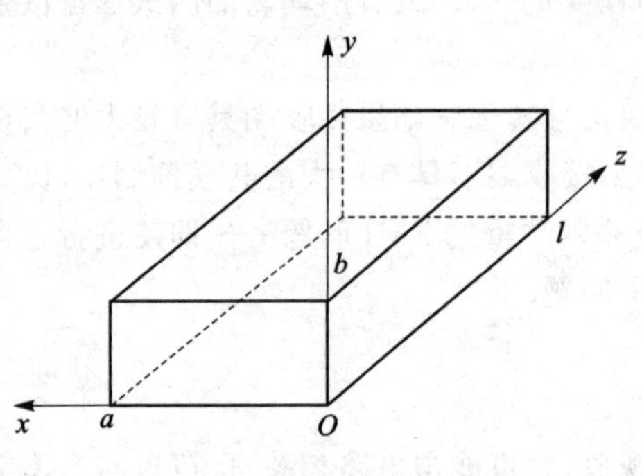

图5-14　矩形谐振腔示意图

以理想的矩形谐振腔为例，如图5-14所示，其横截面尺寸为ab，长度为l。

矩形谐振腔中传输的电磁波模式有两种：TE谐振模和TM谐振模，分别采用TE_{mnp}和TM_{mnp}表示。其中，下标m、n和p分别表示场分量沿宽壁、窄壁和腔长度方向上分布的驻波数，如图 5-15 所示。

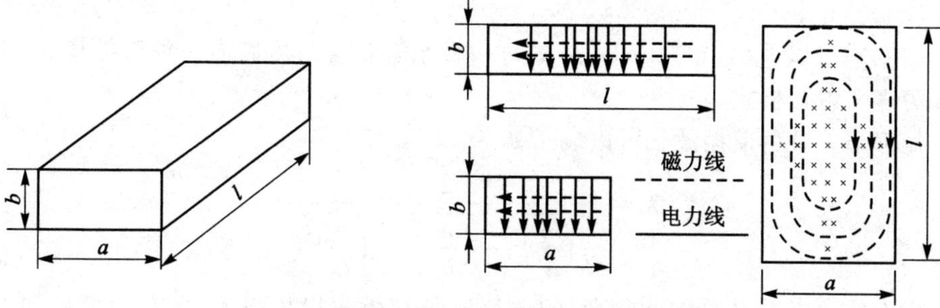

图 5-15　矩形谐振腔的谐振模式以及场分布示意图

TE 模的场可以采用如下表达式进行表示：

$$
\begin{cases}
H_x = \mathrm{j}2\dfrac{k_x k_z}{k_c^2}H_0\sin(k_x x)\cos(k_y y)\cos(k_z z)\\
H_y = \mathrm{j}2\dfrac{k_y k_z}{k_c^2}H_0\cos(k_x x)\sin(k_y y)\cos(k_z z)\\
H_z = -\mathrm{j}2H_0\cos(k_x x)\cos(k_y y)\sin(k_z z)\\
E_x = 2\dfrac{\omega\mu k_y}{k_c^2}H_0\cos(k_x x)\sin(k_y y)\sin(k_z z)\\
E_y = -2\dfrac{\omega\mu k_x}{k_c^2}H_0\sin(k_x x)\cos(k_y y)\cos(k_z z)\\
E_z = 0
\end{cases}
$$

TM 模的场可以采用如下表达式进行表示：

$$
\begin{cases}
E_x = -2\dfrac{k_x k_z}{k_c^2}E_0\cos(k_x x)\sin(k_y y)\sin(k_z z)\\
E_y = -2\dfrac{k_y k_z}{k_c^2}E_0\sin(k_x x)\cos(k_y y)\cos(k_z z)\\
E_z = 2E_0\sin(k_x x)\sin(k_y y)\cos(k_z z)\\
H_x = \mathrm{j}2\dfrac{\omega\xi k_y}{k_c^2}E_0\sin(k_x x)\cos(k_y y)\cos(k_z z)\\
H_y = -\mathrm{j}2\dfrac{\omega\xi k_x}{k_c^2}E_0\cos(k_x x)\sin(k_y y)\cos(k_z z)\\
H_z = 0
\end{cases}
$$

式中，$k_x = \dfrac{m\pi}{a}$，$k_y = \dfrac{n\pi}{b}$，$k_x = \dfrac{p\pi}{l}$，$k_c^2 = \left(\dfrac{m\pi}{\mathrm{a}}\right)^2 + \left(\dfrac{n\pi}{b}\right)^2$；$m$、$n$、$p$ 均为整数；m、n 不能为负数，且不能同时为零；p 为正整数。

根据矩形谐振腔的定义，谐振频率表示如下：

$$f_{mnp}=\frac{1}{2\pi\sqrt{\xi\mu}}\sqrt{\left(\frac{m}{a}\right)^2+\left(\frac{n}{b}\right)^2+\left(\frac{p}{l}\right)^2}$$

由上式可以看出，整数 m、n、l 的每一种组合都会对应腔内一种谐振模式，因此有无穷多个谐振模式。

矩形谐振腔的谐振波长可以表示如下：

$$\lambda=\frac{2}{\sqrt{\left(\frac{m}{a}\right)^2+\left(\frac{n}{b}\right)^2+\left(\frac{p}{l}\right)^2}}$$

由上式可以看出，矩形谐振腔的谐振波长与模式指数相关，具有多模性和多谐性。同时，它也与腔体尺寸相关，可以通过改变腔体尺寸进行调谐。另外，一个谐振频率可能对应多个谐振模式。

当然，这是理想的谐振腔场合。现实的电子产品内部有许多电路板、导线以及各种模组等，这些都会改变谐振腔的形状以及边界条件，改变谐振频率。

5.3 EMS

EMC 的另外一个方面就是 EMS。电子产品工作的环境不同，所受到的外部干扰也不同。但是不管哪种场景，电子产品都需要考虑针对如下各种静态场的抗干扰能力和耐受能力。

① 静电放电(electrostatic discharge)。带静电的物体放电时会产生放电电流，而放电电流会产生短暂且强度很大的电磁场。该电流和相应的电磁场可能引起电气、电子设备的电路发生故障，甚至损坏。

② 射频电磁场辐射耐受(radiated，radio-frequency，electromagnetic field immunity)。电磁辐射有一些来自有意产生的电磁辐射源，例如广播电视或移动电话发射台等，还有一些来自无意产生的寄生辐射源，例如电焊机、荧光灯、计算机系统等。电磁辐射对大多数电子、电气设备都会产生一定的影响，轻则使设备性能、功能暂时降低或丧失，重则造成永久损坏。

③ 电快速瞬变脉冲群噪声耐受(electrical fast transient/burst immunity)。电感性负载(如继电器、接触器等)在断开时，由于开关触点间隙的绝缘击穿或触点弹跳等原因，会在断开点处产生瞬时扰动。这种瞬时扰动能量较小，一般不大可能引起设备的损坏，但由于其频谱分布较宽，仍会对电子、电气设备的可靠工作产生影响。

④ 浪涌(冲击)耐受(surge immunity)，又可称为雷击耐受。开关操作(例如电容器组的切换、设备和系统对地短路以及电弧故障等)或雷击(包括避雷器的动作)可以在电力系统或通信在线状态产生瞬时过电压或过电流。通常这种过电压或过电流称为浪涌或冲击。浪涌呈脉冲状，其强度从几百伏到几万伏，从几百安到上千安，是一种能量较大的扰动。在雷雨多发地区或电力系统负载经常突变地区，如果措施不

当，浪涌经常会烧毁电子元器件，破坏通信设备使网络异常等。

⑤ 射频场感应的传导扰动耐受(immunity to conducted disturbances，induced by radio-freqency fields)。空间电磁场(主要来自有意的发射机，例如中短波、调频和电视发射机等)可以在敏感设备的各种连接馈在线上产生感应电流(或电压)，作用于设备的敏感部分，对设备产生骚扰；也可由各种扰动源，通过连接到设备上的电缆(如电源线)直接对设备产生扰动。

⑥ 电源频率磁场耐受(power frequency magnetic field immunity)，也称为工频磁场耐受。通有电流的导体周围存在着磁场，该磁场强度与电流大小及与导体的相对距离有关。电源频率磁场耐受是由导体中的工频电流产生的，少量由邻近的其他装置(如变压器的漏磁)所产生。电源频率磁场耐受的影响，会来自如下两种不同的情况：

- 处于正常条件下的电流产生稳定的磁场，其幅值相对较小；
- 故障条件下的电流，会产生一个相对较高幅值但持续时间较短的磁场，直到保护装置断开电路时磁场消失。

⑦ 电压暂降、瞬间中断和电压变化的耐受(voltage dips，short interruptions and voltage variations immunity)。与低压电力系统(＜600 V AC)连接的电子、电气设备会受到电力系统中电压暂降、瞬间中断和电压变化的影响。这些电压变动的原因是电力系统、变电设备发生故障，或负荷突然发生大的变动，或者负荷相对比较平稳的连续变化。这些现象是随机的，规律性很差，有时候在一段时间内会出现多次，甚至连续出现，干扰电子、电气设备的正常工作。

⑧ 900 MHz 脉冲波耐受(radiated electromagnetic field from digital radio telephones immunity)。数字移动电话在收发信号时会产生较大的脉冲波，可能造成电子、电气设备的不正常工作或损坏。欧盟强制实施 900 MHz 脉冲耐受，1 800 MHz 脉冲波耐受尚未定案。

多数静电干扰是静电电流通过 I/O 接口或者外壳开孔进入产品内部，并沿着放电电路形成电压降而产生的，并不是来自静态场的自身耦合。它也可以通过人体触摸芯片、PCB 或者机架等导致芯片或者电气设备功能故障，甚至永久性损伤。高压脉冲电平也可能通过辐射或者传导的方式进行干扰。

静电干扰的能量来自某个存储能量的电容结构，如人体等。要进行静电放电，该电容结构必须进行充电，而充电过程可能非常缓慢，比如通过摩擦等方式。通过摩擦，使得正电荷在其中的一种材料上聚集，而另外一种材料则会聚集负电荷，这样两种材料中便拥有了电荷累积。人体、家电、纸张甚至塑料都可以静电累积。一旦放电，储存的静电便会产生一个纳秒级的高能脉冲，该脉冲就会产生频率范围从几百兆赫兹到 1 GHz 以上的 EMI。该脉冲峰值电流可以从几安培到几十安培。静电干扰主要关注两个参数：电流的峰值和放电速率。

5.3.1 ESD

电子产品最常见的 EMC 故障大多是 ESD 造成的。ESD 是一种自然现象，不会因为特别的设计而消失，只能对其进行抑制。早期的芯片由于器件尺寸大、速度低，ESD 几乎构不成威胁。但是随着芯片的集成度越来越高，芯片内集成的器件尺寸越来越小，核心工作电压越来越低，芯片对 ESD 事件越来越灵敏，越来越容易因为 ESD 问题而损坏。具体体现在如下几个方面：

① 越来越小的芯片制程工艺：目前大多数芯片的制造工艺已经小于 90 nm，主流 CPU 芯片已经进入 10 nm 和 7 nm 时代，并且已经向 5 nm/3 nm 工艺挺进，制程工艺的进步和提升，伴随而来的是芯片工作电压和电流水平的降低。电压过高、电流过大都会导致芯片损坏。电压过高会导致栅极氧化物击穿，电流过大会导致芯片过热，造成结故障。芯片几何形状的减小将使得芯片很难有足够的片上 ESD 保护。

② 为了给芯片制程环境提供足够的保护，同时基于当今市场的 ESD 保护水平，ESD 行业规范委员会宣布了一项降低片上保护标准水平的举措，从行业规范上进一步降低了芯片的片上 ESD 保护。

③ 电子产品的应用环境不断变化，而且大部分场景中的 ESD 不受控制。在这些环境中，人们在插拔电缆时会经常触碰到电子产品的 I/O 接口，导致人体积累的电荷进行释放。在这种情况下，电子产品需要承受恒定的 ESD 应力水平。

ESD 事件的电荷来自静电，是由两种不同材料接触和隔离而产生的。图 5－16 所示就是其中的一种静电来源。当一个人穿着鞋在地毯上走动时，人体就会产生静电累积，当他靠近另外一个物体表面，甚至不用接触，人体累积的静电便会通过与物体表面的直接接触或者电场等方式生成了一个放电路径，产生了静电放电。如果该物体对静电敏感，则会发生 ESD 损坏。

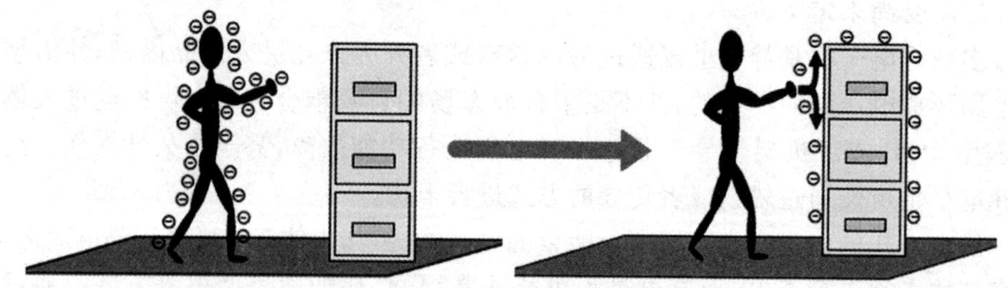

图 5－16　人体静电累积及放电过程示意图

静电产生还与环境的湿度有关。环境湿度越小，静电累积效应就越强。表 5－2 所列为几种典型的人体行为在不同的环境湿度下所累积的静电电荷。

表 5-2　典型的人体行为在不同的环境湿度下所累积的静电电荷

典型的人体行为	相对湿度下累积的静电电荷	
	10%～25%	60%～90%
从地毯走过	35 000 V	1 500 V
走过乙烯基瓷砖	12 000 V	250 V
在工作台上工作	6 000 V	100 V
从工作台上拿起塑料袋	20 000V	1 200 V
坐在聚氨酯泡沫的椅子上	18 000 V	1 500 V

根据不同的保护等级，ESD 可以分为芯片级的 ESD 和系统级的 ESD。不同等级的 ESD 防护会对应不同的行业标准。

芯片级的 ESD 等效电路示意图如图 5-17 所示。开关的左半部分表示 ESD 的静电累积过程，所有的静电都会累积在电容中，电容累积的静电量取决于电容值；开关的右边部分表示 ESD 的放电过程，放电速度和幅值取决于串联等效电阻和等效电感。在串联等效电阻和等效电感的作用下，等效电容累积的静电转化为 ESD 电流进入受扰设备和 IC。正常情况下，ESD 电流会从受扰设备 IC 的 ESD 二极管流过并返回源端。但是，如果受扰设备中 ESD 二极管失效，则 ESD 电流就需要寻找其他的途径返回。如此多次之后，就可能对受扰设备内部电路产生灾难性的影响。

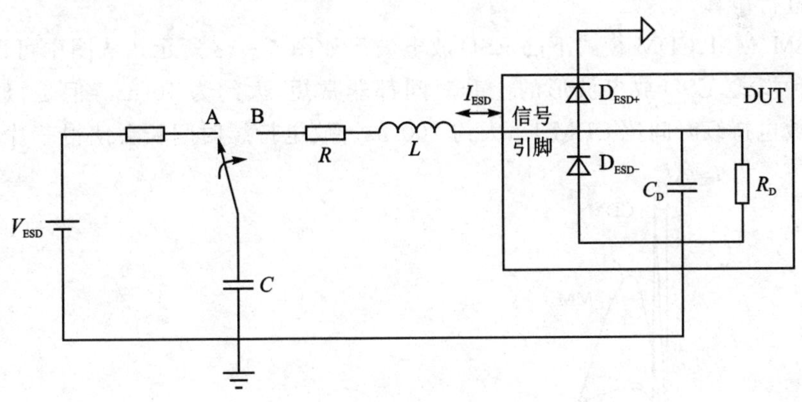

图 5-17　ESD 等效电路示意图

根据 ESD 产生的原因及放电方式的不同，芯片级的 ESD 大致可以分为如下三类：人体放电模式（Human-Body Model，HBM）、机器放电模式（Machine Model，MM）以及充电设备模式（Charged-Device Model，CDM）。根据等效电路示意图，三种模式的 ESD 的等效电容、电容电感和等效电阻等参数如表 5-3 所列。

表 5-3　各种 ESD 模式下等效电路参数

ESD 模式	R/Ω	L/nH	C/pF	V_{ESD}/kV
HBM	1.5	750	100	≥2 000
MM	20	750	200	100～200
CDM	20	5	2～10	200～1 000

HBM 模式的 ESD 是指当累积了静电的人触碰到 IC 或者 PCB 电路时，人体上的静电就会沿着电路或者 IC 的引脚进入 IC 内部，再经过 IC 进行放电。该放电过程会在数百纳秒(ns)之内释放数安培的瞬时电流。如果没有适当 ESD 防护，则可能导致 IC 内部烧毁。一般商业 IC 的 HBM 测试要通过 2 kV 才算合格，其瞬时放电电流的峰值约为 1.33 A。

MM 模式的 ESD 是指机台本身与 PCB 或者 IC 接触后，其累积的静电就会通过电路或者 IC 引脚进入 IC 内部，再经过 IC 的引脚放电。相比于 HBM 模式，MM 模式的放电过程更短，通常在几纳秒到几十纳秒之内就会有数安培的瞬时电流产生，对 IC 的破坏力更大。

CDM 模式的 ESD 是指 IC 因为摩擦或者其他因素而在其内部累积了静电，但是在静电累积过程中 IC 并没有受到损害。该芯片被用于制造或者测试过程中，当芯片引脚与接地面接触时，IC 内部的静电就会经由芯片引脚流出，产生放电。此模式的放电时间最短，仅约几纳秒，而且由于静电是存储在 IC 内部，因此其放电路径和现象更难以进行仿真。

HBM、MM、CDM 模式下的 ESD 放电波形如图 5-18 所示。从图中可以看出，不管哪种模式，ESD 放电波形的上升时间都非常短，大约为 10 ns。但是，HBM 和 MM 的放电持续时间比 CDM 长，大约 200 ns。放电持续时间长会使得芯片内 ESD

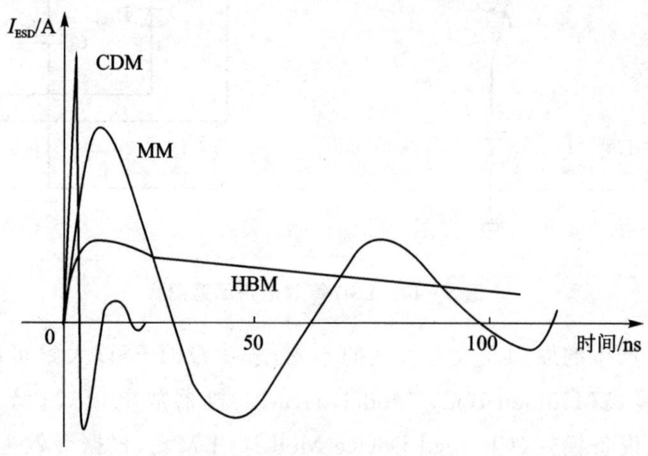

图 5-18　HBM、MM、CDM 模式的 ESD 放电波形示意图

结构过热，导致芯片内栅极氧化物或者 PN 结损坏。

针对芯片级不同的 ESD 模式的测试，HBM、MM、CDM 又各自定义了不同等级的防护标准，具体如表 5-4 所列。

表 5-4　芯片级 ESD 模式等级标准及描述

ESD 模式	等　级	电压范围/V	描　述
HBM	1	<250	250 V ESD 脉冲失效
	1A	250～500	250 V ESD 脉冲通过，但 500 V ESD 脉冲失效
	1B	500～1 000	500 V ESD 脉冲通过，但 1 000 V ESD 脉冲失效
	1C	1 000～2 000	1 000 V ESD 脉冲通过，但 2 000 V ESD 脉冲失效
	2	2 000～4 000	2 000 V ESD 脉冲通过，但 4 000 V ESD 脉冲失效
	3A	4 000～8 000	4 000 V ESD 脉冲通过，但 8 000 V ESD 脉冲失效
	3B	≥8 000	8 000 V 及其以上 ESD 脉冲都通过测试
CDM	C1	<125	125 V ESD 脉冲失效
	C2	125～250	125 V ESD 脉冲通过，但 250 V ESD 脉冲失效
	C3	250～500	250 V ESD 脉冲通过，但 500 V ESD 脉冲失效
	C4	500～1 000	500 V ESD 脉冲通过，但 1 000 V ESD 脉冲失效
	C5	1 000～1 500	1 000 V ESD 脉冲通过，但 1 500 V ESD 脉冲失效
	C6	1 500～2 000	1 500 V ESD 脉冲通过，但 2 000 V ESD 脉冲失效
	C7	2 000	2 000 V ESD 脉冲通过
MM	M1	<100 V	100 V ESD 脉冲失效
	M2	100～200	100 V ESD 脉冲通过，但 200 V ESD 脉冲失效
	M3	200～400	200 V ESD 脉冲通过，但 400 V ESD 脉冲失效
	M4	≥400	400 V 及其以上 ESD 脉冲都通过

注：芯片级的 ESD 防护等级随着 IC 的制程工艺而不断调整。进行电子系统设计时，需要了解所采用的芯片的具体 ESD 防护等级。

和芯片级的 ESD 等效电路类似，系统级的 ESD 等效电路如图 5-19 所示。其中，等效电容为 150 pF，等效电阻为 330 Ω。国际电工委员会（IEC）针对系统级的 ESD 颁布了一个基础性标准 IEC 61000-4-2。该标准适合各种电气与电子设备做 EMC 的测试，对应的国内标准是 GB/T 17626.2。

IEC 61000-4-2 定义了 4 个等级以及 2 种测试方法。其中接触放电就是将静电枪直接作用在被测系统的引脚上。如果无法接触到实际的引脚，可以采用空气放电。使 ESD 枪尽量靠近引脚，直到对引脚有放电为止。2 种测试方法与对应的等级如表 5-5 所列。不管采用接触放电还是空气放电，同一等级的 ESD 被认为是等效的。例如等级 3，接触放电测试电压为 6 kV，其与空气放电测试电压为 8 kV 等效。

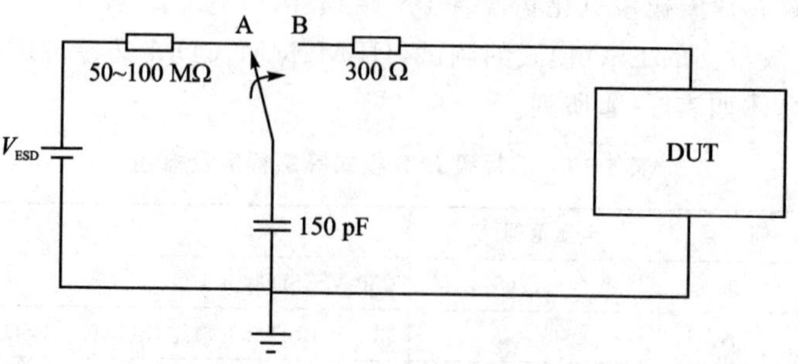

图 5-19　系统级的 ESD 等效电路图

表 5-5　IEC 61000-4-2 测试方法和等级规范定义

接触放电		空气放电	
等　级	测试电压/kV	等　级	测试电压/kV
1	2	1	2
2	4	2	4
3	6	3	8
4	8	4	15
X	特别定义	X	特别定义

注:X 表示为一个开放等级,需要根据具体设备规范进行定义,可能需要特殊的测试设备。

尽管系统级的 ESD 等效电路和芯片级的 ESD 非常相似,特别是与 HBM 模式非常相似,但是,判断 ESD 的一个重要指标是静电放电电流。在测试电压为 8 kV 的情况下,IEC 61000-4-2 和 HBM 的放电波形如图 5-20 所示。从图中可以看出,和 HBM 相比,系统级的 ESD 放电电流的峰值电流非常大,而且上升时间非常短。在测试电压为 8 kV 的情况下,IEC 61000-4-2 所定义的放电电流峰值为 30 A,同等情形下的 HBM 的电流大概为 5.33 A。同样,在测试电压为 8 kV 的情况下,IEC 61000-4-2 所定义的放电电流上升时间不超过 1 ns,并且大部分能量将在第一个30 ns 内释放;而 HBM 的上升时间为 25 ns。如果需要 25 ns 来响应采用 HBM 规范的器件,则器件在保护电路响应前就会烧毁。

在相同的测试电压下,芯片级的 HBM 模式的 ESD 和系统级的 ESD 具体对应的峰值电流如表 5-6 所列。从表中可以看出,在测试电压为 8 kV 时,HBM 模式的峰值电流为 5.33 A,而 IEC 61000-4-2 在测试电压为 2 kV 时的峰值电流为 7.5 A。即使一个芯片具有 HBM 8 kV 的 ESD 能力,但是依旧可能会被 IEC 61000-4-2 等级 1 而损坏。因此,设计工程师不能从芯片的 HBM 标准来确认系统是否可以承受 ESD 的冲击。

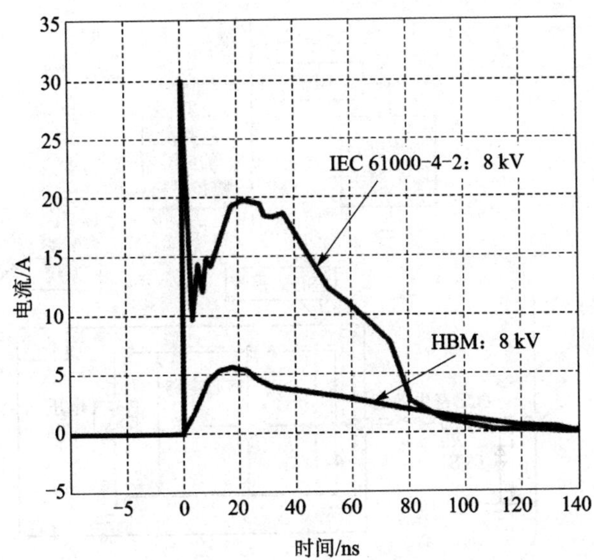

图 5－20　IEC 61000－4－2 和 HBM 模式在测试电压为 8 kV 时的放电电流波形示意图

表 5－6　相同测试电压下两种模式下放电电流峰值

施加电压/kV	峰值电流/A	
	HBM	IEC 61000－4－2
2	1.33	7.5
4	2.67	15.0
6	4.00	22.5
8	5.33	30.0
10	6.67	37.5

如图 5－21 所示，芯片级的 ESD 防护和系统级的 ESD 共同构建了整个电子产品的 ESD 防护系统。当外部 ESD 电流进入系统时，如果系统工作正常，则大部分的 ESD 电流会流经外部 ESD 防护网络，几乎没有 ESD 电流会流入芯片内部核心电路。外部 ESD 保护网络的钳位电压应该尽量保持低电平，这样当系统遭遇 ESD 时，外部 ESD 保护网络可以把 ESD 脉冲钳位在一定的电平，保护数据丢失，防止芯片失效或者损坏。

大部分 IC 内部都集成了 ESD 保护网络，以便在 IC 生产和组装过程中提供 ESD 防护。芯片内部 ESD 保护网络一般基于二极管。对于 ESD 要求严格的产品，采用芯片级的 ESD 防护往往不够，还需要在 PCB 以及系统上采用外部 ESD 防护网络。

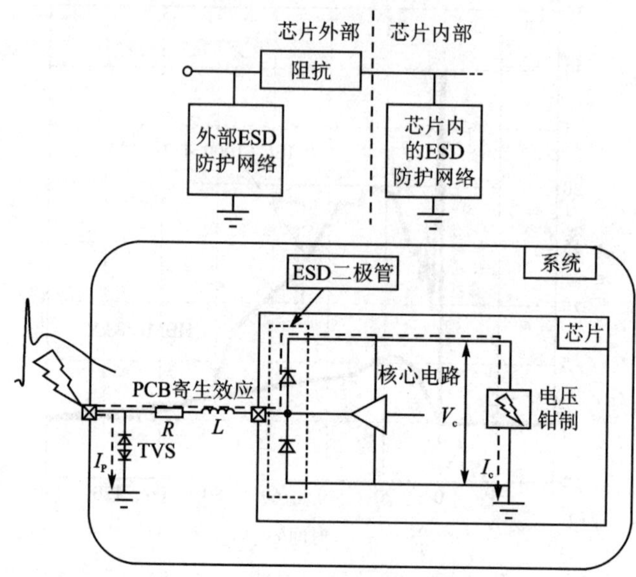

图 5-21 电子系统的 ESD 防护示意图

外部 ESD 防护网络有两种工作模式：透明模式和钳制模式。透明模式会在低于 ESD 保护门限电压下使用，而钳制模式会在超过 ESD 保护门限电压下工作。外部 ESD 保护网络会采用二极管和各种可变电阻单元相结合的方式来实现。

理想情况下，只要通过简单地增加 ESD 保护网络，就可以确保所有的电子系统能够有效地得到 ESD 防护。典型的 ESD 保护网络会包含多个钳制二极管以及某些限流电阻，甚至有可能包含某些电容。在速度要求不高的系统，ESD 保护网络不会对信号质量产生比较大的影响，但是随着信号频率提升，会有各种寄生效应，劣化了信号完整性。在实际电子系统设计时，增强 ESD 保护能力和提高信号质量和系统性能往往是一对矛盾。ESD 保护网络需要采用元器件尽可能小，以减小元器件的寄生效应。

5.3.2 EOS

EOS 是 Electrical Over Stress 的缩写，是电子器件承受的电流或电压超过器件规范限值时可能发生的一种现象。当电流或电压超过限值时，电子器件由于电阻的作用，就会产生过多热量。即使在正常的低阻抗路径中，如果电流过高，也会产生局部高温。过多的热量会对电子器件使用的材料造成破坏性的热损坏，并且这种损坏可能肉眼可见。

造成 EOS 事件的原因很多，具体如表 5-7 所列。EOS 事件可能是一个仅持续几毫秒的瞬时事件，也可以是一个持续事件，比如由于电源设计不合理而出现的漏电事件等。EOS 可以是单个非重复事件造成的，也可以是周期性或者非周期性事件造成的结果。

表 5-7　EOS 事件的根源说明

EOS 事件原因	具体说明
操作流程缺乏或不满足	没有标准的工作流程； 设备位置摆放不正确； 带电插拔元件； 电路板或零组件没有正确连接就上电
处于噪声的生产环境	缺乏电力线稳压器； 缺乏交流滤波器； 不恰当屏蔽导致 EMI
不恰当的测试	热切换效应； 测试顺序错误
电路板和芯片上电和工作	芯片上施加超出规格限制的电压或电流； 采用不恰当的压力测试，例如老化测试，导致敏感芯片承受过度的电应力； 上电时序错误； 内部 PCB 切换而导致的尖峰电压； I/O 切换期间出现过冲或下冲； 电流过高或持续时间较长所导致的闩锁效应
使用劣质电源	电源设计不良会导致噪声产生，特别是开关电源； 缺乏电源过压和过流保护电路； 电源输入阶段的线路滤波以及纹波抑制不足； 保险丝选择错误，导致对电路的保护不充分
缺乏合适设备和生产线监控	设备未接地； 连接松动引起间歇性事件； 线路维护不良； 未监控交流电源线的瞬变电压或噪声
外部连接	外部连接导致的尖峰电压，包括但不限于外部电缆上的寄生电容，外部开关噪声以及感性负载等
ESD 事件	可能损坏或弱化器件性能的 ESD 事件，这些事件会使器件更容易受到未来 EOS 事件的影响
闪电	—

EOS 事件往往会对电子器件造成实质性和永久性的损坏。从电气性能方面来说，发生了 EOS 事件的电子器件往往会出现如下一种或者多种现象：

- 电源电流过大；

- 电源电压和地之间的电阻低；
- I/O 引脚对地或者电源短路；
- 与一个或多个 I/O、电源或者地等引脚的连接断开；
- 器件内部损坏而导致的功能故障；
- 器件意外复位或发生门闩现象。

从视觉方面来说，EOS 事件造成的器件损坏往往会在器件外观表现出来，或者对器件内部进行拆封通过高倍显微镜观察得到。从器件外观来看，主要表现为封装破裂、封装模塑化合物发生可见的鼓包或膨胀、封装模塑化合物出现物理开孔或者烧焦褪色等现象，如图 5-22 所示。

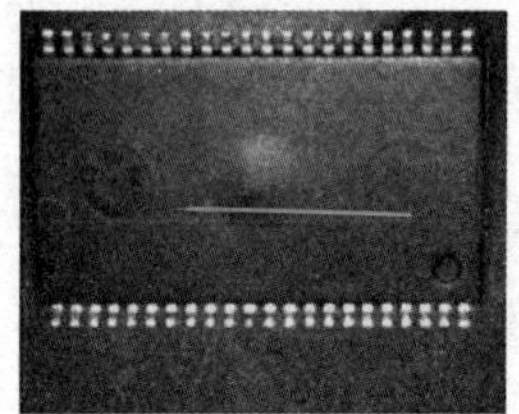
(a) 封装鼓包或膨胀

(b) 封装物理开孔

(c) 封装破裂、烧焦、褪色

图 5-22　EOS 事件发生后，器件外观损坏的现象

对器件拆封，通过高倍显微镜对器件内部进行观察，发生 EOS 事件的器件往往会表现为金属熔化或烧毁、模塑化合物碳化、金属线受热损坏，或者键合线熔化、汽化等现象，如图 5-23 所示。

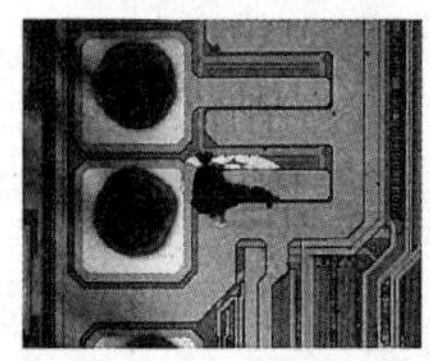
(a) 金属烧毁

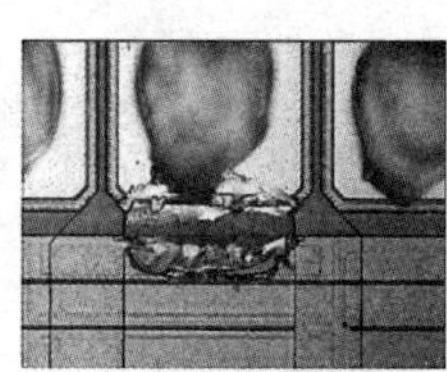
(b) 连接断路

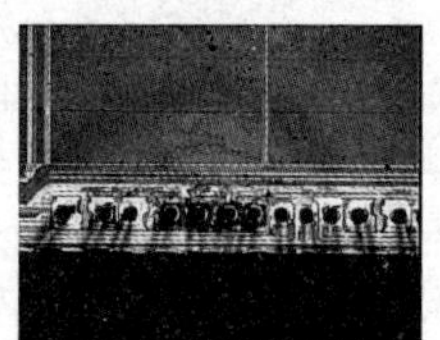
(c) 过热碳化

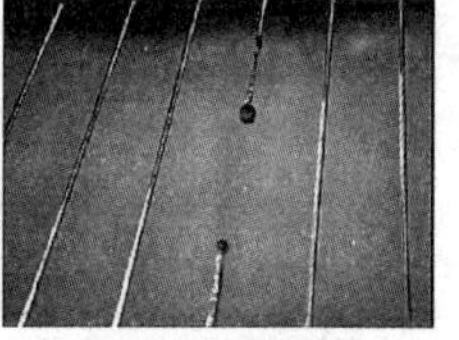
(d) 键合线熔断

图 5-23　EOS 事件发生后，器件内部损坏的现象

EOS 和 ESD 都是过应力的相关事件，但各有不同。ESD 主要是静电电荷放电所导致的，其特点是具有一个非常高的电压（通常大于 500 V）和中等的峰值电流（一般为 1～10 A），持续时间短（通常小于 1 μs），通常会导致电晶体级别的损坏，但损坏现象不明显，损坏位置不容易发现。EOS 的特点是具有一个较低的电压（＜100 V）和较大的峰值电流（＞10 A），持续时间相对较长（通常大于 1 ms），损坏现象明显，可以通过肉眼或者显微镜等看到，短的 EOS 脉冲损坏看起来像 ESD 损坏。也可以说，ESD 属于 EOS 的一个特例。

5.4 元件选择与 EMC

元件选择是从源头对 EMC 进行设计的主要手段。在电路设计时，需要严格进行元件的选择。

主流的元件有两种：具有引脚的元件和无引脚的元件。在高频的情况下，引脚以及引脚之间会产生寄生电感和寄生电容的效应。在进行电路设计时，尽量优先选择无引脚的 SMT 元件，其次是放射状引脚元件，最后是轴向平行引脚的元件。

封装和引脚排列对主动 IC 的电磁兼容非常重要。封装越小，引脚越短，则键合线越短，电磁兼容越好。选择 BGA 封装或者类似形态的封装的 IC 进行电路设计。同时，确保 IC 内部集成有 ESD 保护电路。

芯片的引脚排列也会影响 EMC 性能。电源线从模块中心连接到 IC 引脚越短，其等效电感就越小。IC 电源和地之间的去耦电容越近越好。

尽量不要使用 IC 插座进行电路设计，因为 IC 插座对 EMC 的影响非常大。对电子系统进行原型设计时，往往会采用 IC 插座来安装一些需要进行可编程的 EEPROM，方便系统进行线路调试。当电子系统调试稳定后，建议拿掉 IC 插座，直接把 IC 焊接在 PCB 上。对于像 Intel 公司的 CPU 需要插座之类的设计，需要严格按照相应 CPU 的设计要求进行线路设计和布局布线。

尽量选择 SMD 封装的电阻和电容，目前主流的 SMD 封装的电阻和电容为 0402 和 0201。封装尺寸越小，在高频情形下的寄生效应就越小。如果必须选择有引脚的电阻，应该首选碳膜电阻，其次是金属膜电阻，最后是线绕电阻。线绕电阻具有非常强的寄生电感效应，在 RC 滤波电路中容易引起振荡，需要尽量避免。

电容经常会用来解决 EMC 的问题。根据不同的频响特性，铝电解电容和钽电解电容一般用于低频段，用于低频滤波；陶瓷电容一般用于中频段，用于去耦电路和高频滤波。对于甚高频应用或者微波电路，一般采用特殊的低损耗陶瓷电容和云母电容。

由于电容谐振的存在，通常会采用多种不同的电容进行组合，在更宽的频谱范围内保持电容的容性进行有效滤波。在第 3 章中有详细描述和说明，在此不做赘述。需要注意的是，为了有效进行 EMC 设计，需要选择 ESR 较小的电容进行设计，最大程度上减小对信号的衰减。

共模电感是用来进行 EMC 设计的另外一个重要的被动元件。共模电感以铁氧体为磁芯，由两个尺寸相同、匝数相同的线圈对称绕制在同一个铁氧体环形磁芯上，形成一个四端器件。当共模电流流经该电感时，磁环中的磁通相加，整个电感会呈现非常大的电感量，抑制共模电流。当差模电流流过时，磁环中的磁通相互抵消，几乎没有电感量，差模电流就可以无衰减地通过。在设计时，需要选择所需滤波的频段。根据阻抗频率曲线选择共模电感，同时关注差模阻抗对信号的影响。

磁珠被广泛应用于PCB、电源线和数据线上，用于抑制信号线和电源线上的高频干扰和尖峰电压，同时也具有吸收静电放电脉冲干扰的作用。采用磁珠还是电感主要取决于实际应用场合，比如，在谐振电路中需要使用电感，而在消除EMI噪声时，磁珠是最佳选择。磁珠一般用于时钟发生电路、模拟电路和数字电路之间的滤波、输入/输出内部连接器、射频电路和易受干扰的逻辑设备之间等。当被用于电源电路时，需要考虑直流电阻对压降的影响。

需要注意的是，电感、电阻、电容、导线本身并不是保护器件，但在多个不同保护电路中，可以起到配合的作用。电子系统设计有专门的电子保护器件来提升系统的EMC特性。最常见的是齐纳二极管，其特点是反向模式工作，快速的反向电压过度，用于钳位正向电压，主要用于过压保护和低电容高数据率信号保护。

5.4.1 气体放电管

气体放电管(Gas Discharge Tube,GDT)是一种间隙型的防雷保护元件，一般采用玻璃或者陶瓷作为封装外壳，管内充入电气性能稳定的惰性气体。GDT内放置放电电极，数量一般为2～3个，电极之间采用气体隔开。其电路符号和部分实物如图5-24所示。

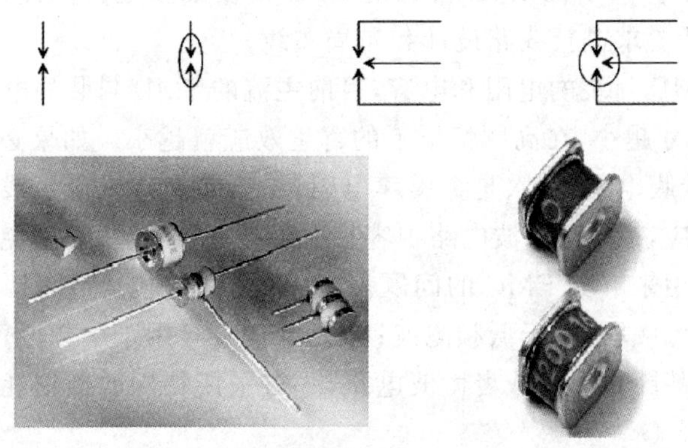

图5-24 GDT电路符号及部分实物图

当GDT两极之间施加一定的电压时，两极之间就会产生电场。在电场的作用下，惰性气体开始游离。当电极之间的场强超过气体的绝缘强度时，气体就会被放电击穿，由原来的绝缘状态转化为导电状态，电极之间的电压迅速降低，避免了与GDT并联的电子设备过压损坏。

GDT的主要参数指标包括响应时间、直流击穿电压、冲击击穿电压、通流容量、绝缘阻抗、极间电容以及续流遮断时间等。GDT的极间绝缘电阻为千兆欧姆以上，极间电容小于5 pF，对高频信号线路的雷电防护有明确的优势。但是其响应时间长，放电时延长，灵敏度不理想，不适于抑制上升时间短的噪声和辐射电流。一般用于多级保护电路的第一级或前两级。当用于普通交流线路时，其最小直流击穿电压应该大于1.8倍的线路正常运行峰值电压，以确保它在线路正常运行电压及其允许的波动范围内不会动作。

5.4.2 压敏电阻(VDR)

顾名思义，VDR(Voltage Dependent Resistor 或者 Varistor)是一种对电压敏感的元件。与普通电阻不同，其电阻体材料是半导体，伏安特性为非线性，主要用于电路过压时进行电压钳位，吸收多余的电流以保护敏感元件。其电路符号和部分实物如图5-25所示。

图5-25 压敏电阻电路符号以及部分实物图

压敏电阻的主要参数有压敏电压、通流容量、结电容和响应时间等。其中，压敏电压和通流容量需要重点考虑。为了保证压敏电阻在电源电路中能够正常工作，需要有适当的安全裕量。一般来说，需要确保在直流回路中压敏电压大于1.8～2倍回路直流工作电压；在交流回路中确保压敏电压大于2.2～2.5倍回路交流工作电压；在信号回路中需要保证压敏电压大于1.2～1.5倍信号回路的峰值电压。压敏电阻的通流容量较大，但小于气体放电管。具体的通流容量应根据电路的设计指标来定。一般而言，压敏电阻能够承受两次电流冲击而不损坏的通流值应大于电路的设计通流量。压敏电阻的响应时间为ns级，快于气体放电管。

压敏电阻的失效模式主要是短路，但也可能因为电流过大而导致阀片炸裂而开路。压敏电阻使用寿命较短，存在维护及更换的问题。

5.4.3 瞬态抑制二极管(TVS)

TVS(Transient Voltage Suppressor)是一种限压保护器件，其作用与压敏电阻类似，也是利用器件的非线性特性将电压钳位到一个较低的电压值以实现对后级电路的保护，被广泛应用于各种高速I/O接口电路中。其电路符号以及部分实物如图5-26所示。

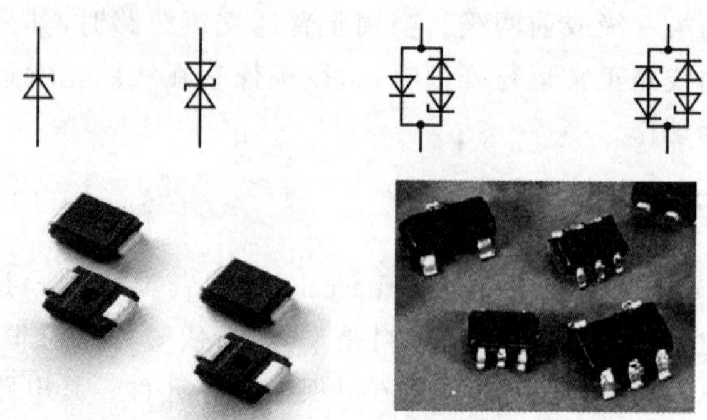

图 5-26　TVS 电路符号以及部分实物图

TVS 用于瞬间尖峰电压的抑制，与受保护电路并联。正常情况下，TVS 对受保护电路呈高阻状态，当瞬间尖峰脉冲电压超过其击穿电压时，TVS 会导通，提供一个低阻抗路径，瞬间电流转而流经 TVS。受保护的元件两端电压就被限制在 TVS 两端的钳制电压内。当过压消失后，TVS 又恢复到高阻状态。

TVS 的主要参数包括反向击穿电压、最大钳位电压、瞬间功率、结电容、通流容量以及响应时间(ps)等。在设计中，需要重点考虑反向击穿电压和通流容量。在直流回路中，最小反向击穿电压应大于 1.8～2 倍直流工作电压；在信号回路中，则应大于 1.2～1.5 倍信号回路峰值电压。TVS 的通流容量非常小，一般用于最末端的精细保护。如果要用于交流电源线路中，则需要和压敏电阻等通流容量大的器件配合使用。

TVS 有单向和双向保护之分。如果信号电路是单极性或者是直流电源电路，则可以选择单向 TVS，这样可以获得比压敏电阻低 50%以上的残压。

和压敏电阻相比，TVS 管的非线性特性更好，可以获得比压敏电阻更理想的残压输出。在很多需要精细保护的电子电路中，TVS 管是比较好的选择。同时 TVS 管体积较小，便于集成，很适合在单板上使用。

TVS 管的失效模式主要是短路，但如果电流过大时，也会造成 TVS 被炸裂而开路。TVS 管的使用寿命相对较长。

5.4.4　晶闸管浪涌保护器件(TSPD)

TSPD(Thyristor Surge Proection Device)是基于硅的专用过电压保护器，用于保护敏感的电子电路，使其免受过电压瞬态浪涌的破坏。其电路符号和实物如图 5-27 所示。

晶闸管内部结构为一对双极性晶体管，这一对双极性晶体管由四层不同掺杂的 P、N 极组成，如图 5-28 所示。从图中可以看出，晶闸管可以等效为一个 PNP 和一个 NPN 管的组合，一个晶体管的集电极和另外一个晶体管的基极互连。

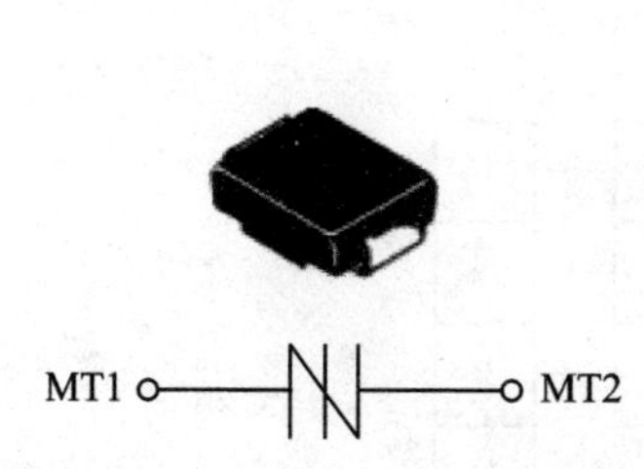

图 5-27　TSPD 电路符号和实物图

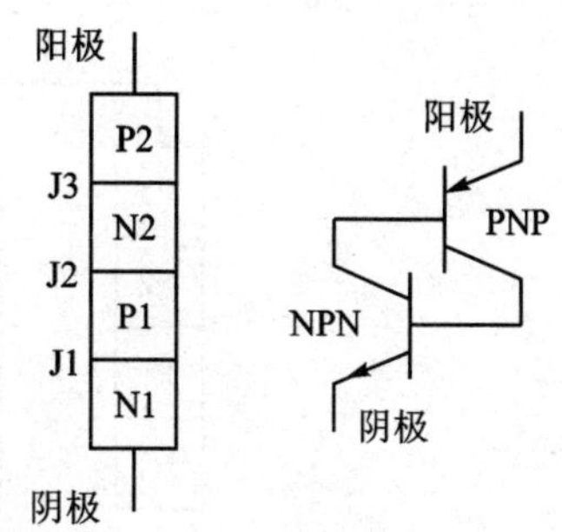

图 5-28　晶闸管结构和等效电路图

当晶闸管的两极施加正向电压时，J3 和 J1 正偏，J2 反偏。反偏会阻碍电流流动。如果正向电压增加到大于 J2 的击穿电压，两个三极管全部导通，晶闸管的电阻下降，从而钳制晶闸管两端的电压。如果两极施加负向电压，则只有 J2 正偏，J1 和 J3 反偏，类似于一个反偏的二极管。晶闸管的电压-电流曲线如图 5-29 所示。

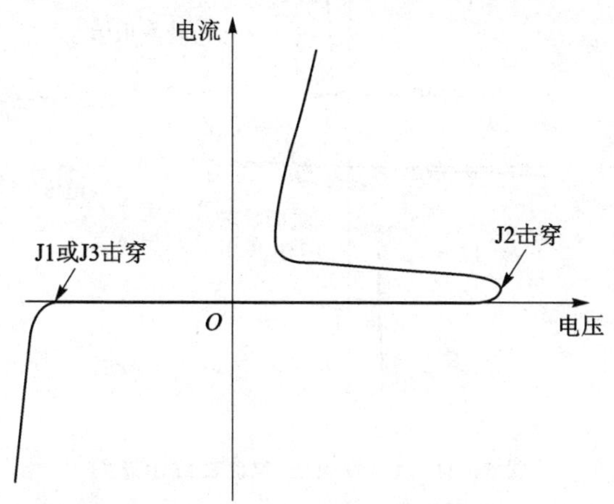

图 5-29　晶闸管电压-电流曲线示意图

为了具有对称的过压保护功能，可以采用一对不连续的晶闸管来实现(见图 5-30 左)，也可以由 5 种不同掺杂浓度的 PN 区域组成的硅器件来实现(见图 5-30 右)，这就是 TSPD。

TSPD 的电压-电流曲线如图 5-31 所示。大多数 TSPD 是对称的双向特性，不对称的 TSPD 会在一个极性方向减小触发电压。采用 TSPD 器件进行设计时，需要特别注意几个重要参数。

击穿电压是 TSPD 被击穿时的电压。当 TSPD 两端的电压达到击穿电压时，器件就会从高阻抗状态转入到低阻抗状态。在进行线路设计时，需要确保 TSPD 的最大击穿电压小于需要进行保护的最低电压。

关断状态截止电压是指器件的最大额定运行电压。该值必须大于系统的正常运

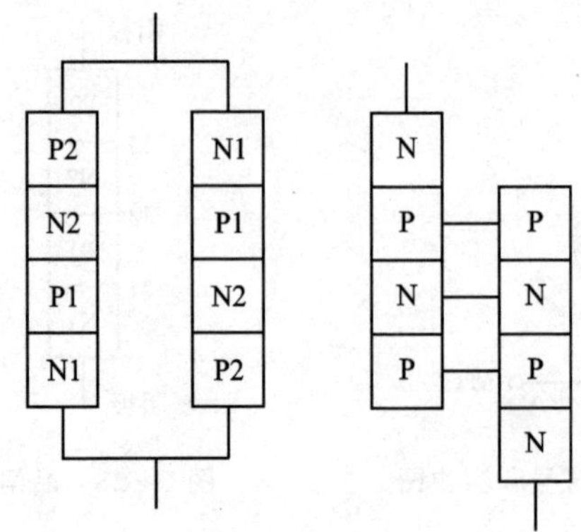

图 5-30 TSPD 结构示意图

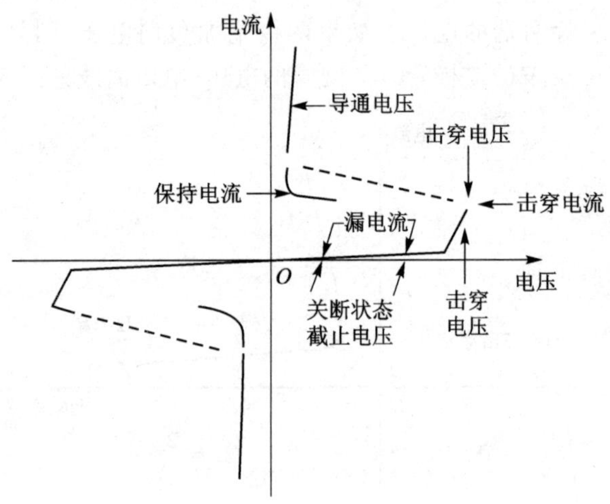

图 5-31 TSPD 电压-电流曲线示意图

行时的最大电压，即峰值振铃（交流）电压与直流电压的总和。

TSPD 的峰值脉冲电流必须大于系统规定的最大浪涌电流。如果不是这样，就需要增加额外的电阻以减小脉冲电流，让其处于器件的脉冲额定值范围以内。

保持电流决定了过电压保护器件将保持"复位"或从低阻抗切换至高阻抗，从而让系统恢复正常。TSPD 的保持电流必须大于系统的电源电流，否则它将保持在低状态下。

5.4.5 热敏电阻与 PPTC

热敏电阻是一种限流保护器件，其电路符号及相关实物图如图 5-32 所示。

一般热敏电阻在电路上是串联，以对后端敏感元件进行保护。其主要特点是当外部电流流经热敏电阻时，其自身的阻值会随着电流的增大而发生急剧的变化。如

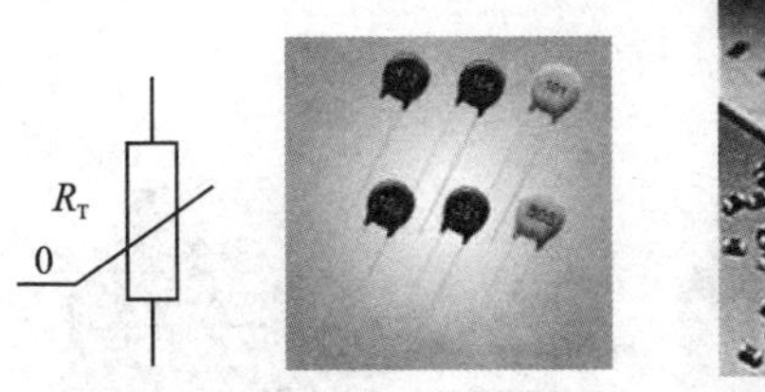

图 5-32　热敏电阻电路符号及实物图

果阻值随着电流的变大而变大，则称为正温度系数热敏电阻(Positive Temperature Coefficient，PTC)；如果阻值随着电流的变大而明显减小，则称为负温度系数热敏电阻(Negative Temperature Coefficient，NTC)。大多数情况下采用 PTC。这样，当电流增大时，PTC 的阻抗也会迅速增大，可以起到限流保护的作用。

PTC 的反应速度较慢，一般在 ms 级以上，因此常用于需要长时间过流保护的场合。PTC 失效时为开路。

根据材质不同，PTC 主要有 PPTC(Polyer Positive Temperature Coefficient，高分子聚合物 PTC)和 CPTC(Ceramic Positive Temperature Coefficient，陶瓷 PTC)两种。CPTC 的耐压能力较强，一般 CPTC 用于单板上防护电路的最前级。

PPTC，又称为可恢复保险丝(resettable fuse)或者聚合物保险丝(polyfuse)，也称为 polyswitch，其电路符号及部分实物如图 5-33 所示。

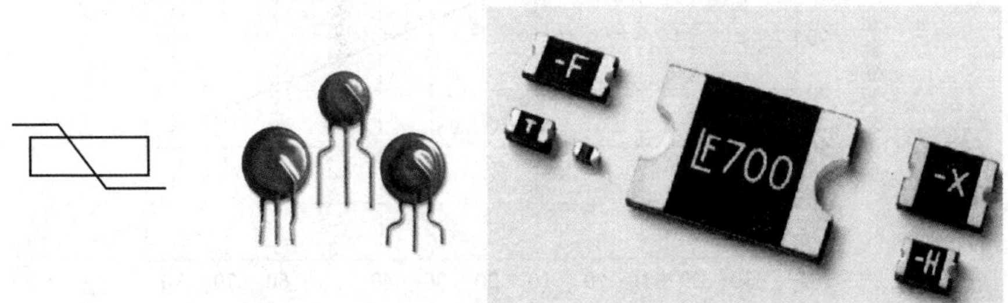

图 5-33　PPTC 电路符号和实物图

PPTC 内部材质主要采用半晶体状聚合物与导电性颗粒复合制造。在电路中 PPTC 器件作为串联部件使用。当电流流经 PPTC 时，在正常温度下，PPTC 内部的导电颗粒组成低阻抗的网络。当温度升高时，PPTC 内部体积膨胀，聚合物由结晶态转为非结晶态，一旦温度上升到器件的切换温度时，导体颗粒所组成的低阻抗网络断裂，器件的电阻值将会出现巨大的非线性增长。典型情况下，电阻值将增加 3～4 个数量级。

阻值的迅速增大可以将故障条件下的流经电流数量降低到一个较低的稳态水平。在故障排除之前或者电源断开之前，PPTC 将抑制保持此高阻状态。而一旦故障排除或者电源断开后，PPTC 内部冷却，导电性复合材料冷却后重新结晶，又恢复到低阻抗状态。这样就可以保护后端的电路正常工作。其工作原理如图 5-34 所示。

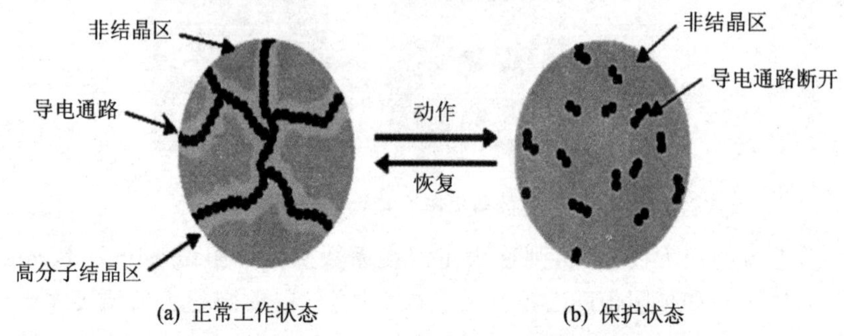

图 5-34 PPTC 内部结构工作和恢复示意图

在采用 PPTC 进行电路设计时,需要使用温度折减表并选择与电路最大环境温度最匹配的温度。该表一般会在 PPTC 的数据手册中给出。图 5-35 所示为 Littelfuse 公司的 LoRho 系列 PPTC 的温度折减曲线示意图。

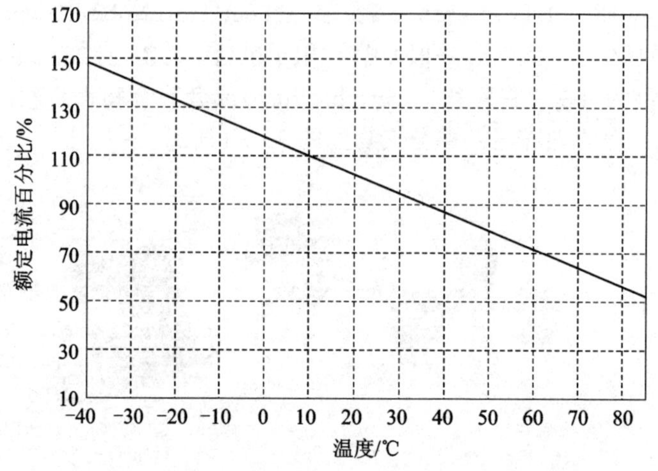

图 5-35 Littelfuse 公司 LoRho 系列 PPTC 温度折减曲线示意图

另外一个需要确认的就是 PPTC 的动作时间。所谓的动作时间,就是故障电流流出当前整台装置时,将 PPTC 从低阻抗切换到高阻态所需要的时间量。如果切换速度太快,则会出现异常动作;如果动作太慢,则有可能会烧坏后端受保护的元件和电路。图 5-36 所示为 PPTC 动作时间示意图。

PPTC 外形较小,有助于节省板卡空间;并且 PPTC 属于固态器件,能耐受机械冲击和振动,有助于提供可靠的保护能力。

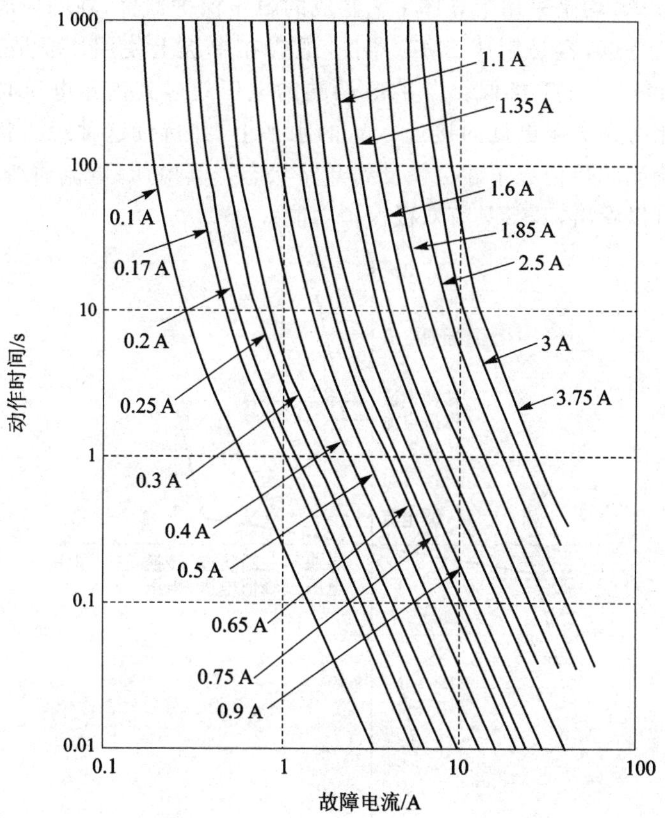

图 5-36　PPTC 动作时间示意图

5.4.6　晶闸管浪涌抑制器件(TSS)

TSS(Thyristor Surge Suppressor)是一种电压开关型瞬态抑制二级管，其电路符号和部分实物图如图 5-37 所示。

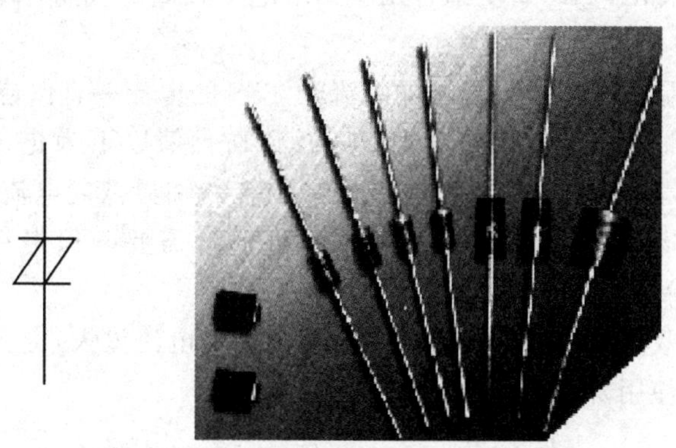

图 5-37　TSS 电路符号和部分实物图

TSS和TVS均是采用半导体工艺制成的限压保护器件，在响应时间、结电容方面具有相同的特点，容易制成SMT器件，适合在单板上使用。但是其工作原理与TVS不同，而是与GDT类似。当TSS两端的电压超过其击穿电压时，TSS就会把电压钳位到比击穿电压更低的接近0 V的水平上，并持续这种短路状态，直到流过TSS的电流降到临界值以下才会恢复到开路状态。其电压-电流曲线如图5-38所示。从图中可以看出，TSS具有双极保护功能。

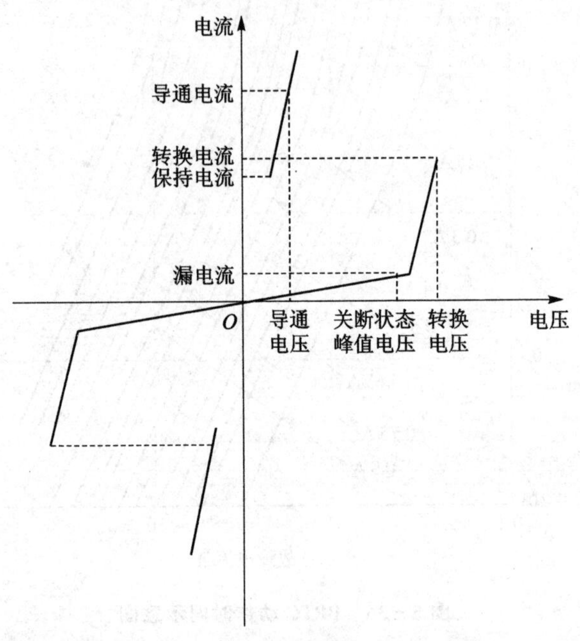

图5-38 TSS电压-电流曲线示意图

TVS主要功能是把过电压钳位到某个固定的电压，而TSS则是把过电压从击穿电压附近下拉到接近0 V的水平，二者的吸收效果有一定的差别，如图5-39所示。从图中可以看出，TSS管更适合用于信号电平较高的线路，如ADSL等，其通流量也比TVS要好。

需要注意的是，TSS被击穿后，如果流经TSS的电流一直保持在临界值以上，则TSS会一直保持低阻抗状态，直到电流降低到临界值以下为止。在进行线路设计时，需要确保信号路径的正常工作电流小于TSS的临界恢复电流。另外，TSS的击穿电压和通流容量需要重点考虑。在信号回路中，需要确保击穿电压大于1.2～1.5倍信号回路峰值电压。

TSS管的失效模式主要是短路。但如果流经的电流过大，也会导致TSS被炸裂而开路。TSS的使用寿命相对较长。

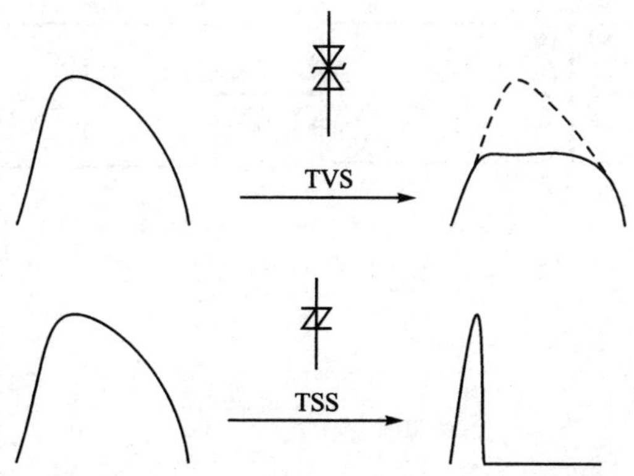

图5-39 TVS和TSS的工作原理示意图

5.4.7 变压器和光耦

变压器(transformer)和光耦(optical coupler)器件本身并不属于保护器件,但在端口电路设计时可以利用这些器件的电气隔离特性来提高电路的抗过压能力,同时也在一定程度上提升对EMI的抑制能力。

变压器基于电磁感应原理,以相同的频率在两个或者多个绕组之间变换交流电压或者电流而传输能量的一种器件,其电路符号如图5-40所示。其主要作用是电气隔离和共模抑制。

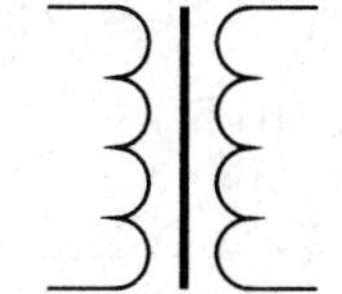

图5-40 变压器电路符号

理想变压器是完美的电路元件,通过磁耦合在初级和次级绕组中进行能量传输,并只能传输交变的差模电流。由于绕组两端的电位差为零,不能传输共模电流,从而能够抑制低频共模干扰。

但是实际变压器的初级和次级线圈之间存在寄生耦合电容。该电容是绕组之间的非电介质和物理间隙所导致的。在高频的情况下,该寄生电容会为共模电流提供一条穿过变压器的通道,其阻抗由寄生电容和信号频率所决定。采用变压器进行电路设计时,往往需要和共模电感共同使用,如图5-41所示。

图5-41中,变压器两端施加差分信号,经过磁耦合作用在次级绕组上感应并产生电压。由于变压器的存在,低频共模电流被抑制,高频共模电流会通过寄生电感流向次级绕组,然后和差分信号流向共模电感。差分信号流经共模电感,由于信号电流大小相等、方向相反,在共模电感上会产生相反的磁通,相互抵消,不会影响差分信号传输,而共模信号则会被抑制。最后一级为自耦合变压器,对于差分信号来说,自耦合变压两绕组流过的电流大小相等、方向相同,其作用相当于一个大的电阻,阻碍差分信号流过,使得差分信号直接作用在负载上。而对于共模信号来说,其相当于短路,共模信号会流经自耦合变压器,不会被传送到负载上。这样的结构既能使载波信

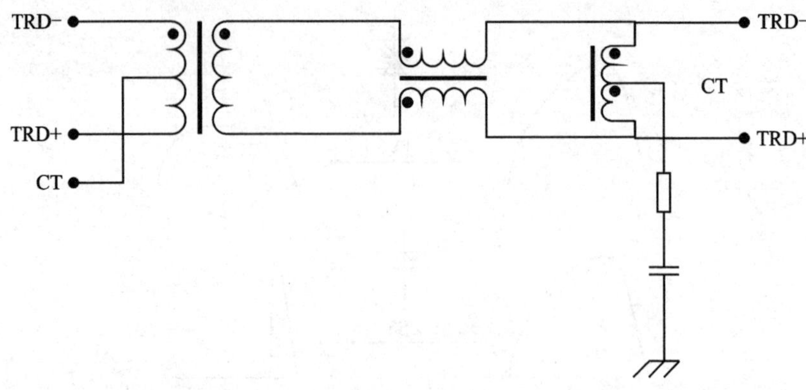

图 5-41　变压器和共模电感组合应用示意图

号被很好地传输,同时也有效地抑制了共模干扰信号。

目前,很多 I/O 接口连接器都集成了变压器和共模电感,这样可以有效地节省 PCB 布线面积,减小设计难度,同时保持电气隔离,抑制共模干扰,还可以做到一定程度的防雷保护。图 5-42 所示为 UDE 公司 1G Base-T RJ45 网络连接器内集成变压器和共模电感电路示意图。和图 5-41 相比,该器件的变压器集成了普通变压器和自耦合变压器的功能。

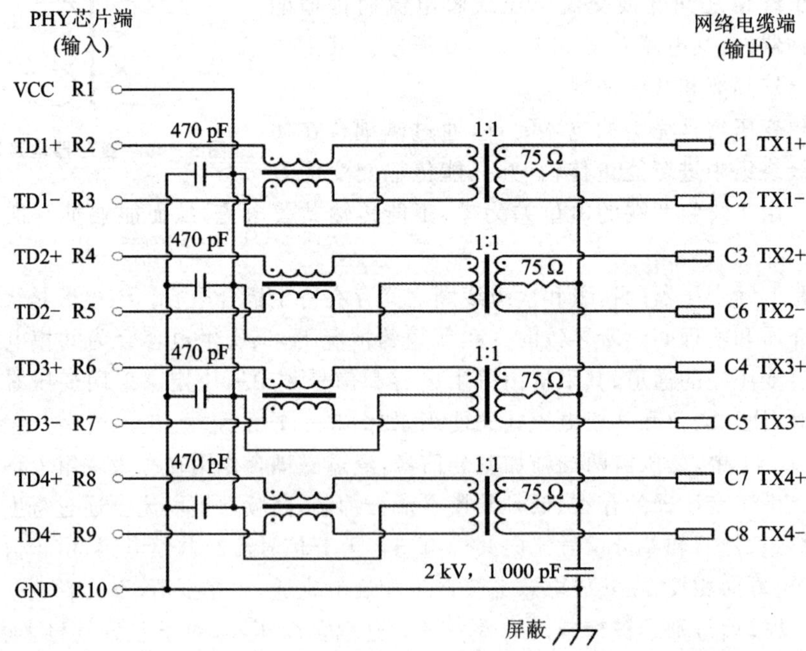

图 5-42　UDE 公司 1G Base-T RJ45 网络连接器电路示意图

光耦是一类器件,其工作原理是把输入的电流信号通过发光二极管转化为光,然后被光电晶体管接收并转化为电流再进行传输。其输入部分为发光二极管，但是输出可以是各种光电器件，如光电晶体管、光电可控硅等。部分光耦器件的内部电路如图 5－43 所示。

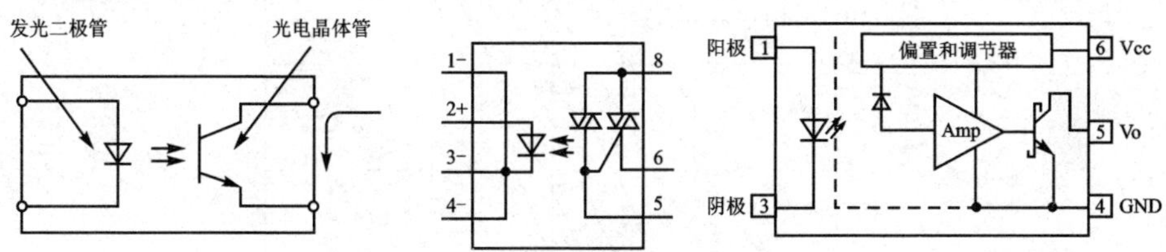

图 5－43　光耦内部电路示意图

光耦的主要优点是信号单向传输，且输入和输出端的电气完全隔离，输出端的行为完全不会干涉输入端，抗干扰能力强，具有较强的共模抑制能力。该类器件被广泛应用于电平转换、信号隔离、开关电路、远距离信号传输、信号放大以及接口电路中。

光耦是电流驱动型元件。在输入端，需要有足够的正向电流才会使发光二极管导通，如果电流太小，二极管不会导通，输出端的信号也就会失真。光耦最大额定输入电流取决于输入电流和内部额定功耗，还需要考虑工作时长的影响。输入电流和内部额定功耗确定了最大的输入电流值。图 5－44 所示为 PS2801 系列光耦器件内部二极管功耗 P_D 与环境温度 T_A 的关系图。从图中可以看出，PS2801－1 在 50 ℃下工作时，其内部功耗为 48 mW。

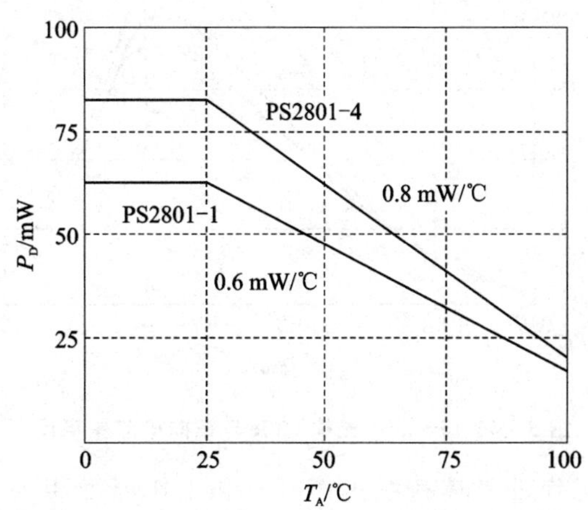

图 5－44　PS2801 系列光耦发光二极管功耗与环境温度关系图

根据功耗值以及正向电流和正向电压之间的关系，可以确定在该环境温度下具体的正向电流和正向电压值，如图 5－45 所示。从图中可以看出，在环境温度为 50 ℃的情况下，正向电流 I_F 为 40 mA，正向电压 V_F 为 1.2 V 左右。

光耦还需要重点考虑光电的电流转移效率（Current Transfer Ratio，CTR）。CTR 会直接决定输出电流的大小，如图 5－46 所示。图中，在 V_{CE} 为 5 V 的情况下，

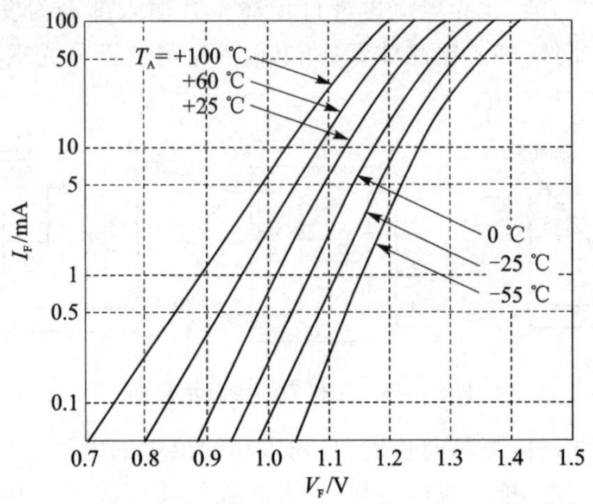

图 5-45　PS2801 系列光耦正向电压和正向电流关系图

CTR 会在 300%以内。需要注意的是,CTR 并不是和正向电流成正比,而是达到某个值时就会下降。

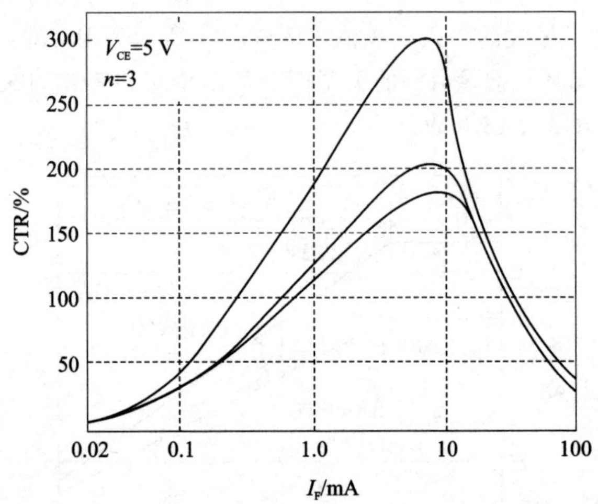

图 5-46　PS2801 光耦 CTR 与正向电流关系图

CTR 也与器件工作的具体持续工作时长和工作温度相关。图 5-47 所示为 PS2801 系列光耦 CTR 值与器件工作时长的关系。从图中可以看出,当 PS2801 持续工作超过 1 000 h 以上时,其 CTR 值会开始下降。通过该关系可以计算器件的工作寿命。

在输出端,集电极电流 I_C 与集电极和发射极之间的电压 V_{CE} 相关,如图 5-48 所示。从图中可以看出,光耦的输出电流为数十 mA 级别,只能驱动较小的负载。如果要驱动较大的负载,需要采用额外的驱动电路。

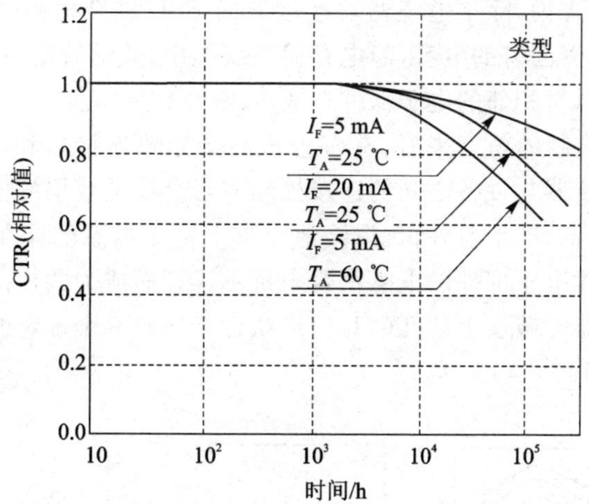

图 5-47　PS2801 系列光耦 CTR 与工作时长的关系图

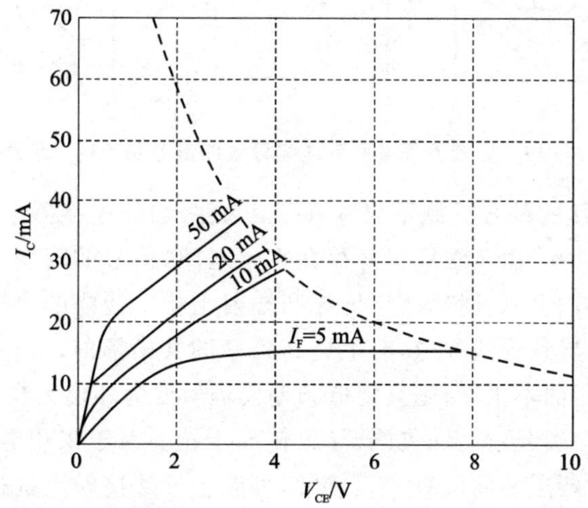

图 5-48　PS2801 光耦 V_{CE} 与集电极电流之间的关系图

需要注意的是，光耦器件本身不会对输入和输出信号进行滤波，在线路设计时，需要确保输入信号的噪声尽可能小。同时在输出端采用缓冲电路可以减小对负载的冲击。

5.4.8　电缆与连接器

电缆与连接器本身不是 EMC 防护元件，但是它们是外界对系统进行电磁干扰的重要途径，也是系统对外电磁辐射的重要源头。

从 ESD 耦合机制的角度来说，连接器上的绝缘体以及外壳是静电形成的主要机制，系统内部作为 I/O 端口的连接器或者系统外部的插头连接器都可能是外部 ESD

的来源。对于电缆来说，除了电缆两端连接器的 ESD 耦合机制外，电缆中线缆与编织屏蔽线之间存在着固有的电容，静电存储在线缆中，并随着电缆与设备之间的连接放电到电子设备中，对相邻的电子部件造成电磁干扰。

从 EMI 耦合机制的角度来看，有多种机制会导致连接器和电缆产生 EMI。对于连接器来说，连接器与设备之间的连接松动或者金属屏蔽层的导电性能不佳，会导致较高的接触点阻抗，产生对外辐射；接地引脚上寄生电感的存在，如果返回电流过大，则会导致与相邻电子部件的电感耦合阻抗不连续而成为共模接地阻抗，反射入射能量并辐射；连接器屏蔽层上的孔的几何形状也会导致某个确定的频率的能量泄漏，充当耦合机制，如图 5-49 所示。

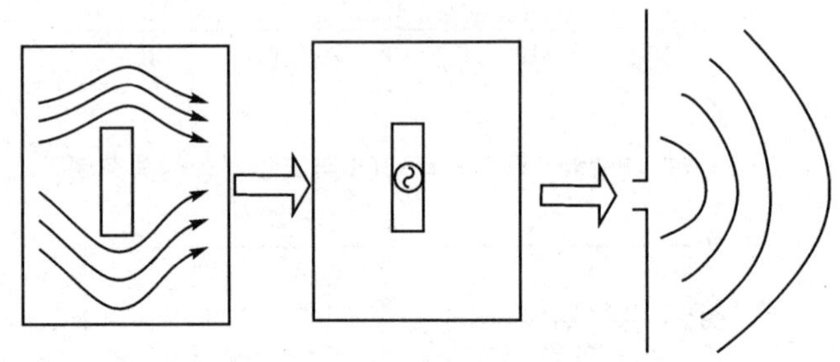

图 5-49　连接器屏蔽层不连续导致能量泄漏和辐射示意图

对于电缆，EMI 的耦合机制不仅存在于电缆两端的连接器上，还存在于线缆与线缆的屏蔽层结构中。由于线缆本身存在寄生电感，信号的瞬变都会导致线缆中的电流产生电磁辐射耦合到环境，产生传导和辐射干扰。线缆的阻抗不匹配或者差分信号线缆不平衡会导致天线效应，产生更高频率的共模辐射。采用双绞线结构的线缆，如果双绞线的扭曲不平衡，则会使低频差模辐射变为环形天线辐射。线缆本身可能存在的故障，也会引起过压和欠压，导致传导干扰。对于采用屏蔽层的电缆来说，如果屏蔽端口和屏蔽层之间没有 360°接触，可能会导致接触阻抗过高而成为辐射耦合机制，也可能因为编织屏蔽电缆的覆盖范围较小，导致较高的屏蔽电阻和接地回路电流，产生天线效应。最后，即使电缆的线缆和屏蔽层都考虑了以上情况，但是由于电缆的机械性能，比如电缆弯曲，可能也会使中心导体与电缆中的绝缘体机械分离，导致辐射。

为了控制外部对系统的 ESD，建议对连接器的公头和母头采用 FMLB（First Mate Last Break，先接触后分离）设计，如图 5-50 所示。当连接器被插上时，连接器的屏蔽层之间最先接触，然后是电源和地引脚，最后才是信号引脚之间的接触；反之，如果连接器断开，则最先为信号引脚之间断开，接着是电源和地引脚断开，最后才是屏蔽层之间断开。连接器的屏蔽层与机箱接触，提供了静电快速释放的途径。如此一来，连接器内的静电在信号引脚接触之前就通过屏蔽层和接地引脚被释放。

对于 EMI 的控制，建议按照第 4 章的引脚定义原则进行连接器引脚信号定义，

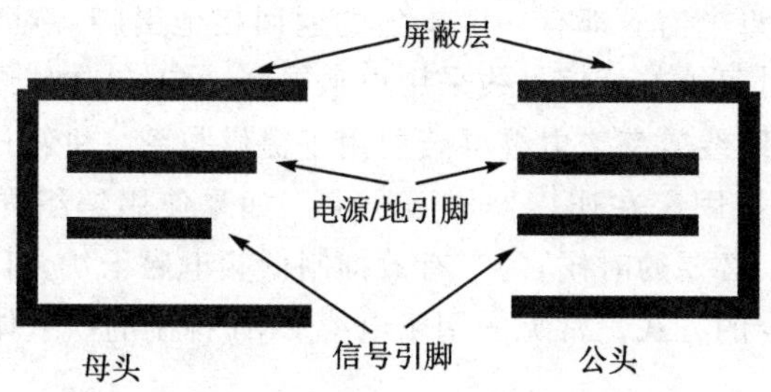

图 5-50　连接器 FMLB 设计示意图

尽量把信号引脚放置在连接器的物理中间，避免单引脚接地，尽可能给信号引脚分配单独的接地引脚。连接器的屏蔽层要与系统机壳紧密连接，从而为电磁干扰提供一个对地的低阻抗路径。图 5-51 所示为连接器屏蔽层的接缝结构示意图。从图中可以看出，最佳的连接器与连接器之间，连接器与系统结构之间需要紧耦合。

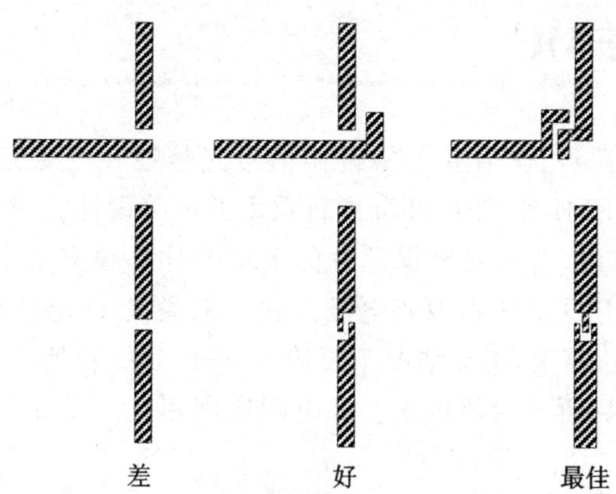

图 5-51　连接器屏蔽层的接缝结构示意图

如图 5-52 所示，屏蔽层上的触点需要在端口入口周围均匀分布，并且间距小于系统最高频率的 1/20 波长。

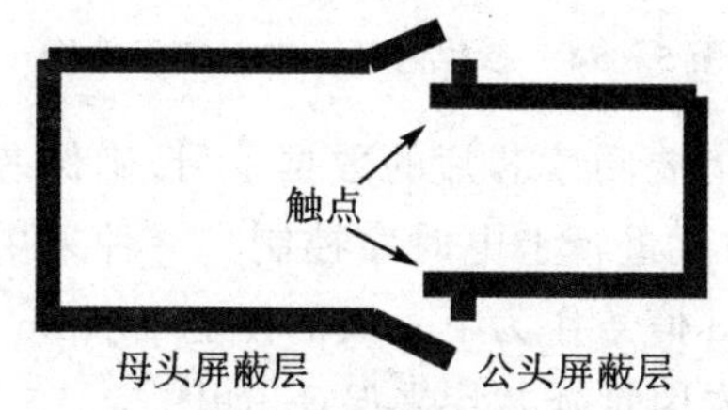

图 5-52　连接器屏蔽层端口均匀分布触点示意图

对于电缆来说，除了让电缆连接器满足通用连接器对 EMI 控制的要求之外，需要尽量使信号线阻抗与系统匹配，防止反射造成入射能量转化为共模辐射。对电缆中的电源线和地线进行绞合，并与信号线分开。当采用扁平电缆时，遵循扁平电缆信号定义的方式，建议每个信号都有一个单独的返回接地引脚。对电缆要严格做好屏蔽措施。最好对每对双绞差分信号线采用单独屏蔽，并对整体线缆采用整体屏蔽，控制共模辐射，提高双绞线效率。电缆屏蔽层用于提供与系统机箱接地的连接，要与端口 360°接触，或者焊接固定在连接器屏蔽层上。如果使用编织屏蔽层，则优选在整个编织层镀锡或镍。必要的时候，为了有效抑制低频电磁干扰，可以采用铁氧体抑制器加屏蔽电缆相结合的方式。常见的用于电缆 EMI 抑制的铁氧体示意图如图 5-53 所示。

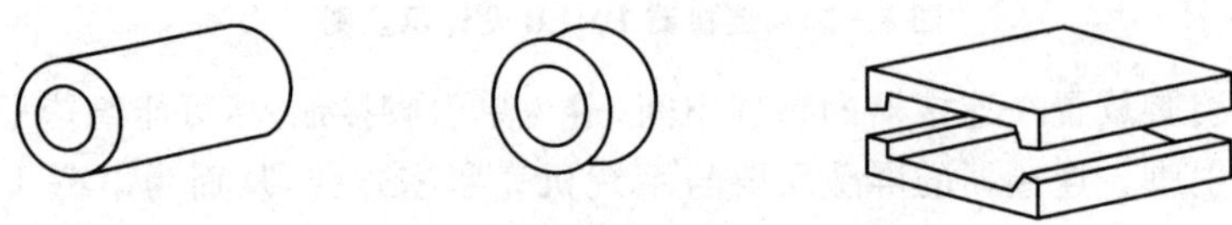

图 5-53　常见的用于电缆 EMI 抑制的铁氧体示意图

5.5　电路与 EMC

对于 EMC 的电路设计，需要严格遵循信号完整性和电源完整性的电路设计理念，同时也需要针对 EMI 和 ESD 部分进行重点的电路设计。

对于芯片电路来说，首先要确保芯片的上电时序。很多复杂 ASIC 都会有多路电源进行供电，包括 I/O 电压和内核电压。通常来说，I/O 电压要比内核电压要高。根据芯片内部 ESD 的要求，正常情况下要确保 ESD 二极管处于反偏状态，因此一般会对 I/O 先上电，然后再对内核供电。掉电顺序则相反。图 5-54 所示为芯片内部上电时序示意图。

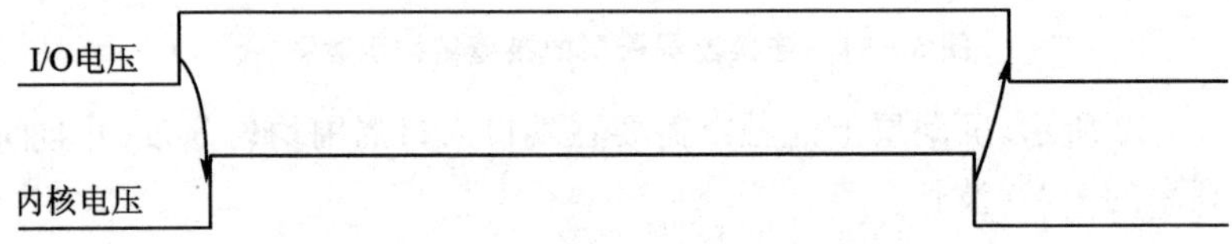

图 5-54　芯片内部上电时序示意图

当然，在电路设计时，需要阅读芯片的数据手册，确保芯片的上电时序正确。在数字电路中，一般有两种方式进行上电时序控制。一种采用电阻电容分立元件来实现，把上一级的 PowerGood 信号作为下一级的使能 Enable 信号。如果有时延要求，则需要采用 RC 网络或者专用时延芯片来保证，如图 5-55 所示，但这种设计的灵活度比较小。越来越多的设计采用 CPLD 或者专用可编程电源时序管理芯片来实现。通过芯片可编程特性，可以灵活地进行上电时序管理。

针对某些特殊情形，比如 DDR 总线，需要确保 V_{DD} 和 V_{TT} 的电压差在任何状态下小于某一个电压值，此时需要采用电压跟随电路或者分压电路来实现。图 5-56

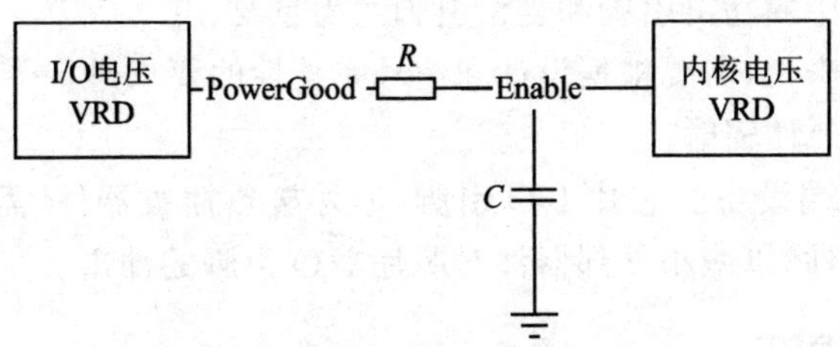

图 5-55 上电时序电路示意图

所示为 DDR4 V_{DD} 和 V_{TT} 的分压电路。该电路确保了 V_{DD} 和 V_{TT} 之间的电压差时刻保持在 0.6 V 以内。需要注意的是，采用电阻分压，电阻会有一定的电流损耗。

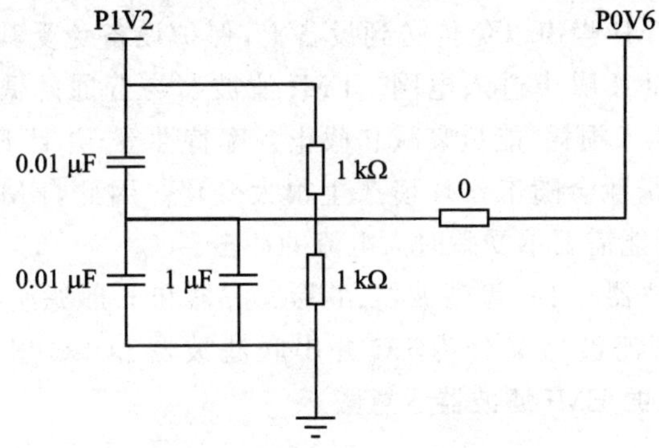

图 5-56 DDR4 分压电路示意图

对于敏感的电源引脚，如有源晶振的电源或者内置 PLL 的芯片 PLL 电源引脚，需要串联磁珠进行高频滤波，消除高频噪声干扰，如图 5-57 所示。

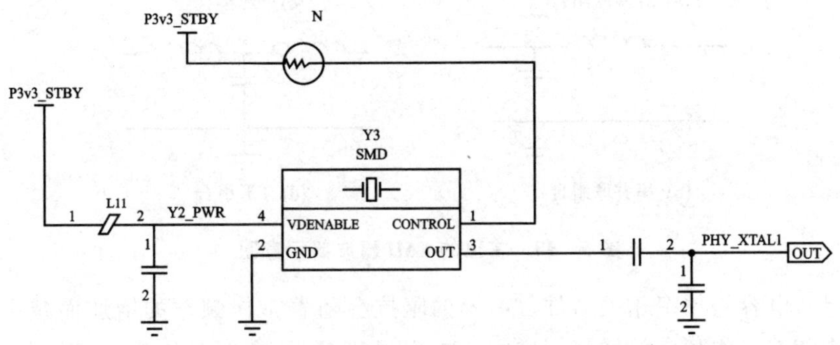

图 5-57 采用磁珠进行高频噪声滤波线路图

对于未使用的输入引脚需要正确设置。输入引脚通常是高阻输入或者混合输入/输出。如果没有连接，其电平通常浮动在供电电平的中间值范围。如果有噪声或者芯片内部有电流泄漏，可能会导致误触发，特别是在 CMOS 器件中。对于未使用的输入引脚，需要根据芯片功能连接其到地或者供电电平，确保其处于可知的逻辑状态。这种设计对于中断功能引脚和复位引脚尤为重要。

对于高速信号来说,需要根据设计和信号完整性的要求进行严格的端接,以减少信号的反射,造成 EMI 辐射。

对于连接到远端设备的芯片 I/O 引脚,如外接热插拔器件,需要采用静电保护电路,如 TVS 等器件,以减小外部器件对芯片 I/O 引脚的冲击。

5.5.1 EMI 滤波

EMI 滤波包括信号滤波器和电源滤波器,是抑制传导干扰最有效的手段之一。信号滤波器需要在有效滤除噪声干扰的同时,确保有用信号的衰减最小。电源滤波器需要把直流、50 Hz、400 Hz 电源功率尽量无衰减地传输到设备上,同时要能有效滤除经电源产生的 EMI 噪声以免传送到设备上,保护设备免受其害,并且还需要抑制外部设备产生的 EMI 噪声进入电网。EMI 滤波器与普通的低通滤波器不一样,EMI 滤波器更关心插入损耗、能量衰减和截止频率特性等,并且 EMI 滤波器工作环境复杂,源端和负载属性会随工作环境产生很大变化。因此,EMI 滤波器的工作电压高、电流大,而且可能需要承受瞬时大电流的冲击。

常见的 EMI 滤波器有 LC 型滤波器、T 形滤波器和 π 形滤波器。根据电源与电感之间的位置,LC 型滤波器又分为 LC 并串联滤波器和 LC 串并联滤波器两种。图 5-58 所示为常见的 EMI 滤波器示意图。

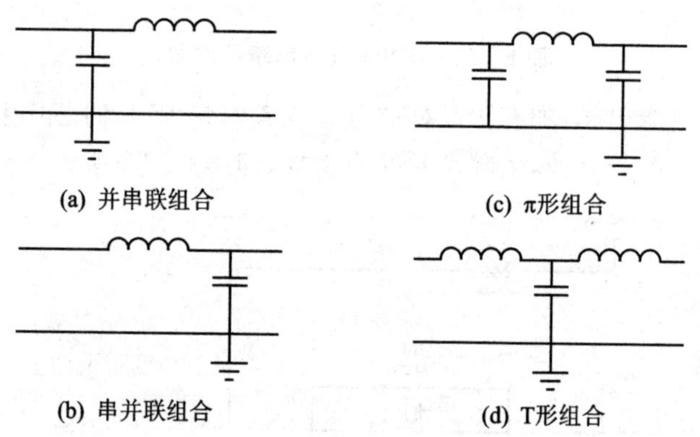

图 5-58 常见的 EMI 滤波器示意图

电感和电容是频率相关器件。电容的阻抗会随着工作频率的增加而减小,电感的频率会随着工作频率的增加而增加。在理想状态下,高频时噪声会流经并联电容所形成的低阻抗回路,而不会通过串联电感所形成的高阻抗回路,因此,这样就可以实现对高频噪声信号的滤波。

但是,实际电容具有寄生电感效应。当频率增加并超过谐振频率时,电容就会表现出电感的特性,并且会随着频率的继续增加,其阻抗也会增大。在进行 EMI 滤波时,需要关注电容的谐振频率,确保电容工作在谐振频率以下。

不同的 EMI 滤波器的应用场景各不相同，具体如表 5－8 所列。

表 5－8　EMI 滤波器的应用场景表

源端阻抗特性	负载端阻抗特性	应采用的滤波电路
高阻抗	高阻抗	π 形滤波器
高阻抗	低阻抗	LC 并串联滤波器
低阻抗	高阻抗	LC 串并联滤波器
低阻抗	低阻抗	T 形滤波器

在数字 I/O 接口电路中，通常会采用 π 形滤波器。图 5－59 所示是 VGA 接口滤波电路图。图中，L1、L2、L3 为磁珠，磁珠一端连接到 VGA 控制芯片，另外一端连接到 VGA 连接器。磁珠两端各有一颗 NPO 电容并联。

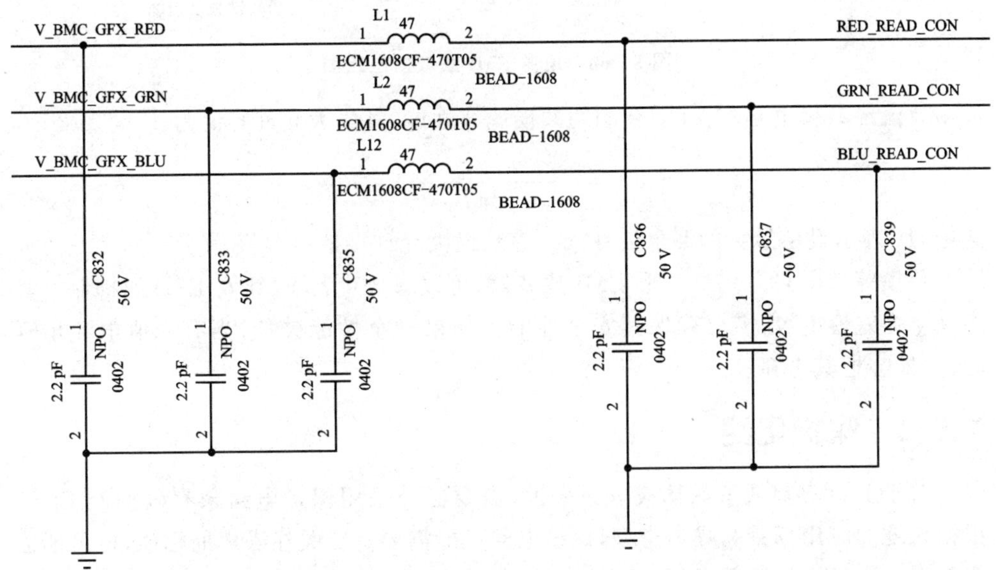

图 5－59　π 型滤波器在 VGA 接口电路中的应用

在高频情况下，磁珠呈高阻抗状态，PCBA 内部产生的 EMI 噪声电流会通过 NPO 并联电容流向 PCBA 的数字地，而外部 ESD 等噪声则会通过磁珠另外一端的 NPO 电容返回到机壳地，机壳地和 PCBA 参考地隔开，外部 ESD 噪声不会进入 PCBA，而 PCBA 的 EMI 噪声也不会进入外部 VGA 电缆。

电源 EMI 滤波器电路图如图 5－60 所示。图中，L、N、E 分别为相线、中线和地线。L 为共模电感。在电源 EMI 滤波器中，关键是合理确定滤波器的额定电流，选择电感的磁性材料，避免出现磁饱和现象。

如图 5－60 所示，电源 EMI 滤波器的等效电路可以分为两部分。共模等效电路为一个 LC 串并联 EMI 滤波器，串联电感 L 可以有效抑制共模电流。由于共模漏电

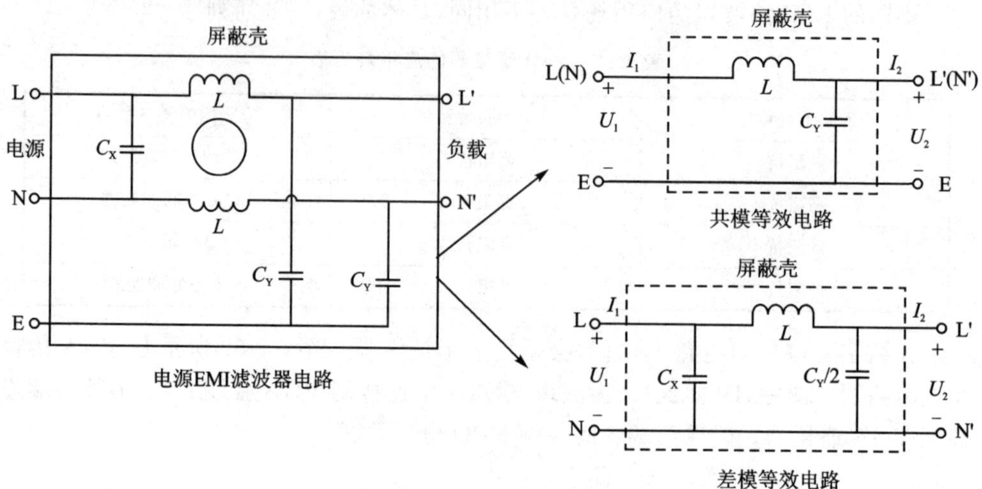

图 5-60　电源 EMI 滤波器电路图

流主要流经共模电容 C_Y，C_Y 会制约共模滤波性能，其最大允许容值为

$$C_{Ymax}=\frac{I_g}{U_m\times 2\pi f_m}\times 10^3\ \mu F$$

式中，I_g 表示设备最大的漏电流；C_{Ymax} 表示最大允许接地电容值。

差模等效电路为一个 π 形 EMI 滤波器，可以有效进行 EMI 及 ESD 的抑制。其中，C_X 为差模电容，需要确保其安全性能。如果安全性能欠佳，当有峰值电流出现时，可能会把其击穿。

5.5.2　保护电路

对于 I/O 接口或者热插拔电路来说，需要额外采用保护电路来有效抑制 ESD。根据系统的应用场景和噪声类型，保护电路可能需要重点关注噪声的幅值，也可能需要重点关注噪声的上升时间，或者同时关注。针对不同的应用场景，系统可能只需要采用一级保护电路，也可能采用多级保护电路。

最简单的保护电路是采用二极管进行限压保护，这类电路在热插拔电路或者中断电路中经常使用，如图 5-61 所示。图(a)为中断信号保护电路，图(b)为热插拔电源安装状态信号保护电路。其保护逻辑采用常见的 BAV99 器件。该器件内部为两个二极管，其中 A 口和 C 口分别接地和限压电平，AC 端接要保护的信号。通过该器件，可以确保中断信号和热插拔信号的高低电压被限制在 $-V_{ON}\sim V_{Hi}+V_{ON}$ 之间。其中，V_{ON} 为 BAV99 内置二极管的导通电压；V_{Hi} 为 C 口的高电平，本图中为 P3V3。

对于低压控制通信系统或者数字信号系统，需要快速的响应能力，一般会采用 TVS 或者 TSS 来进行 ESD 防护。以 TVS 为例，在电路保护中，可以根据信号类型决定是采用单极 TVS 还是双极 TVS，如图 5-62 所示。如果输入信号为单极性，也

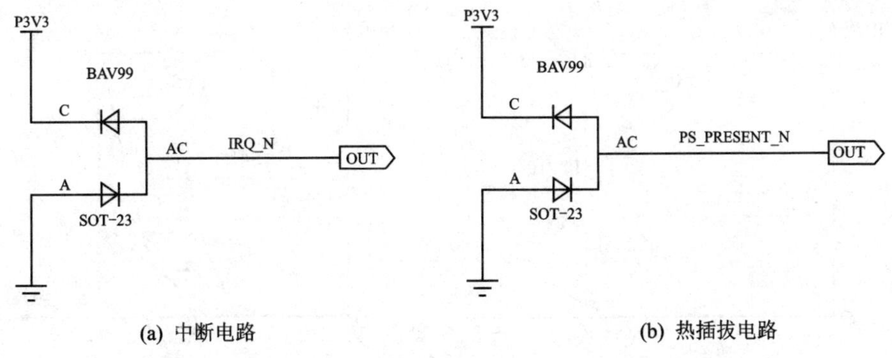

(a) 中断电路　　(b) 热插拔电路

图 5-61　采用二极管保护的中断电路和热插拔电路图

就是说，无论何时信号电平永远不会出现负值，则可以采用单极型 TVS 进行保护；否则就需要采用双极型 TVS 进行保护。

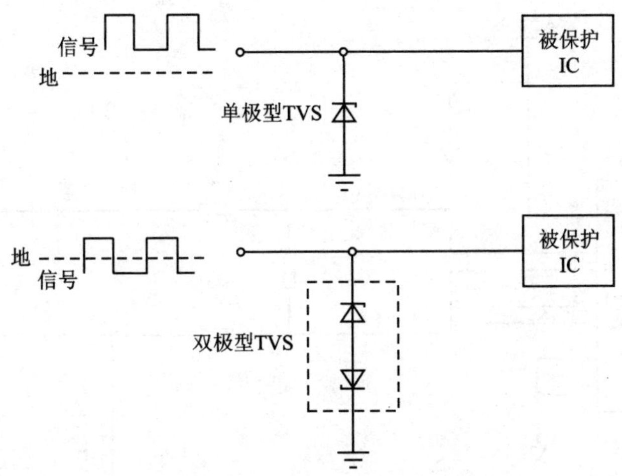

图 5-62　TVS 保护电路示意图

采用 TVS 设计保护电路，需要确保 TVS 的钳位电压远远小于被保护芯片内部二极管被击穿电压，如图 5-63 所示。这样，当被保护芯片启用内部二极管静电保护时，TVS 就会对瞬时脉冲进行钳位，防止数据丢失，被保护芯片功能失效，甚至损坏等。如果钳位电压过高，芯片内部将会承受外部 ESD 的冲击，数据会被 ESD 噪声干涉导致乱码，系统也可能在 TVS 损坏之前就会功能失效。

图 5-64 所示为采用 TVS 进行保护的 RS485 电路图。图中采用 TI 公司的 ISO3082DWR 作为 RS485 总线电平转换芯片。在 ISO3082DWR 和 RS485 连接器之间采用 Littelfuse 公司的 SP1007 系列 TVS。该 TVS 满足 IEC 61000-4-2 接触放电±8 kV 或者空气放电±15 kV 测试等级，同时满足 EFT IEC 61000-4-4 40A (5/50 ns)测试等级标准，具有 5 pF 的低容值和低至 0.1 μA 的极低漏电流，其击穿

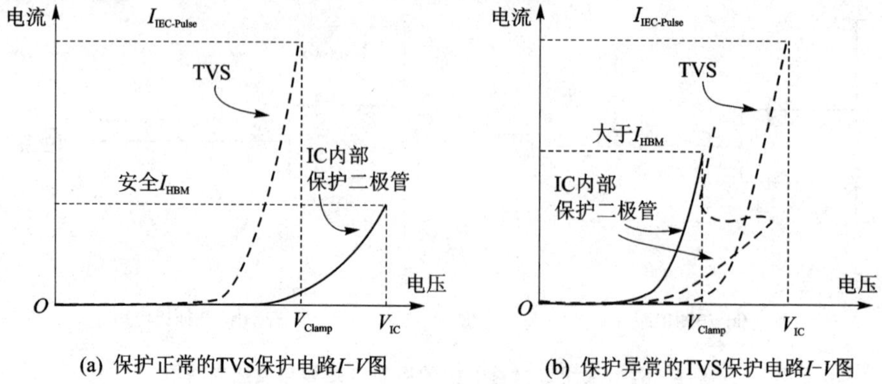

图 5-63 TVS 保护电路 I-V 示意图

电压为8.5 V,钳位电压为 11.2～13.1 V。

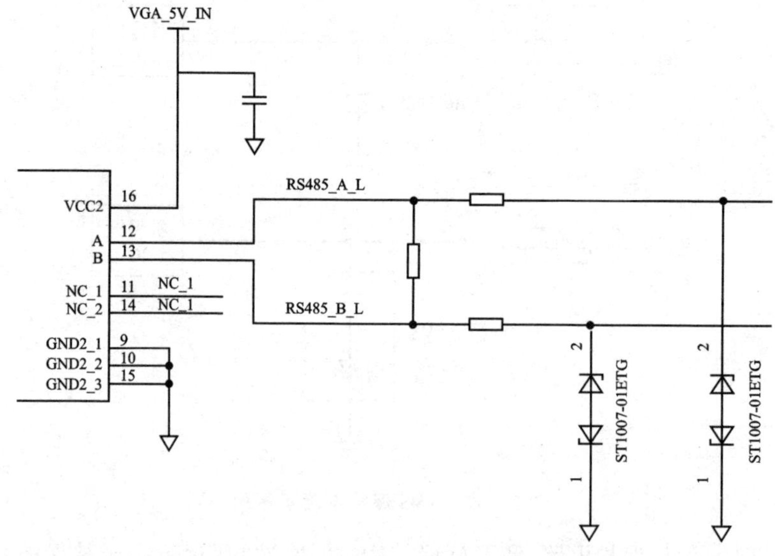

图 5-64 采用 TVS 构建的 RS485 保护电路图

由于 TVS 和 TSS 的通流容量小,响应速度快,一般用于最末级 ESD 精细化保护。如果超出了 TVS 和 TSS 的保护范围,特别是高电压和大电流情形,通常需要采用多级保护。GDT 和压敏电阻限制电压高,通流容量大,但是响应时间长,可以在前一级采用 GDT 或者压敏电阻等进行初级保护,或者用 TSPD 器件进行保护;在后一级采用 TVS 和 TSS 等进行精细保护,如图 5-65 所示。图中,后端均采用单极型或者双极性 TVS 进行保护,前一级采用压敏电阻或者 GDT 保护,中间可以采用电感和电阻等去耦结构或者馈电线等结构。

以 GDT 和 TVS 为例,图 5-66 所示为以太网信号外置防雷保护线路示意图。该电路采用 GDT 和组合式 TVS 保护电路对以太网数据传输总线 TX 和 RX 进行保

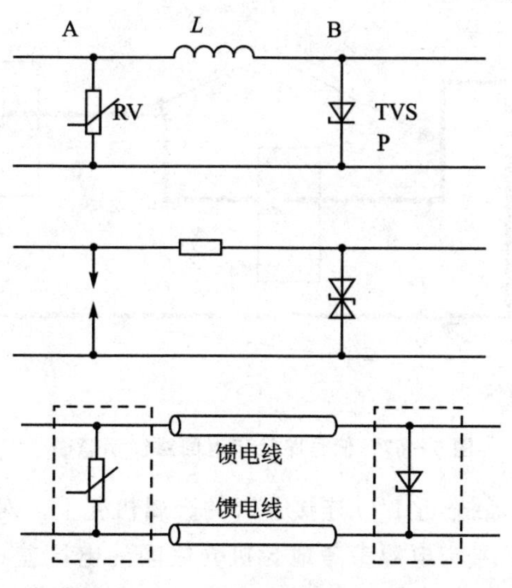

图 5-65 多级保护电路示意图

护。前一级 G1 和 G2 为 GDT 气体放电器，用于大电压和大电流的初级保护。R_1～R_4 为去耦电阻。采用低容值的组合 TVS，确保最小化信号的插入损耗。

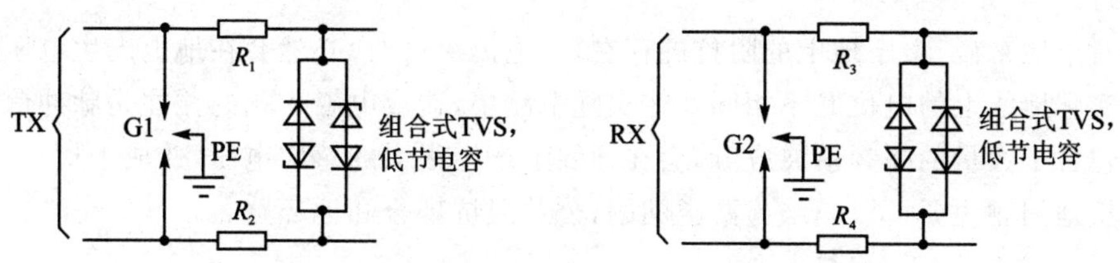

图 5-66 以太网外置信号防雷保护线路示意图

5.6 接地与 EMC

接地，是高速数字系统中一个永远绕不开的话题。不同的领域，对地平面的理解均不相同。在信号完整性领域，更多采用信号的返回路径来替代“地”这一概念。信号电流从信号路径流向接收端，并经信号返回路径返回信号驱动端。信号的返回路径会遵循最小感抗路径法则。在多层 PCB 设计中，信号的返回路径往往是最靠近其信号平面的电源平面或者地平面，如图 5-67 所示。

在电源完整性领域，地是用于电源电流的返回。芯片通过电源供应，一方面驱动信号电流传输到信号路径，另外一方面满足芯片内部的逻辑运算等。这些内部电流会经由电源参考地回到电源供应端。因此，电源完整性领域的电流返回路径与信号完整性的电流返回路径不同。

大多数产品会采用金属屏蔽机壳将电路板包围起来，所有内部的电源参考地和

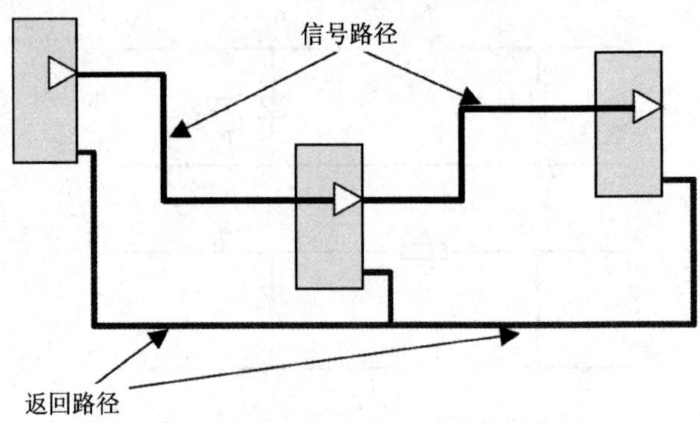

图 5-67　信号路径和返回路径示意图

信号参考地都要连接到最靠近 I/O 连接器端的金属机壳上。对于内部的 EMI 来说，需要控制内部 PCBA 信号与电源参考地与机壳之间的电压差；对于外部 ESD 来说，需要降低机壳与电缆之间的电压差。

安全地是真正的地连接。该地通过 AC 电源插头上的地接头连接到建筑物某处的接地点，这样可以防止触电伤害事故，泄放雷击能量和静电电荷，同时保持设备的等电位。

对于地来说，由于地上的阻抗的存在，当电流流过时，必然会在地上产生电压降，因此实际地线上的电位并不相同。在实际电路中，造成电磁干扰的往往是脉冲信号，其中包含了大量的高频谐波成分，会在地线上产生很大的感应电压，造成干扰。

接地问题主要可以归结为两类问题：公共阻抗耦合和地环路。

5.6.1　公共阻抗耦合

如图 5-68 所示，当两个电路共用一根地线时，由于地线的阻抗，一个电路的地电平会受到另外一个电路工作电流的调制，这样，一个电路中的信号会耦合到另外一个电路中，这就是公共阻抗耦合。

有两种方式来减小公共阻抗耦合，一种是减小公共地线部分的阻抗，比如采用扁平导线作为地线，采用多条相距较远的并联导线作为地线，在 PCB 堆叠中采用地平面等；另外一种是采用合适的接地方式避免相互干扰的电路共用电线。比如避免强电电路和弱电电路共用地线，数字电路和模拟电路共用地线等。

如果 PCBA 的面积很大，则需要采用并联接地的方式减小公共阻抗耦合。电路有三种接地方式：单点接地、多点接地以及混合接地。单点接地又可以分为串联单点接地、并联单点接地以及串并联混合单点接地，如图 5-69 所示，其中 R_1、R_2 和 R_3 为接地阻抗。从图中可以看出，串联单点接地方式非常简单，但是会有公共阻抗耦合，而且随着信号频率的增加，地阻抗会增加，因此每个电路的地之间的电压差会增加。并联单点接地方式能够很好地消除公共阻抗耦合，但是每一个电路都需要专门

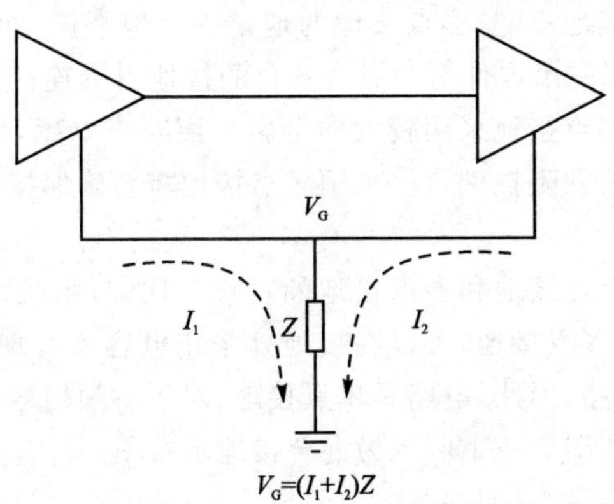

图 5-68　公共阻抗耦合示意图

的接地线路，会造成接地线过多。比较好的方式是采用串并联混合单点接地。在设计时把电路进行分类，比如低速模拟电路、高速数字电路、各种马达和继电器电路等，同类电路采用串联单点接地方式，而不同的电路之间采用并联单点接地方式。图中，电路1和电路2为同类电路，可以采用串联单点接地方式，而电路3和其他电路不同，故采用并联单点接地方式。

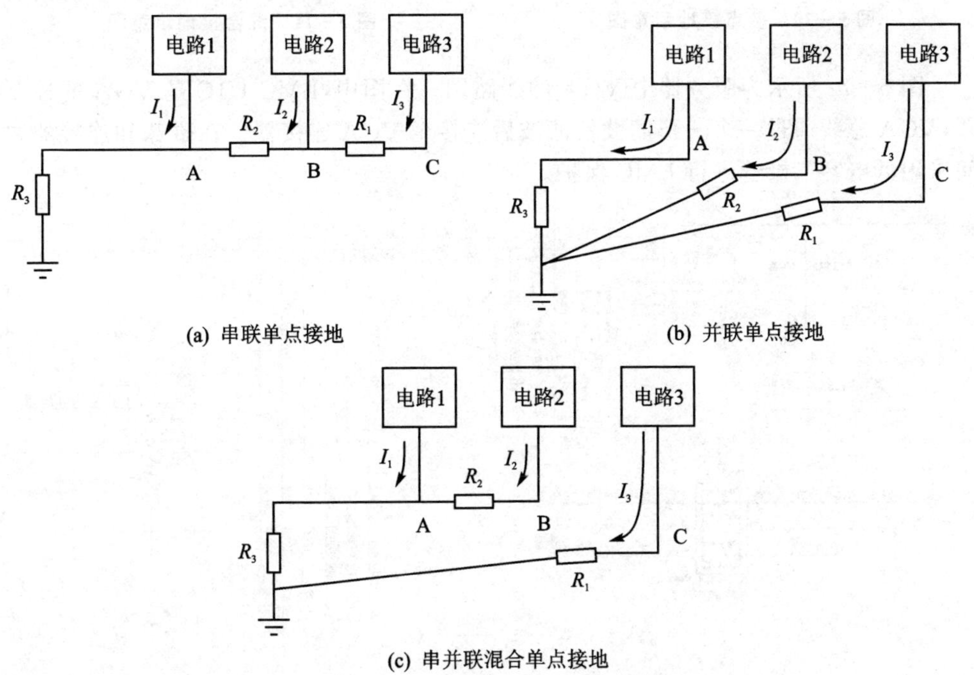

(a) 串联单点接地　　(b) 并联单点接地

(c) 串并联混合单点接地

图 5-69　单点接地方式示意图

多点接地如图 5-70 所示。和并联单点接地相似，每一个电路都有各自的接地

电路。但与并联单点接地不同，多点接地的地是一个地平面，而不是一个点。比如，在多层 PCB 设计中，每一个零件都会通过各自的接地引脚连接到 PCB 的地层中，这就是多点接地方式。多点接地采用较大的金属平面减小电感，每一个电路采用独立的接地路径可以避免公共阻抗耦合。采用多点接地需要确保接地长度小于信号波长的 1/20。

混合接地结合了单点接地和多点接地的特点。比如，系统内的电源需要单点接地，而射频信号又要求多点接地，可以在接地处采用电容来实现接地连接。这样，对于直流来说，电容是开路，因此，电路是单点接地；对于射频信号来说，电容会导通，因此电路是多点接地。如图 5－71 所示为混合接地示意图。

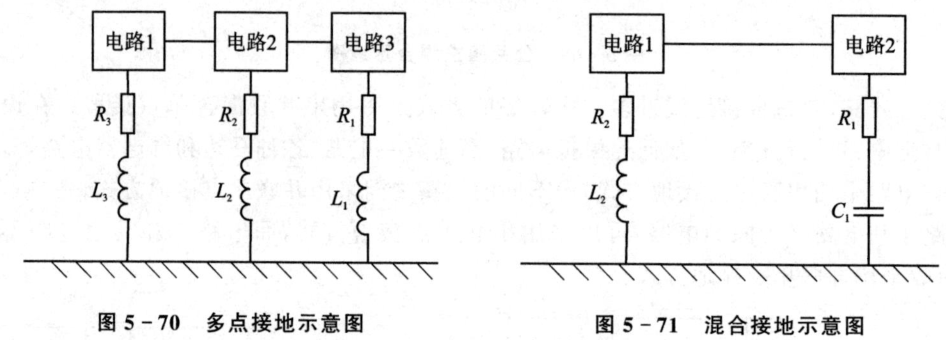

图 5－70　多点接地示意图

图 5－71　混合接地示意图

图 5－72 所示为服务器中 VGA 的线路图。在图中，BMC U1C 是 VGA 的控制器，VGA 总线通过一个 π 形滤波器滤波后连接至 VGA 连接器。在磁珠和连接器之间采用低电容二极管进行 EMC 保护。

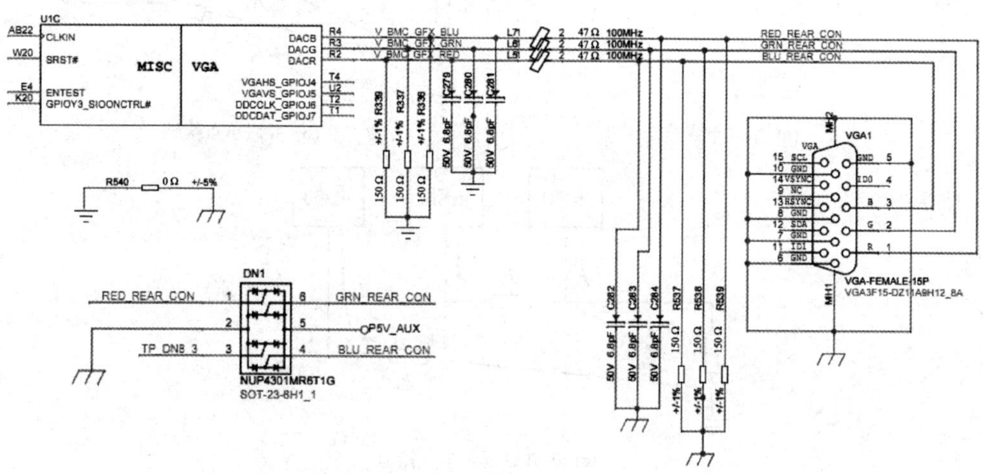

图 5－72　VGA 线路图

由于 VGA 接口需要通过电缆连接到另外一个设备，因此，服务器内 PCBA 的地需要和外部电缆进行隔离。图中，BMC 到磁珠之间的电路采用数字地，磁珠到 VGA 连接器之间采用机壳地或模拟地。数字地和机壳地之间采用零欧姆电阻进行连接，如图 5-73 所示。左边为设备内 PCBA，中间为 PCBA 的 I/O 接口，右边为外部电缆的等效电阻。滤波电路 C_1 和 C_2 分别位于 PCBA 内部和 I/O 接口，并分别连接至数字地和机壳地。磁珠 L 和零欧姆电阻横跨数字地和机壳地。磁珠主要用于抑制共模电流，零欧姆电阻用于保持数字地和机壳地的电位相同，同时为信号提供最小的地回路的返回路径。

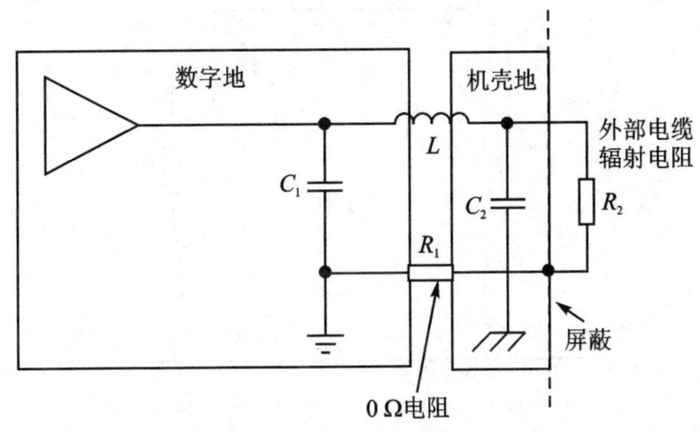

图 5-73　VGA 线路布局示意图

如果噪声是由 PCBA 内部产生的，该噪声会向 I/O 接口传播，磁珠会对共模电流进行抑制，而 C_1 会提供低阻抗回路，使得 PCBA 内部的噪声电流通过 C_1 流向数字地，不会传播到 I/O 接口和电缆。如果噪声是由外部电缆导致，C_2 会为该噪声电缆提供低阻抗回路，使得外部电缆噪声电流通过 C_2 流向机壳地，不会传输到 PCBA 内部。

依照此设计规格，该线路对应的 PCB 布局如图 5-74 所示。

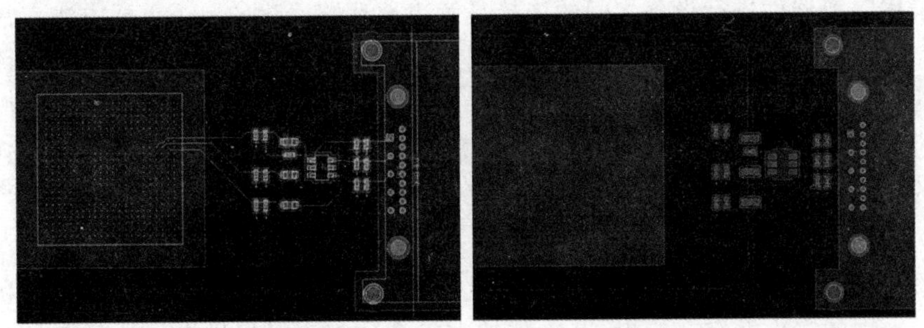

图 5-74　VGA 的 PCB 布局布线图

5.6.2　地环路

每个设备都有各自的接地线路，如果设备之间相隔较远，就可能会产生地环路干扰,如图 5-75 所示。引起地环路干扰主要有两个原因。原因之一是设备之间的地电位不同,在两个设备地之间形成地电压。在该电压的驱动下,设备与设备之间通过电缆和地形成回路,并产生电流。由于电路的不平衡,每根导线上的电流不同,产生差模电压,对电路造成干扰。另外一个原因就是互连设备处在较强的电磁场中,电磁场在地环路中感应出环路电流,而由于电路不平衡产生差模电压,导致对电路产生干扰。

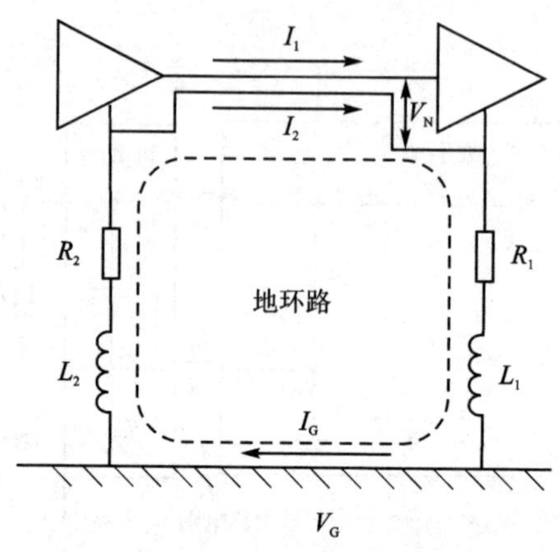

图 5-75　地环路示意图

要解决地环路干扰问题,主要是减小地环路中的电流。要减小环路中的电流,一是减小地线阻抗,二是增加地环路阻抗。减小地线阻抗的措施有限,而增加地环路阻抗是经常用到的一种方式。要增加地环路阻抗,最简单的方式就是让某个设备浮地。这样,整个地环路就会断开,环路阻抗无穷大。但是,从安全的角度来看,往往不允许设备浮地。另外,即使浮地,设备与地之间还是存在着寄生电容,在高频的作用下,电容的阻抗会变小,还是不能减小高频地环路中的电流。

采用隔离器件进行设备之间的连接是解决地环路干扰的一个重要方法。常见的隔离器件有变压器、光隔离器、共模扼流圈以及专用隔离芯片。采用变压器进行设备之间的连接需要谨防初级和次级之间的寄生电容,如图 5-76(a)所示。在进行高频隔离时,需要在变压器的初次级直接设置屏蔽层,并且把屏蔽层的接地端连接到接收电路的一端。图(b)为正确设置了屏蔽层的变压器连接方式,图(c)为错误连接方式,其中 C_1 和 C_2 表示寄生电容。

采用光隔离器是解决地环路干扰问题的最理想方法。光隔离器包括光耦和光纤两种。光耦的寄生电容一般为 2 pF,能够在很高的频率时提供良好的隔离。光纤几乎没有寄生电容,但在安装、维护、成本等方面都不如光耦器件。图 5-77 所示为采用光耦进行隔离的连接方式示意图。

在连接电缆上采用共模扼流圈相当于增加了地环路的阻抗,故要注意控制共模扼流圈的寄生电容,否则对高频干扰的隔离效果很差。共模扼流圈的匝数越多,则寄

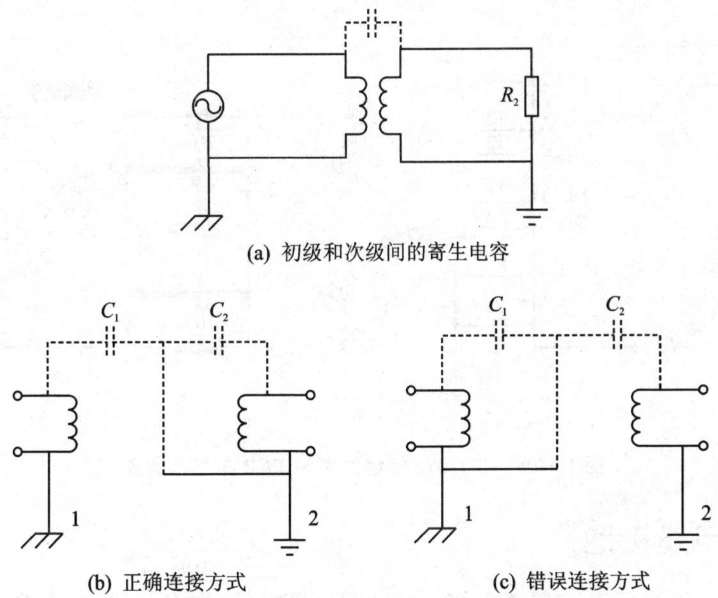

(a) 初级和次级间的寄生电容

(b) 正确连接方式　　(c) 错误连接方式

图 5－76　采用变压器进行隔离的示意图

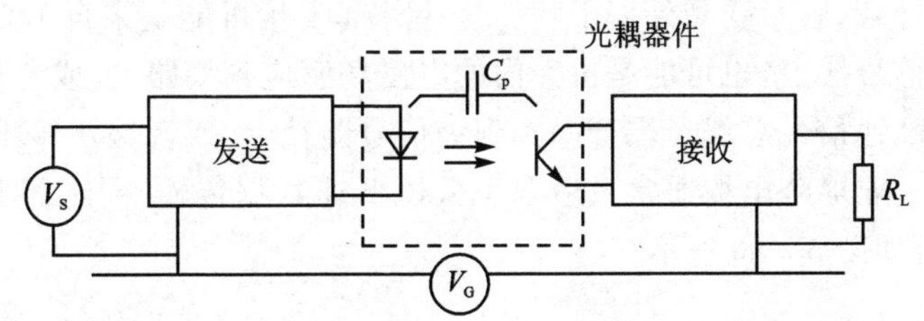

图 5－77　采用光耦进行隔离的示意图

生电容越大，高频隔离的效果越差。

很多与外部连接的线路会采用专用隔离芯片来实现隔离。如 TI 公司的 ISO308x 系列隔离 RS485 收发芯片，其内部功能结构如图 5－78 所示。图中，左侧连接 RS485 控制器，右侧连接到到 RS485 连接器，芯片内集成了隔离架构。

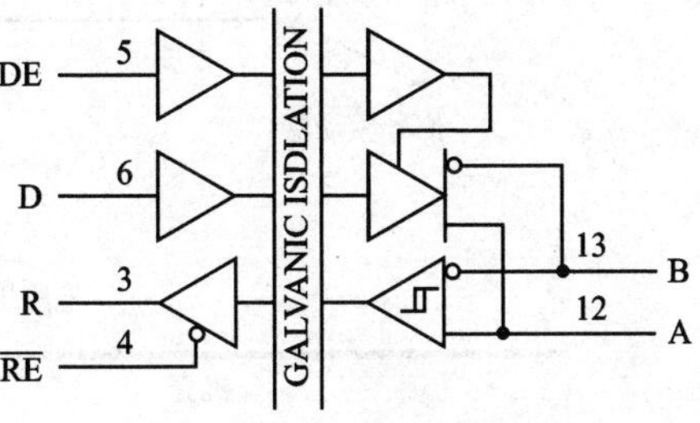

图 5－78　ISO3082、ISO3088 功能模块图

芯片分别采用不同的电源和不同的接地。在芯片内部，GND1 和 GND2 被隔开，GND1 和 GND2 的地噪声电流不会有干涉。在进行 PCB 布局和布线上，IC 两边分别参考不同的地，IC 本体下的 PCB 堆叠的地层需要挖空，如图 5－79

所示。

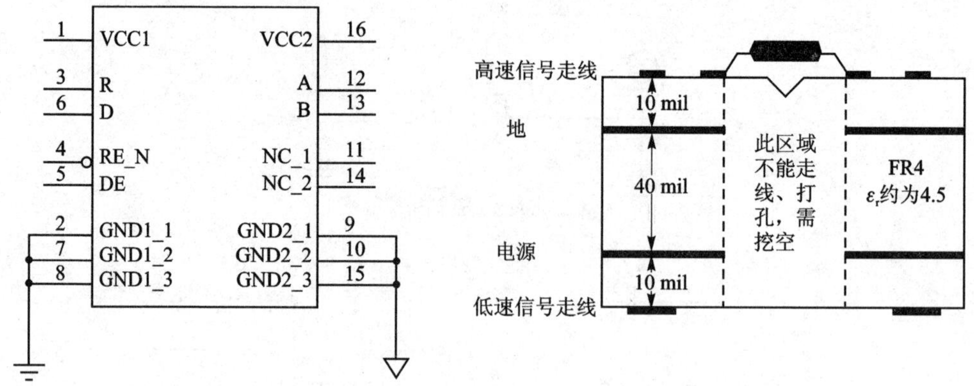

图 5-79　ISO308x 接地线路与 PCB 布局示意图

5.6.3　电缆接地

电缆有屏蔽电缆和非屏蔽电缆之分。非屏蔽电缆，顾名思义，其电缆上没有屏蔽层，信号通过电缆上的信号导线连接到系统的连接器，然后通过连接器进入到内部电路。由于没有屏蔽，容易受到外部干扰。这些外部干扰可能是来自 I/O 驱动器的内部噪声耦合到信号线上，也可能是机壳内的电磁场感应到线路上，或者是邻近的高速时钟电路或者高速信号总线经耦合串扰到该信号路径上，或者是外部环境 ESD 直接辐射到电缆上。非屏蔽电缆通常只适合于低压低速数据传输，同时需要采用滤波器进行信号滤波，如图 5-80 所示。

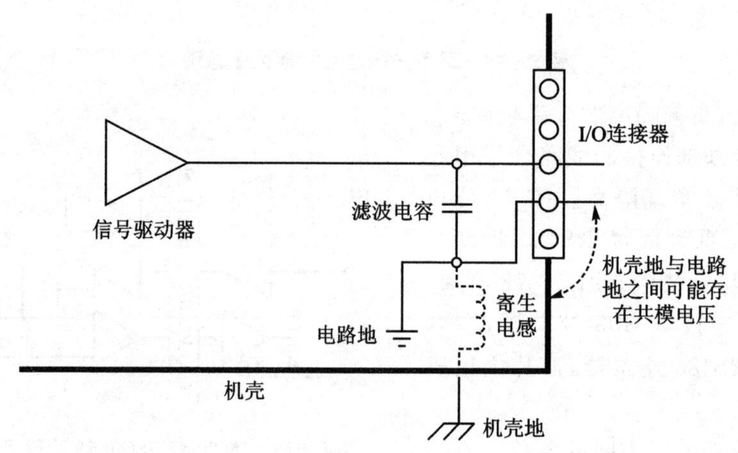

图 5-80　非屏蔽电缆信号滤波示意图

滤波器电容的参考接地为 PCB 的参考接地，而不是机壳地。PCB 的参考地和机壳地各自的分布面积都很大，其阻抗都很低，但是 PCB 的参考地和机壳地之间连接的区域非常小。在低频的情况下,PCB 的参考地和机壳地之间的电压差非常小,但是随着频率增加,机壳地和 PCB 的参考地之间会存在寄生电感,产生共模电压;频率越高,共模电压就越大,从而会通过非屏蔽电缆产生 EMI 辐射。PCB 参考地与机壳地之间的高频寄生电感也是滤波的一部分。

要减小高频寄生电感,一方面要尽量减小 I/O 连接器与金属接柱的距离,减小地的环路面积;另一方面增大 PCB 参考地和机壳地之间的接触面积,并且金属接柱越粗越短越好。

对于高频和高速数字信号,需要采用屏蔽电缆。屏蔽电缆采用隔离编织网或者屏蔽层来实现对辐射的屏蔽。隔离编织网或屏蔽层可以提供低阻抗路径连接到机壳。

通常,隔离编织网或者屏蔽层需要以 360°的方式连接到机壳,这样就可以以最大的接触面积实现与机壳地的连接。但是有些屏蔽电缆的隔离编织网会在离连接器一段距离时终止,同时以一段细导线连接到连接器的金属部分,然后再到地。在高频的情况下,细导线会使阻抗增加,这种设计需要避免。

屏蔽电缆可以采用一端接地的方式进行电场屏蔽,但是不能进行磁场屏蔽。磁场屏蔽需要采用两端接地的方式,如图 5-81 所示。在干扰频率较高的情况下,采用多点接地的方式,且保持接地间距小于 1/20 的波长。

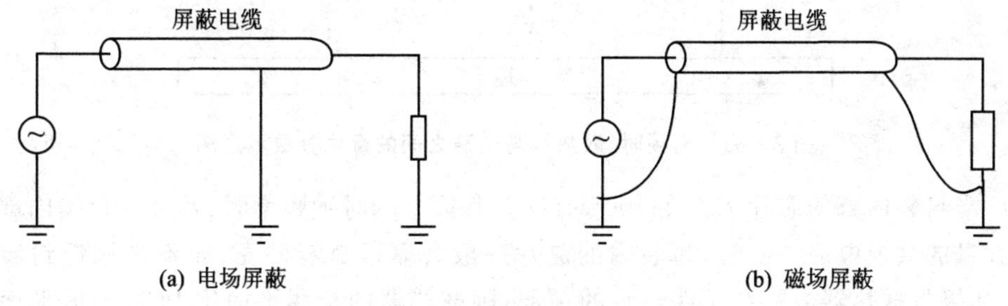

图 5-81　屏蔽电缆的接地方式示意图

5.6.4　散热器与 PCB 之间的接地

现代电子技术的发展,很容易使得芯片内集成上百万个晶体管。集成的晶体管越多,芯片的处理速度越快,其消耗的功耗就越大。以主流的 x86 CPU 来说,其功耗已经超过了 200 W。在进行电路设计时,需要把芯片内部产生的热量转移出来。如果芯片内部产生的热量超出了封装的散热能力,就需要采用散热片进行冷却。图 5-82 所示为 SuperMicro 公司的一款服务器。该服务器的 CPU 为 E3-2600v6,最高功耗为 80 W,需要采用散热器为其散热。

散热器通常采用金属材质并包含鳍片结构,以便增大散热面积。在散热器和芯片之间会采用导热体进行热传导。由于散热器和芯片电路和局部结构靠得非常近,

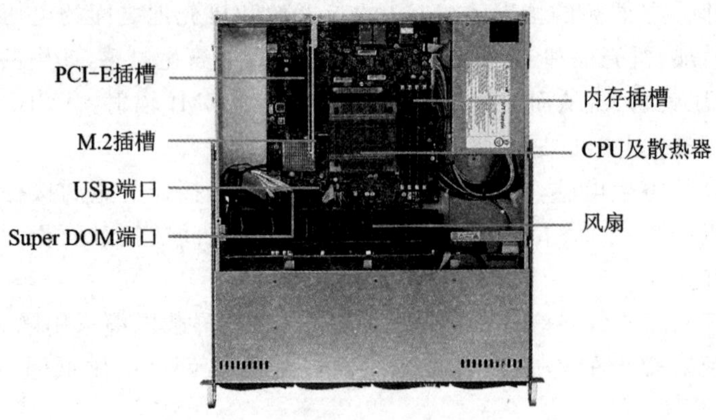

图 5-82　SuperMicro SYS-5019S-M 服务器俯视图

RF噪声会经过各种途径发生耦合，散热器就可能引起RF能量辐射。高频工作时，散热器和芯片电路之间的寄生参数示意图如图5-83所示。

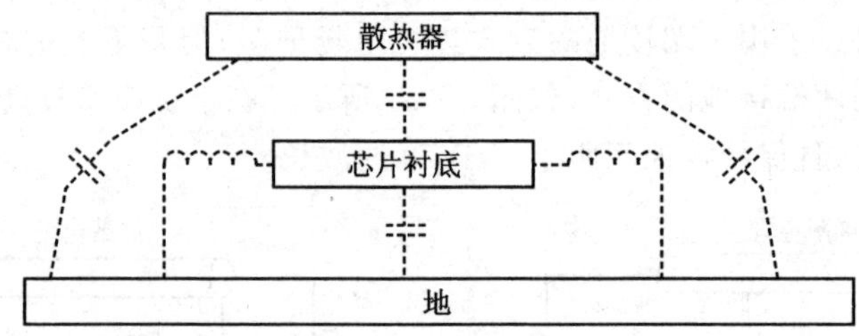

图 5-83　高频时，散热片与电路之间的寄生参数示意图

当封装内部的芯片工作在100 MHz及其以上的时钟频率时，就会在封装内部产生大量的共模电流。同时，封装内的晶片一般会靠近封装外壳，而不是靠近封装底座，如果将散热器放置在元件封装的顶部，则散热器的金属平面比PCB的地平面的物理距离更靠近封装内的晶片。芯片内部的共模辐射电流就无法耦合到PCB的0 V参考平面，反而会通过散热器装置辐射到自由空间。散热器变成了偶极子天线。即使在封装顶部安装去耦电容也无效，因为去耦电容主要是用来对元件内部产生的差模噪声进行滤波。其最大的辐射量取决于其金属材质、散热器尺寸以及散热器的自谐振频率。一般来说，散热器的尺寸增加，其辐射量也会增加。

为了减少和抑制散热器的天线辐射，需要对散热器采用金属连接到地平面的方式进行严格接地。接地方式如图5-84所示。栅栏桩的接地构成了围绕芯片的法拉第笼屏蔽，有效阻止了封装内的共模噪声辐射到空间中或者耦合到附近的元件、电缆或者孔缝中去。栅栏状的接地桩必须在距离芯片中心小于1/4 in处连接到PCB的0 V参考平面。在每个接地点，应该连接两个并联的电容，从而弥补典型散热片的大约1/4机械尺寸问题，抑制EMI频谱能量。

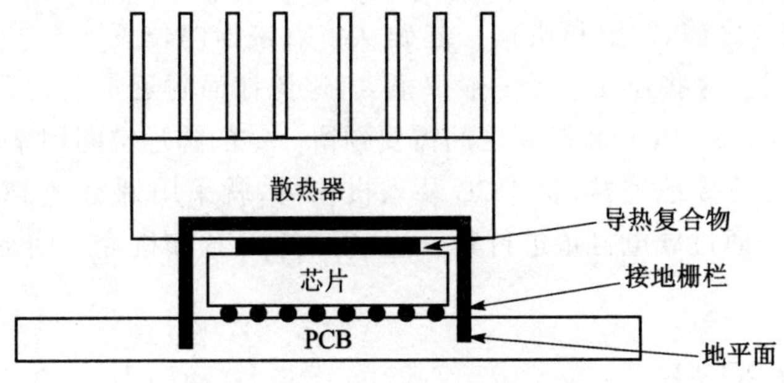

图 5-84 散热器接地示意图

5.6.5 PCB 与机壳之间的接地

在 PCB 设计时，随着元器件的信号上升时间越来越短，多点接地成为了必要的接地方式，特别是具有 I/O 互连的情形。当外接电缆插进 I/O 连接器，另外一端交流电接地线就可能会成为 RF 的远程路径。此时，由于互连的两个设备可能采用的各自不同的电源，在 I/O 互连接器之间的 RF 回路会变得很大，引起很大的共模能量，导致电缆两端产生辐射干扰或传导干扰。

要减小 RF 回路，就需要在 PCB 上设计多个安装到机壳地的接地桩。该接地桩之间的位置和间距有着非常严格的要求。根据偶极子天线的特性，天线的效率可以认为能维持到长度为最高激励频率或谐波波长的$\frac{1}{20}$，即$\frac{\lambda}{20}$，因此，接地桩之间的距离不应该大于最高频率或关心谐波所对应的$\frac{\lambda}{20}$。如图 5-85 所示，圆圈代表与机壳地连接的接地桩。从图中可以看出，在任何方向，两个接地桩之间的距离必须小于最高频率信号波长的$\frac{1}{20}$。

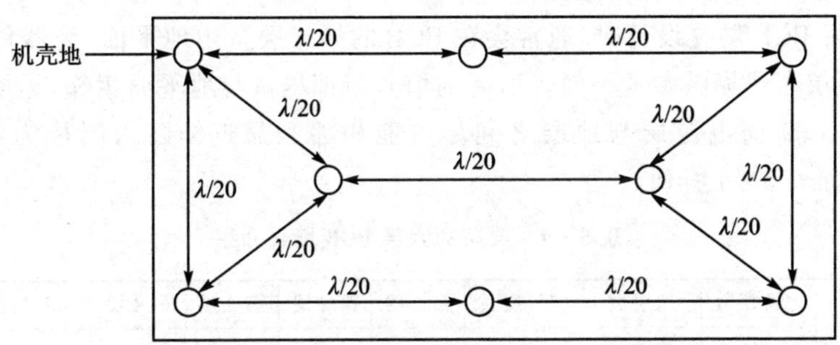

图 5-85 PCB 多点接地的接地间距示意图

通常，PCB 与机壳地之间采用机械固定螺丝来实现固定和多点接地。但是，也可以采用一些替代材料或者技术来实现接地的简化，减小设计和人力成本，如采用 EMI 导电性覆盖的海绵状氯丁(二烯)橡胶核心衬垫。

在PCB布线之前，需要和机构一起确认多点接地的位置。在PCB的底层采用镀层通孔的方式。这些通孔直径一般都很大，避免地面附近带电的元件发生被导体媒介短路的现象。在PCB和机壳之间需要预留一定的物理空间用来放置导电衬垫。一旦确定了所有的接地连接，把PCB装入机箱内，就采用螺钉把PCB固定在机壳上。PCB与机壳通过导电衬垫进行紧密连接。在PCB和机壳之间形成了低阻抗连接固定。

5.7 PCB设计

本节所讲述的PCB设计，不仅仅限于对EMC设计，也适应于PCB的SI和PI设计。因此，本节所讲述的设计理念与前面几章所介绍的SI和PI知识息息相关。

5.7.1 堆 叠

PCB的堆叠由电源、地及信号组成。每一个PCB的堆叠层数主要由单板的电源和地的种类、信号密度、板级工作频率、单板的综合性能指标要求与成本承受能力来决定。对于只需要单个电源供电的PCB，一个电源平面就可以。如果有多个电源，则需要采用电源层分割或者多个电源平面。对于信号层数的确定，则需要根据EDA提供的布局布线密度参数报告，结合板级工作频率以及特殊布线要求的信号数量等确定最终的信号层数。从EMC的角度来看，电源、地、信号层的相对位置和切割对单板的EMC指标至关重要。在成本可控的前提下，适当增加地平面可以有效提升单板EMC性能。

在高频情况下，电源层和地层都可以用作参考平面，都具有一定的屏蔽作用。但是，相比较而言，电源平面具有较高的特性阻抗，地平面一般做了接地处理。采用地平面的屏蔽效果要远远优于电源平面。

在进行PCB堆叠设计时，通常会在PCB的第二层采用地平面，为器件提供屏蔽层，也为顶层布线提供参考平面。所有的信号层都尽量与地平面相邻，尽量避免两信号层直接相邻，而电源层与地层之间尽可能相邻和靠近。以六层板为例，典型的PCB堆叠如表5-9所列。

表5-9 典型的六层PCB堆叠介绍

方 案	电源层数	地层数	信号层数	第1层	第2层	第3层	第4层	第5层	第6层
1	1	1	4	S1	G	S2	S3	P	S4
2	1	1	4	S1	S2	G	P	S3	S4
3	1	2	3	S1	G1	S2	P	G2	S3
4	1	2	3	S1	G1	S2	G2	P	S3

注：S表示信号，G表示地，P表示电源。

表5-9中,方案1和2采用了4个信号层,电源和地各一层的方式。方案3和4采用了3个信号层,增加一个地层的方式。在只考虑EMC设计的情况下,方案3为最佳设计方案。在方案3中,S1、S2、S3信号层都有参考地平面,电源层也与G2地平面直接相邻,从而最佳化了电源的完整性。在层厚设置时,需要增加S2与P之间的间距,缩小P与G2之间的间距以及S2与G1之间的间距。关键信号优先采用S2层进行布线。在信号数量多、成本有要求的情况下,可以选择方案1。方案1中,S1和S2采用地平面作为参考平面,S3和S4采用电源平面作为参考平面。在信号布线时,S1和S4为微带线,S2和S3为带状线走线,最优先选择布线层S2,其次是S1,最后才是S3和S4。方案2和方案4为备选方案,在某些对少量信号要求特别高的场合,方案4比方案3更适合,因为方案4具有最佳的布线层S2。

在进行高速逻辑布线时,电源层和地层之间会相互耦合,并产生RF能量辐射到自由空间或环境中去。为了减小并抑制此边缘泄漏效应,通常会使得电源平面的物理尺寸小于相邻的地平面尺寸20H,其中H表示叠层中相邻电源平面和地平面之间的物理距离。图5-86所示为电源和地平面之间发生RF边缘泄漏示意图。左图为没有采用20H规则的PCB叠层。从图中可以看出,当电源平面和地平面相互靠近时,由于通量相互链接,两平面之间的通量密度会显著增大,围绕平面的能量一部分会导向平面内部,另外一部分会向自由空间辐射。根据理论计算和经验公式,当电源平面内缩,并且小于地平面尺寸10H时,电源平面的阻抗会发生显著变化。如果小于20H,大约70%的通量就会被束缚;如果小于100H,98%的通量就会被束缚。这样显然增加了PCB布线的难度和成本。

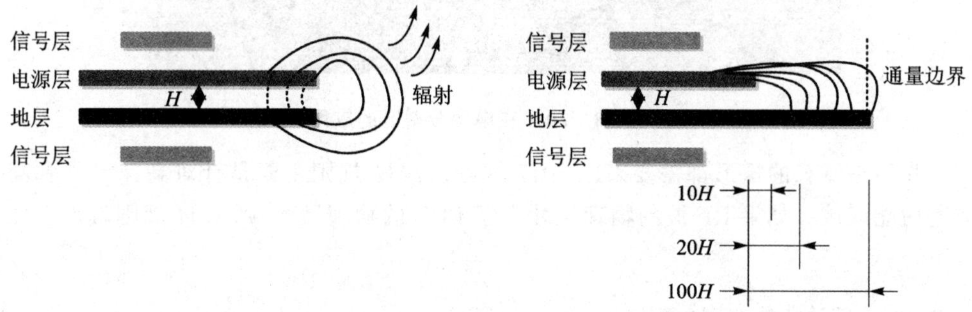

图5-86　电源和地平面之间发生RF边缘泄漏示意图

当采用20H规则时,靠近电源平面的布线层的任何走线都不能布置在电源平面上的无铜区上面,否则就需要重新布线。如果确实需要,则可以改变形状或者布放电源走线的方式实现供电,如图5-87所示。

20H规则不仅适合堆叠,还适合各种高速功能区的划分,同时,在电源分割时也会适用,如图5-88所示。从图中可以看出,两个电源之间被隔开,中间的分隔距离为20H。

图 5-87 布置电源走线的方式的堆叠结构示意图

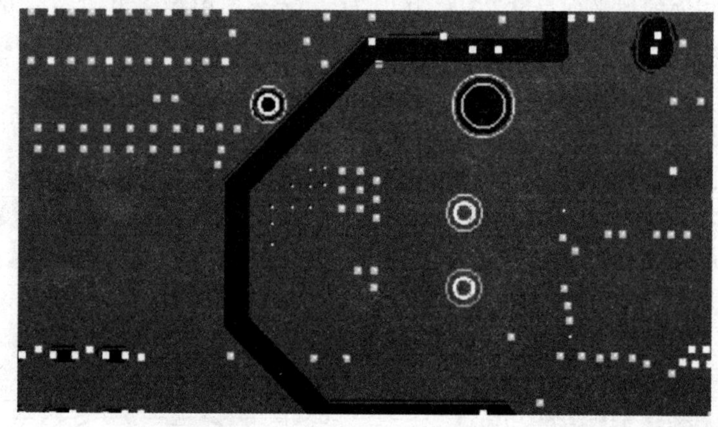

图 5-88 20*H* 在电源分割区的应用

并不是所有的情形都需要采用 20*H* 规则。20*H* 规则主要是针对高速元件和高带宽功能区域。如果 RF 波的物理尺寸大于 PCB 的物理尺寸，则 20H 规则就没有任何用处。

5.7.2 布局与模块划分

PCB 布局是 PCB 最重要的一环。好的 PCB 布局可以为后续的布线提供事半功倍的效果。对于 EMC 设计来说，需要认真地进行 PCB 布局和模块划分。

PCB 模块可以采用多种方式进行划分。按照频率分，可以把电路模块分为高频、中频和低频模块；按照信号类型分，可以分为数字电路和模拟电路；也可以按照功能划分为时钟模块、驱动电路、A/D 和 D/A 转换电路、开关电源、CPU 电路等。尽管有各种模块划分，但对 PCB 布局来说，其基本原则就是需要遵循信号的流向，确保关键高速信号走线尽量短，并确保电路板的整齐和美观。因此，对电路进行布局时，按照功能进行电路分区，把不同功能的电路放置在不同的区域。A/D和D/A转换电路需要放置在数字电路和模拟电路的交界处，如图5-89所示。图中，如果A/D或D/A转换电路芯片只有一个接地引脚，则需要把该芯片安放在连接数字地和模拟地的连接桥路上。

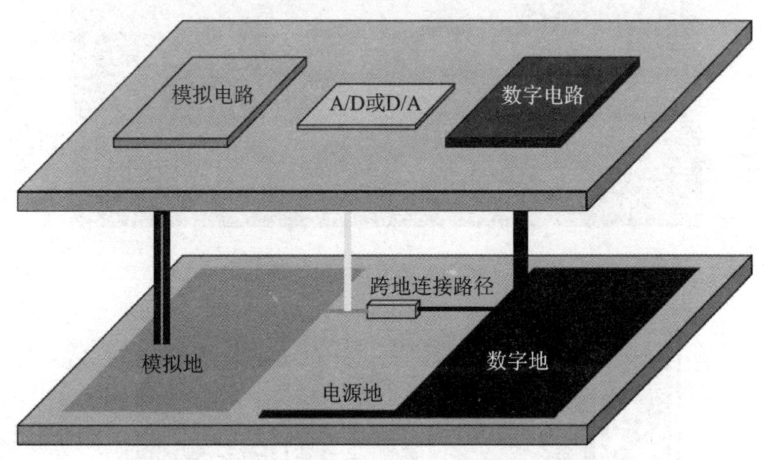

图5-89　按照功能分区进行PCB布局示意图

在高速数字系统中，如果能把数字部分和模拟部分电路很好地进行区分，建议采用统一地的方式。即把整个电路分为数字电路和模拟电路，数字电路在PCB的数字区进行布线，模拟电路在PCB的模拟区进行布线。整个地平面保持连续，不分割，使得数字信号的返回电流不会流入模拟信号的地。

所有电路都会有电源电路。复杂的PCBA需要一个或者多个DC/DC VR转换电路模块来产生电路中所需要的各种电源。电源电路是EMI产生的另外一种源头，其干扰频带可以达300 MHz以上。PCB上供电电路越长，产生的问题就越大。单板PCBA一般在电源入口端采用EFUSE电路来实现外部电源和PCBA内部电源之间的隔离。图5-90所示为电源EFUSE电路布局。

在PCBA内部，需要采用多个DC/DC电源转换模组。这些电源转化模组一般会尽量靠近负载端，以确保电源供电路径最短。典型的电路如CPU的VCore电路，如图5-91所示。

建议滤波电路中的电感线圈远离EMI源的位置摆放，线圈下方不能走高速信号或者敏感的控制信号，比如电流侦测信号等；去耦和旁路电容尽量靠近芯片的电源引脚放置。对于BGA等高密度封装的芯片，扩散电感将严重制约着电容滤波的效果，建议将电容沿着芯片周边走向均与分布，并且在封装下面的PCB底层装连一些电容器，如图5-92所示。

时钟往往是单板最大的干扰源。对于时钟电路，首先尽量使时钟源远离单板板边，并尽量布置在PCB远离I/O的位置，同时尽量让晶振就近放置在对应的芯片附

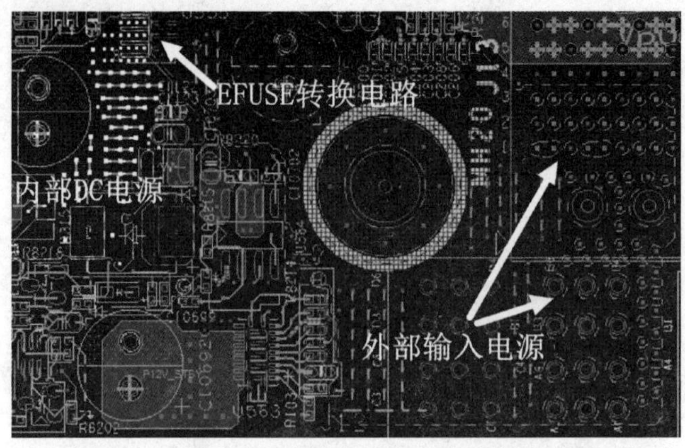

图 5-90 电源 EFUSE 电路布局

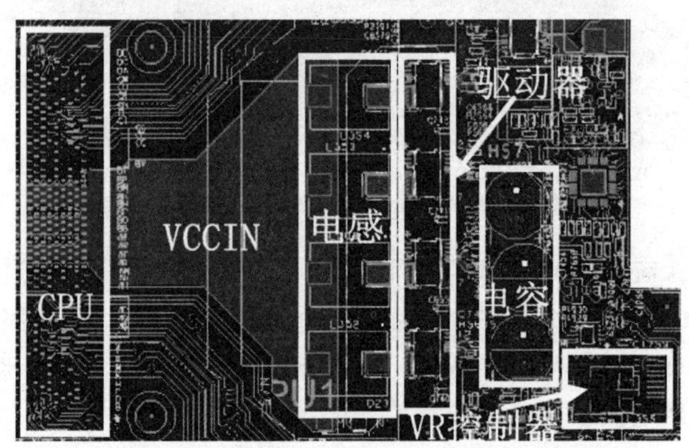

图 5-91 CPU VCore 供电电路布局示意图

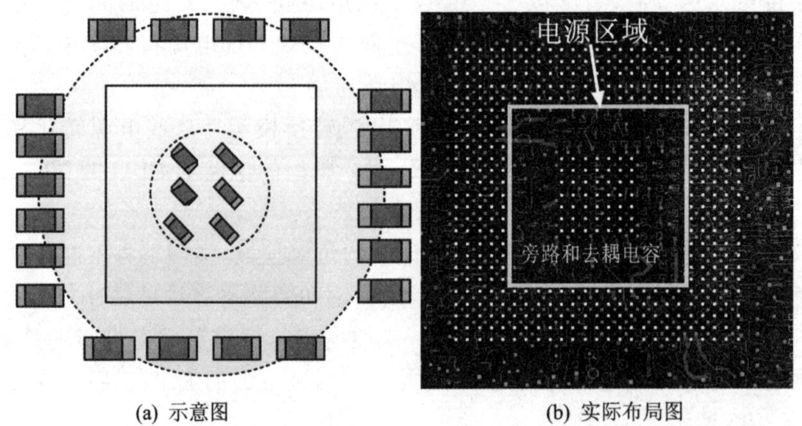

(a) 示意图　(b) 实际布局图

图 5-92 在芯片周边以及电源和地区域的 PCB 底层装连旁路和去耦电容

近，确保时钟走线尽可能短，如图 5-93 所示。图中为一个 25 MHz 时钟电路，采用无源晶振。该晶振放置在芯片附近，并且采用宽地线包裹进行屏蔽。晶振下不能走任何信号。时钟信号被晶振驱动走顶层微带线，并马上通过过孔进入内层信号层。对应的信号层的相邻层均为地层，对时钟信号进行最佳屏蔽。时钟走线满足“3W”原则。

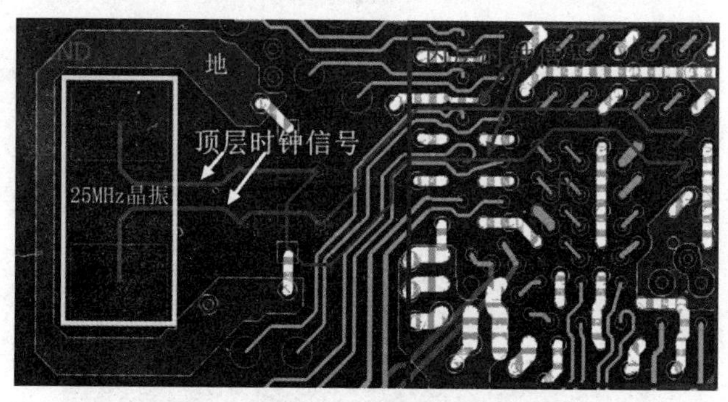

图 5-93 时钟电路布局图

5.7.3 布线与过孔

PCB 上的 EMI 辐射源主要是元件。良好的 PCB 布线也可以在一定程度上减小 EMI 辐射。通常来说，在进行 PCB 布线时，首先要对系统中的各种功能电路非常熟悉，并确定信号类型，对要求严格的信号线优先布线，比如高速信号、时钟信号、各种敏感信号等。在 x86 服务器主板中，一般会优先对 DDR 和 PCIe 总线进行布线，因为 CPU 和内存之间的走线非常单纯，且比较固定，不会影响其他功能电路；另外，DDR 和 PCIe 总线的走线几乎可以确定整个 PCB 的叠层数量以及成本。

对于复杂的 BGA 封装芯片和高密度连接器，如何以最短路径从 BGA 引脚区、连接器引脚区连接到 PCB 布线区是一个需要重点考虑的问题。

对于焊球引脚区，差分信号从引脚接出来，需要尽量保持对称，并且保持大角度走线，如图 5-94 所示。左图为差分对的对称走线，右图为信号绕线非常困难时采用的多重拐弯方式走线结构。每一个拐点的拐角需要大于 135°，并且 A、B 两段的长度要大于 1.5 倍线宽，平行线段之间的距离原则上应大于 3H，除非在高密度 BGA 引脚区。

并不是所有的差分信号在引脚区都可以做到完全对称和耦合，需要对引脚区的非耦合长度进行控制。通常来说，在 BGA 封装下，非耦合长度保持在 70 mil 以内，连接器区域保持在 100 mil 以内，如图 5-95 所示。

微带线可以采用以上的方式进行焊球引脚走线。但是更多的 BGA 封装由于走线面积有限，需要采用带状线进行走线。BGA 封装引脚一般会采用 Dog-bone 型扇出或焊盘内出孔的方式进行引脚带状线走线连接。Dog-bone 型扇出适合于球间距

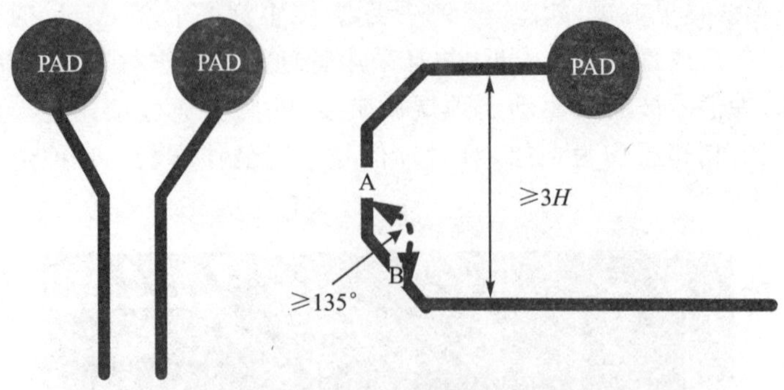

图 5 - 94　BGA 引脚走线示意图

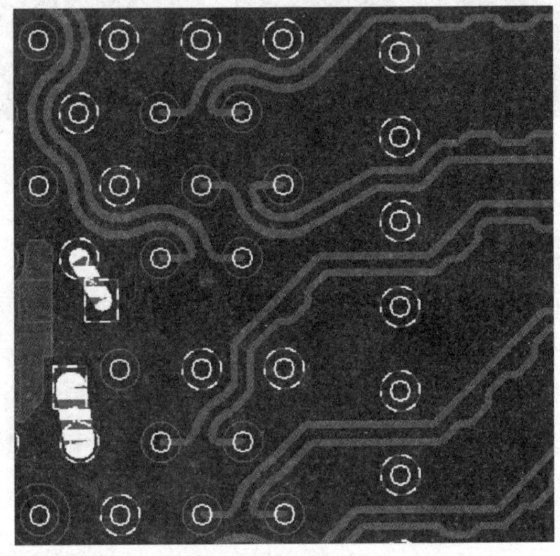

图 5 - 95　BGA 封装引脚差分对走线图

为 0.5 mm 及以上的 BGA，而焊盘内出孔用于球间距在 0.5 mm 以下(也称为超精细间距)的 BGA 和微型 BGA。间距定义为 BGA 的某个球中心与相邻球中心之间的距离。

Dog-bone 型扇出示意图如图 5 - 96 所示。小圆表示 BGA 焊球引脚，在每一个焊球引脚附近都有一个信号过孔，焊球引脚通过短线连接到信号过孔上，看上去就像一根骨头一样，因此得名 Dog-bone。信号过孔连接到对应需要布线的 PCB 层，然后再从对应的 PCB 层走线出去。

Dog-bone 型扇出设计需要确保过孔遵循原有引脚的阵列排列，以减小串扰，并进行优化。如果需要更改引脚的阵列排列，需要确保不会引起与其他关键信号之间的额外耦合，必须遵循差分对的方向。如图 5 - 97 所示，图(a)为正确的 Dog-bone 型扇出阵列；图(b)改变了阵列排列，导致方框中的两对差分信号会紧密相邻，差分信

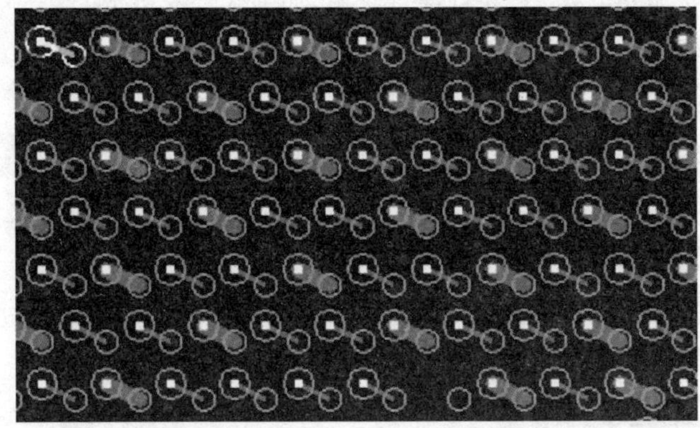

图 5-96 Dog-bone 型扇出示意图

号之间产生额外耦合。这需要避免。

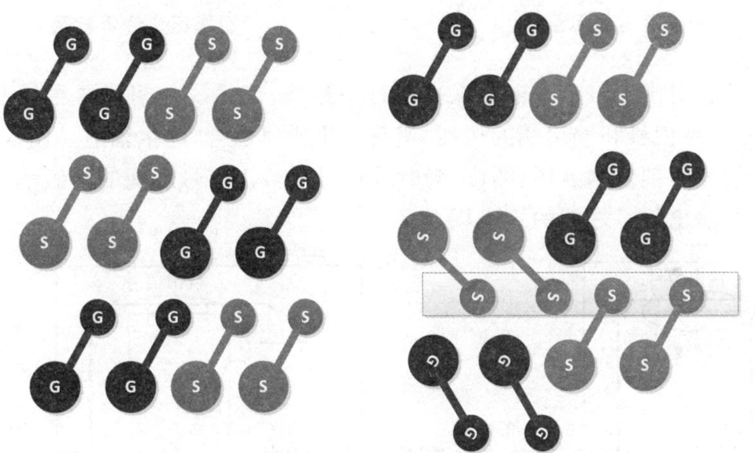

(a) Dog-bone阵列排列一致示意图　　(b) Dog-bone阵列排列不一致示意图

图 5-97 Dog-bone 型扇出示意图

在 BGA 封装或者连接器的引脚区，需要采用迂回走线，一是确保以最短距离离开引脚区域，二是防止额外的信号耦合。对于差分信号来说，需要从差分对引脚一侧进行走线，避免信号从差分对引脚之间穿过去。图 5-98 所示为 BGA 封装和连接器的引脚区走线示意图。

有些连接器的引脚间距相对较大，可以容许两对差分信号在引脚之间走线。在这种情况下，两对差分信号需要同类型，而不能是 TX 和 RX 并排走。对于时钟信号，建议只走一对时钟线——即使有额外的空间走线。

引脚区由于空间有限，通常不能按照正常的线宽进行走线。一旦离开引脚区，就需要采用正常的线宽进行走线，从引脚的边到正常线宽的走线距离不能超过 100 mil。如果正常的线宽大于引脚区走线 2 mil，就需要在离开引脚区时采用

“≤45°”拐角连接至正常走线，并且保持对称，如图 5－99 所示。

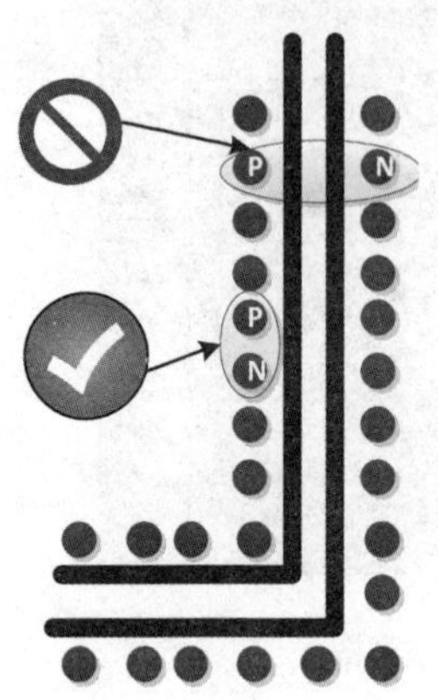

图 5－98　BGA 封装和连接器的引脚区走线示意图

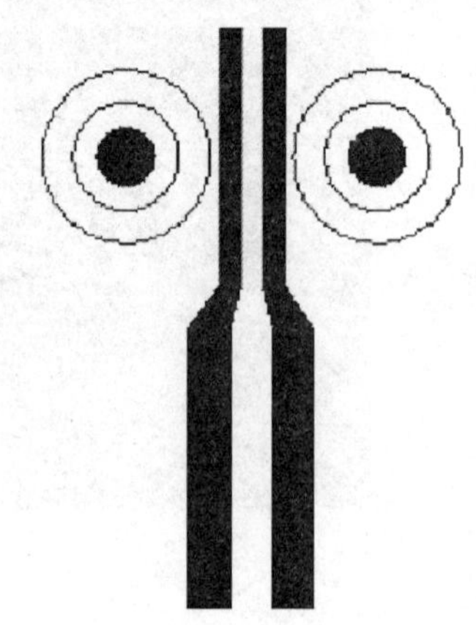

图 5－99　信号走线离开引脚区走线示意图

除了差分对内信号走线需要保持平行一致外，信号线之间需要尽量避免平行走线，特别是敏感信号和输出端的边线，避免发生噪声耦合，产生辐射。图 5－100 所示为平行走线噪声耦合示意图，图(a)为时钟信号与输出信号之间的单级耦合，图(b)为时钟信号与输出信号之间的多级耦合。

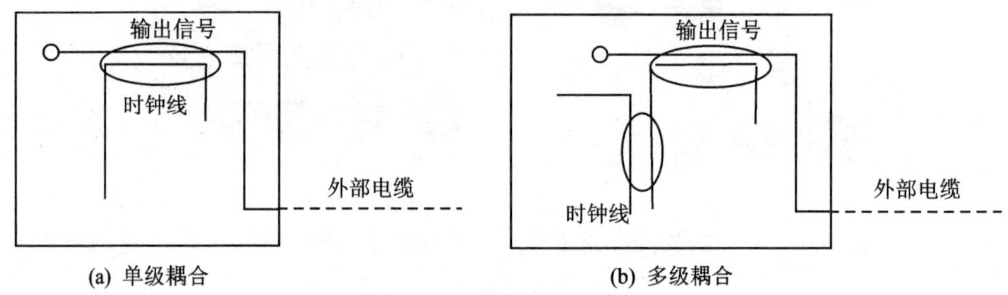

(a) 单级耦合　　(b) 多级耦合

图 5－100　平行走线造成噪声耦合示意图

为了避免相邻平行走线，通常会要求相邻层的布线相互垂直。在同一层走线时，对于敏感信号，需要严格遵守 3W 原则。所谓的 3W 原则，就是信号线的中心距之间的距离为线宽的 3 倍，或者信号线边与边之间的距离为 2W，如图 5－101 所示。关键信号包括时钟、周期信号线、视频、音频、复位等信号。

如图 5－102 所示，也可以采用保护线或者分流线来进行屏蔽。保护线从源端到目的端全程围绕着关键信号或者差分信号，保护线两端接地，并且在沿线附近会采用接地过孔，过孔间距遵循$\frac{\lambda}{20}$规则。分流线在整个布线路径上，直接位于关键信号的上下方并且平行于关键信号线，其宽度一般为 3 倍信号线宽度。保护线需要两端接

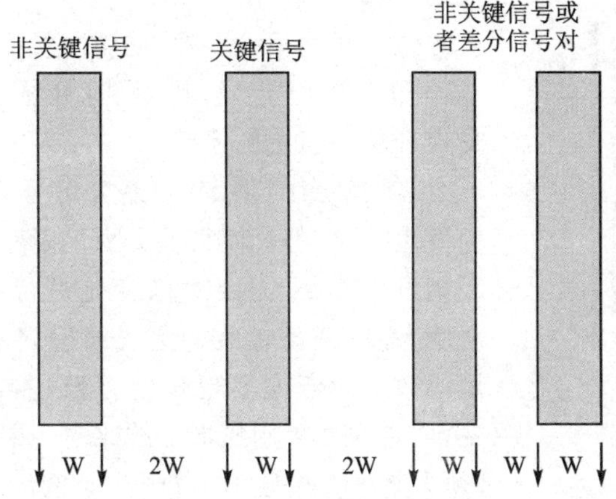

图 5-101　3W 原则应用示意图

地，分流线不需要两端接地。保护线可用于微带线拓扑和带状线拓扑结构中，而分流线只能用于带状线拓扑结构。

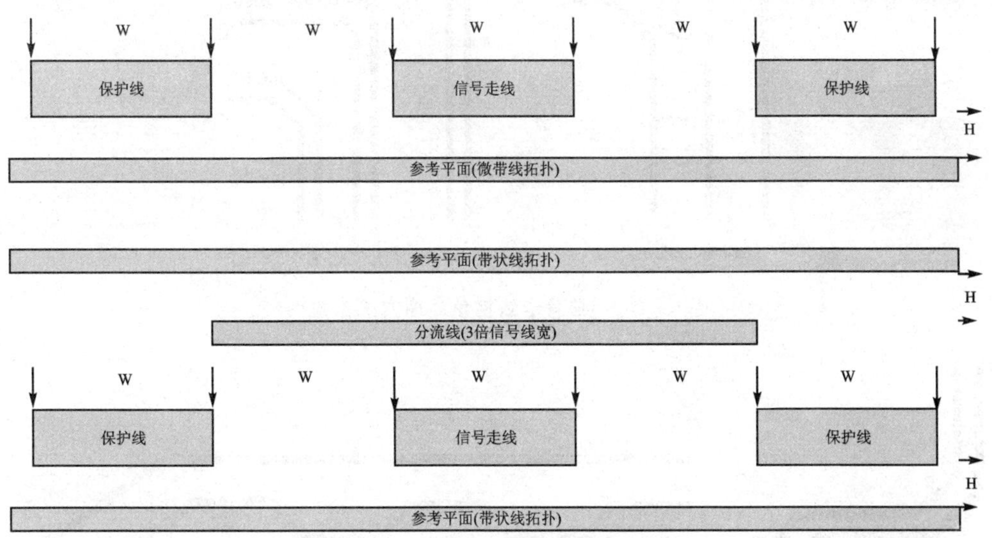

图 5-102　保护线和分流线结构示意图

保护线和分流线主要是为 RF 电流提供返回路径，一般用于特殊的设计中。需要注意的是，保护线和分流线并不是所有情形都能起作用的，只有信号路径与保护线或分流线之间的距离远小于信号路径到参考平面之间的距离时，保护线或分流线才会真正起作用；否则采用 3W 原则进行布线就好。

差分信号有等长的设计要求，通常会采用蛇形走线，并尽量保证走线结构对称。图 5-103 所示为蛇形走线示意图。

采用蛇形走线，在走线拐弯处采用 45°走线，保证走线宽度的一致性，降低信号

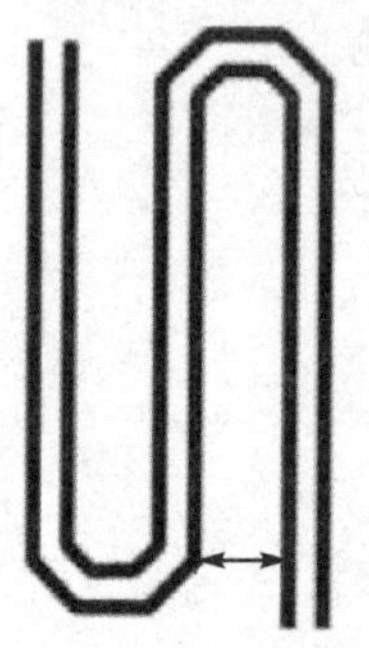

图 5-103　蛇形走线示意图

反射。如图 5-104 所示，走线 a 为 90°走线，这种方案会导致走线拐角处变宽，使得阻抗变低，阻抗不连续；走线 b 和 c 为 45°走线，其中 c 采用人工走线方式，其更容易保证信号阻抗的连续。

需要注意的是，对于差分信号来说，每一次信号走向发生变化，都会使得差分对的两个信号之间的长度和距离发生改变，需要对该变化进行弥补。如图 5-105 所示，左图两条走线的走线结构完全保持一致，但是采用偶数个拐弯来实现长度补偿；右图外走线 1 保持不变，内走线 2 采用蛇形走线来进行补偿。其中，S_2 为标准的差分对之间的距离，S_1 必须大于 S_2，并且小于两倍 S_2 的距离；B 段、D 段、F 段以及 H 段长度相等，且等于 3 倍线宽；蛇形走线为 45°。

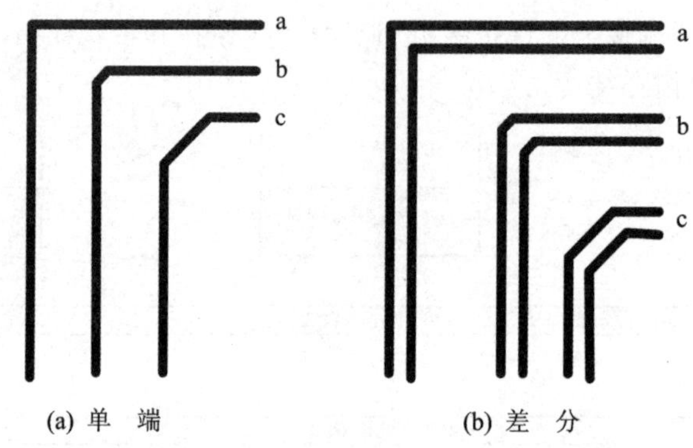

图 5-104　信号走线拐角处理方式示意图

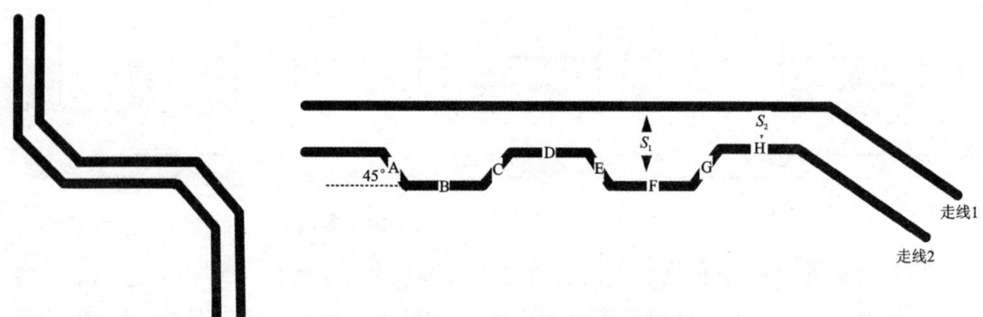

图 5-105　差分走线长度补偿示意图

蛇形走线需要确保差分对之间的最小距离，不能因为蛇形走线而导致最小的差分对之间的距离变小。如图 5-106 所示，图(a)为最小的差分对间的距离，距离为 S，在任何时候，差分对间的距离都不能小于 S；图(b)中由于蛇形走线而导致差分对

间距离变小到 S_1，这样的设计会导致走线过近而出现串扰；图(c)为正确的走线方式。

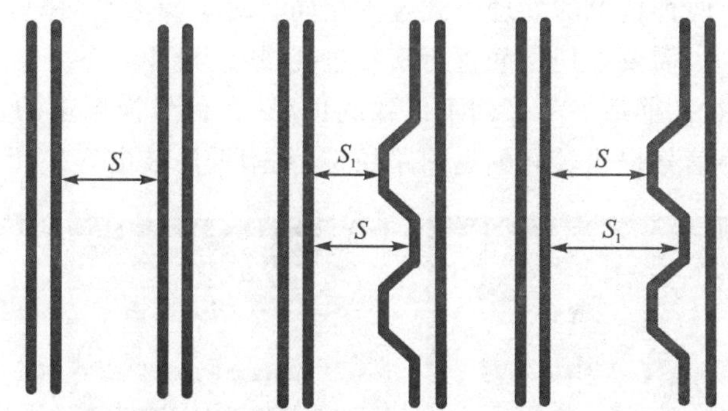

图 5-106　蛇形走线导致差分对对间距离变化示意图

尽量远离各种敏感信号过孔，特别是 VR 过孔等。如果必须经过具有高 dv/dt 或者 di/dt 的 VR 过孔等，高速差分信号走线需要远离该过孔 $10H$ 以上，高速单端信号走线需要和这些过孔保持 100 mil 以上，如图 5-107 所示。

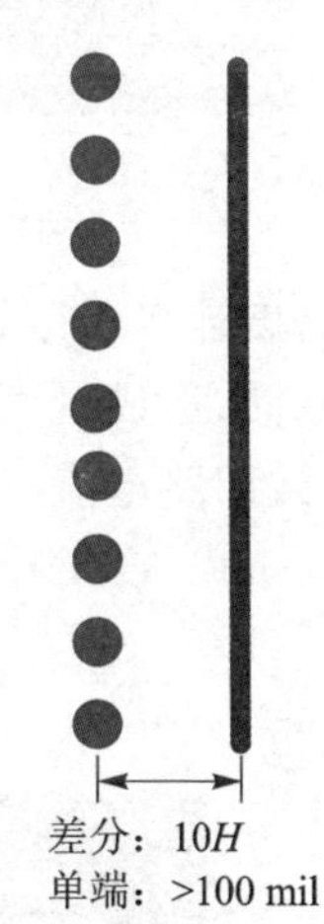

图 5-107　高速信号走线与敏感过孔之间的距离示意图

尽量减少信号走线过孔的数量。如果需要采用过孔，则尽量让信号走线以同一个参考平面进行走线，如图 5-108 所示。信号从第一个信号层经过孔转向第三层信号层继续传输，根据信号最小阻抗路径的原则，在过孔前，信号的返回路径为地层的上表面，在过孔后，信号的返回路径为该地层的下表面。虽然返回路径分别为同一地层的上、下表面，但是其电位相同，因此地环路面积最小。

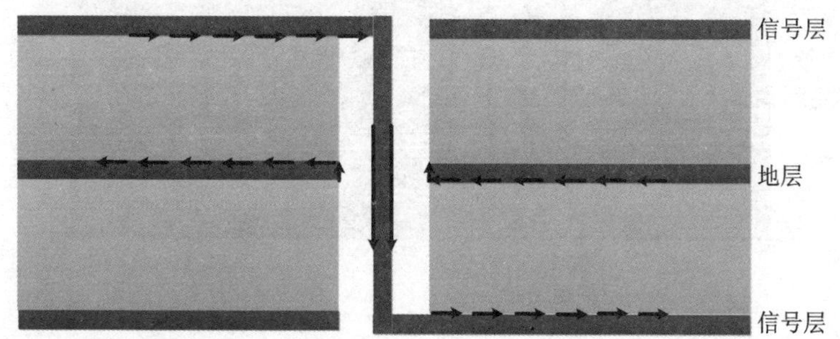

图 5-108　以同一个参考平面作为返回路径的信号走线示意图

大部分情况需要跨多层进行布线。跨多层布线可能会出现两种情况：一种是过孔前后的参考平面均为地层，另外一种是过孔前后参考平面分别为地层和电源层，如图 5-109 所示。两种情况的处理方式各不相同。对于参考平面均为地层的情况，在信号换层多的地方，需要在地层间进行密集过孔设置，避免在某个信号过孔区域附近有强辐射。对于过孔前后参考平面不一致的情况，在信号换层多的地方需要采用合适的旁路电容，为信号提供较好的返回路径，避免附近滤波电容处产生强辐射现象。

图 5-109　信号跨多层走线示意图

在高密度连接器区域，需要注意反焊盘的尺寸设置。如果反焊盘尺寸过大，会破坏整个地平面，造成过大的地环路面积。如图 5-110 所示，左边的连接器反焊盘设置过大，导致回路电流只能绕过引脚区域流向源端；右边的连接器反焊盘设置适中，回路电流就可以直接流经引脚区域，最小化地环路面积。

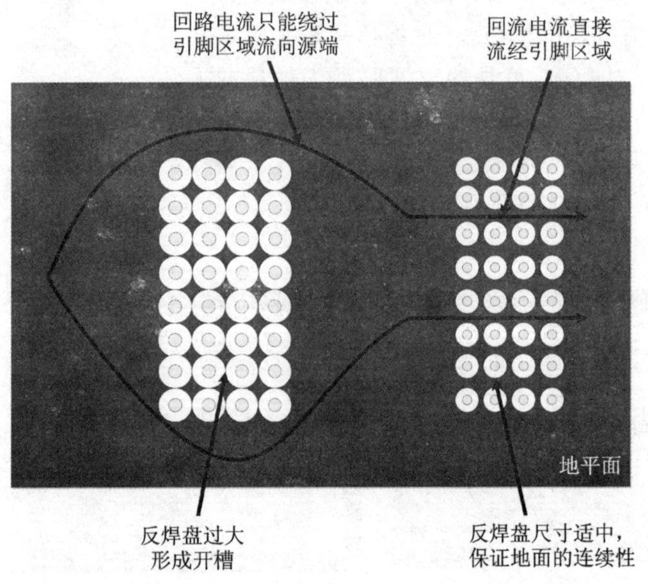

图 5-110　反焊盘尺寸过大形成开槽导致地环路面积过大示意图

复杂的数字系统经常会存在参考平面被分割的情况，特别是电源平面，需要尽量避免在此情况下进行跨分割间隙高速信号布线。如图5-111所示，a图中，信号直接跨越参考平面开槽走线，这是不允许的；b图中，信号沿着电源平面边沿走线，这也是不允许的设计；c图为正确的信号走线设计，信号在完整的地平面和电源平面之间走线，没有跨越分割缝隙；d图的走线原则也不可以，应该尽量避免，但是当电源平面与信号走线之间的距离超出 $3H$ 时，这种设计可以接受。

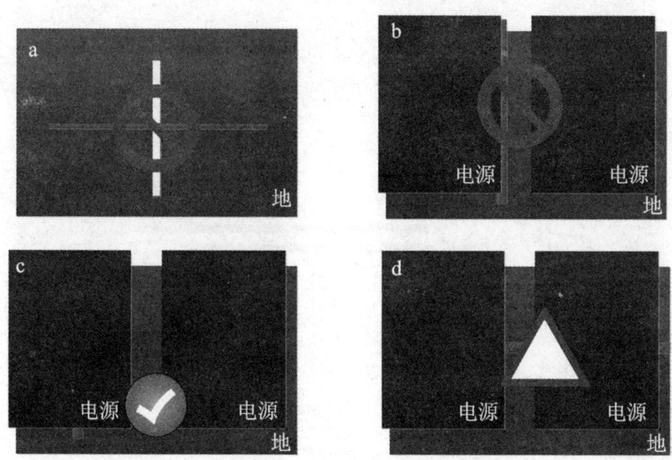

图5-111 跨参考平面布线示意图

在I/O接口处，由于ESD或者防雷的要求，需要采用隔离地的方式来进行I/O处理。确保外界ESD噪声不会对内部电路造成干扰。此时，I/O信号线就不可避免地要跨分割地走线，就像a图中的情形。对于差分信号线，差分信号本身可以有效抑制共模噪声，所以不需要做任何处理。对于普通信号线，必须提供回流路径，在PCB布线时，需要将接口器件引出的接地网络当成普通信号线来处理，并且需要在信号走线附近采用磁珠或者0 Ω电阻把开槽两端的地连接起来，为信号走线提供一个最小信号回路，正如在5.6节中介绍的模拟地和数字地连接的一样。

在PCB上，高速信号线要尽量短，并且尽量使得信号线和信号返回路径所形成的环路面积最小。一种最简单的办法就是让高速信号布线层都有对应的参考地平面，同时在PCB板的每一层布上尽可能多的地，并把它们连接到主地面。这样，信号与信号返回路径之间的环路面积就是信号层与参考平面之间形成的面积，如图5-112所示。

如果是单层或者双层PCB，信号层没有完全的参考地平面，在布线时就需要非常谨慎，确保地环路面积最小。图5-113所示为单层和双层PCB芯片的电源和地的布线方式示意图。可以看出，图(a)电源和地分别在芯片的两端，会形成一个很大的环路区域，应该尽量避免；图(b)电源和地成对并行出现，相互靠近，地线从芯片封装下经过连接到芯片的地引脚，这种方式可以有效缩小信号回路面积；图(c)中地和

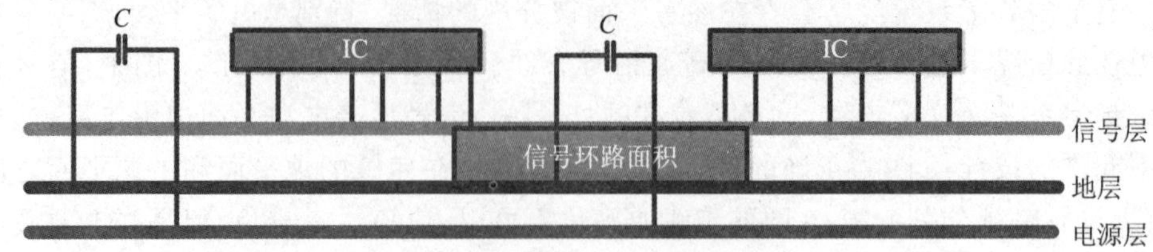

图 5-112 信号环路面积示意图

电源线相互靠近,从 IC 封装下经过,以最短的连接线到电源和地引脚。图(c)是最好的方式,信号的回路面积也最小,对于此类封装的芯片或者连接器,建议最好采用此种连接方式。

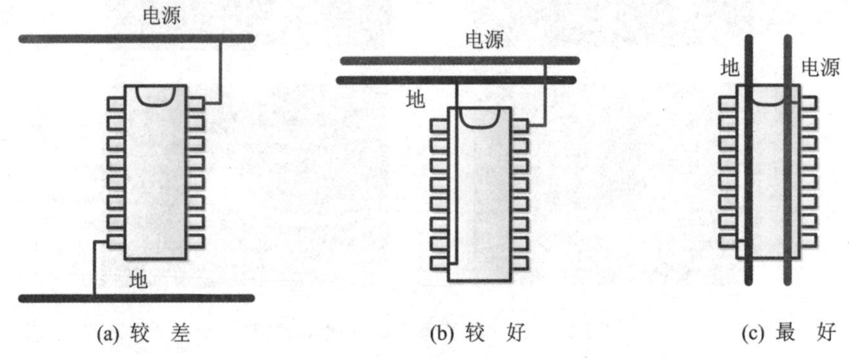

图 5-113 单层和双层 PCB 缩小环路面积的布线方式示意图

注:可以在紧邻着 PCB 设置一个外部的或者辅助的接地平面,比如廉价的铝箔背贴聚酯膜的薄片或者类似的材料。

需要尽量加宽电源和地线的宽度,确保地线的宽度大于电源线的宽度,电源线的宽度大于信号线的宽度,同时确保电源线、地线的走线方向与信号线的走线方向一致。如图 5-114 所示为 SOP 封装的芯片布线图。可以看出,电源和地的走线宽度明显大于走线宽度;电源、地以及信号线均从封装下通过过孔连接到芯片的对应引脚,最小化了引线寄生电感效应。

QFP/QFN 封装的芯片的信号和电源引脚分布在四周,而地采用封装底部整块面积来实现,可以最小化地环路面积,如图 5-115 所示。图中,地的面积最大,电源线的宽度也明显大于信号线的走线宽度。

对于大电流电源,根据负载类型可以把电源进行划分,避免某个负载需要的电流过重而影响其他负载的正常运作,也避免某个功能负载的噪声干扰到其他区域。一般可以采用磁珠来进行划分或者隔离,如图 5-116 所示。图中,磁珠两端的电压相等,各个分支电源都采用磁珠连接到主电源,其电流大小受限于磁珠,同时磁珠也可以有效抑制噪声。

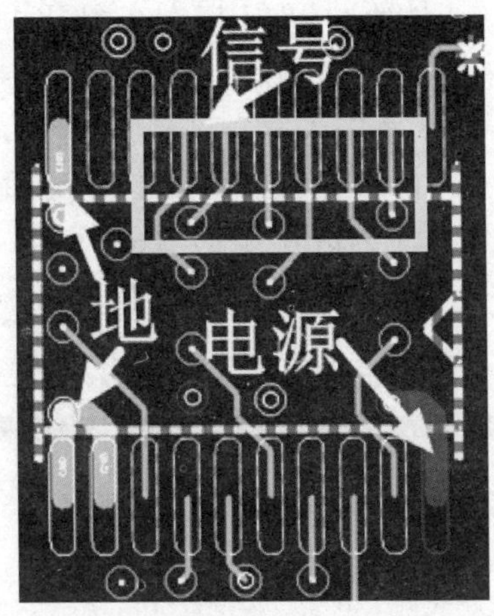

图 5-114　SOP 封装的引脚走线示意图

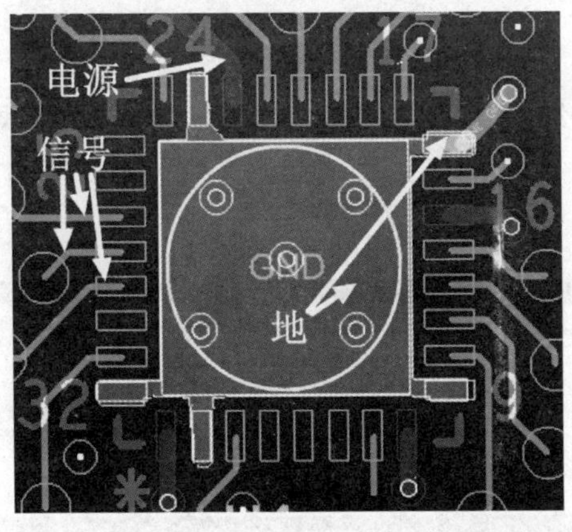

图 5-115　QFP/QFN 封装的引脚走线示意图

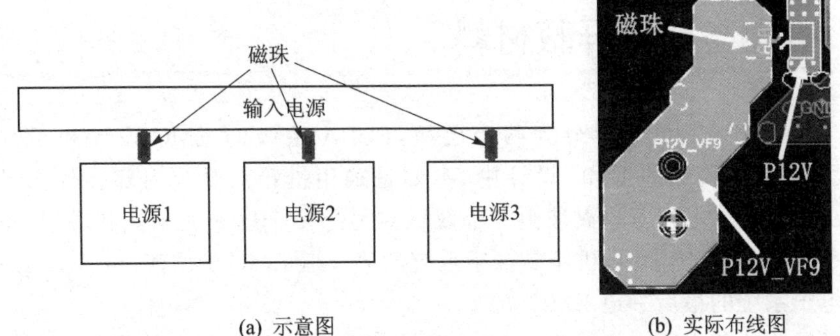

(a) 示意图　　(b) 实际布线图

图 5-116　电源布线隔离示意图和实际布线图

考虑到整体 PCB 的成本，最新的 PCB 技术在 PCB 堆叠方面提出了双带状线(dual stripline)堆叠架构，如图 5－117 所示。图中，在信号层之间采用厚的介质，其厚度大于 10H(H 为 h_1 和 h_2 二者之大者)，这样，信号层之间的串扰可以降至采用对称带状线堆叠同样的程度。在相邻的信号层上布线，蛇形走线的角度需要大于 30°。相邻信号层上的走线采用交错走线的方式，并且确保平行走线长度小于 (400/f)mil，其中 f 为频率，单位为 GHz。比如，在 8 Gb/s 速率下，最大的平行走线长度为 100 mil。

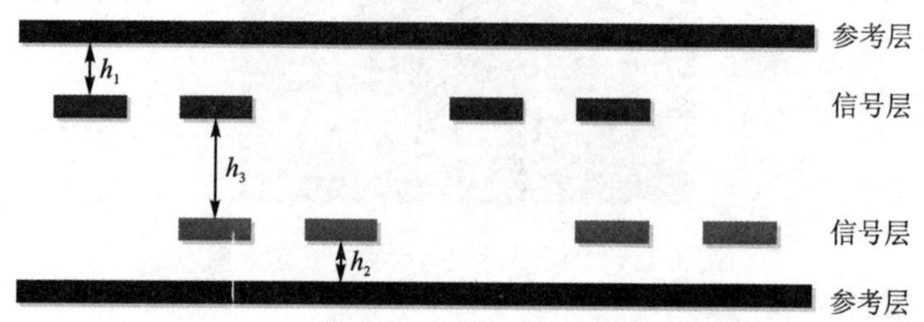

图 5－117　双带状线 PCB 堆叠架构示意图

采用双带状线堆叠结构，需要注意分流线的运用。分流线必须远离最近信号线边沿 5H 以上，如图 5－118 所示，否则可能会导致差分信号的阻抗改变，或者产生额外的噪声耦合。

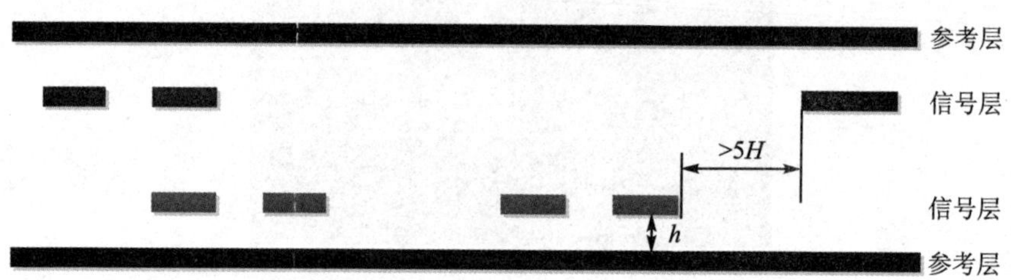

图 5－118　分流线在双带状线堆叠结构中应用示意图

5.8　机壳与电磁屏蔽材料

电子系统的 EMC 设计分为两个层级：PCBA 层级的 EMC 设计和系统级的 EMC 设计。在系统级的 EMC 设计中，主要是采用机箱对系统内部和外部进行隔离，以控制电场、磁场以及电磁波由一个区域对另外一个区域的干扰和辐射，也就是电磁屏蔽。对于 ESD 来说，机箱是电子系统的第一道 EMC 护城河；对于 EMI 来说，机箱是电子系统的最后一道 EMC 防线。

电磁屏蔽的基本原理如图 5－119 所示。当辐射源的辐射干扰能量波传输到屏蔽壳时，由于阻抗不连续，一部分能量会被反射回来，另外一部分的能量会进入屏蔽壳，并继续传输。在屏蔽壳中，一部分能量会被屏蔽壳吸收转为热能，而另外一部分继续传播到屏蔽壳的另一侧。由于阻抗不连续，一部分能量会被反射并继续在屏蔽壳中传播，可能会在屏蔽壳中多次反射，而另外一部分会进入到目的端的空间——这一部分能量越小越好。在高频的情况下，屏蔽壳的吸收能量很大，屏蔽壳内的反射可以忽略不计。对于低频，屏蔽壳的吸收能量很小，需要考虑壳内反射。评估屏蔽壳的性能可以采用屏蔽效能 SE 表示。屏蔽效能定义为衰减后的波的能量与入射波能量之间的比值的对数函数，也就是入射波在传输路程中被屏蔽壳反射和吸收的能量。

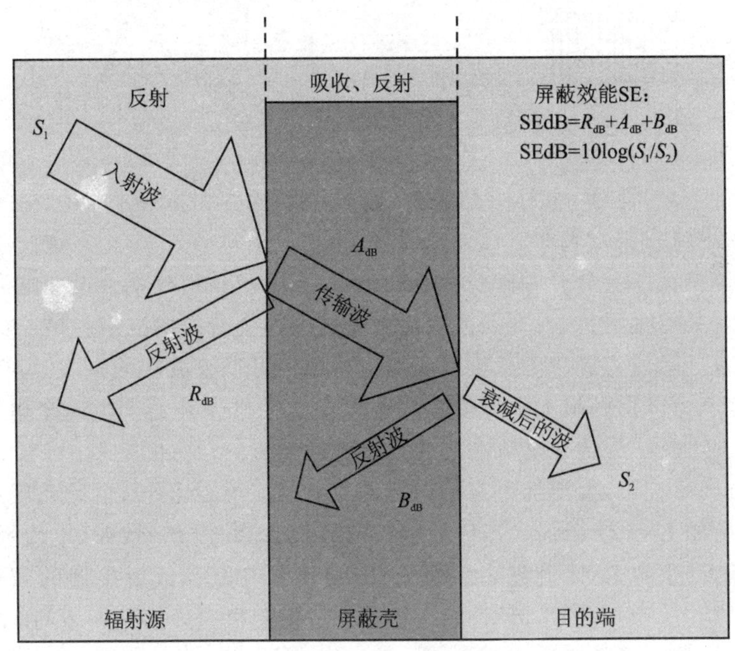

图 5-119　电磁屏蔽示意图

按照工作原理，可以分为电场屏蔽、磁场屏蔽以及电磁场屏蔽三类。电场屏蔽是防止两个设备之间的电容性耦合干扰，电磁屏蔽又可以分为静电屏蔽和低频交变电场屏蔽。静电屏蔽要求屏蔽材料的完整性和良好的接地。低频交变电场屏蔽主要是抑制低频电容性干扰，要求屏蔽体材料导电良好，无厚度要求。相应的，磁场屏蔽也可以分为静磁屏蔽和低频交变磁场屏蔽两类。低频交变磁场屏蔽主要是利用高磁导率的铁磁材料对干扰磁场进行分流。因此，磁场屏蔽主要采用高磁导率的材料，防止次饱和，必要时采用多层屏蔽。

理想的屏蔽机壳是一个全封闭的金属壳。如果采用塑料机壳，需要在机壳表面喷镀导体，并确保其厚度满足几个趋肤深度——相对于要衰减的最高频率而言。这样，所有的寄生电流都会局限在机壳的内部表面上。外部采用屏蔽电缆与连接器进行连接，电缆两端与所需连接的设备在连接器和机壳界面采用 360°完美连接，使得内部寄生共模电流被限制在屏蔽机壳内，外部干扰也不会传入到机壳内部。

现实的电子产品，由于会考虑成本、散热等各种因素，机壳会存在各种孔隙、接缝、气流孔等可以与外部环境直接连通的区域,如图 5－120 所示。

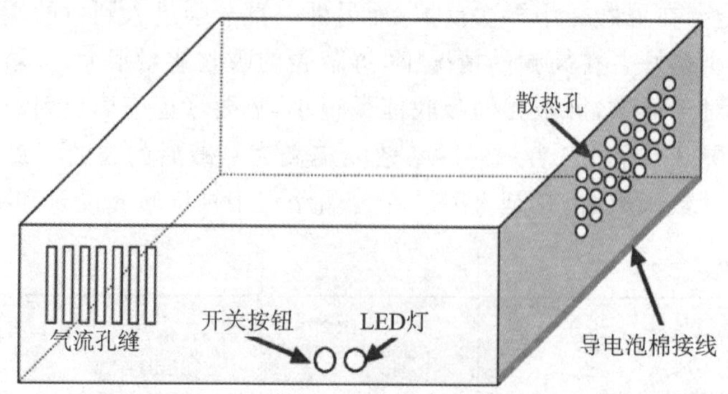

图 5－120　非理想机箱结构示意图

当共模电流在机壳表面进行流动时,如果遇到这些开孔或者接缝等阻抗不连续的情况,传导电流就会分开并围绕在开孔或者缝隙周边,这样就会增加电流路径的长度,产生额外的寄生阻抗,在开孔或者缝隙处产生一个有效的电压。根据机箱的谐振条件,如果该开孔或者缝隙的长度大于对应辐射信号谐波波长的 1/2 时,在开孔或者缝隙的中心就可以得到最大电压值。该电压就会在机壳外面产生一个电流,形成辐射。图 5－121 所示为传导电流在开孔或接缝处的流向示意图。图中,当传导电流与孔缝长边方向垂直时,会增加更多的电流路径长度。孔缝越长,电路路径越长,阻抗就越大,产生的 EMI 就越强。当传导电流与孔缝长边方向一致时,电流受到干扰的程度就越低,产生的 EMI 就越小。因此,EMI 泄漏与开孔或者接缝的面积无关,而是与其直径相关。不幸的是,设计者无法预测或控制机壳表面所产生的电流,在设计时需要以最坏的情况进行设计。

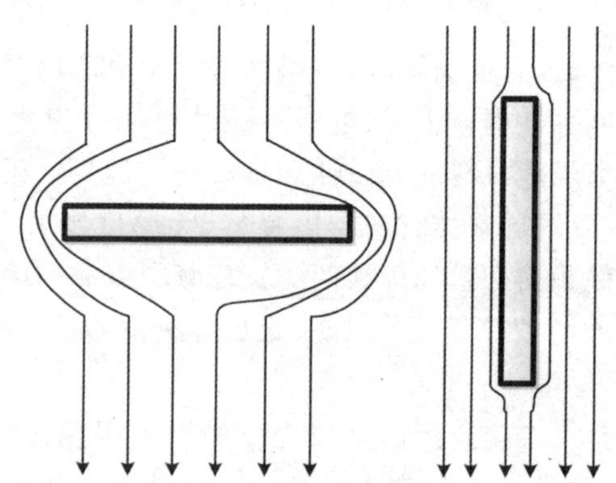

图 5－121　传导电流在开孔或接缝处的流向示意图

可以采用小孔阵列来取代长孔设计,如图 5－122 所示。小孔可以是圆孔、方孔或者菱形孔等。方孔或菱形孔会稍微增大电流路径长度,但不是很重要。圆孔可以得到最大面积的开孔，有利于散热等，因此开孔尽量以圆孔为主。开孔的原则以天线效应来考虑，一般以目标信号频率波长的$\frac{1}{20}$长度作为开孔长度。需要注意的是，小孔之间的金属导体宽度至关重要。过窄的金属导体会使电流阻抗增加，无法做到有效屏蔽。经验上来说，其宽度不小于孔径的 25%。

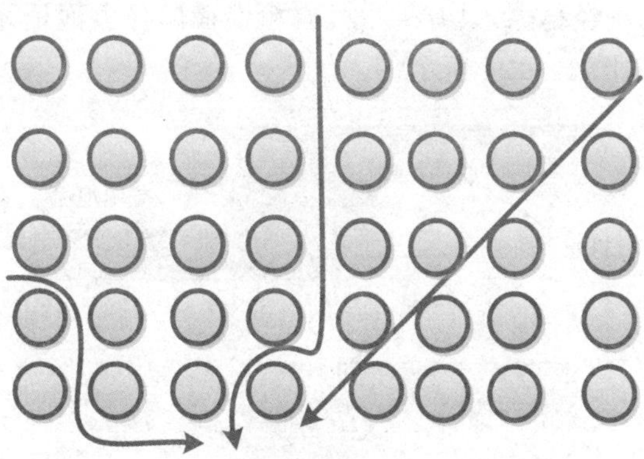

图 5-122　小孔阵列上传导电流流向示意图

对于必须使用长开口的机壳来说，比如 PC 或者服务器内需要支持单独网卡或者单独显卡，当系统默认不插网卡或者显卡时，需要采用导电良好的金属挡片遮住此开孔，并确保和机壳接触良好，必要时，需要在孔周围采用导电泡棉。当需要插入第三方卡时，把对应的金属挡片拿掉，并把第三方卡的金属挡片与机壳紧密接触。图 5-123 所示是 SuperMicro Sys-7049P-TR 服务器后视图，采用了金属挡片对 PCIe 插槽部分进行屏蔽。值得注意的是，为了增加散热面积，金属挡片采用了方形小孔阵列方式。

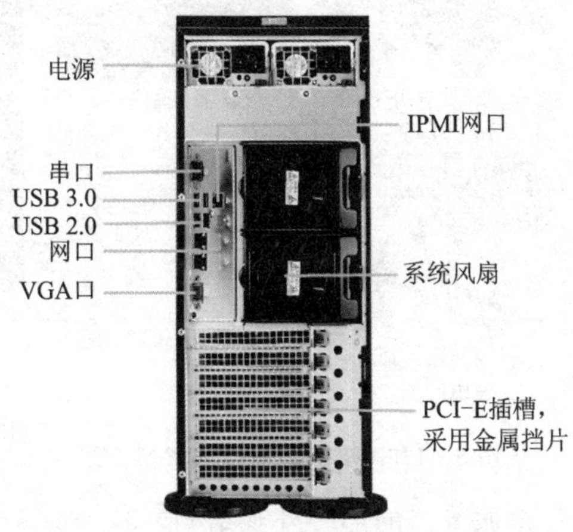

图 5-123　采用金属挡片对长开孔进行屏蔽

除了金属开孔，机壳还可能存在各种接缝，可以采用各种导电泡棉(gaskets)进行填补，电流可以流过导电泡棉，以减小电流路径长度。在设计时，不仅需要关注导电泡棉的导电性能，还需要关注相互接触面材料的导电性。很多机壳都会采用良好的导电性材料，如钢或者铝，作为基础材料，并采用电镀层或者防腐蚀的漆进行保护。电镀层或者防腐蚀的漆可能是不导电的。如果此时采用表面光滑的导电泡棉来进行屏蔽，则没法让电流流经缝隙，只有采用具有粗糙面的导电泡棉才可以刺穿电镀层或者油漆，形成屏蔽，如图 5-124 所示。

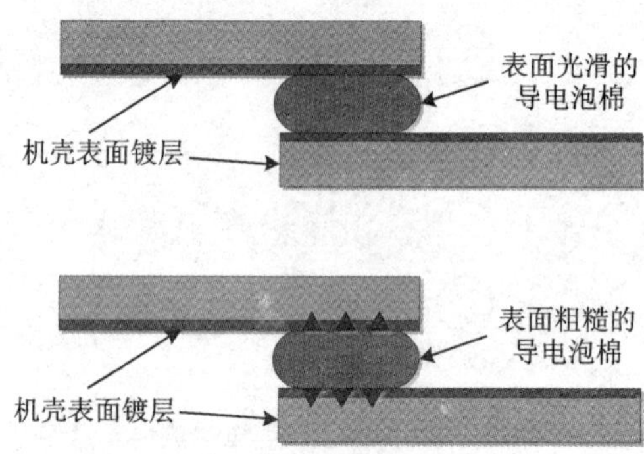

图 5-124　导体泡棉在接缝中应用示意图

除了导电泡棉，还有各种电磁屏蔽材料，如导电弹簧、导电布、导电橡胶以及各种吸波材料等。其部分材料如图 5-125 所示。因为篇幅有限，在此就不一一赘述。

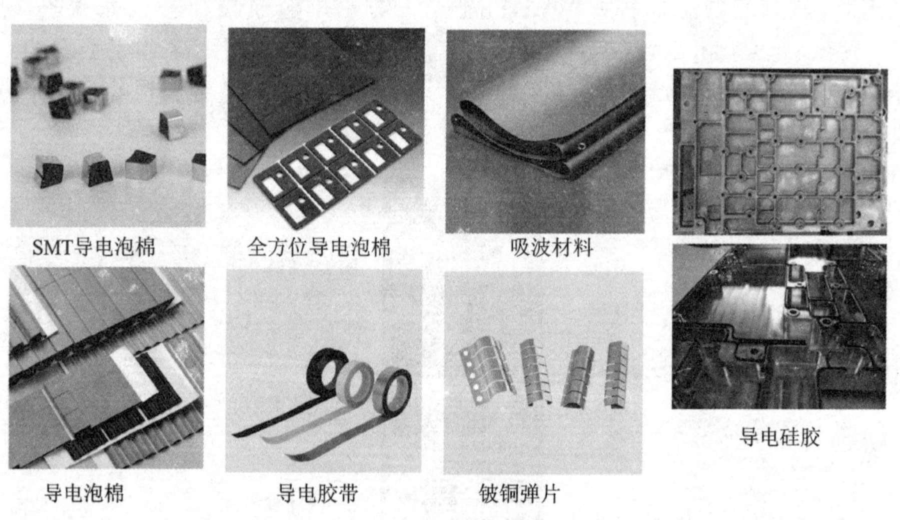

图 5-125　部分电磁屏蔽材料介绍

图 5-126 所示为一款服务器的部分外观结构。其表面采用喷漆方式以防止机壳被腐蚀。在前端面板上会开许多孔，以便开关按钮、LED 等可以呈现出来。

当系统进行 EMC 测试时，对电源按钮进行±8 kV 空气放电，系统会掉电，并且

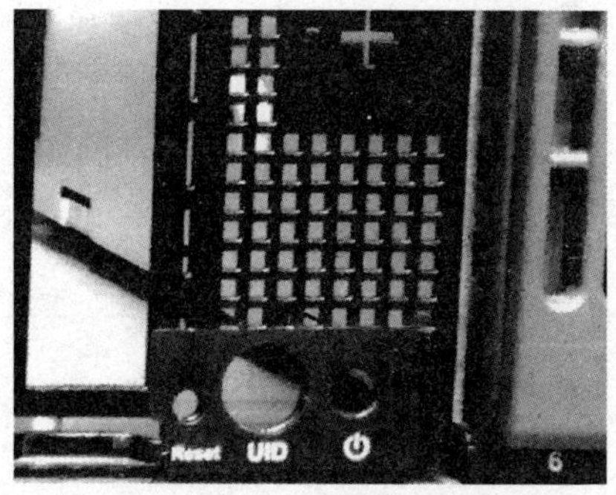

图 5 - 126　采用防腐蚀喷漆工艺的机壳图

无法再开机。经检查电路,发现内部开机芯片被损坏。EMC 测试时,发现其 RE 测试会失败,其测试结果如图 5 - 127 所示。在 50 MHz 及其谐波频率点处,QP 值会超出限制 8.46 dB。

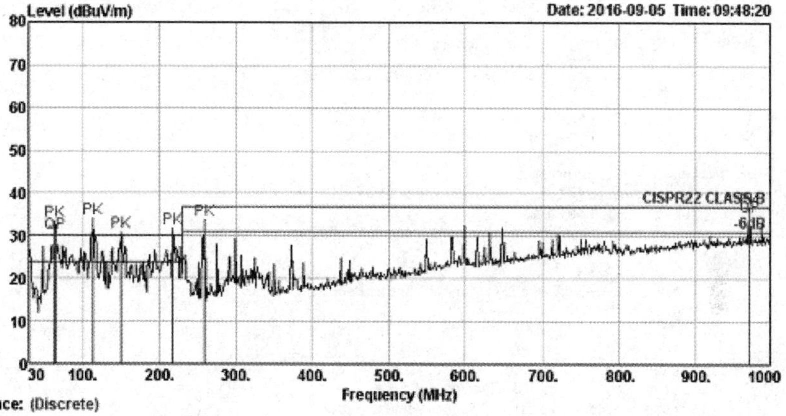

Level (dBuV/m)　　Date: 2016-09-05　Time: 09:48:20

CISPR22 CLASS B
-6dB

Frequency (MHz)

Trace: (Discrete)

```
Site              : 10m AC
Condition         : CISPR22 CLASS B 10m VERTICAL
Data No.          :
EUT               : Server
M/N               : Lumatrix
S/N               : EVT
Test Voltage      : 230V/50Hz
Ambient Condition: 24degree,49%R.H.,101.3kPa,
Test Engineer     : Davis Li
Memo              : Run EMC Exercizer,1600x1200@60Hz
                  : USB3.0*4, Lan*3
```

	Freq	Read Level	Level	Limit Line	Over Limit	Antenna Factor	Cable Loss	Preamp Factor	A/Pos	T/Pos	Remark
	MHz	dBuV	dBuV/m	dBuV/m	dB	dB/m	dB	dB	cm	deg	
1 *	63.9500	57.01	33.35	30.00	3.35	7.32	1.99	32.97	---	---	Peak
2 *	64.8000	54.00	30.34	30.00	0.34	7.30	2.01	32.97	---	---	QP
3 *	113.4200	57.03	33.93	30.00	3.93	7.20	2.72	33.02	---	---	Peak
4 *	150.2800	52.19	30.77	30.00	0.77	8.45	3.14	33.01	---	---	Peak
5 *	217.2100	49.99	31.49	30.00	1.49	10.71	3.79	33.00	---	---	Peak
6 !	258.9200	50.03	33.63	37.00	-3.37	12.39	4.19	32.98	---	---	Peak
7 !	972.8400	36.02	36.55	37.00	-0.45	23.72	8.94	32.13	---	---	Peak
8 !	972.8400	34.20	34.73	37.00	-2.27	23.72	8.94	32.13	---	---	QP

图 5 - 127　RE 测试失败的报告截图

究其原因,是因为喷漆导致其绝缘,机壳内壁电流以及外部 ESD 干扰在此遇到阻抗不连续形成辐射,内部共模电流会向外辐射,外部 ESD 会干扰内部电路。因此,需要把开孔周围的喷漆去掉,或者采用粗糙表面的导电泡棉来进行屏蔽。屏蔽结果如图 5－128 所示,其结果通过测试。

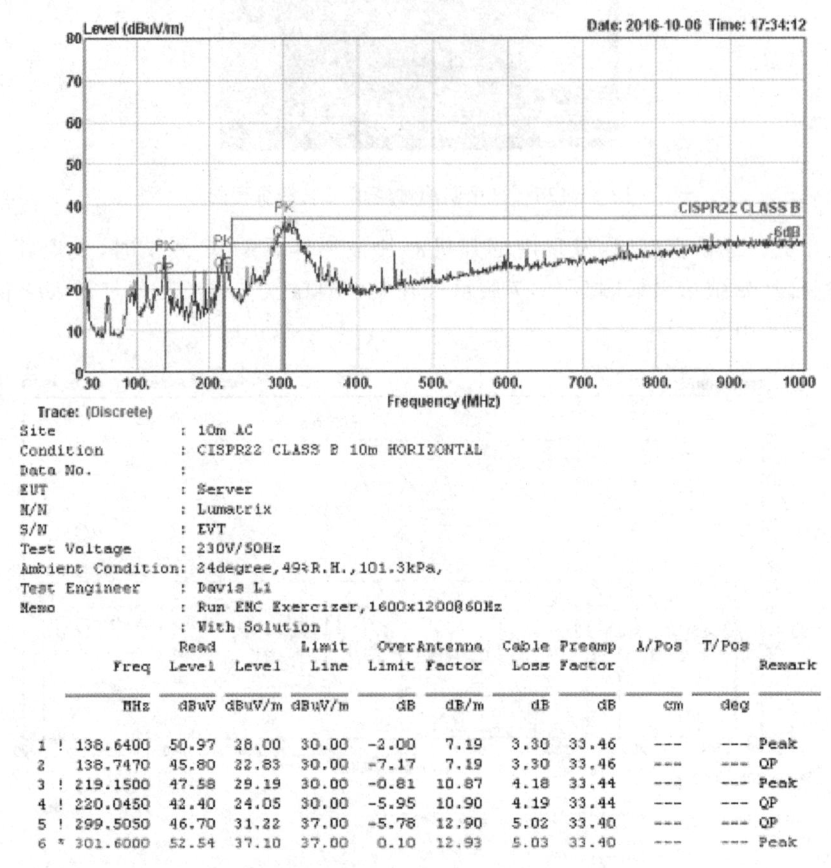

Site : 10m AC
Condition : CISPR22 CLASS B 10m HORIZONTAL
Data No. :
EUT : Server
M/N : Lumatrix
S/N : EVT
Test Voltage : 230V/50Hz
Ambient Condition: 24degree,49%R.H.,101.3kPa,
Test Engineer : Davis Li
Memo : Run EMC Exercizer,1600x1200@60Hz
: With Solution

		Freq	Read Level	Level	Limit Line	Over Limit	Antenna Factor	Cable Loss	Preamp Factor	A/Pos	T/Pos	Remark
		MHz	dBuV	dBuV/m	dBuV/m	dB	dB/m	dB	dB	cm	deg	
1	!	138.6400	50.97	28.00	30.00	-2.00	7.19	3.30	33.46	---	---	Peak
2		138.7470	45.80	22.83	30.00	-7.17	7.19	3.30	33.46	---	---	QP
3	!	219.1500	47.58	29.19	30.00	-0.81	10.87	4.18	33.44	---	---	Peak
4	!	220.0450	42.40	24.05	30.00	-5.95	10.90	4.19	33.44	---	---	QP
5	!	299.5050	46.70	31.22	37.00	-5.78	12.90	5.02	33.40	---	---	QP
6	*	301.6000	52.54	37.10	37.00	0.10	12.93	5.03	33.40	---	---	Peak

图 5－128　RE 测试通过的报告截图

5.9　其他方面的静电防护

EMC 是一个系统工程。静电防护并不仅仅限于设计阶段和产品阶段,还包括生产、制造、测试、存储、搬运等各个过程,需要认真对待。

在与电子产品接触过程中,需要尽量减少摩擦,少穿羊毛类毛衣,控制空气的温湿度等。实验室内的实验桌需要进行严格的接地处理,并铺设好静电胶板。进出实验室需要穿静电衣和静电鞋。各种贵重物料的搬运和保存需要采用托盘或者静电袋,切记在没有做任何防护措施的情况下就直接用手接触。在接触电子元件时,需要佩戴静电腕带，并确保静电腕带接地良好。图 5－129 所示为静电防护的各种工具和措施。

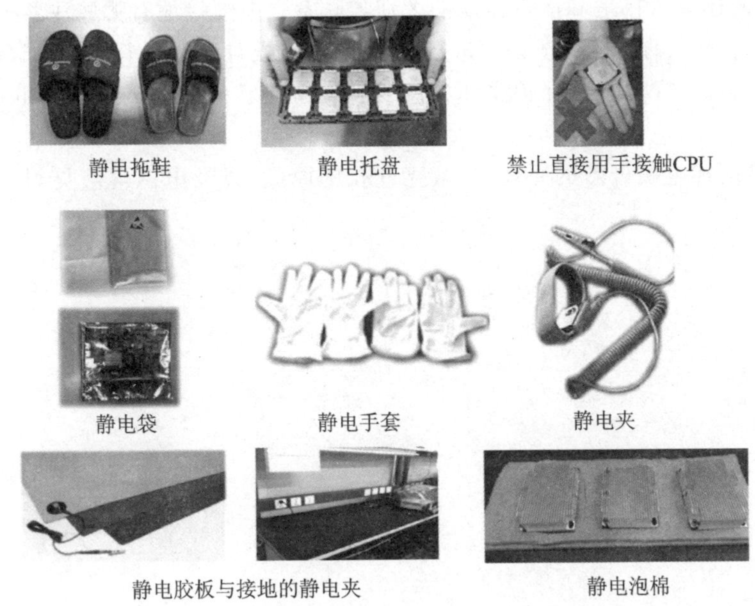

图 5－129　静电防护的各种工具和措施

5.10　本章小结

本章主要介绍了电磁兼容设计方面的基础知识，包括 EMC、EMI 和 EMS 等基础概念，并从元件选择、电路设计、接地处理、PCB 设计以及系统级的电磁屏蔽机壳和材料等方面重点讲述了如何进行 EMC 的设计，最后从非产品设计的理念，从产品的生产、制造、存储、测试以及搬运等各个过程简要介绍了如何进行产品的静电防护。

5.11　思考与练习

1. 什么是 EMC、EMI、EMS？请简述三者之间的关系。
2. 试简述 EMI 传输过程中的三个要素以及每个要素的工作机制。
3. 什么是谐振？矩形谐振腔的谐振频率与哪些因素相关？如何提高矩形谐振腔的谐振频率？
4. 什么是 ESD、EOS？请简述 ESD 和 EOS 之间的区别和联系。
5. 试简述 GDT、VDR、TSPD、TVS、TSS 的工作原理及其各自的应用场景。
6. 试简述变压器和光耦的工作原理。

7. 如何对电缆进行屏蔽？如何进行有效的 EMI 屏蔽连接器设计？

8. EMI 滤波有哪几种电路？试简述各自的区别与联系。

9. 试简述单点接地和多点接地的区别与联系。电缆接地有哪些注意事项？

10. 从 EMC 的角度简述如何进行 PCB 的堆叠设计、模块划分以及布局。

11. 什么是 3W 原则、保护线和分流线？试简述它们之间的区别与联系以及注意事项。

12. 试简述电磁屏蔽的原理、屏蔽壳开孔的原则，以及电磁屏蔽材料有哪些，如何工作。

第6章

PCB设计基础

本章从PCB的基础知识入手，主要介绍PCB的基本结构以及生产过程，重点介绍PCB的CORE与介质的材料属性、环境对PCB材质的影响以及材质对信号传输和损耗的影响。在此基础上，重点介绍PCB的损耗基础、损耗的影响因素、堆叠以及如何进行阻抗控制，并分别介绍目前主流的PCB损耗以及阻抗测试的方法。最后，专门针对PCB的信号和电源分布的仿真原理以及结合制造、测试、价格等各个方面如何进行设计展开探讨。

本章的主要内容如下：

- PCB的基本结构和生产过程；
- CCL和介质；
- PCB的损耗；
- 堆叠与阻抗控制；
- 仿真；
- DFX和DFT。

6.1 PCB基础介绍

PCB(Print Circuit Board，印刷电路板)是电子系统中非常重要的部件，几乎所有的电子设备——只要有芯片存在，都需要使用PCB。如图6-1所示为PCB实物图。

PCB可以有不同的分类标准，以PCB的层数来分，可以分为单层板、双层板和多层板；根据PCB的软硬，可以分为刚性PCB(rigid PCB)、柔性PCB(flexible PCB)以及软硬结合板。不管哪种PCB分类，组成PCB的基础材料均是铜箔和PP(prepreg)预浸材料。而构成多层PCB骨架的是覆铜板(Copper Clad Laminate，CCL)，它是通过在高温高压的条件下将增强材料浸以树脂(也就是PP材料)及填充材料，并在上、下两个表面或者一个表面与铜箔粘结在一起，然后进行固化，形成不同规格厚度的基板，如图6-2所示。

图 6-1　PCB 实物图

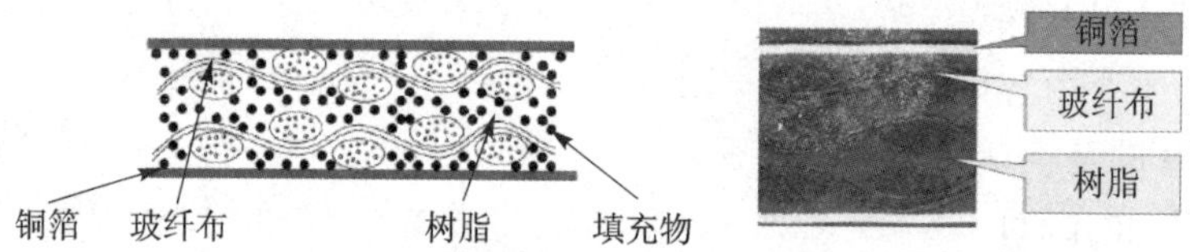

图 6-2　CCL 的基本结构示意图

6.1.1　覆铜板(CCL)

通常来说,CCL 的厚度一般在 31 mil 及以上。如果描述 CCL 的厚度超过 31 mil,则厚度一般包含铜箔的厚度;如果小于 31 mil,则厚度一般不包含铜箔的厚度。

按照不同的规格,材料厂商会对 CCL 进行不同的分类。例如,按照机械特性,可以分为刚性 CCL 和柔性 CCL;按照增强材料,可以分为玻璃纤维布 CCL、纸基 CCL 和复合基 CCL;按照所采用的绝缘树脂,可以分为环氧树脂板、酚醛板、PTFE、BT 和 PI 等;按照阻燃等级,可以分为非阻燃性 CCL 和阻燃性 CCL。当 CCL 应用于 PCB 多层板时,CCL 又被称为 CORE,它担负着 PCB 的导电、绝缘以及机械支撑三大功能。

1. 铜　箔

常见的铜箔分为压延铜箔(rolled copper foil)和电解铜箔(electrode posited copper)两种。压延铜箔是将铜板经过多次重复辊压而制成的毛箔,然后根据要求进行粗化处理而成。电解铜箔则是将铜先溶解制成溶液,然后在直流电的作用下,在专用电解设备中将硫酸铜电解液电沉积制成原箔,最后根据要求进行耐热层处理以及防氧化处理等一系列表面处理而成。压延铜箔的耐折性和弹性系数大于电解铜箔,一般很少在刚性覆铜板上应用,而多用于柔性覆铜板。同时它的铜纯度高于电解铜箔，毛面也比电解铜箔平滑，信号的损耗相对较小。电解铜箔的强度韧性逊于压延铜箔，多用于刚性覆铜板。同时电解铜箔的两面结晶形态不同，紧贴阴极辊的一面比较光滑，称为光面，另外一面比较粗糙，称为毛面，如图 6－3 所示。

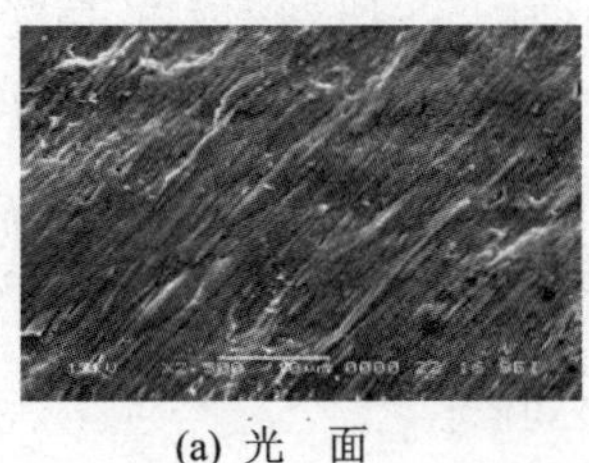
(a) 光　面

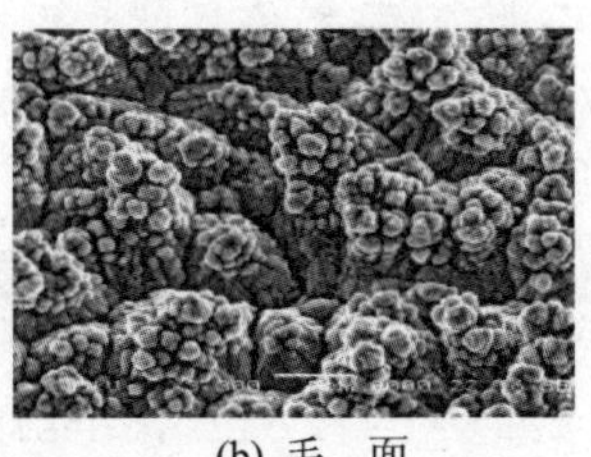
(b) 毛　面

图 6－3　铜箔光面和毛面图

电解铜箔根据性能和特性要求，也可以分为多种类型，如表 6－1 所列。其中，常温高延展性电解铜箔（HD 铜箔）具有很高的耐折性能，主要用于柔性 PCB 上，具有很高的致密度；高温高延展性电解铜箔（HTE 铜箔）主要用于多层印刷板，其作用是保证在高温（180 ℃）下也能和常温时保持一样的高延展性，不会发生再结晶现象和裂环现象；ANN 型电解铜箔是对标准电解铜箔再做热处理退火韧化处理所形成的一类铜箔；另外还有一类特殊铜箔——耐转移铜箔，通过对铜箔表面进行特殊处理（如镀镍），抑制铜的离子化以及进一步转移，其主要用于对绝缘要求很高的 PCB 场合。

表 6－1　电解铜箔类型说明

类　型	粗化处理	IPC-4101 规定的代号	IPC-MF-150 规定的代号	通用代号
标准电解铜箔	单面粗化处理	C	1 级	STD
	双面粗化处理	D	—	—
	反面粗化处理	R	—	—
常温高延展性电解铜箔	—	G	2 级	HD
高温高延展性电解铜箔	单面粗化处理	H	3 级	HTE
	双面粗化处理	P	—	—
	反面粗化处理	S	—	—
ANN 型铜箔	—	—	4 级	ANN
低表面粗糙度电解铜箔	—	—	—	分为 LP、VLP 和 HVLP 铜箔

以上几种铜箔没有对铜箔表面进行特别处理。在高频情况下，由于趋肤效应的存在，信号往往会在导体表面流动，铜箔的粗糙度会严重影响信号传输的质量，如

图 6－4 所示。图中，毛面的粗糙度为 10 μm。在低频的情况下，如 10 MHz 时，其趋肤深度为 21 μm，信号可以在毛面下的铜箔内部流动，信号的传播距离就是铜箔的长度。在高频的情况下，如 100 MHz 时，其趋肤深度为 6.6 μm，该深度小于毛面的粗糙度，当信号在毛面传输时，信号就会沿着毛面的轮廓进行传输，信号的传播距离就是毛面的轮廓的长度。毛面越粗糙，信号传输距离就越长，导线损耗就越大。

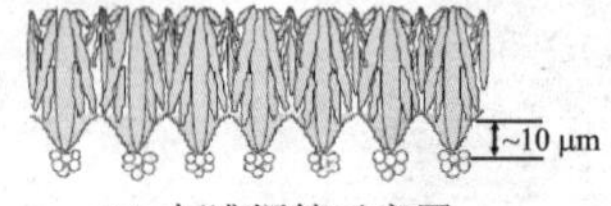

(a) 标准铜箔示意图

(b) 低频10 MHz时，趋肤深度21 μm

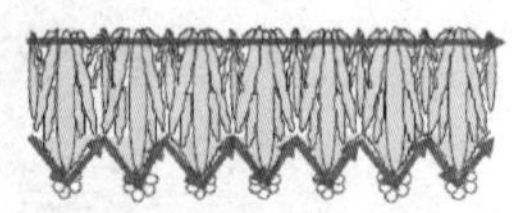
(c) 高频100 MHz时，趋肤深度6.6 μm

图 6－4　铜箔粗糙度效应示意图

为了有效减小导线损耗，需要特别减小毛面的粗糙度。根据是否对电解铜箔的轮廓有做特殊处理，可以把电解铜箔分为标准铜箔、RTF 反转铜箔、LP 铜箔、VLP 铜箔和 HVLP 铜箔等。RTF 反转铜箔是通过对铜箔的光面进行特殊强化结合处理后再与基材进行粘合。具体如表 6－2 所列。

表 6－2　不同铜箔表面粗糙度

类　型	厚度/μm	每平方米的质量/g	粘合面粗糙度 R_z	反面粗糙度 R_a
标准铜箔	12	105	4.5	0.2
	18	155	6.0	0.2
	35	287	7.5	0.2
	70	580	10.5	0.2
VLP	12	107	3.5	0.2
	18	153	4.0	0.2
HVLP	12	103	1.5	0.2
	18	148	1.5	0.2
	35	288	1.5	0.2
RTF	18	153	3.0	0.7
	35	285	3.0	0.9
	70	580	3.0	1.6

铜箔工艺发展到现在，各个大类中又可以进行较细的划分，以便更好地适应高速环境，如图 6－5 所示。其中，RTF 铜箔可以分为 RTF2 和 RTF3 两类，HVLP 铜箔可以分为三类，而 RTF3 铜箔的表面最粗糙，HVLP3 铜箔的表面最为光滑。对于 PCIe Gen5 的环境，一般需要采用 HVLP1 等级的铜箔。

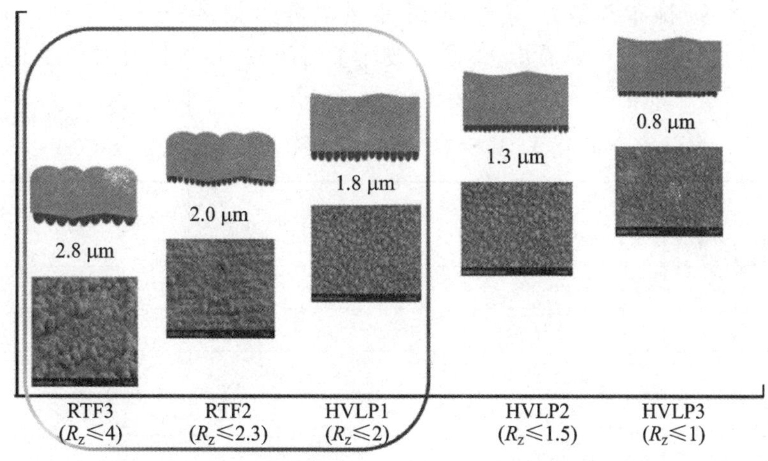

图6-5　RTF铜箔和HVLP铜箔表面粗糙度对比图

2. PP材料

CCL中除了铜箔外，就是PP材料。和PCB中的PP材料一样，它不是某一种单纯的材料，而是采用不同比例的玻璃纤维布（简称玻纤布）和树脂，并配以一定的添加剂合成的片状粘结材料。和PCB中的PP材料不同的是，PCB中的PP材料在进行层压前，是一种半固化状态；在进行PCB层压时，PP材料中的树脂会融化、流动、凝固，然后将各层电路粘合在一起，并形成可靠的绝缘层。因此，PCB中的PP材料主要是用来进行CORE之间的连接，提供电路绝缘作用的。而CCL中的PP材料在进行PCB层压时，其厚度几乎不会发生变化。

PP材料中的玻纤布用于做增强绝缘材料，其抗拉强度高、电绝缘性能好、尺寸稳定、耐高温。玻纤布中的玻璃纤维呈纵横编织状交错排布，其中垂直方向称为经纱（warp yarn），水平方向称为纬纱（weft yarn或fill yarn），如图6-6所示。

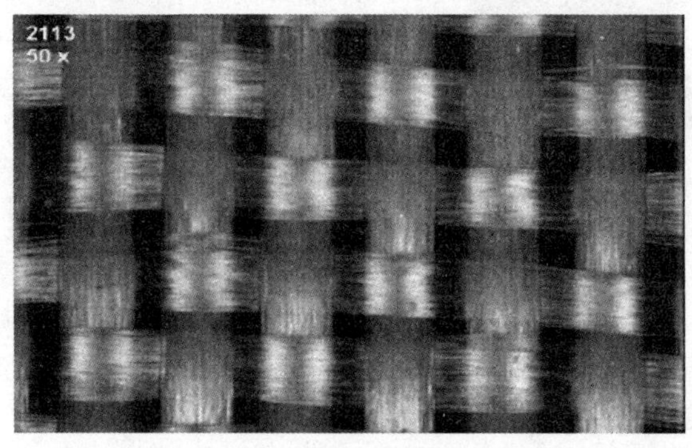

图6-6　PP材料的内部结构示意图

根据经纬纱排布和数量不同，玻纤布可以分为很多种类。常见的玻纤布如表 6-3 所列。从表中可以看出，不同的玻纤布的线数不同，相应的厚度与质量也就不同。

表 6-3 部分 PP 材料中玻璃纤维布的介绍

类型	线数(经纱×纬纱)(根每 5 cm)	厚度/mm	每平方米的质量/g
106	56×56	0.001 3	0.72
	110×110	0.033	24.4
1080	60×47	0.002 1	1.38
	118×93	0.053	46.8
3313	60×62	0.003 3	2.40
	118×122	0.084	81.4
2116	60×58	0.003 7	3.06
	118×114	0.094	103.8
1506	46×45	0.005 5	4.86
	90×88	0.140	165.0
7628	44×34	0.007 1	6.19
	87×67	0.180	210.0
7630	44×29	0.007 9	6.85
	87×57	0.201	230.0

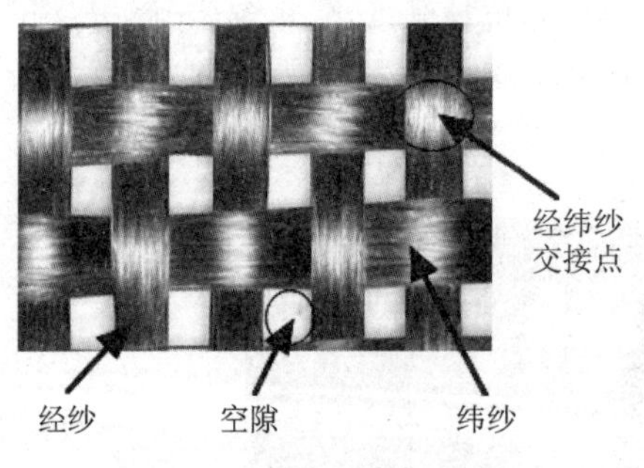

图 6-7 E-玻纤布示意图

根据分布来分，玻纤布主要有 E-玻纤布(Eletrical Glass, E-glass)、Extended 玻纤布以及 MS 玻纤布(Mechanically Spread Glass, MS-glass)三种。常规的 E-玻纤布如图 6-7 所示。从图中可以看出，通过经纱和纬纱进行编织后，玻纤布会存在高密度玻纤区、低密度玻纤区和无玻纤区。其中，经纬纱交接处为高密度玻纤区，经纱或者纬纱未重叠的地方称为低密度玻纤区，经纬纱之间的空隙称为无玻纤区。这种玻纤布具有良好的电气性能和机械性能，价格低廉。但是，玻纤布不是同质材料构成，高密度玻纤区和无玻纤区之间的材料属性完全不同，Dk 和 Df 也不相同，会影响信号传输损耗。

可以采用玻纤布的开纤技术来解决介质均一性差的问题。开纤技术是指在生产过程中，对玻纤布进行扁平化处理，提高其表面积。经过开纤或者扁平化处理后，经纬纱之间的空隙变窄，单股纱的宽度会增加，交接点会更平滑。开纤有两种方式，一种是只在一个方向进行开纤，另外一种就是在两个方向进行开纤。从一个方向开纤的玻纤布称为 Extend 玻纤布或者 Spread 玻纤布，绝大部分的 Extend 玻纤布是在纬线方向，如图 6-8 所示。从图中可以看出，Extend 玻纤布的纬纱已经被扁平化，而经纱保持不变，这样整体玻纤布的表面积会变大，空隙会相对变小。

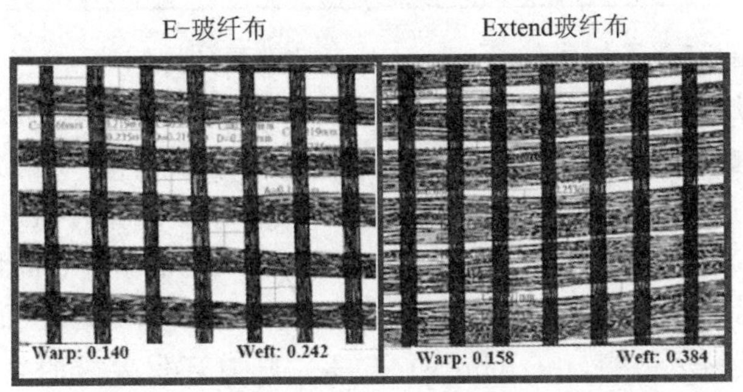

图 6-8　E-玻纤布与 Extend 玻纤布比较示意图

从两个方向同时进行开纤的玻纤布称为 MS 玻纤布，如图 6-9 所示。从图中可以看出，MS 玻纤布的经纱和纬纱都扁平化，理想情况下，可以实现极低的空隙面积。

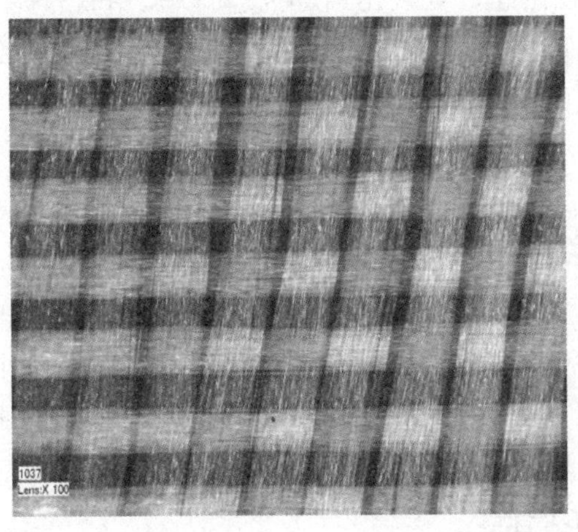

图 6-9　MS 玻纤布示意图

还有一种特殊的玻纤布——NE-玻纤布，它是由日本日东纺织株式会社为 PCB 研发的低介电常数和低介质损耗的玻纤布。其最大的特点就是，Dk 和 Df 值非常低，热膨胀系数也非常低，稳定性强，硬度高，玻纤分布更均匀，一般用于高性能信号传输产品，如表 6-4 所列。

表 6-4 NE-玻纤布和 E-玻纤布的性能比较表

性 能	E-玻纤布	NE-玻纤布
10^6 · 热膨胀系数(CTE)/(℃$^{-1}$)	5.5	3.4
Dk@1 MHz	6.6	4.4
Df@1 MHz	0.001 2	0.000 6

PP材料中的高分子树脂(polymer resin)是重要的原料之一,根据不同类型的基板要求,可以采用不同的树脂。根据IPC标准,通常将树脂分为两大类:第一类是应用于单/双面硬板及多层板,主要包括酚醛树脂(phenolic)、环氧树脂(epoxy)、聚苯醚(PPO)、双顺丁烯二酸酰亚胺/三嗪树脂(BT triazine and/or bismaleimide)、聚酰亚胺(polyimide)以及氰酸酯(cyanate ester)等;第二类是应用于高速/高频板,主要包括聚四氟乙烯(poly tetra fluro ethylene,telfon,PTFE)、聚烯烃(hydrocarbon)、聚酯(polyester)及热塑树脂(thermoplastics)等。随着环保要求的兴起,越来越多的PCB都有强制无卤(halogen free)的要求,可以通过改变树脂体系,采用非溴基的树脂来实现,主要采用含磷环氧树脂。

为了降低材料成本,改善材料的燃烧特性和膨胀系数以及在压合过程中的流胶,提高材料的成本,经常会在CCL中采用填料(fillers)的方式来进行改善。这些填料主要包括硅微粉(二氧化硅)、氢氧化铝、滑石粉以及用料较少的云母粉、高岭土等。填料的加入更多的是改善CCL的热性能和电气性能,同时也会使得材料在PCB钻孔的成本和工艺难度上增加。

3. 无铅制程

根据环境保护的要求,目前最新PCB的工艺制程——几乎所有的PCB都要求无铅制程。与有铅制程相比,无铅制程的焊料熔点要上升34~44 ℃,而且熔点以上的持续时间也多出50多秒,如图6-10所示。这样一来对多层板和厚铜板提出了很高的要求。另外,板材还需要在机械强度、耐化性、与制程匹配性等方面得到满足。

要适应无铅制程,CCL在玻璃化温度、热分解温度、热膨胀系数、热分层时间以及耐湿性等方面也需要重点关注并予以满足。

4. CCL的性能指标

评价一款CCL的性能优劣,需要从各个方面综合考虑——包括外观、物理性能、化学性能、电气性能、环境性能、可替代性、标志、制造质量以及材料安全性等方面,或者从具体的应用场景来进行评估。CCL设计需要采用性价比最好的产品,而不是最贵的产品。本书附录中列出了IPC4101C对PCB基材指标体系的要求,由于篇幅有限,在此主要讲述几个CCL的基础性能指标以及与无铅制程影响相关的重要指标。

介电常数(Dk)和介电损耗(Df):介电常数和介电损耗是CCL最基础的两个指

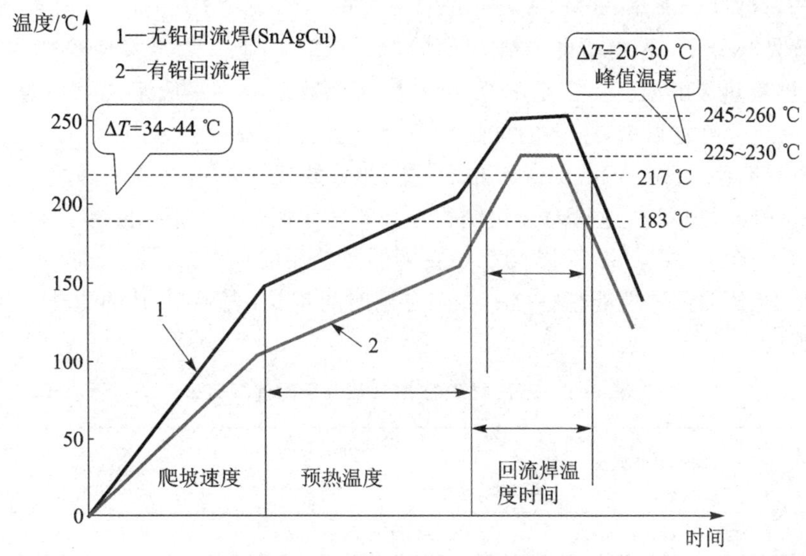

图 6-10　无铅制程和有铅制程的比较图

标。在前面章节有详细介绍。通常来说，介电常数影响信号的传输速度，Dk 值越小，信号传输速度就越快。在相同阻抗和布线密度下，所需的介质层厚度就越小。介质损耗影响信号的传输质量，Df 值越小，信号的损耗就越小，失真度也就越小，能传输的距离就越长。

玻璃转化温度(glass transition temperature) T_g：是指 CCL 从玻璃态转变为高弹性的温度。当超过此温度时，CCL 的比热容、热膨胀系数、粘度、折射率、自由体积以及弹性模量等物理量都会发生一个突破，会直接影响 CCL 的热膨胀系数。图 6-11 为 CCL 的温度变化曲线示意图。可以看出，当温度突破了 T_g 时，CCL 的厚度会迅速增加。

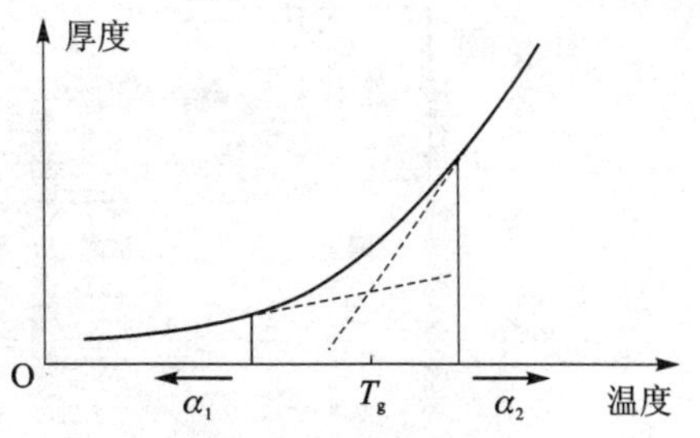

图 6-11　玻璃转化温度与 CCL 厚度变化曲线示意图

高 T_g 的 CCL 要比低 T_g 的 CCL 具有更好的尺寸稳定性、机械强度保持率、较强的热膨胀系数和较高的耐化学性。

热膨胀系数(Coefficient of Thermal Expansion，CTE)：CCL 受热后体积会随着温度变化而变化的一种现象的表征。CCL 的面方向(X、Y 方向)的 CTE，大多表示的是 30～130 ℃温度范围的值。在厚度方向(即 Z 方向)的，在 T_g 点以下的 CTE 简称为 α_1，在 T_g 点以上的 CTE 简称为 α_2。从图 6-11 中可知，在 T_g 前后，Z 轴的 CTE 的变化会非常显著，因此经常会根据 CCL 的体积变化来测试 PCB 的 T_g 值。

热分解温度(decomposition temperature,T_d):CCL 受热后发生分子链裂解,释放出可挥发小分子,造成功能性破坏的问题。PCB 行业一般定义使受热失重达到 5%的温度为热裂解温度。它是 PCB 重要性能参数之一。一般来说,T_d 越高,意味着 PCB 的热裂解越迟缓,PCB 的抗热冲击能力越强,可靠度就越高。

热分层时间(time to delamination):把 CCL 放置在一定高温的环境中,直到出现分层的时间。PCB 行业针对无铅制程定义了三项耐热性指标:T260、T288、T300,分别表示为在 260 ℃、288 ℃以及 300 ℃下的热分层时间,如表 6-5 所列。热分层时间也是 PCB 的重要性能指标之一。热分层时间越长,表示 PCB 的耐热性越好,可靠度越高。

表 6-5　不同材质的 PCB 热分层时间规范表

材　料	热分层时间/min		
	T260	T288	T300
普通 T_g	30	5	
中等 T_g	30	5	
高 T_g	30	15	2
无铅板材	30	15	2

耐导电阳极纤维丝(Conductive Anodic Filament,CAF)生长被公认为一项重要的材料特性。IPC-9691 是关于 CAF 的使用指南。所谓的 CAF,就是 PCB 内部的铜离子从阳极沿着玻纤间的微裂通道向阴极迁移,并在迁移过程中发生铜与铜盐的漏电行为。此现象在高温高湿的环境中带电工作时,会表现得尤为严重,最终导致绝缘不良,甚至短路失效,如图 6-12 所示。

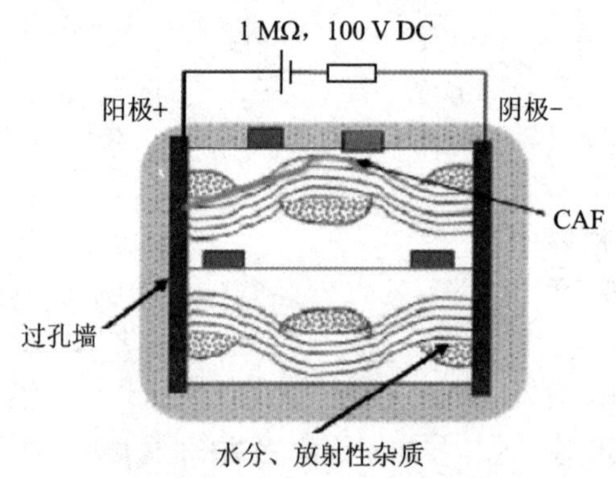

图 6-12　CAF 失效示意图

在高温高湿的条件下,树脂和玻纤之间的附着力会弱化,导致玻纤表面的硅烷偶联剂产生水解,产生电化学迁移路径。如果此时在两个绝缘孔之间存在着电势差,则电势高的阳极上的铜会被氧化为铜离子,并在电场作用下向电势较低的阴极迁移。其阳极化学反应式如下:

$$Cu \rightarrow Cu^{n+} + ne^-$$

$$H_2O \rightarrow O_2\uparrow + 4H^+ + 4e^-$$

在迁移过程中,铜离子会与杂质离子或者 OH^- 结合,生成导电盐并沉积下来,使得两绝缘孔之间的电气间距急剧下降,甚至短路。其阴极化学反应式如下:

$$2H_2O + 2e^- \rightarrow H_2 + 2OH^-$$

$$Cu^{n+} + ne^- \rightarrow Cu$$

PCB 耐 CAF 性能与选材、PCB 加工参数，包括压合、钻孔、电镀等有直接的关系。通常，PP 材料中玻纤布含量越高，就越容易出现 CAF 现象。在满足性能的前提下，尽量选择玻纤布含量低的 PP 材料，就可以尽量避免出现 CAF 现象。

过孔的排列对 CAF 的性能影响也较大，如图 6－13 所示。由于 CAF 的发生主要是沿着玻纤方向进行，因此错位排列最不容易发生 CAF 失效。同时纬向玻纤比经向扁平疏松，纬向排列比经向排列的耐 CAF 性能要好。三种排列方式按照耐 CAF 性能由强到弱的排序是：错位排列＞纬向排列＞经向排列。

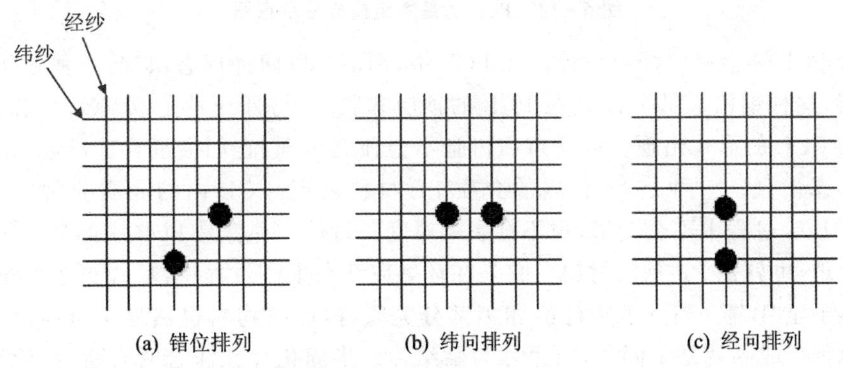

图 6－13　过孔排列示意图

6.1.2　PCB 的基本结构

在电子系统中，PCB 主要有如下几个重要的作用：

① 作为电子元件的载板，几乎所有的主动电子元件都需要采用 PCB 作为载板来实现固定和电气连接。

② 实现电子元件之间的电气连接。通过 PCB 内部的微带线或者带状线实现电子元件之间的信号连接，通过 PCB 的过孔实现信号的跨层传输，通过 PCB 的大铜箔实现电源传输以及接地实现等。

③ 实现电子元件之间以及信号之间的绝缘隔离。PCB 不仅仅可以传送信号，而且还具有良好的绝缘隔离特性。

④ 有效简化电子产品的装配和焊接工作，减少传统方式下的接线工作量，同时可以通过多块 PCB 板级联的方式在有限的空间内实现高密度和高可靠性的系统布局，从而实现更为复杂的功能。

现实生活中，PCB 的形态各异，种类多样，但是无论哪种 PCB，其基本结构都大体相同，如图 6－14 所示。

从图 6－14 中可以看出，每一种 PCB 的材质不外乎由铜箔、玻纤布、树脂组成，

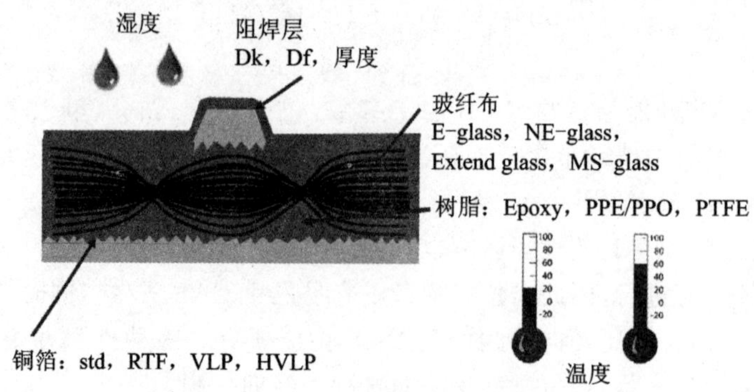

图 6-14　PCB 的基本组成成分示意图

大部分 PCB 还会有阻焊层设计。在 PCB 中，铜箔会以两种形态出现：一种是独立的铜箔层，这种铜箔大部分出现在 PCB 的顶层和底层；另外一种是以 CORE 芯材，即覆铜板 CCL 的形式出现。玻纤布和树脂不会独立出现，它们会混合在一起，也会以两种形态出现。一种是 CCL 内的介质 PP 材料出现，CCL 内的介质非常坚固，在 PCB 的压合过程中不会变形，也不会影响厚度。另外一种就是 PCB 中的半固化片的形式出现，也就是 PP 预浸材料。它是在环氧玻纤布生产过程中，玻纤布经上胶机上胶并烘干至“B”阶（高分子物已经相当部分关联，但此时物料仍然处于可溶、可熔状态），此种半成品就是半固化片，也称为黏结片。半固化片在压合时会融合、流动，在 PCB 压合过程中会变形，导致厚度减小。PCB 中的 PP 材料主要用于铜箔之间的粘合，以及起电气绝缘以及结构支撑的作用，如图 6-15 所示。

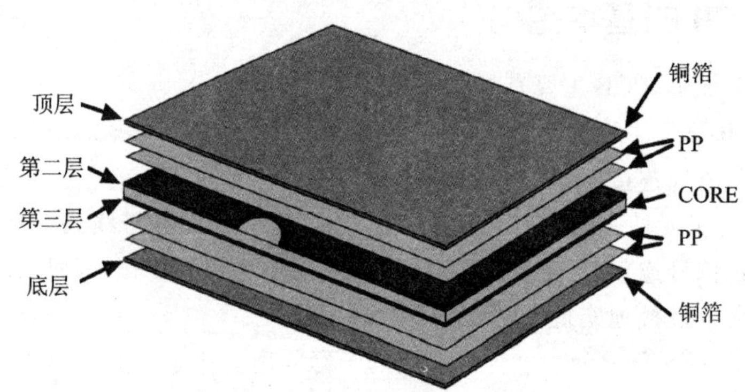

图 6-15　多层 PCB 基本结构示意图

由于顶层和底层都会采用单独的铜箔，因此在多层板的最外面的两个介质层都将是 PP 层。多层板一般会采用 0.5 盎司、1 盎司和 2 盎司三种不同厚度的铜箔。具体来说，在 CORE 上的铜箔一般会采用 1 盎司或者 2 盎司厚度的铜箔，1 盎司居多。PCB 外层铜箔一般采用 0.5 盎司厚度的铜箔——这是因为 PCB 外层还需要进行一系列表面处理，处理后的外层铜箔的厚度最终会增加到近 1 盎司的厚度。

多层板的最外层是阻焊层，也就是“绿油”层，其颜色也可以是绿色或者其他颜色。如图6－16所示。阻焊层的主要目的是将PCB表面不需要焊接的部分以液态止绿漆加以覆盖，使其具有保护和绝缘的作用。

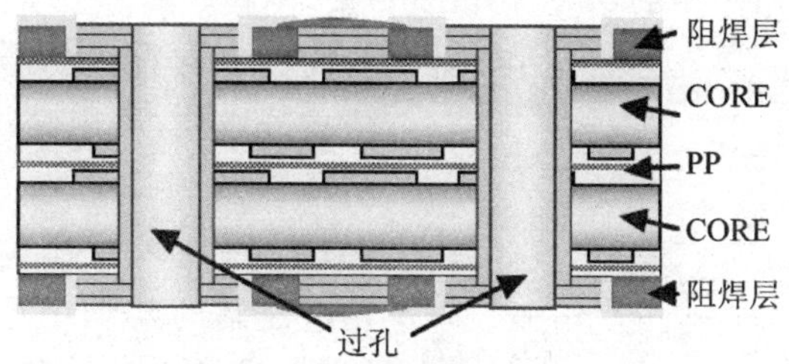

图6－16 PCB阻焊层示意图

阻焊层主要采用防焊油墨来实现。防旱油墨是一种混合油墨，其主要成分包括环氧变性树脂、热硬化环氧树脂、光起始剂(photoinitiator)、体质颜料、着色颜料、添加剂以及溶剂等。不同的成分所起的作用各自不同，其中环氧树脂为主剂。其工作原理是采用双氰胺(dicyandiamide)当桥架硬化剂，并加入对紫外线(UV)敏感的查尔酮(chalcone)。在紫外光的照射下，光起始剂就会起效应，并迅速分裂为高活性的自由基。该自由基会朝各个方向传导并激发一连串的交连反应，分子架构中的感光部分会进行架桥并保留，而未感光部分将会被弱碱液清洗。最后通过热烘烤聚合，环氧树脂经过此热聚合交连反应后就会达到良好的永久性硬化。

阻焊层需要特别关注Dk、Df和厚度。由于环氧树脂为防焊油墨的主要成分，如果采用酚醛环氧树脂，其结构内含有大量的OH基，分子结构极性高，吸水率大，会具有相对较高的Dk和Df值。如果采用对称结构、低极性的化学键和具有大分子体积的高分子树脂，则具有低吸水特性，可以显著降低Dk/Df。表6－6所列为南亚低Dk/Df防焊油墨G－11和普通防焊油墨Taiyo LF－02性能对比。可以看出，不管是在常温环境，还是在高温高湿的环境中，低Dk/Df防焊油墨的损耗性能优于普通防焊油墨。

表6－6 低Dk/Df防焊油墨和普通防焊油墨性能对比表

测试条件	低Dk/Df南亚G－11	Taiyo LF－02
23 ℃，40% RH，48 h	Dk：3.05@1 GHz	Dk：3.66@1 GHz
	Df：0.011@1 GHz	Df：0.025@1 GHz
80 ℃，80% RH，1 000 h	Dk：3.15@1 GHz	Dk：3.93@1 GHz
	Df：0.016@1 GHz	Df：0.031@1 GHz

阻焊层的厚度一般不容易准确确定，这是因铜箔分布造成的。一般来说，表面无铜箔区比有铜箔区的阻焊层要稍厚。尽管铜箔区的阻焊层较薄，但铜箔还是会显得突出，用手指触摸印制板表面就能感觉到。

在水平层面上，PCB通过CORE、铜箔以及PP材料进行压合形成多层PCB。在垂直方向，则会进行钻孔，这些孔的主要作用包括实现跨层的信号传输、后制程定位时使用的工具孔和螺丝孔、PTH零件需要使用零件孔以及板子的散热孔。在PCB设计过程中，需要采用专用的钻头（drill bit）来进行。钻头也称为钻针，其品质对钻孔的良率有直接的影响，通常钻头的组成成分有三：硬度高耐磨性强的碳化钨、耐冲击及硬度不错的钴以及有机黏着剂。三种粉末按比例均匀混合之后，在精密控制的焚炉中进行高温烧结（sinter）而成，其成分约94%是碳化钨，6%是钴。

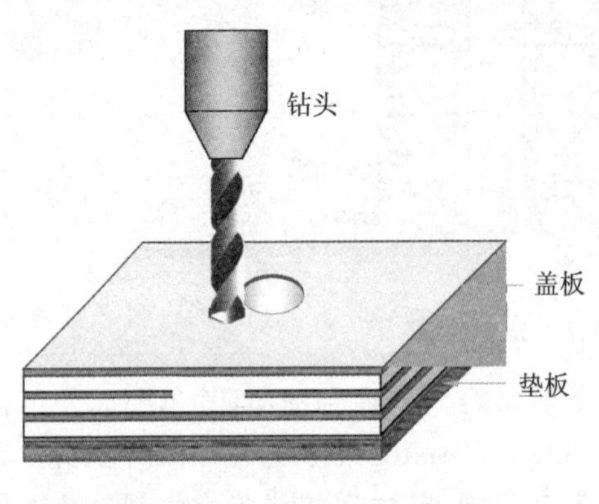

图6-17 PCB钻孔示意图

在钻孔之前，需要采用盖板和垫板来保护被钻PCB，如图6-17所示。盖板的主要作用是定位、散热、减少毛头、清扫钻头并防止压力架直接压伤铜面。垫板的主要作用是保护钻机台面、防止出口性毛头、降低钻头温度以及清洁钻头沟槽中的胶渣等。钻孔完毕后，需要进行一次铜和二次铜处理，为钻孔进行镀铜，实现钻孔的正常功能。

6.1.3 PCB的生产过程

PCB的整体生产是一个非常复杂的过程。总体来说，主要分为内层处理流程、钻孔、外层制作流程、PCB表层处理和包装出货等流程。每个流程又可以细分为很多个小流程。

在进行PCB生产前，需要进行裁板，将原物料大张基板裁切成小张生产工作尺寸的基板，然后对裁剪后的基板进行前处理，包括清洗、微蚀、酸洗以及烘干等，主要是用来清洁粗化基板铜表面，增加与干膜之间的附着力。

接下来，将湿膜（光阻剂）贴附在基板表面上，为影像转移做准备，这就是内层涂膜或内层压膜，如图6-18所示。

图6-18 内层压膜示意图

压膜后的内层需要使用紫外光曝光，使底片上的图形转移到基板表面湿膜上。接着，使用1.0%的碳酸钠溶液将未曝光的湿膜去除，然后使用盐酸、氯酸钠、氯化铜的混合溶液将没有覆盖湿膜的基板铜蚀刻掉，最后采用(3±0.5)%的氢氧化钠溶液，通过高压冲洗把湿膜去除，从而完成内部线路的制作。整个过程如图 6-19 所示。

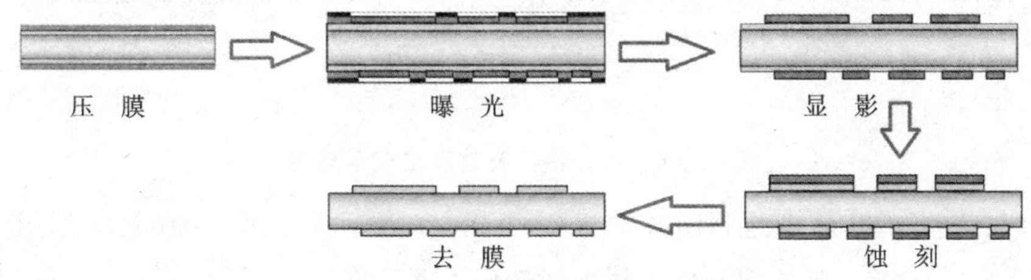

图 6-19　内层线路制作流程示意图

经过线路制作的内层板需要进行 AOI(Automated Optical Inspection，自动光学检测)检查，将 PCB 图像与标准板(CAM 资料)进行对比，找出 PCB 上的图形缺点，确保符合设计要求。

多层板需要采用多张内层 PCB，并按照设计的堆叠文档将多张内层 PCB 集中堆放，然后压合成一片板子，为以后工序的层间导通连接做准备，如图 6-20 所示。在把内层 PCB 和 PP 进行集中叠放之前，需要对铜箔进行棕化，其目的就是增加与树脂接触的表面积，加强二者之间的附着力，同时在裸铜表面产生一层致密的钝化层，阻隔高温下液态树脂中胺类对铜面的影响。

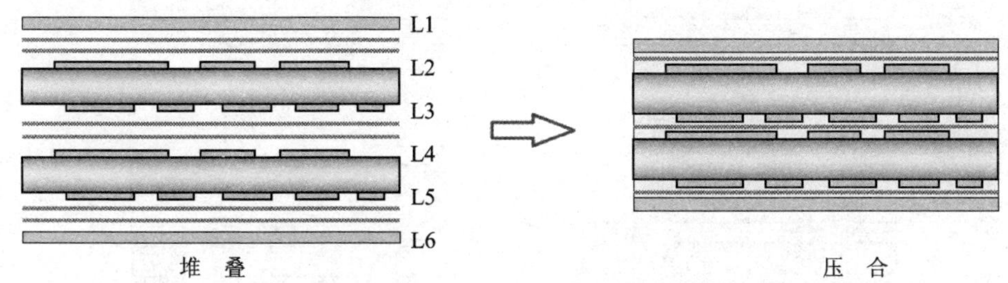

图 6-20　PCB 压合示意图

压合步骤的最后，需要采用 X 射线钻靶进行打靶，其目的就是为了给钻孔提供定位靶孔，同时还要进行捞边和磨边操作，将成型后的板子四周磨光滑，以免对后续制程造成不必要的伤害。至此，整个 PCB 的内层处理流程结束。

尽管在水平方向上，压合后的 PCB 的线路均已经制作完毕，但是在垂直方向，层与层之间信号连接还没有实现。接下来就需要根据具体的 PCB Gerber 要求，对压合后的 PCB 进行钻孔，包括信号孔、散热孔、定位孔、螺丝孔等。然后，需要对外层板孔内镀铜，导通板内各层线路，同时增加表面铜厚，这就是所谓的一次铜工艺，如图 6-21 所示。

在进行一次铜前，需要进行刷磨水洗，去除孔边铜丝或者玻纤残留(burr)，防止镀孔不良以及小孔现象，同时通过微蚀增加附着力。目前的一次铜工艺采用化学铜

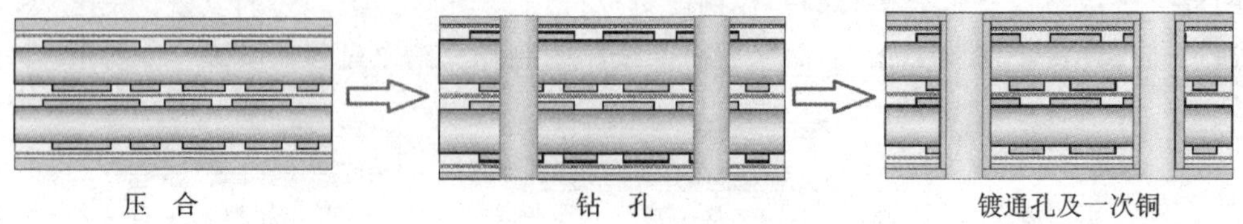

图 6-21 PCB 钻孔及镀铜工艺示意图

沉积的方式进行，其原理是利用孔内沉积的 Pd 催化无电解铜与 HCHO 作用，使化学铜沉积。接下来，PCB 的制程将集中在外层工艺方面。

外层工艺主要集中在对顶层和底层铜箔的线路制作与处理方面。和内层线路制作类似，在进行线路制作之前，需要对 PCB 进行前处理。主要是通过酸洗、水洗、刷磨以及烘干等机械的方式粗化和清洁 PCB 表面，增加干膜的附着力。接下来，将干膜（光阻剂）贴附在 PCB 表面进行压膜，为影像转移做准备。压膜完毕后，就对 PCB 采用 UV 光照射进行曝光，并透过黑白底片的遮挡，使表面干膜形成聚合和未聚合的状态。对于未聚合干膜，采用碳酸钠溶液进行溶解，留下间距部分，这就是显影，如图 6-22 所示。

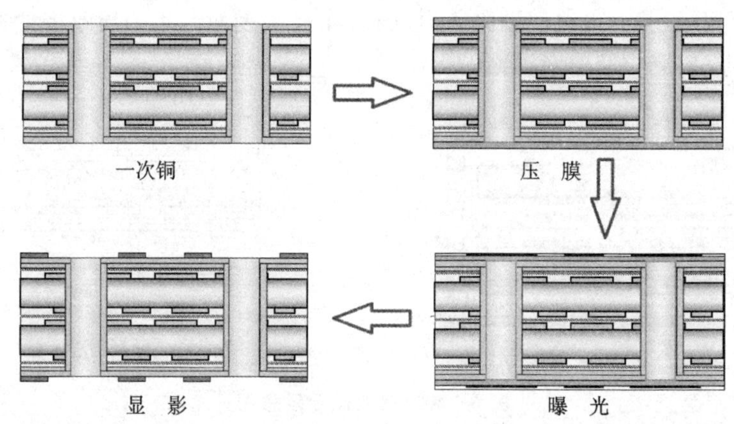

图 6-22 外层线路制作从压膜到显影流程示意图

和内层线路制作不同的是，此时外层线路需要根据客户的要求进行图形电镀，使孔内及外层覆盖干膜部分（如线路等）镀上化学铜，并进一步使 PCB 板面及孔内铜加厚以增加导电性能。再经过镀锡进行保护，确保蚀刻时线路和孔的铜的完整性。然后使用强碱剥除干膜，显露待蚀刻的面铜。采用 NH4CL 蚀咬铜面，将这些待蚀刻的铜面蚀刻掉，同时还要保护未蚀刻的线路侧壁受攻击的程度。所有这些完毕后，剥除锡层，露出所需要的线路。整个过程如图 6-23 所示。至此，整个外层线路制作完毕。

理论上，PCB 在线路功能上已经正常了，但是还需要对 PCB 表面进行一些特殊

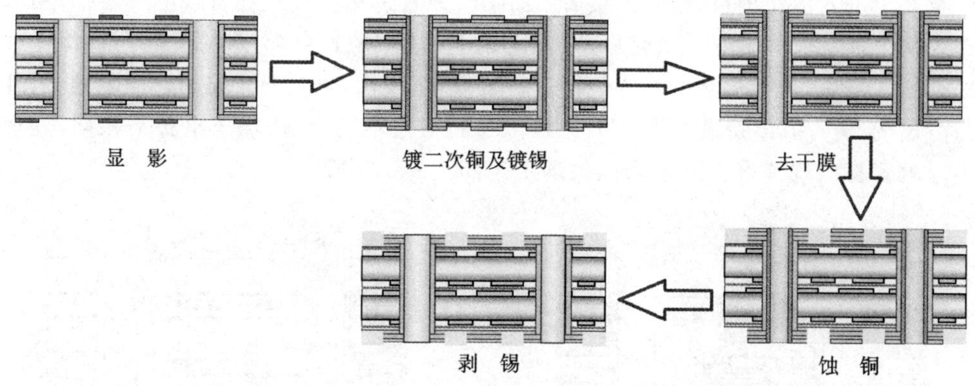

图6-23　外层线路制作从显影到剥锡流程示意图

处理。首先是阻焊层的设计。阻焊层的目的有两个：防焊和护板。阻焊层采用负片输出，将所有线路都密封，仅留出PCB上待焊的通孔及反焊盘，节省焊锡用量，避免波峰焊时造成短路搭桥；同时PCB上的金属线路会被良好包装，从而可以具有良好防氧化、防湿气，防止各种电解质的侵害以防绝缘失效特性，并可以防止外来的机械伤害，维护PCB板面良好的绝缘性。图6-24所示为PCB阻焊层工艺流程示意图。

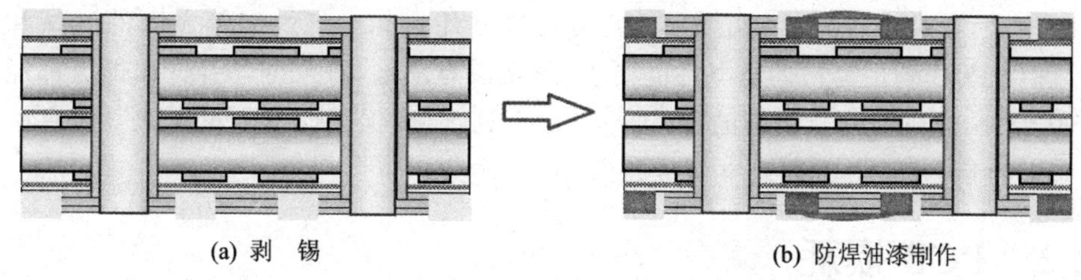

图6-24　PCB阻焊层工艺流程示意图

在涂防焊油墨之前，需要对铜面进行粗化，增加油墨的附着力；然后将不需要焊接的部分刷上防焊油墨，并进行预烘烤，赶走油墨中的溶剂，使油墨部分硬化；之后进行曝光、显影。通过曝光使油墨固化，形成高分子聚合物；通过显影，将未聚合的感光油墨去除。最后，进行烘烤使油墨完全硬化，形成阻焊层。

需要注意的是，由于待焊区无法涂防焊油墨进行保护，因此需要在阻焊层制作工艺后，对待焊面上进行表面处理。有两种表面处理的方式：一种是OSP（Organic Solderability Preservatives，有机保焊膜），另外一种是化金。OSP又称为Preflux，就是在洁净的裸铜表面上，以化学的方法长出一层有机棕色皮膜，防止焊盘氧化。该皮膜在焊接前可以被稀酸或助焊剂迅速除去，使得裸铜面迅速展现良好的焊锡性能。而化金工艺则是选择性在引脚、金手指上镀上镍金层。单一表面处理就可以满足多种组装需求，具有可焊接、可接触导通、可散热等功能。化金工艺首先需要使用过硫酸钠、硫酸等对铜面进行微蚀，去除氧化物，并粗化铜面，然后使用硫酸，使铜面在新鲜状态下进入活化槽进行预浸；接着，使用 $PdSO_4$ 和硫酸在铜面置换上一层铜，用来作为化学镍反应的触媒。活化后，在铜面镀上一层 Ni/P 合金，阻绝金与铜直接迁移和扩散。最后，进行化金。在镍表面进行置换，沉积出金层，防止镍表面产生钝化，并与溶出的 Ni^{2+} 结合成错离子。OSP 和化金的工艺不同，应用场景也各不相同，处理不对就容易出现错误。PCB 表面处理工艺如图 6－25 所示。

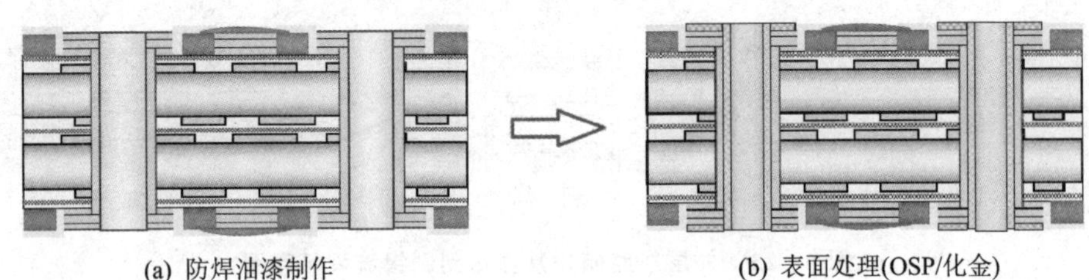

(a) 防焊油漆制作　　(b) 表面处理(OSP/化金)

图 6－25　PCB 表面处理工艺示意图

最后剩下的主要是 PCB 交付前的工作，包括 PCB 文字、丝印等工艺设计处理，以方便客户焊接和原理图及零件确认。另外，需要根据客户具体产品的外形，采用高速旋转铣刀，捞出具体的 PCB 外形等。至此，所有与 PCB 制作相关的工艺基本完成。

但是，在进行成品包装出货前，还需要进行外观和电气性能等方面的测试和检查，确保 PCB 满足客户的电气性能要求，外观没有缺陷，每个待焊引脚和焊盘都经过 OSP 处理；该进行化金处理的，都进行了化金处理，确保铜面不会被氧化。所有以上完全通过后，才可以进行真空包装并出货。

6.2　PCB 损耗

6.2.1　PCB 损耗基础介绍

高速数字系统中，PCB 是信号传输的主要通道，也是信号损耗的主要来源。由前面章节可知，信号损耗主要有辐射、串扰、反射、导线损耗以及介质损耗五类。其中，第 1 章专门针对串扰和反射进行了阐述，第 5 章专门针对辐射进行了介绍。通过电路设计、PCB 的布局和布线、阻抗匹配等，可以有效避免或者降低由于辐射、串扰和反射所带来的信号损耗。本节主要从 PCB 的材料和工艺方面重点阐述 PCB 的介质损耗和导线损耗。

PCB 的导线损耗主要是来自铜箔损耗。在低频时，铜箔损耗主要是以直流损耗为主，信号均匀地在铜箔导体中流动。在高频情况下，由于趋肤效应的影响，理论上信号会集中在铜箔趋肤深度以内的表面均匀流动。随着频率的增加，趋肤深度就越小，趋肤效应会愈加明显。

但是在PCB中,除了趋肤效应以外,信号还会受到邻近效应的影响,使信号集中在两个相邻铜箔的内表面上流动,两个铜箔靠得越近,重叠面积越大,则邻近效应就会越明显。

在趋肤效应和邻近效应的集中作用下,铜箔的表面粗糙度会直接影响信号的插入损耗。当铜箔的表面粗糙度和趋肤深度相当时,铜箔毛面的表面串联电阻将会加倍。如铜箔的表面粗糙度为2 μm,在频率达5 GHz以上时,毛面的表面的串联电阻将会加倍,而光滑面不会改变。其单位长度电阻将比预估值增加35%。

图6-26所示是不同的PCB材质下信号的插入损耗曲线图。可以看出,不同PCB材质下的信号,插入损耗各不相同。采用同一材质,但是不同的铜箔处理工艺,信号的插入损耗也不相同。在图中,对铜箔分别采用RTF和VLP处理工艺,由于VLP铜箔的表面轮廓要比RTF铜箔低,表面粗糙度小,因此VLP铜箔要比RTF铜箔的损耗要小。

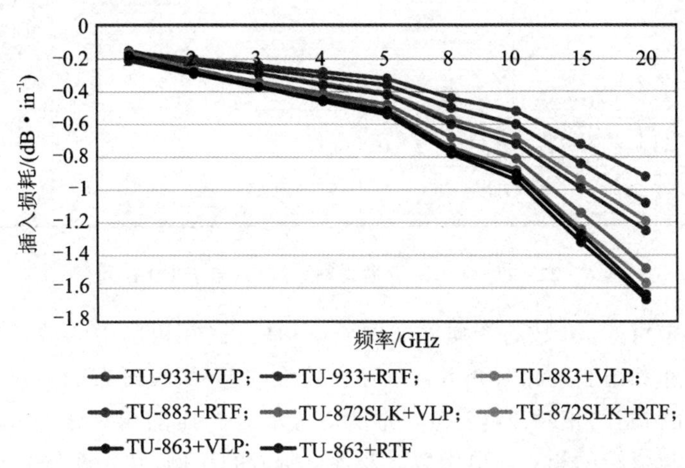

图6-26 不同PCB材质的插入损耗曲线图(来自TUC)

需要注意的是,为了增加附着力,实际PCB生产过程会对铜箔进行多次粗化处理,这样会加剧铜箔的表面粗糙度,加重信号的导线损耗。

除了导线损耗,PCB中最重要的损耗来自介质损耗。介质损耗与传输线的几何结构无关,仅仅与介质的材料属性以及信号频率相关。介质消耗的功耗与介质材料的电导率成正比,与体电阻率成反比。在低频时,漏电阻可以被视为一个常数。随着频率的增加,由于介质耗散因子的存在,传输线与返回路径之间会产生电场,电场将使得介质中随机取向的偶极子重取向。当外部施加正弦电压时,偶极子也会像正弦曲线一样左右旋转,产生交流电流。频率越高,电导率越大,电流越大,介质损耗也就越大。介质损耗公式如下:

$$\alpha_{\text{diel}} = \frac{4.34}{c}\omega\sqrt{\xi_r}\tan\delta$$

随着信号频率越来越高，要确保介质损耗尽量小，需要确保介质的耗散因子和相对介电常数小，尤其是耗散因子。图 6－27 所示为 ITEQ 公司的 PCB 介质的材料属性。在进行 PCB 设计时，需要根据系统设计的要求，合理选择性价比最佳的介质材料。

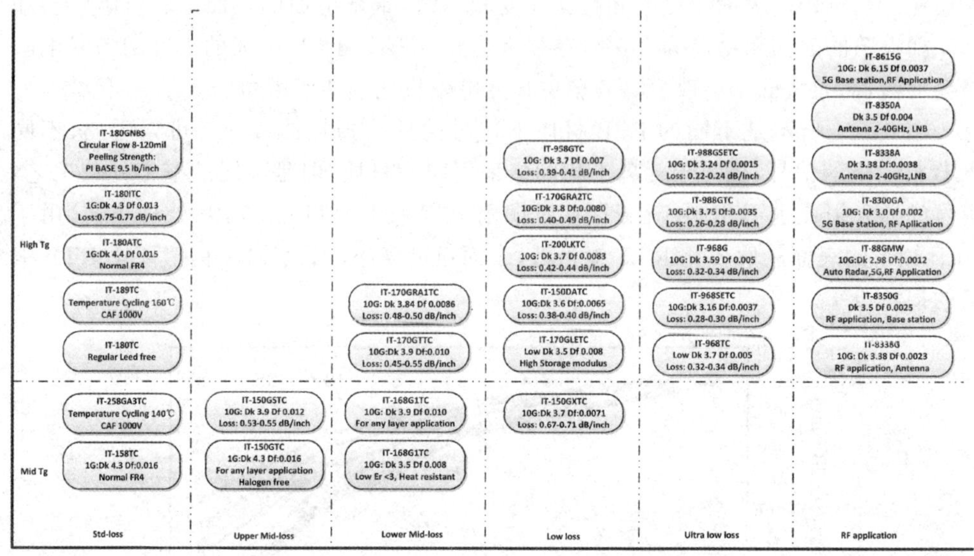

图 6－27 ITEQ PCB 介质材料一览(来自 ITEQ 官网)

由前一小节可知，PCB 的介质并非同质，而是由嵌在树脂中的玻纤布交织混合组成的。玻纤布和树脂的相对介电常数存在较大的差异，玻纤布的相对介电常数一般为 6 左右，而树脂的相对介电常数一般为 3 左右。介质的相对介电常数取决于所采用的玻纤布与树脂的相对介电常数以及各自所占的比例，其计算公式如下：

$$\xi_r = \xi_{resin} \cdot R_{resin} + \xi_{glass} \cdot R_{glass} = \xi_{resin} \cdot R_{resin} + \xi_{glass} \cdot (1 - R_{resin})$$

式中，ξ_r、ξ_{resin} 和 ξ_{glass} 分别表示介质、树脂和玻纤布的相对介电常数；R_{resin} 和 R_{glass} 分别表示树脂和玻纤布在介质中的比例，其和为 1。

PCB 布线可能会出现两种极端的情况：全部布线在介质的玻纤束上，或者布线在玻纤束之间，如图 6－28 所示。由于玻纤布的相对介电常数比较高，采用相同规格(长宽高)的传输线布线在玻纤束上时，其特性阻抗会比较低；反之，如果布线在玻纤束之间，由于空隙中的树脂的相对介电常数较低，采用相同规格的传输线布线在玻纤束之间时，其特性阻抗会比较高。即使布线在玻纤束之间时，走线会周期性地经过玻纤束，玻纤束也会对走线有周期性的影响，也就是共振。

当信号传输以低频为主时，可以认为 PCB 的介质是均匀的，玻纤束对 PCB 的电气性能影响极小。但是当 PCB 传输的信号频率高达数 GHz 时，介质的局部特性的变动会使得均匀介质的假设不再可行——这就是玻纤效应。表 6－7 所列为几种玻

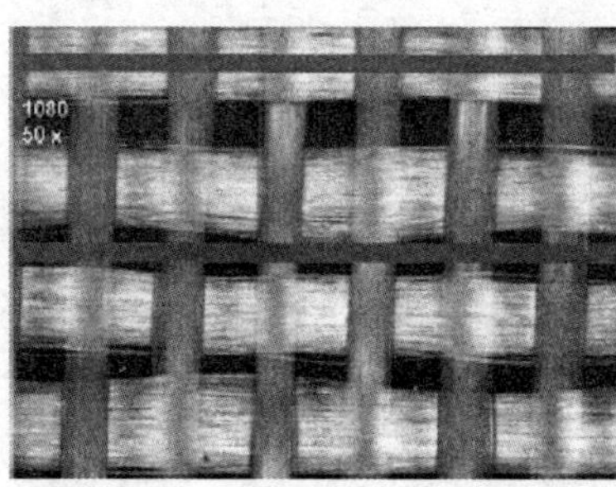

图6-28　PCB布线与介质材料位置示意图

纤布的参数。

表6-7　PP内部分玻纤布参数表

PP规格	经纱宽/mil	纬纱宽/mil	经纬向间隙/mil		Dk极差	50Ω阻抗差异/Ω
			X	Y		
106	4.8	10.2	13.7	10.4	1.0	6.35
1080	8.2	12.1	8.8	10.3	0.7	4.17
3313	13.1	11.0	3.1	5.3	0.5	2.76
2116	14.1	15.5	3.1	2.8	0.3	1.66

从表6-7中可以看出，玻纤束的尺寸要比PCB上传输线宽度要大。实际布线可能出现如下几种情形：传输线全部布线在纬纱上或经纱上，传输线全部布线在纬纱之间或经纱之间。实际进行差分信号布线时，可能会出现差分信号的D+布线在玻纤束上，而D-布线在玻纤束之间。由于玻纤效应的存在，差分信号线的介电常数不一致，会使得差分信号线产生不同的信号延迟，导致差分信号偏斜失真。偏斜失真会导致共模电压增加和相应的差分信号降低，成为系统内串扰和EMI的来源。资料表明，玻纤效应导致的差分偏斜失真可达3～10 ps/in。

要消除玻纤效应，最理想的走线就是全部布线在玻纤束上或者全部布线在玻纤束之间，但这几乎是不可能的。实际PCB走线需要尽量避免走线与板边平行或者垂直，尽量采用以一定的角度进行走线，如图6-29所示。

要最小化玻纤效应，就需要找到并确定经纱或纬纱的周期，从而确定走线与经纱/纬纱的夹角。纬纱周期可以采用如下公式表示：

$$T_{\text{weft}}=\sqrt{\text{pitch}^2\left[\frac{1}{(\tan\varphi)^2}+1\right]}$$

可得共振频率：

$$f_{\text{res}}=\frac{c}{2\sqrt{\xi_{\text{eff}}\text{pitch}^2\left[\frac{1}{(\tan\varphi)^2}+1\right]}}$$

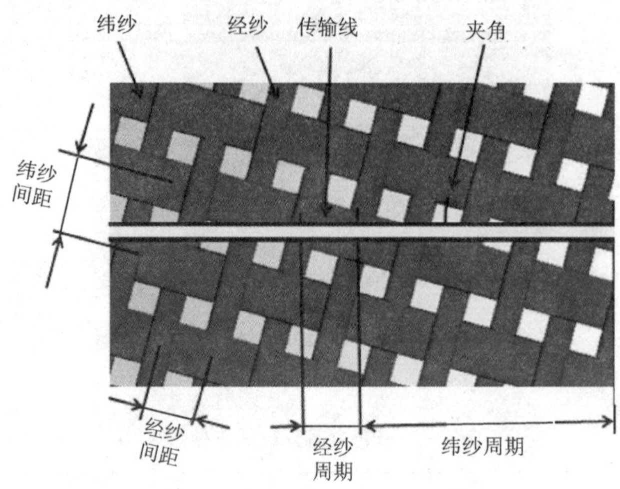

图 6-29　以一定角度进行 PCB 布线示意图

根据经验，一般该角度设置为 7°～15°。

除了采用以一定角度进行 PCB 走线的方式来消除玻纤效应外，还可以采用 zig-zag 之字形走线，如图 6-30 所示。另外，直接从玻纤布本身材质进行优化——采用更均匀的玻纤布或者采用树脂和玻纤束相对介电常数尽可能接近的材料，使得在整个表面具有更均匀的玻纤布分布，从而大大减小阻抗的变化。

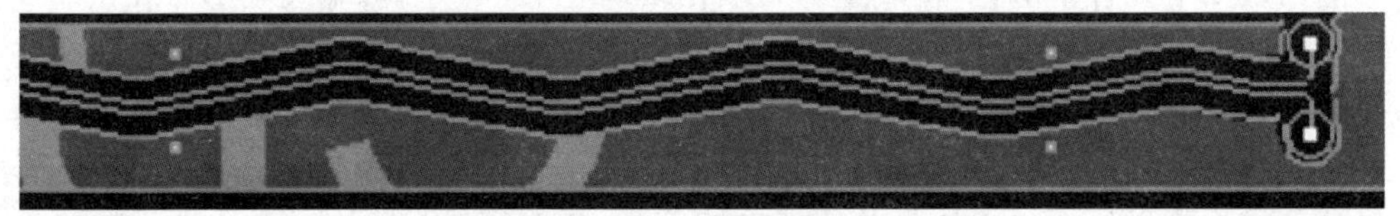

图 6-30　采用 zig-zag 之字形走线图

要减小 PCB 的损耗，理想情形是采用最好的低轮廓铜箔，采用介质损耗和玻纤效应最小的 PP 和 CORE。但是这样的设计并不具有最佳性价比。实际设计需要根据具体的设计目标，针对 PCB 的各个部件的材质性能和价格进行组合分析，得出最佳的 PCB 材质组合。如果采用最佳的 PCB 材质组合达不到性能要求，或者可以达到但是需要花费很高的代价和成本时，就需要采用 Retimer 或者 Redriver 等线路方案来进行解决。

各个协议标准化组织在定义各种高速信号协议时，都会定义相应协议的物理层属性，包括协议的传输通道损耗。表 6-8 所列为几类典型高速协议所定义的最大传输通道损耗要求。

表 6-8　典型高速信号协议的最大可允许传输通道损耗表

典型应用环境	传输协议	最大可允许传输通道损耗/dB	协议标准化组织
以太网	NRZ 25 Gb/s	−35(@12.89 GHz)	IEEE 802.3 以太网工作组
	PAM-4 56 Gb/s	−30(@14 GHz)	
存储设备	SAS 4.0	−28(@12 GHz)	SCSI 同业公会
服务器	PCIe Gen4	−28(@8 GHz)	PCI SIG

所谓的传输通道损耗，是指信号从源端经源端芯片内部走线，并通过引脚扇出后，经 PCB 走线、过孔、连接器、电缆等传输到目标芯片，并到达目标芯片内的寄存器的整个通道损耗。针对要支持的高速信号协议，需要确认所要支持的整个高速信号协议的传输拓扑，并对整个传输拓扑进行分解，最后才能确认传输通道中每一段的损耗裕量。

以 PCIe Gen4 高速总线为例，其传输速率为 16 Gb/s，奈奎斯特频率为 8 GHz，最大可允许传输通道损耗为−28 dB(@8 GHz)。假设整个传输通道拓扑如图 6-31 所示，可以在主板或者转接卡上采用 Repeater 或者 Retimer 来改善信号质量，增加信号传输距离。如果要采用 Repeater 或者 Retimer，相应地，也要增加 AC 电容进行隔直通交。

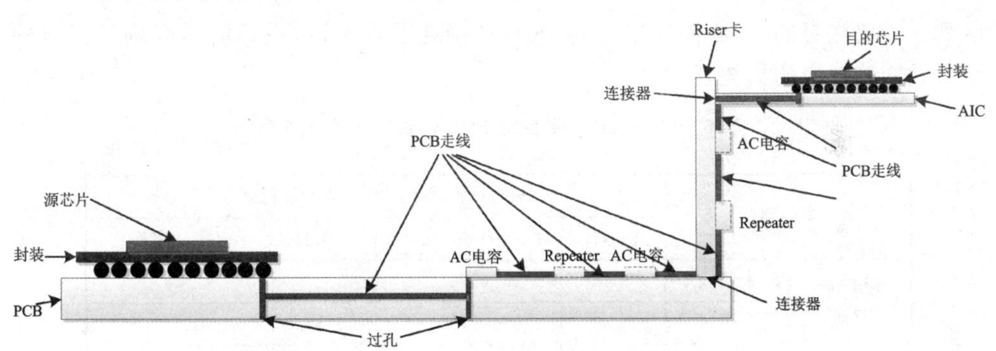

图 6-31　PCIe Gen4 传输通道拓扑示意图

表 6-9 为不采用 Retimer 的 PCB 走线的最长长度要求。在该拓扑中，主板和转接卡均采用 Low loss 材质 IT170GRA1、4 mil CORE 以及 5 mil 走线宽度。此种配置下，PCB 的损耗为−0.85 dB(@8 GHz)。经计算，主板和转接卡的最大长度为 12.9 in。

表 6-9　采用 IT170GRA1 材质的传输线损耗和长度计算表

传输通道总损耗/dB	CPU 封装损耗/dB	过孔损耗/dB	连接器损耗/dB	AIC 卡损耗/dB	主板＋转接卡损耗/dB	主板＋转接卡的长度/in
28	5	2	2	8	11	12.9

在实际设计时,并不是所有 PCB 都会采用同样的材质。比如,并不是所有的 PCB 都同时进行设计,当时的应用场景也各不相同。另外,考虑成本,即使为同一个项目同时设计,也会从整个通道对不同的 PCB 采用不同的材质策略,以满足最好的性价比。如主板采用 Mid loss 材质,转接卡采用 Ultrra low loss 材质,损耗为－0.5 dB(@8 GHz),假设转接卡走线长度为 2 in,则主板最大长度为 11.76 in,如表 6－10 所列。如果超出此长度,则需要采用 Retimer 来改进设计,或者采用更好的材质。

表 6－10　采用不同材质的传输线损耗和长度计算表

通道总损耗/dB	CPU 封装损耗/dB	过孔损耗/dB	连接器损耗/dB	AIC 卡损耗/dB	转接卡损耗/dB	主板损耗/dB	主板＋连接卡的长度/in
28	5	2	2	8	1	10	11.76

每个平台的主控芯片均会对 PCB 的材质损耗和拓扑进行建议和要求。如果设计需要选择非平台推荐的材质损耗或者拓扑,则需要进行仿真测试,确认该材质损耗和拓扑是否满足设计要求。以 Intel Purley 平台为例,其推荐采用的材质有 Mid loss 和 Low loss 两种。其中 Mid loss 材质的 ξ_r 约为 3.9(3.8～4.0),Df 约为 0.015(0.013～0.017)@1 GHz。Low loss 材质的 ξ_r 约为 3.4(3.4～3.5),Df 约为 0.005(0.005～0.051)@1 GHz。相应的,Purley 平台对 PCB 材质的损耗要求如表 6－11 所列。需要注意的是,不同的平台对 PCB 的损耗要求不同,设计时需要确认对应的平台并明确对应的损耗要求。

表 6－11　Purley 平台对 PCB 材质的损耗要求表

dB/in

类　型		Purley 平台对 PCB 材质的损耗要求			
		4 GHz	4 GHz(宽松)	8 GHz	8 GHz(宽松)
Mid loss 材质	带状线	0.65	0.75	1.25	1.5
	微带线	0.69	0.79	1.38	1.58
Low loss 材质	带状线	0.48	0.55	0.9	1.05
	微带线	0.55	0.62	1.05	1.19

6.2.2　温湿度对 PCB 损耗的影响

信号的损耗不仅仅与 PCB 本身的材质相关,也会与 PCB 所处的环境相关,特别是温湿度的影响。环境温度越高、湿度越大,系统的插入损耗就会越高。这种情况会在 Corner 测试模型或者仿真中得到体现。

PCB 存在两种不同的传输线结构——微带线和带状线。环境温度和湿度对微带线和带状线的影响程度也各不相同。通常来说,由于微带线处于 PCB 外层,更容易受到环境温湿度的影响。环境的温度越高、湿度越大,微带线的插入损耗比带状线的插入损耗要高。

以生益科技16层PCB为例，采用S7439G材质，RG311铜箔，其表面粗糙度 $R_z < 2.3\ \mu m$，CORE厚度为4 mil，PP厚度为5 mil，传输线目标阻抗为85 Ω，采用微带线时，其线宽线间距分别可以设置为5 mil和7 mil，采用带状线时，其线宽、线间距分别可以设置为4.4 mil和7 mil。

根据测试要求，先将PCB置于120 ℃高温下工作2 h，然后再在85 ℃的高温、40%和85%的相对湿度(RH)环境下工作48 h量测其插入损耗，如表6-12所列。从表中可以看出，温度对微带线和带状线的影响没有显著差别，都是随着温度的升高，损耗增加；然而，湿度对传输线插入损耗的影响非常显著。微带线对湿度环境非常敏感，严重时损耗会超过50%，而带状线相对影响较小。

表6-12　温度和湿度对PCB传输线信号插入损耗的影响

类　型	测试频率/GHz	20～80 ℃插入损耗的变化率/%	测试场景1		损耗变化率/%	测试场景2		损耗变化率/%
			120 ℃高温后的插入损耗/(dB·in⁻¹)	120 ℃高温后再在85 ℃/40% RH环境下工作48 h的插入损耗/(dB·in⁻¹)		120 ℃高温后的插入损耗/(dB·in⁻¹)	120 ℃高温后再在85 ℃、85% RH环境下工作48 h的插入损耗/(dB·in⁻¹)	
微带线	8	11.6	0.895	1.103	23.2	0.903	1.404	55.5
	16	11.6	1.579	1.991	26.1	1.597	2.616	63.8
带状线	8	11.6	0.684	0.788	15.2	0.687	0.786	14.4
	16	11.6	1.189	1.379	16	1.194	1.377	15.3

如果长时间工作在高湿环境中，微带线对环境湿度更为敏感。以生益科技的PCB为例，把PCB分别放置在40%和85%的相对湿度环境中2天和7天，工作在40%的相对湿度环境下的PCB，其微带线和带状线插入损耗(@8 GHz)变化不大，不会超过1%。而工作在85%的相对湿度环境中的PCB，其微带线的插入损耗(@8 GHz)变化将超过10%，带状线的变化不大，不会超过1%。由此进一步说明，湿度越大，对PCB的微带线插入损耗影响就越大。在高速系统设计时，如果工作环境是高湿环境，应尽量采用内层进行高速敏感信号布线。

在高速数字系统设计中，需要考虑高温高湿对PCB损耗的影响。通常，平台主控芯片都会有对应的要求，以确保即使在恶劣环境中系统依旧能够正常工作。以Intel公司的CPU为例，Purley平台要求其温湿度对PCB传输线的插入损耗影响不超过10%。有些PCB材质在高温如80 ℃环境下，其插入损耗会超出10%。此时需要和PCB供应商或者材料厂商进行讨论，确认温湿度对所选择材质的影响，并进行仿真和测试验证，确保风险可控。

高速差分系统会采用High-T模型和仿真来涵盖温湿度对PCB损耗的影响。在此情况下，需要对PCB材料进行细化，不同类型的PCB材料具有不同的温湿度影响。如Intel公司的Whiteley平台要求Mid loss材料因温湿度造成的额外损失不超过16%,Low loss材料因温湿度造成的额外损失不超过11%,Ultra low loss材料因温湿度造成的额外损失不超过8%。

6.2.3 PCB损耗测试介绍

PCB损耗测试主要是测试PCB的相对介电常数、耗散因子、铜箔粗糙度以及PCB的插入损耗。具体测试方法在IPCTM-650 2.5.5.12A文档中有详细定义。考虑到温湿度对PCB插入损耗的影响,测试需要在温度为(23±2)℃、湿度40%±5%的环境中进行。

根据IPCTM-650 2.5.5.12A文档所定义,目前共有5种方式进行PCB损耗评估,其中4种为基于时域的方法,1种为基于频域的方法。它们分别是:

- 方法A:有效带宽法(Effective Bandwidth,EBW);
- 方法B:根脉冲能量法(Root Impulse Energy,RIE);
- 方法C:短脉冲传播法(Short Pulse Propagation,SPP);
- 方法D:单端TDR差分插入损耗法(Single-Ended TDR to Differential Insertion Loss,SET2DIL);
- 方法E:频域法(Frequency Domain,FD)。

五种损耗测试方法说明如表6-13所列。PCB的损耗测试需要在COUPON上进行。所谓的COUPON,就是PCB板边的测试条件。在COUPON上走线的线宽和线距要与PCB上走线相同。

表6-13 PCB损耗测试方法说明一览表

方法	EBW	RIE	SPP	SET2DIL	FD
测试设备	TDR	TDR/VNA	TDT	TDR/TDT	VNA/TDT
激励源	选择合适的频谱分量	250 ps或指定	11~35 ps	11~35 ps	0.3~10 GHz或指定
COUPON	>5 cm	1.25 cm和20.32 cm或指定	3.0 cm和10.0 cm	4 in(8 in有效长度)	20.32 cm或指定
软件	示波器算法	算法和IPC网站指针	算法和IPC软件网站	算法	算法
探头	阻抗匹配探头	阻抗匹配探头	阻抗匹配探头、RF连接器	高频手持探头	阻抗匹配探头、RF连接器
测试参数	最大斜率(mV/s)	平均损耗(dB)	特定频率下tan θ、ξ_r、α、β和Z_0	特定频率下的SDD21	损耗图和泄漏
应用场景	PCB制造测试	PCB制造测试	PCB材质认证、PCB模型生成	PCB制造认证和测试	PCB制造测试、PCB设计指南规范

严格来说,EBW只是对传输损耗进行定性的测量,而无法提供定量的插入损耗

值。它是通过 TDR 将特定上升时间的阶跃信号发射到传输线上，测量被测件另一端的信号上升斜率。RIE 采用 TDR 对参考损耗线和测试线进行测试，获得 TDR 波形，然后再对波形进行信号处理。SPP 是利用两条长度不同的传输线，通过测量这两条线的传输差异来提取衰减系数和相位常数等。SET2DIL 采用 2 端口 TDR，而不是昂贵的 4 端口 VNA 进行测试，TDR 将阶跃信号发射到末端被短接的差分传输线上，并测量其响应，如图 6-32 所示。SET2DIL 测量频率范围为 2～12 GHz，被测件的传输线长度仅为 VNA 方法的一半，校准耗时会大幅度降低，适合 PCB 制造的批量测试。

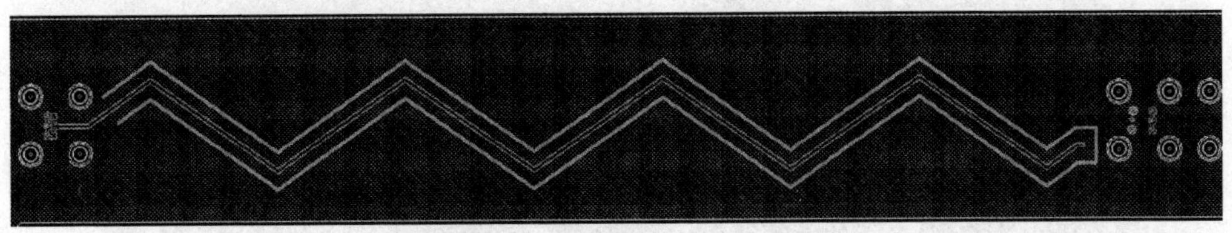

图 6-32　SET2DIL COUPON 图

但是，SET2DIL 的测试方法也存在局限性。在高速数字系统中，过孔和连接器等因素所带来的损耗也不容忽视，但是 SET2DIL 并没有对损耗进行细分，如果需要减小由于过孔和连接器等因素所带来的损耗，需要对 SET2DIL COUPON 进行一些限制性的处理：①COUPON 的有效长度为 8.0 in，这样可以使得走线损耗比过孔损耗大很多，消除掉部分过孔损耗；②从 PCB 顶层测试靠近 PCB 底层的带状线走线损耗，从 PCB 底层测试靠近 PCB 顶层的带状线走线损耗，最大程度减小过孔残余效应。

要解决这些局限性，需要在频域中进行信号损耗测量，但是 IPCTM-650 规范对 VNA 的方法介绍并不是很详细。最近，Intel 公司推出了一种新的 PCB 损耗测试方法——Delta-L＋，来弥补 SET2DIL 测试方法的不足。Delta-L＋测试方法示意图如图 6-33 所示。

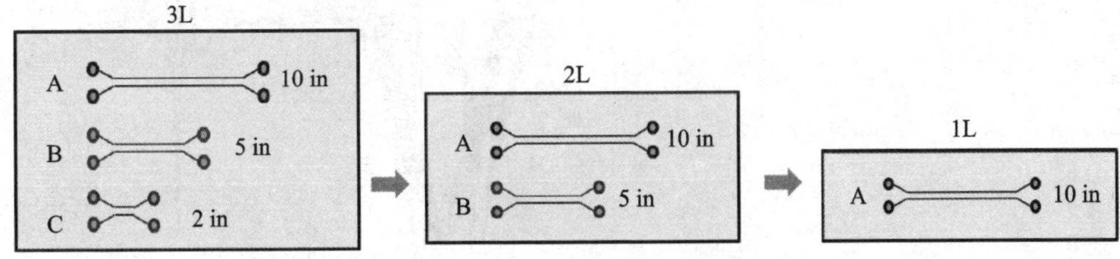

图 6-33　Delta-L＋测试方法示意图

从图 6-33 中可以看出，Delta-L＋有三种不同的测试方法。在 PCB 不同阶段，可以选择不同长度组合的 COUPON 来解决 PCB 属性的需求。其中，3L 具有最好的精度，并且可以自我检查并确保去嵌结果的准确性，通常用于 PCB 材质属性的确定，包括 Dk/Df 值提取、插入损耗以及铜箔表面粗糙度属性。2L 是比较经济型的方法，通常用于 PCB 板级质量的验证，包括插入损耗以及阻抗验证。1L 具有最小的 COUPON，通常用于 HVM 监控，通常用于插入损耗和阻抗变化检测。

Delta-L＋的原理很简单，主要是测试 COUPON 上的每个测试线的插入损耗，然后通过某种方式进行去嵌，获得单位长度的损耗值。图 6－34 所示为 Delta-L＋(3L)的 COUPON 图。图中三种长度的测试线分别为 10 in、5 in、2 in，分别对应图 6－33 的 A、B、C 测试线。

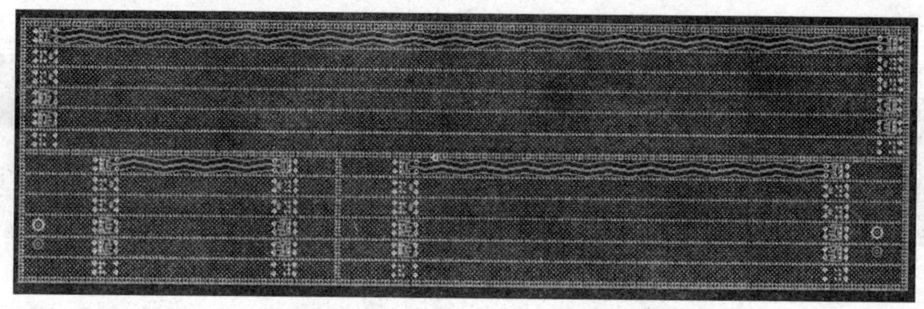

图 6－34 Delta-L＋(3L) COUPON 图

Delta-L＋(3L)先由测试线 C 对 A 进行去嵌，然后由测试线 C 对 B 进行去嵌，接着比较去嵌后(A-C)和(B-C)的单位损耗值(dB/in)，如果正常，则在奈奎斯特频率下二者的值理论上会相等，实际误差小于 5%，如图 6－35 所示。从图中可以看出，在 13 GHz 之前，二者一致性很好，但是之后就会出现较大的误差。如果要进行改善，比如提升频率，则需要改善材质。最后，Delta-L＋(3L)可以通过软件等方式对 Dk/Df 值进行提取，进行材质属性分析。

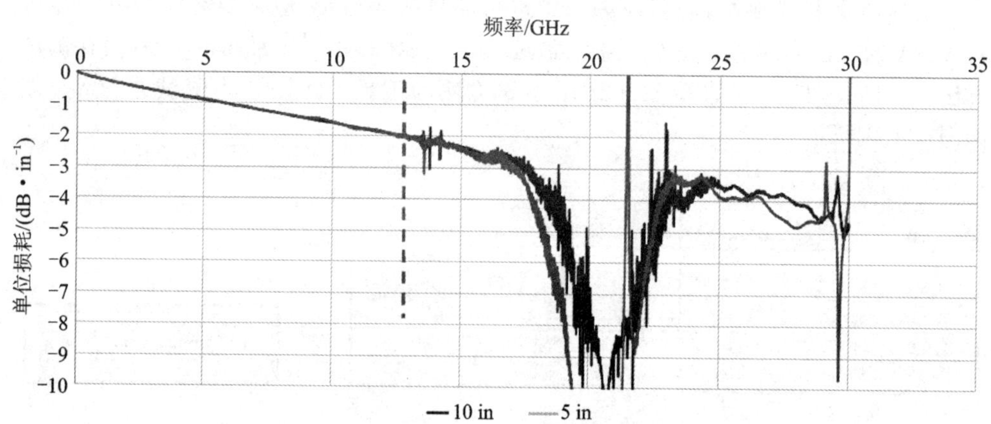

图 6－35 采用 Delta-L＋(3L)去嵌后的单位损耗图

Delta-L＋(2L)方法：首先分别对测试线 A 和 B 进行插入损耗测试，这样的插入损耗包含了传输线损耗和过孔损耗；接着计算单位损耗值。公式如下：

$$单位损耗值=\frac{IL_A - IL_B}{/L_A - L_B} \quad (dB/in)$$

式中，IL_A 和 IL_B 分别表示测试线 A 和 B 的插入损耗；L_A 和 L_B 分别表示测试线的长度。建议 B 的长度不能太短，A 和 B 的长度差大于 3～4 in，A 的长度最好是 B 的 2 倍。

这种方法可以消除过孔效应，但是由于没有参考物，无法做到自我检查。

Delta-L＋(1L)仅仅采用一根测试线在奈奎斯特频率下进行多次采样来监控 HVM 的变化值。一般要求，在相同频率下其变化值小于 10%。

6.3 堆叠与阻抗控制

前面章节重点介绍了 PCB 的堆叠设计以及阻抗的基本原理。在实际的 PCB 系统设计中，由于 PCB 的材质等客观因素的存在，在进行堆叠与阻抗控制方面，不仅需要从基本原理和理论方面进行评估设计，更重要的是需要从 PCB 现有材质的属性方面进行实际设计与评估——特别是在商品化的产品设计中——往往不是采用性能最好的材质，而是会采用“刚刚好”的材质。

6.3.1 堆叠设计

堆叠设计，首先要满足系统规格的要求。系统规格包括系统所要支持的各种功能模块等功能属性，以高速总线协议、供电系统等代表的电气属性，同时也包括如 PCB 尺寸、厚度等方面的机械属性。功能属性确定了该系统的复杂度和 PCB 的布线密度。电气属性确定了 PCB 所要支持的最高工作频率、特性阻抗。在功能属性和电气属性确定的前提下，机械属性决定了 PCB 堆叠的层数和厚度，如果厚度有要求，则需要从 PCB 材质上进行解决，由此决定了 PCB 的成本。

以采用 Purley 平台的 Micro-ATX 服务器主板为例，其面向的是各种中小企业 SMB 市场以及高性能边缘计算市场；需要支持 1 个 CPU，6 个 DDR4 通道，每个通道支持 1 个 2 933 MHz DDR4 DIMM，最多支持 64L PCIe Gen3 总线(支持工作站 CPU)，同时还要支持 4 个 USB 3.0、12 组 SATA 3.0 以及 2 个 1G 网口等。从电气属性方面来看，该系统需要支持的关键高速信号为 DDR4、PCIe Gen3、SATA 3.0、USB 3.0；从机械属性方面来看，Micro-ATX 主板尺寸固定，为 9.6 in×9.6 in。

Purley CPU 采用 LGA3647 CPU 插座，拥有 3 647 个引脚，最大功耗为 225 W。从电气性能来看，DDR4 和 PCIe Gen3 决定堆叠的信号层数。CPU 两侧各有三个 DDR4 通道，由于 DDR4 是采用并行走线，从其中一侧来看，一个通道信号会占据两个信号层，故总计需要 6 个信号层并行走线。由于此主板一个通道只需支持一个 DDR4 DIMM，经过评估采用 4 个信号层进行布线即可。

如图 6－36 所示，Purley CPU 的 64L PCIe 全部位于 CPU 的一侧，同时 Purley CPU 尺寸非常大，在有限的 Micro-ATX 主板上，需要完全把 64L PCIe 扇出(其中

40L 分别接标准 PCIe 插槽 x8、x16、x16，其位置依 Micro-ATX 标准定义，另外 24L 分别接入 3 个 SlimLine 连接器)，就不得不增加叠层。经过评估，需要 6 个信号层进行布线。

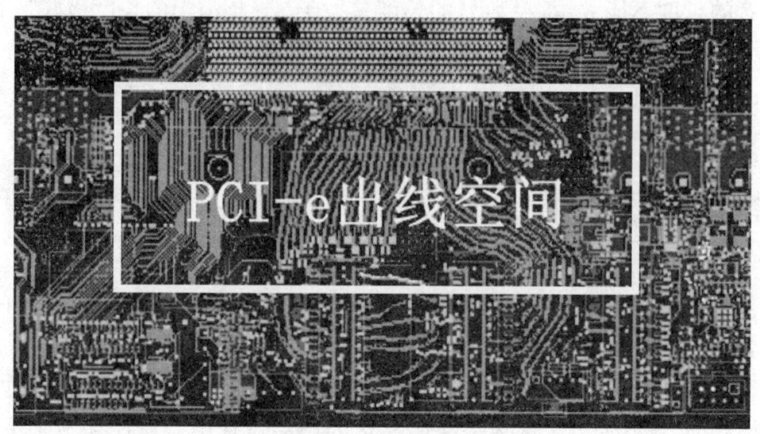

图 6－36　Purley CPU PCIe 出线空间图

每个信号层都需要一个接地参考层。从信号的角度出发，PCB 最少需要 12 个叠层来完成布线。同时，PCB 叠层还需要考虑供电系统以及供电种类，以此高性能的 1P Micro-ATX 主板来看，电源种类多，供电系统复杂，且绝大部分集中在 CPU 和内存区域，需要专用 2 个电源层来进行供电。整个系统的堆叠采用 14 层架构。

堆叠的机械属性还需要考虑 PCB 的板弯翘问题，对称的堆叠结构不容易产生板弯翘。14 层堆叠结构设计如图 6－37 所示。

层名	层描述	材质
	SOLDER MASK	Solder Mask
Signal1	SIGNAL	HTE Copper
	PREPREG	IT-170GRA1
GPlane2	GND	RTF Copper
	CORE	IT-170GRA1
Signal3	SIGNAL	RTF Copper
	PREPREG	IT-170GRA1
GPlane4	GND	RTF Copper
	CORE	IT-170GRA1
Signal5	SIGNAL	RTF Copper
	PREPREG	IT-170GRA1
GPlane6	GND	RTF Copper
	CORE (2-ply)	IT-170GRA1
Plane7	PWR	RTF Copper
	PREPREG (2-ply)	IT-170GRA1
Plane8	PWR	RTF Copper
	CORE (2-ply)	IT-170GRA1
GPlane9	GND	RTF Copper
	PREPREG	IT-170GRA1
Signal10	SIGNAL	RTF Copper
	CORE	IT-170GRA1
GPlane11	GND	RTF Copper
	PREPREG	IT-170GRA1
Signal12	SIGNAL	RTF Copper
	CORE	IT-170GRA1
GPlane13	GND	RTF Copper
	PREPREG	IT-170GRA1
Signal14	SIGNAL	HTE Copper
	SOLDER MASK	Solder Mask

图 6－37　14 层 PCB 堆叠示意图

确定了堆叠架构，不需要确认关键信号的布线层和阻抗控制。对于高速关键信号，采用外层进行走线，可以避免过孔残桩对信号质量的影响，但是其相对介电常数会受到外界环境的影响，一旦需要进行换层到内层走线时，就可能会出现阻抗突变的情况。同时，高速信号布线在外层，容易出现电磁辐射现象，因此尽量采用内层进行走线。对于采用内层进行走线的信号，需要注意过孔残桩长度。残桩长度过长，比如超过 50 mil，就需要改变布线层的设计，具体可参考 4.1 节对过孔的介绍，或者考虑背钻或者盲埋孔工艺。

6.3.2 阻抗控制

确认每个总线的布线层之后，再确认每组信号线的特性阻抗。表 6-14 所列为各种典型的高速总线和单端信号的特性阻抗。其中 DDR4 总线又会细分为数据总线、地址/控制总线、DQS 总线以及时钟信号总线，每个细分总线的特性阻抗也各不相同。

表 6-14 典型的高速总线和单端信号的特性阻抗值

信号类型		特性阻抗值/Ω	±10%的可容许误差/Ω
单端信号		50	45～55
RMII		50	45～55
PCIe Gen3		85	76.5～93.5
SATA 3.0		85	76.5～93.5
USB 2.0/3.0		85	76.5～93.5
DDR4	DATA/ECC(单端信号)	50	45～55
	DQS(差分信号)	50	45～55
	Clock(差分信号)	40	36～44
	ADDR/CMD/CNTL(单端信号)	40	36～44
DMI		85	76.5～93.5
CLK		85	76.5～93.5
LAN		100	90～110

所谓的 PCB 阻抗控制，其实质就是满足 PCB 所要支持的各种信号类型的特性阻抗。当然，表 6-14 所列的各种信号及总线均为理想值，实际 PCB 在生产设计过程中，会出现各种偏差。PCB 阻抗设计需要及时征询 PCB 板厂的意见和建议，同时结合具体的设计，确定特性阻抗值的目标范围，通常设为±10%或者±8%。需要注意的是，尽管特性阻抗会在理想值的上下有偏差，但是在同一个系统中需要尽量保持同一个方向的偏差；否则，同一个总线跨 PCB 走线时会出现 20%的偏差，这样会严重影响信号质量，造成反射，这视为最严重的情形。

确定了堆叠和目标阻抗，同时也需要确认 PCB 关键信号的传输通道损耗(具体在 6.2 节有详细说明，在此不再赘述）以及 PCB 板厚要求，从而确认需要采用什么样的材质才能满足要求。PCB 的板厚由叠层和 PCB 材质来决定。PCB CORE 的厚度相对固定，而 PP 材质在压合过程中会产生形变，因此具体的厚度需要和 PCB 板厂进行沟通后确认。典型的 PCB CORE 的厚度从 2 mil 到 38 mil 不等，而 PP 材质的厚度从 2 mil 到 5 mil 不等。结合产品功能和市场要求，PCB 采用 IT170GRA1 材质，Dk 值为 3.6，6CORE 结构，CORE 的厚度为 4 mil，内层铜箔采用 RTF 工艺，信号层铜厚 1 盎司，电源层铜厚 2 盎司，外层铜箔采用 HTE 工艺，铜厚 0.5 盎司，结合 PCB 的处理工艺，最终铜厚 1.5 盎司。

影响阻抗的几个关键因素包括铜箔厚度、PCB 传输线的上下线宽、阻焊层、相对介电常数以及介质厚度。理想的传输线的横截面是矩形，但是在生产过程中，由于蚀刻等因素的影响，实际传输线的横截面是类似梯形的形状，如图 6－38 所示。上下线宽差距大约 1 mil，其中下线宽等于要求的线宽，上线宽等于下线宽减 1 mil。

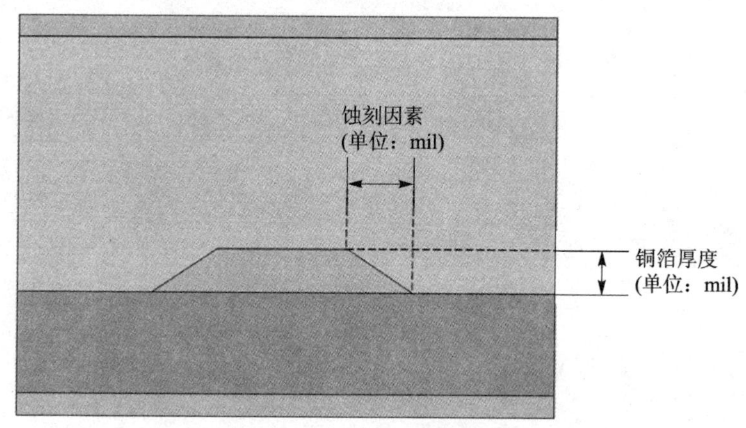

图 6－38　铜箔蚀刻示意图

相对介电常数对于线路的阻抗控制非常重要。阻抗与介电常数的平方根成反比，介电常数与材质型号以及信号频率具有相关性，设计需要充分考虑此影响，并和 PCB 板厂进行相互沟通，以确保参数满足设计需求。另外，阻焊层的相对介电常数尽量与 PP 材质相近，如本例中，采用的 PP 材质的 Dk 为 3.6，阻焊层的 Dk 为 3.8。

材质厚度和线宽线距的共同作用直接影响传输线的特性阻抗。在进行设计时，需要看哪个因素影响更大。如果布线密度高，则需要控制线宽和线距，材质厚度只需稍微调整；如果板厚要求比较高，则需要在线宽和线距方面进行微调。一般，可以采用 4.5 mil（微带线）和 3.5 mil（带状线）进行走线；对于某些特殊走线，如 DDR4 的地址控制和时钟总线，可以进行微调以满足 40 Ω 的要求，采用 7 mil（微带线）和 5.6 mil（带状线）。

电子工程师可以采用 Polar Si 9000 或者其他第三方软件进行阻抗计算和预估，也可以采用各家板厂提供的工具进行计算。如图 6－39 所示，信号为 50 Ω 的微带线，其线宽为 4.5 mil/3.5 mil，介质 Dk 为 3.6，阻抗层 Dk 为 3.8，铜厚为 1.9 mil，阻抗层厚为 0.5 mil。通过 Si 9000 可以快速得出结果，如图 6-39 所示。可以看出，PP 材质厚度大概为 2.65 mil。单击 More 按钮，还可以得出该微带线的特性阻抗、传输延时、单位寄生电感和单位寄生电容等信息。

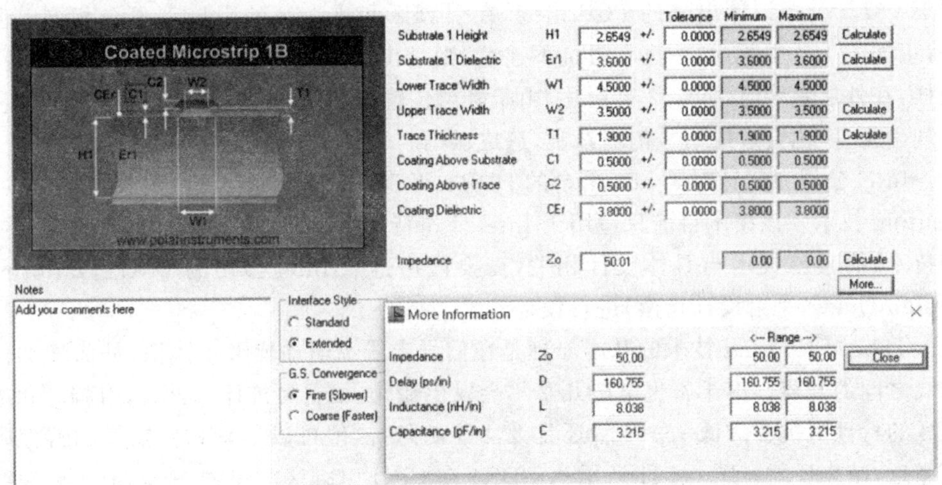

图 6-39 Si 9000 微带线阻抗计算界面图

设计 50 Ω 特性阻抗的带状线，其线宽为 3.5 mil/2.5 mil，介质 Dk 为 3.6，铜厚为 1.2 mil，通过 Si 9000 可以快速得出结果，如图 6-40 所示。从图中可以看出，PP 材质厚度需要达到 5.69 mil。

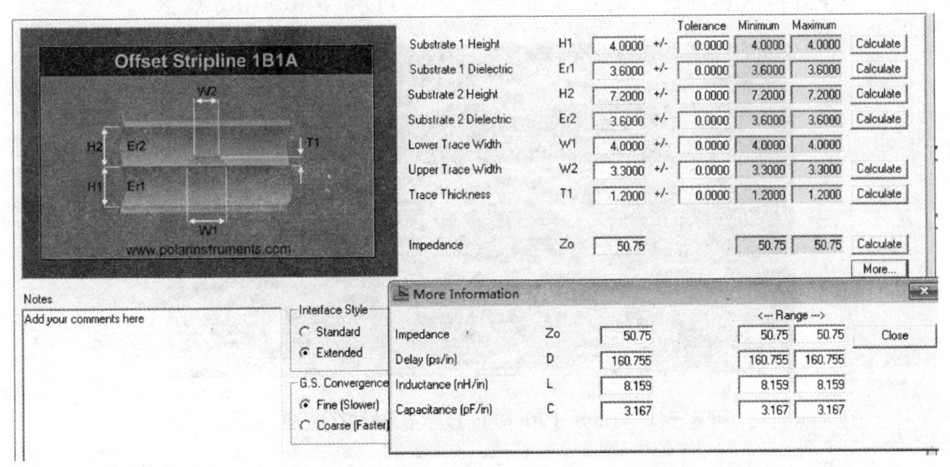

图 6-40 Si 9000 带状线阻抗计算界面图

通过计算，可以得出每个 PP 材质的厚度，结合 CORE 的厚度、铜箔厚度可以很快得出整个 PCB 的厚度。当然，需要注意的是，Si 9000 计算出来的值为参考值，并不是非常精确。如果要求数值精确，需要结合 PCB 厂具体的工艺、材料属性、压合制程等各种因素。最后,与计算结果会有一定的差异,如该14层PCB叠构,最后微带线下的PP厚度定为2.9 mil,而CORE与CORE之间的PP厚度为4.3 mil。总计板厚为74.6 mil(±10%)。

通常,芯片的引脚区和逃逸区的阻抗都不会做控制。即使采用同样的芯片,每个PCBA设计公司设计出来的PCB走线,在引脚区和逃逸区的阻抗都不会相同。但是,正如1.1节中所述,一旦有阻抗不连续,则会出现反射,传输的能量会出现损耗。同样,在外层走线时,如1.2节所述,由于外层传输线处于非同质介质中,信号更容易出现串扰,串扰会造成信号传输紊乱,造成误码。

Intel公司专门针对其x86平台的DDR4及DDR5的传输线走线开发了Tabbed Routing技术。该技术目前只适用于Intel公司特定平台的内存走线,非普适阻抗控制技术,而且该技术与具体设计相关,需要严格遵照Intel公司的PDG(Platform Design Guide,平台设计指南)进行设计。

Tabbed Routing技术的基本原理是在信号走线上增加梯形小铜箔,从而增加传输线之间的互容。由于寄生电感几乎不会发生变化,根据阻抗计算公式,引脚区和逃逸区的特性阻抗会降低——尽管还是无法控制阻抗,但可以尽量和传输线的特性阻抗靠近,减小反射。图6-41所示为DDR4在CPU引脚区的走线图,其中在传输线上的小梯形结构就是Tabbed Routing技术。从图中可以看出,在引脚区和逃逸区,相邻的传输线之间的小梯形在引脚之间采用的是面对面结构。每个传输线上梯形的高度、上边和下边宽度,以及数量等参数需要根据Intel公司相应平台的PDG进行设计。对于需要采用Tabbed Routing技术的Intel内存总线走线,不管DDR4/DDR5在哪层走线,引脚区和逃逸区的走线都需要采用Tabbed Routing技术。

图6-41　Tabbed Routing技术在引脚区的应用图

对于DDR4/DDR5微带线来说,一旦信号从CPU逃逸区出来后,传统走线会采用蛇形走线来保持等长,并采用较宽的线间距降低串扰。但是DDR4/DDR5采用并行走线,较宽的线间距会导致绕线非常麻烦,并且会增加SI问题,特别是远端串扰问题。相应的,Intel采用Tabbed Routing技术,可以使走线更加密集布线,并且可以降低远端串扰,如图6-42所示。从图中可以看出,和引脚区的Tabbed Routing技术不同，传输线之间的梯形铜箔是交错放置的，同时 byte 内的传输线上的梯形铜箔在两侧都有放置，而 byte 在外侧的传输线的梯形铜箔只有靠内会放置梯形铜箔。

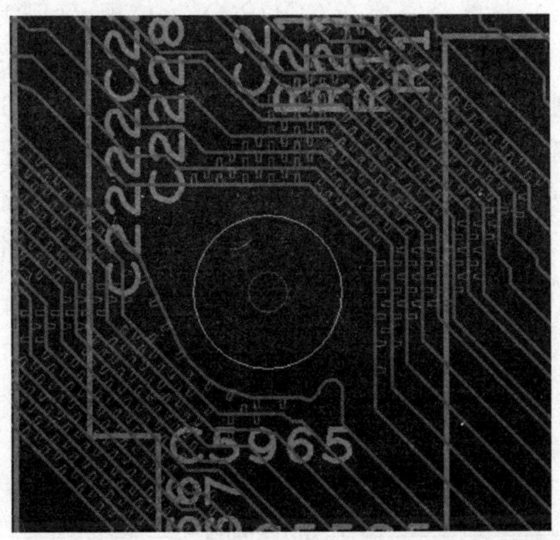

图 6-42　Tabbed Routing 技术在微带线走线开阔区的应用图

采用交错放置的 Tabbed Routing 技术，可以使同一个 byte 内的走线更加紧密，从而具有更高的布线密度和空间，缓解远端串扰。远端串扰可以采用如下表达式表示：

$$V_{\mathrm{FEXT}}=\frac{t_{\mathrm{flight}}}{2}\left(\frac{L_{\mathrm{m}}}{L_{\mathrm{s}}}-\frac{C_{\mathrm{m}}}{C_{\mathrm{s}}}\right)\frac{\mathrm{d}V_{\mathrm{agg}}(t-t_{\mathrm{flight}})}{\mathrm{d}t}$$

式中，t_{flight} 是指信号传输时间；L_{m} 和 L_{s} 分别表示传输线的互感和自感；C_{m} 和 C_{s} 分别表示传输线的互容和自容；V_{agg} 为入侵信号电压。

根据该表达式，t_{flight} 是固定值，而 L_{m} 和 L_{s} 也是固定值。要减小远端串扰，只能调整电感与电容的比值关系使其差值尽量靠近 0。采用 Tabbed Routing 技术，可以调整互容值，减小远端串扰。

需要注意的是，在布线开阔区，只需要针对微带线进行 Tabbed Routing 技术，而带状线不需要采用该技术。采用 Tabbed Routing 布线的传输线区域，不能同时采用蛇形走线。

6.3.3　阻抗测试与时域反射计(TDR)

PCB 的阻抗测试是采用 TDR 仪器进行的。在 TDR 内部，集成了阶跃信号发生仪以及示波器的功能。TDR 的基础是采用传输线的反射原理，如果阻抗不连续，则会出现反射的现象。进行阻抗测试时，在 TDR 仪器内部通过信号发生器生成一个快速边沿的阶跃信号，并通过特性阻抗为 50 Ω 的探棒传入到被测传输线一端上，该信号在被测传输线上传播到另一端并反射回 TDR 示波器，从而可以观察到反射电压波形。

PCB 设计一般会采用两种测试 COUPON：一种是进行损耗测试的 COUPON，另外一种就是阻抗测试的 COUPON。COUPON 的要求由电子工程师提供，通常是任何阻抗受控的信号传输线都需要在 COUPON 上体现，确保满足电气要求。COUPON 可以放置在多个位置上，尽可能优先部署在靠近包含最关键布线的区域；如果不在 PCB 轮廓内，则可以在分板区域进行放置，但也尽可能靠近包含最关键布线的区域。如果前面二者不行，则在 PCB 的轮廓外侧进行定义，让 PCB 制造商重新定位，或者在制造说明中定义。PCB 制造商也可以将其合并到制造面板中。

如图 6－43 所示，COUPON 的叠层要和 PCB 定义的叠层相同，被测互连线的焊盘与焊盘之间的距离应为 6～8 in。

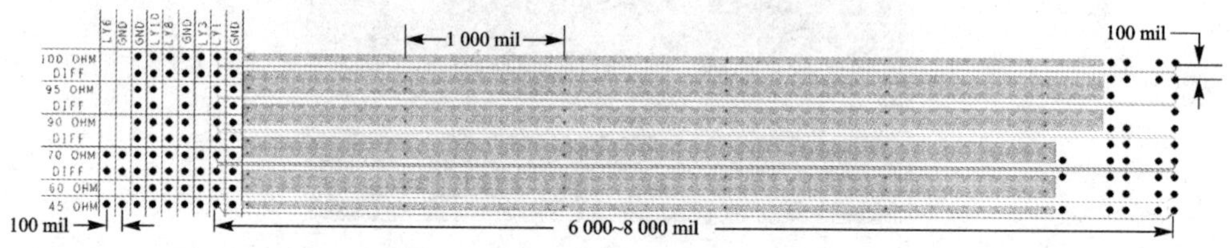

图 6－43　阻抗测试 COUPON 俯视示意图

COUPON 上应添加窃铜，互连线与窃铜之间保持 25 mil 的间隙。在 COUPON 的一端以 100 mil 和 200 mil 的增量添加接地焊盘——相对于要测量的每条互连线的相关焊盘。在 COUPON 的顶层要添加丝印，用来标识互连线的层以及要测量的阻抗等。COUPON 上的传输线有差分信号和单端信号，在 COUPON 上必须居中。差分信号需要等长，如果 PCB 长度有限，可以以 45°进行走线，如图 6－44 所示。

通常采用泰克或者是德科技的专用 TDR 示波器进行测试。泰克的 TDS8200 是专门用来进行 TDR 测试的示波器。在进行 TDR 测试时，需要采用配套的探棒，确保阻抗匹配。一般会采用 P80138 探棒进行差分阻抗量测，采用 P8018 探棒进行单端阻抗量测。图 6－45 所示为典型的 TDR 测试波形。

图 6－45 中的信号曲线为转化的传输线阻抗曲线。图中左侧为信号遇到的第一个阻抗不连续点，即探棒与 COUPON 接触点。该点为过孔结构，是容性元件，其阻抗会相对较低，波形会出现下冲。接下来是被测互连线的阻抗，信号经过 1 个传输时延到达被测传输线的另一端，另一端为开路，信号会全反射并经过 1 个传输时延回到源端，因此经过 2 个传输时延，阻抗会大幅上升。在 2 个传输时延之间的波形即为被测互连线的阻抗。该波形越平稳，表示被测互连线越连续。一般认为，波形的50％～70％处最稳定，用来确定被测互连线的阻抗值。图中，被测的互连线被设计为 100 Ω，其公差为±10％，最大阻抗值为 99.39 Ω，最小阻抗值为 97.20 Ω，平均值为 98.25 Ω，满足设计要求。

通过 TDR 进行测试，根据反射原理还可以算出传输时延和被测互连线的长度。当然，采用 TDT 会更加精确。

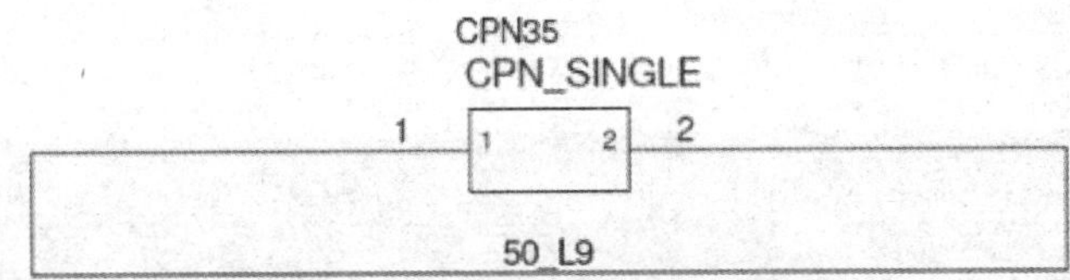

(a) 单　端

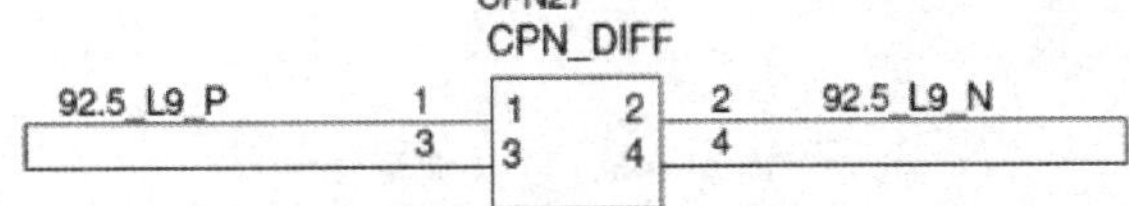

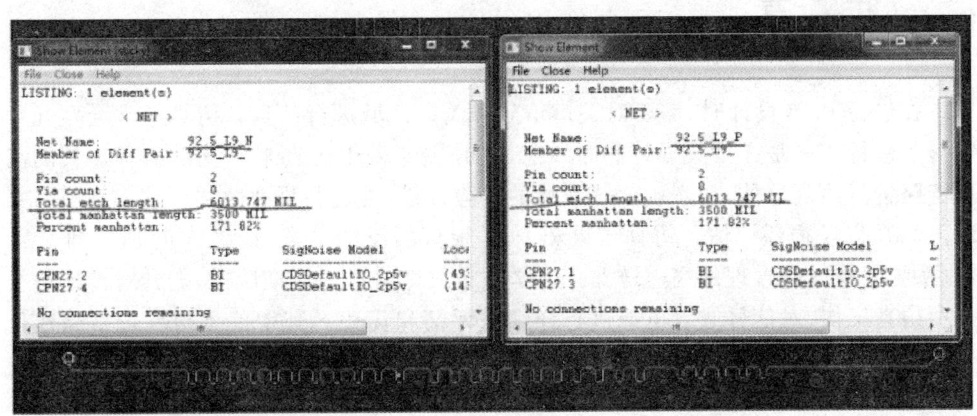

(b) 差　分

图 6-44　PCB COUPON 单端和差分传输线图

COUPON 虽然简单，并且很容易确定 PCB 的各种互连线的阻抗，但是也有限制。首先，阻抗 COUPON 的目的是监控制程，故无法 100%代表成型的 PCB 的阻抗控制线。另外，成型的 PCB 阻抗控制线有过孔、走线密度、过孔残桩、分支等各种复杂的设计，这些都会影响成型的阻抗控制线的阻抗值。

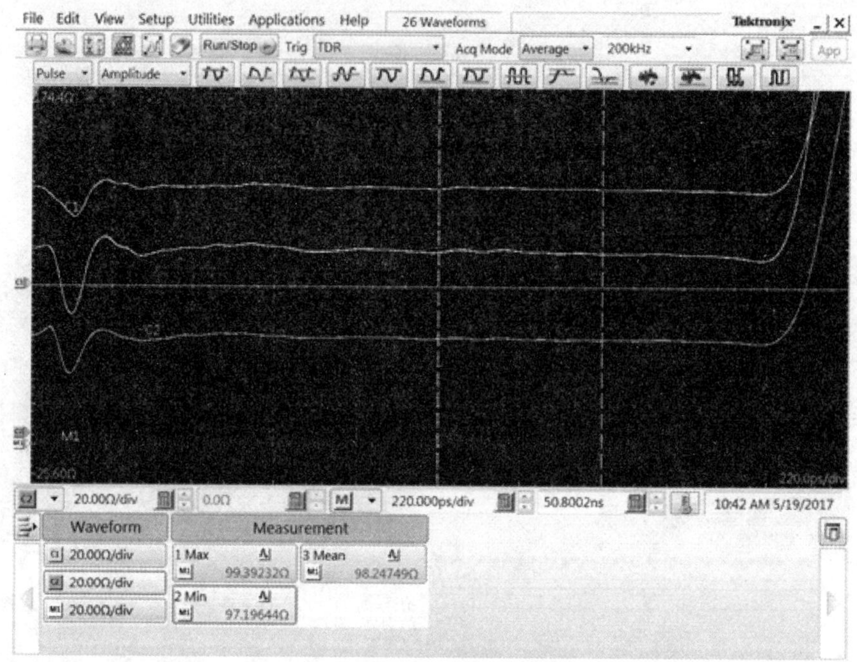

图 6-45 TDR 波形图

6.4 仿 真

在进行 PCB 设计时，需要对关键信号和关键区域进行仿真。仿真通常会在几种情形下进行。一是在堆叠设计和布线前，此时主要采用仿真来对复杂或者过长的高速链路进行仿真评估，初步确认该设计的风险评级，并进行堆叠叠层评估、布线评估、PCB 材质以及损耗评估。仿真结果和 PCB 板厂的反馈结合，最终确定 PCB 堆叠结构、系统架构以及合理的高速链路。二是在布线即将进入后期阶段，会针对性地进行几项仿真工作，对信号或者电源进行详细的评估和优化。其中信号仿真包括高速信号仿真、高速链路节点阻抗优化和低速线的仿真分析等，电源仿真则包括 IR Drop 仿真和电源平面的阻抗特性仿真等。本节主要介绍高速链路仿真和电源的 IR Drop 仿真。

6.4.1 高速链路仿真

高速链路仿真主要是采用仿真软件对高速数字信号链路中的信号串扰、阻抗突变所造成的反射以及码间干扰等 SI 问题进行建模评估分析，并确认这些 SI 问题是否满足系统设计要求的过程。高速链路仿真首先需要清楚信号的链路信息，包括但不限于信号路径中的芯片、封装、PCB 走线、连接器以及线缆等。其次是要建立准确的仿真模型，仿真模型的准确性是评判信号链路的风险的关键，决定链路设计的正确性。

以 PCIe Gen4 链路仿真为例，如图 6－46 所示。图中板卡 1 和板卡 2 通过连接器直连，板卡 2 与 AIC 卡通过连接器直连。PCIe Gen4 的信号传输速率高达 16 GT/s，因为传输链路很长，在板卡 1 和板卡 2 中，其主传输链路均采用带状线进行传输以减少串扰，在主芯片以及连接器处需要进行换层，在换层处采用微带线连接。PCIe Gen4 差分线的特性阻抗为 85 Ω。

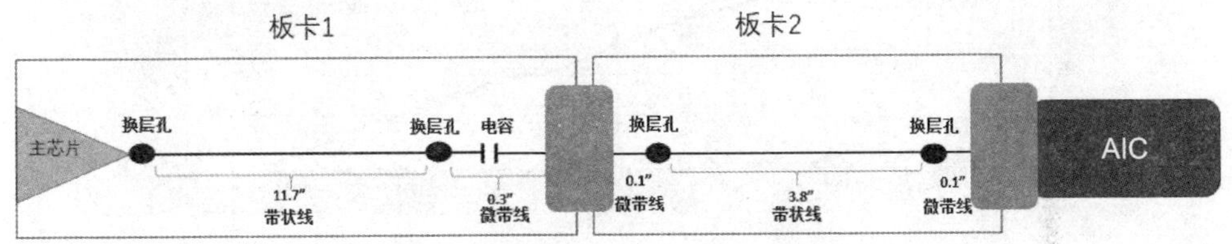

图 6－46　PCIe Gen4 链路的拓扑结构

基于此链路拓扑，首先对拓扑中的芯片封装模型、PCB 走线、换层孔、连接器等进行仿真建模，其中芯片、连接器等由相应的厂商来提供仿真模型，而 PCB 走线、换层孔的仿真模型则根据实际 PCB 的布线情况来对传输线和过孔模型在仿真软件中进行建模；接着仿真模型依照拓扑结构顺序连接，并采用仿真软件进行仿真分析，如图 6－47 所示。

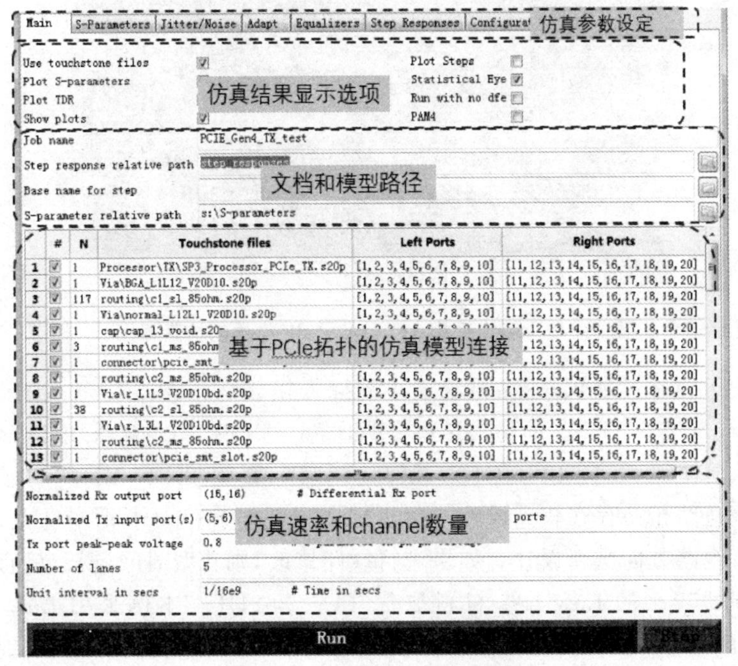

图 6－47　PCIe Gen4 仿真界面

本例中，板卡 1 和板卡 2 均采用 Middle loss 材料 TU－862HF。通过仿真分析，可得 PCIe Gen4 链路的插入损耗和眼图，如图 6－48、图 6－49 所示。

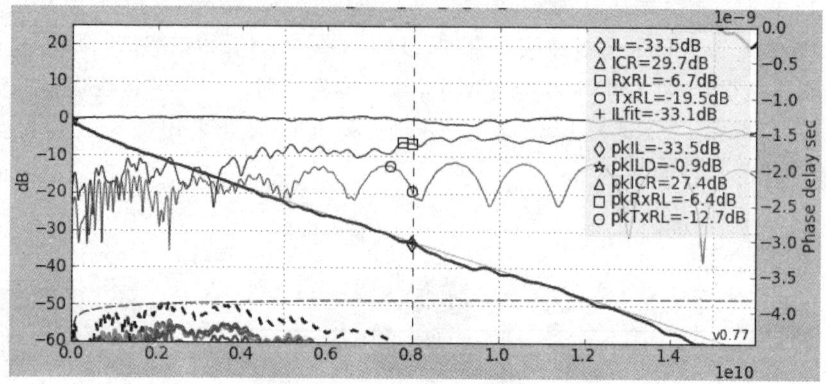

图 6－48　拓扑采用 TU－862－HF 材质的仿真插入损耗图

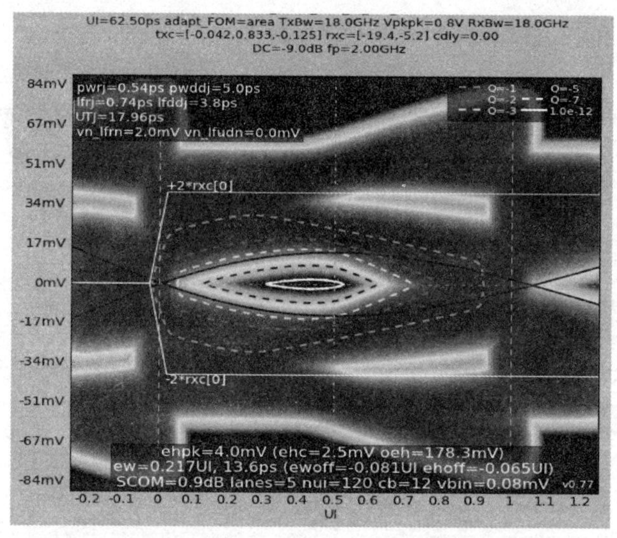

图 6－49　拓扑采用 TU－862－HF 材质的仿真眼图

根据 PCIe Gen4 协议规范，要求最小的插入损耗是－28 dB@8 GHz，眼高大于 15 mV，眼宽大于 0.3 UI。而仿真结果表明，图 6－46 PCIe Gen4 采用 TU－862－HF 材质的插入损耗(－33.5 dB@8 GHz)，眼高(4 mV)、眼宽(0.217 UI)均明显不符合规范要求。该链路拓扑存在较高风险。由于插入损耗与规范要求相差过大，因此需要从材质或者线路方面重新设计。如果进行线路修改，则花费时间过长，最直接的方式就是采用损耗较小的 Low loss 材料取代 TU－862HF。本例采用 Low loss 材质 NPG－170D 进一步仿真分析。其仿真步骤与之前相同，可得仿真结果如图 6－50、图 6－51 所示。从图中可以看出，采用 NPG－170D 材质的插入损耗(－25.7 dB@

8 GHz)、眼高(35.7 mV)和眼宽(0.489 UI)均满足 PCIe Gen4 的协议规范。因此,本设计采用 NPG-170D 材质来进行设计。

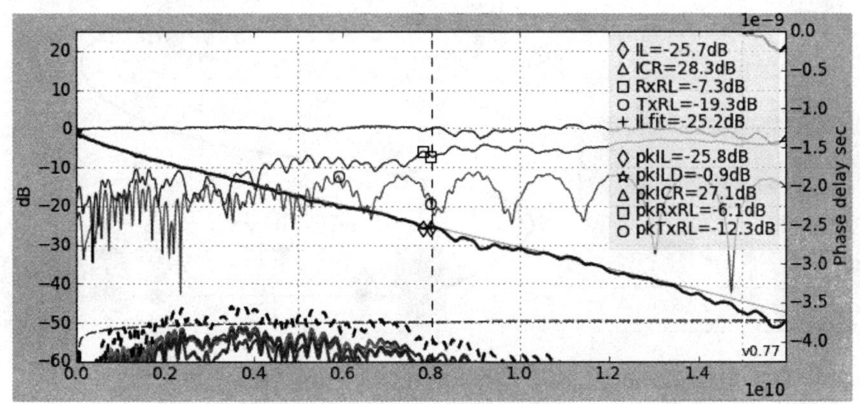

图 6-50　拓扑采用 NPG-170D 材质的仿真插入损耗图

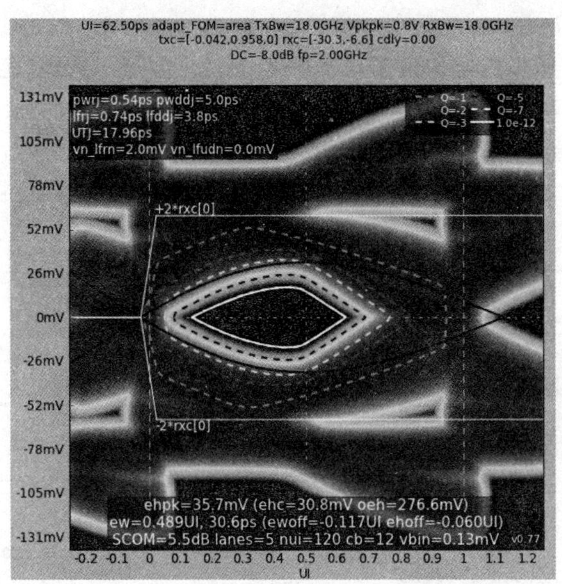

图 6-51　拓扑采用 NPG-170D 材质的仿真眼图

当 PCIe Gen4 的链路更复杂,需要连接更多模块时,如果采用任何手段,如优化链路过孔、连接器焊盘阻抗,采用任何更低损耗的 PCB 材料都无法满足最小插入损耗的要求,那么需要考虑在链路中加入 Retimer。如图 6-52 所示,在图 6-46 的基础上,板卡 2 通过高速线缆与板卡 3 进行连接,AIC 卡通过连接器与板卡 3 相连。该拓扑不管采用 Middle loss 材质还是 Low loss 材质,都无法满足插入损耗的要求,因此需要改变拓扑结构——在链路中增加 Retimer。

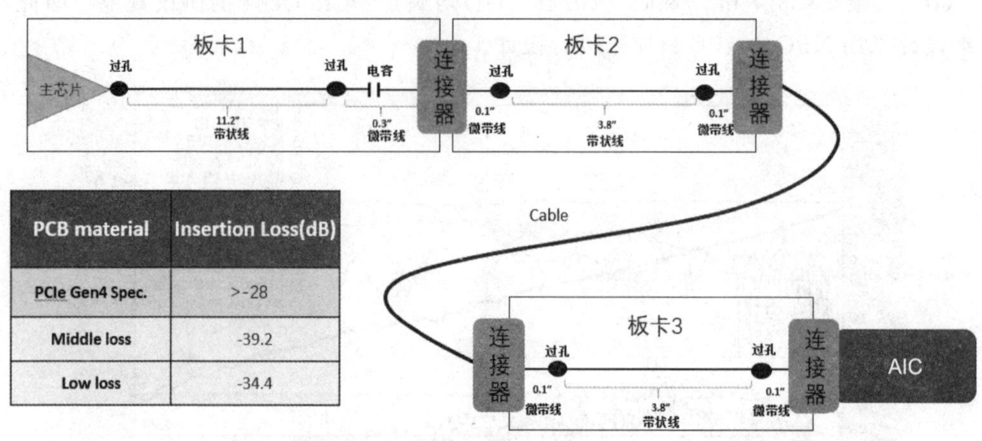

PCB material	Insertion Loss(dB)
PCIe Gen4 Spec.	>-28
Middle loss	-39.2
Low loss	-34.4

图 6-52　复杂的 PCIe Gen4 拓扑和插入损耗结果

Retimer 的位置摆放非常重要，其基本原则是确保 Retimer 前后高速链路的插入损耗都满足 PCIe Gen4 的要求。如图 6-53 所示，在板卡 2 靠近线缆连接器的位置放置 Retimer。三张板卡均采用成本更低的 Middle loss 材料，通过仿真，从图中可以看出，从主芯片到 Retimer 以及从 Retimer 到 AIC 卡之间的 PCIe Gen4 高速拓扑链路的插入损耗均满足设计的要求，因此该设计正确。

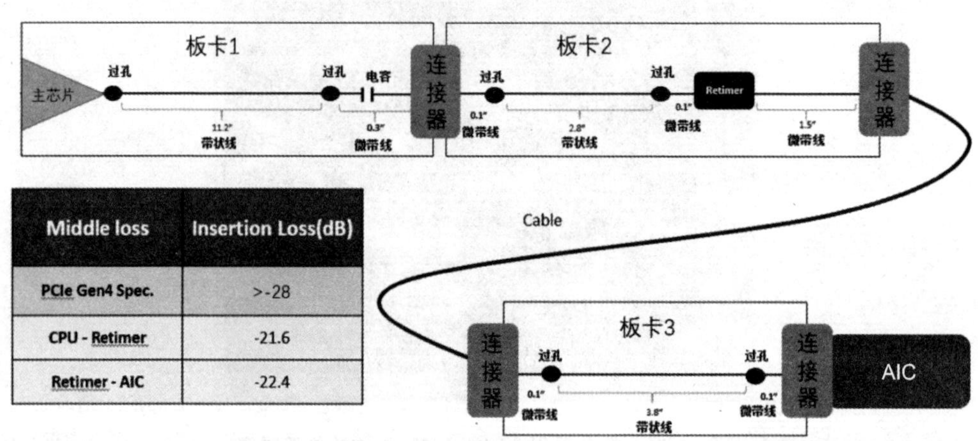

Middle loss	Insertion Loss(dB)
PCIe Gen4 Spec.	>-28
CPU - Retimer	-21.6
Retimer - AIC	-22.4

图 6-53　加 Retimer 后的复杂的 PCIe Gen4 拓扑和插入损耗结果

通常平台都会给出对应的高速设计指南。在该设计指南中会对各种拓扑进行建议，包括长度、过孔数量等。平台会对某些拓扑进行验证和仿真，有些仅限于仿真。为了加速设计，建议尽量采用平台已经完成了验证和仿真的拓扑，但实际场景可能不得不采用平台没有使用的拓扑，或者确实采用了平台推荐的拓扑，但考虑到成本选择了损耗比较大的材质进行设计。不管哪种情形，都需要进行相应的高速链路仿真，确保设计满足要求。

6.4.2　电源仿真

IR Drop 在 3.4 节和 3.5 节中有详细描述。通常来说，*IR* Drop 分为动态 *IR* Drop 和静态 *IR* Drop 两种。动态 *IR* Drop 是电路开关切换的时候电流波动引起的电压降，也就是 3.5 节描述的纹波。静态 *IR* Drop 是由于电源网络中的串联器件和金属连线的分压引起的，其原理是欧姆定律 $V=IR$。因此，如果电源网络从输出端到目的端的路径过长，串接零件的阻抗过大，金属传输线过细，就会导致接收端的电压过低而不能正常工作。另外，如果 PCB 板上的局部区域电流密度过大，会导致该处的温度升高，影响该处的零件寿命，甚至会被烧毁。同时，PCB 板上的电流路径、过孔的数量和位置也会影响电流密度和 *IR* Drop。本小节以板级的静态 *IR* Drop 仿真为例说明。

在进行静态 *IR* Drop 仿真前，需要收集电源相关的设计资料，包括但不限于完整的线路图、电源网络布线完成的 boardfile 文档、电源的电流分布文档、各个电源网络输出端和终端 sink 点的规格以及环温和风速等。接着，将 board file 转换成仿真软件可导入的格式，本例中采用的电源网络如图 6-54 所示。

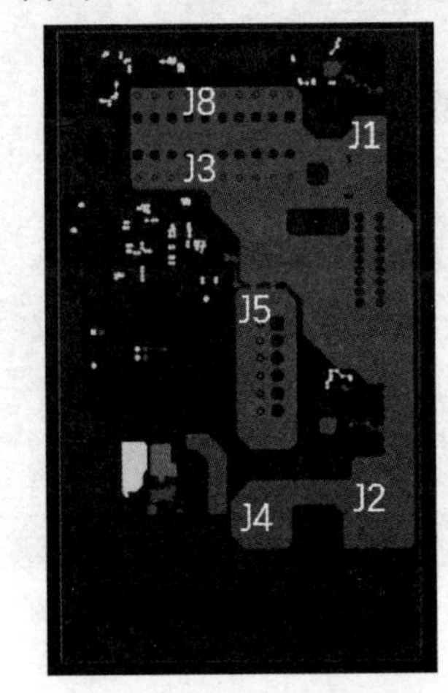

图 6-54　仿真电源网络实例图

在仿真软件中设定叠层参数、电源网络的输出电压、各个 sink 点的电流及电压规格、串接零件的 DCR 值、环温风速等。仿真运行结束后，可得到结果如图 6-55 所示。

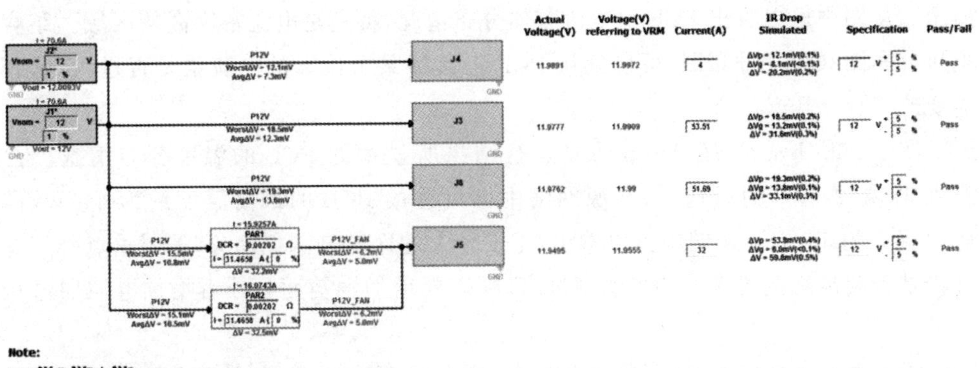

图 6-55　直流分析 Block Diagram Result

如果压降过大,终端的 sink 器件的电压无法满足规格要求。此时需要分析压降过大是电源路径上的铜箔还是串接零件所致。另外,可以通过 *IR* Drop 仿真图来确认压降过大的位置,从而更直观地了解电流路径并做出相应的修改方案,如图 6-56 所示。

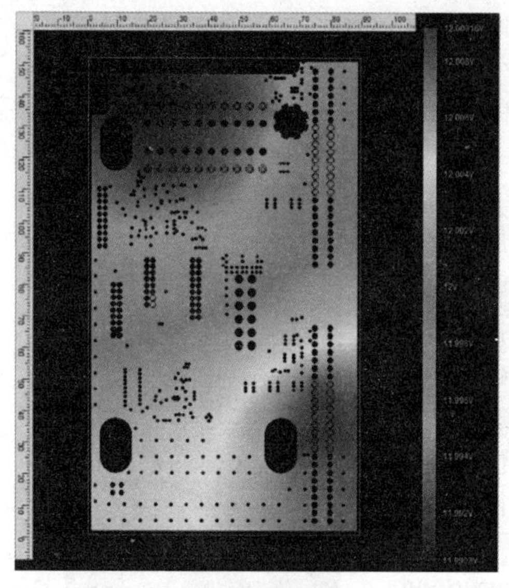

(a) 电源层电压分布图

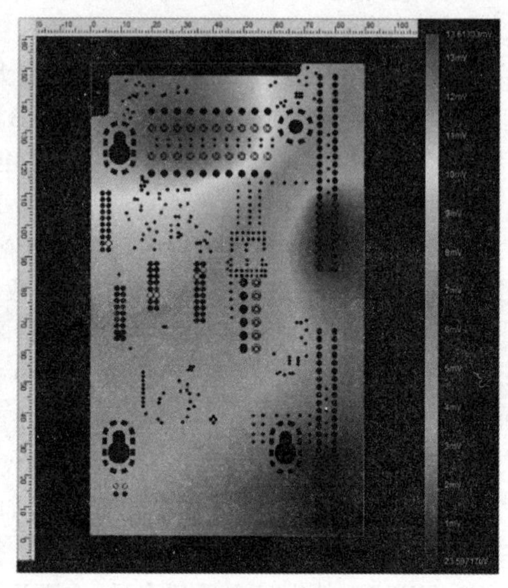

(b) GND层电压分布图

图 6-56　电源和 GND 层面电压分布图

相应地,除了电压分布图以外,还可以直观地显示电流密度分布情况,如图 6-57 所示。从图中可以看出 PCB 上电流整体分布情况,特别是电流密度高的区域。结合电压分布图和温度分布图,可以确认 PCB 上具体某个位置的电流量是否过大,是否需要改善等。

图 6-58 所示是 *IR* Drop 仿真运行结果所显示的 PCB 的温度分布情况。在 25 ℃环温、2 m/s 的风速下,电源网络中电流造成 PCB 的最高温度约为 44 ℃,即 PCB 温升为 19 ℃。从图中可以看出,温度较大的区域是深色部分,需要重点确认并分析是否满足规范要求。如果温度过高,则需要增加铜箔面积或者增加电源层进行改善。

无论是高速链路仿真,还是电源仿真,都有很多种方式,也有很多种软件。需要在具体的设计和场景中选择合适的仿真来满足设计的要求,特别是在对开发周期有严格要求的情况下。当然,仿真不能替代测试。具体设计中,由于建模以及具体产品材质的影响,仿真结果并一定能够真实反映设计的结果。比如仿真结果显示有条件地满足设计要求,但实际设计完成并生产后却可以完全满足要求。因此,仿真结果是

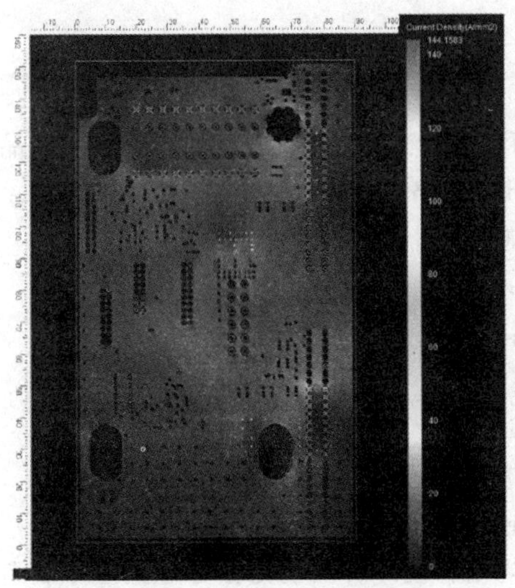

(a) 电源层电流密度分布图

(b) GND层电流密度分布图

图 6-57　电源和 GND 层面电流密度分布图

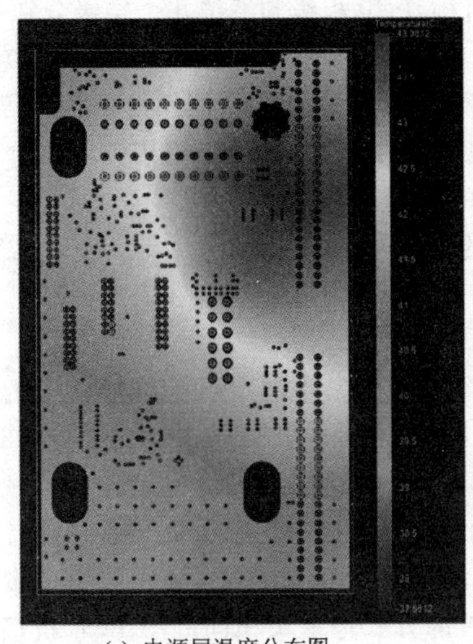

(a) 电源层温度分布图

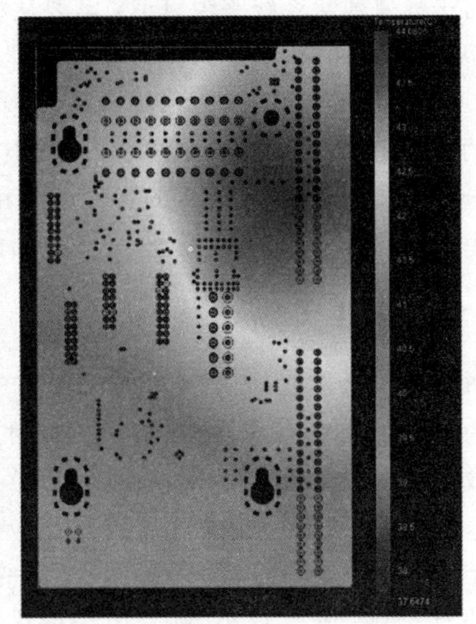

(b) GND层温度分布图

图 6-58　电源和 GND 层面温度分布图

整个设计过程中的一个重要参考，但是不能作为唯一的评判条件，需要根据具体场景、设计要求和工程师的经验等来综合考虑。

6.5 DFX

DFX(Design For X)是面向产品生命周期各个环节的设计,其中 X 表示产品生命周期的某个环节或者特性,比如制造、测试、价格等。因此,DFX 包括:

- DFM　Design For Manufactory,制造设计;
- DFT　Design For Test,测试设计;
- DFC　Design For Cost,成本设计;
- DFA　Design For Assembly,组装设计;
- DFR　Design For Reliability,可靠度设计;
- DFS　Design For Service,售后服务设计;
- DFE　Design For Environment Protection,环保设计。

DFX 基于并行设计的思想,在产品的规划和设计阶段就充分考虑到生产制造过程中的工艺流程、测试要求以及系统组装等的合理性,同时也要考虑到维修、售后服务以及可靠度方面的要求,从设计段入手,保证产品设计的质量、成本和性能,加速产品的量产和上市。

对于高速数字系统来说,DFX 需要从机构、PCB 板级和系统几个层级分别进行。比如,从机构方面来说,尽量采用圆角设计,减少机壳的拐角对人体伤害;采用免螺丝设计,增加后端的可维护性;采用合适的包材,减少运输过程中对系统的损伤等。从系统的角度来说,采用标准电缆设计,减小系统组装的复杂度;采用替代料设计,增加物料选择的灵活度,满足成本的弹性空间和供应链的稳定。

由于篇幅有限,本书主要就 PCB 方面的 DFX 进行重点阐述。

6.5.1 PCB 外观

PCB 的尺寸需要满足 PCBA 工厂生产线的上下限要求。一般来说,最小的 PCB 尺寸为 50 mm×50 mm,最大的 PCB 尺寸为 508 mm×457 mm。PCB 的尺寸过大,就会放不进生产线的滑轨,无法生产;PCB 尺寸过小,则无法直接放置在生产线的滑轨上。因此,PCB 的尺寸设计需要和相应的 PCBA 工厂进行尺寸沟通并进行 PCB 尺寸相应调整。如果过大,需要对 PCB 的功能进行重新定义,采用两块或者多块 PCB 设计;如果 PCB 过小,则需要采用拼板的方式把多块相同的小 PCB 拼接在一起,确保满足制造设备的制造要求。拼板依功能可以分为加工所需的空间,电路板、测试点、电路板之间用于分板的空间以及附加的导线用于边缘电镀的连接器等几个部分。

采用拼板的 PCB,在制造加工完毕后,也需要进行分板。分板有多种方式,如表 6-15 所列。

表6-15 分板的五种方法比较表

方法	描述	操作难易程度	效果	价格
Snap out	徒手或将板边卡在平面的V形槽(V-Groove)中,人工折板	简单	板边粗糙,对元件有潜在破坏	低
Cut out	用手工工具将连接切断	人工	板边粗糙,有突出,一般不采用	低
Nibble	利用气源拉动勾状刀,拉断连接	治具	效果很好	一般
Route	由刀片对连接逐一切断	要有Profile	板边很好,但对于每种产品要有Profile	较高
Punch	由冲头冲断连接,一次成功	要有Profile	板边很好,但对于每种产品要有Profile	高

采用V-Groove的方式如图6-59所示。从图中可以看出,在PCB之间存在一个V形槽,该槽为分板的V形槽刀具提供间隙,因此PCB的轮廓的复杂性是V形槽方式主要限制因素。

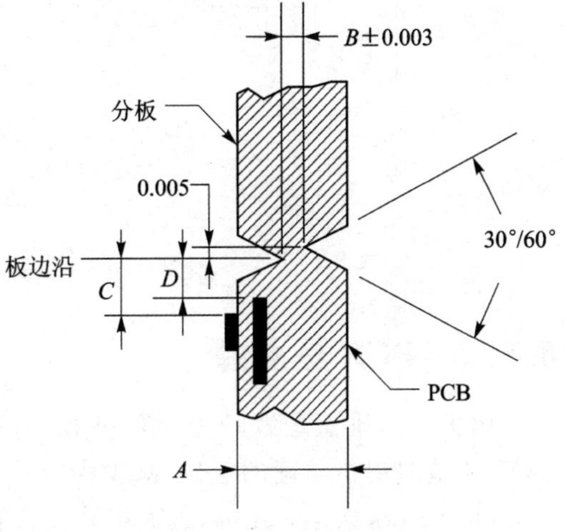

图6-59 V形槽示意图

图6-59中字母代表的含义如表6-16所列。需要注意的是,由于需要用手或者工具进行分板,可能会对PCB内产生很大的压力,造成PCB损伤,因此,零件摆位、过孔、测试点以及蚀刻等都需要离板边沿有一段距离。

另一种常见的分板方式是Mouse bites,如图6-60所示。Mouse bites一般应用于V形槽方式不适合的PCB拼板情形。和V形槽分板方式类似,零件需要与板边保持一定的距离。图6-60中SMD零件需要至少保持100 mil的距离。

PCB的板厚也有限制,太厚容易导致过孔上锡不良,太薄容易导致板弯翘。工业界PCB的板厚一般为23 mil(0.6 mm)、31 mil(0.8 mil)、47 mil(1.2 mm)、62 mil(1.6 mm)、94 mil(2.4 mm)和125 mil(3.2 mm)。板弯翘是PCBA生产过程中经常会遇到的问题——特别是针对有RoHS要求的制程。在PCB堆叠设计时,需要采用严格的对称设计,尽量避免板弯翘。采用较好的摆放方式以及在夹具的辅助下,PCB在板子的最大尺寸方向的板弯翘不得超出0.1 in(2.5 mm)。

表 6-16　V-Groove 分板参数表

mil

序　号	描　述	参　数		
A	板厚	31	62	94
B	腹板厚度	14	17	19
C	蚀刻/过孔	50	65	80
	SMT/PTH 焊盘	100	115	120
	测试点	75	75	75
D	内层蚀刻	40	55	70

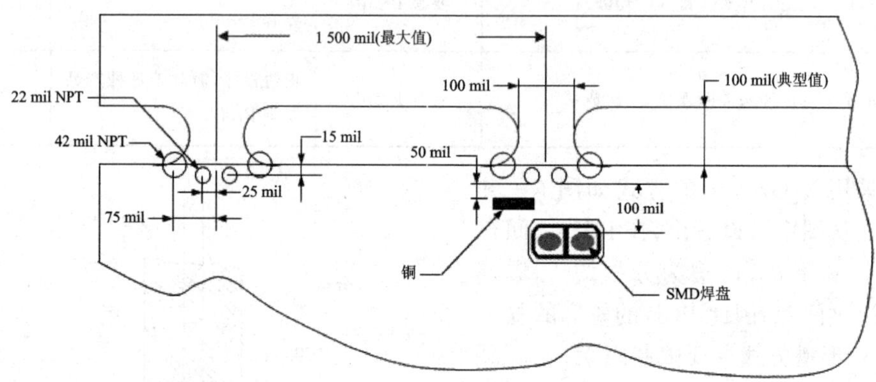

图 6-60　Mouse bites 分板示意图

6.5.2　PCB 基准点

PCB 的基准点是为 PCB 上的钻孔和冲孔提供定位参照，同时也为 PCB 在进行 SMT 制造时提供精确的定位，减少误差累积。SMEMA(Surface Mount Equipment Manufacturers Association，表面组装设备制造商协会)在 SMEMA 3.1 规范中明确定义了 PCB 基准点的规范，后来在*IPC -2221B: Generic Standard on Printed Board Design* 规范中有更加详细的定义。由于制造和测试设备的限制，PCBA 无论是采用单面组装还是双面组装，基准点都必须位于顶部和底部。

PCB 的基准点如图 6-61 所示。PCB 的基准点最小直径为 1 mm(40 mil)，最大直径为 3 mm(118 mil)。基准点周围必须环绕着一定尺寸的净空区不得走线或者进行标记。净空区的最小半径需要大于基准点半径的 2 倍。

PCB 有三种不同的基准点，分别是面板基准点、PCB 板级基准点以及局部基准点。不管是哪种基准点，均采用相同的尺寸和相同的净空区。三种基准点的位置如图 6-62 所示。

面板基准点和板级基准点的英文均为 Global Fidurials。如果 PCB 采用拼板的方式，则需要采用面板基准点。面板基准点需放置在拼板的四个角上，并且会相对于拼板边缘进行偏移，其最小距离为 197 mil(5 mm)，目的是为了允许进行 AOI 检测。需要在每个 PCB 板的四个角上放置板级基准点，该基准点需要相对于 PCB 的边缘进行偏移。如果 PCB 没有采用拼板的方式，则板级基准点必须离板边最小距离为 197 mil(5 mm)；如果采用拼板的方式，则可以更加靠近 PCB 板边，但距离不能小于 70 mil(1.8 mm)，除非板边不存在分离。需要注意的是，板级基准点不能放置在 SMT 零件的下方。

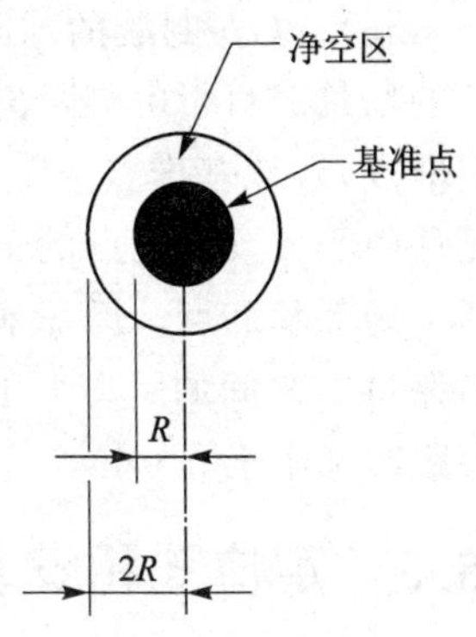

图 6-61　PCB 基准点示意图

局部基准点主要用于引脚距离不大于 19.6 mil

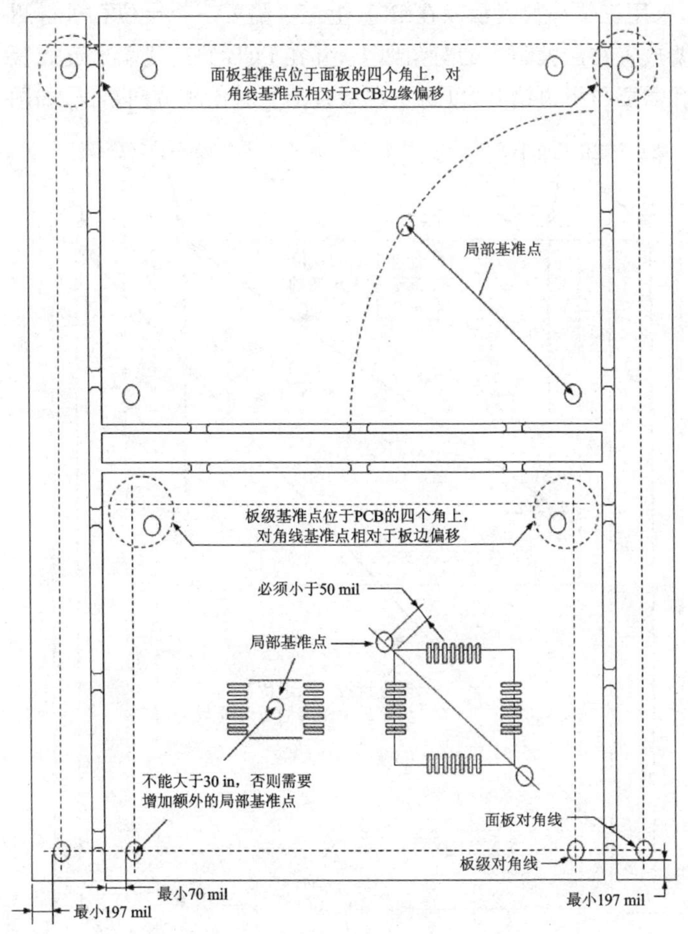

图 6-62　PCB 基准点示意图

(0.5 mm)、BGA 封装的球间距不大于 40 mil(1 mm)的 SMD 密间距元件或者大型元件的场景。对于引脚距离不大于 19.6 mil 的密间距元件,需要在元件中间采用局部基准点,且该基准点离最近的板级或者局部基准点的距离小于 3.0 in。对于不能在元件中心放置基准点的 BGA 或者密间距元件,最好在元件外观的对角线位置放置两个局部基准点。局部基准点的位置离给定元件角的距离不大于 500 mil。如果 PCB 基准点之间的距离大于9.0 in,则需要添加局部基准点,使得任何基准点之间的最大距离都小于 9.0 in。

6.5.3 定位孔和安装孔

PCB 的生产过程,包括 PTH 支撑工具的组装、补漆、压插件的安装以及分板等都需要定位孔(tooling hole)。定位孔采用非电镀的方式,其公差为 +3.000 mil/ −0.000 mil,采用三位小数表示。在 PCB 上至少需要三个定位孔进行测试。PCB 的两个定位孔需要放置在最大距离的对角线上,并在 PCB 的重载端附近放置一个额外的定位孔。定位孔需要与板边错开,以防止在放置治具时出现方向错误,如图 6-63 所示。

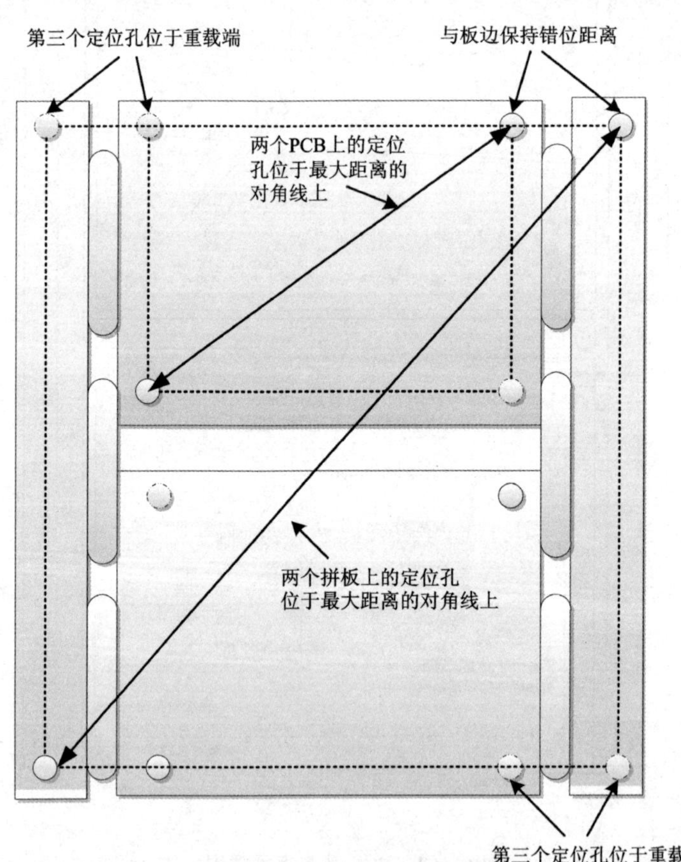

图 6-63　PCB 上的定位孔位置示意图

定位孔的基准0的首选位置应位于PCB左下定位孔或者安装孔上。定位孔应在制造图纸上参照基准0尺寸，并使用3位小数表示。理论上如有可能，不应该将定位孔和安装孔一同使用，但是如果空间不允许，则可以将安装孔用作定位孔。从基准点0开始的定位孔的位置公差会影响测试点的大小。

图6-64所示为定位孔示意图。定位孔的直径最小为96 mil，最大为160 mil，通常采用125 mil，如图中A所示；内净空区比定位孔的最小直径要大40 mil左右，如图中B所示。在内净空区内部不能放置任何零件、导线和铜箔；外净空区比内净空区的直径至少多60 mil，如图中C所示。在内净空区和外净空区之间可以放置过孔和铜箔，但是不能放置零件和测试点。外净空区之外可以放置顶层的SMT零件，但是需要在外净空区直径50 mil以外才能放置底层SMT零件、PTH零件以及测试点，如图中D所示。定位孔需要与板边保持最少100 mil的距离。

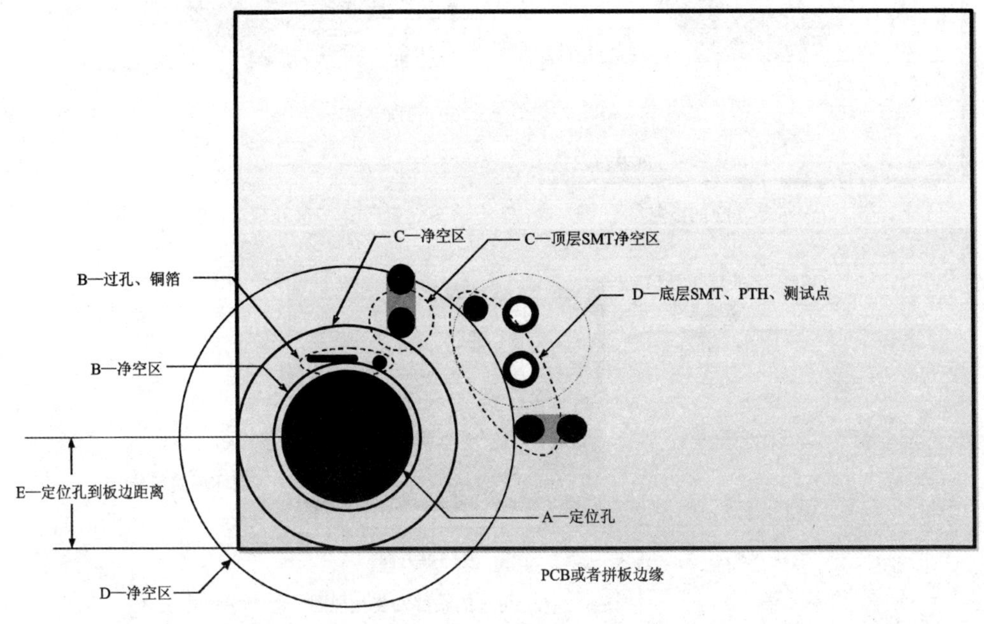

图6-64 定位孔示意图

安装孔(mounting hole)不同于定位孔，主要是用于PCB的固定以及电路接地等功能。它必须由机构工程师指定，并确保正确的位置、尺寸和间隙。根据是否采用电镀工艺，安装孔又分为非电镀孔(Non Plate Through Hole，NPTH)和电镀孔(Plate Through Hole，PTH)。NPTH和PTH孔的应用场景各不相同。对于需要电气连接到地的安装孔，最好使用NPTH，以便提供更准确的公差并防止波峰焊期间需要额外的制造工艺。压插件一般采用PTH。使用PTH安装孔必须要求在PCB的所有内层上都有额外的净空间隙，防止可能发生的短路和对内部蚀刻的损坏。同时需要注意压插件的位置——确保压插件离PCB的板边具有一定的距离。

NPTH 安装孔的顶部和底部蚀刻层上应有裸露的铜环，并通过过孔接地，以将其正确接地到机箱。NPTH 安装孔采用 OSP 工艺，防止 NPTH 被氧化。钢板数据应在 NPTH 的顶部包含一个焊锡开口，用于螺钉头接触，确保正确接地。NPTH 的底部铜环必须在波峰焊接方向前沿开口，防止因焊料积累而导致阻塞焊料的插入。安装孔如图 6-65 所示，显示了两种不同的底部安装孔视图，在设计中均可以采用。另外，安装孔的 OSP 工艺的焊锡可以有多个开口，防止锡膏堆积，影响螺丝的固定。

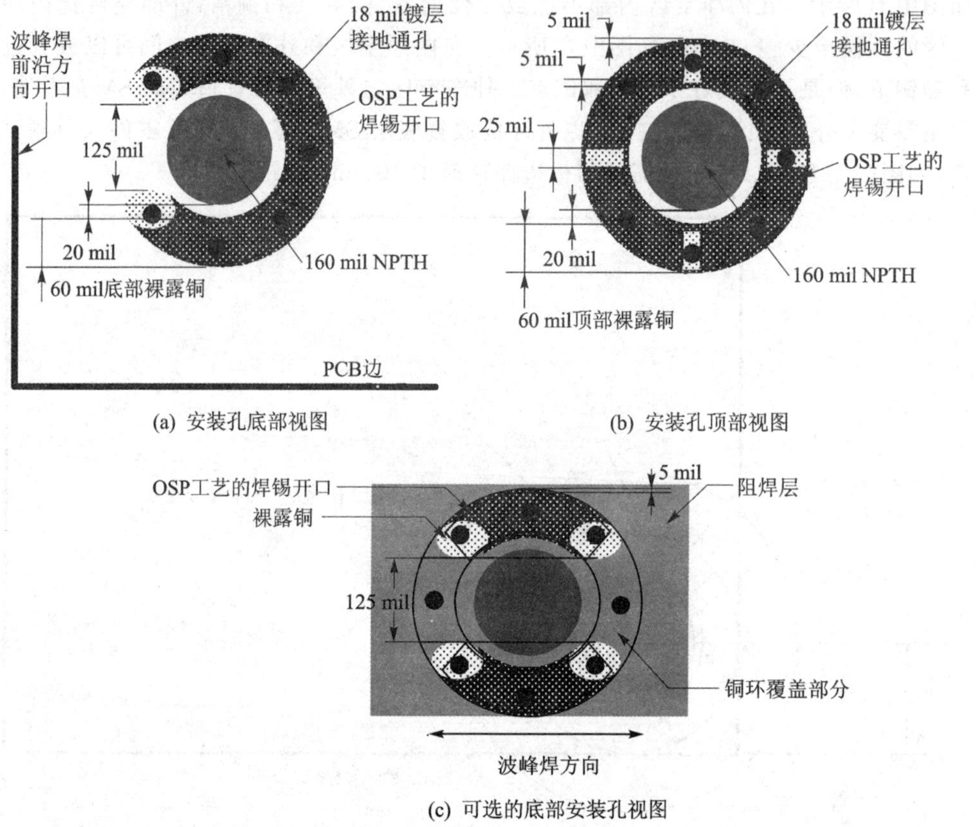

(a) 安装孔底部视图

(b) 安装孔顶部视图

(c) 可选的底部安装孔视图

图 6-65 安装孔顶部和底部视图

安装孔周围需要净空区，确保螺钉与零件之间不会发生干涉。在安装孔顶部，其净空区主要是为了避免螺钉安装过程中可能因安装打滑导致的部件相撞而规定的。如果可能，需要提供额外的间隙。由于 PCB 在安装过程中可能会打滑，安装孔底部需要增加额外的净空区来防止损坏底部安装孔附近的零件和过孔。对于仅用于实验或者测试目的的原型部件，其尺寸可能会违反 1 000 mil 的防护区要求，这些部件必须满足保持 380 mil 的净空区要求。

另外还有一种特殊的安装孔——开槽安装孔（slotted mounting hole），如图 6-66 所示。图中，开槽安装孔采用大小孔的结构，在小孔前沿采用底层露铜。这样设计的好处是，当 PCB 与机构进行铆合时，可以通过大孔接入，并顺势进入小孔进行铆合，节省铆合的复杂度。

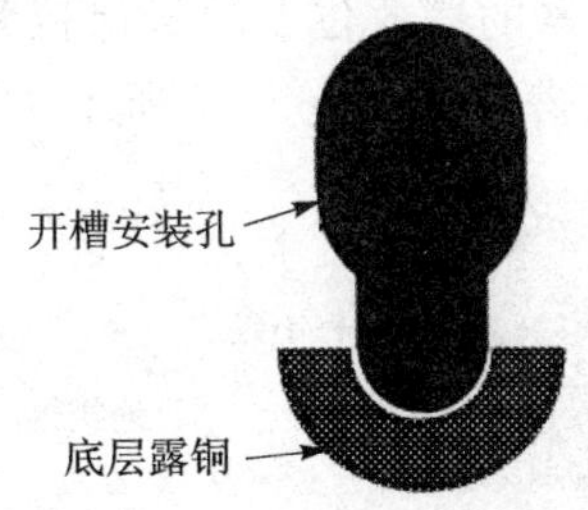

图 6-66　开槽安装孔示意图

6.5.4　元　件

元件主要分为 PTH 和 SMT 两大类，每一类都有各自的摆放要求。在 PCB 沿着其流程流动的方向上两个平行的边缘允许有 5 mm 的切除带，这样可以防止机械设备的链条、钳位以及治具在运输及组装过程中与 PCB 产生碰撞，同时也可以防止位于 PCB 边缘的 SMD 零件在操作或者存放时受损。

对于 PCB，首先考虑的是元件的数量与种类。元件的种类越少，工厂制造就越经济，因为每增加一个额外的料号，工厂的调机时间就越长，这就意味着制造成本增加。同时每增加一个料号和厂商，意味着供应链的管理成本增加，物料的缺料风险也会增加。但是，PCB 的同一个零件位置如果有同样规格的第二家物料，或者更多家物料可供替代，这对供应链而言则更具可管理性，供应链就会更健康。在进行 PCBA 和线路设计时，通常会鼓励尽量采用可替代的、常见的物料进行设计。

在选择元件时，如果能够选择 SMT 元件，在不考虑其他的因素下，就尽量不要选择通孔元件——除非是用于板间连接的连接器等。在选择元件时，尽量选择保持标准配置的元件，减小产线的调机难度。元件最好采用卷带式（tape and reel）包装，对于湿度敏感的元件采用托盘装，并在 125 ℃下进行烘烤，这样可以减小工厂的调机时间。对于引脚间距小于 20 mil 的芯片，建议采用 BGA 封装元件进行替代。采用具有防灯芯（连接器金属由于毛细现象吸收溶液）现象的连接器进行设计，或者采用阻焊层来防止锡爬到焊接点上面去。灯芯现象容易在不易目检的地方造成搭锡。

PCB 双面都可以摆放元件，尽量摆在正面。背面的 SMD 元件的引脚数量最好少于 44，不推荐在 PCB 上进行双面镜像贴装或者在 PCBA 的两面背对背贴装 BGA 元件。元件在 PCBA 有高度限制，需要和机构工程师确认系统的限高区，确保元件以及相应的散热器（如果需要的话）整体高度不会和机构干涉。由于 PCBA 机器类型的限制，PCBA 上元件本身也需要有高度限制。对于单面板来说，SMT 零件的最大高度为 6～10 mm；对于不需要波峰焊的双面板，PCBA 两面的 SMT 零件最大高度为 6～10 mm；对于需要波峰焊的双面板，正面的 SMT 零件最大高度为 6～10 mm，但是背面的 SMT 零件最大高度为 3.81 mm。

在进行元件摆放时，连接器的摆放位置尽量保持和 PCB 移动方向一致，如果和 PCB 移动方向垂直，容易造成搭锡，如图 6－67 所示。

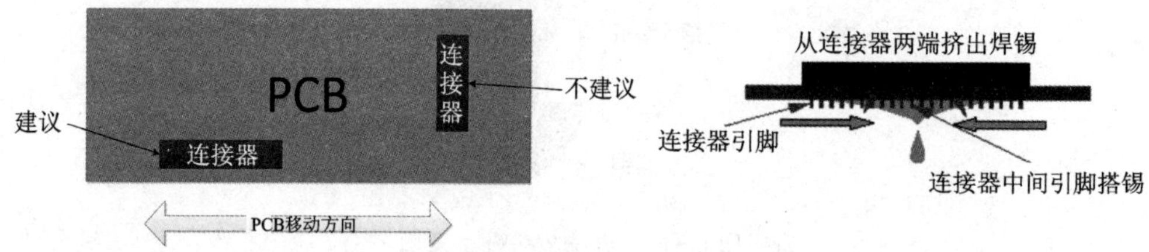

图 6－67　连接器垂直摆放造成搭锡示意图

电解电容尽量在整个 PCB 上保持一致的摆放方向，并且做好极性标志，防止与相邻电容混淆，如图 6－68 所示。

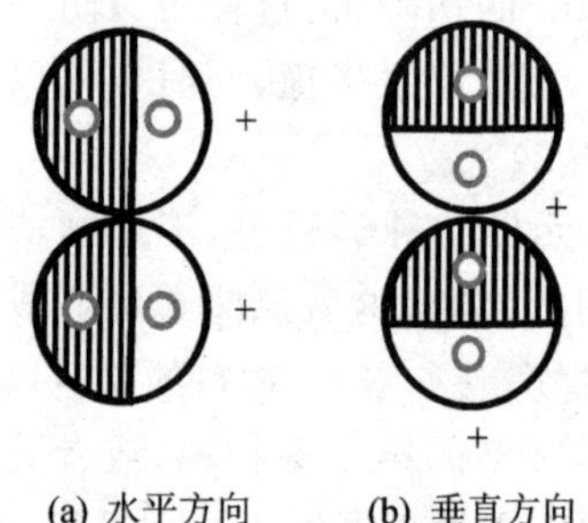

图 6－68　电解电容摆放示意图

对于 PressFit 压插件，如图 6－69 所示，需要增加额外的防护来确保有适当的机械支撑区域，并防止由于插入过程中 PCB 的任何弯曲而损坏其他设备。建议在 BGA 和 QFP 封装元件和压插件之间额外增加 100 mil 的隔离保护。

不同类型的元件摆放应尽量有利于后期维修，如图 6－70 所示，建议 SMD 元件和电解电容的极性摆放保持一致，与连接器或者具有一定高度的元件的长边方向保持一致。

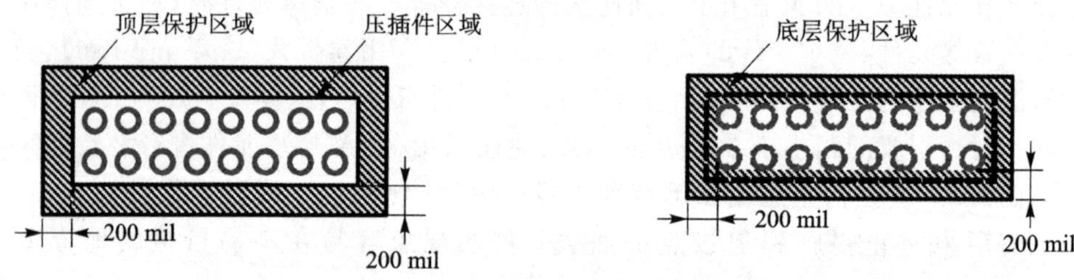

图 6－69　压插件的保护区域示意图

同类型元件之间的摆放需要注意间隔，否则容易造成连锡。0402 的元件之间可以采用图 6－71 的方式进行摆放，其中元件的边与边之间最小距离为 15 mil，元件之间的焊盘中心距最小为 40 mil。SMT 元件需要和板边保持一定的距离，确保元件不会在搬运或者焊接时损坏。

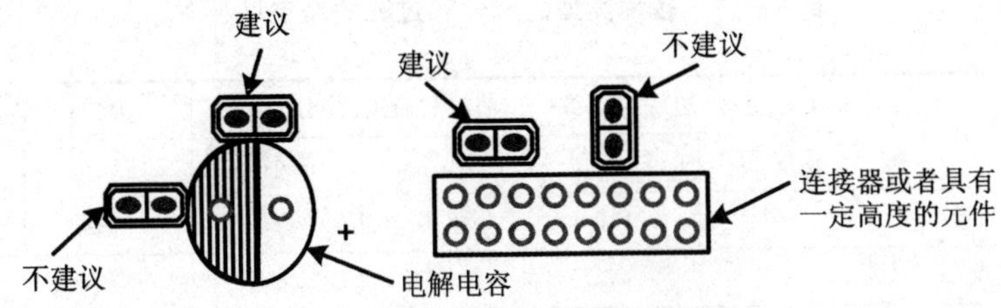

图 6-70　不同类型元件摆放示意图

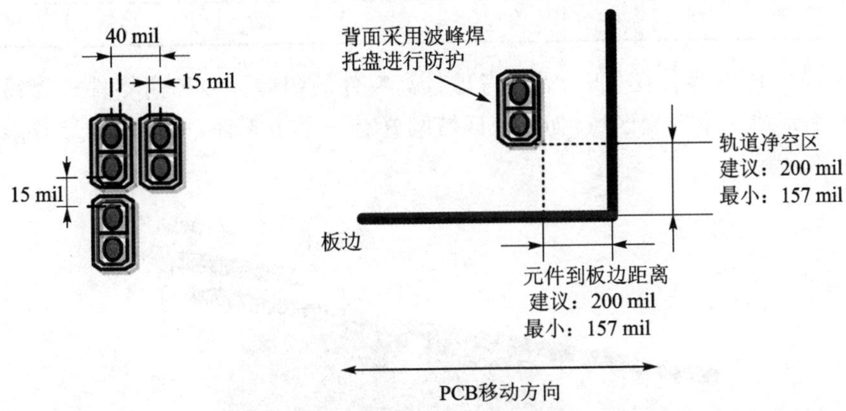

图 6-71　0402 SMT 元件摆位间距(左)以及元件与板边距离(右)示意图

事实上，如图 6-72 所示，不同种类的元件与板边之间需要保持一定的距离，避免波峰焊时出现焊桥现象，也可以避免在搬运或者生产制造过程中出现碰撞等，具体如表 6-17 所列。

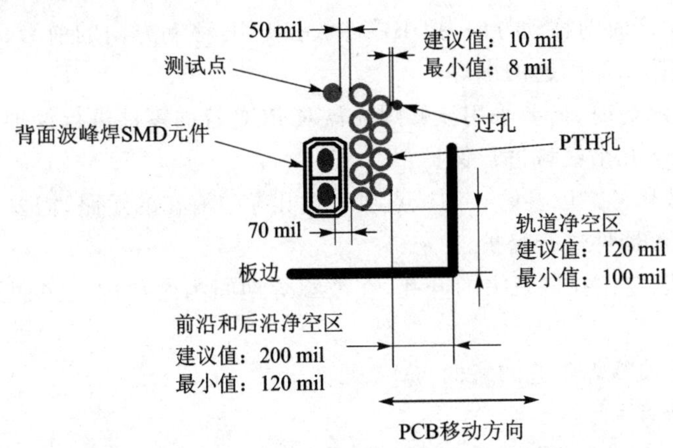

图 6-72　各种类型的元件和过孔净空区示意图

表 6-17　各种类型的元件和过孔的净空区要求

mil

元件类型	轨道净空区(边缘对边缘)		前沿和后沿之间净空区		PTH 引脚净空区	
	建议值	最小值	建议值	最小值	建议值	最小值
PTH 引脚	120	100	200	120	—	—
测试点	—	75	—	75	—	50
SMD 焊盘(波峰焊)	120	100	200	120	—	70
SMD 焊盘(回流焊)	200	157	200	157	见图 6-72	
过孔	50	25	50	25	10	8

在进行 PCB 零件摆位时，需要考虑较高零件的阴影。当较高零件进入锡炉时，会在其后形成一个气囊区域，如果该区域刚好有一个小零件，则可能会导致虚焊，如图 6-73 所示。

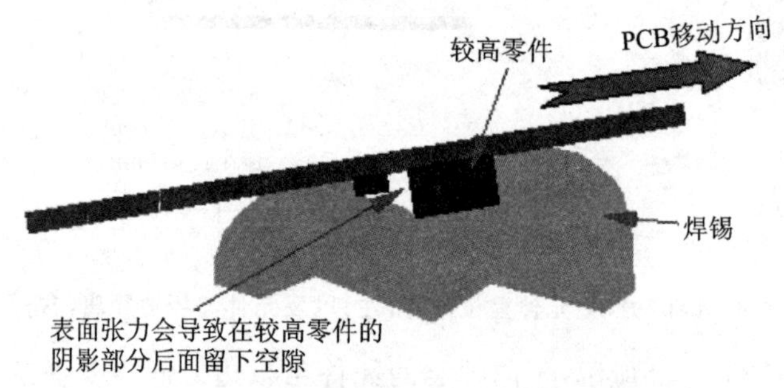

图 6-73　较高零件的阴影产生的气囊区域示意图

在进行 PCB 元件摆位时，避免在较高零件处放置小零件。如果确定需要放置，注意 PCB 在生产时的移动方向，把小零件放在 PCB 移动方向的前沿，这样可以最大程度地减少因阴影而引起的虚焊。

在进行波峰焊时，需要采用波峰焊托盘对 PCB 背面零件进行保护。波峰焊托盘主要会针对如下几个区域进行保护：

- 出于散热考虑以及防止测试点或者过孔导致潜在的短路，需要对安装在正面的 BGA 器件进行保护；
- 安装孔、定位孔以及大的开孔，在波峰焊期间为避免因飞溅而造成堵塞或者短路；
- 不用于波峰焊工艺的背面 SMT 元件；
- 金手指等。

对于需要放置波峰焊托盘的区域，需要确保零件摆放之间的间隙，如图 6-74 所示。

需要注意的是，背面零件通常都有高度和重量限制，尽量避免把过高零件以及大颗较重零件放在背面。如果不得不放置，需要咨询机构工程师以及 SMT 工程师确认。

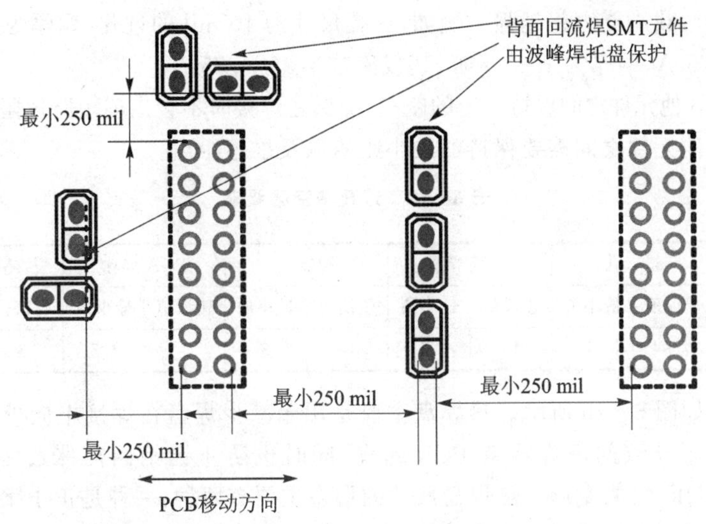

图 6-74　波峰焊焊盘区的间隙要求示意图

6.5.5　PTH 孔、过孔及热焊盘

通常，PTH 孔的尺寸为最大引脚直径加 10 mil。如果没有指定引脚的公差，则在引脚直径的基础上加 3 mil 作为最大引脚直径。对于电解电容，需要增加孔的大小，孔的直径为在最大引脚直径的基础上增加 16 mil。另外，如果 PTH 的引脚为方形或者矩形，则采用引脚横截面的对角线长度为引脚直径，如图 6-75 所示。

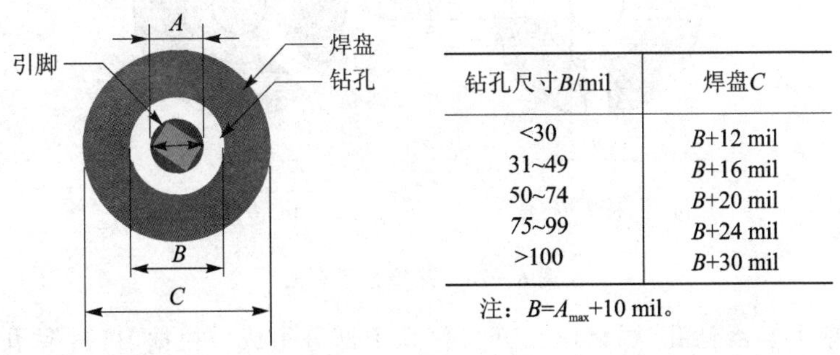

钻孔尺寸B/mil	焊盘C
<30	B+12 mil
31~49	B+16 mil
50~74	B+20 mil
75~99	B+24 mil
>100	B+30 mil

注：$B=A_{max}+10$ mil。

图 6-75　PTH 钻孔以及焊盘尺寸计算示意图

PTH 的反焊盘的尺寸为钻孔尺寸加 30 mil。对于高密度连接器，反焊盘的尺寸进行内缩，其尺寸为钻孔尺寸加 20 mil。对于密间距元件，为了减小在波峰焊过程中的连锡现象，需要采用椭圆形焊盘结构。

PCB 上会采用各种尺寸的过孔进行信号和电流传输，例如可以采用 VIA30D16（过孔焊盘 30 mil，钻孔 16 mil）或者 VIA40D24 进行电流传输，采用 VIA24D12 进行信号传输。不同尺寸的过孔载流能力各不相同。通常，钻孔尺寸越小，载流能力就越弱，覆铜越厚，载流能力就越强。例如，钻孔尺寸为 10 mil 的过孔，铜厚为 1.5 oz 时，其载流为 1.5 A，铜厚为 1.0 oz 时，其载流减半，为 0.75 A。

过孔和其他元件之间保持一定的距离，确保在焊接时不会出现短路风险。表 6－18 为过孔和其他元件之间需要保持的最小距离以及推荐距离。

表 6－18　过孔净空区要求

mil

元　件	过　孔		PTH 焊盘		测试点		BGA 焊球		SMD 焊盘	
	建议值	最小值	建议值	最小值	建议值	最小值	建议值	最小值	建议值	最小值
过孔	—	5	10	8	10	8	5	4.5	8	5

热焊盘如图 6－76 所示。热焊盘主要是用于减少焊盘在焊接中向外散热，防止因过度散热而导致的虚焊或者 PCB 起皮，同时也防止铜箔因热胀冷缩而导致对 PTH 孔的挤压、弯曲变形。热焊盘尺寸的形态主要有两种：一种是正十字热焊盘，另外一种是旋转一定角度的热焊盘。在 PCB 设计中，选择哪种形态，取决于最大的载流能力。

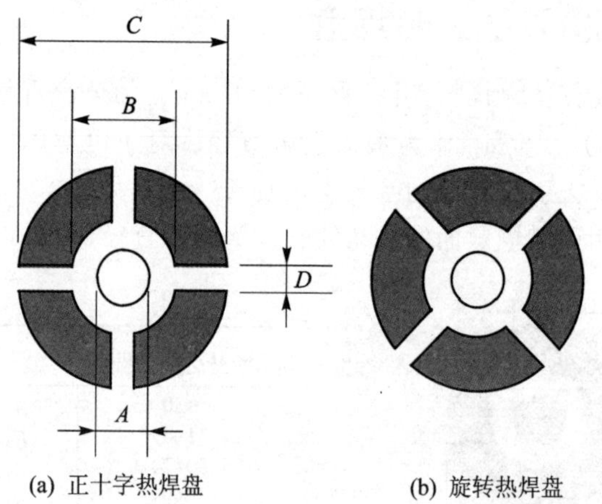

(a) 正十字热焊盘　　(b) 旋转热焊盘

图 6－76　热焊盘示意图

热焊盘主要由钻孔、焊盘以及开口等几个部分组成。根据 PTH 钻孔的尺寸大小，热焊盘的尺寸也会稍有不同，开口也随着不同，如表 6－19 所列。

表 6－19　热焊盘规格表

mil

PTH 钻孔尺寸 A	内尺寸 B	外尺寸 C	开口宽度 D
20～29	A＋15	B＋15	15
30～39	A＋15	B＋15	20
40～49	A＋15	B＋15	25

续表 6-19

PTH 钻孔尺寸 A	内尺寸 B	外尺寸 C	开口宽度 D
50～59	A+15	B+15	30
60～74	A+15	B+15	35
＞75	A+20	B+15	35
高密度	A+10	B+10	参考钻孔尺寸对应的开口宽度

6.5.6 丝印、标签及版本控制

丝印是指 PCB 上零件等的文字描述信息。简明扼要的丝印描述对于工厂生产制造、后端维修以及研发问题跟踪具有非常大的作用。每个 PCB 都需要有丝印描述。

研发工程师和 PCB 工程师在进行线路和 PCB 设计时，需要确定零件和信号的命名规格，同时需要明确在 PCB 上显示的丝印信息。原则上，丝印信息必须靠近元件或者信号显示。图 6-77 所示为一排电阻的丝印信息。在每个电阻旁边都有对应电阻在线路中的名称。

实际摆放时，PCB 上的零件摆放密度可能过高，或者散热器尺寸过大，需要留空显示丝印信息，但是在 PCB 上需要有明确的指示和对应，并且丝印信息的顺序需要与元件摆放的顺序和方向相同。如图 6-78 所示，在 PCB 的板边放置了一列电阻和电容，但是由于板边空间所限不能放置丝印，因此该设计在另外一个空白区域集中放置该列电阻和电容在对应线路中的名称，并且采用箭头进行指示。

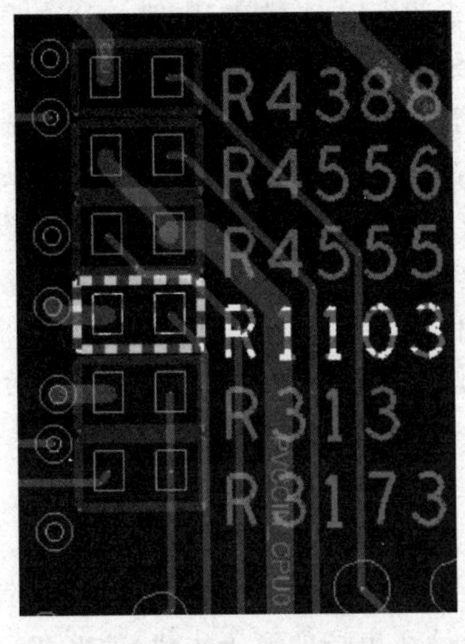

图 6-77 PCB 上电阻的丝印信息

图 6-78 丝印信息不在元件和信号附近的情形

丝印信息不仅可以显示元件和信号路径的信息，还用来指示 PCB 的整个信息，包括该 PCB 的序列号、产地、版本信息、环保信息、认证信息、生产时间、公司名称等。不同的公司、不同的产品有不同的信息要求和格式要求。如图 6－79 所示，该 PCB 就显示了 PCB 的序列号、生产时间、版本信息、产地、环保信息等。有些 PCB 会直接采用丝印的形式把 PCB 的序列号打印上去，有些则是采用标签的方式进行，图 6－79 就是采用标签的形式。通常会找多个 PCB 板厂进行生产，各家板厂的属地也不同。对于产地部分，研发工程师只会给出描述的通用部分，具体产地信息由 PCB 板厂进行填写。另外，PCB 满足哪种要求，如 CE、UR 等，也通常由 PCB 板厂在进行 PCB 生产设计时自行认证并打印上去。

图 6－79　PCB 丝印信息描述

标签一般采用专用的标签纸，并按照设计要求进行文字描述，比如 PCB 的序列号、PCB 版本等。有些标签会采用条形码或者二维码，方便工厂的自动化生产要求，比如网络的 MAC 地址，一般会采用条形码和文字描述相结合的形式来进行。标签需要贴在专用的标签区，并且不要覆盖在过孔或者高速信号走线上。标签需要贴在 PCB 的正面，从而容易观察到。如果 PCB 是垂直安装，标签需要贴在未被其他设备遮盖的区域，比如硬盘背板，标签需要贴在非硬盘安装的一侧。

PCB 的版本控制还可以通过 PCB 的绿油层和丝印的颜色来表示。各个硬件厂商均会定义各自 PCB 在研发各个阶段的颜色。比如，第一版采用红色绿油层和黄色丝印来表示，量产的 PCB 采用绿色绿油层和白色丝印来表示。

6.5.7　测试设计(DFT)

DFT 是一种并行的设计工程流程，它可以提高设计质量和可靠性，降低制造成本，保持产品设计的一致性和稳定的环境，增强产品在市场的竞争优势，能够在较短的周期内更改设计并降低研发成本。在工厂，一般采用 ICT(In Circuit Tester，在线测试仪)治具对PCB上的元件进行测试。因此,设计需要尽量确保ICT治具能够访问到元件的每一个引脚,降低故障率,提高系统的诊断能力。

对于具有电气属性的走线,需要在PCB的底部一侧采用一个测试点进行连接,尽量避免在PCB的顶部进行访问。如果芯片的引脚没有使用,需要把未使用的引脚连接到对应的测试点。对于每一组输入电源,在PCB上至少需要设置3个测试点。如果PCBA的输入电流超过0.5 A,则需要在PCB上增加额外的测试点:每增加0.5 A的输入电流增加一个测试点。相应地,在整个PCB表面,至少需要分布15个接地测试点。每增加0.5 A的输入电流,需要添加1～2个接地的测试点。

要提高测试的覆盖率,需要用到PCB上的测试点,其中的一种测试点是测试过孔。测试过孔的结构和过孔相似,如图6-80左所示。但是为了在ICT测试期间防止测试探针弯曲,提高焊盘的击中率,减少过孔的污染,最好将测试焊盘从中心向一边偏移5 mil,如图6-80右所示。批量生产时,PCB底层的测试焊盘建议为36 mil或者更大直径,32 mil也可以接受,30 mil为最小可接受的尺寸。顶层的测试焊盘直径最小为36 mil。建议测试焊盘之间的距离为100 mil。测试焊盘到其他任何焊盘或者过孔的最小距离为11 mil。

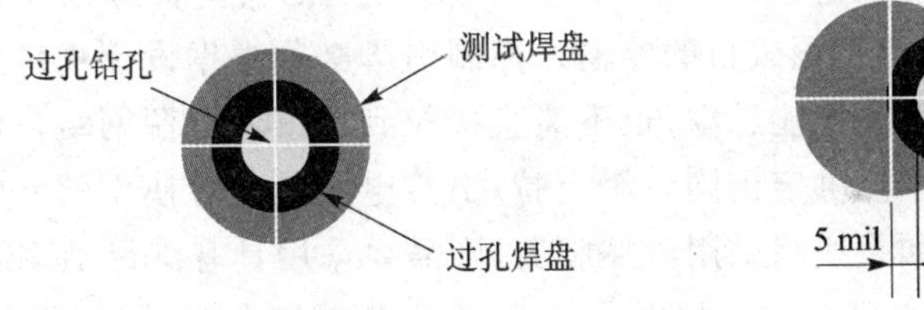

图6-80　测试点示意图

采用测试过孔需要注意不要影响信号的传输质量,尽量采用如图6-81所示方式进行测试点设计。测试过孔尽量靠近信号走线,避免测试过孔和走线之间夹角出现锐角的情形,如果不得不出现,则需要采用铜箔进行弥补,消除锐角的影响。

PCB可以采用多种测试点来进行测试。最好是专用的测试焊盘或者带偏移测试焊盘的测试过孔来进行,或者直接采用带焊盘的过孔以及PTH元件引脚;尽量避免采用BGA下的过孔焊盘,防止因测试探针压力导致BGA焊点损坏。如果采用PCB顶层测试点,需要和测试工程师确认,确保不会增加测试复杂度。金手指不能用来做测试点。测试点在整个PCB上尽量均匀分布。当ICT治具设计好了以后,PCB上的测试点非必要不得再增加或者删除,否则可能需要设计新的ICT治具。在PCB设计阶段,可以增加备用测试点应对因信号走线变化而导致测试点的位置和数量的变更,一般建议最多在PCB上分布25个测试点。

在线路设计时,需要考虑到工厂以及实验室的测试和验证。基于DFT的线路设计并没有一个严格的要求,每一个PCB的DFT的要求也各不相同。基本上来说,如果PCBA有内部晶振线路,则需要采用一种机制来关闭内部晶振,同时可以采用外

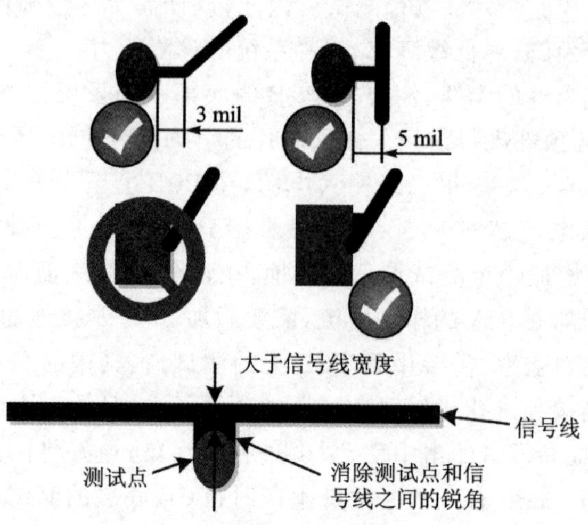

图 6-81　测试点设置示意图

部时钟使能。对于所有的数字元件的输出引脚，可以通过元件的输入引脚在元件进行某种组合逻辑后被三态控制。所有元件的未使用的引脚都应该视为元件控制引脚，元件的未使用的用于测试目的的输入控制引脚必须根据设计规范进行上拉或者下拉。元件的输入引脚不能悬空，也不能直接拉到地或者电源网络。同一个元件的多个输入控制信号不能绑定到同一个上拉/下拉电路。没有使用的元件引脚需要在线路中进行命名。如果线路采用微控制器，则需要采用具有满足 IEEE 1149.1 兼容的微控制器。对于总线来说，需要有一个测试点来控制总线的读/写使能。对于 CPLD/FPGA 来说，需要用一个引脚实现完全的输出使能功能，需要用一个全局复位或者初始化信号将 CPLD/FPGA 内部的寄存器设置到某个已知状态或者默认状态。

对于复杂的 PCB，比如服务器主板，还会有更详细的 DFT 要求；并且根据线路和 PCB 的每次版本升级和更改，相应的 DFT 也会随着更新，需要及时根据硬件规格进行更新。

6.6　本章小结

本章主要介绍了 PCB 的基本结构和生产过程，重点介绍了 PCB 的 CORE 与介质的材料属性，特别介绍了铜箔粗糙度对信号的影响、介质的玻纤效应对信号阻抗的影响，温湿度对 PCB 损耗的影响等。在此基础上，分别针对 PCB 的传输损耗和阻抗控制进行了重点介绍，主要从阻抗控制的机制、PCB 损耗的影响因素、堆叠等方面进行阐述，并分别介绍了主流的 PCB 损耗以及阻抗测试的方法。最后，专门就 PCB 信号和电源仿真以及 DFX 进行了详细阐述和探讨。

6.7　思考与练习

1. 什么是 CCL？试简述 CCL 的主要构成，以及其厚度。

2. PCB 的主要作用是什么？试简述 PCB 的组成以及各种成分的主要作用。

3. 试简述 PCB 的主要生产流程以及注意事项。

4. 铜箔主要有哪几种类型？各自的优缺点是什么？试简述铜箔粗糙度对信号损耗的影响原理以及如何改善。

5. 试简述玻纤效应的原理以及在 PCB 设计时如何消除玻纤效应对信号传输的影响。

6. PCB 的损耗测试主要有哪几种？SET2DIL 的优势和局限性在哪儿？试简述 Delta-L＋测试方法的原理以及三种 Delta-L＋测试方式的优缺点。

7. 什么是堆叠？试简述如何进行堆叠设计。

8. 试简述阻抗控制需要考虑的因素以及如何采用 Polar 9000 进行阻抗设计。

9. 试简述 TDR 的原理以及如何采用 TDR 进行阻抗测试和分析。

10. 什么是 PCB 的基准点？如何进行 PCB 的基准点设计和布局？

11. 试简述 PCB 的定位孔和安装孔的区别和联系。如何进行定位孔和安装孔的设计？

12. 试简述元件摆放需要注意的事项。

13. 什么是 DFT？试简述如何进行 DFT。

第7章

热设计基础

本章从热的理论入手，主要介绍热阻、芯片发热原理及其危害，并重点介绍散热的三大途径。接着从元件、封装、PCB、系统等几个层面分别介绍了热的产生以及如何进行散热冷却，并重点介绍系统级散热的几种方式以及原理，包括被动式散热以及主动式的风冷和液冷散热等。最后着重从芯片、硬件线路以及OS等不同层级分别介绍如何进行动态热监控和管理。

本章的主要内容如下：

- 热的理论基础；
- 元件结温计算；
- 封装散热；
- PCB走线温度；
- 系统级散热；
- 热的监控与管理。

7.1 热的理论基础

芯片工作产生的热量需要及时耗散，否则积累的热量一旦超出了其阈值，轻则会导致芯片性能降低，可靠度降低，重则会导致芯片损坏，甚至烧毁。现代电子系统的散热需要从五个层面进行：芯片级、封装级、板级、系统级以及环境级。对于芯片级，需要通过设计芯片结构使芯片的热量快速传递到芯片表面；对于封装级，需要设计合适的封装结构以快速地把热量从芯片导出到芯片封装的表面；对于板级，需要让PCB上的热量能够快速散发出去；对于系统级，需要为产品设计合适的散热方式，将产生的热量散发到环境中；对于环境，需要从环境的温湿度、海拔和空气清洁度以及污染物等方面进行设计，确保系统工作在容易散热的环境。本章主要针对前四个层面进行阐述。环境层次涉及具体的应用场景，不只是关于热的领域，环境温度的增加也会引起系统能耗的增加。设备的进风温度从15 ℃提高到30 ℃，则服务器的能耗预期会增加4%～8%，同时还可能导致系统其他组件的故障率增加。海拔高度对于数据处理设备运行温度的上限也会有一定影响，这是因为随着海拔的增加，空气逐渐稀薄，设备风扇的散热能力也会随着下降。海拔超过1 000 m，就需要考虑海拔高度的影响；海拔超过3 000 m，设备内部的PCB可能会因为空气密度太小而造成性能不稳定。空气湿度太小，特别是相对湿度小于30%时，容易产生静电；而空气清洁度不高可能会对系统造成腐蚀。反过来，设备本身对热进行管理时，特别是风冷设备，会产生噪声，对环境造成干扰。本章不对环境层次进行展开论述。

图7-1所示为电子系统的散热模型，其中上图为安装有高功耗的倒装焊芯片的系统散热模型，下图为安装有低功耗芯片的系统散热模型。芯片是否需要采用散热器，取决于在最坏工作情形下芯片温度是否小于其规定的告警温度。从图中可以看出，电子系统主要有三种散热方式：热传导、热对流和热辐射。

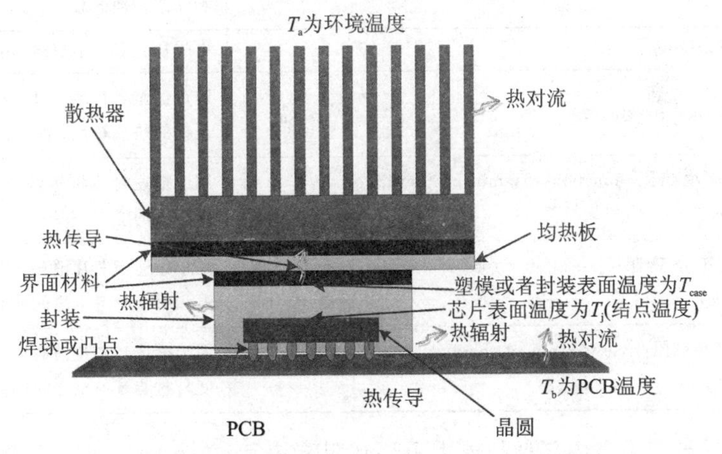

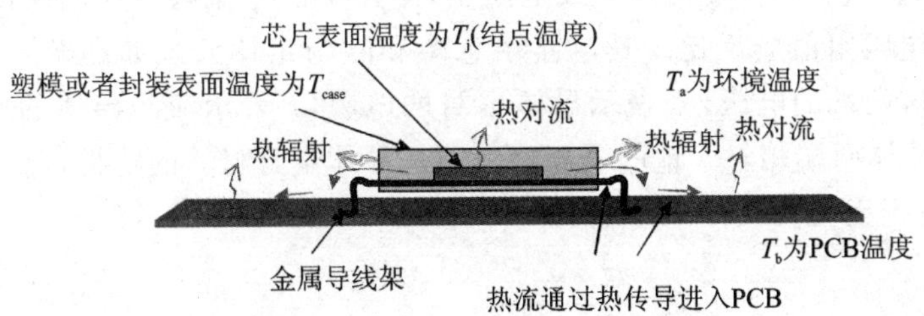

图7-1　电子系统散热模型示意图

7.1.1　常见术语与热阻

在进行详细论述之前，需要定义几个与热相关的术语，如表7-1所列。其中，热阻是描述散热的一个重要概念。

表 7-1 散热相关术语表

参数术语	符号	描述
环境温度(ambient temperature)	T_a	元器件周围空气的温度，可以直接测量
PCB 温度(PCB temperature)	T_b	PCB 表面温度，可以直接测量
外壳温度(case temperature)	T_c，T_{case}	元器件外壳温度，可以在元器件外壳顶部中央测量
结温(junction temperature)	T_j	晶圆温度，不能直接测量，必须通过计算或者从外壳(或者环境)温度进行推导
功耗(power dissipation)	Q	元器件工作时的功耗，是元器件静态功耗和动态功耗的总和
风流量(airflow)		空气从元器件上对流，用于散热
热阻(thermal resistance)	R_{th}	通过经验导出的一组常数，用于描述给定系统的热流热性，单位是℃/W
结点到环境热阻(junction to ambient thermal resistance)	Θ_{ja}	用于描述封装将热量从封装内部 IC 传导到环境的能力
结点到外壳热阻(juncation to case thermal resistance)	Θ_{jc}	用于描述当芯片消耗 1 W 功率时，芯片结温和封装参考点之间的温度差异
外壳到环境热阻(case to ambient thermal resistance)	Θ_{ca}	用于描述当芯片消耗 1 W 功率时，环境温度与封装参考点之间的温度差异

衡量给定设备内部散热能力采用热阻来表示，单位为℃/W。热阻的计算和电路欧姆定律类似。欧姆定律是指同一段电路中，导体中的电流与导体两端的电压成正比，与导体的电阻阻值成反比。其电路示意图和欧姆定律公式如图 7-2 所示。其中，V 表示导体两端的电压，R 表示导体本身的电阻，I 表示流经导体的电流，V_1 和 V_2 分别表示导体两端相对于地的电压。电阻是导体本身材质的特性，与施加在导体上的电流和电压无关。

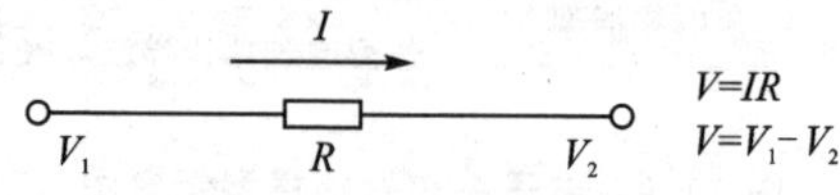

图 7-2 欧姆定律示意图

同样的，热力学中流经物体的热流量与物体两端的温差成正比，与物体的本身热阻成反比，这就是热力学中的热欧姆定律。其示意图和公式定义如图 7-3 所示。其中，R_{th} 表示物体的热阻，Q 表示物体的热流量，ΔT 表示物体两端的温升，T_1 和 T_2 分别表示物体两端的温度。

电阻的串联和并联特性同样也适合于热阻，如图 7-4 所示。从图中可以看出，

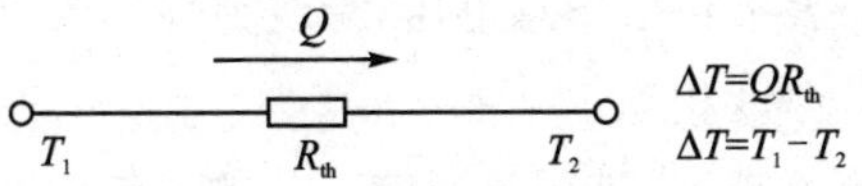

Q

T_1　R_{th}　T_2

$\Delta T = QR_{th}$

$\Delta T = T_1 - T_2$

图 7-3　热欧姆定律示意图

当热阻进行串联时，其总阻值等于串联热阻之和。当热阻并联时，其总阻值等于每个并联热阻的倒数之和。

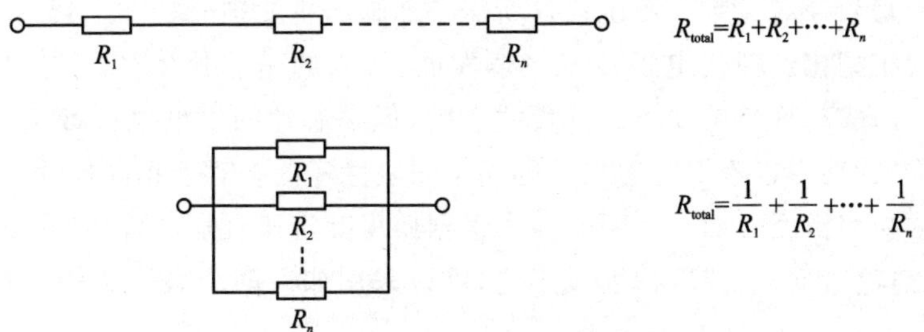

图 7-4　热阻的串联和并联等效网络分析示意图

7.1.2　芯片发热原理及危害

电源通过芯片的电源引脚进入芯片内部并为芯片内部逻辑运行提供能量。芯片工作就会产生功耗，而正是该功耗就会产生热，并导致芯片结温与周围温度产生差异。只要有功耗，就会使芯片结温高于芯片周围的温度。另外一种芯片发热的方式主要是来自邻近组件之间通过空气或者散热介质等发生热耦合。芯片的总功耗 P_{total} 主要由漏电功耗 P_{leak} 和动态功耗 P_{dyn} 组成，公式如下：

$$P_{total} = P_{dyn} + P_{leak}$$

影响动态功耗的主要因素是电容性开关。它是容性负载、节点激活因子、电源电压和时钟频率的函数，其公式如下：

$$P_{dyn} = \alpha C_L V_{dd}^2 f$$

式中，α 表示节点激活因子；C_L 表示容性负载的寄生电容；V_{dd} 表示电源电压；f 表示时钟频率。显然，动态功耗与容性负载、电源电压以及时钟频率成正比。

漏电功耗主要是通过有源器件的漏电路径消耗掉的。在器件中，漏电路径主要有亚阈值泄漏、PN 结反向偏置泄漏、栅极感应漏极泄漏和隧道泄漏。PN 结反向偏置泄漏电流与温度呈指数关系。亚阈值泄漏主导元器件的漏电，其与温度呈线性函数关系，同时也受到阈值电压的影响。漏电电流的公式可以表示如下：

$$I_{leak} = I_S \exp\left(\frac{V_{GS} - V_{th} - V_{offset}}{nV_T}\right)\left[1 - \exp\left(-\frac{V_{DS}}{V_T}\right)\right]$$

$$V_T = kT/q$$

式中，I_{leak} 表示漏电电流；I_S 表示包含几何技术特征的电流因子；V_{GS} 表示栅极电压；

V_{th} 表示阈值电压；V_{offset} 表示一个集总电压，是线弹性体效应和漏势垒降低效应的副作用；V_T 表示热电压，与温度相关。

温度越高，漏电电流就越大，进一步影响芯片的发热量和温度。因此，功耗、发热和温度就成了一个循环关系。如果芯片和系统内积累的热量不能快速释放掉，温度不能快速降低，芯片无法最终稳定在一个稳定的状态，漏电电流会不断攀升，从而导致芯片和封装永久性损耗，这就是热失控。

热失控是当今高速数字系统设计所需要面临的主要挑战之一。其主要原因在于系统尺寸的小型化。现代电子技术飞速发展，带来的是芯片生产工艺的不断进步。缩放因子 s 仍然对特征尺寸和容性负载有效，但是芯片的供电电压却不再随着尺寸的缩小而降低，功率也不再随着尺寸的缩小而线性降低。对于相同尺寸的芯片来说，其新制程的功率密度反而会不断升高。根据傅里叶定律可知，单位时间、单位面积上的传热量（热流密度）与温度梯度成正比，可以采用如下四个表达式中的任意一个进行表示。

$$\begin{cases} dQ \propto -dA\ \dfrac{dt}{d\delta}\tau \\ Q = -\lambda A\ \dfrac{dt}{d\delta}\tau \\ \Phi = -\lambda A\ \dfrac{dt}{d\delta} \\ q = -\lambda\ \dfrac{dt}{d\delta} \end{cases}$$

式中，Q 表示要传导的热量（单位为 W）；A 表示等温表面的面积（单位为 m^2）；t 表示温度（单位为℃）；δ 表示等温面之间法向垂直距离（单位为 m）；$\dfrac{dt}{d\delta}$表示温度梯度（单位为℃/m）；τ 表示时间（单位为 s）；λ 表示导热系数（单位为 W/(m・℃・s)）；$\Phi=\dfrac{Q}{\tau}$表示传热速率（单位为 W/s）；$q=\dfrac{\Phi}{A}$表示功率密度（单位为 $W/(s\cdot m^2)$）。

当系统在高温下运行时，温度可以有多种方式对芯片和封装造成损坏。典型的与热相关的失效机制包括电迁移、负偏压温度不稳定性（Negative Bias Temperature Instability，NBTI）、压力迁移、时间相关介质击穿（Time Dependent Dielectric Break-down，TDDB）和热循环等。

在高电流密度下扩散的金属离子会被传导的电子取代，产生空洞。空洞会导致金属的厚度变薄，使得互连的电阻率恶化，延迟增加，系统时序发生紊乱。金属变薄后，电流密度会进一步增加，可能导致金属被击穿。因此，电迁移是互连设计最主要的损坏来源，而温度则是电迁移的主要动力——离子的扩散系数与温度呈指数关系。电迁移会影响芯片的可靠性，其关系如下：

$$\mathrm{MTTF_{EM}}=\frac{1}{A_{\mathrm{j}}J^{n_{\mathrm{j}}}\exp\left(-\frac{E_a}{kT}\right)}$$

式中，$\mathrm{MTTF_{EM}}$ 表示由电迁移而导致的平均无故障时间（Mean Time To Failure，MTTF）；k 表示玻耳兹曼常数；E_{a} 表示活化能；T 表示温度；A_{j} 表示正比于导线横截面积的系数；$J^{n_{\mathrm{j}}}$ 表示根据实验常数 n 修正后的电流密度。

NBTI 主要会导致芯片内的 MOSFET 的整体性能退化，特别是会导致阈值电压增加，漏电流和跨导降低。通常认为在负偏置存在的前提下，温度升高是导致界面陷阱和氧化物电荷累积的原因。MOSFET 的整体性能降低，会直接影响电路时序，特别是对 PMOS 这样存在负栅源电压的晶体管。NBTI 同样也会导致芯片的可靠度降低，其关系如下：

$$\mathrm{MTTF_{NBTI}}\propto M_{\mathrm{NBTI}}\left(\frac{1}{V_{\mathrm{GS}}}\right)^{\beta}\exp\left(\frac{E_a}{kT}\right)$$

式中，$\mathrm{MTTF_{NBTI}}$ 表示 NBTI 作用下芯片的平均无故障时间，该时间定义为阈值电压降低到某一个特定数值所需要的时间；M_{NBTI} 表示一个技术相关参数；β 表示电压加速因子，一般为 6～8。

压力迁移是由不同材料的热膨胀差异而导致的失效，它纯粹是由机械应力而引起的，会导致金属原子异位，出现应变和变形，影响金属互连。其对芯片的可靠度的影响可以采用如下公式表示：

$$\mathrm{MTTF_{SM}}\propto|T_{\mathrm{nom}}-T|^{-m}\exp\left(\frac{E_a}{kT}\right)$$

式中，$\mathrm{MTTF_{SM}}$ 表示在压力迁移作用下芯片的平均无故障时间；T_{nom} 表示金属在沉积时的标称温度；T 表示芯片遭受的温度分布；m 表示材料依赖常数。

温度对材料的降解有着深刻的影响。晶体管的栅极氧化层上存在杂质和缺陷，会允许有微量漏电流通过。如果连续在栅极端子上偏压，穿过栅极氧化层的电场就会导致材料磨损。偏压一直连续，会导致新的缺陷，直到氧化层被击穿。另外，由于生产工艺的进步，栅极氧化物的薄膜厚度也会减小，加剧该效应，这就是 TDDB（time-dependent gate oxide breakdown，与时间相关电介质击穿或经时击穿）。TDDB 对芯片的可靠度的影响可以采用如下关系式进行表述：

$$\mathrm{MTTF_{TDDB}}\propto M_{\mathrm{TDDB}}\frac{A_G}{(V_{\mathrm{GS}})^{\alpha-\beta T}}\exp\left(\frac{X}{T}+\frac{Y}{T^2}\right)$$

式中，$\mathrm{MTTF_{TDDB}}$ 表示在 TDDB 作用下芯片的平均无故障时间；M_{TDDB} 表示一个经验技术参数；A_{G} 表示栅极氧化物表面积；α 和 β 表示拟合参数。

当系统开关机或者重启时，芯片会处于显著的温度波动，瞬时的热梯度非常陡峭，导致热循环。热循环会给元器件造成应力，导致塑料封装或者焊球器件的结构变形，并最终导致损坏。其失效机制可以采用如下关系式进行表述：

$$\mathrm{MTTF}_{\mathrm{TC}} \propto \left(\frac{1}{T_{\mathrm{avg}} - T_{\mathrm{nom}}}\right)^{\gamma}$$

式中，$\mathrm{MTTF}_{\mathrm{TC}}$ 表示热循环作用下芯片的平均无故障时间；T_{avg} 表示热循环过程中的平均温度；T_{nom} 表示环境温度；γ 表示与材料相关的经验指数。

当然，温度对于芯片的影响是全局性的，不是孤立性的，需要考虑各种失效率综合计算获得的总失效率，或者采用与温度和可靠性相关的量化分析模型来获取。该模型采用 Arrhenius 方程，并定义与温度相关的反应速率因子 k 如下：

$$k = A\exp\left(-\frac{E_a}{RT}\right)$$

式中，A 表示频率因子；E_a 表示活化能；R 表示摩尔气体常量；T 表示热力学温度。该方程表明，温度每升高 10 ℃，MTTF 会大概减小一半。

需要注意的是，芯片在不同的设定下会表现出不同的热响应，特别是针对高性能芯片。很多高性能芯片都会采用多核结构，不同的核在某一时间段所运行的程序可能不同，负载也可能不同，同时会受到各种内部和外部因素的影响，包括对性能的要求、功耗的影响、芯片的排布、封装材质、负载大小、散热方式等。因此，针对高性能芯片需要采用有针对性的散热方式来满足系统性能的要求。目前大多数的高性能芯片均内置温度传感器或者动态温度管理（Dynamic thermal management，DTM）系统来实时监测芯片内部的温度事件，并协调软硬件预防和调控策略。

7.1.3 热传导

从图 7-1 可以看出，所谓的热传导，就是热量从物体中温度较高的部分传到温度较低的部分，或者从温度较高的物体传到与其接触的温度较低的物体。在热传导的过程中，物体的各个部分无宏观相对位移，热量在传递过程中无能量形式的变化。从图中可以看出，热传导既会发生在芯片内部，也会发生在芯片外部。在芯片内部，热会从芯片晶圆传导到封装和焊球或者金属导线架上。在芯片外部，热会从芯片封装传导到界面材料，然后从界面材料传导到均热板或者散热器上，也可以通过芯片焊球或者导线架传导到 PCB 上。

热传导取决于材料的热传导率 K。热量传输与温度梯度和物体的横截面积成正比，与热量传导的长度成反比。对于散发给定材料的热量，其热源处的温度取决于材料与空气之间的热阻。

常见的热传导材料形状有薄板型、圆杆型以及空心圆柱型。每一种的热阻和温度的计算各有差异。薄板型热传导材料如图 7-5 所示。

薄板型热传导材料的散热量、热源温度和热阻可以采用如下公式进行表示：

$$\begin{cases} Q = (T_{\mathrm{hot}} - T_{\mathrm{cold}}) \times K \times X \times W/L \\ Q = (T_{\mathrm{hot}} - T_{\mathrm{cold}})/R_{\mathrm{th}} \\ T_{\mathrm{hot}} = Q \times R_{\mathrm{th}} + T_{\mathrm{cold}} \\ R_{\mathrm{th}} = L/(X \times W \times K) \end{cases}$$

式中，X 与 W 的乘积为薄板型材料的横截面面积；T_{hot} 为热源温度；T_{cold} 为材料的远端温度；K 为热传导率，单位为 W/(m·℃)。薄板型热传导一般用于 PCB 走线、铜箔等散热建模。

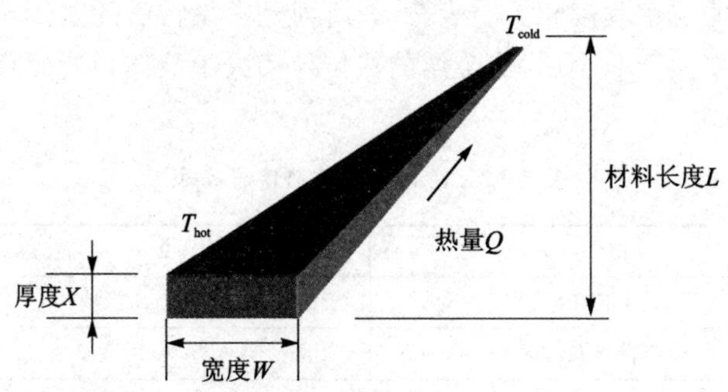

图 7-5 薄板型热传导示意图

图 7-6 所示为圆杆型热传导材料的热传导建模型。其中 T_i 和 T_o 分别表示圆杆两端，D 表示圆杆直径，L 表示圆杆长度。系统在圆杆 T_i 端进行加热，则圆杆的热阻和热源温度计算如下：

$$\begin{cases} R_{th}=L/[\pi\times(D/2)^2\times K] \\ T_i=Q\times R_{th}+T_o \end{cases}$$

由上式可以看出，圆杆型热阻的计算公式和薄板型相似，只是把横截面面积采用圆面积来计算。圆杆型热传导材料建模一般用于元件引脚等场景。

图 7-7 所示为空心圆柱型热传导材料的热传导模型，其中 D_o 和 D_i 分别为空心圆柱的外径和内径，X 表示空心圆柱的长度。系统在空心圆柱的内壁 T_i 端进行加热，并传导到外壁 T_o 端，则空心圆柱的热阻和热源温度计算如下：

$$\begin{cases} R_{th}=\ln(D_o/D_i)/(2\times\pi\times K\times X) \\ T_i=Q\times R_{th}+T_o \end{cases}$$

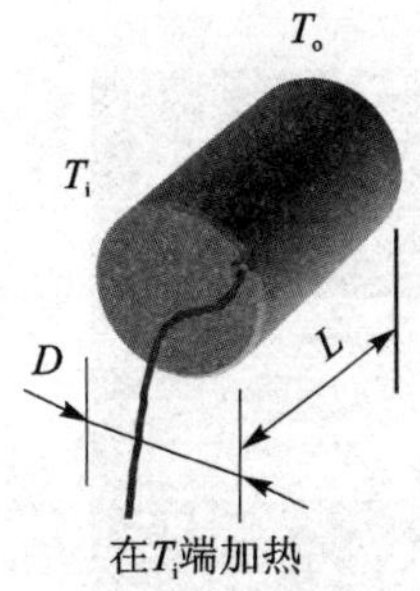

图 7-6 圆杆型热传导材料的热传导模型

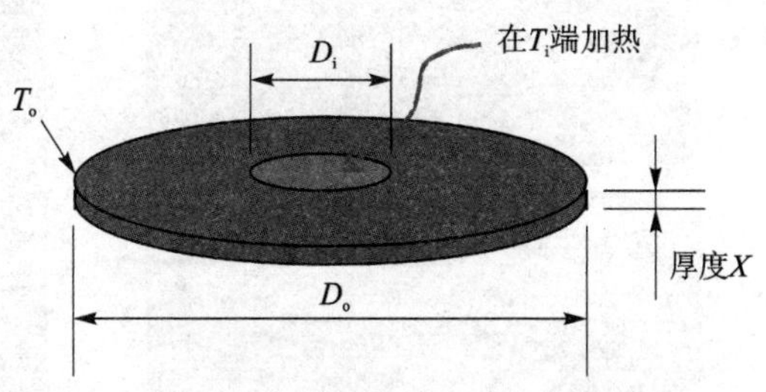

图 7-7 空心圆柱型热传导材料的热传导模型

空心圆柱型热传导材料建模一般用于过孔等场景。

不同的材料有不同的热传导率。热传导率越大，物体的导热性能就越好，在相同的温度梯度下传热速率越大。影响热传导率主要因素包括物质种类、组成以及温度，并且与物质结构的疏密程度相关。表 7-2 所列是常见物质的热传导率，可以看出金属导体的热传导率大于非金属，非金属的热传导率大于液体，热传导率最小的物质为气体。

表 7-2　常见物质的热传导率表

物　质	热传导率/[W・(m・℃)$^{-1}$]
GE945	0.15
聚酯薄膜(mylar)	0.2
PCB(FR4/金属)	0.3/3
环氧树脂(expoxy)	0.18～0.87
导热片(thermal pad)	0.8～4.8
导热膏(thermal grease)	1～5
烙铁(iron)	75
铝(aluminum)	180
铜(copper)	380
钻石(diamond)	2 000
热管(heat pipe)	5 000～30 000

当两个传导材料表面互相接触时，在物体表面会存在接触热阻。接触热阻与物体的表面粗糙度、物体之间的压力、界面流体、界面温度以及材料厚度相关。如图 7-8 所示，左图未对两个传导材料表面做任何处理，由于表面粗糙度的影响，传导材料之间会存在大量的空隙，热传导只能在相互接触的表面上进行传播；右图采用界面材料 TIM 进行表面填充，使得热量可以通过 TIM 进行传播，大大增加了热传导的表面积。

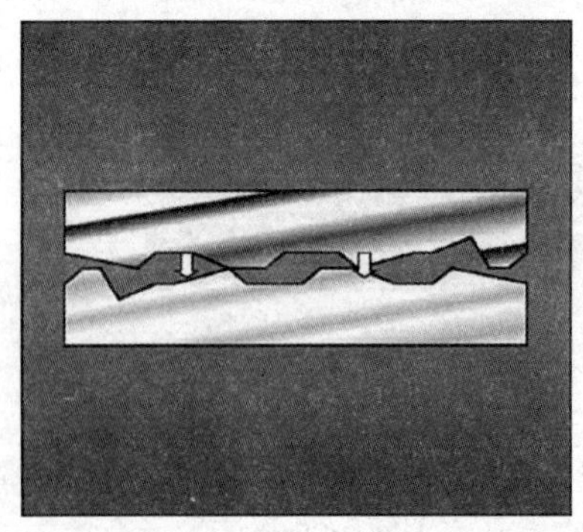
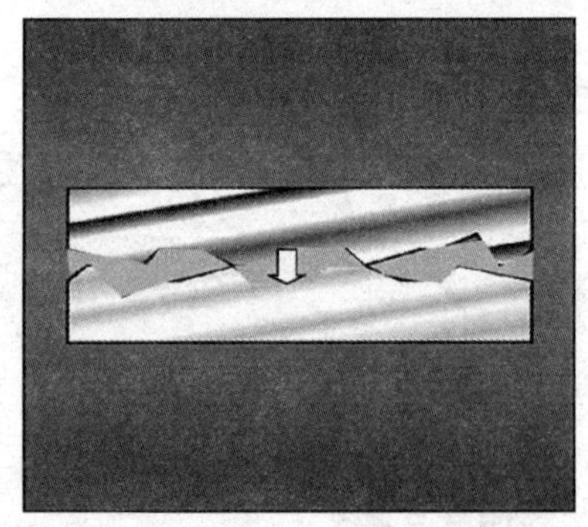

图 7-8　传导材料表面接触示意图

TIM 材料主要有 6 大类，如表 7-3 所列。TIM 材料需要按照规定温度进行保存，否则变质后 K 值会降低。TIM 覆盖越广，热传面积越大，热传效果就越好，否则中间是空气，传导就越差。需要注意的是，虽然 TIM 的热传导效果很好，但还是远不及固体间的热传导，因此固体间的 TIM 越薄越好。

表 7-3　TIM 材料介绍

TIM 材料	用　途
孔隙填充材料(gap filler)	主要用于笔记本电脑、PC 以及消费性电子产品，是一种内含陶瓷粉的硅胶，热传导率为 0.5～8 W/(m·K)，厚度介于 0.5～5 mm 之间
导热膏(thermal grease)	主要用于笔记本电脑和工业领域
导热性绝缘材料(thermally conductive electrically insulating materials)	主要用于 IT、工业和医疗领域
导电及导热材料(electrical and thermally conductive interface pad)	由石墨制成，可以导热和导电，主要用于电信和消费性产品
相变材料(thermal phase change materials)	主要用于 PC、笔记本电脑以及工业领域。室温为固态，遇热则融化，提高导热效果
T-Iam	主要用于电信、LED 和工业领域

当热源面积与散热片面积不相等时，就会存在扩散热阻。如果热源所产生的热传量固定，散热效率将随着热源面积大小的改变而改变。热源面积越小，则该区域的温度分布就越集中，且最高温亦随之增加。另外，热源与散热器之间的相对位置存在差异时，同样会存在扩散热阻，如图 7-9 所示。不同的相对位置，温度分布的曲线各不相同。

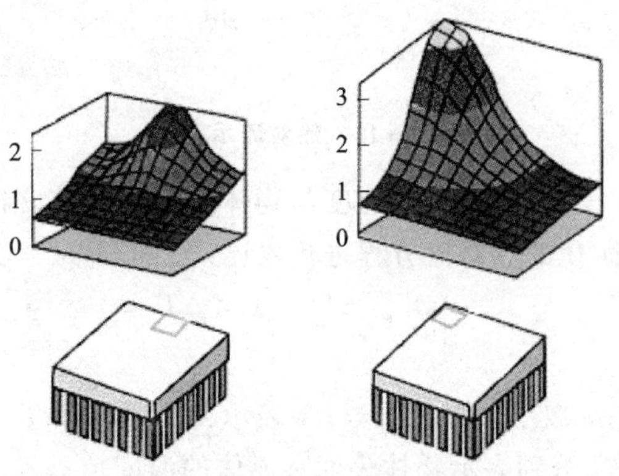

图 7-9　热源与散热片之间的相对位置不同而导致的不同的温度分布示意图

为了减小扩散热阻，通常会在散热器上进行额外设计，如图 7-1 中所采用的均热板技术。在实际设计中，通常会在散热器上嵌入具有高热传导率的铜或者热管技术，来加速芯片的热扩散，如图 7-10 所示。

图 7-10　嵌入铜或者热管加速热扩散图

7.1.4　热对流

散热的另外一种方式是热对流。所谓的热对流就是在流体中温度不同的各个部分之间发生相对位移所引起的热量传递。其主要特点是流体中各部分间会发生宏观相对位移，热量在传递过程中无能量形式的变化，只会发生在流体中，并一定会伴有导热现象，如图 7-11 所示。

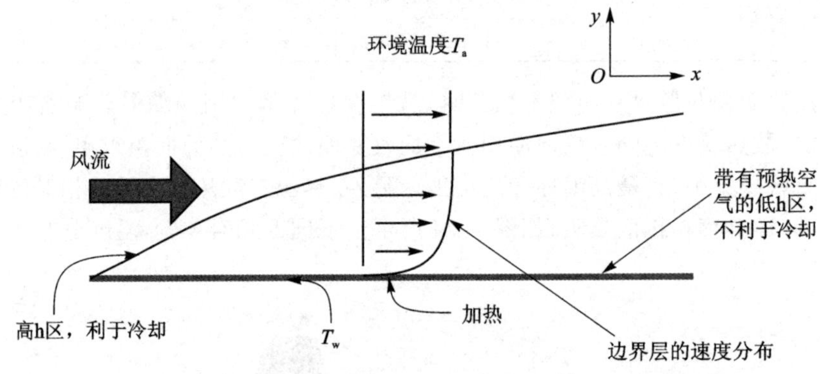

图 7-11　热对流示意图

根据牛顿冷却定律，热对流冷却速度与物体表面和流体之间的温差以及流速成正比，可以采用如下简化的热对流方程进行表述：

$$\begin{cases} Q_{heat} = h \times A \times \Delta T \\ \Delta T = T_w - T_a \end{cases}$$

式中，Q_{heat} 表示热量；h 表示热对流系数；A 表示传热面积；ΔT 表示物体表面和流体之间的温差；T_w 和 T_a 分别表示物体表面和流体的温度。

根据此公式，可以粗略计算 PCB 的表面温度。假设系统中有一个面积为 4 in^2 的 PCB 并采用空气冷却。由于 PCB 会锁在机壳上，假设风流只会流经 PCB 的一面，同时假定该系统运行于良好的温度环境中，其周边环境温度为 25 ℃。根据牛顿冷却

定律,并加以变形,可得 PCB 的表面温度为

$$T_{PCB}=Q_{heat}/(h\times A)+T_a$$

根据经验,热对流系数一般为 6 W/(m^2 · ℃)。PCB 上产生 1 W 的热量时,PCB 的表面温度为

$$\begin{aligned}T_{PCB}&=Q_{heat}/(h\times A)+T_a\\&=[1/(6\times 4\times 0.0254\times 0.0254)+25]℃\\&=89.6\ ℃\end{aligned}$$

7.1.5 热辐射

热辐射是另外一种散热方式。和前两种散热方式不同,热辐射是物体由于热而产生辐射,物体将内部能量转变为电磁波,或者物体吸收电磁波而转化为内部能量。通常把波长为 0.1~100 μm 范围的电磁波称为热射线,包括可见光、部分紫外线和红外线。热辐射的主要特征是热量在传递过程中发生了形式上的变化,并且由于其能量采用电磁波的形式,因此可以在真空中传播。

当热辐射的能量投射到某一物体上时,其总能量可能会完全被吸收,也可能会完全被反射或者部分反射,还有可能完全被穿透。根据能量守恒定律,可以采用如下公式进行表示:

$$Q=Q_\alpha+Q_\rho+Q_\tau$$

式中,Q_α、Q_ρ 和 Q_τ 分别表示物体吸收的能量、反射的能量以及穿透的能量。

上述公式变形,可得

$$\frac{Q_\alpha}{Q}+\frac{Q_\rho}{Q}+\frac{Q_\tau}{Q}=1$$

令

$$\begin{cases}\alpha=\dfrac{Q_\alpha}{Q}\\\rho=\dfrac{Q_\rho}{Q}\\\tau=\dfrac{Q_\tau}{Q}\end{cases}$$

则

$$\alpha+\rho+\tau=1$$

式中,α、ρ 和 τ 分别表示物体的热吸收率、热反射率和热穿透率。

如果物体的热吸收率 $\alpha=1$,则表示物体对热辐射的能量完全吸收,物体的辐射和吸收能力最强,这就是黑体或者绝对黑体。如果物体的热反射率 $\rho=1$,则表示物体能够全部反射辐射能,且入射角等于反射角,这就是镜体或者绝对白体。如果物体的热穿透率 $\tau=1$,则表示辐射能够完全穿透物体,这就是透明体或者绝对透明体。

事实上，并不存在这种理想的物体，只是为了计算方便。通常来说，无光泽的黑体表面，其 $\alpha=0.96\sim0.98$，近似为黑体；磨光的铜表面，其 $\rho=0.97$，近似为镜体；单原子或者对称双原子气体，可以近似为透明体。

还有一类物体，其吸收率与辐射线波长无关，能够以相同吸收率吸收所有波长范围的辐射能，并且是非透明体，也就是 $\alpha+\rho=1$——这就是灰体。

假设物体在一定温度下，单位时间、单位表面积所发出的全部波长的总能量为 E（单位为 $\mathrm{W/m^2}$），同时把在一定温度下，物体发射某种波长的能力定义为 E_λ（单位为 $\mathrm{W/m^3}$）。则 E_λ 与 E 之间可以表示为

$$\begin{cases} E_\lambda = \lim\limits_{\Delta\lambda\to 0}\dfrac{\Delta E}{\Delta\lambda}=\dfrac{\mathrm{d}E}{\mathrm{d}\lambda} \\ E=\displaystyle\int_0^{\infty}E_\lambda\,\mathrm{d}\lambda \end{cases}$$

式中，E_λ 和 E 分别表示固体的单色辐射能力和辐射能力，可用于表示固体发射辐射的能力。

对于黑体，其单色辐射能力与波长和温度相关。具体可以采用普朗克定理来表述：

$$E_{\mathrm{b}\lambda}=\frac{c_1\lambda^{-5}}{\mathrm{e}^{\frac{c_2}{\lambda T}}-1}$$

式中，$E_{\mathrm{b}\lambda}$ 表示黑体的单色辐射能力；λ 表示波长；T 表示热力学温度；c_1 和 c_2 分别表示第一辐射常量（$3.741\times10^{-16}\ \mathrm{W\cdot m^2}$，行业中也称普朗克第一常数）和第二辐射常量（$1.438\times10^{-2}\ \mathrm{m\cdot K}$，行业中也称普朗克第二常数）。

对于任意波长的单色辐射能力，均为一个类似抛物线的能量分布曲线。波长为 0 时，单色辐射能为 0，随着波长增长，单色辐射能会增加，并增至最大。如果波长继续增大，则单色辐射能会减小。波长为无限大时，单色辐射能也会趋向零。曲线下的面积，就是黑体的辐射能力 E。当温度升高时，固体最大单色辐射能会移向波长较短的方向。对 $E_{\mathrm{b}\lambda}$ 进行积分，可以得出黑体的辐射能力与温度的关系：

$$E_{\mathrm{b}}=\int_0^{\infty}E_{\mathrm{b}\lambda}\,\mathrm{d}\lambda=\int_0^{\infty}\frac{c_1\lambda^{-5}}{\mathrm{e}^{\frac{c_2}{\lambda T}}-1}\mathrm{d}\lambda=\sigma_0T^4=C_0\left(\frac{T}{100}\right)^4$$

式中，σ_0 和 C_0 表示黑体的辐射系数，其值分别为 $5.67\times10^{-8}\ \mathrm{W/(m^2\cdot K^4)}$ 和 $5.67\ \mathrm{W/(m^2\cdot K^4)}$。

这就是斯忒藩-玻耳兹曼定理，也称为四次方定律。黑体的辐射能力与温度的四次方成正比。温度越高，黑体的辐射能力越大。

由于灰体不会完全吸收辐射能，将斯忒藩-玻耳兹曼定理应用于灰体时，需要增加一个参数——黑度 ξ。该值定义为同温度下灰度与黑体的辐射能力之比。它是物体本身的特性，与物体的性质、温度以及表面状况相关。灰体的辐射能力可以表述如下：

$$E = \xi E_b = \xi C_0 \left(\frac{T}{100}\right)^4$$

对于任何灰体,其辐射能力与吸收率 α 之比恒等于同一温度下绝对黑体的辐射能力,也就是 $\alpha = \xi$——这就是基尔霍夫定律。基尔霍夫定律揭示了物体辐射能力和吸收能力之间的关系。

虽然物体之间的辐射传热可以采用多个定理进行数字化描述,但两个灰体之间的辐射传热是一个复杂的过程。这个过程中有辐射能的多次反射和吸收,也有物体的形状大小以及相互之间的位置和距离等因素的影响,因此需要增加角系数 φ 来描述。

所谓角系数,就是从一个物体表面所发出的辐射能被另一物体表面所截获的分量。它与两物体的几何排列以及辐射面积基准有关。任意两个灰体之间的辐射传热速率 Q_{12} 定义如下:

$$Q_{12} = C_{12} \varphi_{12} A_1 \left[\left(\frac{T_1}{100}\right)^4 - \left(\frac{T_2}{100}\right)^4\right]$$

式中,A_1 表示灰体的辐射表面面积;T_1 和 T_2 分别表示两个灰体的温度;C_{12} 表示总辐射系数,定义如下:

$$C_{12} = \frac{C_0}{\frac{1}{\xi_1} + \frac{1}{\xi_2} - 1}$$

7.2 元件结温计算

元件的结温不能直接测量,需要通过计算来实现。计算结温有两种公式:

$$T_j = Q\theta_{ja} + T_a$$

$$T_j = Q\theta_{jc} + T_c$$

通常在元件的数据手册中都会注明 θ_{ja}、θ_{jc} 以及环境温度,功耗则可以通过元件的工作电压和工作电流进行计算。根据7.1节可知,芯片总功耗需要考虑静态功耗,也需要考虑动态功耗。因此当I/O数比较多时,不仅需要考虑元件的核心功耗,而且也需要考虑元件的I/O功耗。

以Cypress公司的SRAM CY7C1381KV33-100AXC为例,该SRAM采用100个引脚的TQFP封装,最大I/O引脚为36个。最大内核工作电压和I/O工作电压为3.6 V,在100 MHz的工作频率下,最大工作电流为134 mA。假设所有I/O引脚均工作,负载电容为40 pF。

根据公式可知,芯片内核功耗为

$$Q_{core} = V_{DD(max)} I_{DD} = (3.6 \times 134 \times 10^{-3})\,\text{W} = 0.482\,4\ \text{W}$$

I/O功耗为

$$Q_{IO} = \alpha f C_L V_{IO(max)}^2 \times \text{I/O 引脚数}$$
$$= (0.5 \times 100 \times 10^6 \times 40 \times 10^{-12} \times 3.6^2 \times 36)\text{W} = 0.933\ 12\ \text{W}$$

因此，总功耗为

$$Q = Q_{core} + Q_{IO} = (0.482\ 4 + 0.933\ 12)\text{W} = 1.42\ \text{W}$$

根据数据手册，该 SRAM 在没有气流下工作时，$\theta_{ja} = 37.95$ ℃/W；气流为 1 m/s 时，$\theta_{ja} = 33.19$ ℃/W；气流为 3 m/s 时，$\theta_{ja} = 30.44$ ℃/W。由此可知三种不同情况下 SRAM 的结温：

$$T_j = Q\theta_{ja} + T_a = \begin{cases} (1.42 \times 37.95)℃ + T_a = 53.89\ ℃ + T_a, & \text{没有气流} \\ (1.42 \times 33.19)℃ + T_a = 47.13\ ℃ + T_a, & \text{气流为 1 m/s} \\ (1.42 \times 30.44)℃ + T_a = 43.22\ ℃ + T_a, & \text{气流为 3 m/s} \end{cases}$$

该 SRAM 为商业级芯片，可以工作的环境温度 0～70 ℃，最差的情形是没有气流，此时结温为 123.89 ℃。计算如下：

$$T_j = 53.89\ ℃ + T_a = 53.89\ ℃ + 70\ ℃ = 123.89\ ℃$$

所幸的是，芯片一般安装在 PCB 上并在系统中进行工作。系统通常会采用良好的散热设计，如使用散热器进行热传导或者采用风扇等进行热对流，这样可以有效减小芯片内部的结温；但是当芯片安装在 PCB 上时，它会受到邻近元件的影响。一般认为，如果两个元件相距超过 1 in，元件之间不会有热的影响；但是如果小于1 in，就需要考虑元件之间的影响。必要时，需要散热工程师进行仿真确认。

如图 7-12 所示，假设在该 SRAM 0.5 in 周围有一个 1 W 的电阻，电阻的表面温度为 118 ℃，$Q_1 = Q_2 = 0.5$ W，导线架材料为铜，导热系数为380 W/(m·℃)。

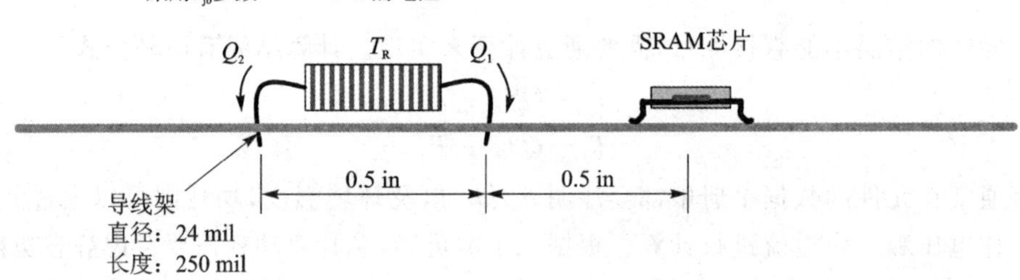

图 7-12　相邻元件热影响示意图

根据圆杆型热传导材料的计算公式，可知电阻导线架与 PCB 结合处的温度为 89.4 ℃，具体计算如下：

$$T_{LD} = \left[118 - 0.5 \times \frac{0.25 \times 0.025\ 4}{\pi(0.012 \times 0.025\ 4/2)^2 \times 380}\right]\ ℃$$
$$= 89.4\ ℃$$

电阻导线架的 Q_2 距离 SRAM 芯片 1 in，对 SRAM 的结温没有影响；但是 Q_1 距离 SRAM 芯片只有 0.5 in，需要考虑其温度的影响。计算 SRAM 的结温需要采用另外一个公式：

$$T_{j}=Q\theta_{jb}+T_{pcb}$$

式中，θ_{jb} 表示芯片结点到 PCB 之间的热阻；T_{pcb} 表示 PCB 的温度。

根据该 SRAM 的数据手册，可知其 $\theta_{jb}=24.07$ ℃/W。根据公式，代入参数值可得芯片的结温为 123.58 ℃，计算如下：

$$T_{j}=(1.42\times 24.07+89.4)℃=123.58\ ℃$$

7.3　封装散热

封装是芯片散热中的重要一级。封装成本必须价格低廉，并且具有良好的电和热传导。在热应力和可靠度方面，需要加强散热管理来减小热应力，使得温度梯度达到最小。常用的封装散热技术包括改进焊料，采用高导热率的焊料——AuSn 共晶焊，采用高导热率的热沉，以及采用改善的封装结构设计。其中共晶是指在较低的温度下共晶焊料发生共晶物熔合的现象，共晶合金直接从固体转化为液体，而不经过塑性阶段。其熔化温度称为共晶温度。而封装材料中，陶瓷和金属都是高导热率材料，因此经常被使用。

新兴的芯片封装技术（如 2.5D 和 3D 芯片堆叠）依旧会遵循散热的基本原理，但是其垂直集成技术会加剧芯片的散热挑战。如图 7－13 所示，2.5D 和 3D IC 最大的热挑战就是处于底层的晶圆无法接触到散热器的表面，使得芯片散热器的有效散热面积减小。内部层只能通过上面的层进行传导散热。同时，即使把多个晶圆并排放在同一层，但是功率密度不同和热输出不同的芯片紧密接近也会产生散热问题。3D

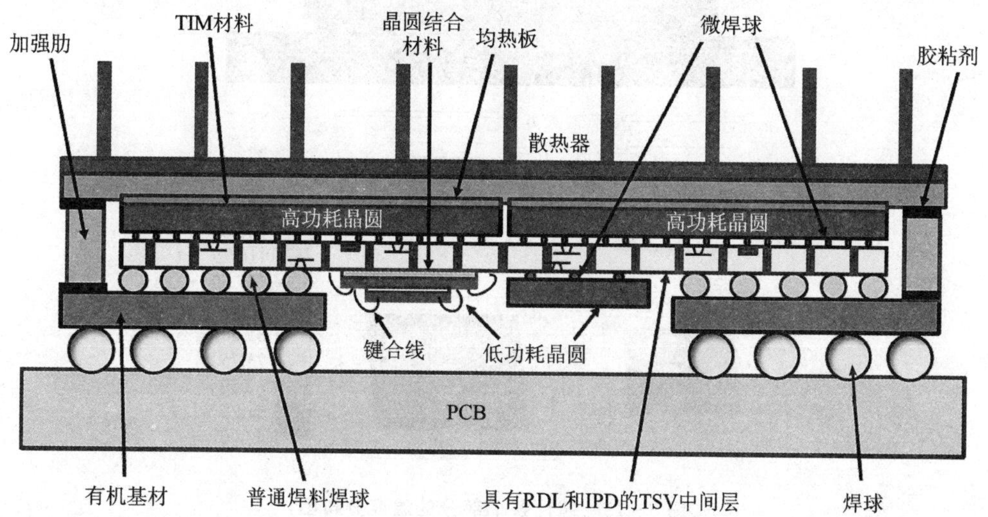

图 7－13　具有 TSV 中间层的热改善设计的 3D 芯片集成结构示意图（专利号：8604603）

芯片的散热问题比2D和2.5D芯片更为严重。3D结构所导致的总散热量高于每个晶圆作为独立2D结构时散热量的总和。

图7-14所示为在TSV中间层的上下各有一个晶圆,整个芯片采用冷却模组来进行散热。

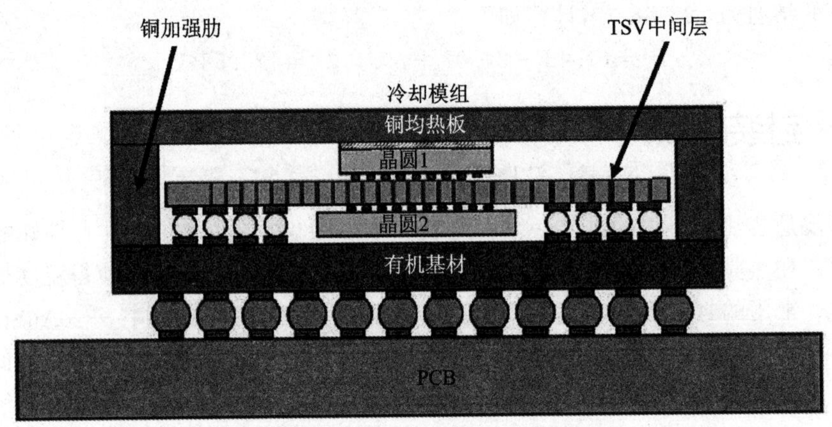

图7-14　TSV中间层上下各安装晶圆的芯片结构示意图

该芯片各个部分的温度分布图如图7-15所示。其中a和b分别表示晶圆1和晶圆2的温度分布图,c和d分别表示TSV中间层和有机基材的温度分布。从图中可以看出,晶圆2明显比晶圆1的温度高,其平均温度可以相差十几摄氏度。

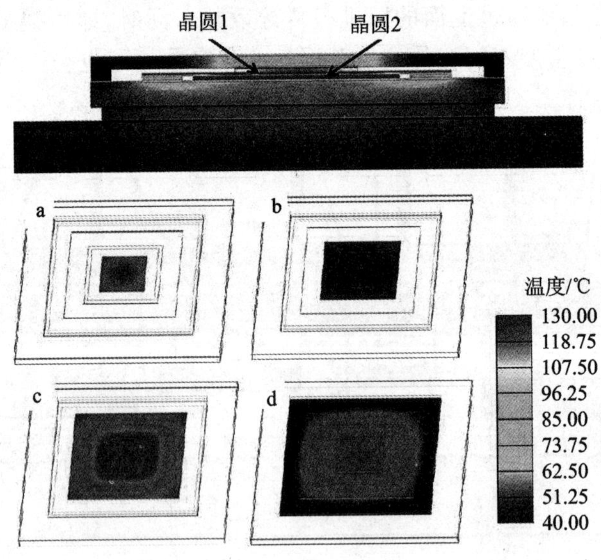

图7-15　芯片各个部分的温度分布图

为了改善2.5D和3D技术的散热效果，需要采用各种优化的技术来减少热量积累。如图7-13所示，可以优先考虑层次排序和层次功能的优化。把高功耗、最活跃的高速数字逻辑模块放置在靠近散热器的最上层，把低功耗、较少功率密度的模块放置在远离散热器的位置。

针对底层的晶圆散热，可以把底部的晶圆直接连接到散热器上，如图7-16所示，其中黄色部分可以直接连接到散热块部分。

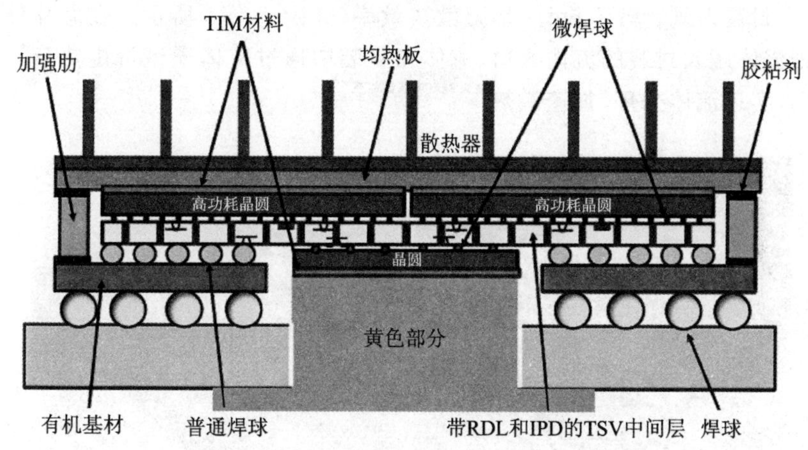

图7-16　底部晶圆直接连接到散热块示意图

如果并排分布着多个晶圆或者芯片，则可以采用均热板技术来实现热量的快速扩散，尽量实现芯片各个部分的热量均匀分布，加速散热，图7-16中并排放置着两个高功耗晶圆，并采用了均热板技术。图7-17为并排放置4个晶圆的情形，图(a)采用均热板技术的芯片温度分布均匀，很容易冷却。

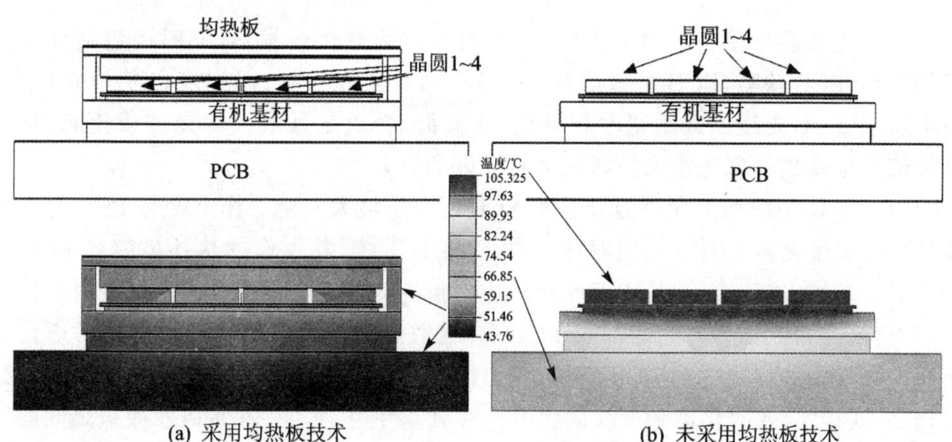

(a) 采用均热板技术　(b) 未采用均热板技术

图7-17　芯片温度分布示意图

对于2.5D和3D技术的芯片，真正从结构方面进行散热设计，提高从底层向散热器侧的导热设计是采用热TSV过孔设计。热TSV和信号TSV过孔相似，信号TSV主要是用于信号跨层传输和高速互连。热TSV被放置在垂直芯片堆叠中作为电隔离结构，纯粹用于传热目的。常见的作法是将一定比例的芯片面积预先分配给热TSV，然后相应地放置到热TSV网络。

随着2.5D和3D技术的兴起，散热挑战越来越大。未来在芯片封装可以预留液冷通道，在封装内进行液冷设计，加强散热效率，如图7-18所示。在芯片外通过泵的压力把流体压入封装的流体入口，流体在封装内通过流体通道带走热量并从流体出口流出，实现流体循环，加速散热。

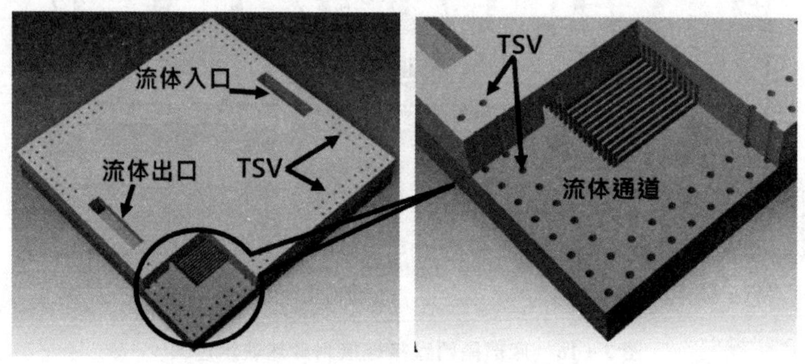

图7-18　在封装内采用液冷技术进行散热示意图(Lau, Ad-STAC2011 Lectures)

7.4　PCB走线温度

PCB走线温度受多重因素影响，包括自身作为导体会发热，同时还包括外部元组件发热、PCB缺陷、PCB机械故障、外部冷却方式和程度、温湿度以及可靠性等。但本质上，PCB走线的最小宽度和厚度(横截面)会决定其最大的允许载流能力(即电流值)，也就是其自身作为导体最大可允许的温升。

PCB导体走线的可允许温升是指PCB压合层最大安全工作温度与PCB工作环境的最大温度之差。对于采用对流冷却的PCB系统，其工作的热环境就是PCB所处的最大环境温度。对于处于对流环境中的传导冷却PCB系统，其温升是由于传导冷却组件的功耗引起的，同时通过PCB和/或散热器传向冷板的温升也要考虑。对于真空环境中的传导冷却PCB系统，其工作的热环境是指由于元件的功耗引起的温升以及PCB和/或散热器到冷板的温升。在真空环境，元件、PCB以及冷板之间的热辐射也需要考虑。

对于PCB内层来说，PCB走线厚度也就是铜箔厚度；对于PCB外层来说，PCB的走线厚度还包括电镀时的铜厚。同时，还需要考虑实际生产过程PCB的铜厚一般会有±10%的公差。根据 IPC－2221 的规范要求，可以根据 PCB 的铜厚和走线宽度快速估算导体的横截面面积，载流能力以及温升影响。

针对外部走线和内部走线，IPC－2221 采用了曲线图来进行载流能力和导体横截面面积的刻画。需要注意的是，IPC－2221 限定了走线的载流能力最高为 35 A，走线宽度最大为 0.4 in，温升为 10～100 ℃，铜箔厚度为 0.5～3 盎司/ft^2，同时不考虑电源层和底层。

如图 7－19 所示，IPC－2221 中定义了 PCB 外部走线载流与走线结构、温升的关系。首先，根据走线宽度，可知不同铜厚的外部走线的横截面面积，如图(b)所示。

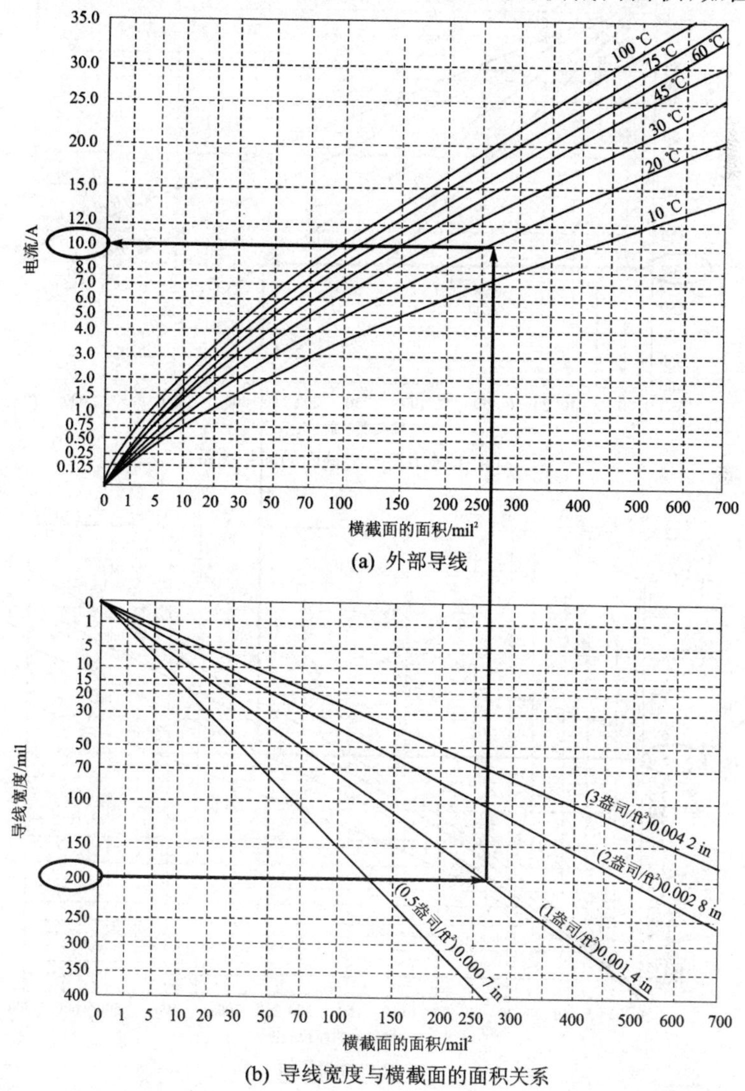

图 7－19 IPC－2221 定义 PCB 外部走线载流与温升计算关系示意图

假设外部走线的线宽为 200 mil，并且采用 1 盎司/ft²，则可以迅速确认走线的横截面面积。确定横截面面积以后，可以在图(a)中找到对应的横截面面积，再根据不同的温升确定走线的载流能力。假设温升为 20 ℃，则该走线的最大载流能力约为 10 A。

同理，图 7－20 所示为 PCB 内部走线载流与温升计算关系示意图。和外部走线一样，先确定内部走线的横截面面积，然后再根据载流与横截面面积之间的关系图，在特定温升下，确定走线的最大载流能力。从图中可以看出，同样横截面面积的内部走线在 20 ℃温升的情况下，其载流能力相当于外部走线的一半。

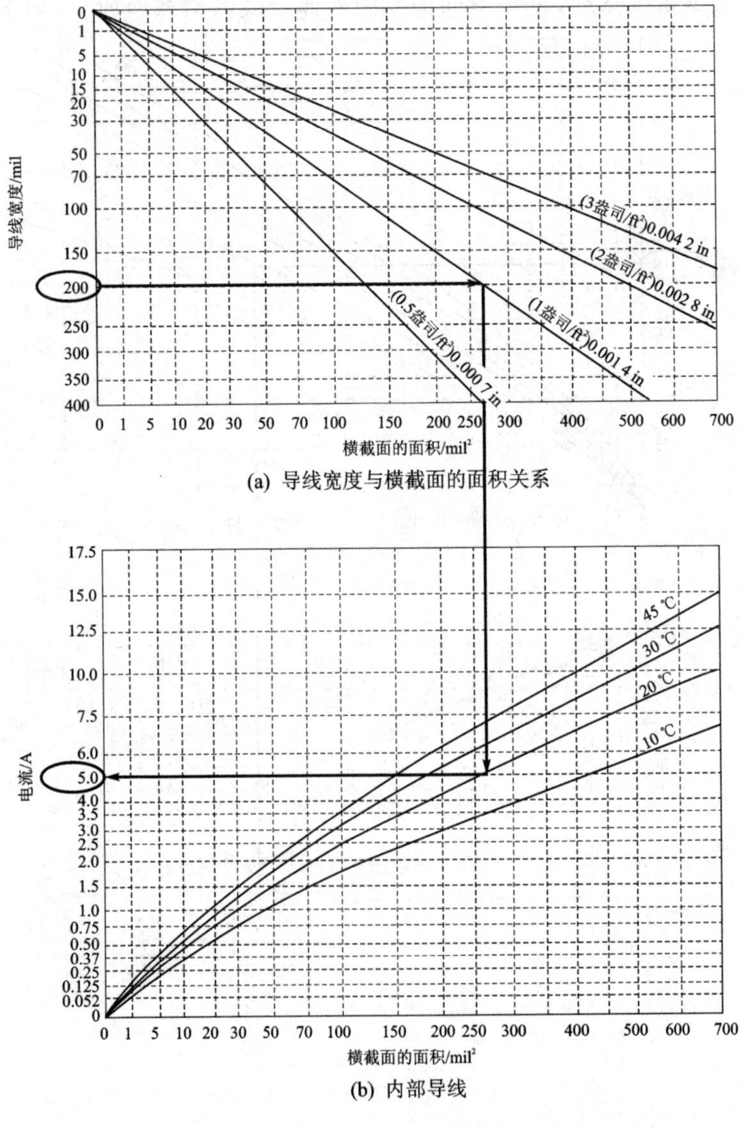

导线宽度/mil
0 1 5 10 15 20 30 50 70 100 150 200 250 300 350 400
(3盎司/ft²)0.004 2 in
(2盎司/ft²)0.002 8 in
(1盎司/ft²)0.001 4 in
(0.5盎司/ft²)0.000 7 in
0 1 5 10 20 30 50 70 100 150 200 250 300 400 500 600 700
横截面的面积/mil²

(a) 导线宽度与横截面的面积关系

电流/A
17.5 15.0 12.5 10.0 7.5 6.0 5.0 4.0 3.5 3.0 2.5 2.0 1.5 1.0 0.75 0.50 0.37 0.25 0.125 0.052 0
45 ℃
30 ℃
20 ℃
10 ℃
0 1 5 10 20 30 50 70 100 150 200 250 300 400 500 600 700
横截面的面积/mil²

(b) 内部导线

图 7－20　IPC－2221 定义 PCB 内部走线载流与温升计算关系图

需要注意的是，图 7－19 和图 7－20 所对应的 IPC－2221 关于 PCB 走线载流能力与温升之间的关系曲线没有考虑功耗元件的散热效应，其铜厚也没有考虑非铜导体因素，但考虑到蚀刻技术、铜厚、走线宽度以及横截面面积等因素，一般会留有 10％的裕量。另外，如果 PCB 厚度不大于 0.8 mm 或者走线厚度超过 108 μm，则建议采用额外 15％的裕量。该曲线图既可以应用于单走线场合，也可以应用于类似的紧密排列的并行走线场景。对于单走线来说，可以按照以上方式直接进行计算并确定走线的最大载流能力。对于紧密排列的并行走线来说，可以采用等效的走线横截面面积和等效电流来表示。等效的走线横截面面积等于各个走线的横截面面积之和，等效的电流等于走线的电流之和。

尽管采用曲线图比较直接，但是在实际应用中不够精确。因此，很多学者会通过计算方程对曲线进行拟合，通过公式计算任意横截面和温升下的走线最大载流能力。典型的有 Doug Brooks 提出的走线温升方程①，其具体公式如下：

$$\begin{cases} I = 0.065 \times \Delta T^{0.43} \times A^{0.68}, & \text{IPC 外部走线} \\ I = 0.015 \times \Delta T^{0.55} \times A^{0.74}, & \text{IPC 内部走线} \end{cases}$$

IPC 曲线图和 Doug Brooks 走线温升方程没有考虑电源和地作为 PCB 整层的情形。然而现代 PCB 中，电源和地作为整层出现已经非常普遍，同时 IPC 曲线图和 Doug Brooks 走线温升方程也没有考虑温升时铜阻的影响（0.32％/℃），当 PCB 放进气流非常低的机箱里时，其结果就非常保守。Intel 公司的 Yun Ling 因此而提出了 Yun Ling 走线温升模型②。通过 Yu Ling 走线温升模型可知：

① PCB 外部走线的温度与内部走线的温度大致相同，PCB 中的电源和地平面可以改善 PCB 的有效电导率，实现非常低的气流。对于高气流情形，外部走线会稍微好一些。

② 靠近 PCB 边缘的走线所载电流要小于 PCB 中间的走线，因为热量无法流过 PCB 边缘进行冷却。

③ 走线温度并不是沿着走线方向梯度递减或者递增，走线中间比走线末端更热。

④ 由于电阻加热的平方根相关性（$Q = I^2R$），走线厚度加倍只会使电流容量增加 41％。

⑤ 相邻的其他走线会由于相互发热而降低走线的电流容量。有效横截面积为 1/（走线数量）。

图 7－21 所示是现代 PCB 堆叠的典型结构示意图。假设走线厚度为 1 盎司，

① Doug Brooks. Temperature rise in PCB Traces. Proceedings of the PCB Design Conference, West, 1998: 23-27.

② Yun Ling. On current carrying capacities of PCB traces. Intel Research Lab, Proceedings of Electronic Components and Technology Conferences, 2002.

$2L=9.6$ in, $2h=0.062$ in, $K=13$ W/(m·℃), $h=3$ W/(m·℃), $T_{\infty}=60$ ℃。据此，Yun Ling 走线温升模型中的走线最大载流能力与走线宽度、温升的关系如图 7-22 所示。

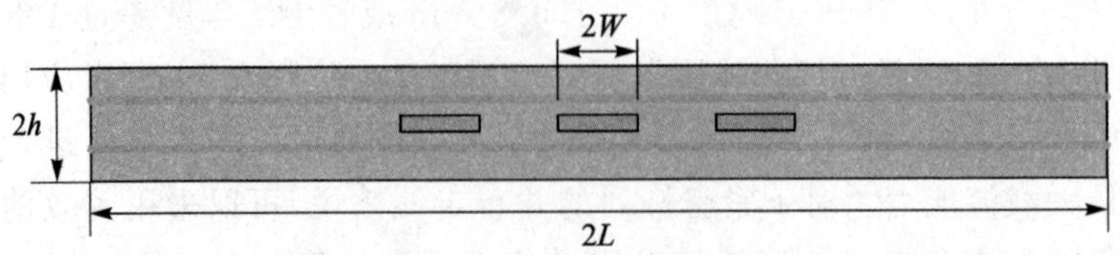

图 7-21 现代 PCB 堆叠的典型结构示意图

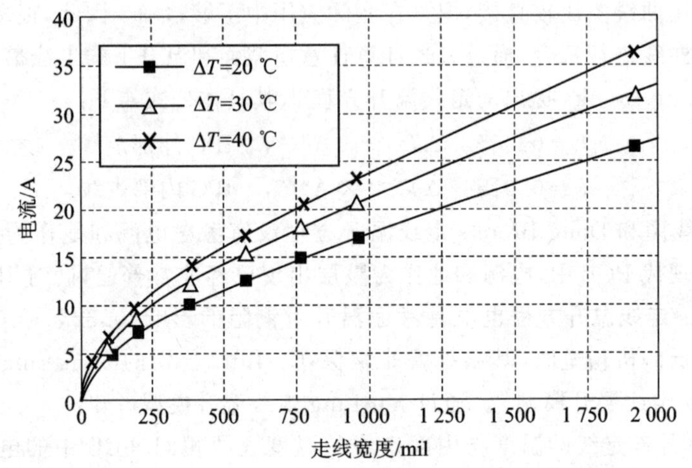

图 7-22 走线最大载流能力与走线宽度、温升关系曲线图

PCB 走线的温度上升，会提高走线的载流能力，但是走线温度上升到一定程度时，PCB 中 PP 材料会开始缓慢降解，走线的粘附力会减弱，使得 PCB 的传导冷却能力减弱，进一步使得走线的温度上升，形成一个正循环，导致热失控。PCB 设计需要控制 PCB 的温度。

要估算 PCB 走线的温度，首先要计算 PCB 上的元件功耗以及 PCB 的表面面积，然后使用对流冷却估算局部 PCB 的平均温度。

图 7-23 所示为服务器主板示意图。为了简化，图中只是简单使用了 CPU、内存以及 VRD 等高功耗元件进行示意，其中风流方向为从左往右。假设 VRD 的功耗为 15 W，面积为 4 in×5 in，$h=32$ W/(m·℃)，风流速度为 1.5 m/s，可得温升为

$$\Delta T=\frac{Q}{h\times A}=\frac{15}{32\times(4\times5)\times(0.0254\times0.0254)}\ ℃$$
$$=36.3\ ℃$$

假设 CPU 后端的空气温度为 35 ℃，则由于元件发热而导致 PCB 的温度为

$$35\ ℃+36.3\ ℃=71.3\ ℃$$

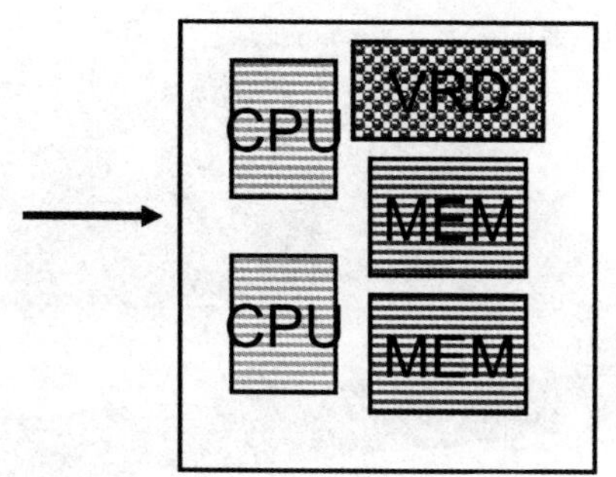

图 7-23 服务器主板示意图

接着,采用 IPC 外层走线温度估算公式或者用曲线图来估算 PCB 走线的温升。假设走线宽度为 200 mil,铜厚为 1 oz,电流为 10 A,则走线温升为 20 ℃。叠加 PCB 的温度,最终走线温度为 71.3 ℃+20 ℃=91.3 ℃。

为了长期工作正常,需要尽量避免走线温度超过 70 ℃。

7.5 系统级散热

稍微复杂的高速电子系统仅靠芯片本身以及 PCB 散热,是远远不能达到系统热设计的要求的。不同的功率芯片和系统,需要对其进行具体的热设计分析,并且采用相应的系统级散热方案。对于低功耗工控级或者消费级的产品,一般采用散热器就可以满足系统热设计要求,图 7-24 所示为 Kontron 公司的工控级 KBox A-203 产品,该产品采用整机冷却的方式,PCB 板上的散热器直接与机壳相连,在机壳顶部和侧部安装散热鳍片来增加散热表面积,实现在环境中自然冷却。

图 7-24 Kontron KBox A-203 实物图

对于高功耗产品,如个人计算机、笔记本电脑、工作站、服务器以及超算等系统,就需要采用综合的冷却解决方案,可能是散热器和风扇组合,也可能是风扇和液冷结合,还可能是纯液冷解决方案等。图 7-25 所示为 SuperMicro 传统的 1U 机架式服务器实物图。从图中可以看出,该系统采用了传统的风冷解决方案,利用风扇模组强迫空气对流,同时对 CPU 以及南桥芯片采用散热器进行热传导散热。

图 7-25 SuperMicro Ultra SYS-6019U-TN4RT 服务器实物图

如图 7-26 所示，不同的散热解决方案各有各的优缺点，需要根据具体场景进行搭配选择。从图中可以看出，液冷技术的性能最高，但成本也是最高，热传导技术的性能最低，但成本也最低。

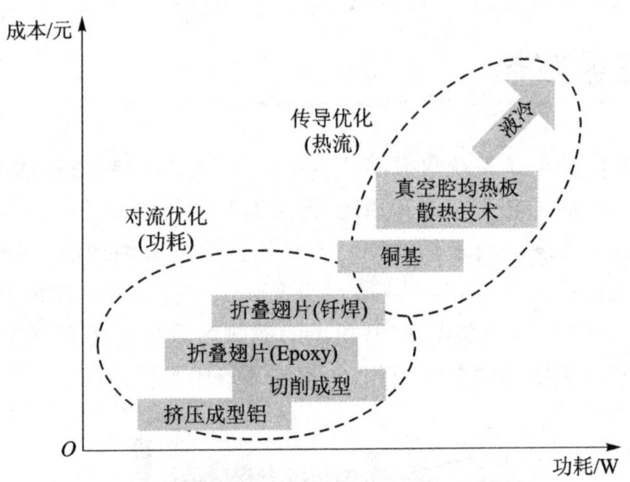

图 7-26 不同散热方案成本与性能比较

7.5.1 散热器与热管

散热器是被广泛使用的典型热传导散热方式。传统的散热器基于纯粹的热传导和热辐射原理，采用无风扇设计，通过采用导热系数较好的铜或者铝等材料进行加工成型。为了增加散热效率，一般会通过挤压、折叠或者切削等工艺把材料加工成散热鳍片来增加散热面积，如图 7-27 所示。为了增加导热效率，减小接触热阻，散热器和芯片之间会采用导热硅胶等 TIM 材料来提高散热接触面积。

基于热阻理论，当采用传统散热器进行散热时，热传播途径的热阻可以采用如图 7-28 所示的方式建模。因此，采用传统散热器的整体热传播途径的等效热阻为

$$R_{hs} = R_c + R_s + R_m + R_{fins}$$

图 7－27　传统散热器实物图

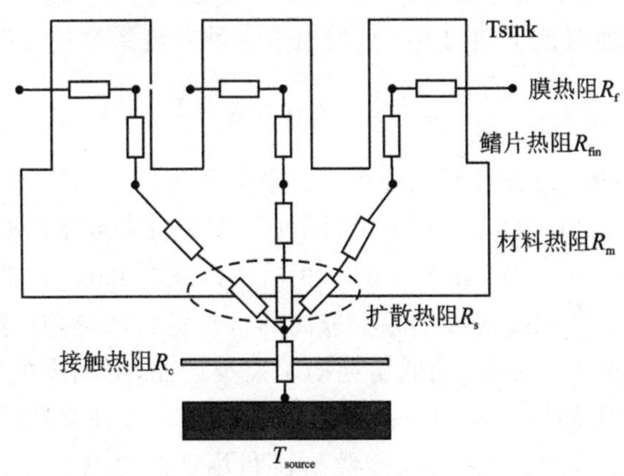

图 7－28　散热器热阻建模示意图

扩散热阻 R_s 可以采用如下公式进行计算：

$$\begin{cases} R_s = \dfrac{\sqrt{A_p} - \sqrt{A_s}}{K\sqrt{\pi A_p A_s}} \times \dfrac{\lambda K A_p R_o + \tanh \lambda t}{1 + \lambda K A_p R_o \tanh \lambda t} \\ \lambda = \dfrac{1.5\pi}{\sqrt{A_p}} + \dfrac{1}{\sqrt{A_s}} \end{cases}$$

式中，A_p 和 A_s 分别表示散热器基座面积和热源面积；K 表示散热器的传热系数；R_o 表示散热器热阻；t 表示散热器基座厚度。

散热器材料热阻可以采用如下公式进行计算：

$$R_m = \frac{t_b}{KA_b}$$

式中，A_b 和 t_b 分别表示散热器基底面积和基底厚度；K 表示散热器的传热系数。

散热器鳍片总热阻为各个鳍片热阻的并联，可采用如下公式进行计算：

$$R_{\text{fins}} = \frac{1}{\dfrac{n}{R_{\text{fin}}} + \dfrac{n-1}{R_{\text{base}}}}$$

式中，R_{fin} 表示单一鳍片的热阻；R_{base} 表示各鳍片之间通道所造成的热阻；n 表示鳍片数量。

R_{fin} 和 R_{base} 定义如下：

$$R_{\text{fin}} = \frac{1}{\sqrt{hPKA_{\text{c}}}\tanh mH}, \quad m = \sqrt{\frac{hP}{KA_{\text{b}}}}$$

$$R_{\text{base}} = \frac{1}{hbL}$$

式中，h 表示热对流系数；P 表示鳍片周长；K 表示传热系数；A_{c} 表示鳍片截面积；H 表示鳍片高度；b 表示鳍片宽度；L 表示鳍片长度。

对小装置采用强对流散热，Ellison 提出了一种对流系数的计算公式：

$$h = f \times 0.001\,092\sqrt{\frac{V}{L}}$$

式中，V 表示流体流速；f 表示不同流速下的修正系数，

$$f = \begin{cases} 0.141\,3\ln V + 0.723\,1, & V \leqslant 1\,000(\text{LFM}) \\ 0.432\,8\ln V - 1.289\,7, & V > 1\,000(\text{LFM}) \end{cases}$$

传统散热器主要是依靠高导热系数较高的材料进行散热，其导热效能相对较小，通常用于功耗较小的芯片散热，如低功耗的工控类产品，低功率的网卡、HBA 卡等场合，或者用于体积受限的场合，如 1U 高度的服务器，但是往往会和风扇模组组合使用。

对于高功率场合，通常会采用风冷散热器和热管散热器两种方式。风冷散热器是最常见的散热器件。通常是在传统散热器的上方固定一个风扇，用于增加流速、提升换热能力，快速带走热量，一般用于空间比较宽裕的场景，如 PC 机箱。对于空间受限的设备，如 1U/2U 服务器，散热器和风扇会分离成为独立组件。图 7－29 所示

图 7－29　CoolerMaster 公司风冷散热器 i50 实物图

为 CoolerMaster 公司的风冷散热器 i50 实物图。

风冷散热器简单实用，价格便宜，但是冷却效率依旧不高，不能把 CPU 的热量全部散发出去，容易接近导热极限。另外，随着风扇功率和转速增加，其带来的噪声也会增加。并且风扇也容易损坏。

热管散热器是在最贴近芯片部分采用高效的热管替代常规金属基座，通过封闭的金属腔体和毛细吸液芯，充分利用液体的蒸发和冷凝相变冷却和热传导原理，使得热量快速透过热管传递到热源外。其导热能力高于同等质量金属，且平板型热管的热温度均匀，局部换热大。图 7-30 所示为热管散热器实物图和示意图。由于没有主动风扇转动，因此热管散热器的噪声几乎为 0 dB。

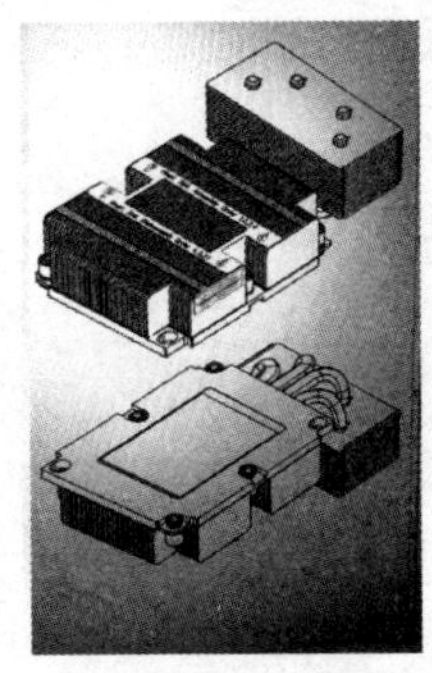

图 7-30　热管散热器实物图和示意图

热管散热器的工作原理如图 7-31 所示。普通热管由管壳、吸液芯及传热液体组成。热管采用封闭结构，管道内壁安装有毛细吸液芯，管道内注入高导热率液体，可以把内部空气抽取掉。当热管工作时，吸热段的液体会吸收来自管壁的热量并进行相变，形成蒸气，导致压力增大。在气压的作用下，蒸气流向压力较低的冷凝段，并在冷凝段再次发生相变，释放热量，然后恢复液态。液体在毛细力的作用下，会沿着吸液芯回到吸热段，并再次吸收热量，形成一个循环。通过气液相变反复循环就实现了热量的传递和转移。

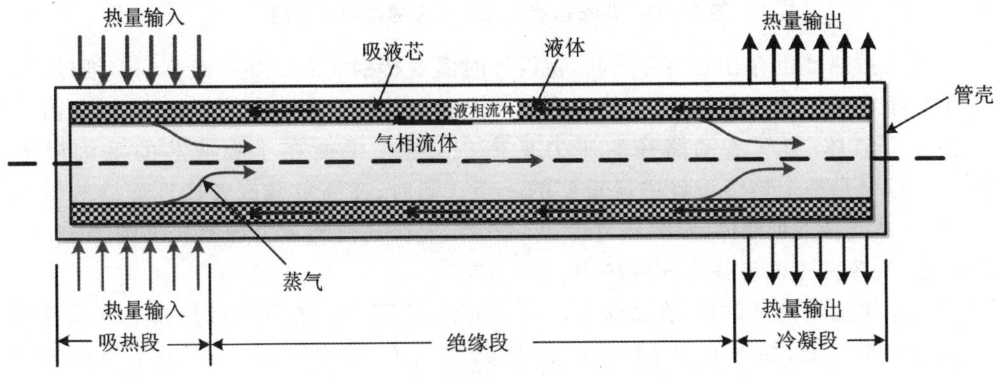

图 7-31　热管散热器工作原理示意图

热管中液体决定了热管散热器的导热效率。图 7－32 显示了各种不同温度区间的各种传热液体的导热能力，根据不同的应用场景，可以采用不同的导热液体来进行热管设计。

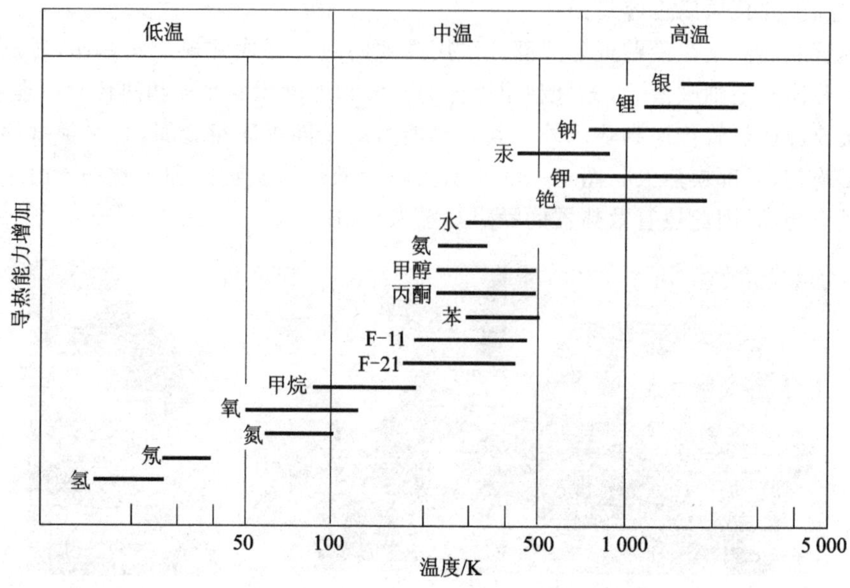

图 7－32　各种不同传热液体的导热能力图

吸液芯沟槽的形状会影响毛细现象，如图 7－33 所示，上宽下窄的倒梯形形状的沟槽具有最佳的毛细现象。

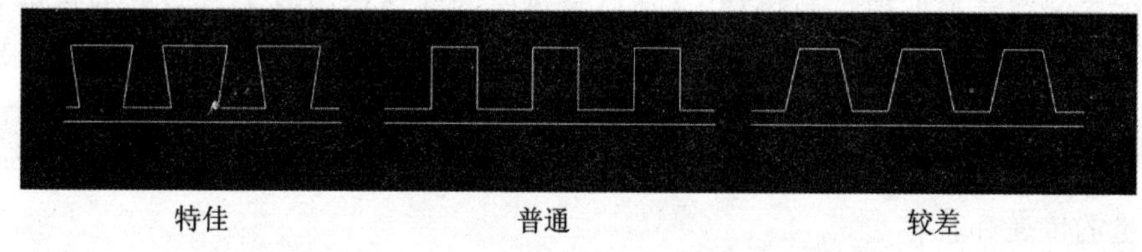

图 7－33　沟槽形状对毛细现象的影响示意图

热管散热器也存在着多种限制，在设计时需要特别注意。如吸液芯的毛细极限，整个系统在热源的热量作用下，热管内液体进行气液相变而进行热量传递，因此需要保持整个液体/蒸气流动路径的压力平衡——这个平衡在于吸液芯的毛细极限点——这也是整个热管设计中最重要的一点。同时，在高负载或者接近冻结的情形下，高速蒸气会夹带液体，影响热量传递。另外，局部高热通量会导致核沸腾(nucleate boiling)现象并中断液体返回吸热段。

为了更加快速地散热，在系统空间足够的情况下，可以在热管散热器上方或者侧面固定一个风扇，如图 7－34 所示。其中，左图为 CoolerMaster 公司的下压式热管散热器 GeminIIM5LED，主要用于采用 Intel 公司 LGA 1366/1156/1155/1151/

1150/775插座的CPU以及AMD公司FM2+/ FM2/FM1/AM3+/AM3/AM2+插座的CPU来散热;右图为CoolerMaster公司的侧挂式热管散热器HyperH411R,主要用于采用Intel公司LGA 2066/2011-v3/2011/1151/1150/1155/1156/1366/775插座的CPU以及AMD公司AM4/AM3+/AM3/AM2+/AM2/FM2+/FM2/FM1插座的CPU来散热。

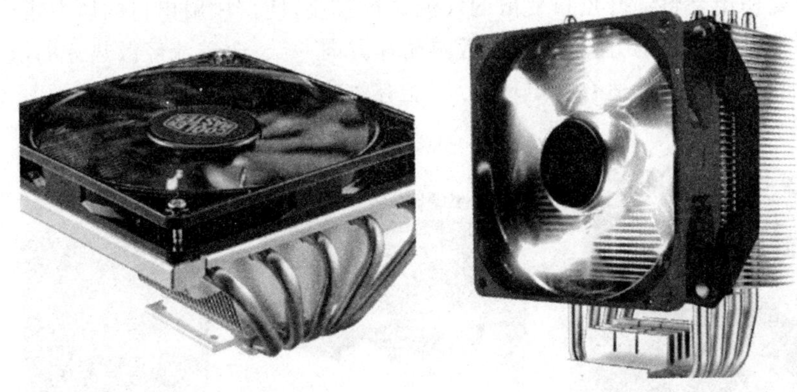

图7-34 带风扇的CoolerMaster热管散热器实物图

7.5.2 风扇与空气冷却

强迫空气冷却是目前最普遍,也是最具性价比的主动冷却方案。强迫空气冷却一般采用冷却风扇来实现。在不同的系统中,冷却风扇可以放在不同的位置。比如风冷散热器或者热管散热器,可以在散热器顶部和侧面安装一个冷却风扇。PC会把风扇固定安装在设备的通风孔处,用于吸入冷却空气或者把热空气吹出机箱。机架式服务器会在机壳内部安装冷却风扇模组,用于为服务器内电路板和系统模组提供冷却风流,如图7-25所示。

常见的风扇可分为轴流式风扇和离心式风扇两种,如图7-35所示。当轴流风扇工作时,叶片推动空气以与轴相同的方向进行流动,结构简单,风量大,应用广泛。当离心式风扇工作时,其气体流向与转轴垂直,其特点是压力大,可以根据需要产生

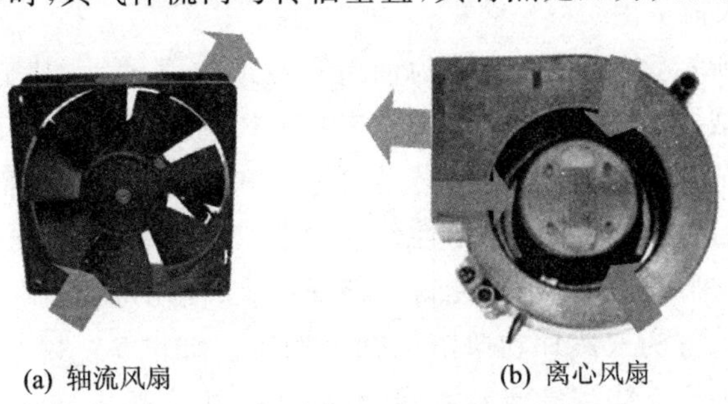

(a) 轴流风扇　　(b) 离心风扇

图7-35 轴流风扇和离心风扇实物图

不同的压力。

根据扇叶的结构，轴流式风扇又可以分为单动叶风扇、动静叶风扇和对转风扇等，如图 7-36 所示。单动叶风扇是单转子风扇，风扇出口处的气流容易向外扩散，流体不容易集中，气流方向与散热鳍片方向不一致，导致阻力增大，散热效果不佳。动静叶风扇是在动叶后面加一级静止的叶片，动叶和静叶共享一个风扇中的空框体。静叶的主要作用是将动叶出口发散的气流进行整流，使得风扇出口的风力集中，气流以近似平行风扇轴线的方向流动，与散热鳍片方向一致，改善流经散热片的风量和噪声。动静叶一体化设计适合特定环境，不能有效兼容各种不同的场景。

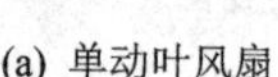

(a) 单动叶风扇

(b) 动静叶风扇

(c) 对转风扇

图 7-36　各种轴流风扇实物图

单动叶风扇和动静叶风扇均为单转子风扇，当系统流动阻力增加到一定程度时，气流就无法顺利向下流动，风扇叶片上翼面气流产生剥离，导致失速效应，如图 7-37(a)所示。对转风扇可以有效解决此问题。对转风扇采用双转子，工作时，两个风扇反向工作，前转子和单转子风扇功能相同，也就是持续对空气做功，改善流动，提供风量，后转子取代了动静叶风扇的静叶功能，通过反向旋转对空气做功，使得前转子出来的风流的流动方向更加集中，如图 7-37(b)所示。

除了风扇扇叶，风扇的轴承也是风扇最重要的一部分。目前市面上主要的风扇轴承有 4 种：含油轴承(sleeve bearing)、滚珠轴承(ball bearing)、液压轴承(hydraulic bearing)以及纳米轴承。

如图 7-38 所示，含油轴承又称为油封轴承或自润轴承，其基本结构由叶片、马达和驱动回路构成，随着磁场的交互感应来带动风扇的运转。由于毛细作用，轴承中的轴心在润滑剂的作用下，在轴承中转动时轴心和轴承的工作表面会形成油膜，使摩擦力减到最小值，以保证工作的稳定性。其制造工艺简单、成本低廉、噪声小，但它会因为润滑油耗损、轴承磨损等因素使得后期噪声大、使用寿命较短。

滚珠轴承可以分为双滚珠和单滚珠轴承两种。如图 7-39 所示，其轴承中有数颗微小钢珠围绕轴心。当扇叶或轴心转动时，钢珠也会跟着转动。由于滚珠是球形形状，其摩擦系数小于含油轴承，且不会有漏油的缺点，寿命较长，一般在 40 000～

(a) 一般单转子风扇

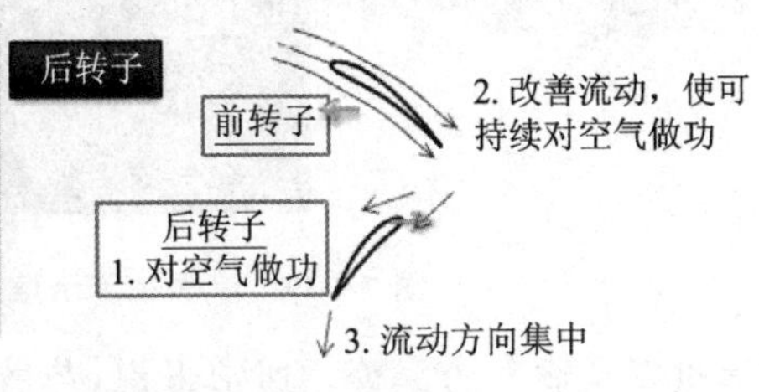

(b) 4056对转风扇剥开图

图7-37　单转子风扇和对转风扇工作原理示意图

图7-38　含油轴承示意图

60 000 h,并且具有高效率与低生热的特点,后期噪声也很小,但相对成本也较高。为了降低风扇成本及噪声,可以采用滚珠搭配含油轴承的方式。

液压轴承利用磁浮结构来搭配高效能润滑功能,使马达能有效吸收外来震动,保护轴承表面,而且因为表面摩擦减少了,所以产生的噪声、热度、磨损也跟着会降低。其寿命约为40 000 h。

纳米轴承是由富士康首创,采用纳米高分子材料与特殊的添加剂融合。其轴承核心使用纳米级的氧化锆粉,用冲模烧结工法制程,晶体颗粒从60 μm下降至0.3 μm,具有坚固、光滑和耐磨特性。纳米陶瓷轴承具有耐高温能力,风扇使用寿命在150 000 h以上。

在实际应用中,需要关注几个基础规格参数,包括尺寸大小(半径)、风扇转速

图 7-39　滚珠轴承示意图

(N_{RPM})、空气流量以及输入功率等。通常来说，与散热器集成在一起的风扇的尺寸相对较小，一般为 30～60 mm，独立使用的风扇的直径一般在 40～360 mm 之间。风扇转速与冷却效率相关，一般用于 CPU 的风扇转速在 1 000～4 000 r/min 之间。

对于风扇性能来说，最重要的有两个参数：静压力(Static Pressure，SP)和气流量。所谓的风扇静压力，就是风扇抵抗系统阻力和障碍物对气流路径的影响。静压力越高，相同体积流量的空气就越容易通过更紧密的空间和障碍物。静压力采用 mm(或 in)H_2O 为单位来衡量。该单位是指在 4 ℃条件下施加在 1 mm 高度水柱的底面上的压力。气流量是指每单位时间内提供的空气体积，通常使用 ft/min(CFM)作为单位。不同种类的风扇的静压力和气流量曲线各不相同，具体如图 7-40 所示。

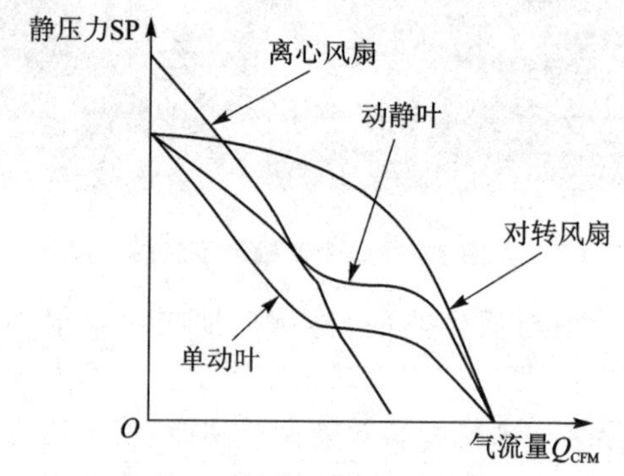

图 7-40　各种不同风扇的静压力与气流量曲线示意图

对于需要使用风扇散热的产品来说，设计工程师必须先选择正确散热风扇。选择正确的散热风扇通常有三个重要步骤：首先需要明确系统总冷却需求及风量，然后确定全部系统阻抗/系统特性曲线，最后确认系统操作工作点。

如果已知系统设备内部总的发热量以及允许的总温升，就可以根据换热方程得出冷却设备所需的风量，其公式如下：

$$Q = c_p W \Delta T$$

式中，Q 表示总的换热量；ΔT 表示气流进口和出口之间的温度差；c_p 表示比定压热容；W 表示空气流的质量，可以采用如下公式进行计算：

$$W = Q_{\mathrm{CFM}} \times D$$

式中，Q_{CFM} 表示空气流量；D 表示空气密度。

重新整理以上公式，可得在给定热量和温度差下所需要的空气流量：

$$Q_{\mathrm{CFM}} = \frac{Q}{c_p \times \Delta T \times D}$$

采用转换因子，并代入海平面空气的比定压热容和密度，可得

$$Q_{\mathrm{CFM}} = \alpha \times \frac{\mathrm{Power}}{\Delta T}$$

式中，Power 表示系统内部的发热量；α 表示转换系数，如果温度单位为℃，则 α 取 1.78，如果温度单位为华氏温度，则 α 取 3.2。

例如，假设系统内部消耗电功率为 800 W，温差分别为 30 ℃和 20 ℉，则各种所需的气流量为

$$\begin{cases} Q_{\mathrm{CFM}}^{℃} = 1.78 \times \dfrac{800}{30} \approx 47.47\ \mathrm{CFM} \\ Q_{\mathrm{CFM}}^{℉} = 3.2 \times \dfrac{800}{20} \approx 128\ \mathrm{CFM} \end{cases}$$

接着要确认系统阻抗/系统特性曲线。气流在其流动路径上会遇上系统内部零件的干扰，限制空气的自由流动。系统内部零件会造成风压的损失，该损失因风量而变化，即系统阻抗。

系统特性曲线定义如下：

$$\mathrm{SP} = K \times \frac{n}{D} \times Q_{\mathrm{CFM}}$$

式中，SP 表示静压力；K 表示系统特定系数，表征系统风量与风压的关系，一般是一阶线性常数；n 表示扰流因素，通常为 $1<n<2$。特殊情况如平流时，$n=1$；湍流时，$n=2$；系统有旁路泄漏时，$n<1$。图 7－41 所示为系统特性曲线示意图。

系统特性曲线需要在产品方案确定后采用仿真或者风洞测试获得。

最后，确定系统操作工作点。把系统特性曲线和风扇特性曲线放在一起，其交点就是系统操作工作点，也就是风扇的最佳工作点，如图 7－42 所示。风扇 A 在系统 A 的操作点为 X，风扇 B 在系统 A 的操作点是 Y。在同一个系统中，风扇 B 的性能要优于风扇 A。这是因为在操作点处，$\mathrm{SP_Y} > \mathrm{SP_X}$，$Q_\mathrm{Y} > Q_\mathrm{X}$。

假设系统 A 为散热器，按照散热器的设计要求，需要对应于 Y 点的空气流量，则要么采用更高性能风扇 B 来满足，要么就改善散热器阻抗曲线使风扇 A 就能满足系统要求。但是要改善散热器阻抗特性，可能会需要使用更高效的材料制作散热器，或者改变散热器的几何形状。

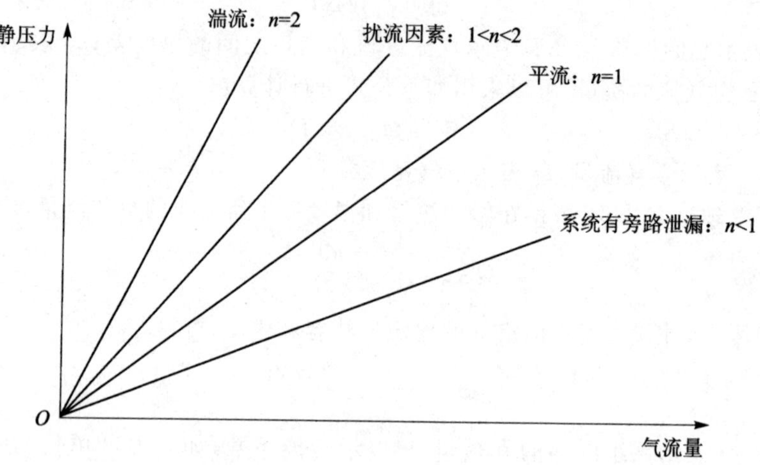

图 7-41　系统特性曲线示意图

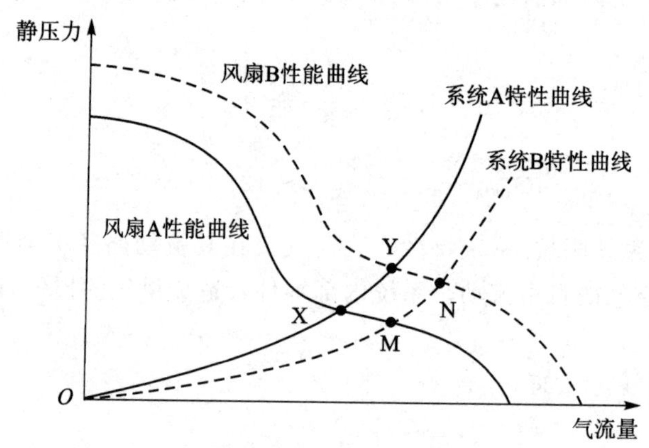

图 7-42　系统操作工作点示意图

风扇的转速会直接影响风扇的静压、风量以及功耗。同一个风扇的静压与风扇转速的二次方成正比，同一个风扇的风量与风扇的转速成线性关系，其关系式表示如下：

$$\begin{cases} \dfrac{\mathrm{SP}_2}{\mathrm{SP}_1} = \left(\dfrac{N_{\mathrm{RPM2}}}{N_{\mathrm{RPM1}}}\right)^2 \\ \dfrac{Q_{\mathrm{CFM2}}}{Q_{\mathrm{CFM1}}} = \dfrac{N_{\mathrm{RPM2}}}{N_{\mathrm{RPM1}}} \end{cases}$$

风扇的输入功率等于工作电压与风扇在给定转速下消耗电流的乘积：

$$P_{\mathrm{in}}^{\mathrm{RPM}} = V \times I$$

风扇的输出功率是风扇静压和气流量的函数，其公式如下：

$$P_{out}=\frac{SP\times Q_{CFM}}{8.5}$$

结合静压和气流量与风扇转速的关系，可知风扇的输出功率与风扇转速成三次方关系。高端服务器风扇对系统总功耗的贡献甚至可能与 CPU 相媲美，达到总功耗的 51%。

风扇的效率可以定义为风扇的输出功率与输入功率之比：

$$\mu=\frac{P_{out}}{P_{in}}$$

在系统工作点时，风扇的效率最佳。

在复杂的系统中，采用单个风扇无法满足系统的要求，需要采用风扇模组来对整个系统进行散热。风扇模组采用多个风扇进行组合，一般为并联和串联两种。并联风扇可以产生更大的风量，如自由空间的两个并联风扇所产生的风量是单一风扇的 2 倍。但是如果静压很大，并联风扇所增加的风量会很低。因此，并联风扇仅在系统低阻抗的情况下建议使用。其风扇模组特性曲线如图 7-43 所示。

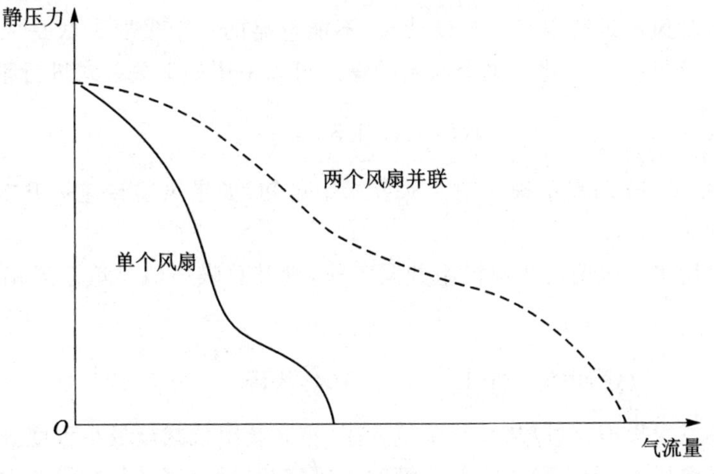

图 7-43　并联风扇和单个风扇特性曲线示意图

当风扇进行串联时，在零风量时其静压可为单个风扇的 2 倍，但是在自由空间时并不会增加风量，因此采用风扇进行串联比较适合高阻抗系统。其风扇模组特性曲线如图 7-44 所示。

在复杂的电子系统中，如 1U/2U 机架式服务器或者高密度服务器中，往往会采用串联形式的对转风扇来增加静压，同时对对转风扇进行并联来提高系统的风量，加速系统散热。

系统冷却风扇可以采用两种工作方式进行散热：抽风与吹风。吹风的风压大，散热效率高，但是气流紊乱，各模块散热不均匀，适合系统风阻大，局部需要强制散热的系统。抽风具有气流稳定、容易控制的特定，但会受系统风阻影响，适合风阻较低的

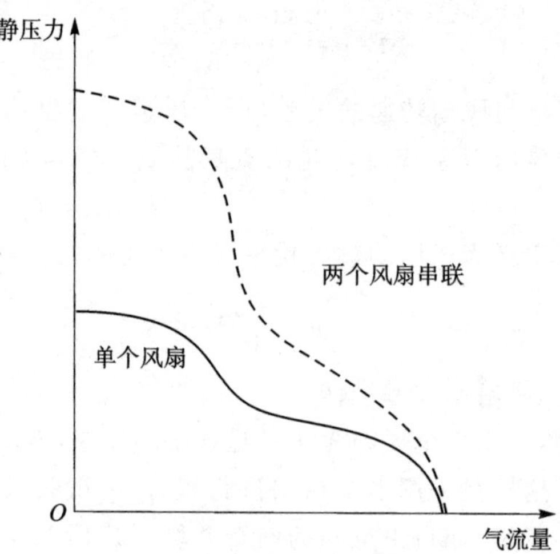

图 7-44　串联风扇与单个风扇特性曲线示意图

产品。

采用冷却风扇进行空气冷却设计时，不能忽略的一个重要参数是风扇噪声。风扇噪声采用分贝(dB)量化。单个风扇的噪声可以采用如下关系式进行量化：

$$N_1 = N_2 + 50\lg \frac{N_{\mathrm{RPM1}}}{N_{\mathrm{RPM2}}}$$

式中，N_1 和 N_2 分别表示噪声值。从公式中可知，如果风扇转速提升 50%，则噪声会相应增加 8.8 dB。

如果采用多个风扇的风扇模组共同工作，则其总噪声值是单个风扇发出噪声的对数和：

$$\text{总噪声值} = 10\lg\left\{10^{\frac{N_1}{10}} + 10^{\frac{N_2}{10}} + 10^{\frac{N_3}{10}} + \cdots + 10^{\frac{N_n}{10}}\right\}$$

要减小风扇噪声，可以从系统阻抗入手，把系统阻抗减至最小程度。气流路径上的阻碍会导致扰流，产生噪声。在关键的入风口和出风口范围，尽量减少阻碍。尽量选择尺寸较大、转速较低的风扇来进行系统冷却。在满足系统可靠度的前提下，允许温升稍微提高，可以大量减少所需的风量；还可以通过系统的动态调整来实时进行负载与风扇转速的调控；等等。总之，噪声控制属于系统设计的范畴，需要从各个方面进行考虑。

7.5.3　液体冷却

所谓液体冷却(简称液冷)，就是通过某种液体把 CPU、内存、模组等高功耗器件或者系统中的热量带走的技术。

液体冷却不是一门新技术，在半个多世纪以前已经出现，只是因为芯片和半导体制造技术发展速度很快，液体技术在和空气冷却技术进行竞争中一直处于劣势，导致推广成本一直居高不下。但是随着微处理器的性能出现指数级增长，意味着芯片所产生的热量也会大量增加，这样导致散热系统可能成为系统性能的瓶颈。而液冷技术具有空气冷却无可比拟的散热能力。同体积液体带走热量是空气的近 3 000 倍，导热能力是空气的 25 倍；同等散热水平下，液体的噪声水平低于风冷的 20～35 dB，同时耗电量要节省 30%～50%。因此，越来越多的大数据、超高密度计算的场景开始采用液体冷却来替代空气冷却。

2008 年，IBM 公司对外发布了基于 Power6 处理器的液冷超级计算机节点 Power575，标志着液冷技术正式重新回归 IBM 的服务器。Power575 的计算节点采用 2U 高度，一个机架内最多放置 14 个液冷节点，每个节点内放置 4 个工作在 4.7 GHz 的 Power6 处理器。图 7－45 所示为 Power575 水冷结构示意图。从图中可以看出，

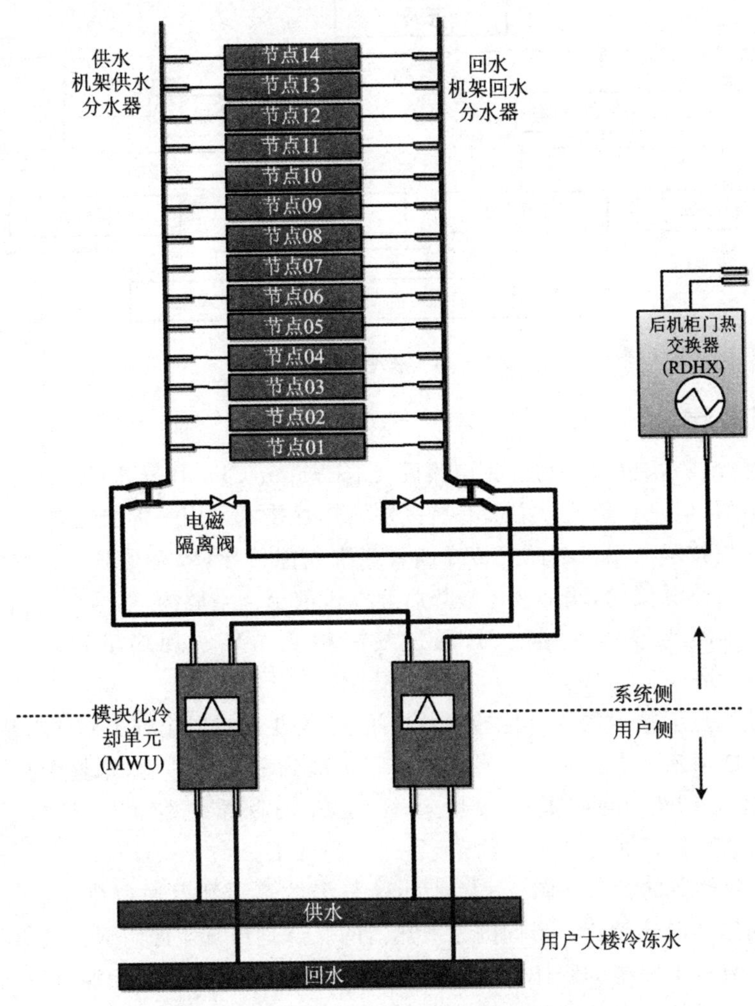

图 7－45　Power575 水冷结构示意图

上行制冷液体通过 MWU 单元提供给每个节点并带走每个节点的热量，同时通过下行的管道流回机架内回水 MWU 收集。RDHX 也会接入 MWU 的管控。

正常工作时，两个 MWU 会同时工作。一旦其中一个出现问题，该 MWU 会被系统关闭，同时分水器和 RDHX 之间的电磁阀也会截止，将 RDHX 从系统液冷循环中隔离出去，另外一个 MWU 将会调整以满足 14 个计算节点的散热需求，保证系统的可靠性和冗余性。

液冷技术发展到现在，按照液体与热源之间的距离大致可以分为三种：风液混合、直接接触以及间接接触的冷板方式。其中直接接触又分为直接浸没式和喷淋式两种。根据是否采用相变冷却，直接接触和间接接触又分为单相冷却和两相冷却的方式。液冷的工作方式如图 7-46 所示。

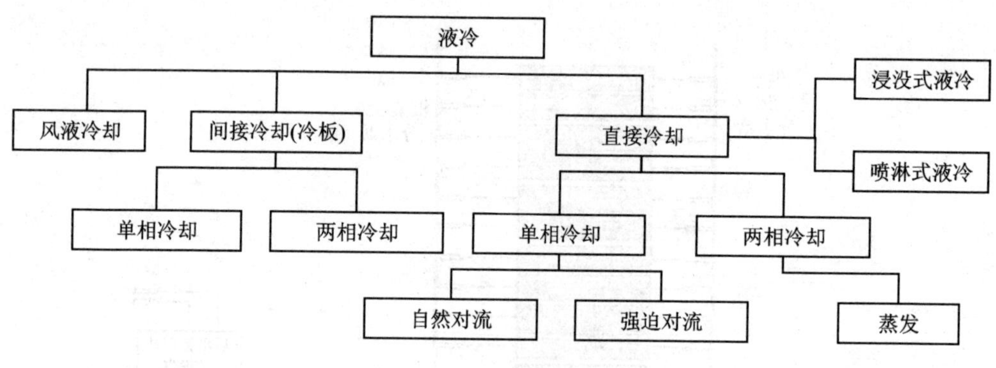

图 7-46　液冷的工作方式

1. 风液混合

风液混合技术，也就是真空腔均热板技术(Vapor Chambor，VC)，其工作原理和热管技术类似，但是在热传导方面有所区别。热管技术采用一维线性热传导技术，而真空腔均热板技术采用二维面上传导或者三维立体传导，效率更高。其原理是通过真空腔底部与热源接触，底部液体吸热后蒸发扩散至真空腔内，然后热量由散热鳍片带走，接着冷凝为液体回到底部，通过气液相变循环实现热量转移和冷却，如图 7-47 所示。

真空腔均热板技术的热量传导到散热鳍片，需要通过风扇强迫对流将热量带走，这就是所谓的风液混合技术。如果把真空腔扩展到散热鳍片内，则整个真空腔的散热面积将极大扩大，也会提升散热效率，这就是三维真空腔均热板散热技术(3DVC)，如图 7-48 所示。

3DVC 散热器的实物如图 7-49 所示。整个散热器和普通散热器的外观类似，包括了散热体和散热鳍片。不同的是散热器的底部是由真空腔组成。扁管内腔和底部真空腔形成一个完整的腔体，使得液体在扁管内腔形成气液两相混合流动，整个扁管上下接近等温体。散热器的鳍片分布在 3DVC 的扁管之间，通过焊接的方式将鳍

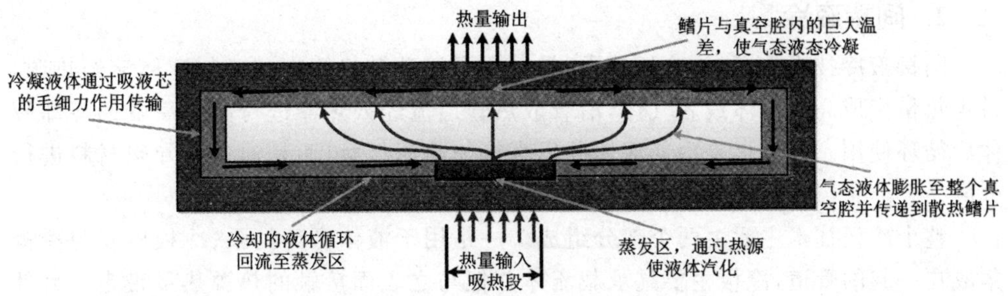

图 7-47 真空腔均热板散热原理示意图

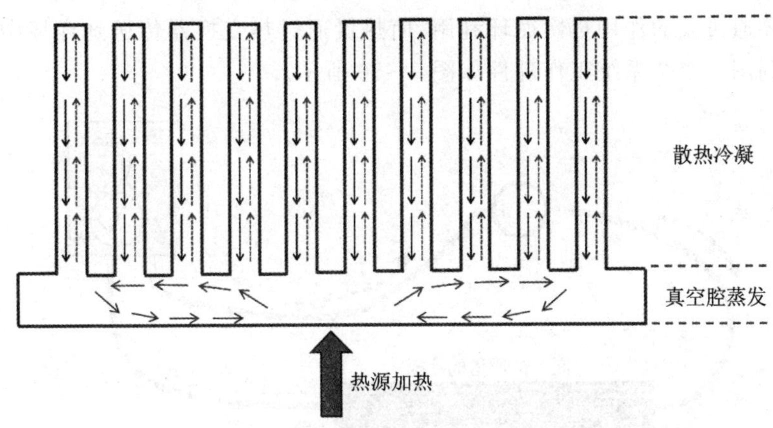

图 7-48 3DVC 散热原理示意图

片和扁管焊接在一起，使扁管和鳍片接近等温体，与空气的换热效率得以提高。

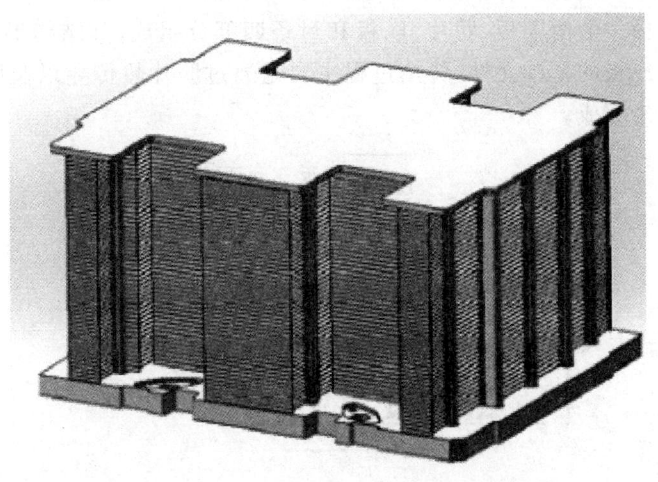

图 7-49 3DVC 散热器实物示意图

2. 间接液冷

间接液冷技术，也称为冷板技术，是采用泵驱动散热管内的冷却液体流经热源，带走热量变成高温液体或者气体，沿着散热管道流经换热器进行散热后变回冷却液体后循环使用。其特点是冷却液体并不直接与热源接触，而是通过高导热材料进行分离。

整个冷板技术主要由两个部分组成。一是用于液体循环的泵、冷板以及与冷板集成在一起的管道，冷板主要是承载流体并把与之表面接触的热源热量带走。另外一个部分是热交换器，其位于冷却系统的远端，通过管道与冷板相连接。热交换器接收热流体，并通过风扇或者自然对流等各种方式把热交换器中的流体进行冷却。冷却后的液体通过泵的作用再次循环利用，而热量通过热交换器传送到环境中或者被其他设备利用。整个系统工作部件如图 7-50 所示。

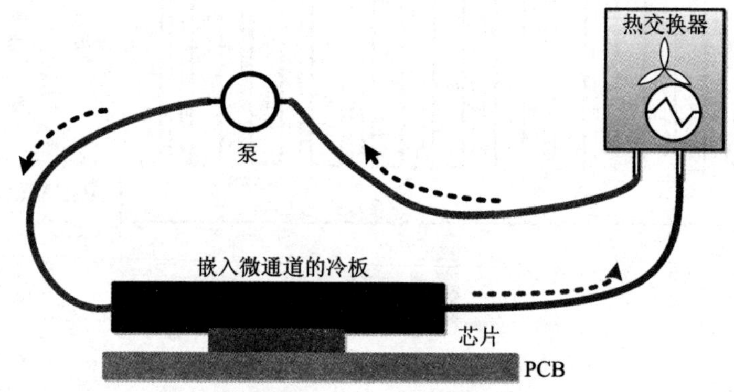

图 7-50 冷板技术示意图

典型的冷板一般由盖板、肋片、底板和封条四部分组成，其结构形态如图 7-51 所示。肋片是冷板的基础元件，传热过程主要是通过肋片热传导以及肋片与流体之间的对流换热来完成。

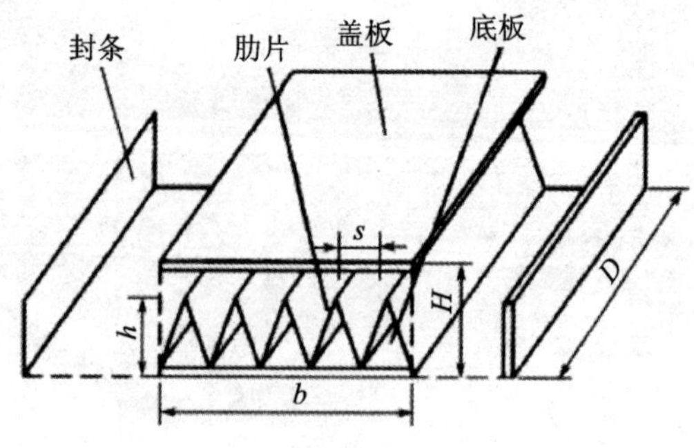

图 7-51 典型的冷板结构示意图

冷板肋片的形态有多种多样，如图7-52所示。在冷板设计时，需要根据其最高工作压力、传热能力、允许压力降、流体性能和流量、是否相变来综合考虑选择特定形态的冷板肋片。

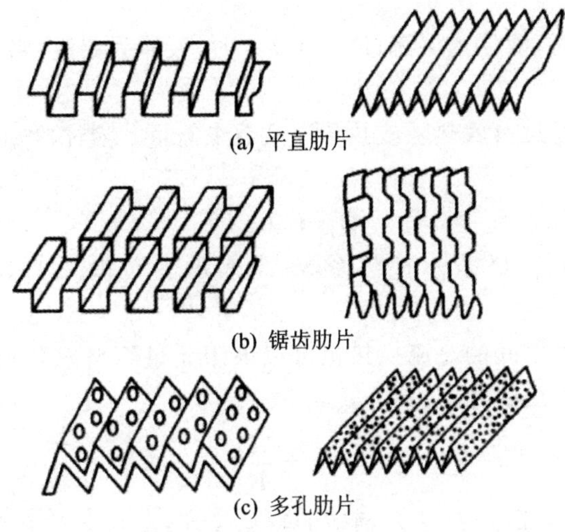

图7-52 冷板肋片形状示意图

冷板的散热原理如图7-53所示，冷板的底面与芯片热源直接接触，冷液体从供水端进入，通过液体对流，带走冷板上的热量，并从回水端流出。根据液体是否会发生相变，冷板冷却系统可以分为单相系统和两相系统。单相系统的冷却液体在整个冷却过程在一直保持液体状态，而两相系统的冷却液体可以在整个冷却过程中发生相变，从液体转化为气态，反之亦然。

图7-53 冷板散热原理示意图

冷却液体在通道中的流动可以分为层流和湍流两种类型。层流是在稳定状态下流过通道的液体有组织的流动，而湍流则破坏了这种均匀性的关系，造成层与层之间的分离。湍流时的液体分子不在同一层流动，也会在流动过程中改变速度和方向，改变流动的分布与位置。可以采用无量纲参数雷诺数来定义流体的流动类型。所谓的雷诺数 Re，就是流体流动时的惯性力 F_g 和粘性力（内摩擦力）F_m 之比，公式如下：

$$Re=\frac{F_{g}}{F_{m}}=\frac{vl}{u}$$

式中，v 表示流体流速；l 表示特征长度，在圆管中流动时一般取直径；u 表示流体运动粘度。

当 $Re<2\ 000$ 时，液体为层流；$Re>4\ 000$ 时，液体为湍流；当 $2\ 000<Re<4\ 000$ 时，为过渡阶段。

液体冷却效率通过有效热阻或热传递系数来衡量。液体冷却的换热计算可以采用如下公式：

$$Q=UA\Delta T$$

式中，Q 表示热交换量；U 表示换热系数；A 表示表面积；ΔT 表示进出口温度的温差。

通道与冷却液体之间的对流换热也可以采用无量纲努塞尔特数 Nu 来表示，其定义为对流换热和导热的比值，其公式如下：

$$Nu=\frac{hD}{K}$$

式中，h 表示对流换热系数；D 表示通道的特征尺寸；K 表示液体的传热系数。对于层流来说，其努塞尔特数为常数，因此液体的对流换热系数与通道的特征尺寸成反比。

努塞尔特数可以表示为瑞利数 Ra 和普朗特数 Pr 的函数。瑞利数表示流体的浮力、粘度以及流体热扩散率之间的关系，而普朗特数则描述了流体的动力学特性与热扩散率之间的关系。努塞尔特数定义如下：

$$Nu=\left\{0.825+\frac{0.387Ra^{\frac{1}{6}}}{\left[1+(0.492/Pr)^{\frac{9}{16}}\right]^{\frac{8}{27}}}\right\}^{2}$$

冷板采用微通道结构。微通道结构的尺寸和位置设计与冷却效率有着直接的关系。通道可以是圆形，也可以是非圆形结构。描述液体冷却技术的一个重要指标是微通道的液体压力。通常采用每单位长度的压力降来表示，即

$$\frac{\Delta P}{L}=\frac{f\rho V^{2}}{2D}$$

式中，ΔP 表示液体通道的压力降；L 表示通道长度；ρ 表示流体的密度；V 表示流体的体积通量；D 表示通道的特征尺寸；f 称为范宁因子，表示壁面剪切应力与每单位体积动能的比值。对于给定形状通道的层流流动，其与雷诺数的乘积是常数；而在湍流中，其与雷诺数遵循一定的关系。

根据以上的理论，通道的几何尺寸会受到努塞尔特数的影响。对于层流流动，由于努塞尔特数是一个恒定常数，当通道几何尺寸减小时，会导致对流换热系数增加几个数量级，同时会增加流体的压力降，并且用于热传导的表面积会减小，因此需要根据通道几何尺寸的减小而进行压力降补偿。

如图 7-54 所示,冷板内流道可以分为沟槽式和埋管式。沟槽式的性能相对较高,成本也较高,一般采用铜造冷板。埋管式的性能相对较低,成本也较低,其冷板一般采用铝块,而埋管采用高导热的铜管组成。成本较低的埋管散热器需要更大的流量,其经受的压力降也较小。

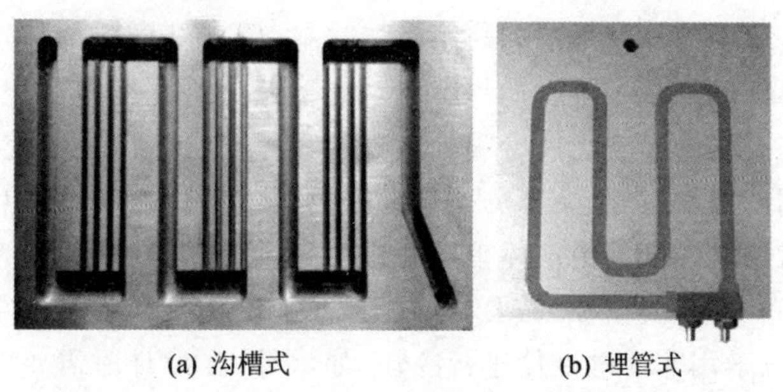

(a) 沟槽式　　(b) 埋管式

图 7-54　沟槽式冷板和埋管式冷板示意图

冷板内的通道可以采用并联的方式,也可以采用串联的方式,如图 7-55 所示。复杂的冷板通道也可以采用并串联混合使用的方式。通道密度由通道宽度、冷板的总表面积以及可接受的设计复杂度共同决定。

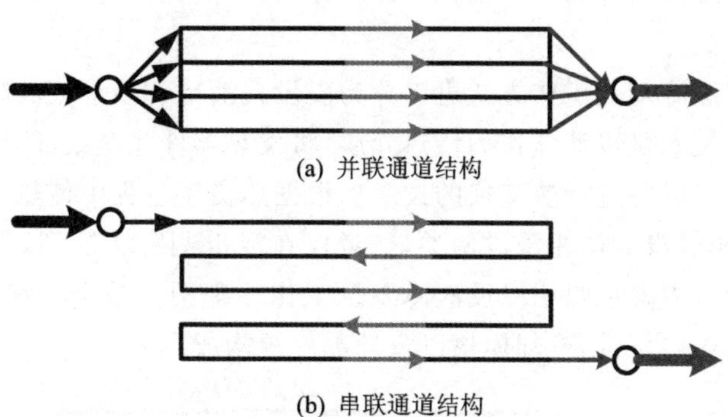

(a) 并联通道结构

(b) 串联通道结构

图 7-55　并联通道与串联通道结构示意图

微通道结构的宽度和深度比值以及鳍片宽度(分割各个微通道边界的宽度)与深度的比值可以用来优化设计变量。以冷板散热器的有效热阻为目标,冷板散热器的热阻对微通道宽度与深度比值的敏感性比鳍片宽度与深度比值的敏感性更高。通过对微通道宽度进行调制可以改善热传递,其计算关系如下:

$$h_{\mathrm{eff}} = h\,\frac{2H_{\mathrm{c}} + W_{\mathrm{c}}}{W}$$

式中,h_{eff} 表示有效热阻;H_{c} 和 W_{c} 分别表示微通道的高度和宽度;W 表示通道的总宽度(包含通道周围鳍片宽度)。

微通道结构优化还可以采用微通道的堆叠结构进行优化,从而可以把单层平行通道结构的热阻降低 30%。微通道内部结构可以在内表面增加沟槽,增加表面积,

增大散热能力。

3. 直接液冷

间接液冷的冷却液在冷板管道中流动，不与主板和芯片等直接接触，具有较好的材料兼容性，并且可以保留现有系统的形态，只需要进行改装就可以实现，容易安装并产业化。但是由于冷却液无法和热源直接接触，因此会导致传热过程中的热阻增加，使其换热效果打折扣。其次，如果不对现有系统进行深度定制化，现有间接液冷技术无法完全在系统中实现无风冷设计。现有采用间接液冷的系统，几乎都是对关键发热器件采用冷板散热，其余部分还是会采用传统的风冷辅助散热，因此，液冷占比——液冷覆盖的发热部件由液体带走的热功率除以整个系统的总功耗——是现有间接液冷系统的一个重要指标，需要尽可能提高液冷占比来提升整个冷却效率。另外，间接冷却可以采用非介电液体进行冷却，如水等，在设计时需要确保冷却系统的密封，否则漏液或者冷凝会导致系统故障，甚至起火等严重事故。

直接液冷可以有效解决以上间接液冷的种种限制。所谓的直接液冷，就是让发热器件或者系统直接与液体接触，通过液体对流来带走系统所产生的热量，形成密封的一级散热循环系统。另外，通过二级循环系统，包括自然风冷或强迫冷却的方式，来对一级循环系统进行冷却。与间接液冷相比，其发热元件的冷却均匀度更好，冷却液的温度可以更高。

直接冷却按照冷却的工作方式可以分为浸没式液冷和喷淋式液冷两种方式。

浸没式液冷技术是以液体作为传热介质，将发热器件完全或部分浸没在液体中，通过与液体直接接触并进行热交换的技术。根据热交换过程中传热液体是否存在相变，可以分为单相浸没和两相浸没两类，二者仅在浸没侧有所区别，其余部分可以通用。图 7-56 所示为整个两相浸没液冷系统工作原理图。整个系统由冷却液、浸没腔体、换热模块、连接管道、冷却模块以及外部冷源构成。

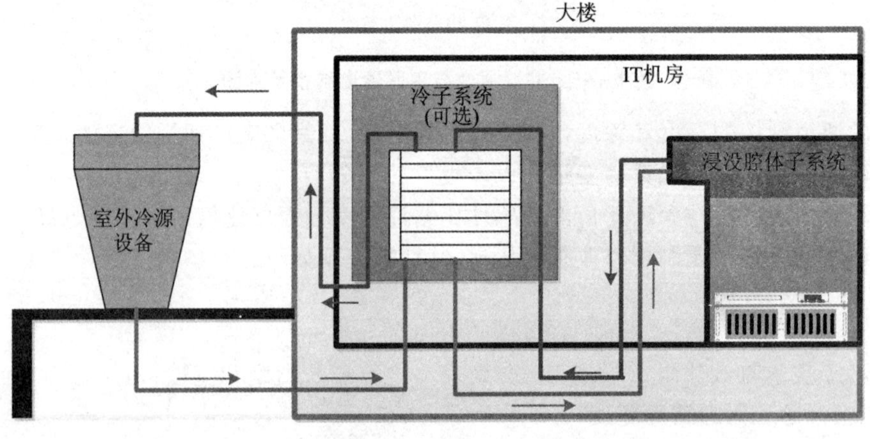

图 7-56　浸没式两相液冷系统原理示意图

需要冷却的系统被直接放置在浸没腔体内，其结构如图 7－57 所示。在工作时，系统会产生热量，使得冷却液体升温。当温度超过液体沸点时，冷却液体就会发生相变，变为气态，吸收热量，实现热量转移。气体会随着管道进入换热模块，遇冷发生冷凝，气态转化为液态，热量通过换热模组散发出去，而冷却后的液体再次沿着管道进入浸没腔体中，如此不断循环。该系统称为浸没式两相液冷系统。

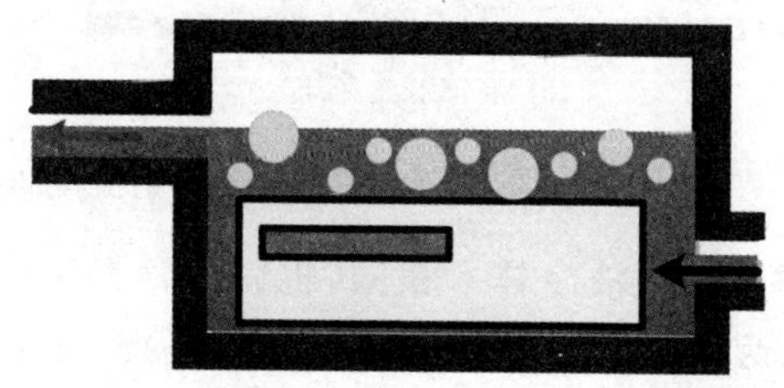

图 7－57 浸没式两相液冷技术工作原理

浸没式两相液冷系统需要注意冷却液的选择使用。冷却液不能是非介电液体，如水等，否则会导致系统烧毁。另外冷却液的沸点必须小于系统允许的最高工作温度。通常来说，所选择的冷却液在常压下的沸点越低，则越早开始沸腾，对芯片和系统的换热越有利。但是过低的沸点会导致冷凝困难，影响系统能效。再者，绝缘介电液体会影响 PCB 表层的相对介电常数。目前绝大多数 PCB 的设计都是基于风冷的设计，其表层介质为空气，相对介电常数为 1。如果改为冷却液，其相对介电常数会发生改变，导致表层信号传输会发生影响，影响系统的性能。选择液体介质的介电常数越低，对信号传输的效果就越好。同时，在具体 PCB 设计时，尽量把高速信号等关键走线走内层，也可以加强系统的性能。

浸没式单相液冷系统比浸没式两相液冷系统简单。和两相液冷系统一样，浸没式单相液冷系统直接把系统放置在冷却液体里面，通过冷却液体进行热传导和热对流散热。单相系统中，冷却液体的沸点比系统工作最高温度高，不会发生相变。因此，浸没式单相液冷系统的效率要比两相液冷系统低。

完全浸没式液冷相当于给系统泡澡，而喷淋式液冷则相当于给系统淋浴。完全浸没式液冷需要的冷却液多，整个系统非常笨重，并且需要专门的机构和机房系统，初期成本花销非常大。而喷淋式液冷可以通过对现有系统进行改造就可以实现。相对来说，其使用的冷却液体较少，并且散热效率高。

根据喷淋技术的工作原理不同，可以分为液体射流冷却和喷雾冷却两种，如图 7－58 所示。液体喷射冷却的特点是传热流体通过喷嘴将流体沿着元件或者与之接触的散热表面的法向或与法向的切角冲击散热表面。由于喷射速度很快，当液体直接喷射时，液体接触电子元件并且会在元件表面形成一层很薄的速度和温度边界层，随着液膜的流动将热量带走，或者通过制冷液体相变而带走热量。

喷雾冷却是借助高压气体或者依赖液体本身的压力通过喷嘴将液体雾化为微液滴群喷射到热表面，依靠射流冲击、强对流以及液滴相变带走大量热量。由于喷嘴喷出的是雾状小液滴，可以作用的范围更广，更容易发生相变换热，所以冷却效果更佳。

喷淋式液冷技术同样需要在外部采用液冷 CDU，包括泵和热交换器等，其工作

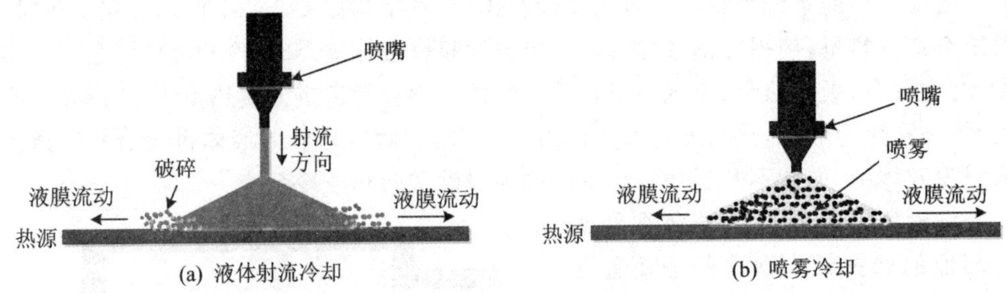

图 7-58　液体射流冷却与喷雾冷却技术示意图

原理与其他液冷技术相同，也就是液冷 CDU 将低温冷却液泵入系统直接喷淋或者喷雾发热元件，吸收热量后变成高温冷却液或者汽化后通过机柜内管道回流至液冷 CDU，在 CDU 内通过热交换器进行换热冷凝，再次变为低温冷却液回流至系统，如此循环。

目前喷淋式液冷技术在服务器和数据中心均有使用。图 7-59 所示为中国长城公司所设计的喷淋式 2U 液冷服务器。从图中可以看出，该系统采用液体喷射单相冷却的方式，机箱高度为标准 2U，可以放置在传统的数据中心机架上。同时，经过改造，使上机盖带喷淋盖，并对机箱进行小修改，增加密封和进回液口就可以满足喷淋的要求。

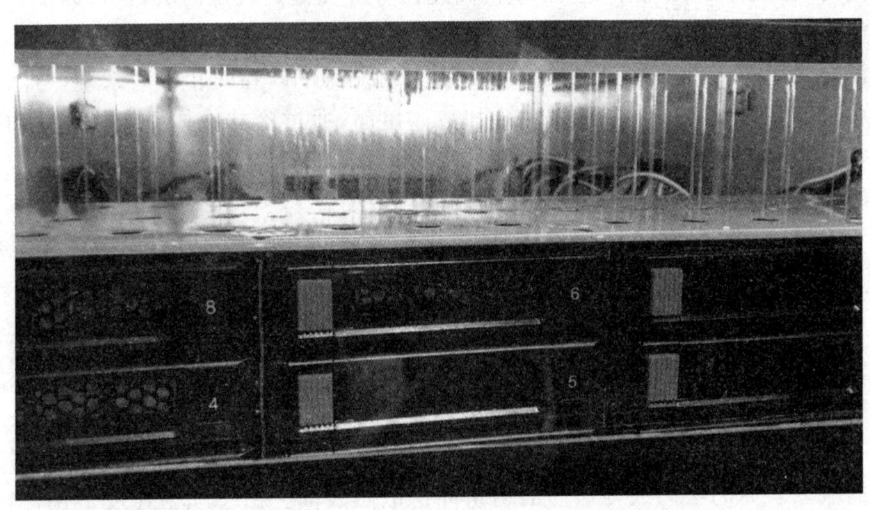

图 7-59　中国长城 2U 机架式喷淋液冷飞腾服务器

4. 冷却液

液冷技术最关键的部分就是冷却液。与空气相比，冷却液体同样具有很好的流动性，但是物质的分子状态更加稠密，单位体积所能带走的热量远远超过同样体积的气体，具有更高的传热系数，传热更为高效。理想的冷却液体应该是廉价无毒的液体，具有良好的热物理性能，具有低凝固点和膨胀系数，具有良好的化学和热稳定性，具有高闪点和自燃温度，对系统组成材料无腐蚀性，与系统中可接触的材料完全兼容，单相应用时具有较高的沸点或工作温度下具有低蒸气压力，两相系统应用时具有合适的沸点和窄沸程范围。但现实设计时，没有一种完全理想的冷却材料，需要根据具体的设计采用合适的冷却液体。

根据是否绝缘，可以把冷却液体分为介电冷却液体和非介电冷却液体。通常来说，非介电冷却液体具有优越的热性能，较高的比热容和热导率，其导热性能和成本方面表现更为出色，但是一旦泄漏，会对系统造成破坏性影响，因此非介电冷却液体不能用于直接液冷领域。

目前常见的非介电冷却液体一般指水和水性溶液，具体如表7-4所列。从表中可以看到，水是最常见的液体。通常在水冷系统中，会采用去离子水来作为冷却液体。由于水的凝固点比较高，为了能够在低温下使用，同时防止长期使用过程中出现的腐化、结垢、pH值变化等潜在风险，通常会添加各种添加剂来改变物体特性，常见的是乙二醇(Ethylene Glycol，EG)和丙二醇(Propylene Glycol，PG)。其二者添加剂冷却液体的作用类似，都可以有效降低凝固点，与水可以完全混溶，但是都具有低毒性(PG的毒性比EG低，在毒性有要求的前提性，可以用作EG的替代品)。PG冷却液体的性能要比EG冷却液体优秀，粘度也比较小，相对成本也比较低。

表7-4　常见的非介电液体冷却规格一览表

冷却液成分	凝固点/℃	闪点/℃	粘度/$(kg \cdot m^{-1} \cdot s^{-1})$	导热系数/$(W \cdot m^{-1} \cdot K^{-1})$	比热容/$(J \cdot kg^{-1} \cdot K^{-1})$	密度/$(kg \cdot m^{-3})$
水(去离子水)	0	无	0.008 7	0.61	4 178	997
水+EG(50%：50%体积比)	−33.7	无	0.003 8	0.37	3 285	1 071
水+PG(50%：50%体积比)	−36.9	无	0.006 4	0.36	3 400	1 062

介电液体冷却剂也称为导热油，是具有较高绝缘性能的有机和高分子类液体物质，不溶于或者难溶于水或离子性成分，即使泄漏也不会破坏电子系统。直接液冷系统需要使用介电液体冷却剂。

常见的介电液体冷却剂包括芳香族物质(代表物质：对二乙基苯(DEB)、二苯甲基甲苯、氢化三联苯等)、硅酸脂类(代表物质：Coolanol 25R)、脂肪族化合物(代表物质：石油化工产物，如烷基或异链烃基的矿物油、合成化合物聚α烯烃等)、有机硅类(代表物质：二甲基硅氧烷、甲基硅氧烷，俗称“硅油”)以及碳氟化合物(代表物质：氯氟烃CFC、氢代氯氟烃HCFC和氢氟烃HFC等)等，具体规格如表7-5所列。其中，芳香族物质具有较低的闪点，并且具有一定的毒性和很强的刺激性气味，对应用场景有一定的限制。硅酸脂类一般用于军事领域，容易水解为易燃的乙醇和硅胶，可能会对系统带来严重的影响。很多时候会采用脂肪类物质进行代替。脂肪类物质多数没有刺激性气味，使用安全，大部分可以自然分解并且不会形成危险的降解物质，但依旧具有闪点，粘度也较高，需要注意应用场景并进行消防监控。有机硅类在无氧环境具有良好的耐温性和稳定性，同时也很安全，与同沸点的脂肪类物质相比，具有较低的粘度，但是对密封的可靠度要求比较高，同时也具有闪点，挥发后也会有残留物，需要注意应用场景。碳氟类是目前最为优秀的介电液体冷却剂，其价格昂贵、凝固点低，并且没有闪点，在恶劣环境下的分解性也远低于其他液体类物质，使用较为安全，但需要注意对臭氧层的破坏和温室效应的影响。

表 7-5　常见的介电液体冷却剂规格一览表

冷却液成分	凝固点/℃	闪点/℃	粘度/($kg \cdot m^{-1} \cdot s^{-1}$)	导热系数/($W \cdot m^{-1} \cdot K^{-1}$)	比热容/($J \cdot kg^{-1} \cdot K^{-1}$)	密度/($kg \cdot m^{-3}$)
芳香族物质(DEB)	<80	57	0.001	0.14	1 700	860
硅酸脂类(25R)	<50	>175	0.009	0.132	1 750	900
脂肪类(PAO-8)	<−50	258	0.038	0.137	2 150	830
有机硅类(PMX200-50)	−70	318	0.048	0.11	1 600	960
碳氟类(FG770)	−127	无	0.001 4	0.063	1 038	1 793

7.5.4　热电冷却

主流的散热系统主要是空气冷却和液体冷却，但是往往需要的空间比较大，系统模组比较多。如果系统空间受限，采用固体冷却往往会更有优势。而热电冷却技术就是其中的一个重要技术，也是最容易使用的技术之一。前期的热电技术由于已知金属的配对不良而效率不高，但是随着化合碲合物(Bi_2Te_3)和合金技术等热电新材料的引进，热电冷却的效率已经大大提高，并且被广泛应用于激光设备、空调等领域。

热电冷却技术的原理是热电效应中的帕尔帖效应。热电效应的实质就是热能与电能的相互转化过程，主要包含三个效应，分别是塞贝克效应、帕尔帖效应以及汤姆森效应。所谓的帕尔帖效应是指两种不同金属或半导体组成闭合回路，并且在金属或者半导体两端施加电流，就会在两接点处产生温差，从而导致放热效应或吸热效应。

半导体材料的热电效应与金属略有不同。半导体中的载流子数量会随着温度的升高而增加，因此半导体热端的载流子数量多于冷端。如果热端是 N 型半导体，则电子作为多数载流子会移向冷端，热端电势高于冷端。如果热端是 P 型半导体，则空穴作为多数载流子会移向冷端，热端电势低于冷端。半导体的热电效应要强于金属。

如图 7-60 所示，在闭合回路中，电子从电源负极出发，经金属导线进入 P 型半导体，与空穴结合产生热量，冷端吸热产生电子-空穴对，电子进入金属，空穴在P型半导体中传输，电子经金属继续进入N型半导体，金属中的电子能级低于N型半导体，因此吸热，同时在热端释放热量，最终回到电源正极。如果将电源正负极互换，则原来冷端变成热端，热端成为冷端，半导体制热。因此，热电效应既可以制冷，也可以制热。

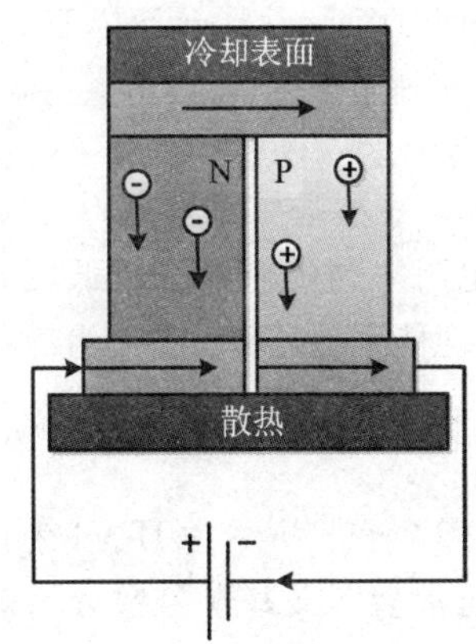

图7-60　半导体热电致冷原理示意图

假设在温度 T_c 和 T_h 条件下，冷端吸收的热量用 Q_c 表示，热端释放的热量用 Q_h 表示，则冷端吸收的热量和热端释放的热量可以如下表示：

$$\begin{cases} Q_c = \alpha i T_c - \dfrac{1}{2} r i^2 - K(T_h - T_c) \\ Q_h = \alpha i T_h + \dfrac{1}{2} r i^2 - K(T_h - T_c) \end{cases}$$

式中，i 表示热电器件的电流；α 表示热电器件的塞贝克系数；r 表示热电器件的电阻值；K 表示热电器件的热传导系数。式中等号右边第一项表示帕尔帖效应；第二项表示热电器件所产生的焦耳热，其中在冷端会消耗掉一半，在热端也会消耗掉一半；第三项表示从热端到冷端的热传导。热电器件的输入功率可以如下表示：

$$P_{TEC} = Q_h - Q_c = r i^2 + \alpha i (T_h - T_c)$$

如果热电器件被集成在芯片内封装，在稳态条件下，热电器件的输入功率在被耗散到环境前将会转化为芯片封装内热量，加剧芯片散热的难度。因此热电器件如果在封装内过度部署或者供电电流不当设置，会适得其反。

需要注意的是，以上说明均未考虑汤普森效应。

为了提高冷却效果，可以采用多个热电器件通过并串联等方式进行连接，如图7-61所示。

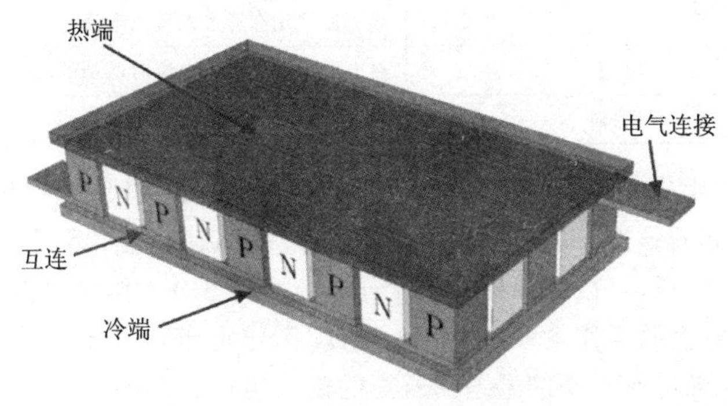

图7-61　多个热电器件连接示意图

热电器件性能主要由两个指标来表示：品质因数 Z 和性能系数 COP(Coefficient

of Performance)。品质因数与绝对温度组合成无量纲数，其定义为

$$Z=\frac{\alpha^2}{\rho K}$$

式中，α 表示塞贝克系数；ρ 和 K 分别表示材料的电阻率和传热系数。塞贝克系数越高，电阻率和传热系数越低，品质因数就越好。

性能系数 COP 定义为冷却器每单位输入功率所泵送的热量，定义如下：

$$\mathrm{COP}=\frac{Q_c}{P_{TEC}}$$

图 7-62 所示为 II-VI 公司的单级热电器件 PL080-8.5-40 实物图。在热电器件中，通常会定义基本参数表。表 7-6 所列为该器件的基本参数。

图 7-62　II-VI 公司的单级热电器件 PL080-8.5-40 实物图

表 7-6　PL080-8.5-40 基本参数表

参　数	条件 1	条件 2	说　明
热端温度/℃	27	50	—
ΔT_{max}/℃	66	74	热电器件通过最大电流，当加载的热量为零时，两端所达到的最大温差
Q_{max}/W	78	86	当冷热端温差为 0 ℃时，热电器件能够转移的能量
I_{max}/A	8.5	8.5	热电器件允许通过的最大电流
V_{max}/V	14.7	16.2	热电器件通过最大电流时两端的电压
AC 阻抗/Ω	1.45	—	热电器件的阻抗

假设发热芯片功耗为 30 W，要求温度控制在 30 ℃，取热端温度为 50 ℃，则温升要求为 20 ℃。查看该冷却器的规格书，其温升、电压、功耗、电流如图 7-63 所示。根据温升和芯片功耗，可以找到对应的工作电流为 3.3 A。然后根据工作电流，当温升为零时，找到对应的工作电压，为 6 V。根据工作电压和电流值，可以计算出为实现当前热传量并维持所需要的温差的所需的输入功率 P_{in}，即

$$P_{in}=I\times V=3.3\ \mathrm{A}\times 6\ \mathrm{V}=19.8\ \mathrm{W}$$

进而可得 COP：

$$COP=\frac{Q_c}{P_{TEC}}=\frac{30\ W}{19.8\ W}=1.52$$

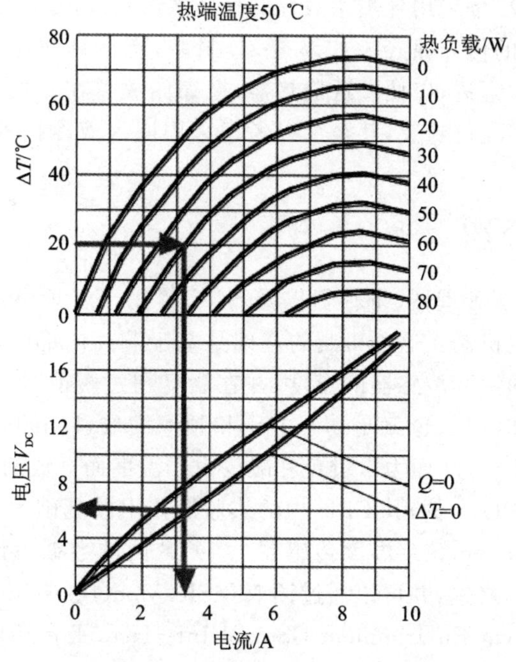

图7-63　PL080-8.5-40性能曲线图

尽管可以计算出COP值，但是并不意味着这就是热电冷却器工作的最高效率点。热电冷却器的设计选型，还需要电路和散热器的匹配设计。如果热电冷却器的COP值不高，则其需要的输入功耗就大，这样会使得设计方案效能降低，增加散热器的热负荷。因此，热电冷却器的选型是一个迭代过程，最终才能选择一个实现最节能的方案。

7.6　热的监控与管理

热的监控与管理是一个系统级工程，它不仅仅需要从芯片角度来考虑，还需要从板级、系统甚至包括环境等各个方面进行考虑；它不仅需要考虑散热冷却方面的问题，也需要考虑低温加热等问题，以及由于高低温等导致冷凝等问题。

从芯片角度来看，复杂的芯片，特别是CPU等，往往采用多核封装。在实际封装中，核的空间位置不相同，特别是在3D封装中。实际工作时每个核的工作负载不一样。随着绝对TDP的增加，高性能芯片的功率密度分布也变得非常不均匀，局部热点区域的功率密度可能会超出300 W/cm^2，但整个芯片的平均功率密度可能非常低。这样可能导致温度很容易超出安全温度阈值，激活动态热管理引擎(Dynamic

Thermal Management,DTM),导致系统降频。同时不同的局部温度会增加对芯片内温度传感器的读取次数,降低系统的性能。

对于封装部分,尽量采用导热系数好的材质来做封装,尽量把高功耗的部分靠近散热器位置,缩短热的传导路径。如果是3D封装,有计算和存储部分,可以把计算部分放在靠近上表面附近,以便接近散热器,把存储放置在靠近下表面附近,因为存储的功耗较低。有些先进封装,甚至可以考虑采用嵌入液冷技术来加强冷却。具体在7.3节中有详述。

7.6.1 DTM介绍

DTM是目前主流处理器、寄存器以及SOC等用于管理电源、时钟频率和冷却系统等而实施的特定机制。这些机制的基础是基于芯片内部的温度传感器的反馈。通过监控芯片内部的温度传感器的温度,并在温度超过阈值时进行干预——包括降低芯片的时钟频率和电压,也就是动态电压和频率缩放(Dynamic Voltage and Frequency Scaling,DVFS),从而力求避免和减少由于温度而造成的可靠性问题。

以Intel公司CPU为例,其CPU内的热监控技术的基础为芯片内置DTS(Digital Temperature Sensor,数字温度传感器)。DTS内的数据可以反映出CPU当前温度和最大结温(T_j)之差,并可以通过读取MSR(Model Specific Register)寄存器或者通过PECI(Platform Environment Control Interface,平台环境控制接口)总线来获得,从而用于系统进行风扇控制、高级电源管理或者热控制方案。

DTS的准确性和可读取范围因芯片而异,并且每个CPU内的DTS都会经过工厂校准。因此在相同$T_{CONTROL}$的情况下,并非所有CPU的硅温度都相同。$T_{CONTROL}$增加会减小DTS的可变性,并具有更好的声学效果。另外,如图7-64所示,DTS也可能有一定的斜率误差,从而掩盖了低温下的校准误差——这也是DTS不是用来估算T_{CASE}的好工具的原因之一。以上表明一个DTS计数可能不等于1℃。

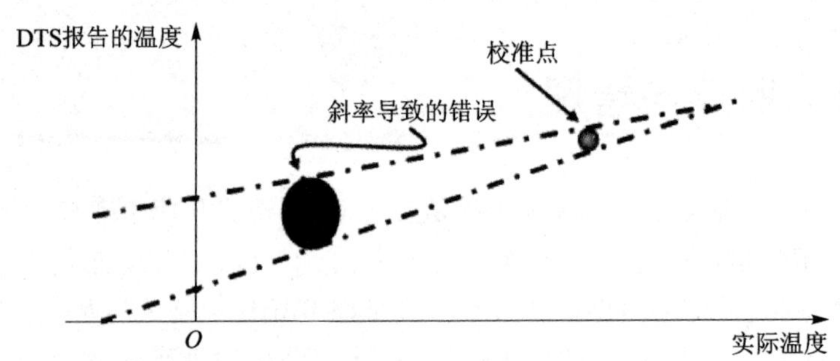

图7-64 DTS斜率导致的温度错误

每个CPU有多个DTS传感器。通过软件只能访问核心温度寄存器,但是通过PECI可以监控所有传感器并报告最高温度。PECI域的数量取决于裸片(Die)数量。如四核双裸片的CPU有两个PECI域,而四核单裸片的CPU只有一个PECI域。外部控制器通过 PECI 读取 PECI 域上的数据，确定风扇速度。如果有多个 PECI 域，则都会访问并进行数值比较，取最大值来确定风扇速度。

DTS 将模拟数值转化为数字信号，并以相对于零的偏移量进行温度报告。当 DTS 达到其最低可报告温度时，DTS 读数将保持固定，直到温度达到最低可报告限值以上。因此 DTS 值一般需要在合理范围内读取。

Intel 公司 CPU 内部采用两种自动热监控机制：TM1（Thermal Monitor 1，热监控机制 1）和 TM2（Thermal Monitor 2，热监控机制 2）。两种热监控机制都可以强制 CPU 降低其功耗。

TM1 机制是 Intel 公司 CPU 采用的第一代动态热管理技术，最早在 Pentium 4 CPU 实施，内部温度传感器为热二极管制成的模拟温度传感器。TM1 在出厂时就已经校准，可以在硬件控制下自动运行，也可以通过设置 IA32_MISC_ENABLE 位 3 来启动。如果温度没有超过阈值，则系统可以在最大时钟频率下运行。如果超过了阈值，也就是传感器报告的温度和 T_j 相差为 0 或者非常接近 0 时，就会触发 PROCHOT＃信号，同时激活 TM1 热管理系统。一旦触发该机制，就会对 CPU 时钟的占空比进行调制或者让系统时钟停留在一个预定义的频率来控制 CPU 的温度，直到温度重新回到阈值温度以下，PROCHOT＃信号才会被解决。

如果管理系统不能将芯片温度控制在阈值以下，或者系统发生冷却故障，导致 CPU 无法冷却，甚至温度不断上升并超过预定的 T_j，CPU 将会在 $T_j \pm 20$ ℃的温度点附近启动保护机制，触发 THERMTRIP＃信号。CPU 会强制关闭内部时钟，同时处理器外部系统会立即关闭系统电源，避免对 CPU 造成永久性损坏。

需要注意的是，TM1 机制不能更改触发条件，CPU 运行的软件也无法访问 CPU 本身的热状况。

TM2 机制是 Intel 公司 CPU 采用的第二代动态热管理技术，最早在 Pentium M CPU 使用。Pengtium M CPU 采用了两个不同类型的传感器：一个工作在远程模式的热二极管和一个与芯片管理机制的接口 DTS；同时在保留 TM1 机制的基础上，开始引入 TM2 机制。与 TM1 机制只能在很短时间内根据工作循环时间表禁用时钟或者调整占空比不同的是，TM2 是通过降低 CPU 的工作频率和电压来控制温度的。一旦 DTS 温度超过阈值，TM1 和 TM2 热管理机制将会至少启动 1 ms 的时间。PLL 电路将保证 CPU 的执行不中断的前提下，在几微秒内改变时钟频率。一旦频率稳定，电压将以 1 mV/μs 的速度降到对应频率的电压值，也称为 CPU 的 P 状态（频率、电压的配对）的跳变，具体在《高速数字系统设计与分析教程基础篇》8.4.4 小节 ACPI 中有介绍。

在 TM1 和 TM2 启动期间，DTS 会不断报告温度，直到 CPU 核心温度降至温度传感器的预设触发温度以下为止。如果能够快速降至阈值以下，则 TM1 和 TM2 可以在 1 ms 后停止。如果在最低频率和最低电压下运行依旧无法阻止芯片温度上升，则可能是 CPU 故障或者系统冷却失效，CPU 停止时钟并发出 THERMTRIP＃信号

来强迫系统关机。反之,如果当前 DTS 报告温度和 CPU 结点温度相差很大,则可以通过转变 CPU 的 C 状态和 P 状态,以提高时钟频率和电压来优化 CPU 性能。

需要注意的是,当 CPU 处于时钟停止状态时,将会阻止外部中断来中断 CPU。阻止的外部中断不会丢失,而是保持待处理状态,一旦调制完成就会开始被处理。

最新的英特尔动态热管理技术在芯片内广泛采用芯片内置的 DTS,并且采用 Turbo 技术——利用可用的散热和功率余量来提高处理器性能。该机制对于大多数应用软件是透明的。

7.6.2 PECI 介绍

PECI 总线是用于监测 CPU 及其芯片组温度的单线总线(one-wire bus),是一个属于 Intel 公司的私有协议,目前最新的版本为 4.0,其主要特点是不仅支持独立的 PECI 总线读取,还支持 PCIe 总线和 SMBus 总线配置空间的读取。

如上一小节所述,CPU 内部的 DTS 温度可以通过 MSR 或者 PECI 来读取。通过 MSR 读取的温度为 DTS 的即时温度,由于存在噪声等各种因素的影响,即时温度不一定精确。CPU 只能在 C0 状态时读取该寄存器来获取自身温度,调节风扇控制温度。平台读取 CPU 内温度则是通过 PECI 方式进行读取。PECI 方式读取的温度是 256 ms 时间窗内的平均温度,并且在各种 C 状态均可以读取。平台直接或间接通过 PECI 总线来获取 CPU 核心温度,再根据温度来调整风扇转速。在 PECI 方式中,CPU 一般充当从机模式。

不同的 Intel 平台有不同的 PECI 连接方式。对于 PC 来说,PECI 总线可以直接连接到南桥 ICH/PCH,或者直接与分立的 PECI 控制器连接,如图 7－65 所示。当采用直接连接方式时,PC 机内的 PECI 控制器一般为 SIO;当采用间隔连接方式时,PECI 控制器为南桥 ICH/PCH,SIO 通过其他总线与南桥之间进行通信。

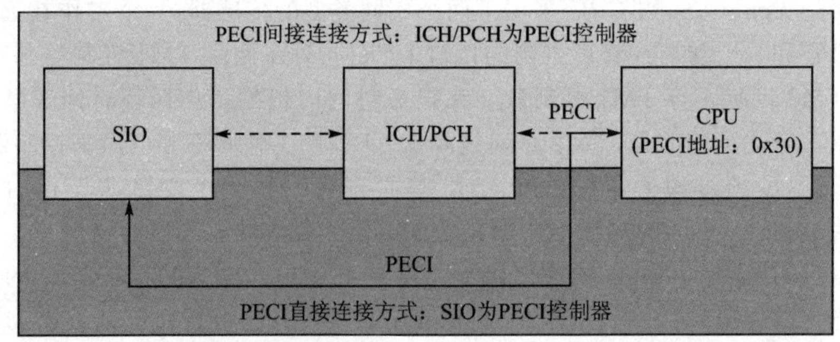

图 7－65 PC 内 PECI 的连接方式示意图

服务器的 PECI 总线连接与 PC 相似,不同之处在于:服务器支持多个 CPU 配置,另外分立的 PECI 控制器一般为 BMC,而不是 SIO,如图 7－66 所示。图中,每个 CPU 的 PECI 总线串联在一起,并且被赋予不同的 PECI 地址,确保地址唯一。在直连的方式下，BMC作为PECI控制器，直接通过PECI总线访问每个CPU，读取温度；在间接连接的方式下，PCH内嵌的ME(Management Engine)用来做PECI控制器，访问每个CPU上的PECI从设备，读取温度，BMC不直接使用PECI总线，而是通过IPMI协议与PCH的ME之间进行通信，获取CPU温度。服务器一般采用直接连接的方式。

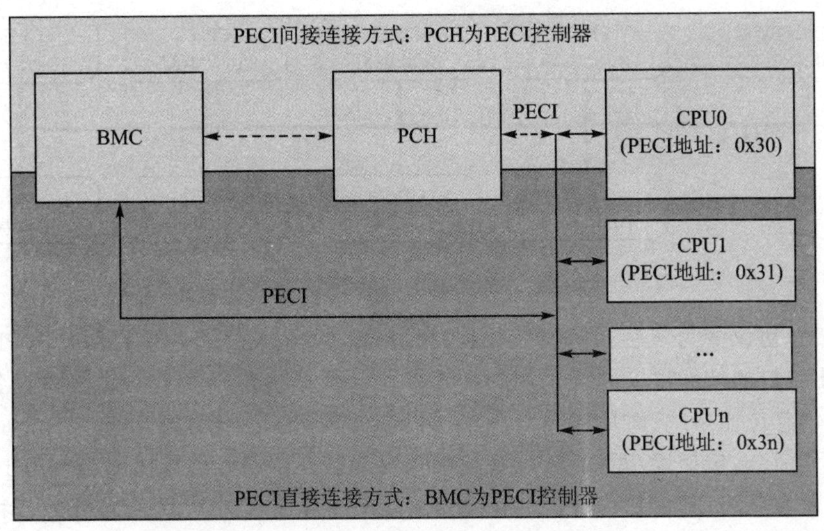

图7-66　服务器内PECI的连接方式示意图

移动PC平台的PECI连接也可以采用直接连接或者间接连接的方式。当采用直接连接的方式时，平台上的EC(Embedded Controller)或者HTC(Hardware Thermal Controller)被用来作为PECI控制器，直接读取CPU内的PECI从设备；当采用间接连接的方式时，CPU的PECI总线会与PECI协议转换芯片连接，该芯片再通过SMBus等协议与EC或HTC等相连。当然，有些系统也会采用南桥芯片组作为PECI控制器，这取决于具体的CPU要求，如图7-67所示。

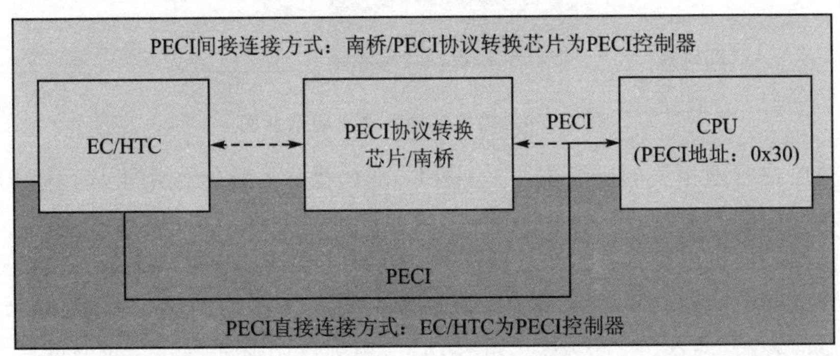

图7-67　移动PC内PECI连接示意图

PECI 是单根信号线的总线协议。在现代 CPU 如此高密度的引脚区域，采用 PECI 协议可以有效减小布线空间和复杂度。PECI 采用 MultiDrop 连接，在连接拓扑中，有且只有一个 PECI 系统控制器，其余均为 PECI 总线从机。根据目前 Intel 的架构，每个 PECI 元件都会内置一个唯一的 PECI 地址，PECI 总线最大支持 8 个 CPU 地址。如图 7－68 所示，每个地址均为静态地址。

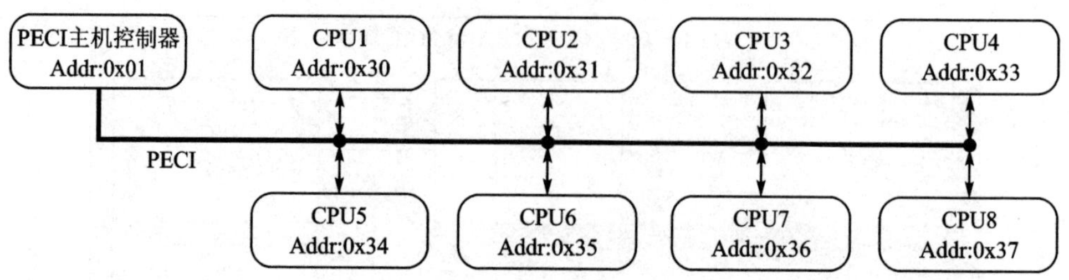

图 7－68　PECI 架构示意图

PECI 协议分为三层：物理层、数据链路层和网络层。物理层主要定义 PECI 输入/输出接口的特性以及总线采用的物理协议。数据链路层主要是定义协议各种操作时的消息位流格式、时序协商以及错误机制处理等。网络层主要是定义对设备的各种操作命令，包括读/写操作、设备枚举和发现以及错误处理等操作等。由于 PECI 是单根信号总线，其信号内嵌时钟和数据信号，因此需要针对噪声部分进行特别处理。在 PECI 的输入接口采用施密特触发输入接口设计，提高输入的容错，如图 7－69 所示。

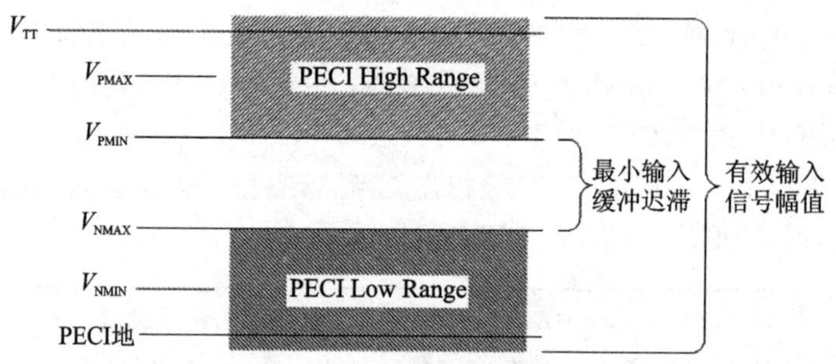

图 7－69　输入缓冲迟滞说明示意图

与热监控管理相关的操作主要是 GetTemp()操作。该操作用于从目标 PECI 从机地址获取温度的命令。PECI 系统控制端通过该命令获取 CPU 裸片温度，该温度以与结温温差的负温度形式呈现。为了保护系统免受 PECI 总线上异常情况引起的潜在操作或安全问题的影响，PECI 系统控制器需要采用措施保护系统免受可能的损坏状态的影响，如表 7－7 所列。如果 PECI 系统控制器无法在指定时间间隔内完成与给定 PECI 设备的有效 PECI 事务，则需要采用适当措施来保护相应设备和其他系统组件，必要时需要对软件报警。

表 7-7　关键操作以及推荐的错误时间间隔表

操作命令	错误时间间隔	备　注
GetTemp0	3 个连续失败操作或最大 1 s	防止设备过热
GetTemp1	3 个连续失败操作或最大 1 s	防止设备过热

某些 CPU 还可以支持使用 MCTP(Management Compenent Transport Protocol,管理组件传输协议)将 PECI 消息封装在 PCIe 总线上,或者支持外部管理设备通过 SMBus 总线来访问 PECI,通过 PCIe 或者 SMBus 总线发送 PECI 消息,具体参见 DMTF 标准组织和 Intel 公司的相关文档。

7.6.3　硬件热监控管理电路介绍

硬件热监控管理电路主要有热告警监控电路、热传感电路和风扇控制电路等。为了易于理解,本小节主要以 Intel 服务器平台来说明。

从 7.6.1 小节中可知,当 DTS 读到的温度为 0 时,就会发出 PROCHOT#信号;当温度继续攀升至 CPU 最大可承受温度时,就会发出 THERMTRIP#信号告警。同样,CPU VR 模组过热也会发出 VR_HOT#信号告警,每个 DDR4 DIMM 过热也会发 EVENT#信号进行告警等。

在服务器平台中,通常会采用 CPLD 和 BMC 结合来对这些信号进行处理。图 7-70 所示为典型的服务器的热保护和降频电路模块示意图。当 CPU 内温度过高,发出 PROCHOT#信号告警时,CPU 内部会立即启动 DTM 处理。PROCHOT#信号会经过电平转换电路发送给 CPLD,CPLD 收到此信号会判断该信号有效状态是否是在 S0 状态发出。如果是,则会立即通知 BMC,BMC 会进行记录;如果不是,则会进行屏蔽。以前的 PROCHOT#为单向信号,只能从 CPU 发出。新一代 CPU 改为双向信号,也就是说,当外部系统由于某种原因需要 CPU 快速降低性能时,如系统功耗过大或者局部过热等,可以强迫该信号有效。CPU 一旦侦测到该信

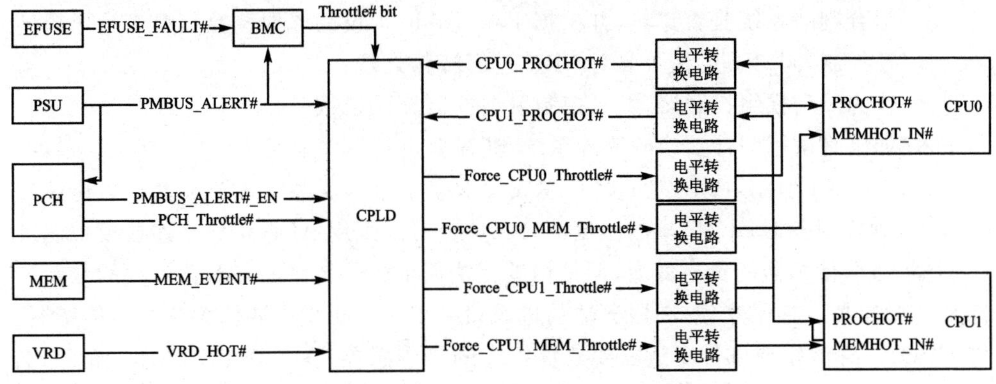

图 7-70　2P 服务器热保护和降频电路模块示意图

号为低时，就会立即启动 DTM 动态热管理机制，满足系统性能要求。

外部系统和模组包括 EFUSE、PSU、内存、PCH 芯片组、BMC 以及 VRD 等。EFUSE 过热时会发出 EFUSE_FAULT＃信号告警，PSU 过热时会发出 PMBUS_ALERT＃信号告警，任何一根内存过热时就会发出 MEM_EVENT＃信号告警，任何一个 VRD 过热时会发出 VRD_HOT＃信号，PCH 芯片组过热或者通过 ME 侦测到外部有过热告警时会发出 PCH_THROTTLE＃信号告警，BMC 通过读取温度传感器的温度来感知系统是否过热并通过 Throttle＃来告警，等等。

这些信号都会发送给 CPLD。CPLD 一旦在 S0 状态下侦测到以上有效的信号，就会强迫相应的 CPU 的 PROCHOT＃信号有效，同时发送给 BMC 进行记录。CPU 侦测该信号有效，将启动快速 PROCHOT 机制进行 DTM 热管理。需要特别指出的是，CPU 有一个专用的 MEMHOT_IN＃信号，如果内存过热发出 MEM_EVENT＃信号，CPLD 会根据该内存所属的 CPU，同时启动 Force_CPUx_Throttle＃和 Force_CPUx_MEM_Throttle＃（x 表示内存所属的 CPU），使得对应 CPU 的 PROCHOT＃和 MEMHOT_IN＃同时有效，快速对 CPU 和内存控制器进行 DTM 热管理控制。

对于 PSU 来说，PMBUS_ALERT＃有效也可以通过 PCH 内的 ME 进行检测并判断是否为过热信息。如果确实为过热信息，PCH 将发送 PCH_Throttle＃信号给 CPLD，然后统一交由 CPLD 对 CPU 进行操作。

BMC 作为服务器的核心管理部件，在热监控和管理部分将起到核心作用，主要包括如下几个方面：

- 记录来自各个模组的告警并形成日志；
- 充当 PECI 总线的系统控制器，将定期读取 CPU 温度；
- 作为服务器各个位置的热传感器的控制器，定期读取服务器各个系统的热传感器温度；
- 与 PCH 的 ME 进行沟通，读取来自 ME 的温度信息；
- 根据来自 CPU、PCH、系统模组以及系统各个位置的热传感器的温度信息，综合判断系统是否过热，并根据 Fan Table 预设的风扇调控策略进行风扇转速控制，同时决定是否要对 CPU 进行降频处理；
- 作为风扇模组控制器，实时控制风扇并监控风扇状态；
- 如果是采用间接液冷的液冷系统，还需要进行漏液监控。

如图 7－71 所示，BMC 通过 I^2C 总线读取整个服务器系统各个位置的热传感器的温度，确定服务器每个区域的温度值；BMC 也可以采用 ADC 接口来连接模拟温度传感器，尽管传感器的价格低廉，但是精度无法保证。热传感器在服务器内的数量和布局非常重要。通常来说，在服务器的进风口和出风口至少需要放置一个热传感器；在 CPU、内存等重要部件附近需要放置相应的热传感器；在各种 PCBA 上，如 PDB、扩展卡、背板等，至少需要各自放置一个热传感器；对于第三方的板卡，如 GPU、网卡、PSU 等，均要求内置热传感器。在 HPE 的服务器中，该技术称为 Sensor Sea。

BMC 会定期读取所有热传感器的温度，并根据风扇控制表预设的风扇调整策略来判断是否要增加或者减少风扇转速。如果超出了风扇调整策略要求，有些 BMC 会通过与 CPLD 之间的私有通信协议，如 SGPIO 等，发送 Throttle＃信号给 CPLD。CPLD 收到该信号后，立即对 CPU 启动快速 PROCHOT＃动作，迫使 CPU 进入 DTM 热管理机制，直到整个系统满足相应的热要求。

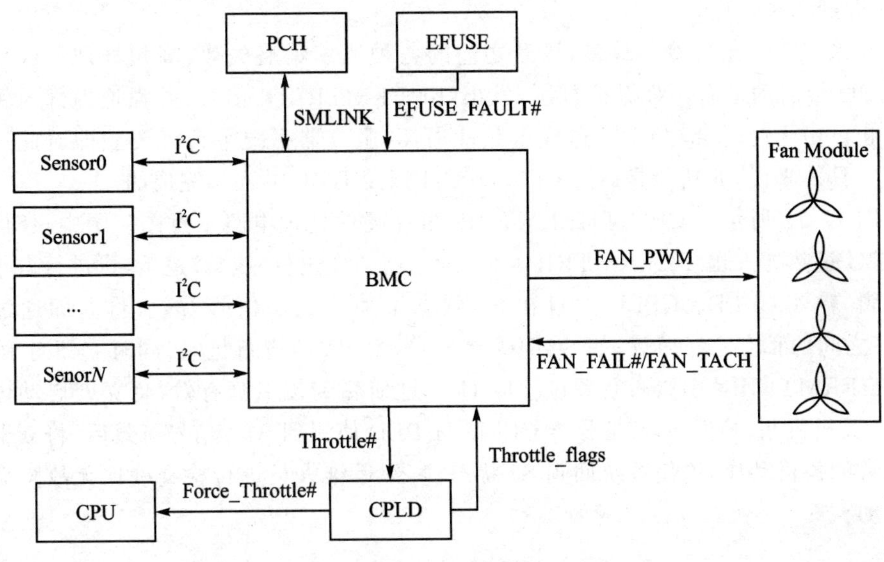

图 7－71　BMC 温度监控和管理电路示意图

BMC 也会实时监控各个 EFUSE 状态，并判断整个系统功耗状态以及 EFUSE 的过热状态。EFUSE 过热或者功耗过大，会发送 EFUSE_FAULT＃信号向 BMC 告警，BMC 收到该信号，会判断是单个 EFUSE 过热还是整体系统功耗过大，之后启动风扇调整策略并决定是否要对 CPU 进行降频处理。

BMC 通过 SMLINK 协议与 PCH 内嵌的 ME 进行通信，以确保能够及时获取来自 PCH ME 方面的温度监控信息，并统一决定是否启动风扇调整策略和降频策略。

BMC 有专用的风扇控制电路。风扇控制电路一般采用 PWM 电路，可以是一个 PWM 信号控制一个风扇，也可以控制两个风扇。有些风扇内嵌微控制器，并实时监控风扇运行状态，如果发生故障，则会发出一个 FAN_FAIL＃信号给 BMC。目前大部分服务器均采用此类风扇。有些风扇比较简单，不会判断是否发生故障，但是会通过 FAN_TACH＃信号进行反馈。BMC 需要根据该信号进行计算来判断正在运行中的风扇是否健康运行。在台式等低端入门级服务器中还存在此类风扇。

BMC 需要根据风扇控制表来进行风扇模组的控制。风扇控制表是散热工程师根据整个系统功耗、噪声要求、风阻设计以及散热仿真后所定义的一个风扇控制表。该表事先定义并集成到 BMC 固件中。一旦确认，整个系统就会按照此表进行风扇控制。在项目开发过程中，散热工程师可以根据实际测试进行风扇控制表的优化和调整。BMC会实时监控风扇模组状态，一旦有任何一个风扇发生故障，则会立即记录该状态并通过LED等进行告警，提示机房维护工程师进行故障检查并进行风扇更换。同时，会判断整个系统热要求，以及目前风扇所能提供的最大散热能力来决定是否要对当前CPU进行降频处理。通常，服务器都会采用 $N+1$ 备份设计，不需要对CPU进行降频处理。

当系统确实出现冷却故障，导致之前的各种风扇策略失效、降频处理不起作用时，CPU会启动最后一级保护机制，发出THERMTRIP＃信号，并强迫内部时钟电路停止。由于此时会对CPU造成永久性损坏，服务器系统平台需要立即对此进行处理。具体来说，此功能是通过CPLD、PCH以及BMC共同来完成的。

图7-72所示为CPU THERMTRIP事件硬件处理电路示意图。图中，任何一个CPU过热并发出THERMTRIP＃信号时，将会先进行“线与”逻辑，再进行电平转换逻辑，输入CPLD。CPLD一旦在S0状态下侦测到该信号有效，将立即通过与BMC之间的私有总线协议，如SGPIO等，传送给BMC进行记录，同时立即对PCH的THERMTRIP＃引脚进行置位。PCH一旦侦测到该引脚有效，将立即启动内部ACPI关机机制，拉低S4＃信号给CPLD。CPLD侦测到S4＃信号有效后，将立即启动正常的关机动作，迫使系统回到S5状态，直到运维人员进行检查确保无故障后再行启动。

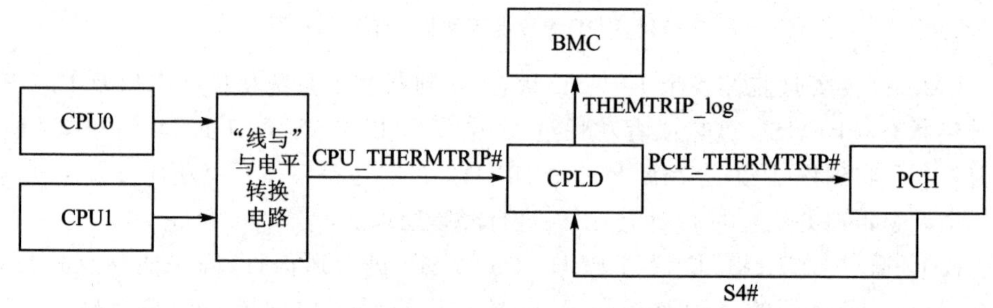

图7-72　CPU THERMTRIP事件硬件处理电路示意图

有些CPLD会内置看门狗，确保万一PCH内ACPI也出现问题时，能够及时关机，避免CPU和系统被烧毁。有些系统会要求CPLD关机后进行看门狗计数，如5～10 min，再通过CPLD强迫开机。在此期间，BMC保持最大风速来对CPU和系统降温。如果再次开机后，CPU不会发出THERMTRIP＃信号，则系统继续正常工作，降低运维人员的工作量。如果再次开机后CPU还是会发出THERMTRIP＃信号，则意味着系统要么是CPU受到永久性损坏，要么是存在其他硬件问题，系统再次关机。本次操作后，系统将无法再次开机，除非运维人员排除故障。

7.6.4 OS层的热管理介绍

在大多数数字系统中,系统的散热主要会通过三个层次来进行协调:硬件层、软件驱动层以及OS层。OS决定工作任务的调度,任务负载的轻重会直接影响硬件系统的活动。硬件系统通过ACPI将各种热信息传递给系统层,同时系统也会把控制信息从OS层传送给硬件层进行具体操作。不同的操作系统与不同的硬件之间的信息格式可能存在差异,需要通过软件驱动层来进行数据转化和策略转换。在Intel公司x86系统中,其核心在于ACPI体系架构,如图7-73所示。ACPI在《高速数字系统设计与分析教程基础篇》8.4.4小节中有具体介绍,在此不再赘述。

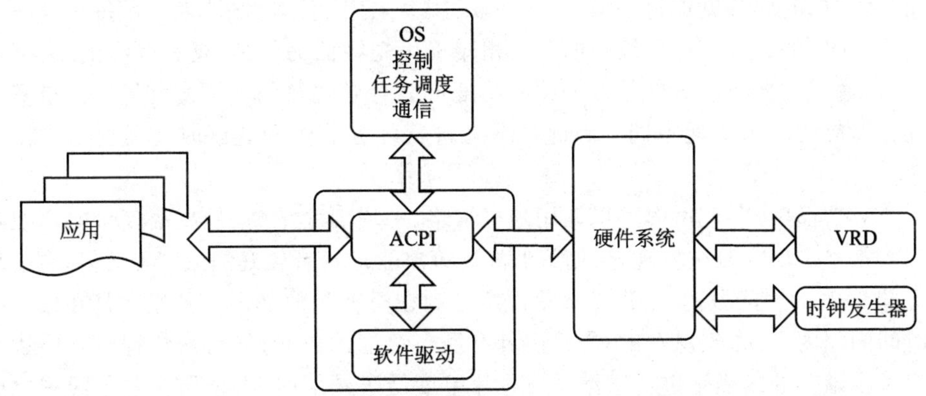

图7-73 系统热管理组件之间的关系示意图

OS的热管理措施主要包括三个方面:线程的分配与迁移、任务分配与调度以及功耗管理。线程的分配与迁移最初并不是用于功耗和热管理,而是用于系统性能和负载均衡的优化,因此在实施过程中均忽略了其产生的热效应。但是随着多核CPU技术的发展,线程的分配和迁移策略也可以有效地协调CPU的功耗管理,通过动态地匹配系统负载和最佳CPU核心之间的关系开发利用多核异构芯片。OS负责安排CPU核心的运行队列,并将状态和数据信息从一个核心传输到目标核心。

OS层的热管理主要分为两类:被动反应和主动预测。

① 所谓的被动反应热管理,就是只利用芯片内部的温度传感器的反馈进行热管理。最初的OS层的热管理就是基于该方案,通过最大限度利用给定核心的温度裕量来激活核心器件的线程组合,使得在给定线程组合中存在某些线程利用核心中的不同组件来监控芯片核心温度以确定何时接近最高温度的策略。在该策略下,一旦达到迁移触发条件,线程就会从某一个温度高的核心迁移到具有最小热耦合的另外一个核心,从而保持整个芯片的热量平均分布。线程分配与迁移的一个重要参数就是核心内部温度传感器的反应时间。该反应时间大约为几微秒,会直接影响资源线程的总利用率。另外一个重要参数是迁移频率。尽管线程迁移可以有助于芯片均匀

分布发热量和温度，但是频繁的迁移和调用会增加额外的性能开销。

② 主动预测热管理是利用内部温度传感器的反馈，将温度信息和其他的性能指标结合在一起来预测未来系统的热状态，并执行预防性措施来避免因各种热紧急事件的发生而导致系统性能被钳制。例如 Linux 中嵌入的 HY 型预测器，它把反应特定应用程序特征和特定芯片核心特征的热模型结合在一起，基于该预测器的预测，OS 执行线程的迁移把计算任务从预测温度最高的核心迁移到预测温度最低的核心，同时还可以通过优先级顺序来调节控制芯片的功能密度。另外还有 ARMA 预测工具，其主要应用是预测热紧急事件并主动分配工作负载，避免出现热紧急事件。

OS 在对任务分配和调度时首先要考虑的是任务分配的公平性，每个任务允许使用 CPU 的时间长度保持平衡。在 Linux 中会采用“衰减因子”来衡量每个任务允许使用 CPU 的时间。优先级高的任务相较于优先级低的任务，具有较大的“衰减因子”。从这方面来看，OS 的任务分配和调度可能会导致热的不平衡问题——毕竟每个任务对应的动态功耗不同。因此，OS 在进行任务分配和调度时还需要考虑温度因素。

OS 分配任务和调度时可以采用随机策略、平均温度策略、最高温度策略以及最低温度策略。研究测试发现，采用最低温度策略管理具有较好的热管理效果，在线程运行的 99%的时间段内，可以把峰值温度控制在温度阈值之内。其原理是在每个决策时间间隔内，首先要识别出 CPU 内具有最高温度的单元；然后从线程队列中挑出具有最小温升的线程来进行操作。当芯片温度低于阈值时，调度器恢复各线程之间的公平调度，并允许充分利用温度低于阈值的时间来执行温度较高的线程。

系统可以利用多核 CPU 中的每个核内部的 DTS 来跟踪芯片核心温度。当核心温度超过安全阈值时，线程在每个核上被安排运行相等比例的时间，使得芯片上所有核心均匀散热，有助于降低最高温度。对于双核 CPU 来说，任务可以在两个核心之间周期性迁移；对于四核 CPU 来说，任务可以在四个核心之间轮换，从而可以在每个核心上运行相同长度的时间。

嵌入式系统是另外一个重要领域，其主要特点是实时性强，多执行计算密集型任务，并且可以运行在各种温度环境中。因此，其对任务的分配与调度与普通 OS 不同。嵌入式 OS 的调度策略需要考虑一些物理因素，包括不同处理单元的位置以及从芯片内部温度传感器收集到的温度数据历史，从而把下个任务分配到当前温度最低的核心，并考虑邻近核心的温度。

OS 层的热管理是一个系统级课题，也是目前计算机投入研究比较多的领域。需要深入了解和探讨前沿研究，可以参阅相关规范和学术报告。

7.7 本章小结

本章从热理论入手，介绍了芯片的散热原理与危害，并介绍了散热的三大途径。

接着从元件、封装、PCB、系统等各个层级分别介绍了热的产生以及如何进行散热冷却。重点讲述了系统级各种散热原理以及方式。最后着重从芯片、硬件以及 OS 等不同层级讲述了如何进行热的监控和管理。

7.8 思考与练习

1. 什么是芯片结温、热阻？如何计算热阻？

2. 试简述芯片发热原理以及危害。

3. 试简述散热的三大途径以及各自的特点。

4. 试简述 PCB 的主要生产流程以及注意事项。

5. 以 Cypress 公司的 SRAM CY7C1381KV33-100AXC 为例，该 SRAM 采用 100 个引脚的 TQFP 封装，最大 I/O 引脚为 36 个。最大内核工作电压和 I/O 工作电压为 3.6 V，在 50 MHz 的工作频率下，最大工作电流为 134 mA。假设只有 18 个 I/O 引脚，均工作，负载为 40 pF，试计算芯片结温。

6. 试简述如何采用 IPC-2221 来预估 PCB 走线温度。

7. 试分别简述散热器和热管的种类和散热原理以及各自的区别与联系。

8. 试简述热管和风液混合冷却的区别与联系。

9. 试简述空气冷却原理，以及如何正确选择风扇进行散热。

10. 试简述液体冷却的主要方式和各自的区别与联系。

11. 试简述 Intel CPU 内的 DTM 工作原理。

12. 试简述如何通过硬件线路进行主动降频。

13. 试简述 OS 层的热管理措施种类。

第 8 章

验证、调试与测试

本章主要介绍高速数字系统中几个重要概念：验证、调试与测试，包括验证、调试、测试的概念以及各自之间的区别与联系，同时也介绍了验证、调试、测试与设计制造之间的关系。首先从验证入手，重点介绍验证的各种类型以及如何实现；接着介绍调试的类型，以及如何就一个系统进行功能调试和除错调试；最后重点介绍测试的各个要素、方法、测试工具、测试计划以及一个典型的电子系统如何进行测试等。

本章的主要内容如下：

- 验证；
- 调试；
- 测试；
- 调试与测试工具；
- 测试计划；
- 典型的高速数字系统测试方案。

8.1 验　证

很多工程师会忽视设计的验证环节，或者把验证与仿真、测试混为一谈。事实上，验证与仿真、测试存在着很大区别。设计过程是自上而下的过程，也就是把各种抽象的设计要求转化为具体的设计规格，然后从设计规格进行具体划分，直到最终生成线路、转化为具体的版图成型的过程。整个设计过程就是从一种形式转化为另外一种形式的过程，而验证主要的功能是确保设计在功能上正确，确保每一次转化都满足要求。设计与验证都有一个起点，也有一个终点。从某种程度上来说，验证就是设计的逆过程，如图 8 - 1 所示。在 PCBA 设计过程中，验证的终点可以理解为 PCB Gerber 文件的交付，仿真则是利用 EDA 工具对实际情况进行模拟来验证设计的正确性，而测试则主要是确保设计的产品能够正确地制造出来。

在现代电子设计领域中，为了加速系统和产品上市的时间，验证始终贯穿于设计过程中。验证的方式包括形式验证（formal validation）和设计检查（design check）。

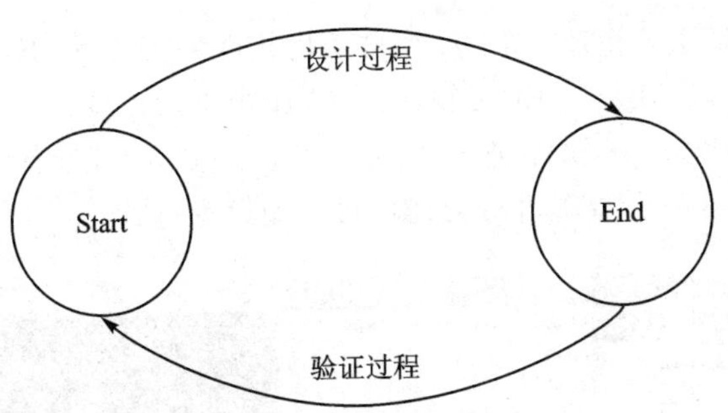

图 8-1　设计与验证的关系示意图

8.1.1　形式验证

所谓的形式验证，主要是基于产品规范进行等效性检查(equivalency checking)和模型检查(model checking)。所谓的等效性检查主要是对两个版本的线路或者PCB 版图信息进行对比，确保线路或者 PCB 版图信息的更改正确，包括保持原有正确的线路和 PCB 布局布线，同时确保更改部分的信息准确。等效性检查主要用于确认线路和 PCB brdfile 文件进行版本变更时的准确性。它可以检查出 EDA 软件本身的缺陷，避免出现人为或者软件失误，如图 8-2 所示。等效性检查还可以检查元件使用失误等信息。

与等效性检查相似的概念是模型检查。线路和 PCB 设计的模型检查主要是基于约束文档(constraint document)设计与 DRC(Desgin Rule Check，设计规则检查)检查。每个系统设计之前，都会进行产品规格定义，并根据产品规格选择合适的平台和机构等。一旦确定了合适的平台和机构等规范信息，就需要根据规范信息进行解释，并形成断言和属性等约束信息，从而建模。每次线路设计完毕或者 PCB 要出新版本之前，就需要根据该断言和属性进行模型检查，也就是 DRC 检查，确保没有任何的 DRC 错误，如图 8-3 所示。

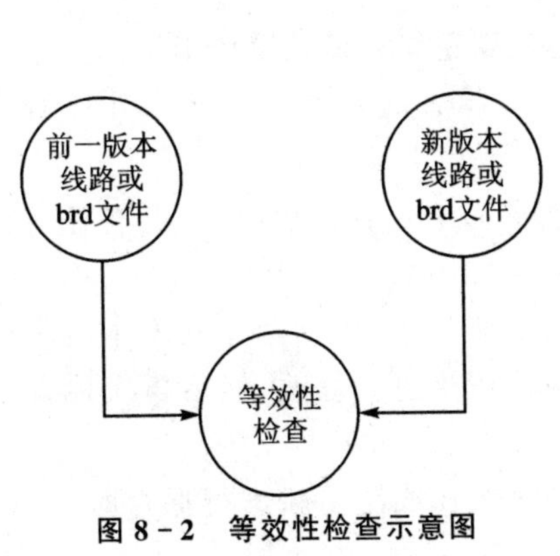

图 8-2　等效性检查示意图

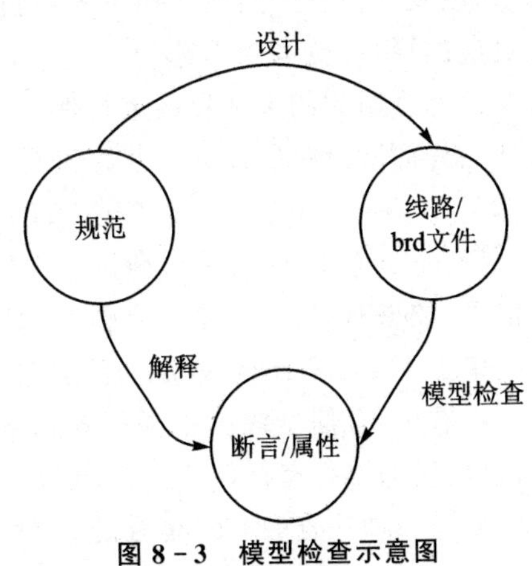

图 8-3　模型检查示意图

通常，形式验证主要是通过 EDA 等自动化软件来实现的，其结果会通过一个具体的报告来提供。以 Allegro EDA 软件为例，在线路设计软件 Concept 中就嵌入了模型检查。打开 Concept 软件进入 Project Management，选择设计文档，再选择 Tools→Rules Checker 菜单项进行验证项目模型设置，如图 8－4所示。

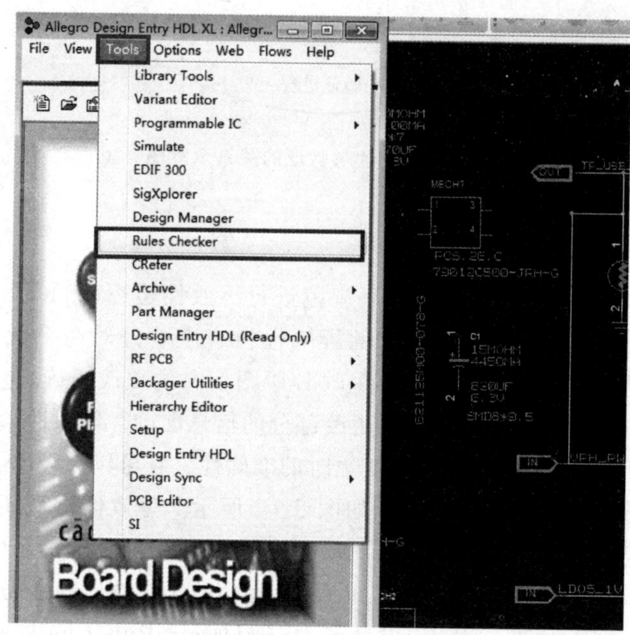

图 8－4　选择 Tools→Rules Checker 菜单项进入约束编辑器

单击菜单项后就会进入约束编辑器，如图 8－5 所示，可以看到，约束编辑器中有 Body Rules、Graphical Rules、Logical Rules 以及 Physcial Rules 四个选项卡。每个选项卡中又有许多子项目。这四个选项卡中涵盖了线路的电气要求、连接要求、命名要求，以及其他各个与线路相关的项目，工程师可以根据具体的设计规格要求选择其中对应的项目，也可以不选。

选择合适的约束项目后进行保存，约束模型就算建立完毕。设计工程师可以在设计的任何阶段对所设计的线路进行自动化检查。检查的方式有两种，其中一种是选择 Accessories→Check 菜单项，如图 8－6 所示。

Concept 软件自动对模型进行 DRC 检查：如果没有错误，软件就不会有任何提示信息；如果有错误，则会跳出断言，显示出现错误，如图 8－7 所示。

单击 View Errors 按钮，查看具体的错误信息，如图 8－8 所示。从图中所示信息可以看出，有信号线出现了多重命名。根据错误信息进行修改，然后再次检查线路，最后确保不再有任何错误信息为止。

另外一种检查的方式是强迫性检查，也就是每次在线路更新进行保存时，Con-

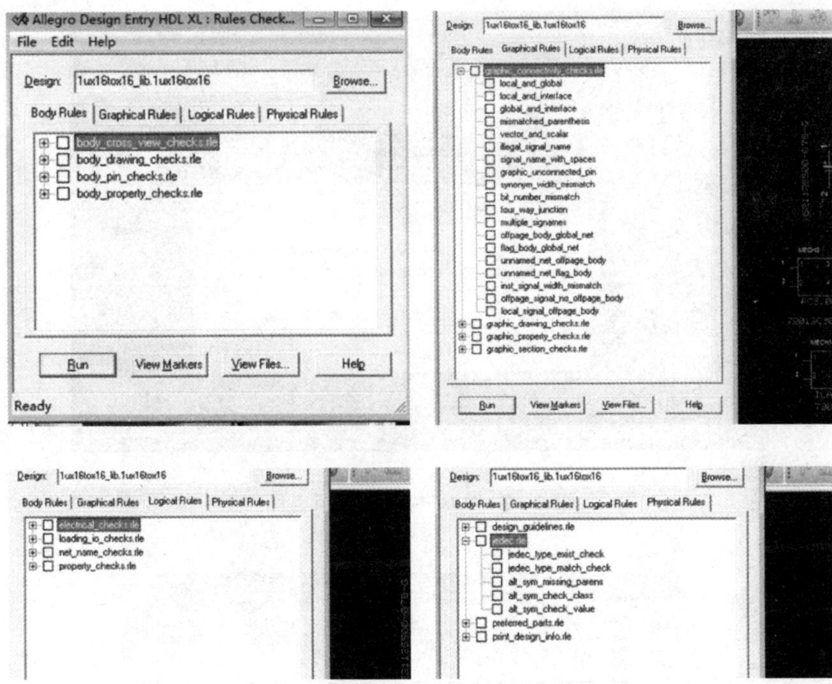

图 8 - 5　Rules Checker 约束编辑器截图

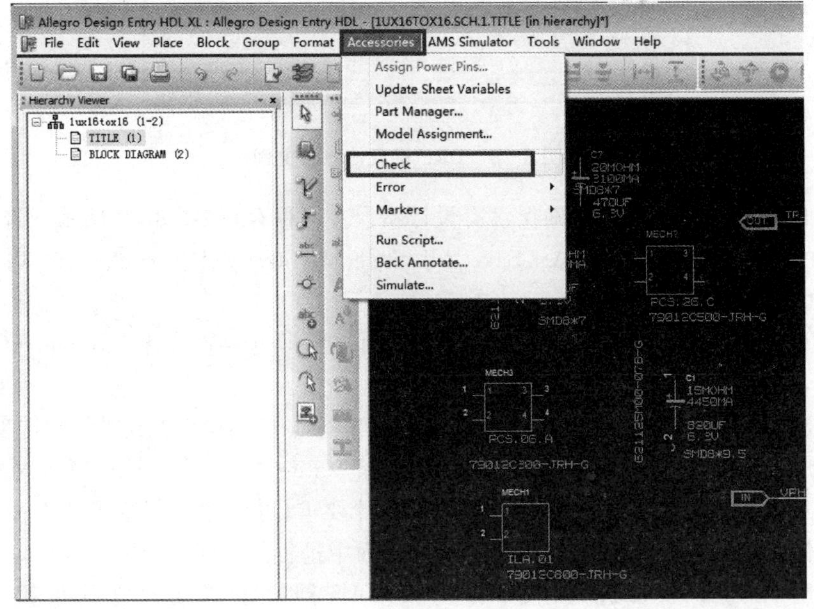

图 8 - 6　线路 DRC 检查

图 8-7　DRC 检查报错断言图

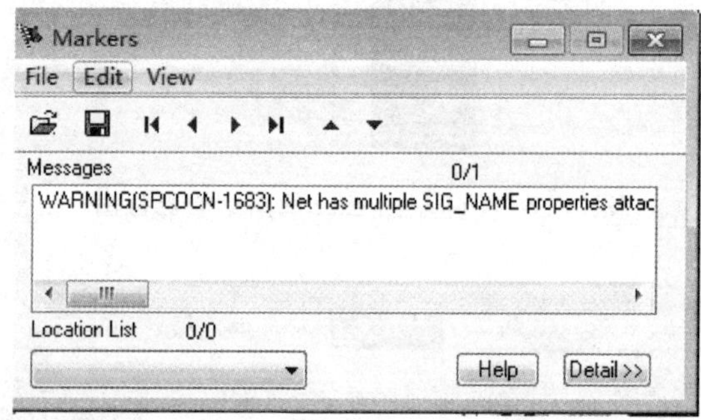

图 8-8　DRC 错误信息告警图

cept 会自动进行 DRC 检查，确保没有设计错误方可保存，如图 8-9 所示。选择菜单 File 下的菜单项 Save、Save As、Save All、Save Hierarchy 中的任意一个，均会进行 DRC 检查。

在 Concept 软件中，还有一种快速的约束设置，即进入软件选择 Tools→Options 菜单项，如图 8-10 所示。

单击菜单项进入 Option 界面，之后选择 Check，在右侧将会出现各个选项，包括 Electrical Checks、Graphics Checks、Threshold Value、Name Checks、Misc. Checks、Online Checks 等，如图 8-11 所示。根据设计要求，可以选择这些子项下面的各个约束并保存，其效果和在 Project Manager 界面中进行约束是一样的。

采用 Allegro 软件进行 PCB 布局布线时，同样也需要建立约束模型。如图 8-12 所示，在 PCB Editor 软件中选择 Setup→Enable On-Line DRC 菜单项，可以启动在线 DRC 检查。如果不选择，则可以采用离线 DRC 检查。

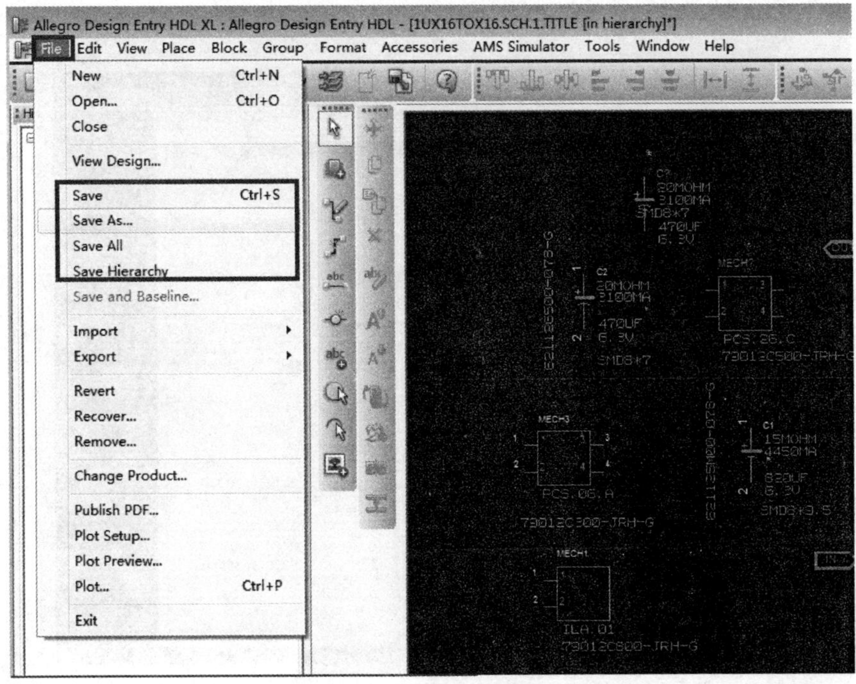

图 8－9　线路保存前自动进行 DRC 检查

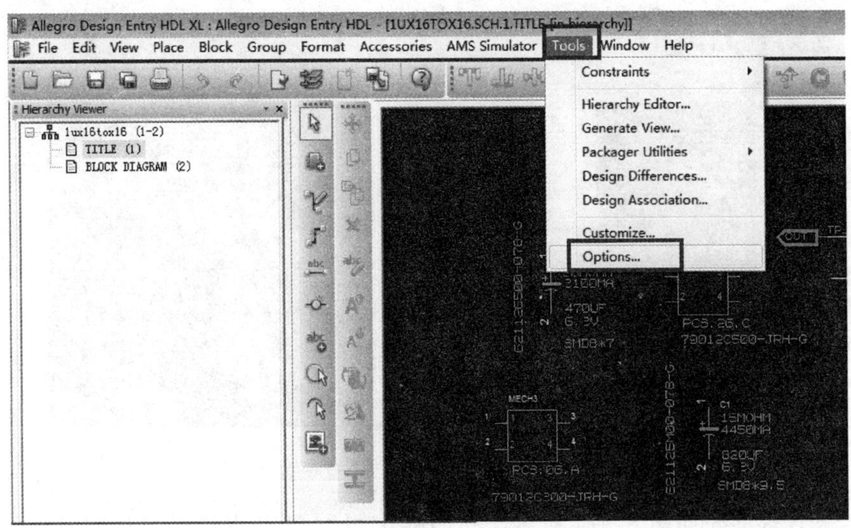

图 8－10　通过 Tools 菜单设置 DRC 约束

在进行 DRC 检查之前，需要进行 DRC 约束条件设置。如图 8－13 所示，选择 Setup→Constraints→Constraint Manager 菜单项，可以进入约束管理界面。

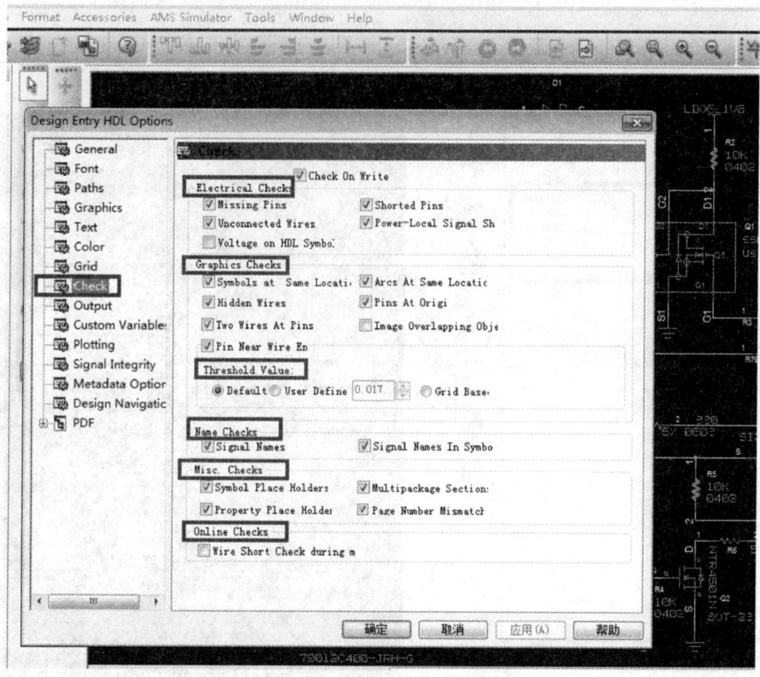

图 8-11　Options 选项截图

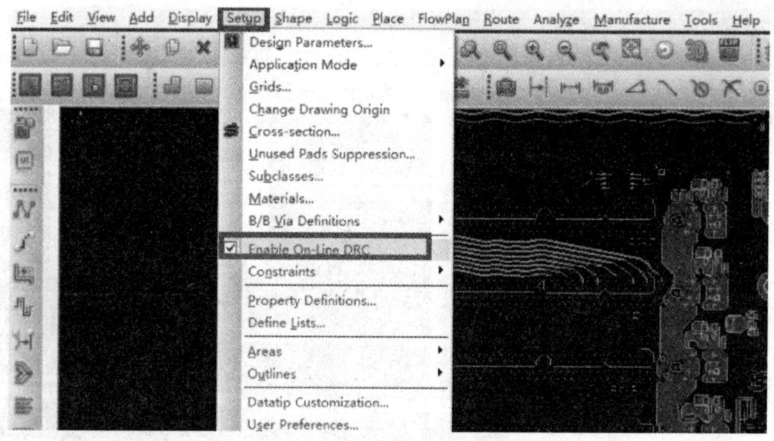

图 8-12　在线 DRC 检查设置

约束管理界面如图 8-14 所示。界面的左侧为 PCB 设计所设计的各种类型的约束，包括电气属性、布线空间、信号和元件的属性设置，分别归属在 Electrical、Physical、Spacing、Same Net Spacing、Properties、DRC 各个类别内；右边对应的是具体可以设置属性的表格。

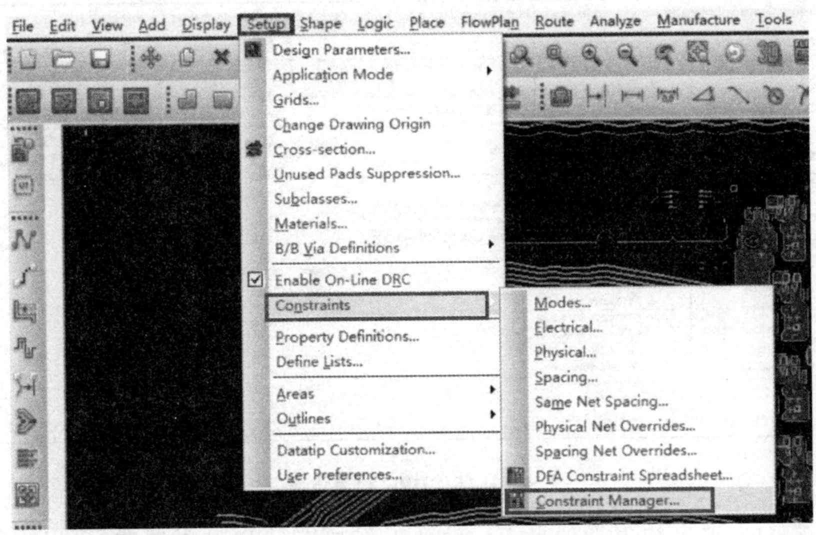

图 8－13　进入约束管理界面路径图

Type	Objects	Referenced Electrical CSet	Frequency	Period	Du
			MHz	ns	
*	*	*	*	*	*
Dsn	dangerfield_Pcie_Riser_0A_Released				
Bus	GMT_RX_C_DN (1)				
XNet	GMT_RX_C_DN<0>				
Bus	GMT_RX_C_DP (1)				
XNet	GMT_RX_C_DP<0>				
Net	GMT_RX_C_DP<0>				
Net	GMT_TX_DP<0>				
Bus	GMT_RX_DN (1)				
XNet	GMT_RX_DN<0>				
Bus	GMT_RX_DP (1)				
Bus	P3E_ALOM_RX_DN (8)				
Bus	P3E_ALOM_RX_DP (8)				
Bus	P3E_ALOM_TX_C_DN (8)				
Bus	P3E_ALOM_TX_C_DP (8)				

图 8－14　约束管理界面图

选择 DRC，在 DRC 的子菜单中，也会出现与约束界面类似的子菜单，工程师可以针对电气属性、信号线之间的间距、信号属性、元件之间的摆放等在 Electrical、Physical、Spacing、Same Net Spacing、Design、External 等选项中进行具体设置，如图 8－15 所示。

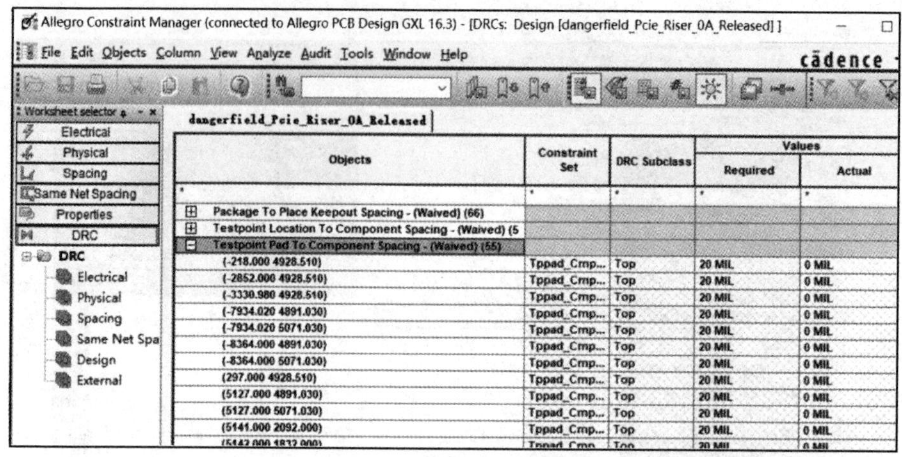

图 8-15　DRC 约束设置

设置完毕，退出约束管理界面。设计工程师进行 PCB 设置时，可以随时进行 DRC 检查，也可以通过 Tools→Update DRC 菜单项进行 DRC 检查，如图 8-16 所示。

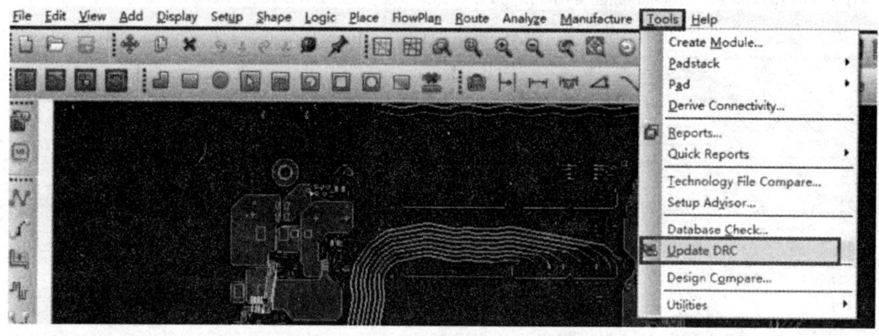

图 8-16　更新 DRC 路径图

更新完毕后，会在对话框中显示具体的 DRC 状态，如图 8-17 所示。如果没有错误，则会显示没有错误，如果有错误，则会显示错误的数量。本例中，可知整个系统有 38 处 DRC 错误。

所有的 DRC 错误都需要进行检查，并确定是否需要解决。如果是约束设计过严，则需要重新设计约束，直到所有的 DRC 错误为零，如图 8-18 所示。

DRC 报告也可以通过 Tools→Reports 或者 Quick Reports 菜单项获得。以 Quick Reports 为例，在其子菜单下选择 Design Rules Check Report，如图 8-19 所示。可得报告如图 8-20 所示。报告中的内容数量和控制栏中报告的错误数量一致，但是该报告会详细显示某一种错误的类型、错误发生的位置等具体信息。

设计工程师可以根据这些信息快速定位错误发生的位置和原因，并迅速解决，直

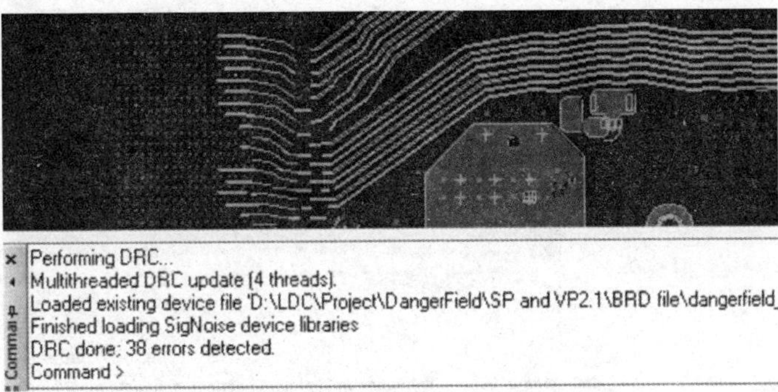

图 8-17　DRC 状态显示图

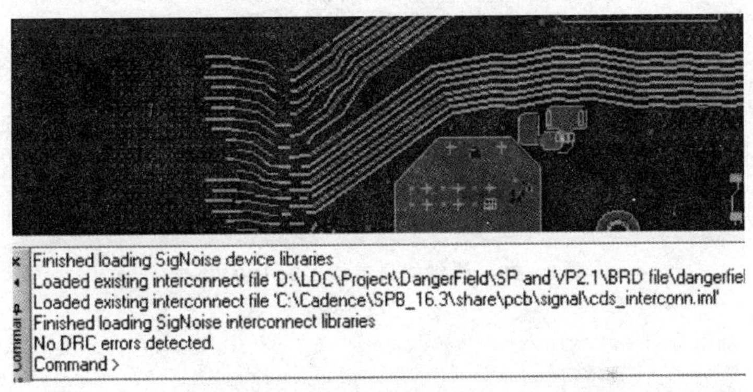

图 8-18　全部 DRC 错误解决完毕图

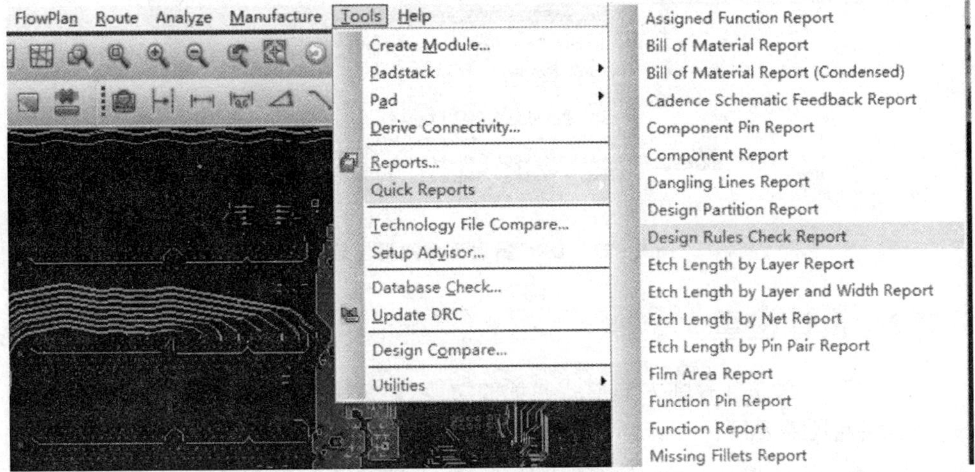

图 8-19　DRC 报告获取路径图

到整个报告显示所有 DRC 错误为零，如图 8-21 所示。

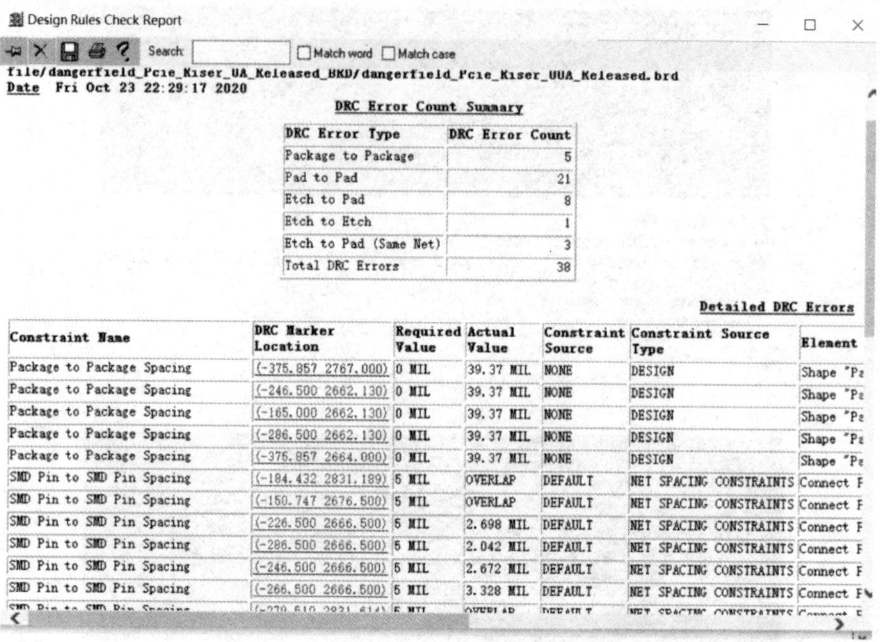

Design Rules Check Report

Search: Match word Match case

file/dangerfield_Pcie_Riser_UA_Released_BRD/dangerfield_Pcie_Riser_UUA_Released.brd
Date Fri Oct 23 22:29:17 2020

DRC Error Count Summary

DRC Error Type	DRC Error Count
Package to Package	5
Pad to Pad	21
Etch to Pad	8
Etch to Etch	1
Etch to Pad (Same Net)	3
Total DRC Errors	38

Detailed DRC Errors

Constraint Name	DRC Marker Location	Required Value	Actual Value	Constraint Source	Constraint Source Type	Element
Package to Package Spacing	(-375.857 2767.000)	0 MIL	39.37 MIL	NONE	DESIGN	Shape "Pa
Package to Package Spacing	(-246.500 2662.130)	0 MIL	39.37 MIL	NONE	DESIGN	Shape "Pa
Package to Package Spacing	(-165.000 2662.130)	0 MIL	39.37 MIL	NONE	DESIGN	Shape "Pa
Package to Package Spacing	(-286.500 2662.130)	0 MIL	39.37 MIL	NONE	DESIGN	Shape "Pa
Package to Package Spacing	(-375.857 2664.000)	0 MIL	39.37 MIL	NONE	DESIGN	Shape "Pa
SMD Pin to SMD Pin Spacing	(-184.432 2831.189)	5 MIL	OVERLAP	DEFAULT	NET SPACING CONSTRAINTS	Connect F
SMD Pin to SMD Pin Spacing	(-150.747 2676.500)	5 MIL	OVERLAP	DEFAULT	NET SPACING CONSTRAINTS	Connect F
SMD Pin to SMD Pin Spacing	(-226.500 2666.500)	5 MIL	2.698 MIL	DEFAULT	NET SPACING CONSTRAINTS	Connect F
SMD Pin to SMD Pin Spacing	(-286.500 2666.500)	5 MIL	2.042 MIL	DEFAULT	NET SPACING CONSTRAINTS	Connect F
SMD Pin to SMD Pin Spacing	(-246.500 2666.500)	5 MIL	2.672 MIL	DEFAULT	NET SPACING CONSTRAINTS	Connect F
SMD Pin to SMD Pin Spacing	(-266.500 2666.500)	5 MIL	3.328 MIL	DEFAULT	NET SPACING CONSTRAINTS	Connect F

图 8-20 详细的具有错误的 DRC 报告

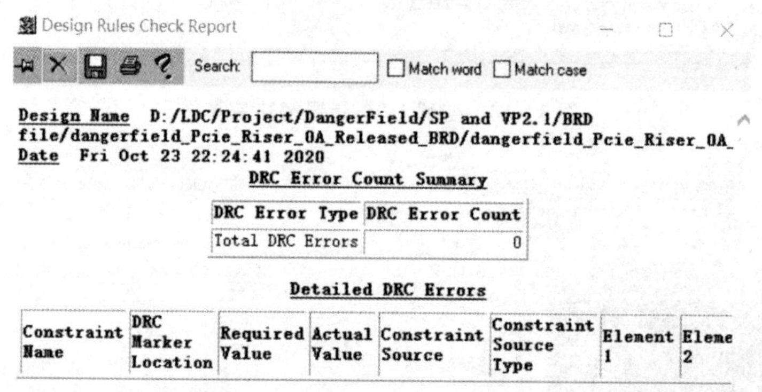

Design Rules Check Report

Search: Match word Match case

Design Name D:/LDC/Project/DangerField/SP and VP2.1/BRD
file/dangerfield_Pcie_Riser_0A_Released_BRD/dangerfield_Pcie_Riser_0A_
Date Fri Oct 23 22:24:41 2020

DRC Error Count Summary

DRC Error Type	DRC Error Count
Total DRC Errors	0

Detailed DRC Errors

Constraint Name	DRC Marker Location	Required Value	Actual Value	Constraint Source	Constraint Source Type	Element 1	Eleme 2

图 8-21 DRC 错误为零的报告截图

8.1.2 设计检查

尽管 EDA 软件具有强大的形式验证的功能，但是 EDA 软件不能保证系统功能的正确，因此还需要硬件工程师进行设计检查，确保设计功能的正确。比如 393 比较器要求其输入电压要比信号引脚电压高大约 1.5 V——这个要求是无法通过 EDA 软件进行验证的。又比如芯片的 GPIO 设定需要根据平台和系统规格进行定制化设定，而 EDA 软件也无法检查，因为 EDA 软件只会检查信号是否连接、是否悬空、是否多重命名等。

硬件的设计检查需要有检查清单(Checklist)。该检查清单的依据主要有三个来源。一是系统所采用的设计平台,这也是设计检查清单的主要来源。如服务器采用Intel公司Purley x86平台,则可以把Purley平台的线路检查清单和PCB布局布线检查清单作为设计的主要检验清单。二是来自所采用的各家零组件的设计要求和检查清单,特别是具有特殊接口设计和电源要求的部分。三是各家公司所制定的通用产品开发规范,具体包括但不限于DFM、DFT的要求,具体的线路设计要求,版本控制要求,PCB的颜色要求等。

硬件的设计检查清单需要详细,按照要求分成条目分别列出,尽量做到定量说明,如以下条例所示。

芯片引脚的扇出数量最大不能超过3,否则,需要采用缓冲器来提升信号的驱动能力,并且需要和客户以及厂商确认是否有额外需求。

该项明确说明了设计中每个芯片引脚的扇出数量以及解决办法,但是有很多场景不能定量说明,此时就需要非常清晰地进行定性说明,不能产生歧义。以I^2C总线设计为例,每个设计中的I^2C地址非常重要,设计出错概率最高的也是I^2C的部分,比如同一组I^2C地址相同,或者I^2C跨电源域连接没有采用电平转换电路等。以下检查项目就写得模棱两可,并且不太适应。

I^2C总线的地址禁止相同。

该检查项没有明确是否是同一个I^2C总线,也没有明确万一具有相同的I^2C地址该如何处理?比如同一组I^2C总线连接到数个内存I^2C总线。因此,建议检查清单定义如下:

同一组I^2C总线的各个设备的地址禁止相同。如果相同,需要采用I^2C Repeater或者I^2C Switch进行隔离或分组。

设计检查清单中的任何项目都需要有设计依据。这些依据可以是来自之前类似项目的失败教训,也可以是来自平台设计检查清单,还可以是来自工厂具体制程的要求。另外,有一些检查项目的依据不是基于以上考虑,但是有利于后续的调试和测试,也可以放进检查清单内部。比如以下检查清单项目的目的就是为后续其他工程师进行线路检查以及调试和测试使用的:

在线路中需要显示每个VRD的设置,包括各个设置电阻/电容值的大小与输出电压/电流值的关系等。

设计检查清单中的任何项目都需要定时更新,以满足设计的要求。不同平台的设计检查要求不同,比如Intel公司Purley平台主要采用PCIe Gen3总线、DDR4内存,而Eagle Stream平台则会采用PCIe Gen5总线、DDR5内存,如果以Purley平台的检查清单来对Eagle Stream平台的产品进行检查,就会出现问题,或者会出现覆盖率不足的问题。因此,设计检查清单需要注明版本信息、更新日期、适应平台等。

硬件工程师在进行设计检查的同时,还可以尽量借助外部力量来完善设计检查,提高设计验证检查的覆盖率和准确度。外部力量包括各个关键零组件的供应商以及各个专家团队。关键零组件供应商包括CPU和芯片组厂商、PCB厂商、PSU厂商、第三方板卡厂商、VR厂商等，可以通过他们的交叉审核来确定相关设计的准确度，如图8-22所示。

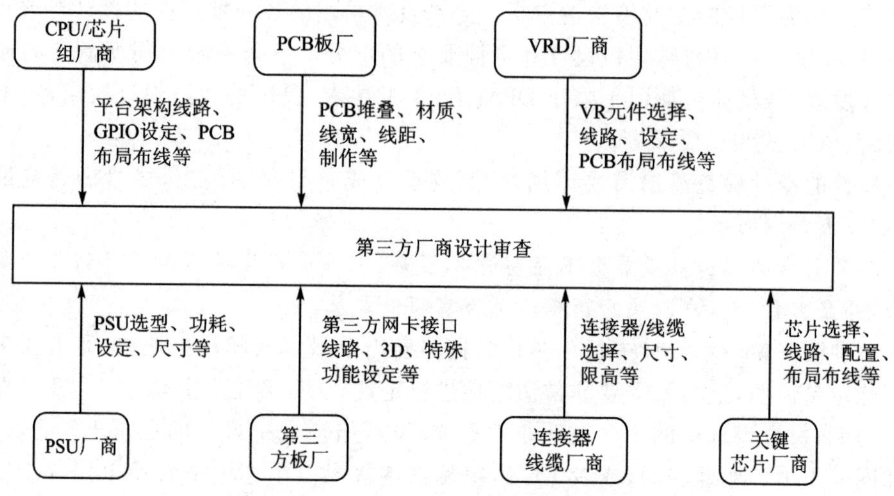

图8-22　第三方厂商设计审查示意图

各个专家团队包括SI、PI、EMC、DFM等各个功能团队，可以通过他们的专业视角来审核相关专业领域的设计，并给出建议和意见，如图8-23所示。

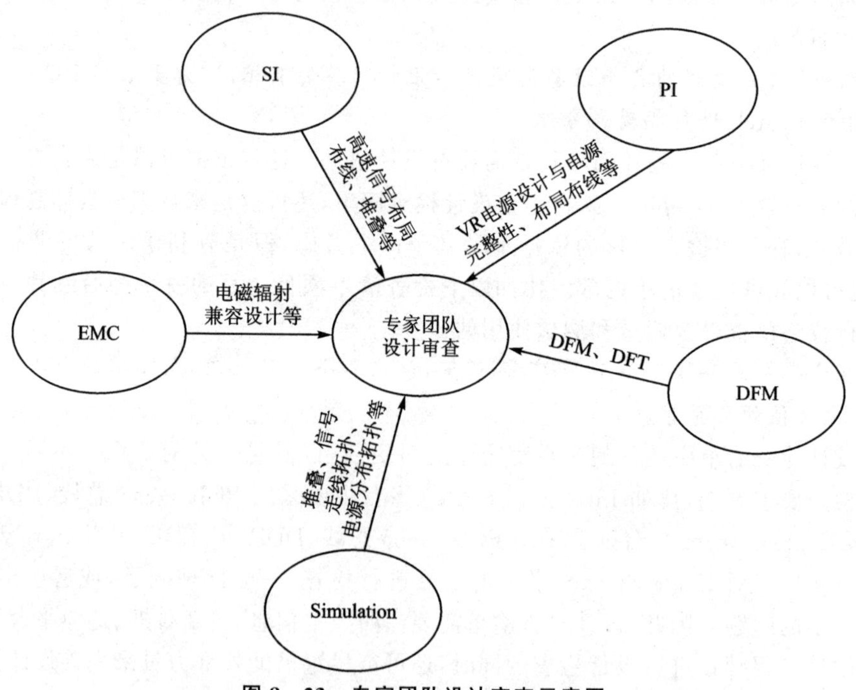

图8-23　专家团队设计审查示意图

总之，在验证阶段，设计检查进行得越多，覆盖率越广，就越能提升设计的成功率。

8.2 调 试

调试分为硬件调试、软件调试和系统调试。硬件调试主要是针对电子系统的PCBA进行功能性调试，需要有具体的实际产品后才能进行。当然，也可以通过电路仿真软件在电路设计阶段就进行调试，但是覆盖率不高。调试的目标就是使得整个PCBA硬件系统功能正常。软件调试可以在软件设计过程中就开始进行。在设计阶段一般有两种方式，一是通过软件开发IDE集成的调试功能进行软件调试，确保软件没有语法和功能错误，另外就是通过在开发板上运行相应软件程序，检验具体的程序运行情况。这两种方式并没有完全覆盖硬件和系统，在硬件系统制造出来后，还需要再次调试。系统调试主要是基于硬件和软件运行的状态，进行硬件、软件以及其他方面的接口功能调试，满足系统要求的规范。

图8-24所示为各种调试周期示意图，从图中可以看出，调试和验证各不相同。验证主要是和设计阶段并行进行，某种程度上来说，是设计的逆过程。调试相对比较滞后，尽管目前的EDA软件集成了软件调试和硬件调试功能，但是并不完善。硬件调试主要还是产品设计完成后被制造出来才开始进行。验证更侧重于系统设计规则和功能覆盖率方面，而调试则更侧重于功能的实现。验证与调试的关系如图8-25所示。

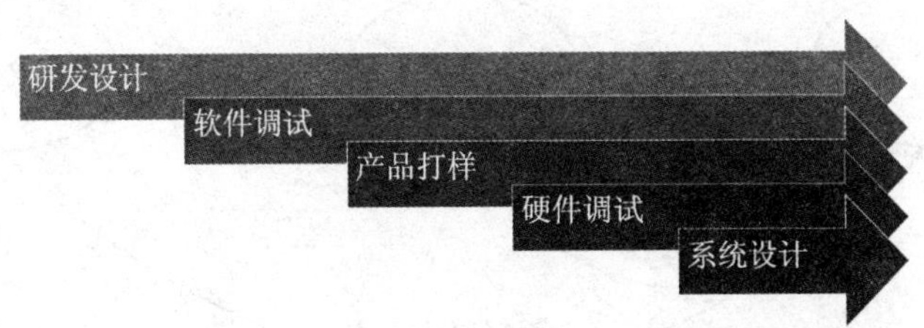

图8-24 各种调试周期示意图

调试与测试也不相同。调试的目的侧重于对功能未知进行确定并最优化，或者对已知问题快速找到问题根源并采用最佳的实现方式进行解决；而测试的目的则是在假定产品的功能已经完善的基础上进行再次验证，确保设计是被正确制造出来的。调试的过程要求快速、有效，过程可能不够严谨，但是需要有各种综合知识来快速找到解决方案，而测试的过程要求严谨、正确、专业。调试主要是验证功能的正确性，测试则会涵盖从硬件到固件到软件到系统等各个层级，包括系统功能、可靠度、EMC、兼容性等全方位领域。调试用的调试工具包括软件IDE集成的调试接口、示波器、逻辑分析仪、万用表、烙铁等常见的工具，而测试工具不仅包括这些，还包括了各种专

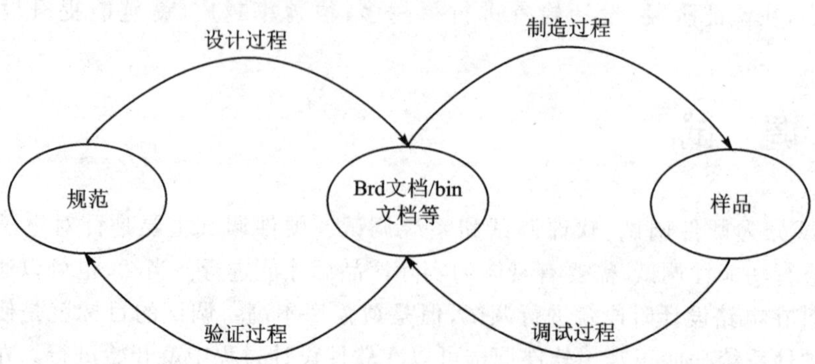

图 8-25　调试与验证过程的比较

业的测试设备，如各种高速协议分析仪、各种专业的测试实验室等。

调试与测试之间的关系如图 8-26 所示。从图中可以看出，调试与测试都是在产品生产制造出来后才会开始进行的，因此调试和测试会同时存在。只是先期的部分需要进行调试，确认基本功能正确后才会开始测试。而一旦开始测试，由于测试过程中会出现各种设计与制造方面的问题需要进行调试，因此经常会出现调试与测试并行的情况。从某种意义上来说，调试加测试过程也是制造过程的逆过程。

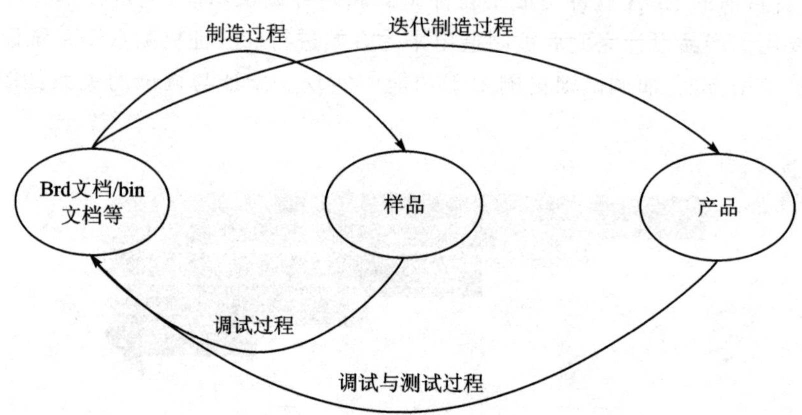

图 8-26　调试与测试过程的比较

简单的电子系统通常可以一次就可以成功制造出功能完善的硬件系统，但是，复杂的电子系统如服务器等，几乎不可能一次就量产，需要采用多次迭代制造的方式进行。比如，第一次制造主要是发现并解决硬件问题，第二次制造主要是发现并解决软件和系统问题，第三次制造是小批量生产制造，主要解决系统与大批量生产制造的问题等。

从调试目的来说，调试可以分为功能调试和除错(Debug)调试两种类型。

8.2.1　功能调试

功能调试一般是发生在产品制造期间。其目的主要是实现系统的基本功能正常。在进行功能调试之前，需要专门制作功能调试计划(Bring Up Plan)。

功能调试计划需要涵盖硬件、软件和系统部分，其重点是硬件部分。以 x86 服务器的功能调试计划为例，功能调试计划需要分为几个层级：PCB 层级、PCBA 层级以及系统层级。

PCB 层次的调试计划需要涵盖 PCB 的包装和外观检查、开短路测试以及 TDR 测试等。PCB 从 PCB 板厂运送到工厂，在开包装之前需要确保包装完整、没有破损，具有完整的 COUPON 条，并且需要 PCB 板厂随附的 TDR 测试通过报告等。

打开包装后，需要检查每块 PCB 的外观是否完整。如果有瑕疵，则需要进行确认是否可以接受或者退件。同时从中随机挑选 1～2 块 PCB 送到 SI 实验室进行 TDR 测试，并将测试结果和 PCB 板厂的 TDR 报告进行比较，确保 PCB 正常。另外，随机挑选 1～2 块 PCB 进行开短路测试。

TDR 测试作为功能调试的一部分，需要有明确的测试计划。该计划需要严格按照 TDR 的测试要求进行。TDR 的测试相对需要较长时间，为了加速制造进度，防止 PCB 上焊盘氧化，可以先以 PCB 板厂的 TDR 报告为准。

开短路测试主要是针对 PCB 是否存在开短路进行测试。其主要的测试点在于 PCB 上的各个电源以及储能电容。如图 8－27 所示，开短路测试计划需要涵盖整个 PCB 的所有电源种类并标注好具体的测试点。开短路测试分为开路测试和短路测试。开路测试主要是用来验证同一组电源在布线过程中是否断开，需要选择同一个电源的不同测试点进行测试。短路测试则是测试电源与地之间、电源与电源之间是否存在连通现象。进行开短路测试时，采用万用表并拨至欧姆挡进行测试。进行开路测试时，如果同一个电源的不同测试点之间的阻抗小于 1 Ω，则正常，否则就存在断路现象；在进行短路测试时，如果对地和对其他电源，电阻阻值为无穷大，则正常，否则就存在短路现象。出现异常时，需要立即停止后续的生产制造，并进行设计分析，以检查是否为设计过程出现的问题。如果是设计问题，则需要重新进行设计；如

Power Rail	Test Point	Pass/Fail	Power Rail	Test Point	Pass/Fail
P12V			P1V1_IOH		
P12VIN			P1V8_IOH		
P5V			P0V9_IOH		
P3V3			P1V5_ICH		
P5V_STBY			P1V8_ATI		

图 8－27　PCB 层级的开短路测试计划示意图

果不是设计问题,则需要立即请求 PCB 板厂进行分析,并重新进行 PCB 洗板、生产制造。

PCBA 层次的功能调试计划包括开短路测试计划、电压测试计划、时钟测试计划、上电时序测试计划、复位时序测试计划、漏电测试计划等。当 PCB 层级的功能调试计划完成后,工厂开始进行 PCBA 生产。为了保证生产质量,研发工程师往往会要求工厂先期打 5 片左右的 PCBA 进行 PCBA 层级的功能调试。直到 PCBA 功能调试完毕,工厂才会根据调试结果继续进行剩下的 PCBA 的生产和维修等。当然,这个时间不能太久,否则会影响工厂的生产排配计划。

在拿到 PCBA 时,不要急着进行上电等测试,而是需要进行目测等检测,确保 PCBA 没有立碑(tombstone,片式(无源)元器件两端的锡膏融化时间不一致,导致片式元件两端受力不均,在应力的作用下就会产生一边翘起的组装缺陷问题)等工厂制造问题。如果有,需要立即进行维修等工作。

PCBA 层次的开短路测试计划和 PCB 层次的类似,其测试计划如图 8-28 所示,只是此时测试的对象是已经具有电子零组件的 PCBA。同样,在进行开路测试时,选择同一组电源的两个不同的测试点,如过孔或者储能电容接电源的引脚进行测试,如果万用表显示的电阻阻值小于 1 Ω,表示正常,否则存在开路现象。进行短路测试时,采用万用表对每个电源进行对地或者对其他电源测试;此时与 PCB 的短路测试不同,由于在电源和地之间、电源与电源之间存在着电阻和电容,因此正常工作时的对地阻值不再是无穷大,而是会根据具体的设计发生变化。需要记录具体的电阻阻值,如果阻值不是接近于 0 Ω 的阻值,则表示正常,否则存在短路现象。

Power Rail	Test Point	Resistance	Power Rail	Test Point	Resistance
P12V			P1V1_IOH		
P12VIN			P1V8_IOH		
P5V			P0V9_IOH		
P3V3			P1V5_ICH		
P5V_STBY			P1V8_ATI		

图 8-28　PCBA 层级的开短路测试计划示意图

当 PCBA 出现短路和断路现象时,无论 PCB 之前是否存在短路和断路现象,都需要立即采取调试措施。但是,为了加速满足工厂的生产,可以同时测试几片 PCBA,确认是否为单板问题。如果是单板问题,则可以先放置一边,进行接下来的调试;但如果均有同样的问题,则需要确认是为设计问题还是工厂制造问题,甚至不排除是 PCB 本身出现的问题,如在高温炉下 PCB 的材质发生变化等。在问题厘清以前,不能进行后续测试。

完成 PCBA 的开短路测试并获得正常结果后,就可以进行上电测试。在采用

CPU 插座的 PCBA 中，先避免直接安装 CPU 进行电源电压测试，以免由于 PCBA 的问题而导致 CPU 烧毁。在服务器 PCBA 电压测试时，需要针对 Standby 辅助电源和 Main 主电源分别设计测试计划。辅助电源电压测试计划只需要插上 AC 电源，不需要安装 CPU 和内存，也不需要按电源按钮开机。采用万用表量测每一个辅助电源电压，并记录好电压值。通常来说，如果电压值在标准电压的±5%之内，则认为正常，否则就认为是异常。具体电压变动范围需要根据具体设计要求来定。辅助电源电压测试计划如图 8-29 所示。

Power Rail	Test Point	Voltage (V)	Pass/Fail
P12V			
P12VIN			
P5V_STBY			
P3V3_STBY			

图 8-29　辅助电源电压测试计划示意图

在该测试过程中，需要确保所有的辅助电源全部正常。如果有任何一组电源电压异常，则需要进行除错调试。进行电源除错调试时，首先判断是否为单板问题，然后判断该 VR 上电后是否对地短路，上一级电源是否正常，上一级 Power Good（电流准备好）信号是否有效，本级 VR 的输入电压是否有效，使能（Enable）信号是否有效，软启动 SS 信号是否正常，本级 VR 设置是否正确等。

辅助电源电压调试完成后，接下来进行主电源调试计划。主电源调试计划和辅助电源的调试计划类似，但是需要进行开机。为了避免 CPU 和内存被烧毁，可以先改 CPLD 代码，让 CPLD 强迫所有电源电压的使能信号有效。由于 CPLD 不控制上电时序，所以本次测试不安装 CPU 和内存，测试计划如图 8-30 所示。

Power Rail	Test Point	Voltage	Pass/Fail
P5V			
P3V3			
PV_VCCP_CPU1			
PV_VTT_CPU1			
P1V8_CPU1			
P0V75_DDR3_CPU1			

图 8-30　主电源电压测试计划示意图

如果 PCBA 正常，则除由 CPU 控制的 CPU 和内存电源外，其余的电源都会正常。正常值通常为标准电压的±5%，具体需要根据设计要求来定。任何一个电源有问题，都需要进行电源调试。调试方法和辅助电源电压调试相同。

当所有非 CPU 控制的电源电压都正常后，恢复正常的具有上电时序的 CPLD 代码，并安装 CPU 和内存，再次进行主电源电压测试。其测试计划和没有安装 CPU 和内存的计划一样。如果 PCBA 正常，则所有电源均会正常。如果 CPU 和内存的电压不正常，则除了按照之前辅助电源电压调试的方式之外，还需要参阅平台 CPU 和内存的上电时序要求，包括时钟和各种控制信号。

至此，PCBA 上所有的电压均正常。理论上此时上电时序也会正常，但是为了确保系统工作稳定，还是需要进行上电时序测试。上电时序测试计划需要严格遵照平台的上电时序要求进行。早期的 PCBA 或者简单的 PCBA 通常会采用组合逻辑或者延时逻辑来进行时序控制。这种方式成本低，但是调试不方便，如果出现错误，只能采用硬件维修的方式进行。复杂的 PCBA 通常会采用一个 CPLD 来进行上电时序控制。CPLD 配合 BMC 以及 PCH 内的 ACPI 等，接收来自各种 ACPI 的状态信息，并判断系统处于 ACPI 的何种状态。如果系统启动从 S5 状态退出机制，如按电源按钮等，CPLD 就开启上电时序，根据平台以及各个芯片和模组的要求，按照顺序通过置位相应 VRD 的 Enable 信号来开启相应电源，并判断对应的 Power Good 信号，直到所有 VRD 启动完毕。图 8-31 所示，为上电时序示意图。

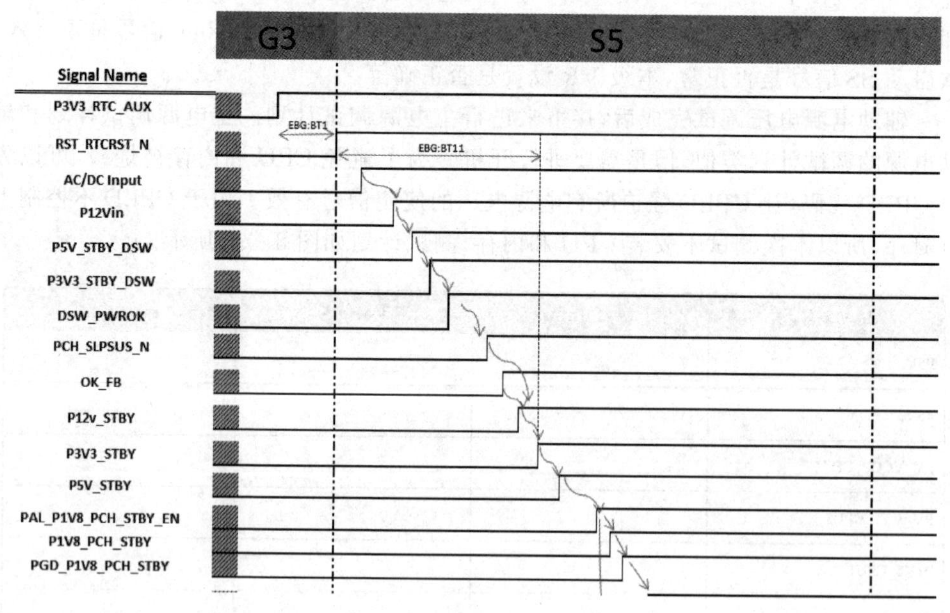

图 8-31　上电时序示意图

在进行上电时序调试时，需要特别注意最小时序要求和最大时序要求的部分，以及特殊上电时序的要求，比如 DDR2 的 V_{DD} 和 V_{TT} 之间需要保持在任何时间下相差不能超出一个 V_{TT} 电压，因此需要采用电压跟随电路来实现。

如果上电时序中的某个时序不满足，就需要进行调试。如果是某个电压不正常，则需要按照电源电压调试的方式进行调试。如果是因为延时要求达不到，则需要更改 CPLD 内部的延时看门狗程序，或者查看外部延时电路的精准度。另外，更常见的情况是因为 VR 的设定导致 VR 的上电存在问题。比如尽管 CPLD 及时使能响应 VR 的 Enable 信号，但是由于 VR 的设定（比如软启动信号的设定等）导致 VR 工作异常，需要延时很久电压才能爬升到正常水平，这时就需要根据 VR 设定进行修改以满足设计要求。

上电时序检查完毕，需要检查复位时序。每个芯片都有复位要求。大部分芯片都内置了 POR（Power On Reset）自动复位，也就是当芯片电压按照正常顺序上电完毕后，芯片内部会自动复位。对于系统来说，当所有系统上电完毕后，需要对整个系统进行系统复位。后续在 BIOS 进行初始化时，可能也要主动进行复位。因此在此阶段需要进行复位调试操作。图 8－32 所示为复位时序示意图。

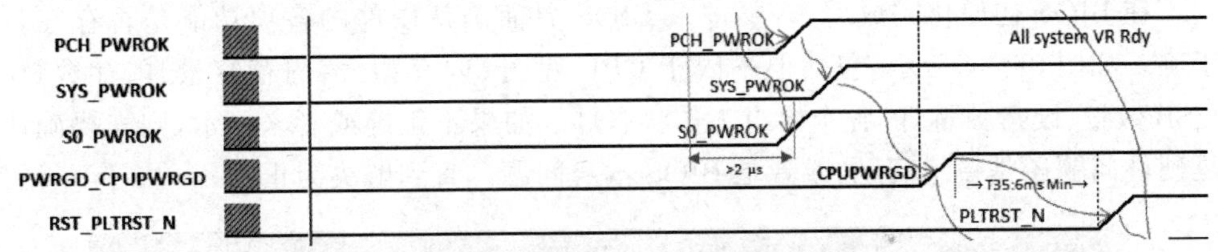

图 8－32　复位时序示意图

复位时序调试比较简单，主要关注的是最小复位时间要求以及按照要求是否失效。如果满足，则复位时序调试完成；否则需要在 CPLD 进行增减延时操作，或者确认线路是否存在短路或开路导致复位无效。

PCBA 的最后一步调试是时钟测试计划。时钟是整个 PCBA 内主动元件工作的驱动器，任何一个时钟的缺失都会导致 PCBA 的功能全部或者部分失效。因此需要针对每一个时钟进行频率和波形测试并进行记录，其测试计划如图 8－33 所示。

Clock Net Name	Test Point	Frequency	Remark
REF Clock			
CLK_133M_CPU1_DP			
CLK_133M_CPU1_DN			
CLK_133M_CPU2_DP			
CLK_133M_CPU2_DN			
CSI_CPU1_IOH_CLK_DP			
CSI_CPU1_IOH_CLK_DN			
CSI_CPU2_IOH_CLK_DP			

图 8－33　时钟测试计划示意图

时钟测试需要采用示波器进行量测。需要注意测试点的选择并记录其波形和时钟频率,确保时钟频率在正常工作范围之内。如果某个时钟异常,就需要进行调试。如果是无源晶振,就需要确认其起振电路是否设置正常;如果是有源晶振,就需要确认时钟电源的电压是否正常,是否有使能信号等。同时还要注意,有源晶振时钟在系统内可能具有时序要求,只能在某个电源上电后才能起振,或者在某个电源电压稳定前就需要稳定,因此时钟调试还要注意与上电顺序的关系。

当上述工作全部完成后,PCBA层级的功能调试就基本完成。如果时间充裕,还可以对芯片组的GPIO设置、固件的SPI总线进行功能调试确认。

接下来就是软件调试。当硬件电压、时钟、复位全部正常,且上电时序均正常时,系统就会开始读取BIOS固件,并开始进行硬件初始化。BIOS工程师开始接手软件调试。软件调试可以采用XDP或者串口等调试助手协助进行,在硬件上还可以通过Port80 LED灯或者调试卡来跟踪BIOS初始化程度。如果系统正常且BIOS功能完善,则BIOS可以顺利完成初始化并进入BIOS界面。如果BIOS功能不完善或者硬件功能出现问题,则可能会停在某个初始化位置。此时需要根据调试助手确认停留位置,并从软硬件进行分析和解决,直到完成BIOS功能,交给OS。

在BIOS初始化完成后,需要进入BIOS界面确认硬件的各项功能是否存在且正确。如图8-34所示,包括但不限于CPU型号、内存型号、内存容量、内存数量、USB数量、硬盘数量灯、各个模组工作状态灯。如果不正确或者未显示,则需要确认是硬件问题还是模组问题,或者是BIOS本身问题。直到解决为止。

Sub Function	Test Result	Pass/Fail	Remark
Keyboard/Mouse check			Test the keyboard and mouse function
All of slots check			Test all of slots in the system
UART check			Test RS232 function
Ethernet check			Test all of Ethernet ports function
Server Management Functional Check			Remote login make sure 10/100 PHY is working. Check system health as well.
All of LEDs check			Test all of LED function, include port 80, error LED
All of DIP switch			Test all of DIP switch function
All of button			Test all of button function, include UID, reset
10G Basic Check			Test internal loopback using Broadcom ediag.

图8-34 软件和系统调试需要检查和调试的功能项示意图

BIOS工作结束后就开始进入系统调试。系统调试需要进行OS安装工作。可以直接在该系统中进行OS安装,并安装相应的驱动。如果成功,就需要进入设备管理器中确认系统中的各个模组是否存在和正常。如果都正常,则说明整个产品的功能调试宣告结束,可以开始进行接下来的生产和测试;如果不正常,则需要进行调试分析,确认是OS本身的问题还是硬盘本身的问题,或者是硬件的问题,比如供电不足等,并一一解决。

当然,不同平台的产品,不同的PCBA,复杂程度不同,功能调试的内容和方式可能各不相同。同时调试时间也会有要求,因此具体到实际功能调试时,需要根据实际情况进行调整,不一定需要完全做完所有的流程才可以安排接下来的生产计划。比如,时间紧迫的时候,只要BIOS进入了开机界面,就几乎可以断定硬件系统没有致命的问题,可以通知工厂继续生产。

8.2.2 除错调试

除错调试主要发生在系统测试过程中,当然在功能调试时也有除错调试。相比于功能调试,除错调试的目标非常明确,就是有具体的错误信息存在并需要解决。这些错误信息可能是单纯的硬件问题,也可以是单纯的软件问题,还可能是硬件和软件接口定义的问题。因此,除错调试需要有全面的知识体系才能快速地找到问题根源并解决。

当测试工程师或者用户发现问题时,首先需要做的就是保护现场,确保在调试工程师到来之前机器不会被外部因素所干扰。这些现场包括但不限于整个机器的配置、测试环境、软件信息及版本。在报告问题时,需要尽量详细报告发生问题的整个过程,最好有对应的测试数据和报告。

调试工程师到达现场时不要急于动手拆装机器,而是先进行目检,比如电源连接、网络连接等是否完好,拔插件是否安装到位等。很多时候由于测试工程师和用户对机器的熟悉程度有限,会犯比较低级的错误,比如没有按照SOP的要求把SATA电缆插入到标准的SATA连接器中,导致系统抓不到硬盘等。这类问题基本上可以按照设计SOP的规范快速解决。

如果不是此类问题,并且问题不会造成系统烧毁,则需要进行问题复现,确定该问题是确定性问题还是概率性问题,是单板问题还是通用问题。问题复现最好是在原系统中进行,同时安排1~2台相同配置的系统在相同环境中进行复现。如果所有系统都存在同样的问题,则可以断定是确定性的通用问题。如果只能在原系统中发生,其他系统中不会发生,则几乎可以断定是单板问题。如果在几台系统中有时会发生,有时不会发生,则为概率性问题。通常来说,确定性问题要比概率性问题好解决,通用问题比单板问题好解决。

确定了问题的属性,接着需要对问题进行定性,也就是说,是硬件问题还是软件问题,抑或是硬件和软件接口处发生的问题。产品设计验证会分阶段进行,第一阶段会集中验证硬件功能,确保硬件功能完善,第二阶段验证软件功能,确保软件功能完善。根据经验,早期样品的硬件问题会相对较多,晚期出现的硬件问题会相对比较少。对于复杂的问题,需要硬软件协同进行除错调试。最常见的方式是采用鱼骨头分析法，如图 8－35 所示。整个分析法从问题入口，通过软件、硬件、工厂制程、元件等各个层级进行细分，最后确认问题根源，得出解决方案。分析的优先级和细分项目需要根据具体问题进行优先级分类。

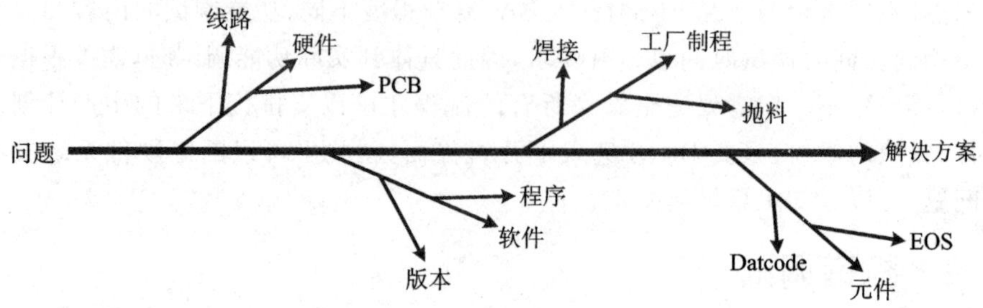

图 8－35　鱼骨头分析法示意图

以某服务器专案 RS485 数据通信调试为例，其基本功能是通过 RS485 总线对外进行数据读取并进行分析。RS485 的控制器为 BMC 的 UART 接口控制器 3，并通过一个 UART 总线转 RS485 芯片 ISO3082DWR 进行外接，其功能方框示意图如图 8－36 所示。从图中可知，BMC 只是一个单纯的 UART 控制器。

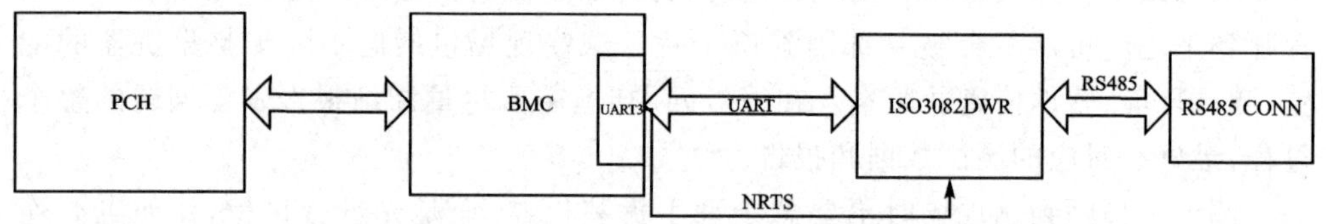

图 8－36　RS485 功能方框示意图

测试工程师报告通过 RS485 连接器连接到 RS485 设备后，系统无法读取到 RS485 设备上的数据，换 RS485 设备，换 RS485 线路，换机台等各种动作后，其结果相同，可以断定该问题为确定性问题。

从整个 RS485 功能方框图来看，RS485 功能主要会涉及软件和硬件部分。软件部分主要是 BIOS 和 BMC，其中 BIOS 需要在 BIOS 界面进行 UART 正确配置。BMC 作为 UART3 的控制器，需要使能该功能模块正确工作，并且根据 ISO3082DWR 这个芯片半双工通信的特性正确配置 NRTS 控制信号。硬件部分主要是确保 BMC 到 ISO3082DWR 的串口总线以及相关控制信号、电压、时钟、复位信号正确运行，同时确保从 ISO3082DWR 到 RS485 设备的硬件线路和线路功能正常。

采用鱼骨头分析法，其鱼骨头设计如图 8－37 所示。

和 BIOS、BMC 工程师初步会商确认，BIOS 代码已经导入该 UART 的正确配置，并且可以在 BIOS 界面进行正确显示，初步断定该问题与 BIOS 没有多少关系。BMC 有三个 UART 控制器，其余两个串口控制器分别接普通串口总线，只有 UART3 接 RS485。根据功能测试结果显示，UART1 和 UART2 的功能正常。因

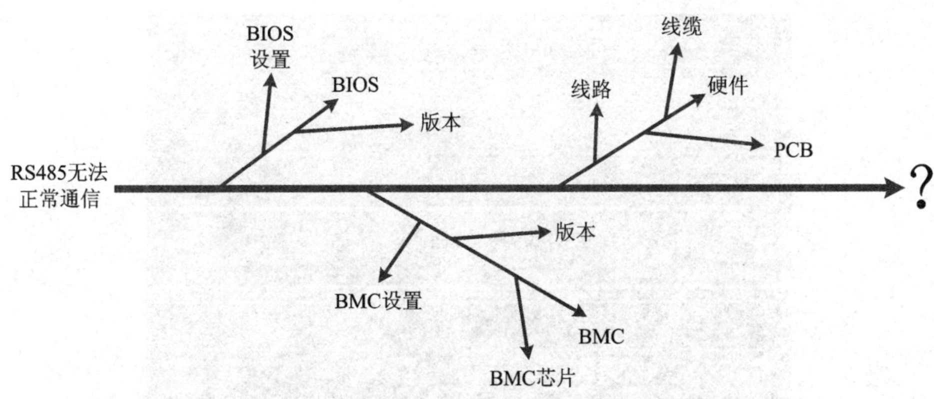

图 8-37　RS485 无法通信问题鱼骨头分析示意图

此，问题集中在 BMC 和硬件部分。和 BMC 工程师确认，其针对三个 UART 的设置相同，怀疑是硬件问题，但依旧不能排除 BMC 问题，甚至是 BMC 芯片问题。这时需要 BMC 和硬件分别并行展开除错调试。

硬件工程师需要先进行基础性的硬件验证，包括对应电压、时钟、时序、复位等信号是否存在并且有效，从结果来看，均为正常。接下来硬件工程师需要确认总线通信是否正常，并采用复现的形式来进行总线通信波形量测。在量测之前，需要搭配整个 RS485 的测试环境。整个测试环境采用两台同样配置的被测机进行互连，被测机与被测机之间通过 RS485 线缆进行连接。两台被测机均需要在 OS 操作系统下运行超级终端，同时确保对应串口的波特率设置相同。当被测机设置好后，对其相应的 UART 总线和 RS485 总线进行波形测量。正常的情况下，两台被测机的超级终端互发数据，对方的超级终端应该可以正常显示，且波形正常。

为了加速厘清是 BMC UART3 问题还是硬件问题，先在被测机 A 上进行硬件维修：断开 UART3 和 ISO3082DWR 之间的连线，将 UART1 和 ISO3082DWR 之间进行连接，这样被测机上 BMC 的 UART1 就成为了 RS485 主机控制器。被测机 B 保持不变，主机 B 的 UART3 依旧是 RS485 主机控制器；接着，在被测机 B 的超级终端发送文本信息“THIS IS RS485 TEST”给被测机 A——此时被测机 B 为主机，A 为从机。根据预期，被测机 A 的超级终端应该没有数据。测试结果显示满足预期，量测波形如图 8-38 所示。从图中可以看出，被测机 B BMC 有正确发送数据出来，但是被测机 B 的 ISO3082DWR 没有工作，导致数据无法通过 RS485 发送出去，ISO3082DWR 的读/写控制信号无效。

反过来，从被测机 A 发送同样的串口信息“THIS IS RS485 TEST”给被测机 B——此时 A 为主机，B 为从机。观察 B 机的超级终端，依旧没有文本信息显示，量测波形如图 8-39 所示。和 B 机作为主机不同，从图中可以看出，A 机的串口信号有通过 BMC 的 UART1 发送出来，并经过 ISO3082DWR 准确发送出来，只是因为某种原因导致 B 机的 RS485 信号无法被 B 机的 BMC 所接收。

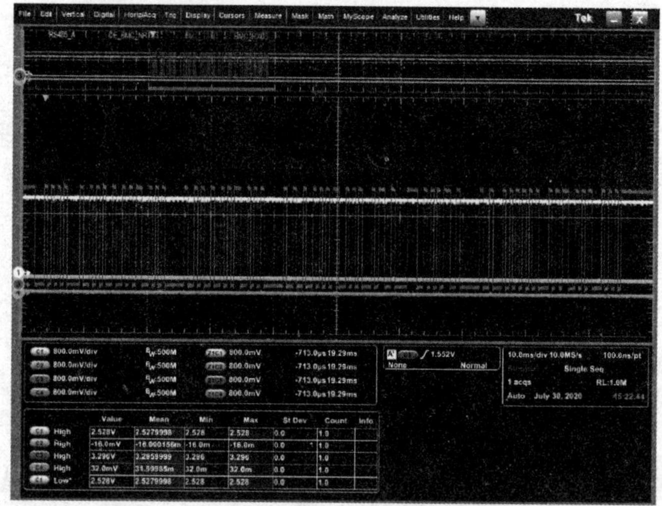

图 8－38　从被测机 B 发送串口信号的波形图

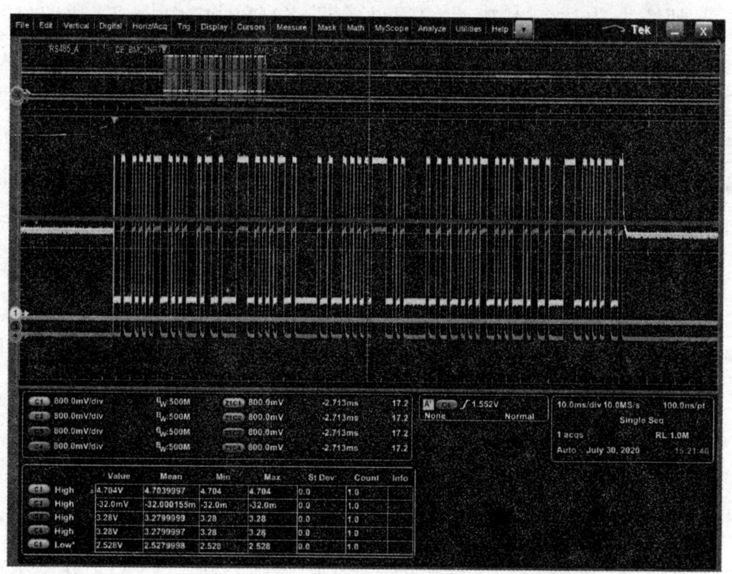

图 8－39　从被测机 A 发送串口信息的波形图

通过以上分析判断，ISO3082DWR 无法正确工作，其根源应该是 BMC UART3 的控制信号异常。

为了进一步确认此判断，B 机也像 A 机一样做同样的工作，再次进行以上的测试。首先从 B 机发送文本信息“THIS IS RS485 TEST”给 A 机，根据第一步的结论，A 机超级终端应该会收到并显示此信息。根据测试，如预期所判断，如图 8－40 所示。接收机能够正确显示文本，说明接收机的 RS485 线路工作正常。

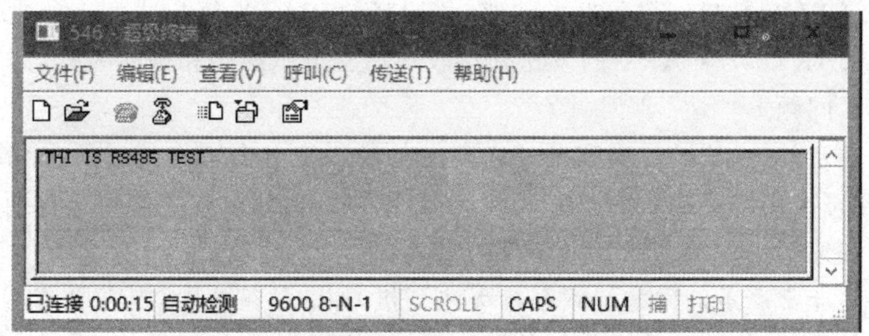

图 8-40　从被测机 B 传来的文本信息图

量测的信号如图 8-41 所示。从图中可以看出，被测机 B 的信号可以从 BMC 正确发送，并且 ISO3082DWR 能够正确工作，转换为 RS485 信号正确发送。

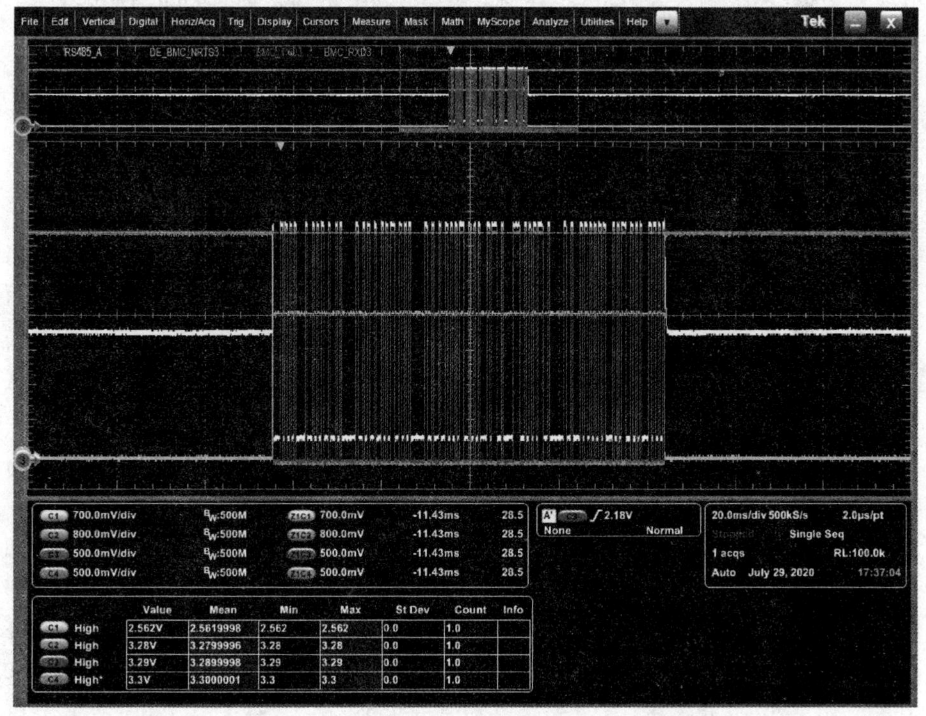

图 8-41　从被测机 B 发送串口信息的波形图

反过来，从被测机 A 发送文本信息“RS485 TO RS485”，同样也可以在 B 机中正确接收，量测波形也正确。

根据以上判断，硬件线路没有问题。问题出现在 BMC UART3 的控制信号控制异常。再次和 BMC 工程师确认，发现 UART3 的 HISR0 寄存器设置错误。更改设置如下：

UART3：HISR0 (1e789108h)[13:12] = 01b

并重新编译BMC软件。恢复原始线路，采用新的BMC进行测试。此时被测机A和B均采用UART3为UART的发送和接收端口。测试结果和预期一样，问题根源找到并解决了问题。

需要注意的是，调试过程和调试速度在某种程度上会因人的学历、经验、能力而各异，因此每次调试完成后需要完成调试报告，以备后续出现类似问题有助于其他工程师可以快速解决。

如果是非常严重的问题导致系统无法开机，如芯片被烧毁，则需要请芯片供应商进行切片分析，确认芯片发生烧毁的问题根源（绝大多数为EOS问题）与区域，并根据相应报告缩小问题范围，最终找出解决方案。

对于概率性问题，大部分需要通过在压力下的性能测试，并且并行跑多台机器进行调试，确认哪种压力下的问题发生概率最大。必要时，需要借助工厂的力量，包括X射线检查、红墨水测试等，确认工厂制程是否良好，特别是针对DDR连接器的上锡率以及复杂BGA的焊接部分等。

8.3 测　试

测试是为了确保设计是否被正确制造出来而进行验证，是制造的逆过程。一个系统能够被测试需要满足三个要求：已知的输入激励、已知的状态和已知的预期响应。输入激励通常是一个测试矢量。测试矢量通常不是为了执行某一种功能，而是让设计内部的节点发生逻辑变化，并且能够从外部测试观测到这些变化。测试矢量需要根据具体的功能进行定义。测试的节点数量和总的节点数量之比就是测试覆盖率。

测试的响应通常只会有两种结果：符合预期响应或者与预期响应不符合。与预期响应不符合具有三种可能：失效（failure）、缺陷（defect）和故障（fault）。

所谓的失效，就是指把已知的激励施加到初始化的电路上并进行响应评估，如果发现与预期的响应不符合，则表明出现了失效。要判断是否失效，需要先建立一个失效度量准则，并且故障模型必须是可演练和可预测的。比如，电源按钮功能包括开机和关机，其预期功能是在S5状态下，按电源按钮可以开机，在S0状态下长按4 s可以关机。如果在S5状态下，系统无法开机或者长按4 s系统无法关机，或者关机后又自动重启，则表示与预期不符合，这就是失效。

缺陷是系统中出现的物理问题，包括芯片、PCB、连接器、线缆等本身存在的各种物理问题，以及由于工厂制程导致的上锡不充分、虚焊、通孔裸露和阻塞、电源短路等各种问题。而故障则可以看成是缺陷的一种失效模式的表现形式。缺陷和故障通常是非常严重的问题，需要重新进行硬件设计或者重新进行打板才能解决。如果产品已开始销售，可能会需要召回处理。

因此,测试具有以下几个鲜明的特点:

① 测试结果具有可预测性。错误的输入将会具有可预期的错误响应,正确输入具有可预期的正确响应,不会存在模糊地带。

② 测试激励具有完备性和严谨性。测试覆盖率的要求决定了测试激励需要考虑各种情形,避免出现测试真空。

③ 测试的对象是具体的存在,并且具有已知的状态。没有对象的测试或者对象状态未知,测试出来的结果也就未知。这也是测试与调试之间的区别。

④ 测试步骤和测试对象可具有重复性。在同样的环境下,对测试对象输入相同的测试激励,并且测试步骤也相同时,测试响应应该相同。

测试主要有几种方法:黑盒测试法、白盒测试法和灰盒测试法。

8.3.1 白盒测试

所谓的白盒测试,也称为 alpha 测试、结构测试或者逻辑驱动测试,其实质是对设计内部细节和结构非常熟悉,通过观察被测设计内部节点的结构和逻辑变化来判断测试结果是否满足预期要求。白盒测试的前提是要对设计内部和逻辑具有完全的观察能力和控制能力,如图 8-42 所示。

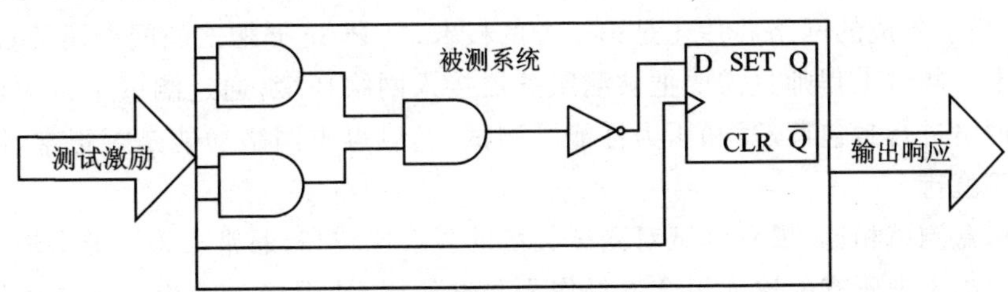

图 8-42 白盒测试示意图

通过白盒测试的设备并不意味着不会有错误发生——因为白盒测试关注设计的内部结构和逻辑,并不关注设计本身是否满足产品规范,更不会关注设计是否满足规范要求的功能。如果设计本身违反了产品规范的要求,则白盒测试验证的结果也就无法说明其是正确的。

白盒测试主要是 PCB 和 PCBA 等级的信号测试,包括 TDR 测试、VNA 测试、信号 SI 测试、PI 测试等。白盒测试需要提前预备相应的设计资料,确定测试点和测试矢量,并做好测试结果评测标准。由于预知了设计资料,白盒测试的测试矢量相对比较小,更具有针对性。白盒测试一般采用的方式是逻辑驱动、基本路径测试等。以 SATA 的信号完整性量测为例,其发送端 PCH 或者 HBA 卡通过发送数据包启动 SATA 总线,示波器在 HDD 背板进行信号量测其眼图等,确保其波形和眼图满足 SATA 规范要求即可。

8.3.2 黑盒测试

黑盒测试，也称为Belta测试、功能测试或者数据驱动测试。如图8-43所示，黑盒测试不需要知道被测单元的内部结构和具体实现逻辑，只需要知道被测单元的功能，然后通过测试程序对其进行输入激励并观察输出响应，确保被测单元的功能满足设计规范的要求。黑盒测试特别适合功能性的测试，但是很难对故障源进行定位和隔离，尤其是故障发生时刻与它在被测单元输出端表现出来的时刻有较长的延时的情形，就更加难以定位。

图8-43 黑盒测试法示意图

以服务器的网络测试为例，黑盒测试并不关注网络是采用集成网卡还是独立网卡，是主板上集成的网络芯片还是第三方的板卡，是PCIe插槽式的网卡还是OCP形态的网卡。测试工程师只需要把被测服务器接入网络环境，通过测试平台对被测服务器的网络进行封包读/写和压力性能等测试，然后得出网络功能是否正常，性能是否合格等就行。

与白盒测试相比，黑盒测试对测试矢量的要求比较高，通常会采用穷举输入测试来进行。由于把所有的输入组合情形作为测试使用，使得输入无论是非法还是合法都需要测试并进行判断，因此降低了测试用例的效率。

8.3.3 灰盒测试

灰盒测试，介于白盒测试和黑盒测试之间，它既关注输出对输入响应的正确性，同时也关注内部信号和节点的表现，但是关注程度没有白盒那么详细、完整，只会通过一系列的表征性现象、时间和标志来判断内部的运行状态，如图8-44所示。

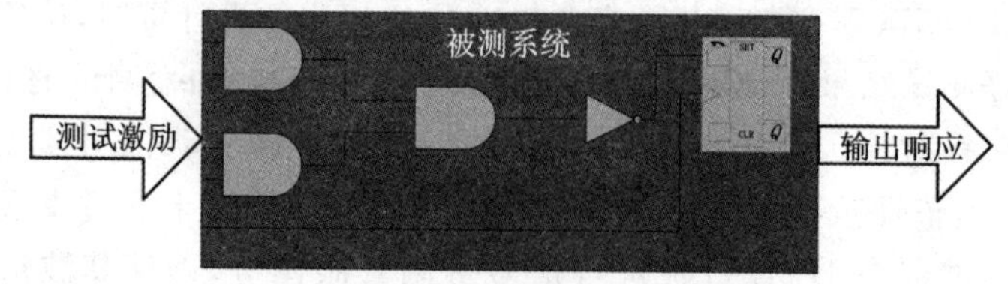

图8-44 灰盒测试示意图

灰盒测试弥补了白盒测试不能确认被测系统功能是否正确的缺陷，同时也弥补了黑盒测试效率低下，不能检测设计内部的短板。灰盒测试既提升了测试效率，同时也兼顾了用户端、特定系统的操作环境等。

以服务器的存储测试为例，在测试前先确认被测存储的类型、厂商、支持协议、最大速率、在服务器内的拓扑结构，是采用PCH直连的软RAID，还是HBA卡或者RAID卡进行扩展，以及是否采用Expander等影响性能的架构，等等，然后针对性对其进行随机和顺序读/写等压力和性能测试，从而可以快速获得该服务器的存储性能参数以及与服务器的兼容性等。

8.4 调试与测试工具

“工欲善其事，必先利其器。”电子系统的调试与测试工具多种多样，大体可以分为三大类别：信号量测工具、功能验证工具以及系统测试工具。信号量测工具主要包括万用表、频率计、示波器、网络分析仪(Network Analyzer，NA)、逻辑分析仪(Logic Analyzer，LA)、协议分析仪、信号发生器、BERT(Bit Error Ratio Tester，位错误率测试仪)等。功能验证工具主要用于软件验证，包括XDP、串口以及各家厂商为自家产品所开发的诊断开发软件和测试治具等。系统测试工具主要用于系统兼容性和可靠性验证，包括各类老化测试设备、EMC测试设备、各种无线测试设备以及各家厂商为自家产品所开发的压力诊断开发软件和测试治具等。由于篇幅有限，本章主要介绍信号量测工具：探棒、示波器、逻辑分析仪和BERT设备。

8.4.1 探　棒

严格来说，探棒并不是一个独立的信号量测工具。它必须与其他设备如示波器、逻辑分析仪、网络分析仪、BERT等设备结合使用。但是由于探棒在信号量测中的特殊性，故在此进行特别说明。

探棒有多种类型，按照探棒结构可以分为无源探棒、有源探棒以及有源差分探棒等；按照测试信号类型可以分为电压探棒、电流探棒以及逻辑探棒等。

无源探棒是最基本的探棒，它不包含有源器件，如图8-45所示。它具有1×、10×、100×、1 000×或者可切换的衰减倍数，并且其便宜、结构坚固、测量的动态范围大、输入阻抗高，但是它具有较大的输入电容。

有源探棒采用了有源器件，如图8-46所示。相对于无源探棒来说，其输入电容低、带宽高、输入电阻高、信号的保真度也高，但是结构不如无源探棒、成本更高，并且动态范围有限。

有源差分电压探棒量测的是差分信号，其探头测量的是差分信号中的两个信号，而不是测量以地为参考的信号，如图8-47所示。它具有带宽高、共模抑制比大、输入的时延小、输入电容小等优点。

以上几种探棒都是电压测量探棒。电流探棒测试通过测量导体周围的电磁通来

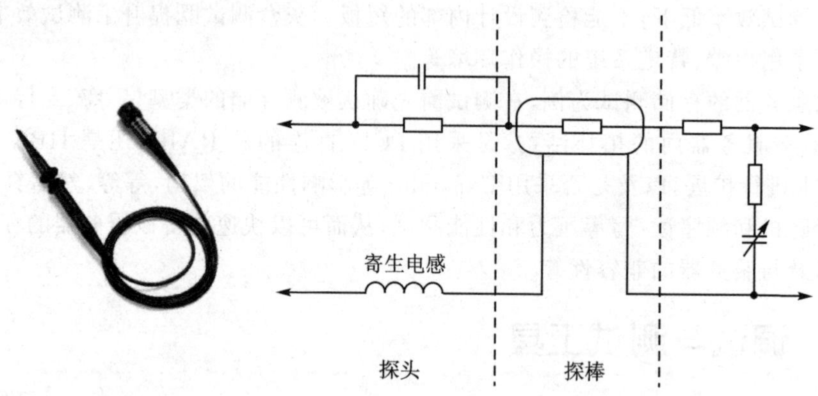

图 8-45 泰克 P2220 无源探棒及等效电路示意图

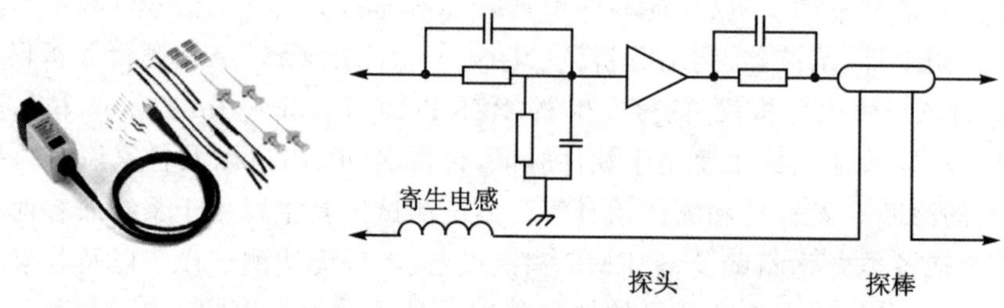

图 8-46 泰克 TAP1500 有源探棒及等效电路示意图

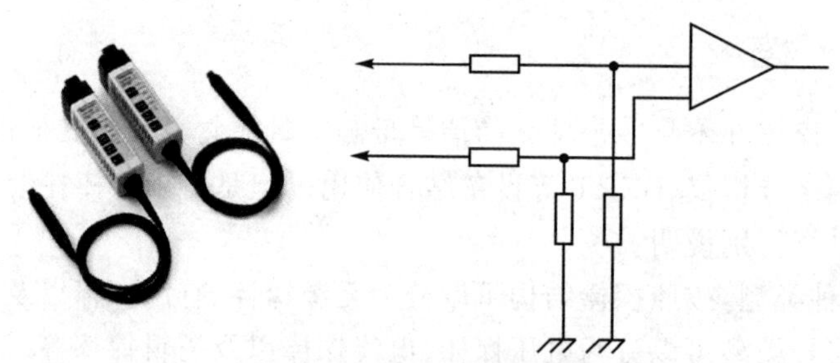

图 8-47 泰克 TDP0500 和 TDP1000 有源差分探棒以及等效电路示意图

得到电流的大小，它可以分为 AC 交流电流无源探棒和 AC/DC 交直流电流有源探棒两种。图 8-48 所示为泰克 TCP0150 AC/DC 电流探棒，最高可以量测频率从 DC 到 20 MHz 范围之内的 150 A 电流。在使用电流探棒时需要注意，是分离铁芯还是固定铁芯，以及自动量程和显示单位等。电流探棒一般用于 PI 电源完整性或者 AC 电流量测。

电压探棒和电流探棒主要用于信号的模拟量的量测，确保量测信号的保真度。逻辑探棒主要用于信号的数字量的量测，也就是数字逻辑和数字时序的准确度。逻辑探棒具有多个数字通道，比如泰克的 P6516 逻辑探棒，如图 8-49 所示，它具有

16 个通道，分为两组，每组 8 个通道，总计一次可以量测 16 个逻辑信号。逻辑探棒特别适合于总线、协议的物理层分析，以及需要一次捕获大量数据进行分析的场景，如服务器的电源时序测试等。

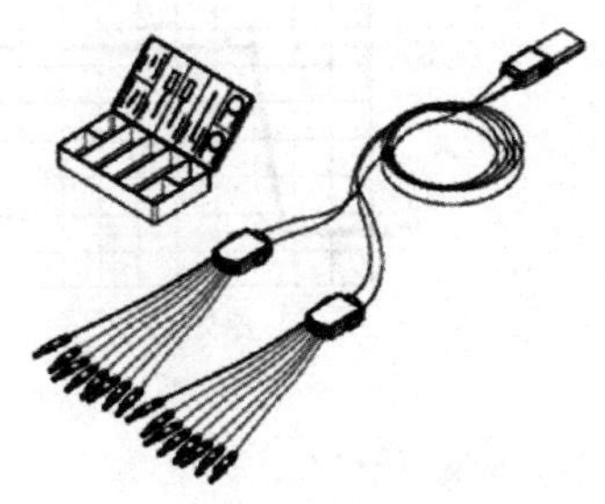

图 8-48　泰克 TCP0150AC/DC 电流探棒实物图

图 8-49　逻辑探棒实物图

衡量一个探棒的性能有几个重要概念，如表 8-1 所列。不同的场合需要使用不同的探棒，否则信号容易失真，量测出来的结果不准确。

表 8-1　探棒的性能参数说明

性　能	说　明
衰减	一个信号的振幅被减小或放大的处理过程
线性相位	保持非正弦波形中谐波的相对相位关系(相频特性)
负载效应	连接探头后由于从源分流电流而带来的影响
阻抗	阻碍或限制 AC 信号流动的过程

由于探棒本身具有输入电阻、输入电容以及电感效应，所以对信号具有负载效应。当探棒连接到被测电路时，探棒就会分流一部分电流，同时也会导致信号产生一定的分压。探棒的输入电阻类似于分压器。根据电阻的分压原理，输入电阻越大，或者被测电路的源电阻越小，其负载效应就越低。输入电容越小，对应的探棒阻抗也就越大，负载效应也就越小，但是输入电容与频率相关。当信号的频率增加时，电容效应会增加，导致负载效应也会增加，其结果就是信号幅度变小，相位会发生变化，同时会导致更长的上升时间。而电感主要是由于地线较长所导致的。电感会使信号产生振铃效应，因此在测试时应尽量让地线短一些。图 8-50 所示为探棒的负载效应波形示意图。

探棒的信号保真度主要取决于探棒的带宽。探棒的带宽是有限制的，通常示波器和探棒的带宽是按照－3 dB 点定义的。根据信号完整性可知，探棒的带宽应当与

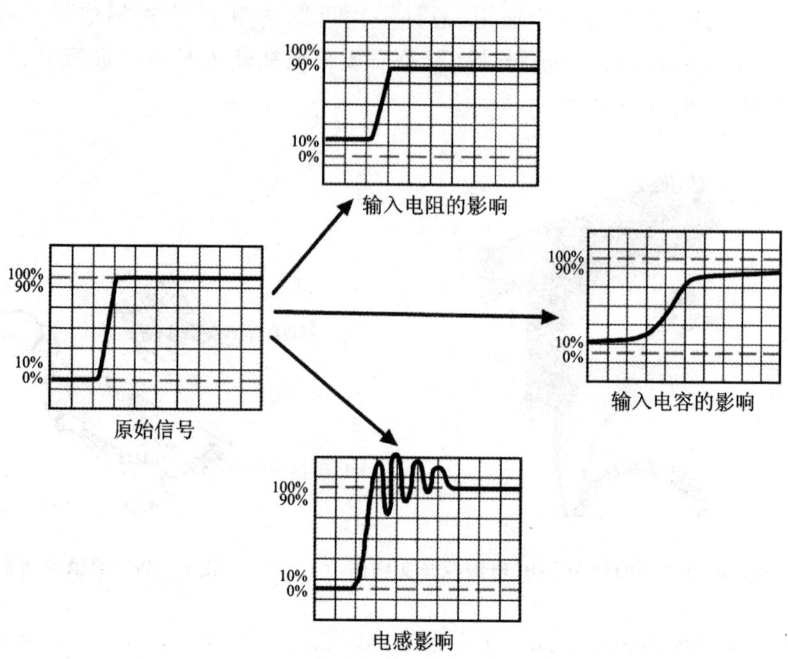

图 8-50　探棒的负载效应波形示意图

示波器的带宽相符,并且需要有足够高的带宽,否则会造成信号上升时间变长,信号失真,图 8-15 所示。

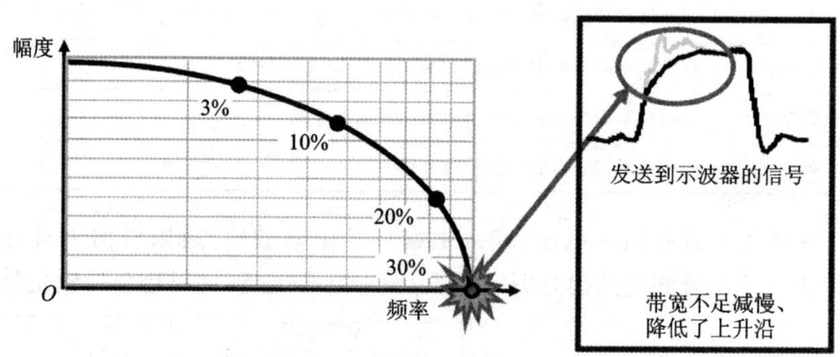

图 8-51　探棒带宽不足导致上升沿减缓示意图

示波器中显示的信号上升沿是叠加了探棒和示波器的上升时间的结果,其公式如下：

$$T_{\mathrm{rmeasure}}=\sqrt{T_{\mathrm{rsignal}}^{2}+T_{\mathrm{rsystem}}^{2}}$$

式中,T_{rmeasure} 表示示波器显示的信号上升时间；T_{rsignal} 表示信号本身的上升时间；T_{rsystem} 表示探棒和示波器系统本身的带宽所限制的上升时间。测试需要尽量让 T_{rmeasure} 等于 T_{rsignal},也就是说,要让测试系统的上升时间尽量小。一般采用 1/5 规则，也就是测试系统的上升时间为信号上升时间的1/5。

采用探棒进行测试需要进行探棒补偿。未补偿的探棒会导致各种各样的测试错误，特别是信号的上升时间或下降时间。探棒的接地线要尽量短以减小环路电感，或者使用有源FET探棒。

8.4.2 示波器

如图8-52所示，示波器是硬件工程师使用最为广泛且必须掌握的一门技术。

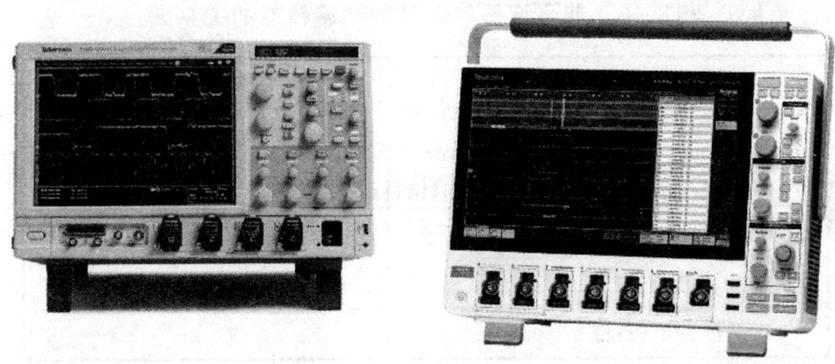

图8-52 示波器实物图

示波器的原理并不复杂，它主要是采用探棒对被测点的信号进行连续采样，然后进行处理并尽量以无失真的形态通过屏幕进行展示。示波器的内部结构主要包括信号放大器、A/D转换器(数字示波器)、数据采集和存储、波形显示等。以泰克示波器为例，泰克示波器主要有模拟实时示波器、DSO数字串行示波器以及DPO数字并行示波器等，它们的内部结构功能模块图如图8-53所示。

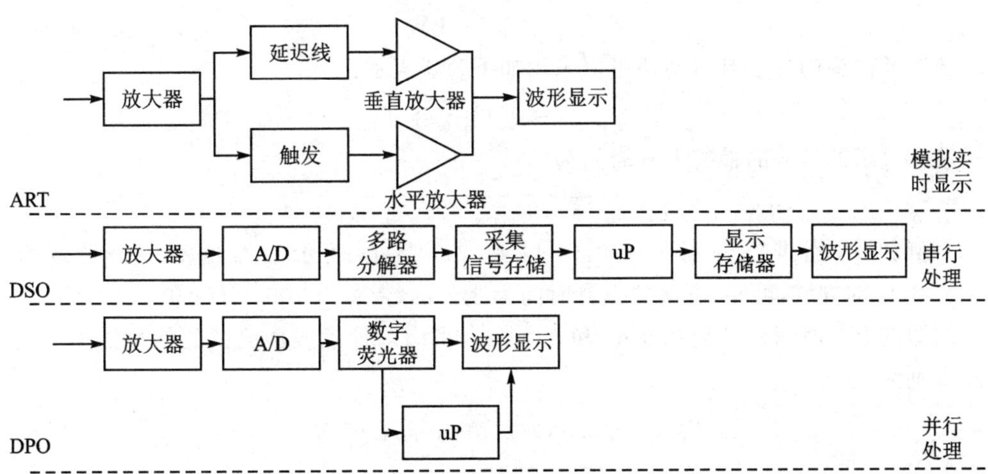

图8-53 泰克示波器内部结构功能模块图

示波器的主要性能指标有示波器的带宽、示波器的采样率、示波器的触发和信号存储方式等。从图 8-53 可知，无论是数字示波器还是模拟示波器，放大器的模拟带宽决定了示波器的带宽。放大器是一个低通滤波器。如果带宽很宽，则输出信号不失真；如果带宽很窄，则某些谐波不能通过，输出信号发生畸变，产生失真。基于带宽来选择示波器可以有两种方式：以谐波情况为核心选择示波器和以上升时间来选择示波器。

以谐波情况为核心选择示波器，需要事先了解信号的大致波形，确定不会影响信号畸变的谐波量。表 8-2 所列为信号波形的谐波与测量精度的关系。

表 8-2　信号波形的谐波与测量精度的关系表

波形类型	重要谐波数(基波 10%)
正弦波	无谐波分量
方波或占空比为 50%的脉冲波	1∶9
三角波	1∶3
脉冲波(占空比 25%)	1∶14
脉冲波(占空比 10%)	1∶26

以上升时间来选择示波器是最常见的方式。根据信号的完整性可知，信号的上升时间与带宽之间的关系如下：

$$BW_{3\ dB}=\frac{K}{T_r}$$

通常在选择示波器时，K 值取 0.35。

如果确定了示波器和探棒的带宽，就可以得出示波器和探棒的上升时间：

$$T_{rscope+probe}=\frac{0.35}{BW}$$

示波器和探棒的总上升时间还可以采用如下公式表示：

$$T_{rscope+probe}=\sqrt{T^2_{rprobe}+T^2_{rscope}}$$

示波器显示的信号的最终上升时间为

$$T_{rmeasure}=\sqrt{T^2_{rsignal}+T^2_{rscope+probe}}$$

例如，采用带宽分别为 100 MHz 和 500 MHz 的示波器量测一个带宽为 100 MHz 的方波，可知，方波的上升时间为 3.5 ns，带宽为 100 MHz 和 500 MHz 的示波器的上升时间分别为 3.5 ns 和 0.7 ns。采用两种示波器测试的信号的上升时间分别为

$$T_{r100}=\sqrt{3.5^2+3.5^2}\ \text{ns}=4.95\ \text{ns}$$

$$T_{r500}=\sqrt{3.5^2+0.7^2}\ \text{ns}=3.569\ \text{ns}$$

可得测量误差如下：

$$\delta_{100}=\frac{4.95-3.5}{3.5}\times 100\%=41\%$$

$$\delta_{500}=\frac{3.569-3.5}{3.5}\times 100\%=2\%$$

显然，采用带宽为 500 MHz 的示波器可以满足测试的要求。在选择示波器时，需要确保示波器的带宽为信号带宽的 5 倍以上。表 8－3 所列为信号上升时间与示波器上升时间之比与测量精度的关系。

表 8－3　信号上升时间与示波器上升时间之比与测量精度的关系

信号上升时间：示波器上升时间	上升时间测量精度/%
1：1	41
2：1	22
3：1	12
4：1	5
5：1	2
7：1	1
10：1	0.5

数字示波器需要对信号进行采样。采样采用等间隔的方式进行，采样率以"点/秒"来表示。不同种类的示波器有不同的采样方式，通常分为实时采样、随机等效采样和顺序采样等。数字实时采样是最直观的采样方式，其采样率至少是模拟带宽的 4～5 倍，不仅适用捕获重复信号，而且是捕捉非重复信号和单次信号的有效技术，同时也是捕获隐藏在重复信号中的毛刺和异常信号的前提条件。随机数字等效采样可以较低的 A/D 采样率对信号进行采集，将多次触发采集到的资料进行重组，实现对重复信号的捕获和显示。采用随机数字等效采样需要信号重复且稳定，如果信号发生变化，就会造成显示混乱。采用该采样原理的示波器只适用捕获重复稳定信号，对捕获非重复信号和单次信号的能力以及捕获隐藏在重复信号中的毛刺和异常信号的能力将受到实时采样率的限制。

示波器的采样率决定了对窄脉冲和毛刺信号精确捕获和复现的能力。只有信号速度在单次带宽的范围内，对捕获信号才能精确复现。当确定了示波器的带宽后，还需要选择足够的采样率来配合，从而获得满意的测量结果，否则会使信号失去高频成分，影响信号保真度。通常建议采样率至少为带宽的 5 倍，一般为 8～10 倍。

示波器的记录时间与示波器的存储长度和采样率相关：

$$记录时间=\frac{存储长度}{采样率}$$

由于示波器的采样率决定了示波器的单次带宽，如果采样率不足就会限制示波器的单次带宽。只有采样率高于示波器带宽的 5 倍以上，才能使示波器的重复信号带宽等于单次信号带宽。在保证对单次信号进行精确采样的前提下，示波器存储长度越长，则波形存储时间就越长，波形细节就越好。但是示波器存储长度有限，提高采样率必然会导致记录时间降低。在示波器的存储长度和采样率都有限的前提下，要保证高频成分不丢失，需要综合考虑示波器的带宽、采样率和存储长度等。

示波器有多种触发方式，通用的触发方式包括自动触发、正常触发、单次触发和滚动触发等。具体说明如表 8-4 所列。

表 8-4　示波器触发方式说明

触发方式	说　明
自动	不管有没有触发，示波器都会进行信号扫描，有信号则显示，没有信号则显示水平基线
正常	只有输入信号满足触发条件，示波器才会扫描并将最后捕获的信号显示在荧幕上。如果输入信号继续满足触发条件，则再次进行捕获并清除上次信号，保留此次的薄型
单次	只有输入信号满足触发条件，示波器才会扫描并将最后捕获的信号显示在荧幕上。如果输入信号继续满足触发条件，则不再理会
滚动	全连续显示，用示波器代替图表记录仪来显示慢变化的现象

在数字示波器中，还可以有多种高级触发功能的模式用于对偶尔出现问题的信号现象进行预测，也可以确认脉冲的受限状态，安排一个与这些状态匹配的脉冲来触发。这些高级触发功能包括脉冲宽度触发、矮脉冲触发、脉冲斜率触发、逻辑触发、建立/保持时间触发等。

泰克最新的示波器技术为 DPO 示波器，是能够以信号的幅值、时间以及相位随着时间的变化等三维信息实时显示、存储和分析的新一代示波器。它将 ART 和 DSO 的定性和定量性能合二为一，利用三维的信号信息来解释信号的动态特性，其提供的信号数据远远多于 DSO，从而可以看到所有信号细节，防止出现数字混淆现象，并能轻松捕获偶尔的信号事件。DPO 示波器的显示波形如图 8-54 所示。

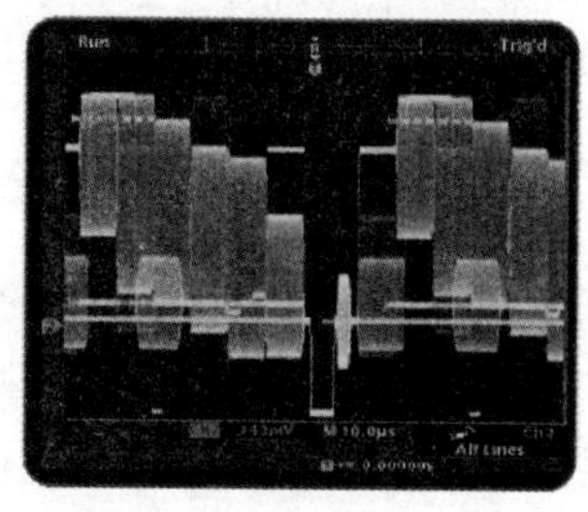

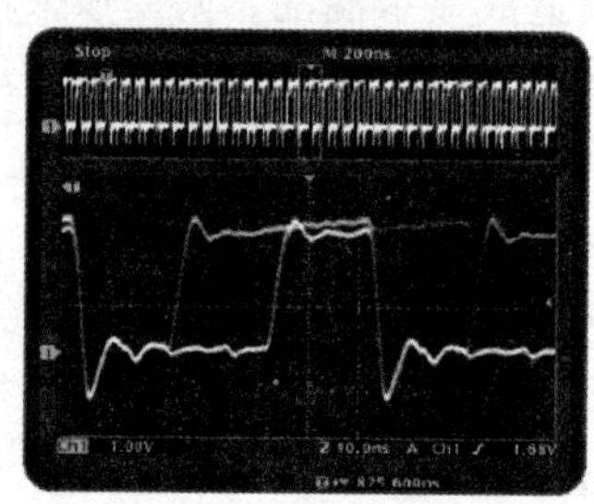

图 8-54　DPO 示波器显示波形示意图

8.4.3　逻辑分析仪

如图 8-55 所示，逻辑分析仪是另外一类被广泛使用的调试与测试工具，特别是在高速协议总线测试和调试的场景。传统的逻辑分析仪主要是用来观察多路逻辑信息以及数字电路真实的运行状态，捕获间歇性系统故障以及进行系统崩溃的原因追踪，也可以跟踪微处理器的实时代码数据等。但是随着数字信号模拟化，在进行信号调试和量测时需要同时观察信号的数字和模拟两方面的特征。最新的泰克逻辑分析仪以示波器的形态出现，其型号为 MSO 5 系列和 6 系列，不仅支持模拟通道，同时还支持最高 64 个数字通道的信号采集。但无论形态如何变化，逻辑分析仪的基本原理依旧有效。

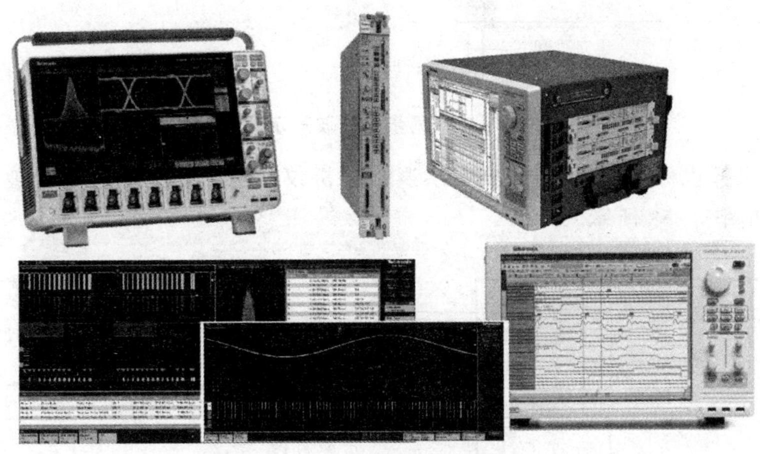

图 8－55　逻辑分析仪实物图

逻辑分析仪主要的功能包括实时无损地进行数据捕获，采用多种存储模式进行数据保存并用于后期分析，采用多种触发模式来获取数据并进行多种方式的显示，如状态、波形、直方图、代码等。

从某种意义上来说，逻辑分析仪像是只有 1 bit 垂直分辨率的示波器，如图 8－56 所示。根据数字信号与模拟信号的关系可知，通过临界电压可以把模拟信号转化为数字信号。临界电压的准确度会影响时序测试的准确度。在输入或探头内需要进行临界点设计。临界点有两种设置方式：固定值（LVCMOS、LVTTL）和可变值（±5 V，±10 V）。

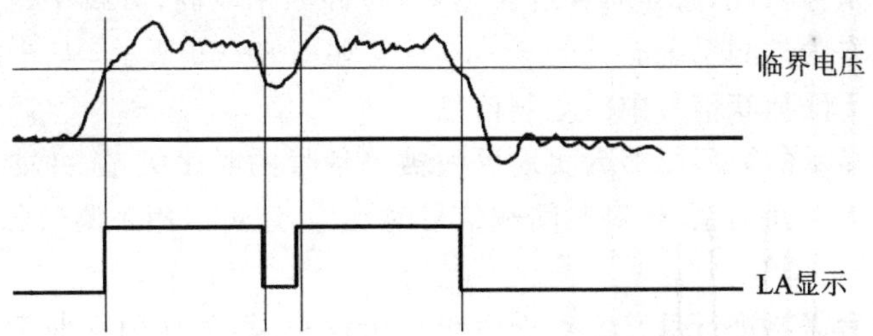

图 8－56　逻辑分析仪的波形显示示意图

逻辑分析仪内的采样可以分为同步采样和异步采样两种。如图 8－57 所示，同步采样就是从被测系统中获取采样时钟，逻辑分析仪在获取数据时，被测系统应视该数据有效，但是外部时钟频率需要满足一定的条件，也就是逻辑分析仪的采样时间需要和被测系统一样快。对于同步采样来说，建立时间和保持时间是关键性的规格。

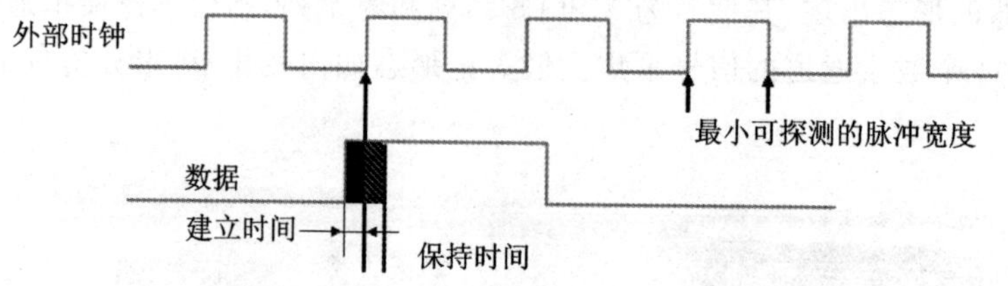

图 8－57　同步采样波形示意图

异步采样也称为定时采样，就是从逻辑分析仪本身产生采样时钟对被测系统进行分析，如图 8－58 所示。

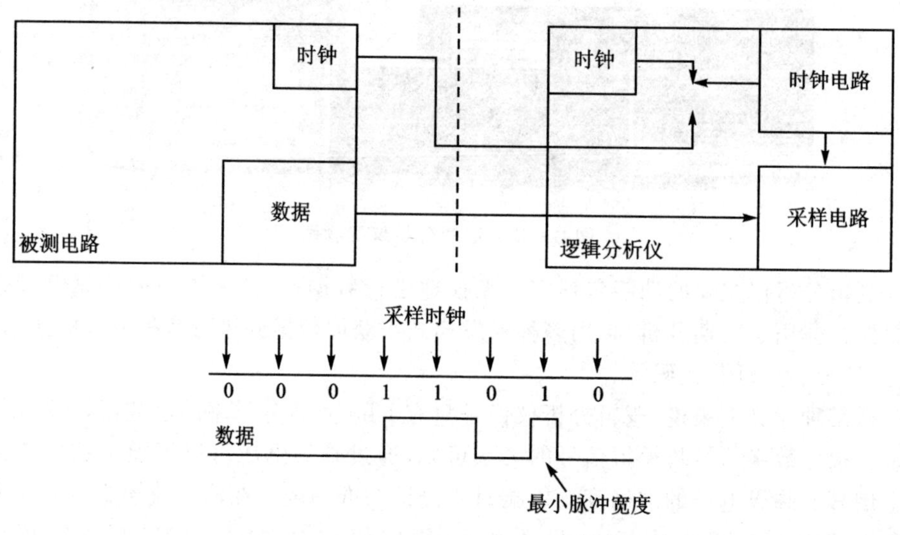

图 8－58　异步采样示意图

对于异步采样来说，采样时钟越快越好，时钟频率越高，分辨率就越高。通常要求采样时钟频率为被测系统时钟的 5～10 倍。如图 8－59 所示，从图中可以看出，较低的采样频率无法捕获信号中的毛刺信息。

异步采样显示的波形能够真实地反映被测信号的时序关系，并能准确地测量各信号之间的相对时间关系、绝对时间和信号时延等，还可以用来测试脉冲宽度、建立/保持时间、信号毛刺等。

数据采样后需要进行保存。对于逻辑分析仪来说，采样内存非常重要。大多数采用逻辑分析仪进行软硬件调试的场景是长时间地跟踪数据流，如果内存深度不够，可能会导致无法有效地进行数据跟踪，特别是针对故障点或者造成故障点的原因间

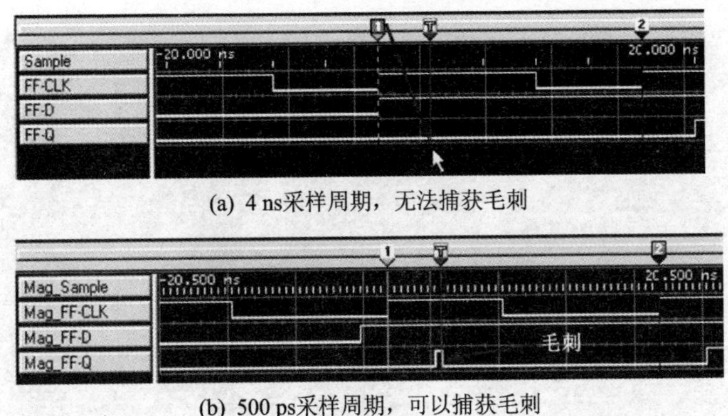

(a) 4 ns采样周期，无法捕获毛刺

(b) 500 ps采样周期，可以捕获毛刺

图 8-59 采样时钟周期会影响信号波形的精确度

隔很长的场景。在逻辑分析仪中，一般采用硬存储和软存储相结合的方式。硬存储深度一般为 64 Kb，软存储深度一般为 4～16 Mb。使用者可以根据具体的应用场景选择具体的存储深度。为了有效地解决存储深度问题，逻辑分析仪可以采用常规存储和跳变存储两种方式。常规存储是对每个采样点采集到的数据均保存，采样率越高，要求的存储深度就越大。而跳变存储则是逻辑发生跳变时才存储。跳变存储比常规存储占用的存储空间要小很多，特别适合于稀疏矩阵场合。

在进行调试时，逻辑分析仪可以采用毛刺触发、建立/保持时间违规触发、跳变触发和总线状态字触发等。采用毛刺触发是用来搜索系统中所有的毛刺，包括正向毛刺、负向毛刺以及信号边缘上的毛刺，一般用来进行随机性故障的原因分析，或者系统的功能和时序均正常，但是系统仍无法正常工作的场景。建立/保持时间违规触发是专门用于搜索数字系统中的建立/保持时间违规现象。

随着示波器和逻辑分析仪的发展，采用一台结合示波器和逻辑分析仪功能的产品同时观察信号的模拟和数字分量尤为重要。泰克最新推出的 MSO 6B 系列示波器很好地结合了此功能。6B 改进了 MSO 示波器的逻辑通道采样速率非常低和存储深度比较少的问题，采用了一种新的集成逻辑通道，可以共享最高 50 GS/s 的采样率，并且其存储深度和模拟通道一样，高达 1 G 点。

MSO 6B 采用的逻辑探棒为 TLP058，每个探棒集成了 8 个高性能的逻辑输入探头，如图 8-60 所示。

整个示波器最多可以支持 64 个逻辑通道。示波器的通道 2 上，TLP058 可以连接一个 DAC 的 8 个输入，从而在示波器上拟合出模拟信号。示波器还可以观察信号的频谱，如图 8-61 所示。具体可以参阅示波器的数据手册。

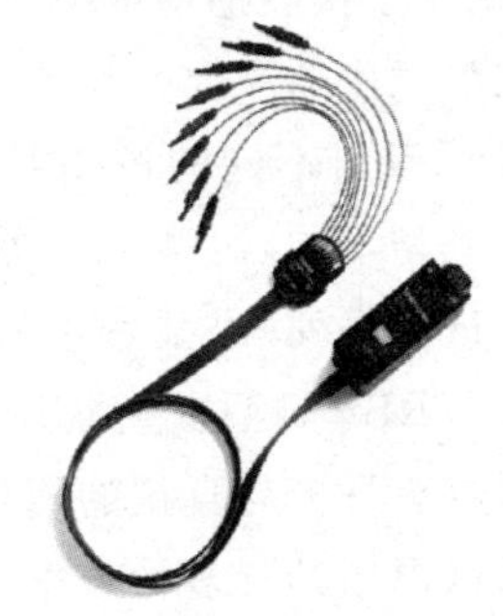

图 8-60 TLP058 逻辑探棒图

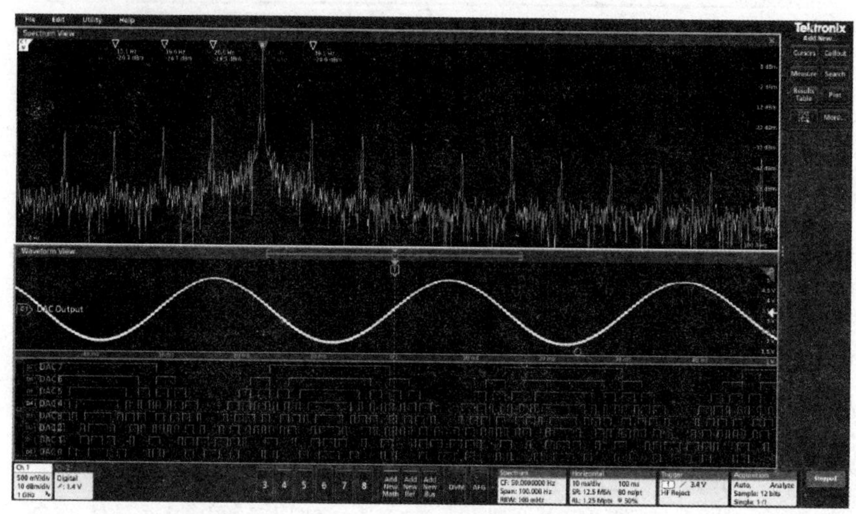

图 8-61　MSO 6B 示波器进行频谱分析图

8.4.4　BERT

数字通信系统(Digital Communication System,DCS)的模拟性能以信噪比来衡量,但是系统中的噪声和信号并非密不可分。尽管随着 USB、SATA、PCIe、网络等高速串行总线数据速率越来越高,但 FR4 依然还是 PCB 的主要介质,因此这就增加了发射器、接收器以及互连之间的相互依赖。DCS 通常会采用错误概率作为性能指标来衡量整个系统,并通过与通道的误码率(BER)进行比较来验证错误概率。BERT 应运而生。

BERT 类似于信号发生器,但又与信号发生器不同。信号发生器只能产生各种信号,但是不能对信号进行加压,同时也无法进行错误侦测。如图 8-62 所示,BERT 是由码型发生器(pattern generator)和错误侦测器(error detector)两部分组成,主要用于接收通道的测试。

码型发生器主要是用来生成各种数字逻辑信号,这些逻辑信号要么是 0,要么是 1,并且可以与不同的逻辑系列兼容,比如 LVDS、TTL、LVPECL、CMOS 等。根据生成的码型不同,码型发生器可以分为 PRBS(Pseudo-Random Binary Sequence,伪随机二进制序列)码型发生器、专用码型发生器、可编程码型发生器(加压以及不加压)等。PRBS 码型发生器并不能使用真正的随机数据,而是使用伪随机数据。伪随机数据具有许多与真正的随机数据相同的属性,但是会在一定数量位后重复。PRBS 模式可以模拟具有多种频率分量的信号然后采用逻辑门和移位寄存器来实现。除了 PRBS 模式,其他码型发生器都是采用合规模式。在该模式下,会依照具体的总线协议生成有效的帧格式,使用相同的编码方案和加密方案等。可编程码型发生器又可

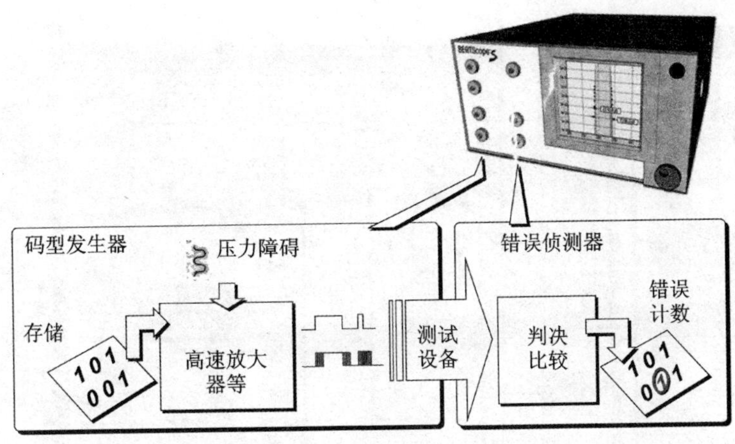

图 8-62　BERT 原理示意图

以分为固定数据速率码型发生器、窄带码型发生器和宽带码型发生器等。图 8-63 所示为 BSA BERT 码型发生器的 GUI 界面。超高速码型发生器内部还具有 DDR 存储器和选择器架构。

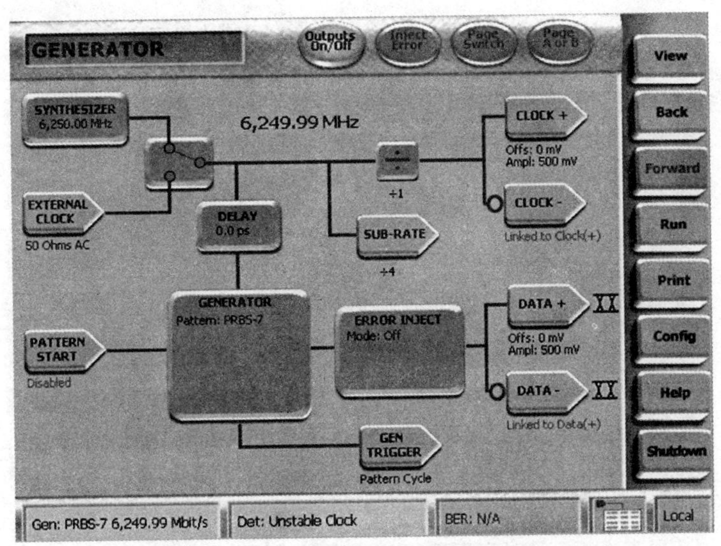

图 8-63　BSA BERT 码型发生器的 GUI 界面

码型发生器还可以根据实际情况对生成的信号进行加扰。所谓的加扰，主要对信号眼图插入各种抖动，包括正弦抖动(SJ)、随机性抖动(RJ)、有界非相关抖动(BUJ)、正弦波干扰(SI)等。压力/抖动生成器的 GUI 界面如图 8-64 所示。

BERT 的另外一个重要功能是错误侦测。图 8-65 所示为错误侦测器的 GUI 界面。错误侦测器中有两个重要单元：时延线单元(Delay)和符号滤波单元(Symbol Filter)。

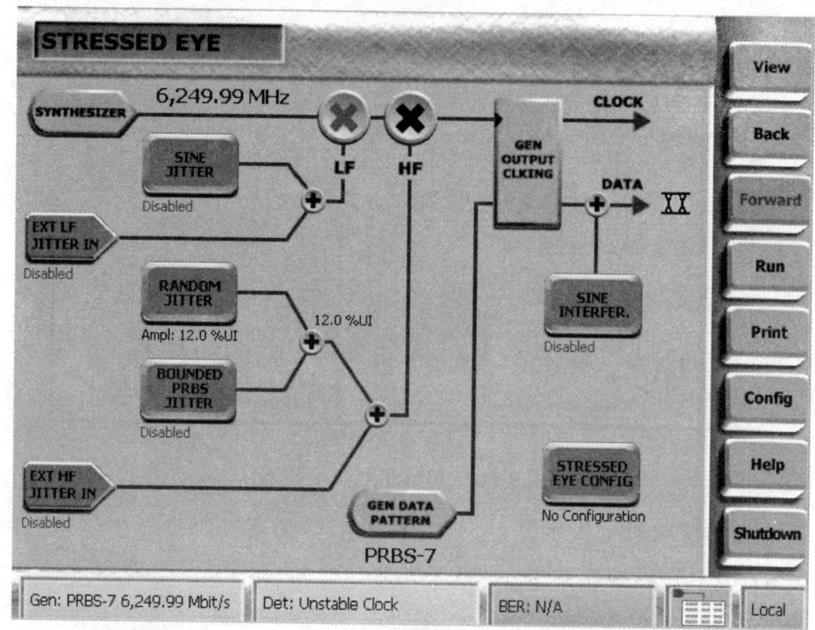

图 8-64　压力/抖动生成器的 GUI 界面

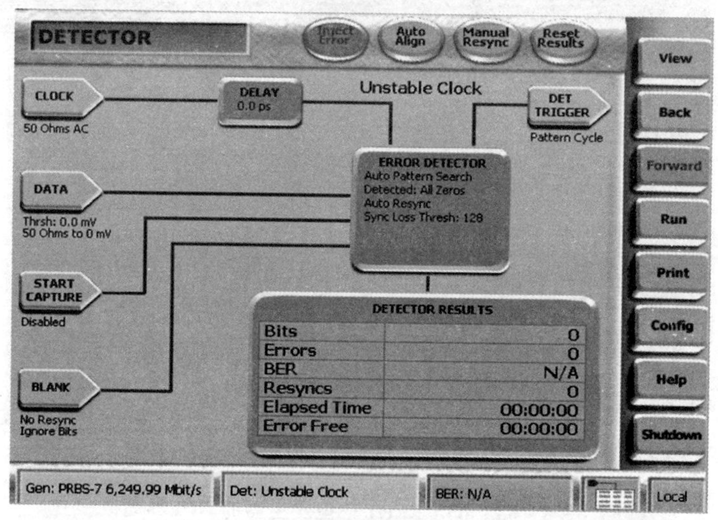

图 8-65　BSA 错误侦测器的 GUI 界面

时延单元结构如图 8-66 所示。从图中可以看出，时延单元主要是针对时钟恢复电路的时钟进行处理，并把输出送给决策电路。在错误侦测器中，逐位判断是通过决策电路来进行的，而决策点是来自于时钟恢复电路的输出信号。该输出信号需要在位周期内正确输出，否则容易导致决策错误。而时延单元的目的就是将该决策点大致放置在眼图的中心，以便仪器可以计算错误。时延单元设置的准确性和可重复性对于 BERT 的各种参数性能非常重要。

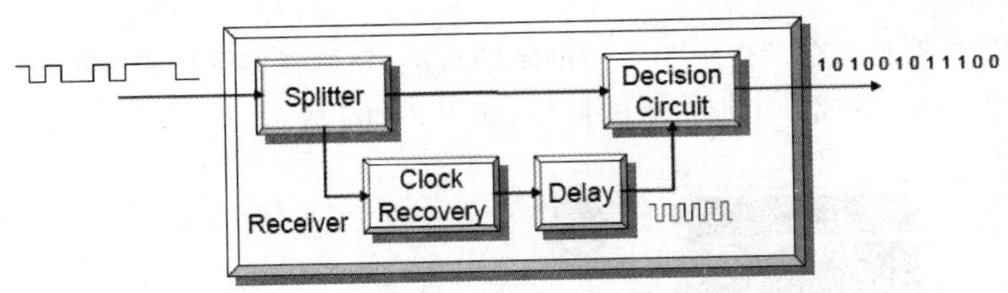

图 8-66 时延单元模块示意图

在某些串行数据系统中,接收器中的恢复时钟频率和发送时钟频率可能不同,因此会插入或删除时钟补偿符号来调整差异。但是插入或删除时钟补偿信号将更改环路的合规模式,因此筛选出所有对齐符号进行 BER 测试至关重要,如图 8-67 所示。

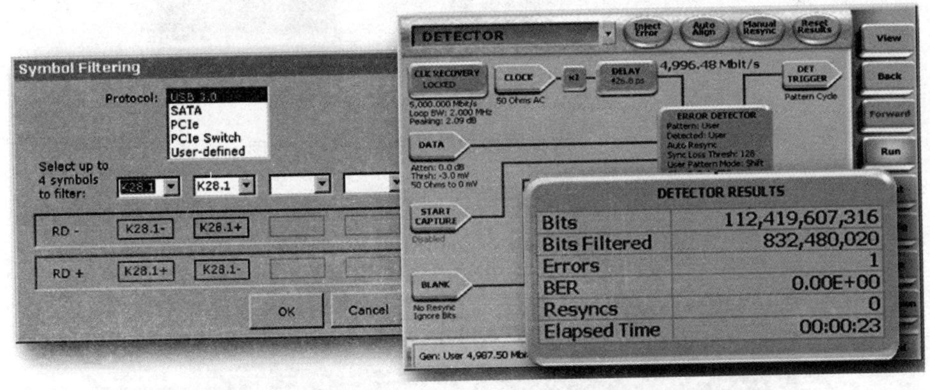

图 8-67 符号滤波 GUI 界面

如图 8-68 所示,采用 BERT 进行信号测试基本上分为三个部分。首先由 BERT 中的码型发生器产生一个加扰或者不加扰的码型信号,然后把该信号注入被

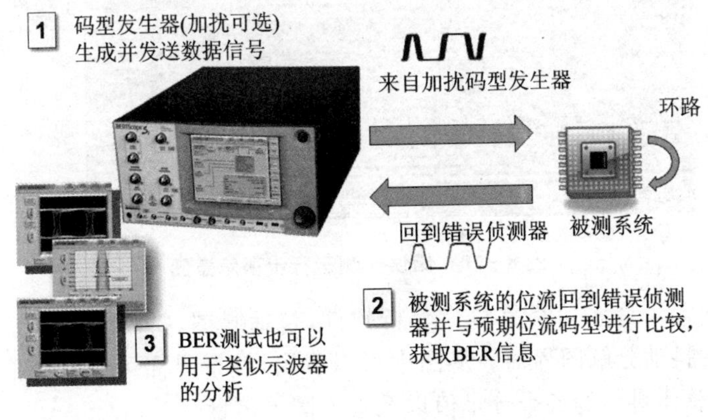

图 8-68 BERT 测试的基本步骤示意图

测系统，接着信号经过被测信号后再次回到 BERT 的错误侦测器进行分析来获取 BER 等信息。

码型发生器首先会产生一个干净的眼图波形，然后根据设计的要求，注入抖动和干扰等噪声信号，生成一个加扰眼图信号，如图 8-69 所示。

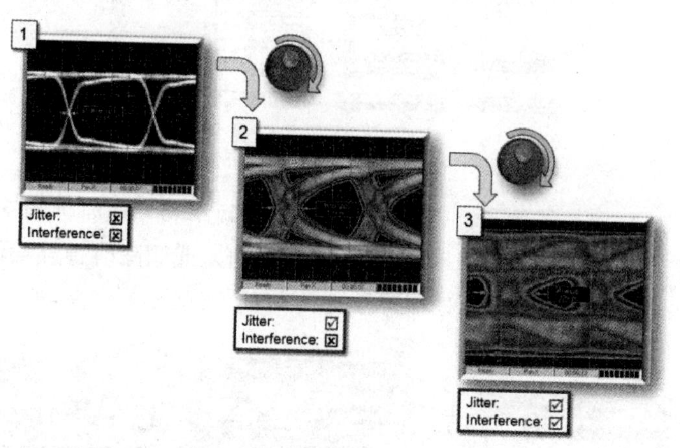

图 8-69　加扰眼图信号生成的步骤示意图

进行错误侦测时，先对错误侦测器的时延线单元进行校准，然后自动对齐侦测器，最后点击运行就可以得出结果。图 8-70 所示为错误侦测运行步骤示意图。

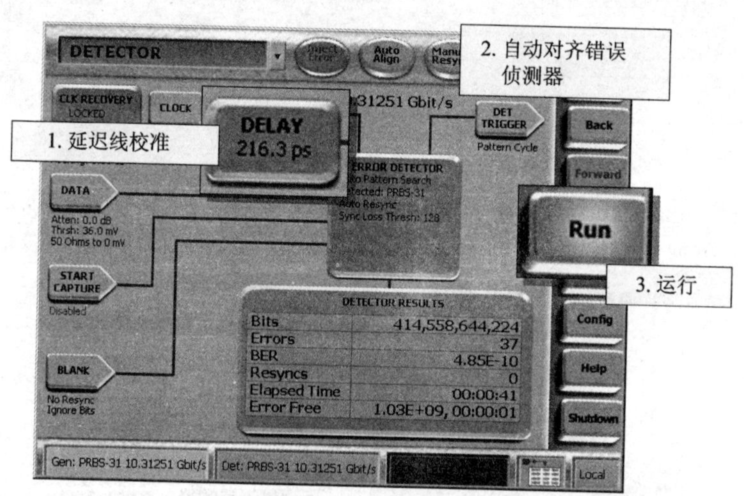

图 8-70　错误侦测运行步骤示意图

BERT 内置了许多信号完整性分析软件，包括眼图、抖动等。图 8-71 所示为 BERT 内置的抖动分解图界面。从图中可以看出，整个界面可以看到信号的总体抖动，以及组成总体抖动的各个分量值以及直方图等信息。

在信号完整性中有提到，PCB 的信道都是有损信道。高速数字信号通过信号传

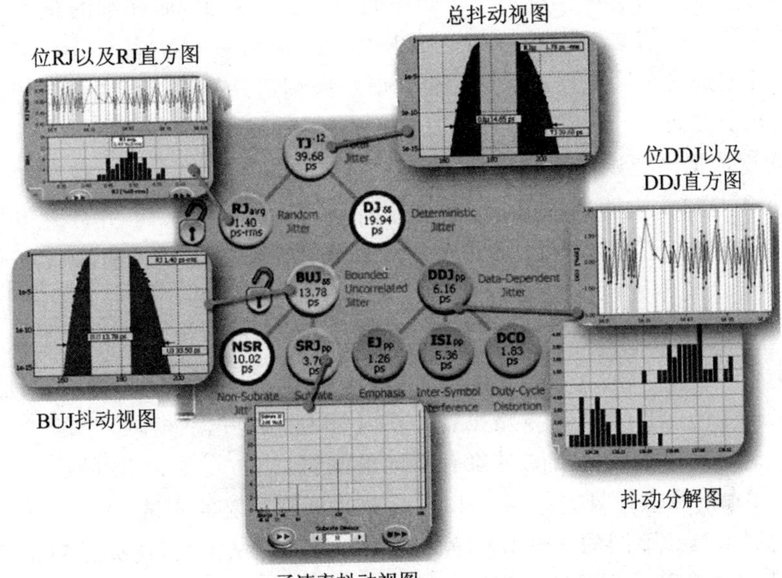

图 8-71　BERT 抖动分解图界面

输时，如果损耗过大，会导致接收端眼图睁不开，接收错误。很多高速协议都会在信号发送端采用预加重的方式来改善信号。当 BERT 用于接收端信号测试时，也可以结合预加重仪器设备来实现此功能，如图 8-72 所示。

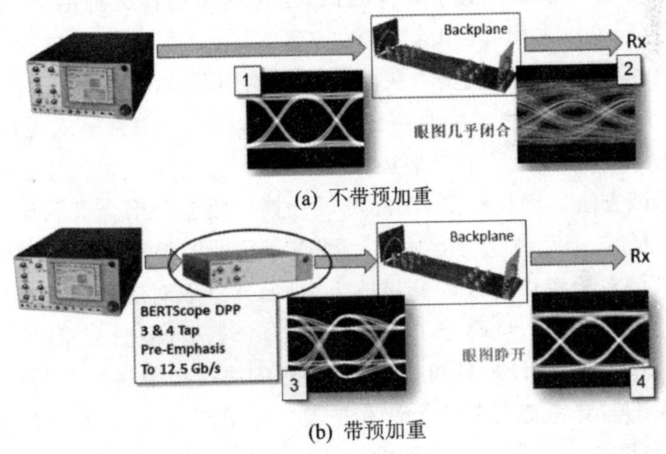

图 8-72　采用预加重和不采用预加重进行信号测试的眼图情况

8.5　测试计划

现代电子系统的复杂度越来越高，信号速度越来越快，实现的功能越来越多，产

品上市的时间也越来越短。对于电子产品的测试必不可少，而详细的覆盖率高的测试计划是保证产品信誉、测试能够按时保质保量完成的一个前提。

测试计划是一个系统性的课题，需要和设计、制造并行进行。测试计划需要重点考虑以下几个方面：

① 测试依据。测试需要有依据，这个依据就是设计规范。设计规范必须是书面正式的，而不是口头说明的。设计依据是设计与测试的共同入口，并分开进行。测试计划尽量不要依赖于具体设计，除非在白盒测试时需要确定具体的测试点和测试拓扑，但是不应该具体到电路逻辑的实现。对于硬件来说，设计规范通常包括两个方面：一个是系统设计规范，另外一个是硬件设计规范。根据设计规范的要求，需要进行不同层级的测试，包括元件级测试、PCBA 级测试、系统级测试等。不同层级测试的方法和途径不一样，测试的策略也各不相同，预期响应也不相同。

② 测试对象。不同的测试对象有不同的测试计划，比如 PCB 的测试就不能采用针对 PCBA 的测试计划。如果在 PCB 上进行网络功能的测试，永远会失败。

③ 测试工具。不同的测试对象需要采用不同的测试工具，比如针对信号完整性的量测，就需要采用示波器进行测试，而不会采用万用表或者逻辑分析仪来测试。另外，同一测试对象可以有多个测试工具来满足，而且还需要就目前的实验环境和测试工具进行优选，而不是要求所有测试都采用性能最佳的测试工具。比如 I^2C 的信号完整性测试，低速示波器就可以满足其测试要求，那么就不需要采用 DPO7000 这个系列的高速示波器进行测试。因为高速示波器价格都很贵，实验室配置一般都比较少，需要用在关键测试领域。对于软件测试，还包括采用什么样的测试语言，比如针对 FPGA 的测试，可以采用 Verilog HDL 或者 SystemVerilog 来进行测试验证。

④ 测试输入矢量。测试的输入矢量直接影响到测试的覆盖率，并且需要根据测试方法来确定。比如白盒测试法的测试针对性强，相应的测试输入矢量就少；黑盒测试法的输入矢量较多，可以采用穷举法。

⑤ 具体测试方法。根据需要，实际测试计划一般会采用合规测试、注错测试、穷举测试、PRBS 测试、老化测试等其中的一种或者几种的组合。合规测试是根据设计规范要求，给被测对象提供合规的测试输入激励，并获取对应的输出响应的方式。比如 USB 信号的 SI 量测，一旦确定了所采用的 USB 类型，根据 USB 的协议规范就可知 USB 的 SI 要求。测试计划就可以按照 USB 的协议规范进行合规的基础 SI 测试和眼图测试，而不需要考虑注错、穷举等方式。注错测试是另外一类常用的测试方式，通常是在测试输入端对信号进行加扰，来测试输出端对加扰信号的免疫和识别能力。比如 CPLD 通常会对电源按钮进行消抖设计，因此可以通过增加电源信号毛刺的方式来测试 CPLD 内的消抖是否有效。穷举测试是最没有效率的测试方法，也是最有用、覆盖率最高的测试方法，这种测试方法就是列举所有的输入可能，并一一进行测试。比如硬盘兼容性测试就会采用穷举法，系统需要支持多少家硬盘、什么型号的硬盘都需要一一进行测试验证。PRBS 测试是对穷举法的改进，它具有随机测试

的共同特性,但是又具有规律。这种方法通常适合DDR内存测试,即通过对DDR内存进行随机激励,获得其输出响应并进行比较等。老化测试主要是针对产品的可靠度、寿命进行测试,它通常需要与前面几种测试相结合一同测试。老化测试主要是改变系统电压、温湿度等环境变量来进行。

⑥ 测试步骤。根据具体的测试方法,需要详细列出具体的测试步骤,确保测试过程规范无疏漏。以硬件为例,如果有必要,需要列明测试波形的具体要求,比如波形幅值显示大小、脉冲宽度在示波器荧幕中的占比等。在复杂产品测试过程中,通常会有专门的一组测试人员来进行测试。撰写测试计划的工程师未必是具体执行测试计划的人员,明确的测试步骤将加速测试进程,确保测试品质。

⑦ 预期响应。测试计划需要针对每一种测试输入有明确的预期响应。这个预期响应可以是波形,可以是文本文件,也可以是眼图等。自动化的测试计划会嵌入响应分析软件来自动嵌入测试结果并直接给出通过还是失败的结果。

⑧ 测试时间和人员安排。测试计划需要有明确的测试时间要求以及人员安排要求。明确的测试时间可以把握整个项目进度,确保测试能够在项目开发过程中如期完成,并预留时间给设计工程师进行除错调试。测试人员安排需要适当,确保合适的测试工程师来完成相应的测试项目。

⑨ 版本控制。版本控制对于测试计划非常重要。版本控制有两个要点:一是测试计划本身的版本要进行控制。不同的产品、相同产品的不同阶段,针对同一测试对象的测试计划都可能不同。二是测试系统配置的各个部件的版本,部件不仅包括硬件版本,还包括软件和固件版本等。硬件版本包括各个主要芯片的型号和版本信息、PCB以及PCB的版本信息等,固件版本包括但不限于CPLD、FPGA、ME、BIOS、BMC、单片机、ARM、网卡等固件版本,软件包括OS以及各种测试应用软件的版本信息。

系统测试还需要进行测试时间调度和安排,比如有些测试的优先级高,有些测试的优先级比较低,有些测试需要在前面的测试结果的基础上才能进行,有些测试的测试设备会有冲突等。测试团队需要根据项目的具体情况,适当进行测试项目的调度和安排,同时也需要理解测试原理。以四角测试为例,为了测试系统的可靠度,通常会采用四角测试,也就是高温高压、高温低压、低温高压、低温低压四个极限环境进行测试。通常来说,这四个部分都需要出测试结果,但是如果时间非常有限,并且明确需要知道四种环境对信号完整性的影响,则需要进行优先级分析。根据信号完整性理论可知,外部环境温度越高,信号的上升时间就越长;电压越高,信号的上升时间就越短。因此在高温低压点,信号的上升时间会最长,也就是达到有效高电平的时间会最长,这样就可能导致建立时间违例。在低温高压点,信号的上升时间最短,也就是达到有效高电平的时间会最短,可能导致保持时间违例。在测试时间非常有限的情况下,需要优先测试高温低压和低温高压两种情形下的系统工作情况。

需要注意的是,测试不仅仅是测试工程师的事情,整个项目组都需要对设计计划和测试结果负责。设计团队需要一开始设计时就要考虑如何设计有利于测试验证，而测试团队则需要确保测试的覆盖率高且功能准确。每个测试项目都需要有专人测试，并且可以考虑冗余测试。

总之，测试计划必须是一个完备的、详细的、可执行的规划，能够快速发现潜在的设计错误和威胁。

8.6 典型的高速数字系统测试方案

高速数字系统测试是一个分层测试。典型的高速数字系统测试方案主要分为硬件测试、固件测试、软件测试以及系统测试。

硬件测试包括元件测试、PCB 测试、PCBA 测试、系统模组测试。元件测试主要针对电子系统的来料进行测试，包括目检、元件功能测试以及元件成分测试。目检主要是检查来料包装类型是否满足要求、包装是否破损、来料外观是否损坏等。元件功能测试主要是针对元件宣称的功能进行穷举、注错和老化等测试。元件成分测试主要是针对元件是否满足 RoHS 和低卤素的要求进行测试。大部分硬件集成厂商都会收取元件厂商的 RoHS 和低卤素声明，不做相关测试。

PCB 测试主要是针对 PCB 的开短路、特性阻抗以及信道损耗进行测试。一般来说，PCB 板厂都会针对这些参数给出相应的报告。但是硬件厂商还是需要双重确认并抽查相应的 PCB 进行测试。

PCBA 测试主要是针对信号和电源部分进行 SI 和 PI 测试，确保 PCBA 硬件没有问题。事实上，PCBA 测试涉及两个层级：一个是 PCBA 内部的信号，比如 CPU 之间的互连 UPI 总线；另外一个是跨 PCBA 的信号，比如 I^2C 总线。不管是哪个层级，对于信号来说，需要测试的是整个信号通道，除非规范有明确只需要测试其中的一部分，比如 PCIe 的板卡设计规范。信号测试选择的测试点通常为信号的发送端和接收端。信号测试通常分为高速信号和低速信号测试。高速信号测试通常有眼图和抖动测试的要求，而低速信号主要是基本的 SI 形态，比如 V_H、V_L、过冲、下冲、上升时间、振铃、非单调、串扰等。电源 PI 测试主要是针对 VR、POL、EFUSE 等电源电路进行测试，包括但不限于纹波、负载线、抖动、电源效率、功耗、上电和掉电、电源保护、相位电流等测试。

系统模组测试主要是针对系统内各种主要的功能模组进行测试，包括 CPU、内存、硬盘、网卡、GPU 等模组的基本功能测试和性能测试，各个模组在系统中的兼容性测试以及压力测试。这些模组测试主要以功能测试为主，多采用穷举法进行测试。

固件测试其实也是在 PCBA 测试的一部分，主要是针对各类固件要实现的功能进行测试。比如服务器上的 CPLD，主要实现上电和复位时序、辅助 BMC 进行各类管理和监控以及 I^2C 桥接等工作。CPLD 测试，主要是针对这些项目进行的测试，但更偏硬件和信号测试。BIOS 和 BMC 更偏功能性测试，而不是信号测试。以 BMC

为例，其主要进行的测试包括BMC接口测试、读取传感器、BMC压力测试以及BMC要实现的各类功能，比如BMC的网络管理、事件及日志管理、用户管理、环境管理、远程管理、散热管理等。

软件测试是针对系统的OS以及各类应用软件的测试，包括OS和应用软件的安装、OS及应用软件的兼容性测试以及OS认证测试等。

系统测试主要针对整机系统的性能和兼容性测试。这些测试包括系统的各个特性功能以及健康状态监控测试、系统计算、存储和网络性能测试、系统交互式测试、系统稳定性测试、系统压力测试以及系统兼容性测试等。除了在正常环境下的系统测试，还包括各种可靠性测试、电磁辐射、安全方面以及环境方面的测试。可靠性测试主要是验证系统在各种环境下的工作状态以及老化状态，包括四角测试、高低温老化测试、各种机构振动测试以及包装跌落测试等。电磁辐射测试包括EMI和EMC两方面。在进行电磁辐射测试之前，需要确认电子产品的应用环境，确认适合于哪种等级的电磁辐射测试。电磁辐射测试包括传导发射测试、辐射发射测试、谐波测试、静电放电测试、辐射耐受度测试等。安全方面的测试主要是验证产品对环境和人身是否会造成伤害的测试，包括湿度测试、稳定度测试、尖角测试、加热测试等。有些产品还需要针对环境方面进行测试，比如防水、防尘、防盐雾、防雷、高海拔测试等，这些产品主要应用于各种恶劣环境中。

总之，电子系统测试是一个系统级的课题，需要因具体的电子产品制定具体的测试计划，进行具体的测试。测试的目标就是尽量做到覆盖率达到100%，满足产品上市的品质。

8.7　本章小结

本章主要就产品的验证、调试与测试三个非常近似但又不同的概念进行阐述。重点阐述了如何进行设计的形式验证和设计检查，如何对一个设计制造出来的样品进行功能调试和除错调试，如何对制造出来的产品进行测试。着重介绍了在调试和测试过程中使用且常见的测试工具的原理以及如何使用，如何在测试之前制定一个详细且可执行的测试计划。最后介绍了一个典型的电子系统需要进行哪些不同层级的测试。

8.8　思考与练习

1. 什么是验证？验证和测试具体有哪些区别？

2. 等效性检查和模型检查有什么异同？如何执行等效性检查？

3. 为什么要进行设计检查？如何进行设计检查？设计检查清单的项目来源主要有哪些方面？

4. 什么是调试？调试与测试具体有哪些区别和联系？

5. 功能调试和除错调试有什么异同？如何进行产品的功能调试和除错调试？

6. 什么是测试？测试的方法主要有哪几种？

7. 什么是白盒测试、黑盒测试、灰盒测试？三者之间的联系和区别是什么？

8. 什么是有源探棒、无源探棒？简述它们各自的优缺点。

9. 示波器的主要性能指标有哪些？示波器的带宽主要由哪个部分决定？

10. 假设被测信号带宽为 200 MHz，如何选择示波器和探棒，从而可以获得测试信号的高保真度？

11. 试简述逻辑分析仪的异步采样和同步采样的原理。

12. 试简述 BERT 的主要组成部分以及工作原理。如何对输出信号进行加扰？

13. 如何制作一份详细的测试计划？需要注意哪些方面？

附录

IPC4101C 对 PCB 基材指标体系的要求

附表 1　IPC4101C 对 PCB 基材指标体系的要求

项　目	层压板要求的检测或检测项目	黏结片要求的检测或检查项目
外观	● 铜箔面的压痕、皱褶、划痕； ● 单面覆铜板塑料面的光洁度； ● 固化后铜箔面的光洁度(两面处理除外)； ● 表面和次表面的缺陷	● 夹杂物； ● 浸胶缺陷
尺寸	● 层压板的长宽及其偏差； ● 层压板的垂直度； ● 层压板的弓曲和扭曲； ● 层压板的厚度及偏差	● 片状黏结片材料的长宽； ● 片状黏结片材料的垂直度； ● 卷状黏结片材料的长宽及偏差
物理性能	● 剥离强度； ● 尺寸稳定度； ● 弯曲强度； ● 高温弯曲强度	● 树脂含量； ● 流动度参数
化学性能	● 燃烧性； ● 热应力； ● 可焊性； ● 耐化学性； ● 金属表面的可清洗性； ● 玻璃转化温度 T_g； ● 热膨胀系数 CTE； ● 总卤含量	● 燃烧性； ● 耐化学性； ● 双氰胺结晶

续附表 1

项　目	层压板要求的检测或检测项目	黏结片要求的检测或检查项目
电性能	● 介电常数； ● 介电损耗因子； ● 体电阻率； ● 耐电弧性； ● 介质击穿电压； ● 电气强度	● 介电常数； ● 介电损耗因子； ● 电气强度
环境性能	● 吸水率； ● 耐雾性； ● 耐压力容器蒸煮性； ● 耐 CAF	耐雾性
可替代性	● 凹坑和压痕等级的可替代性； ● 厚度公差等级的可替代性	—
标志	层压板和剪切板均应按订货资料的要求予以标记	● 整张黏结片和剪切黏结片每个包装均应用标签予以登记； ● 卷状黏结片的包装袋上和卷心的两端里面均应用标签按照本规范及订货资料要求予以标记
制造之类	层压板和黏结片均应采用不影响工艺性、产品寿命和应用功能的方法进行加工	
材料安全性	按照本规范供应的层压板和黏结片应备有一份材料的安全资料及用户所要求的其他附加的安全资料	
贮存期	—	黏结片的贮存期

参考文献

[1] 赛达·奥伦奇-麦米克. 集成电路热管理:片上和系统级的监控及冷却[M]. 朱芳波,郭光亮,舒涛,译. 北京:机械工业出版社,2018.

[2] 任华华,安真,韩玉,等. 云计算,冷相随:云时代的数据处理环境与制冷方法[M]. 北京:电子工业出版社,2017.

[3] 李洁,等. 液冷革命:一项改变数据中心的黑科技[M]. 北京:人民邮电出版社,2019.

[4] Sandler S M. 电源完整性[M]. 梁建,羊杨,蒋修国,译. 北京:机械工业出版社,2016.

[5] 于争. 信号完整性 SI 揭秘:于博士 SI 设计手记[M]. 北京:机械工业出版社,2019.

[6] 赵惇殳. 电子设备热设计[M]. 北京:电子工业出版社,2009.

[7] Montrose M I. 电磁兼容的印制电路板设计[M]. 2 版. 吕英华,于学萍,张金玲,等译. 北京:机械工业出版社,2016.

[8] Johnson H, Graham M. High-Speed Signal Propagation: Advanced Black Magic [M]. Upper Saddle River: Prsentice Hall PTR, 2011.

[9] Bogatin E. Signal and Power Integrity, Simplified[M]. 3rd ed. New York: Pearson, 2018.

[10] Montrose M I, Nakauchi E M. 电磁兼容的测试方法与技术[M]. 游佰强,周建华,等译. 北京:机械工业出版社,2008.

[11] Hall S H, Heck H L. Advanced Signal Integrity For High-Speed Digital Designs[M]. New York: John Wiley & Sons. Inc., 2009.

[12] Li M P. Jitter, Noise, and Signal Integrity at High-Speed[M]. USA: Prentice Hall PTR, 2007.

[13] Tektronix. 6 Series B MSO: Mixed Signal Oscilloscope Datasheet[EB/OL]. (2022-09-08)[2022-09-01]. https://www.tek.com/en/datasheet/6series-b-mso-mixed-signal-oscilloscope-datasheet.

[14] Tektronix. Understanding and Characterizing Timing Jitter[EB/OL]. (2019-05-23)[2022-09-01]. https://www.tek.com/en/documents/primer/understanding-and-characterizing-timing-jitter-primer.

[15] Cain J. The Effects of ESR and ESL in Digital Decoupling Applications[J/OL]. (2017-09-08)[2022-09-15]. https://www.kyocera-avx.com/docs/techinfo/DecouplingLowInductance/esr_esl.pdf.

[16] Cantlebary J. LICA (Low Inductance Capacitor Array) Flip-chip Application Notes [J/OL]. (2016-09-03)[2022-09-15]. https://www.avx.com/docs/techinfo/DecouplingLowInductance/flipchip.pdf.

[17] Brown S. Land Grid Array (LGA) Low Inductance Capacitor Advantages in Military and Aerospace Applications [J/OL]. (2013-12-31) [2022-09-15]. https://www.kyocera-avx.com/docs/techinfo/DecouplingLowInductance/landgrid.pdf.

[18] Troup P. Low Inductance Capacitors for Digital Circuits [J/OL]. (2014-06-27)[2022-09-15]. https://www.kyocera-avx.com/docs/techinfo/DecouplingLowInductance/licadesign.pdf.

[19] Chase Y. Introduction to Choosing MLC Capacitors For Bypass/Decoupling Applications [J/OL]. (2021-6-23)[2022-09-15]. https://www.kyocera-avx.com/news/introduction-to-choosing-mlc-capacitors-for-bypass-decoupling-applications/

[20] Cain J. Parasitic Inductance of Multilayer Ceramic Capacitors[J/OL]. (2021-06-23) [2022-09-15]. https://www.avx.com/docs/techinfo/CeramicCapacitors/parasitc.pdf.

[21] SiTime. SiT-AN1005:时钟抖动定义与测量方法[R/OL]. REV 1.25. (2018-09-12)[2022-09-15]. https://www.sitime.com/support/resource-library/application-notes/sc-an10007-shizhongdoudongdingyiyuceliangfangfa.

[22] Conrad M. AN-82: Clock Distribution Simplified With IDT Guaranteed Skew Clockd Rivers[J/OL]. (2020-03-01)[2022-09-15]. https://www.idt.com/us/zh/document/apn/82-clock-distribution-guaranteed-skew.

[23] Renesas. AN-815: Understanding Jitter Units[J/OL]. REV 4. (2020-04-02)[2022-09-15]. https://www.idt.com/us/zh/document/apn/815-understanding-jitter-units.

[24] Renesas. AN-827: Application Relevance of Clock Jitter[J/OL]. (2020-03-01)[2022-09-15]. https://www.idt.com/us/zh/document/apn/827-application-relevance-clock-jitter.

[25] Renesas. AN-840:Jitter Specifications for Timing Signals[J/OL]. REV A. (2020-04-02)[2022-09-15]. https://www.idt.com/us/zh/document/apn/840-jitter-specifications-timing-signals.

[26] Lattice. Timing Closure[R/OL]. (2013-01-01)[2022-09-15]. https://www.latticesemi.com/-/media/LatticeSemi/Documents/UserManuals/RZ2/TimingClo-

sure311. ashx? document_id=45588.

[27] Nadolny J, Wu L. Connector Models—Are they any good? [J/OL]. (2012-02-16) [2022-09-15]. https://smtnet. com/library/files/upload/Connector-Models. pdf.

[28] Intel. Connector Model Quality Assessment Methodology[J/OL]. (2011-11-01)[2022-09-15]. https://www. intel. com/content/dam/doc/white-paper/intel-connector-model-paper. pdf.

[29] Gregory A, Luk C, Biddle G, et al. Current Distribution, Resistance, and Inductance in Power Connectors[J/OL]. (2020-04-27)[2022-09-15]. http://suddendocs. samtec. com/notesandwhitepapers/samtec-paper _ current-distribution-resistance-and-inductance_designcon-2020. pdf.

[30] Renesas. PS2801-1C/PS2801C-4: High Isolation Voltage ssop Photocoupler [J/OL]. REV 5. 01. (2019-10-11)[2022-09-15]. https://www2. renesas. cn/us/en/products/interface-connectivity/optoelectronics/photocouplers-optocouplers-transistor-output/dc-input-single-transistor-output-photocouplers-optocouplers/ps2801c-4-high-isolation-voltage-ssop-photocoupler.

[31] OnSemi. AN-4177: High Speed Optocoupler and its Switching Characteristics H11LxM, H11NxM[J/OL]. REV 1. 0. (2015-02-27)[2022-09-15]. https://www. onsemi. com/pub/collateral/an-4177. pdf.

[32] OnSemi. AN-8057: Options for Lowering the Capacitance in TSPD Devices [J/OL]. REV 1. 0. (2005-06-20)[2022-09-15]. https://www. onsemi. com/pub/Collateral/AND8057-D. pdf.

[33] Morrison R. Grounding and Shielding: Circuits and Interference[M]. 6th ed. Hoboken: Wiley-IEEE Press, 2016.

[34] Archambeault B R. PCB Design for Real-World EMI Control[M]. Dordrecht: Kluwer Academic Publisher, 2004.

[35] 顾海洲，马双武. PCB 电磁兼容技术：设计实践[M]. 北京：清华大学出版社，2004.

[36] Montrose M I, Nakauchi E M. Testing for EMC Compliance: Approaches and Techniques[M]. New York: IEEE Press, 2003.

[37] Microchip. AN1785: ESD and EOS Causes, Differences and Prevention[J/OL]. (2014-3-25)[2022-09-01]. http://ww1. microchip. com/downloads/en/AppNotes/00001785a. pdf? from=rss.

[38] Intel. ESD/EOS[EB/OL]. (2000-06-02)[2022-06-01]. https://www. intel. com/content/dam/www/public/us/en/documents/packaging-databooks/packaging- chapter-06-databook. pdf.

[39] 静电放电协会.静电放电概论[EB/OL].(2013-03-01)[2022-05-12]. https://www.esda.org/assets/Documents/626a691775/Fundamentals-Part-2-SimplifiedChinese.pdf.

[40] OnSemi. Human Body Model (HBM) vs. IEC 61000-4-2[EB/OL].(2010-09-01)[2022-05-12]. https://www.onsemi.com/pub/Collateral/TND410-D.pdf.

[41] Wallash A,Kraz V. Measurement, Simulation and Reduction of EOS Damage by Electrical Fast Transients on AC Power[C]. IEEE: EOS/ESD SYMPOSIUM,2010.

[42] Voldman S H. Electrical Overstress (EOS): Devices, Circuits and Systems (ESD)[M]. Hob oken:Wiley IEEE Press,2013.

[43] ADI. Electrostatic Discharge (ESD)[EB/OL].(2009-09-01)[2022-05-14]. https://www.analog.com/media/en/training-seminars/tutorials/MT-092.pdf.

[44] NXP. AN10897:A guide to designing for ESD and EMC[J/OL]. REV. 02. (2010-01-19)[2022-09-01]. https://www.nxp.com/docs/en/application-note/AN10897.pdf.

[45] 黄乙上.高速印刷电路板中静电放电现象之理论与实验探讨[D].高雄:国立中山大学电机工程系,2003.

[46] Ker M D,Chen T Y,Wang T H,et al. On-Chip ESD Protection Design by Using Polysilicon Diodes in CMOS Process[J]. IEEE Journal of Solid-State Circuits,2001,36(4):676-686.

[47] ST. TA0325:ESD protection with ultra-low capacitance for high bandwidth applications[R/OL].(2007-06-19)[2022-09-01]. https://www.st.com/resource/en/technical_article/cd00076146-esd-protection-with-ultralow-capacitance-for-high-bandwidth-applications-stmicroelectronics.pdf.

[48] Intel. Ball Grid Array (BGA) Packaging[R/OL].(2000-05-01)[2022-09-01]. https://www.intel.com/content/dam/www/public/us/en/documents/packaging-databooks/packaging-chapter-14-databook.pdf.

[49] Lau J H. Recent Advances and Trends in Semiconductor Packaging- Distinguished Lecturerer Presentation[C]. IEEE: ASM Pacific Technology,2017.

[50] Tong H M,Lai Y S,Wong C P. Advanced Flip Chip Packaging[M]. Berlin: Springer,2013.

[51] Lee J,Kelly M. Amkor 的 2.5D 和 HDFO 封装:先进异构芯片封装解决方案[J].中国集成电路,2018,27(12):71-75,79.

[52] IBIS 组织. IBIS (I/O Buffer Information Specification) Version 7.0[EB/OL].(2019-03-22)[2022-06-01]. http://ibis.org/ver7.0/ver7_0.pdf,2019.

[53] 中国电子学会生产技术学分会丛书编委会. 微电子封装技术[M]. 合肥:中国科学技术大学出版社,2011.

[54] Rabaey J M,Chandrakasan A P,Borivoje Nikolic. Digital Integrated Circuits: A Design Perspective[M]. 2nd ed. Upper Saddle River:Prentice Hall,2003.

[55] ADI. AN-722: A Design and Manufacturing Guide for the Lead Frame Chip Scale Package (LFCSP)[J/OL]. (2006-02-01)[2022-09-01]. https://www.analog.com/en/app-notes/AN-772.html.

[56] ADI. AN-617: Wafer Level Chip Scale Package[J/OL]. REV D. (2009-02-01)[2022-09-01]. https://www.analog.com/media/en/technical-documentation/application-notes/AN-617.pdf.

[57] IPC组织. IPC TM-650 Test Methods Manual[EB/OL]. REV A. (2020-08-14)[2022-06-01]. https://www.ipc.org/test-methods.aspx.

[58] Intel. PCB Dielectric Material Selection and Fiber Weave Effect on High-Speed Channel Routing[R/OL]. (2011-01-01)[2022-01-05]. https://www.intel.com/content/dam/www/programmable/us/en/pdfs/literature/an/an528.pdf.

[59] Coombs C F, Holden Jr H T. Printed Circuits Handbook[M]. 7th ed. New York:Mc Graw Hill Education,2016.

[60] isola. PCB Material Selection for High-speed Digital Designs[R/OL]. (2021-02-08) [2022-01-05]. https://www.isola-group.com/wp-content/uploads/PCB-Material-Selection-for-High-speed-Digital-Designs-1.pdf.

[61] isola. Understanding Glass Fabric[R/OL]. (2021-02-08)[2022-01-05]. https://www.isola-group.com/wp-content/uploads/Understanding-Glass-Fabric.pdf.

[62] Intel. 同步开关噪声(SSN)分析和优化[R/OL]. (2012-06-01)[2022-01-15]. https://www.intel.cn/content/dam/altera-www/global/zh_CN/pdfs/literature/hb/qts/qts_qii52018_ch.pdf.

[63] Intel. Device-Specific Power Delivery Network (PDN) Tool 2.0 User Guide[J/OL]. (2021-08-24)[2022-02-01]. https://www.intel.com/content/dam/www/programmable/us/en/pdfs/literature/ug/ug_dev_specific_pdn_20.pdf.

[64] Xilinx. Virtex-5 FPGA PCB Designer's Guide[EB/OL]. REV. 1.5. (2014-02-11)[2022-08-10]. https://www.xilinx.com/support/documentation/user_guides/ug203.pdf.

[65] Xilinx. Virtex-6 FPGA PCB Designer's Guide[R/OL]. REV. 1.3. (2014-12-10)[2022-08-10]. https://www.xilinx.com/support/documentation/user_guides/ug373.pdf.

[66] Xilinx. UltraScale Architecture PCB Design User Guide[R/OL]. (2022-07-27)[2022-08-15]. https://docs. xilinx. com/r/en-US/ug583-ultrascale-pcb-design/UltraScale-Architecture-PCB-Design-User-Guide.

[67] TI. TPS53679 Dual-Channel (6-Phase+1-Phase) D-CAP+ Step-Down Multiphase Controller with Non-Volatile Memory and PMBus Interface for VR13 Server V_{CORE}[R/OL]. (2017-07-01)[2022-08-15]. https://www. ti. com/lit/ds/symlink/tps53679. pdf? ts = 1604395293044&ref _ url = https%253A%252F%252F%20%20%20%20%20%20%20%20%20%20%20%20%20%20%20%20%20%20%20%20%20%20%20%20%20%20%20%20%20%20%20%20%20www. google. com%252F.

[68] Maxim. Integrated Protection IC on 12V Bus with an Integrated MOSFET, Lossless Current Sensing, and PMBus Interface [R/OL]. (2022-06-01)[2022-08-15]. https://datasheets. maximintegrated. com/en/ds/MAX16545B-MAX16545C. pdf.

[69] UEFI Forum. Advanced Configuration and Power Interface (ACPI) Specification: Version 6. 3[EB/OL]. (2021-01-22)[2022-01-20]. https://uefi. org/sites/default/files/resources/ACPI_6_3_final_Jan30. pdf.

[70] TI. ADC128D818 12-Bit, 8-Channel, ADC System Monitor With Temperature Sensor, Internal-External Reference, and I2C Interface[EB/OL]. (2015-08-01)[2022-02-01]. https://www. ti. com/lit/ds/symlink/adc128d818. pdf? ts =1604395940979&ref_url=https%253A%252F%252Fwww. google. com%252F.

[71] ST. Hybrid controller (4+1) for AMD SVID and PVID processors[EB/OL]. REV. 3. (2008-09-01)[2022-02-01]. https://www. st. com/resource/en/datasheet/cd00162276. pdf.

[72] MPS. MP5022A 16 V, 12 A, 3 mΩ RDS_ON Hot-Swap Protection Device With Current Monitoring[R/OL]. REV. 1. 02. (2019-09-27)[2022-02-18]. https://www. monolithicpower. com/en/documentview/productdocument/index/version/2/document_type/Datasheet/lang/en/sku/MP5022A/document_id/1682/.

[73] PowerSIG 组织. PMBus Power System Management Protocol Application Note AN001[R/OL]. REV. 1. 01. (2016-01-07)[2022-02-18]. https://www. pmbus. org/Assets/PDFS/Public/PMBus _ AN001 _ Rev _ 1 _ 0 _ 1 _ 20160107. pdf.

[74] Tian Wenchao, Cui Hao, Yu Wenbo. Analysis and Experimental Test of Electrical Characteristics on Bonding Wire[J]. Electronics, 2019, 8(3): 365.

[75] Cypress. CY7C1371KV33/CY7C1371KVE33/CY7C1373KV33 18-Mbit (512 K×36/1 M×18) Flow-Through SRAM with NoBL Architecture (With ECC) [R/OL]. REV. F. (2018-02-08)[2022-02-18]. https://www.cypress.com/file/226441/download.

[76] Infineon. AN-1057: Heatsink Characteristics[EB/OL]. (2018-02-23)[2022-02-18]. https://www.infineon.com/dgdl/an-1057.pdf? fileId=5546d462533600a401535591d3170fbd.

[77] Cypress. AN4017: Understanding Temperature Specifications: An Introduction[R/OL]. REV. J. (2021-11-09)[2022-02-18]. https://www.cypress.com/file/38656/download.

[78] Ling Y. On current carrying capacities of PCB traces[J/OL]. (2002-05-31)[2022-02-18]. https://ieeexplore.ieee.org/document/1008335. DOI: 10.1109/ECTC.2002.1008335.

[79] II-VI. Technical Data Sheet for MT09-0.8A-01AN Single-Stage Thermoelectric Module[R/OL]. (2020-07-01)[2022-02-20]. https://www.ii-vi.com/wp-content/uploads/2020/07/MT09-0.8A-01AN.pdf.

[80] ADI. MT-093: Thermal Design Basics[R/OL]. (2009-01-09)[2022-02-20]. https://www.analog.com/media/ru/training-seminars/tutorials/mt-093.pdf.

[81] II-VI. Technical Data Sheet for PL080-8.5-40 Single-Stage Thermoelectric Module [R/OL]. (2020-07-01)[2022-02-20]. https://www.ii-vi.com/wp-content/uploads/2020/07/PL080-8.5-40.pdf.

[82] Intel. Intel Xeon Process E5 v4 Product Family: Thermal Mechanical Specification and Design Guide[R/OL]. (2016-03-24)[2022-03-03]. https://cdrdv2.intel.com/v1/dl/getContent/333812? explicitVersion=true&wapkw=Thermal%20Mechanical%20Specification%20and%20Design%20Guide.

[83] IPC-2221 Task Group (D-31b) of the Rigid Printed Board Committee (D-30) of IPC. IPC-2221B: Generic Standard on Printed Board Design[EB/OL]. (2012-11-02)[2022-03-03]. https://www.ipc.org/TOC/IPC-2221B.pdf.

[84] Brooks D. Signal Integrity Issues and Printed Circuit Board Design[M]. Upper Saddle River: Prentice Hill PTR, 2003.

[85] 杨华中,罗嵘,汪蕙. 电子电路的计算机辅助分析与设计方法[M]. 2版. 北京:清华大学出版社,2008.

[86] 张占松,蔡宣三. 开关电源的原理与设计[M]. 北京:电子工业出版社,2004.

[87] Pressman A, Billings K, Morey T. Switching Power Supply Design[M]. 3rd ed. New York: McGraw-Hill, 2009.

[88] Wakerly J F. Digital Design: Principles and Practices[M]. 4th ed. New

Jersey:Pearson,2014.

[89] Hall S H,Heck H L. Advanced Signal Integrity for High-speed Digital Designs[M]. New York: John Wiley & Sons, Inc. , 2009.

[90] Intel. Intel Cyclone 10 GX Core Fabric and General Purpose I/Os Handbook [R/OL]. (2022-08-03)[2022-03-03]. https://www. intel. com/content/dam/www/programmable/us/en/pdfs/literature/hb/cyclone-10/c10gx-51003. pdf.

[91] Intel. Intel Cyclone 10 GX 器件数据手册[R/OL]. (2018-06-15)[2022-03-03]. https://www. intel. cn/content/dam/altera-www/global/zh_CN/pdfs/literature/hb/cyclone-10/c10gx-51002-ch. pdf.

[92] IPC 组织. Smema Fiducial Mark Standard 3. 1[S/OL]. (2019-01-01)[2022-03-03]. http://www. dynamixtechnology. com/docs/smema3. 1. pdf.

[93] 郭利文,邓月明. CPLD/FPGA 设计与应用高级教程[M]. 北京:北京航空航天大学出版社,2011.

[94] DMTF Standard. Management Component Transport Protocol (MCTP) PCIe VDM Transport Binding Specification [EB/OL]. REV. 1. 1. 0. (2018-11-29) [2022-03-20]. https://www. dmtf. org/sites/default/files/standards/documents/DSP0238_1. 1. 0. pdf.

[95] DMTF Standard. Management Component Transport Protocol (MCTP) Base Specification Includes MCTP Control Specifications [EB/OL]. REV. 1. 3. 1. (2019-09-04) [2022-03-20]. https://www. dmtf. org/sites/default/files/standards/documents/DSP0236_1. 3. 1. pdf.